# 차량화재 조사

이의평 저

The Investigation of Automotive Fires

도서출판 동화기술

# 저자 서문

거의 모든 세대에 차량이 있고 차량 없이는 살 수 없을 정도로 차량은 우리 삶과 밀접한 관련이 있을 뿐만 아니라 소중한 재산목록 중 하나이다.

우리는 내 소유의 차량에서 불이 날 것이라고는 생각조차 하지 않고 안전할 것이라고 굳게 믿고 있으며, 심지어 비싼 차량을 소유하고 있으면 더더욱 화재와는 무관할 것이라는 환상 속에 살고 있다. 2018년 BMW 차량화재 사태에서 알 수 있는 것처럼 비싼 차량이라고 화재에 안전한 것은 아니며, 차량 무게를 줄여서 연비를 높이려고 거의 전체를 가연물 덩어리로 만들어버린 고가차량일수록 화재에 취약하다.

저자는 차량화재 원인을 조사하면서 화재가 발생한 차량의 소유자들을 종종 만나서 화재발생 당시의 상황을 듣고 있는데, 대부분의 차량화재 사례에서 "내 차량에서 불이 날 것이라는 생각을 해본 적이 없다"라는 진술을 듣고 있다.

차량화재가 발생하면 많은 경우에 전손되는 피해를 입으므로 소유자나 보험금을 지급한 보험회사는 화재발생 책임이 있는 측에 보상을 요구하려고 하지만, 차량 메이커나 판매회사 또는 정비업자 측은 화재원인이 규명되지 않았으므로 보상책임이 없다고 주장하여 분쟁이 발생하고 있는 현실이다. 메이커나 판매회사 또는 정비업자 등의 화재발생 책임을 차량 소유자나 보험회사 측에서 객관적으로 입증하는 것은 불가능에 가깝다.

건물화재이든 차량화재이든 화재가 발생하면 소방대가 출동하여 대응하고 소방기관의 화재조사관이 출동하여 화재조사를 하고 있으므로 소방기관 화재조사관이 차량화재의 원인 등을 제대로 규명하면 책임소재를 가리는데 큰 기여를 할 것이지만, 현실은 그러하지 못하다. 화재조사전문교육을 받게 하고 일정한 자격이 있는 소방공무원에게만 화재조사관을 하게 하는 등 나름대로는 차량화재조사에 대응하고 있지만, 화재조사관들이 차량화재조사에 특화되어 있지 않을 뿐만 아니라 구체적인 조사기법에 대한 자료 제공 등이 되지 않고 참고할만한 차량화재 원인 규명 자료나 교재도 거의 없다.

이 교재는 저자가 차량화재 원인을 직접 규명한 사례뿐만 아니라 차량화재조사 과정이나 교육 과정에서 참고한 자료나 논문 등을 망라하여 차량화재조사 전반에 대해 정리한 것이다. 특히, 아주 다양한 구체적인 조사 사례를 예시하고 원인규명 과정을 상세히 밝힐 뿐만 아니라 관련 논문이나 자료까지 밝혀두어서 차량화재 조사에 임하는 분들이 충분히 대응할 수 있고, 연구하는 분들도 참고할 수 있도록 하였다.

이 교재는 소방기관의 화재조사관, 수사기관의 과학수사요원은 물론 메이커, 보험회사, 손해사정회사 등의 화재조사관련 업무를 하시는 분들, 연구하는 분들에게도 도움이 될 것이라 생각한다.

이 교재 집필 과정 중에 소중한 차량화재 사례를 제공해주신 분들께 감사드리고, 출판을 허락해주시고 편집하여 주신 출판사 여러분들께 감사드립니다.

# 차 례

## 1장 차량화재 실태와 조사 절차



## 2장 차량화재 조사 요령



## 3장 차량 부품별 화재원인과 주요 사례

# 1장 차량화재 실태와 조사 절차

차량화재조사

## 01 차량화재 실태

차량은 우리의 실생활과 뗄 수 없을 정도로 밀접한 위치를 차지하고 있어 대부분의 사람들이 거의 매일 차량을 이용하고 있으며, 과학기술의 눈부신 발전에 힘입어 자동차의 안전성은 크게 향상되어서 차량 이용자는 안전에 큰 문제의식을 갖지 않고 이용하고 있는 것처럼 보인다. 그러나 2018년 BMW 화재로 인한 대규모 리콜 사태에서 볼 수 있는 것처럼 차량의 안전문제는 해결된 것이 아니며 아직도 진행 중이다.
한국자동차산업협회(http://www.kama.or.kr/)의 통계에 의하면 우리나라는 2005년도에 369만 9,350대의 자동차를 생산하여 세계 5위 생산국이 된 이래 2011년도에 465만 7,094대를 생산해 국내 생산 최대치를 기록한 이후 450만대 수준으로 세계 5위 생산국을 유지하다가 2016년 422만 8,536대와 2017년 411만 4,913대를 생산해 중국, 미국, 일본, 독일, 인도에 이어 세계 6대 생산국이었고, 2018년도에는 402만 8,724대를 생산하여 멕시코에 이은 세계 7대 생산국이지만 아직 차량화재에 대한 체계적인 연구가 없음은 물론 차량화재관련 연구논문도 많지 않은 것이 현실이다.
소방청의 화재통계에 의하면 차량화재는 매일 전국 각지에서 13~14건 발생하고 있으며, 이로 인해 차량과 적재물의 소실 및 탑승자의 사상과 도로시설물의 손상 등 직접적인 피해는 물론 교통정체와 2차 교통사고 유발, 환경오염 등을 초래하고 있다.

[표 1.1]은 2008년도부터 차량화재의 건수 및 피해 상황이고, [표 1.2]는 국가화재정보시스템을 통해 분석한 자료로 2014～2018년의 5년간 연평균 차량화재 건수와 피해상황이다.

**표 1.1** 차량화재의 건수 및 피해상황

| 연도별 | 화재발생(건) | 인명피해(명) | | | 재산피해(백만원) |
|---|---|---|---|---|---|
| | | 합 계 | 사 망 | 부 상 | |
| 2008 | 6,450 | 246 | 66 | 180 | 20,855 |
| 2009 | 5,983 | 217 | 55 | 162 | 24,156 |
| 2010 | 5,788 | 127 | 18 | 109 | 23,797 |
| 2011 | 5,595 | 116 | 15 | 101 | 23,468 |
| 2012 | 5,510 | 136 | 10 | 126 | 27,962 |
| 2013 | 5,250 | 130 | 22 | 108 | 25,982 |
| 2014 | 4,827 | 129 | 24 | 105 | 24,636 |
| 2015 | 5,031 | 150 | 21 | 129 | 27,011 |
| 2016 | 5,009 | 143 | 30 | 113 | 26,479 |
| 2017 | 4,971 | 168 | 31 | 137 | 33,715 |
| 2018 | 5,067 | 160 | 28 | 132 | 32,179 |

**표 1.2** 2014～2018년의 연평균 차량화재 건수 및 피해상황

| 구분 | 화재건수 | 사망자수 | 부상자수 | 재산피해(백만원) |
|---|---|---|---|---|
| 계 | 5,117 | 24 | 127 | 24,480 |
| 자동차 | 4,673 | 23 | 120 | 24,159 |
| 농업기계 | 152 | 0 | 2 | 7 |
| 건설기계 | 285 | 0 | 4 | 14 |
| 군용차량 | 2 | 0 | 1 | 288 |
| 철도차량 | 4 | 0 | 1 | 13 |

[그림 1.1]은 1990～2018년의 29년간 전체 화재 발생건수와 차량화재 발생건수를 나타내고 있다. 전체화재는 물론 차량화재도 1980년대 후반부터 2000년대 초반까지 급격히 증가하였음을 알 수 있다.

2007년도에 급격히 총화재건수가 증가한 것은 국가화재분류체계의 개편에 따라 그 이전까지는 화재에 포함시키지 않던 아주 조그만 화재까지를 모두 화재로 포함시켰기 때문이다[1].

그림 1.1 ▶
전체 화재와 차량화재 발생의 추이

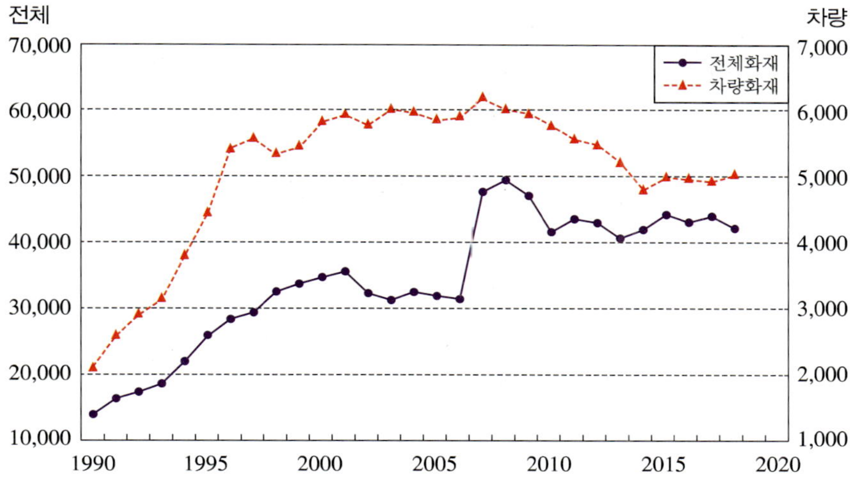


차량화재가 차지하는 비율은 1990년대 초반부터 2006년까지인 국가화재분류체계 개편 이전에는 15~20%이었으나 국가화재분류체계 이후인 2007년부터는 12~13%를 차지하고 있다. 차량화재의 비율이 낮아진 것은 차량화재 자체가 적어져서 발생한 현상이 아니라 앞에서 언급한 것처럼 국가화재분류체계의 개편에 따른 현상이다.

[그림 1.2]는 1990~2018년의 29년간 자동차등록대수와 차량화재의 추이를 나타내고 있으며, 2001년도까지 대략 자동차등록대수에 비례하여 차량화재발생건수가 증가하다가 2002년도부터 증가세가 둔화되고 있음을 알 수 있다.

그림 1.2 ▶
자동차등록대수와 차량화재의 추이

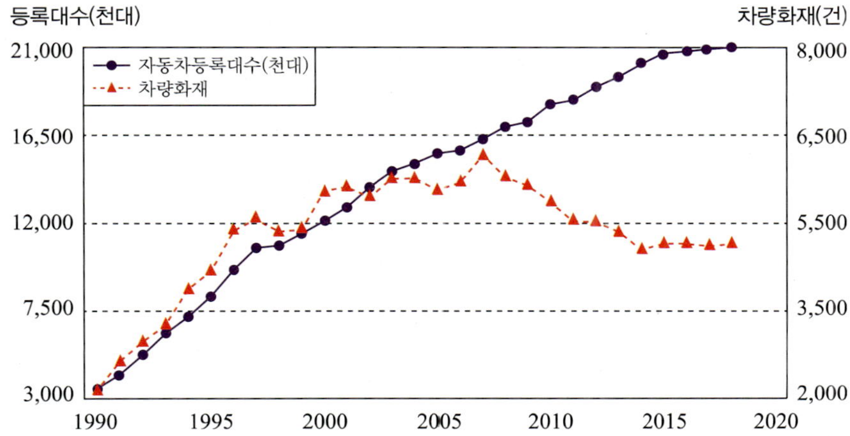


---

1) 소방청, 2007년 화재통계연감.

[그림 1.3]은 1980~2018년의 39년간 자동차등록대수 1만 대당 차량화재 발생 건수의 추이를 나타내고 있다. 우리나라는 감소추세에 있지만 일본에 비해 4배 높은 값이다.

**그림 1.3** 자동차 등록대수 1만대 당 자동차화재 건수의 추이

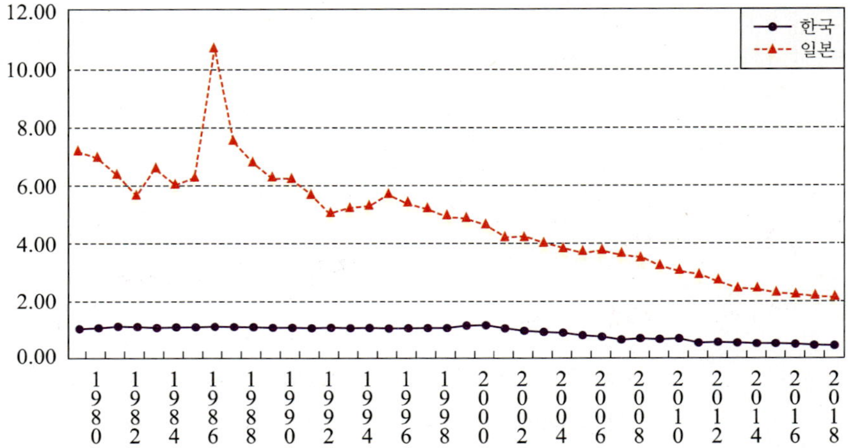


## 02 차량화재의 조사 및 통계 처리

경찰청은 교통사고통계 처리를 하고 있으며 1977년도부터 매년 교통사고 통계를 책자로 발간하고 있고, 인터넷을 통해서도 책자의 파일을 다운로드할 수 있도록 하고 있다. 이 교통사고통계 중에는 자동차화재에 대한 통계는 전혀 언급되어 있지 않다.

소방청은 매년 화재통계연감을 통해 화재발생 실태를 공표하고 있다. 이 화재통계연감 내에 차량화재의 구체적인 통계가 실려 있다. 화재통계연감은 소방서의 화재조사요원들이 '화재조사 및 보고규정'과 국가화재분류체계 매뉴얼 등에 따라 화재조사를 하여 입력한 정보를 기초로 작성되고 있다. 소방서에서 조사자료를 입력하면 소방청 국가화재정보센터(http://nfds.go.kr/index.jsf)를 통해 화재통계가 실시간으로 집계되며, 국가화재분류체계가 변경되어 현재 시스템이 도입 시행된 2007년도 이후 화재실태는 온라인상에서 구체적으로 확인할 수 있도록 되어 있다.

## 2.1 소방의 화재조사 법적근거

소방기본법 제29조(화재의 원인 및 피해 조사) 제1항에서 '소방청장·소방본부장 또는 소방서장은 화재가 발생한 때에는 화재의 원인 및 피해 등에 대한 조사(이하 "화재조사"라 한다)를 하여야 한다' 규정하고 있다. 소방청장, 소방본부장 또는 소방서장이 화재조사를 하도록 규정하고 있으나 극히 일부의 화재를 제외하고는 대부분의 화재를 관할소방서장이 조사하고 있다.

또한 소방기본법은 화재조사를 하기 위하여 필요한 때에는 관계인에 대하여 필요한 보고 또는 자료제출을 명하거나 관계공무원으로 하여금 관계장소에 출입하여 화재의 원인과 피해의 상황을 조사하거나 관계인에게 질문하게 할 수 있고(제30조), 수사기관이 방화(放火) 또는 실화(失火)의 혐의가 있어서 이미 피의자를 체포하였거나 증거물을 압수한 때에 화재조사를 위하여 필요한 경우에는 수사에 지장을 주지 아니하는 범위 안에서 그 피의자 또는 압수된 증거물에 대한 조사를 할 수 있으며(제31조), 소방공무원과 국가경찰공무원은 화재조사에 있어서 서로 협력하여야 하며(제32조), 소방기관과 관계보험회사는 화재가 발생한 경우 그 원인 및 피해상황의 조사에 있어서 필요한 사항에 대하여 서로 협력하여야 한다(제33조)라고 규정하고 있다.

## 2.2 화재조사 및 보고규정과 국가화재분류체계매뉴얼

화재조사의 집행과 보고 및 사무처리에 필요한 사항을 정하는 것을 목적으로 소방청 훈령인 '화재조사 및 보고규정'이 있다. 소방서에서 이 훈령에 의해 화재조사를 하고 상급기관에 보고를 하며 자료관리 및 통계처리 등을 하고 있다.

이 훈령 제2조(용어의 정의)에서 "화재"란 사람의 의도에 반하거나 고의에 의해 발생하는 연소현상으로서 소화시설 등을 사용하여 소화할 필요가 있거나 또는 사람의 의도에 반해 발생하거나 확대된 화학적인 폭발현상을 말한다고 규정하고 있다.

또한 이 훈령 제4조(조사책임)에서 '소방본부장 또는 소방서장은 관할구역 내의 화재에 대하여 조사를 하여야 한다. 운행 중인 차량, 선박 및 항공기에서 발생한 화재는 소화활동을 행한 장소를 관할하는 본부장 또는 서장이 조사하여야 한다'고 규정하고 있으므로 화재 발생 차량이 교통소

통 등을 위해 견인되더라도 화재조사는 화재가 발생한 소재지의 소방서장이 하도록 하고 있다.

그리고 이 훈령에서 차량은 자동차, 농업기계, 건설기계, 군용차량, 철도차량으로 구분하고 있고, 자동차는 자동차관리법 제3조 및 자동차관리법시행규칙 제2조에 의한 자동차를 말하며, 승용자동차, 화물자동차, 승합자동차(버스, 소형승합차, 캠핑용 자동차 또는 캠핑용 트레일러, 기타), 특수자동차, 오토바이로 구분하고 있다. 자동차화재 발생 장소는 고속도로, 일반도로, 주차장, 공지, 기타로 구분하고 있으며, 발화개소는 앞좌석, 뒷좌석, 엔진룸, 트렁크, 바퀴, 적재함, 연료탱크, 기타로 분류하고 있다.

화재피해액은 전부손해의 경우에는 시중매매가격으로 하며, 전부손해가 아닌 경우에는 수리비로 하도록 하고 있으며 적재물 등 자동차화재로 인해 입은 직접적인 피해(간접피해는 인정하지 않음)도 포함하도록 되어 있다.

사상자는 화재현장에서 사망 또는 부상당한 사람을 말하며, 화재현장에서 부상을 당한 후 72시간 이내에 사망한 경우에는 당해 화재로 인한 사망으로 보도록 하고 있다.

부상의 정도는 의사의 진단을 기초로 하여 3주 이상의 입원치료를 필요로 하는 부상을 중상, 중상 이외의(입원치료를 필요로 하지 않는 것도 포함한다) 부상을 경상으로 분류하고 있다.

이 훈령 등에 대해 구체적인 해설을 한 '국가화재분류체계 매뉴얼' 책자가 소방관서에 보급되어 있다. 국가화재분류체계 매뉴얼에서는 화재원인을 방화(방화의심포함), 실화, 자연적 요인, 미상 4가지로 분류하고 있다. 실화는 발화열원(heat source), 발화요인, 최초착화물, 발화관련 기기, 동력원, 연소확대물, 연소확대범위, 연소확대요인으로 원인분류를 하고 있다. 발화열원은 발화의 최초원인이 된 불꽃 또는 열을 말한다. 즉, 최초착화물에 화재를 발생시킨 불꽃 또는 열로서 화재가 어떻게 발생하였는가를 분석하기 위한 것으로 ① 작동기기(전기적 아크, 불꽃, 스파크, 정전기, 기기의 전도·복사열, 역화), ② 담뱃불, 라이터불 등(담뱃불, 라이터불, 성냥불, 촛불, 향불), ③ 마찰열, 전도열, 복사열(마찰열, 마찰스파크, 화염의 전도, 복사열), ④ 불꽃, 불티(용접, 절단, 연마, 굴뚝(연통), 아궁이, 모닥불, 연탄, 숯, 쓰레기, 논밭두렁, 비화), ⑤ 폭발물, 폭죽(폭탄, 탄약, 폭죽), ⑥ 화학적 발화열(화학반응열), ⑨ 자연적 발화열(햇볕, 낙뢰)로 구분하고 있다.

발화열원은 차량화재에 대해 별도로 구분하고 있지 않으며, 머플러의 배기가스가 승용차의 밑판에 뿜어져 실내 카펫에 열전도되어 착화되는 경우에는 ① 작동기기의 전도·복사열에 해당되며, 뒷바퀴의 브레이크 드럼에서 발생한 마찰열이 브레이크슈의 오일을 착화시켜 발화하는 경우에는 ③ 마찰열에 해당되는 것으로 하고 있다.

발화요인은 발화열원과 최초착화물이 결합하여 화재가 발생하게 된 요인을 말한다. 방화와 미상인 경우를 제외하고 화재의 원인을 인적(부주의), 물적(전기, 기계, 화학적 원인 등), 자연적 요인에 따라 설명한다. 발화요인을 통해 개별화재의 발생원인을 알 수 있고 화재예방 정책의 기초자료서 활용할 수 있다. 발화요인은 ① 전기적 요인(누전·지락, 접촉불량에 의한 단락, 절연열화에 의한 단락, 과부하/과전류, 압착·손상에 의한 단락, 층간단락, 트래킹에 의한 단락, 반단선, 미확인 단락), ② 기계적 요인(과열, 과부하, 오일·연료누설, 자동제어 실패, 수동제어 실패, 정비불량, 노후, 역화), ③ 가스누출(폭발), ④ 화학적 요인(화학적 폭발, 금수성물질의 물과 접촉, 화학적 발화(유증기 확산), 자연발화, 혼촉발화), ⑤ 교통사고, ⑥ 부주의(담배꽁초, 음식물 조리중, 불장난, 용접/절단/연마, 불씨/불꽃/화원방치, 쓰레기소각, 빨래삶기, 가연물 근접방치, 논/임야태우기, 유류취급중, 폭죽놀이), ⑦ 자연적 요인(자연적 재해, 돋보기 효과)로 분류하고 있다. 발화요인은 차량화재에 대해 별도로 구분하고 있지 않으며, 차량충돌에 의해 차체가 변형되어 전기배선 손상 및 배터리 플러스(+) 단자가 차체에 접촉됨으로 인해 합선되어 발화된 경우에는 ⑤ 교통사고에 해당하는 것으로 하고 있다. 부록에 2014～2018년의 발화요인별 연평균 차량화재 발생 현황이 수록되어 있다.

최초착화물은 자동차화재에 대해 별도로 전기배선, 타이어, 좌석시트, 카펫, 범퍼, 화물, 벨트, 배관, 방음재, 부품, 휘발유, 경유, 천연가스, 프로판가스, 오일류, 기타 16가지로 구분하고 있다.

발화관련 기기는 발화와 관련된 불꽃 또는 열을 발생시킨 기기 또는 장치나 제품을 말한다. 자동차화재에 대해 별도로 배터리, 충전장치, 라이트장치, 배전기, 기동장치, 배선, 점화장치, 연료탱크, 연료분사장치/캬브레터, 연료파이프, LPG기화기, 오일필터, 엔진, 라디에이터, 워터펌프, 냉각팬, 팬벨트, 차축베어링, 브레이크장치, 소음기, 배기가스매니폴드, 촉매장치, 배기관, 기타 24가지로 구분하고 있다.

동력원은 발화관련 기기나 제품을 작동 또는 연소시킬 때 사용되어지는 연료 또는 에너지를 말하여, ① 전기(22.9kV 이상 전원, 3,300V 이상 상용전원, 440V 이상 상용전원, 380/220V 이상 상용전원, 110V 이하 상용전원, 직류 24V 이상(배터리) 전원, 직류 12V 이하(배터리 전원), 기타 전원), ② 가스(LNG, LPG, 부탄가스, 기타 가연성 가스), ③ 유류(가솔린, 등유, 경유, 중유, 알코올, 기타 액체연료), ④ 고체(나무, 종이, 석탄, 목탄, 화학연료, 기타), ⑤ 기타 5가지로 구분하고 있다.

연소확대물은 연소가 확대되는데 결정적으로 기여한 가연물이다. 연소확대물은 최초착화물과 동일하거나 다를 수도 있으며 확인할 수 없는 경우도 있다. 연소확대물은 최초착화물과 동일하게 분류한다.

연소확대 요인은 연소확대에 중요한 영향을 미친 요인으로 ① 화재인지·신고지연, ② 가연성물질의 급격한 연소, ③ 현장진입 지연(불법주차), ④ 현장도착 지연(교통혼잡), ⑤ 원거리 소방서, ⑥ 방화구획 기능 불충분, ⑦ 덕트·샤프트의 연통 역할, ⑧ 인접가연물과의 이격거리 협소, ⑨ 목조건물의 인접, ⑩ 기상(건조, 강풍 등), ⑪ 기타, ⑫ 미상 12가지로 구분하고 있다.

다음은 화재조사 및 보고규정 별지 제3-4호 '화재유형별 조사서(자동차·철도차량)' 서식이다.

# 03 화재원인 조사와 관련된 기초 지식

## 3.1 화재원인 조사 절차[2)]

화재원인을 조사하기 위해서는 화재와 관련된 전문 지식과 경험이 필수적이다. 다른 사고나 사건과는 달리 화재현장은 화재로 타서 없어져 버리거나 변형·파손되어 원인을 조사하기란 쉽지 않다. 가끔씩 "이렇게 타버린 현장에서 화재 원인을 어떻게 알 수 있느냐"는 말을 듣는다. 다 타서 완전히 없어져 버렸다면 조사할 것이 없어 당연히 원인도 입증하지 못한다. 그러나 일반 시민의 입장에서 보면 증거물을 발견할 수 없는 것처럼 보일지라도 화재현장에는 타다 남은 물건 더미 속에 엄청난 증거물들이 숨어 있다. 이 숨어 있는 것들은 전문가에 의해 하나하나가 증거물로 발굴되기 마련이다.

소방서는 모든 화재현장에서 100% 원인조사를 실시하고 있지만, 화재현장이 범죄와 관련되었을 때나 의심이 갈 때에는 소방서와는 별도의 범죄수사 목적으로 경찰서에서 현장조사를 하고, 때로는 국립과학수사연구원에서 현장감식을 한다. 물론 소방·경찰·국립과학수사연구원이 합동으로 현장조사를 하고 있는 경우도 많다.

2) 이의평, "방화수사의 과학기술 – 흔적·분석에 첨단과학 총동원", 과학과 기술, 2004년 7월호, pp.80~82, 2004.

【별지 제3-4호 서식】

# 화재유형별 조사서 (자동차 · 철도차량)

□ 수 정

| 1 구 분 | |
|---|---|
| ① 자동차<br>□ 승용자동차 □ 화물자동차<br>□ 승합자동차<br>○ 버스 ○ 소형 승합차<br>○ 캠핑용 자동차 또는 캠핑용 트레일러<br>○ 기타<br>□ 특수자동차 □ 오토바이<br>• 장소 □ 고속(전용)도로 □ 일반도로<br>□ 주차장 □ 공지 □ 기타 | ② 농업기계<br>□ 트랙터 □ 경운기 □ 기타<br>③ 건설기계<br>□ 굴삭기 □ 덤프트럭 □ 기타<br>④ 군용차량<br>□ 군용차량 □ 기타<br>⑤ 철도차량<br>□ 전동차 □ 기관차<br>• 철도구분 □ 국철 □ 지하철 □ KTX |

| | |
|---|---|
| ① 제조회사<br>[ ]<br>② 차량번호<br>[ ] | ③ 연 식 [ | | | ] 년<br>④ 차량명<br>[ ] |

| 3 발화지점 | □ 미 상 |
|---|---|
| ① 자동차 · 농업 · 건설 · 군용차량<br>□ 앞 좌 석 □ 뒷 좌 석<br>□ 엔 진 룸 □ 트 렁 크<br>□ 바 퀴 □ 적 재 함<br>□ 연료탱크 □ 기 타 | ② 철도차량<br>□ 객실 (좌석) □ 기 관 실<br>□ 바 퀴 □ 연 료 탱 크<br>□ 화 물 실 □ 화 장 실<br>□ 객차연결통로 □ 기 타 |

| 4 참고사항 |
|---|
| |

소방서에서는 '화재조사', 경찰에서는 '화재감식', 국립과학수사연구원에서는 '화재감정'이라는 표현을 사용하고 있어서[3] 용어 차이가 있으나 거의 비슷한 사항을 기관에 따라 달리 부르고 있다고 이해하면 좋을 것이다. 이러한 차원에서 화재조사 또는 화재감식이라는 용어를 혼용하여 사용하기로 한다.

화재가 발생하여 119신고를 하게 되면 화재현장에 진압소방대 뿐만 아니라 화재감식을 위한 조사반이 동시에 출동한다.

소방서의 화재조사반은 원인조사는 물론이고 화재로 인한 손해(인명·재산피해)까지 조사하며, 또한 왜 화재가 확대되었고, 왜 다치거나 죽었으며, 평상시 소방안전관리를 잘 하고 있었는지, 소방법규나 건축법규 등 안전관련 법규에 미비점은 없는지 등 소방행정에 반영할 수 있는 거의 모든 사항을 조사하고 있다. 이와 같이 화재조사반은 여러 가지 내용을 조사하고 있지만, 화재가 어디서 어떤 이유로 발생했는지가 조사의 핵심이 된다. 최초 화재가 시작되는 모습을 보았다면 화재가 어디서 발생하였는지 알 수 있으므로 원인을 알아내기는 그리 어렵지 않을 것이다. 하지만 대부분은 화재가 어느 정도 확대된 상태에서 냄새나 소리 또는 외부로 나오는 연기나 화염을 통해 화재를 발견하게 된다. 이러한 상태에서는 화재가 어디서 시작되었는지 알아내기는 쉽지 않다. 그렇지만 화재에 대한 과학적인 지식을 갖고 있는 진압소방대와 조사반이 가장 먼저 현장에 도착하므로 초기상황을 목격하고 많은 정보를 접할 수 있게 되어 어떤 기관보다도 화재원인을 알아내는데 우위적인 위치에 서게 된다.

소방서의 화재원인 조사는 화재가 발생한 건물주나 업주 또는 시민을 처벌하기 위해서 하는 것이 아니라 이미 발생한 화재를 통해 원인을 찾아내어 이와 비슷한 화재가 발생하지 않도록 하거나 화재가 발생하더라도 피해를 최소화하는데 필요한 자료나 정보를 확보하기 위함이다.

---

3) '화재조사 및 보고규정'(소방청 훈령)에서 조사, 감식, 감정에 대해 아래와 같이 정의하고 있다. 제2조(용어의 정의) 이 규정에서 사용하는 용어의 정의는 다음과 같다.

1. "화재"란 사람의 의도에 반하거나 고의에 의해 발생하는 연소 현상으로서 소화시설 등을 사용하여 소화할 필요가 있거나 또는 사람에 의도에 반해 발생하거나 확대된 화학적인 폭발현상을 말한다.
2. "조사"란 화재원인을 규명하고 화재로 인한 피해를 산정하기 위하여 자료의 수집, 관계자 등에 대한 질문, 현장확인, 감식, 감정 및 실험 등을 하는 일련의 행동을 말한다.
3. "감식"이란 화재원인의 판정을 위하여 전문적인 지식, 기술 및 경험을 활용하여 주로 시각에 의한 종합적인 판단으로 구체적인 사실관계를 명확하게 규명하는 것을 말한다.
4. "감정"이란 화재와 관계되는 물건의 형상, 구조, 재질, 성분, 성질 등 이와 관련된 모든 현상에 대하여 과학적 방법에 의한 필요한 실험을 행하고 그 결과를 근거로 화재원인을 밝히는 자료를 얻는 것을 말한다.

5-9. 생략

10. "발화지점"이란 열원과 가연물이 상호작용하여 화재가 시작된 지점을 말한다.

그렇지만 화재가 범죄와 관련되어 있을 때나 있을 가능성이 있을 때에는 경찰서에 통보하여 범죄와 관련된 수사를 하도록 하며 소방서에서 알아낸 정보나 사실 또는 물증을 경찰에 넘겨주어 수사를 원활하게 하도록 돕고 있다.

소방서에서는 화재규모에 관계없이 출동을 하지만, 경찰은 수사상 필요할 때 그리고 국립과학수사연구원은 경찰이나 사법기관의 요청이 있을 때에 한해 출동한다. 작은 화재는 어떻게 화재로 진전되었는지 정확히 규명하기 쉽고, 이러한 작은 화재의 조사경험을 통해 큰 화재의 조사도 가능하므로 화재조사에서는 '조그만 화재야말로 화재조사의 보고(寶庫)'라는 말을 사용한다. 소방서 조사반은 크고 작은 화재조사를 통해 많은 노하우를 갖고 있다. 또한 일시에 소방본부는 물론 인접소방서 조사반까지 동원할 수 있는 체제를 갖추고 있다.

소방에서 화재원인을 판정하기까지의 과정은 [그림 1.4]와 같다.

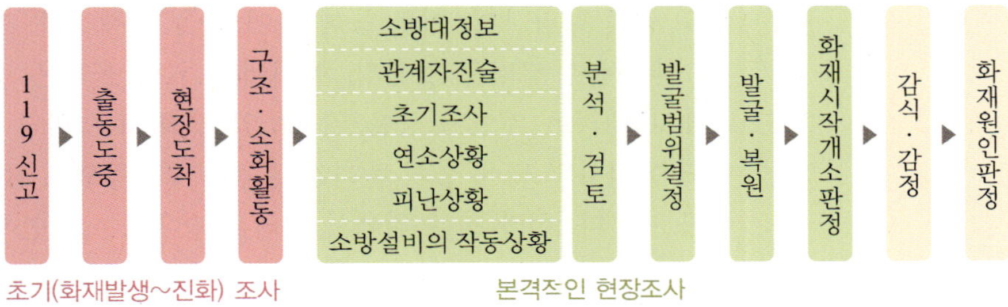


▲ **그림 1.4** 화재원인조사 흐름도

화재가 발생하면 가까이서 또는 멀리서 이를 목격한 일반시민이 있고, 화재가 발생한 근처에 대해 잘 알고 있는 건물관계자(주인, 관리인, 세입자, 입주자 등), 처음 현장에 도착한 소방대 등 많은 사람들이 직간접으로 어디서 불이 시작되었는지에 대한 정보를 제공해 줄 수 있다.

본격적인 화재현장 감식은 일반적으로 불이 완전히 꺼진 상태에서 이루어진다. 범죄와 관련된 경우에도 대부분 이때부터 경찰서나 국립과학수사연구원이 관여하고 있다. 화재감식에서 가장 중요한 사항은 ① 어디서 화재가 시작되었는가 ② 어떤 기기나 물건 또는 시설에서 시작하였는가 ③ 왜 화재가 발생했는가를 규명하는 것이다.

최초발화부위[4]를 알아내는 것이야말로 화재조사에서 필수불가결한 일이지만, 생각만큼 쉽지 않다. 목격자의 진술, 맨 처음 도착한 소방대의 정보 등을 참고하지만 원칙적으로 불탄 현장을 조사하여 불이 시작된 지점을 결정한다. 어디서 불이 시작되었는지를 알려면 화재에 대한 전문적인 지식과 적절한 조사경험이 필수적이다. 불이 시작된 지점을 판단하는 근거자료로는 일반적으로 연소방향, 소손(燒損)정도의 강약, 변색상황(콘크리트, 철재 등), 화재패턴 등을 들 수 있다.

화재가 발생하면 대부분 소방대가 출동하므로 결국 일정 범위만 태우고 진화된다. 타다가 꺼진 부분, 즉 진화된 지점 안쪽에 화재가 시작된 곳이 있으므로 어디서 화재가 시작되었는지 판단하기 어려울 때는 진화된 지점의 여러 곳에서 안쪽을 향해 조사하라는 수칙이 있다. 진화된 지점을 기점으로 해서 연소방향, 소손정도의 강약, 변색·변형상황, 화재패턴 등을 조사해보면 의외로 쉽게 최초 시작된 곳을 알아내는 경우가 있다.

연소방향과 소손정도의 강약 및 변색·변형상황은 벽, 기둥, 출입문, 천장, 바닥 등에 나타나며, 이를 통해 불이 문을 통해 나온 것인지 들어간 것인지, 옆집에서 건너온 것인지, 아래에서 위로 올라온 것인지 또는 위에서 아래로 내려온 것인지 등을 알 수 있다. 화재는 바닥에서 시작되어 벽을 타고 올라가면 벽에 불이 올라간 흔적을 V자형으로 남기는데 이를 V패턴이라고 한다. 천장 또는 위에서 내려온 경우에는 벽면에 거의 수평으로 하강흔적을 남긴다. 이러한 흔적들을 화재패턴이라고 한다.

최초발화부위를 압축한 후 발화원과 원인을 찾는다. 예로 최초발화부위가 거실의 TV 주위이고 TV를 중심으로 화재가 확대된 형상이며 전원코드가 받침대에 짓눌려 합선되었다면 발화원은 TV이며 원인은 전원코드의 합선이다.

화재조사는 불타버린 현장을 조사하는 것이므로 다른 사고나 사건과는 달리 원인을 규명하는 것이 쉽지 않긴 하지만 과학적인 지식이나 수단을 이용하면 규명할 수 있는 경우도 많다.

큰 화재가 발생하였다고 하여도 진술이나 정황만으로 법적인 책임을 물을 수 없으며 범죄와 화재와 직접적인 관련을 입증하지 않으면 안된다. 과학적인 전문지식과 분석기법은 단순히 화재원인을 규명하는데도 필요하지만, 범죄의 물증을 확보한다는 차원에서도 필수 불가결하다.

4) 최초발화부위, 발화지점, 최초발화개소, 발화개소는 모두 같은 의미의 용어이며 영어로는 fire origin이다. 이 교재에서는 발화개소로 통일한다.

## 3.2 발화개소 판정[5]

발화개소는 주위에 충분한 산소가 있는 상태에서 연소를 하고, 소방대가 도착할 때까지 가장 오랫동안 연소한 곳이므로 일반적으로 소손(소훼)정도가 가장 강하며, 특히 공기유통이 원활하지 않은 공간의 발화개소는 소손(소훼)정도가 심한 특징이 있다.

화재는 특정한 지점에서 발생하여 주변으로 확대되면서 연소확대 방향을 나타내므로 연소확대 방향을 확인(조사)할 수 있으면 발화개소를 특정할 수 있으며, 화재조사에 대한 전문지식과 충분한 경험이 있는 전문가가 현장을 면밀히 조사하면 연소확대 방향을 확인할 수 있고 발굴조사를 통해 연소확대 방향을 입증할 수 있다.

화재가 발생하면 화열(火熱)로 인해 가연물은 연소되고 불연재나 금속재 등에는 변형, 변색, 용융 등의 변화를 가져오며, 발화개소의 불연재나 금속재 등은 변형, 변색, 용융 등의 정도가 심한 것이 일반적이며, 이러한 변형, 변색, 용융 등의 정도에 대한 조사를 통해 연소확대 방향을 찾을 수 있다.

벽이나 벽 앞 바닥에서 발화되어 벽을 타고 천장 쪽으로 확대되는 경우에는 벽에 V자 모양의 V패턴, 벽에서 떨어진 공간에서 발화되어 벽을 타고 천장 쪽으로 확대된 경우에는 벽에 U자 모양의 U패턴, 시너 등 연소촉진제를 바닥에 뿌리고 방화하면 바닥에 포어패턴(pour pattern)과 스플래시 패턴(splash pattern)이나 벽에 역V자 모양의 역V패턴, 천장 쪽에서 발화되어 아래로 내려온 경우에는 벽에 수평으로 내려온 하강흔적, 화염이 출입문 등을 통해 나오거나 들어간 경우에는 출입문 틀 등에 나오거나 들어간 흔적 등을 남기며, 바닥 또는 벽이나 건축부재 등에 남기는 이러한 패턴이나 흔적을 화재패턴(fire pattern)이라고 한다.

고정전선이나 전기기구의 전원코드에는 통전상태에서 합선이 되면 이 부분에는 구슬모양의 용융망울인 단락흔이 생기며, 화재 시에는 차단기가 내려갈 때까지 합선이 이어지므로 발화개소를 발굴하면 2개소 이상에서 단락흔이 발굴되는 경우가 적지 않으며, 화재가 확대되는 과정에 차단기가 작동할 때까지 합선이 이어지고 동일 전기회로에서는 부하측에서 전원측의 순서로 합선이 될 것이므로 동일 전기회로 상의 2개소 이상에서 단락흔이 발견되는 경우에는 단락흔의 발생개소 그 자체로 화재확대 방향을 판정할 수 있다.

5) 이의평, "화재조사에 있어 발화개소 판정 기법 연구", 한국화재소방학회 2017년도 추계학술대회 논문집, pp.83~84, 2017.

화재조사 결과, 아래 [그림 1.5]와 같이 A, B, C 세 곳에 단락흔이 있는 경우, C에서 먼저 합선되었다면 C에서 합선되면서 단선되어 B 쪽으로 전기가 통하지 않으므로 B에서 합선이 발생할 수 없어 단락흔을 남길 수 없고, A에서 먼저 합선되었다면 화재가 확대되면서 차단기가 내려갈 때까지 B, C 등에서 합선되어 단락흔이 발생될 수 있으므로 합선순서는 A → B → C이며, 이 경우에 발화개소는 A 또는 A 주위로 분석할 수 있다.

**그림** 1.5 ▶ 단락흔이 여러 개소에서 발견되는 예

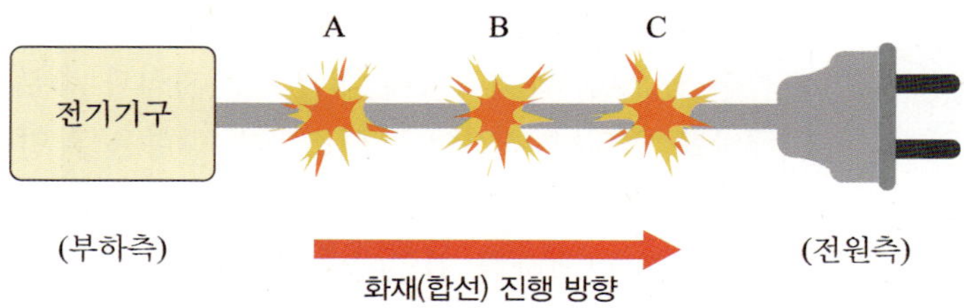


CCTV 또는 블랙박스의 녹화영상에 발화개소의 화재확대 과정이 녹화되어 있는 경우는 발화개소의 결정적인 근거가 될 수 있고, 발화개소를 녹화하지 않은 경우에도 간접적으로 발화개소를 특정하는데 도움을 줄 수 있다.
화재감지기가 화재발생을 감지하여 수신기에 신호를 보내고 화재경보를 하는 자동화재탐지설비가 설치되어 있고, 수신기에 화재감지기가 작동하는 순서가 기록으로 남아 있는 경우에는 동일한 종류의 화재감지기라면 최초 작동하는 화재감지기가 있는 곳이 발화개소일 것이다.
화재가 발생한 공간에 세콤(무인기계경비) 감지기가 설치된 경우에는 감지기별 작동시간이 거의 100% 세콤회사에 기록으로 남아 있어 발화개소를 특정하는데 결정적인 도움을 주는 경우가 있다.
목격자진술은 목격시점이 중요하며, 화재초기에 발화개소 근처에서 이해관계에 있지 않은 사람이 목격한 내용의 진술은 발화개소를 판정하는데 큰 도움이 될 수 있으며, 화재가 확대된 후에 목격된 경우에는 큰 도움이 되지 않을 수 있으며, 화재초기에 발화개소를 목격한 목격자라도 화재가 진화된 후에 한 진술은 이해관계가 있는 경우에는 진실되지 않은 진술을 하는 경우도 있다.
현장에 출동한 소방대원은 전체적인 화재상황을 본 것이 아니고 자신이 진입한 공간의 화재상황만을 알뿐이므로 화재초기에 발화개소나 발화개소 근처에 진입한 소방대원의 소방활동진술은 발화개소를 특정하는데 도움을 줄 수 있다.

앞에서 조사한 내용 전체를 종합하여 상호 모순되지 않게 발화개소를 특정하며, 목격자진술, CCTV 녹화영상, 서 콤기록 등이 없는 경우에는 조사된 내용만을 종합하여 발화개소를 특정한다.

## 3.3 단락흔과 발화개소 판정[6]

### (1) 단락흔이란

단락(합선)되는 과정에서 아크에 의해 전선 등 도체가 용융된 후 응고되어 남아 있는 망울(흔적)을 단락흔(短絡痕, arc bead 또는 electrical molten mark)이라고 한다. 단락흔은 1차 단락흔과 2차 단락흔으로 분류하고 있다.

1차 단락흔은 화재 전에 발생한 단락흔 또는 화재의 원인이 되었던 단락흔을 말한다. 전기배선이나 전원코드 등이 어떤 물리적 외력이나 열에 의해 피복이 손상되어 두 극 사이의 전선 도체(구리)가 서로 접촉하든가 또는 다른 금속물(도체)과 접촉하거나 절연저항이 감소되어 단락상태가 되면 아크가 발생하며 아크로 인한 열은 3000℃ 이상이므로 아크에 노출된 전선 도체(구리의 용융점은 1,083℃임)를 용융시켜 일부는 비산시키고 일부는 남아 응고되어 망울이 형성되기 때문에 아크가 발생한 개소에는 용융망울인 단락흔을 남긴다.

2차 단락흔은 통전(通電)상태에 있던 전선 등이 화재 열에 의해 피복이 소실되어 심선(芯線) 등이 서로 접촉하거나 절연이 파괴되어서 단락이 발생하여 생기는 단락흔을 말한다.

단락흔과 별개로 열흔(熱痕, melting by fire)이 있는데, 열흔이란 통전상태에 있지 않은 전선이 화재의 열에 의해 용단되어 생성된 망울을 말한다.

1차 단락흔과 2차 단락흔은 육안만으로 판별이 어렵지만, 1차 단락흔이든 2차 단락흔이든 모든 단락흔은 용융망울이 있는 부위에만 국부적으로 둥그런 형상을 띠고 있고 다른 부위는 변형이나 손상이 없음에 비해 열흔은 용융망울이 있는 부분 외의 표면이 넓게 녹아 거칠어져 있거나 일부가 용손(溶損)되어 가늘어져 있는 특징이 있으므로 단락흔과 열흔은 육안만으로도 대부분 판별이 가능하다.

6) 이의평, "단락흔으로 발화개소를 입증한 화재사례의 분석", 한국방재학회논문집, Vol.18, No.6, pp.245~251, 2017.

그림 1.6 ▶
단락흔의 예

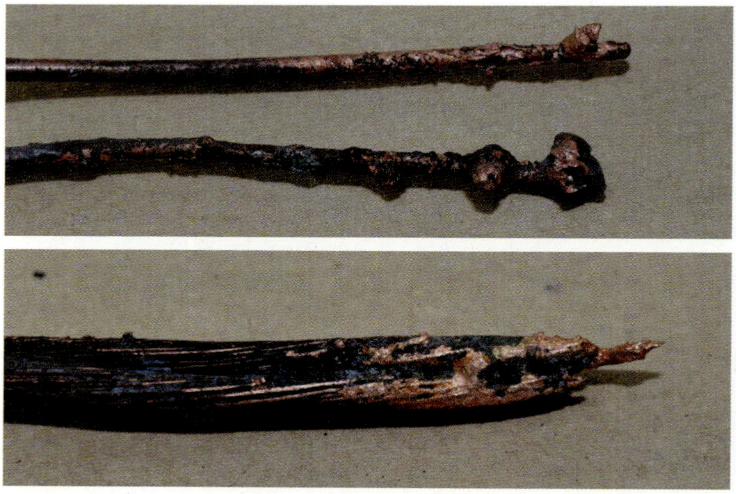

그림 1.7 ▶
화염에 의해
용융된 열흔의 모습

### (2) 단락흔에 의한 연소방향의 판정

전기기구나 전기배선은 발화원인이 되는 경우도 있지만 화재의 연소확대 과정을 추정하기 위한 정보를 주는 경우도 있다. 그 단서의 하나가 전기기구나 전기배선 상의 단락흔이다.

전선이나 전기기구의 전원코드에는 통전상태에서 합선이 되면 이 부분에는 단락흔이 생기며, 화재 시에는 차단기가 내려갈 때까지 전선이나 코드 등에서 단락이 이어지므로 발화개소를 발굴하면 2개소 이상에서 단락흔이 발굴되는 경우가 있다. 화재가 확대되는 과정에 차단기가 작동할 때까지 단락이 이어지고 동일 전기회로에서는 부하측에서 전원측의 순서로 단락이 되므로 동일 전기회로 상의 2개소 이상에서 단락흔이 발견되는 경우에는 단락흔의 발생개소 그 자체로 화재확산 방향을 파악할 수 있다. [그림 1.8]과 [그림 1.9]는 동일 전기회로 계통(콘센트회로) 멀티탭의 여러 개소에 단락흔이 있는 화재조사 사례를 나타내고 있다.

[그림 1.8]의 단락흔과 전선 및 2구 콘센트 등은 냉장고 2대가 있는 점포의 발화개소로 판정한 곳에서 발굴된 것으로 [그림 1.9]와 같은 위치관계에 있었다.

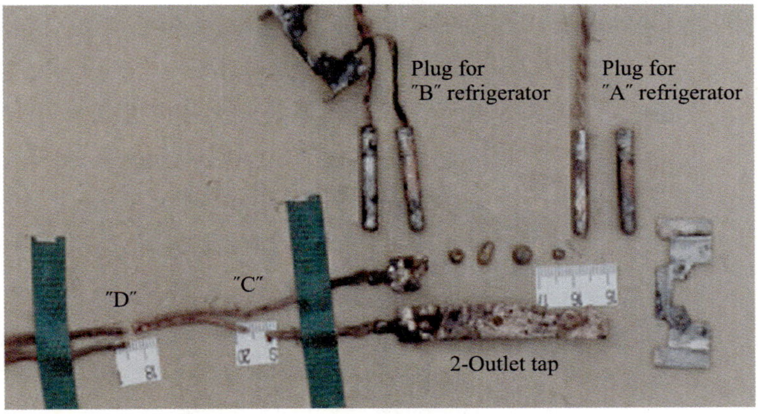


**그림 1.8** ▶ 화재현장에서 발굴된 여러 개소의 단락흔의 예

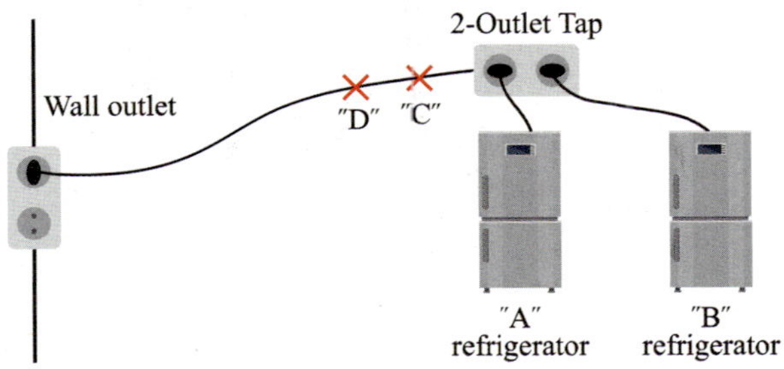


**그림 1.9** ▶ 전기회로와 단락흔의 위치 관계

[그림 1.8]과 같이 멀티 탭 2구 콘센트의 칼날받이가 용융되어 있고, 2구 콘센트 전원코드의 두 지점(C와 D지점)에 단락흔이 있고, 냉장고 A의 전원코드 끝 플러그의 한쪽 칼날의 콘센트 칼날받이와 접촉되는 부위가 국부적으로 용융되어 있으며, 냉장고 B의 전원코드와 냉장고 B와 냉장고 A의 내부 배선 등에서는 단락흔이 발견되지 않았다. 이와 같은 경우에 멀티탭 2구 콘센트에서 냉장고 A의 전원코드 끝 플러그의 한쪽 칼날과 칼날

받이의 접촉불량으로 화재가 발생되어 C, D방향으로 확대되다가 C, D 부위에서 단락된 것으로 분석할 수 있다. 만일 D지점에서 먼저 단락되었다면 D지점에서 단선되어 C지점과 2구 콘센트에는 전원이 공급될 수 없으므로 C지점과 2구 콘센트에는 단락흔이 생성될 수 없고 콘센트에서 최초로 단락되었기 때문에 C, D 부위로 화재가 확대되면서 전선 피복이 화열로 소실되는 등의 피해를 입으면서 단락되어 C, D 부위에서 단락흔이 생기고, 냉장고 쪽으로는 화재가 확대되었어도 2구 콘센트에서 단락으로 부하쪽으로는 전원이 공급될 수 없어서 A와 B의 냉장고와 전원코드에서는 단락흔이 생기지 않은 것으로 분석할 수 있다. 이 사례의 경우에는 연소방향이 D지점 방향으로는 '2구 콘센트 → C지점 → D지점'임을 단락흔 조사만으로 알 수 있다.

### (3) 단락흔과 발화개소의 관계

분전반에서 전기기기(부하)까지는 일반적으로 '분전반 → VVF 케이블 → 벽체매입 콘센트 → 멀티탭(멀티콘센트) → 전원코드 → 전기기기'와 같은 순서로 배선되어 있다. 옥내배선에 널리 사용되고 있는 VVF 케이블(600V 비닐절연비닐시스케이블 평형, 통칭 F케이블) 등 고정배선이 단락되면 일반적으로 단락전류가 커서 그 회로에 설치되어 있는 분전반의 차단기가 작동하여 전원이 차단(off)되므로 F케이블에서 단락이 발생하면 통전이 정지되어서 그 차단기 부하 측에는 단락이 발생할 수 없으므로 단락흔이 생성될 수 없다. 따라서 F케이블에만 단락흔이 있고 벽체 매입 콘센트 이후에 단락흔이 없는 경우에는 단락흔이 있는 곳이 발화점 또는 발화개소 부근이라고 할 수 있으므로 이 경우에 F케이블의 단락흔은 발화개소 판정의 근거가 될 수 있다. F케이블에 연결된 벽체 매입 콘센트에서 분기한 멀티탭이나 비닐평형코드는 단락되더라도 단락전류가 크지 않아서 차단기가 작동하지 않거나 퓨즈가 끊어지지 않는 경우가 많으므로 동일회로 계통의 2개소 이상에 단락흔이 발생하는 경우가 많다.

화재가 바닥 쪽에서 발생한 경우에는 바닥에 있는 비닐평형코드의 1개소 이상에서 단락흔이 발생한 후에 화재가 천장 안쪽에 확대하여 F케이블이 단락되면 통전이 정지되어 그 후에는 F케이블의 부하 측의 다른 개소에는 단락흔을 발생하지 않는다. 이러한 경우에는 비닐평형코드의 단락흔과 F케이블의 단락흔 조사만으로 단락흔이 있는 바닥부위를 발화개소로 판정할 수 있다.

그리고 멀티탭이나 비닐평형코드는 건물 실(室)의 바닥을 따라 사용하는 경우가 많으며, 멀티탭이나 비닐평형코드의 단락흔은 화재의 초기에 발생하기 쉬우므로 단락흔이 있는 전기회로의 분기차단기가 작동한 경우에는 멀티탭이나 비닐평형코드의 단락흔이 있는 개소는 발화개소 부근일 가능성이 높은 것으로 분석할 수 있다.

# 04 차량화재 조사 절차

## 4.1 차량화재의 특징

차량화재 현장에서 일어나는 특징으로 연소 도중에 스위치 선간의 단락이 일어나 스위치를 연결하여 와이퍼, 경음기, 전조등, 시동 켜짐 등의 현상이 발생할 수 있고, 시동이 켜지면 특히 기어가 물린 상태에서는 연소도중 이동되는 경우도 있으며, 폭발음이 발생할 수 있다. 폭발음은 실내가 타면서 유리가 파열되는 '퍽' 소리가 발생하기도 하고, 타이어에 불이 붙어 파열되며 발생하기도 하며, 트렁크 내부에 스프레이 용기가 있을 경우에는 강한 파열음을 발생하기도 한다.

차량화재의 특성 및 발생가능성으로

① 차량은 좁은 공간에 동력기계계통, 전기전자계통, 연료윤활계통, 배기계통 등이 복합, 유기적으로 연동되는 장치로 구성되어 있어 발화개소의 판정이 어렵다.

② 차량은 연료, 시트, 타이어, 합성수지 등의 가연물이 있어 화재 하중이 높고, 외기에 개방된 상태인 연료지배형화재의 특성을 가진다(단, 창문이 닫힌 차실 내에서 발화한 경우에는 환기지배형화재의 특성을 가진다).

③ 운행 중 상시 진동이 발생하며 이 진동으로 인해 화재발생 가능성이 잠재하고 있다.

④ 개인 취향에 따라 다양한 기기 등을 추가로 설치할 수 있고 이의 변·개조가 용이하며 추가설치나 변개조 시 화재발생 가능성이 있다.

⑤ 차량은 개방된 공간에 주차되는 경우가 많아 사회적 불만이나 주차불만 해소, 절도행위의 은폐를 목적으로 방화할 수 있다.

또한 다음과 같은 특징이 있다.

① 사용상황이 명확한 경우가 많다.

② 수리, 개조 등의 기록이 있는 경우가 많다.

③ 화재발생 직전의 상황을 목격하거나 CCTV나 블랙박스에 녹화된 경우가 많다.

④ 같은 차종의 차량을 준비하면 소실된 부품 등을 알 수 있다.

⑤ 분해 등에 전용공구를 필요로 한다.

⑥ 이재물건(화재차량)을 이동할 수 있다.

## 4.2 차량화재 원인 분석 방법[7)]

차량화재 원인 분석방법이 별도로 있는 것이 아니라, 건물화재 원인 분석 방법이 차량화재에도 그대로 적용되고 있다. 건물화재 원인을 분석할 때 일반적으로 원인을 분석하기 이전에 발화개소를 판정한다.

건물화재의 발화개소를 판정하려면 첫째, 연소정도가 심하고 심하지 않은지로 연소강약을 조사하고, 불이 번져간 연소확대 방향을 조사하고, 변색·변형·용융상황, 화재패턴 등 화재현장에 남아 있는 흔적을 조사하고, 둘째, 단락흔을 조사하고, 셋째, CCTV 또는 블랙박스 등의 녹화영상을 조사하고, 넷째, 화재감지기의 감지기록을 조사하고, 다섯째, 무인기계경비(세콤) 기록을 조사하고, 여섯째, 목격자나 관계자 진술을 조사하고, 일곱째, 현장활동 소방대원의 진술 등을 조사한다.

조사한 내용 전체를 종합하여 상호 모순되지 않게 발화개소를 판정하며, 목격자진술, CCTV 녹화영상, 세콤기록 등이 없는 경우에는 조사된 내용만을 종합하여 발화개소를 판정한다.

발화개소를 판정한 후 발화개소를 발굴하거나 면밀히 조사하고 화재원인이 될 만한 모든 발화원 등을 검토하여 화재와 관련이 없는 것을 하나씩 배제하여 관련성이 높은 것들만 남긴 후 구체적인 검토나 분석을 통해 화재원인을 판정하고 있다.

이와 같은 건물화재 원인 분석 방법을 적용하여 화재발생 차량의 원인을 분석하고 있다.

7) 이의평, "주차장 정차 공회전 중 발생한 외제승용차화재 사례의 원인 분석", 한국과학수사학회지, 제12권 제2호, p. 123, 2018.

## 4.3 차량화재의 원인규명 절차[8)]

건물, 차량 등에서 화재가 발생하면 일반적으로 119신고가 되고 소방대가 출동하여 진화한다. 모든 소방서 화재조사팀은 화재진화를 위해 출동하는 소방대와 동시에 출동하는 시스템을 갖추고 있으므로 차량화재가 발생하게 되면 1차적으로 관할소방서의 화재조사팀에서 화재원인을 조사하게 된다. 그리고 화재현장에는 경찰서의 과학수사팀에서 출동하는 경우도 있다. 경찰의 주된 화재조사목적은 그 화재가 범죄와 관련되어 있는지를 조사하기 위함이다. 경찰서의 과학수사팀에서 조사하기 어려운 화재인 경우에는 국과수(국립과학수사연구원)에 의뢰하여 조사하기도 한다. 또한 손해보험회사 등은 소방, 경찰, 국립과학수사연구원 등 공적인 기관에서의 원인조사가 미흡한 경우에는 민간차량화재조사전문가에 의뢰하여 원인규명을 하는 경우도 있다.

소방서, 경찰서, 국립과학수사연구원 등의 차량화재에 대한 원인규명 절차는 거의 동일하다. 화재원인규명 절차는 우선 연소강약(화열로 인한 피해가 심하고 심하지 않은지의 판별), 연소확대방향(불이 번져간 방향의 판별), 관계자진술 등을 통해 발화개소를 규명하고, 압축된 발화개소를 발굴하거나 면밀히 조사하여 화재원인이 될 가능성이 있는 모든 발화원 등을 검토한 후 화재와 상관성이 없는 것을 하나씩 배제(소거)해가면서 관련성이 높은 것들만 남긴 후 구체적인 검토나 분석을 통해 최종적인 화재원인을 판정하는 절차를 따른다.

경우에 따라서는 재현실험을 통해 화재원인을 객관화시키기도 한다. 화재조사가 종료되면 소방서에서 '화재증명원'을, 경찰서에서 '사건사고사실확인원'을 발급받을 수 있으며, 이들 서류에 화재원인이 기재되고 있다.

## 4.4 차량화재 원인 분석 방법과 절차 및 적용 이론

대부분의 사고는 특별한 경우가 아니고는 확대되지 않고 사고 자체로 종료되므로 물적 증거가 훼손되지 않고 남아 있는 경우가 많으나 화재는 발생하면 성장하고 성장하면서 증거물을 불태워 없애거나 변형시키는 특징을 갖고 있다. 또한 소방대의 화재진화 과정에서도 고압방수 등으로 인해

8) 이의평, "시동불능 자동차에서 발생한 화재의 원인 분석 연구", 한국자동차공학회논문집, 제20권, 제6호, pp.92~93, 2012.

증거물이 유실되거나 훼손되는 경우도 적지 않아 물적 증거를 통해 화재원인을 규명하는 것이 쉽지 않다.

특히 차량은 급격히 화재를 확대시킬 수 있는 연료를 연료탱크 내에 적재하고 있고 발열량이 큰 합성수지제품이나 타이어 등 다량의 가연물이 내장되어 있거나 사용되고 있을 뿐만 아니라 건축물화재와 달리 공기공급이 원활한 외부공간에서 발생하므로 연소속도가 빠르며 좁은 제한된 공간 내에 발화원이 될 수 있는 많은 기기 등이 있는 특징을 갖고 있어 물적증거를 통해 화재원인을 규명하는 것은 더더욱 어렵다.

전체 화재 중 가장 많이 발생하는 건축물화재의 화재원인 규명 방법과 절차 및 적용이론이 차량화재에도 그대로 적용되고 있다. 건축물화재의 원인 규명 방법과 절차는 우선 연소강약 조사(연소정도가 심하고 심하지 않은지의 판별), 연소확대방향 조사(불이 번져간 방향의 판별) 결과와 화재 발견자나 목격자 진술 등을 통해 발화개소(fire origin)를 규명(판정)하고, 압축된 발화개소를 발굴하거나 면밀한 조사를 통해 화재원인이 될 만한 모든 발화원(ignition source) 등을 검토하여 화재와 관련이 없는 것을 하나씩 소거(배제)하여 관련성이 높은 것들만 남긴 후 구체적인 검토나 분석을 통해 화재원인을 판정하고 있다.

연소강약(燃燒强弱)을 판별할 때 적용되는 이론은 가연물의 연소, 연소 시 발열량, 연소속도, 화염의 크기, 열전달, 화재성장 등과 관련된 화재과학이론(fire science)이 있으며, 화열로 피해를 입은 가연물이나 금속재료 또는 유리나 불연재료 등 건축재료나 자동차 재료 등에 남아 있는 흔적(변색, 변형, 탄화, 용융, 소실 등)은 화재패턴(fire pattern) 이론 등을 적용하여 해석하고 있다.

또한 발화원과 화재원인이 다양한 물질과 에너지원(energy source) 및 기기 등과 관련되어 있으므로 발화원과 화재원인을 검토하는 과정에서 다양한 공학이론이 적용되어 해석되고 있다.

그리고 분석기기 등을 통해 증거물을 분석하는 경우에는 해당 분석기법에 대한 이론이 적용되고 있다.

### 4.5 차량화재 원인규명을 위한 전제조건

차량화재의 원인을 규명하기 위해서는 아래와 같은 전제조건이 필요하다.

① 원인규명을 할 수 있는 전문적인 지식과 경험이 있어야 한다.
② 화재진화 과정과 진화 후 함부로 훼손시키지 않아야 한다.
③ 진화 후 정비공장이나 폐차장 등 조사 장소로 이동하는 과정에 화재발생 장소의 바닥에 떨어져 있는 것을 모두 회수해야 한다.
④ 화재직전 상황 등을 구체적으로 파악하여야 한다.
⑤ 차체 하부까지를 볼 수 있는 정비공장 등으로 옮겨야 한다.
⑥ 충분한 자료 또는 정보를 제공받아야 한다.

## 05 차량화재 조사 준비

차량화재를 조사하기 위해서는 조사장소의 선정, 감식용 기자재 준비, 차량등록증, 정비이력, 메이커의 리콜 정보 및 관계자 등의 입회 수배 등을 할 필요가 있고, 화재조사를 하기 위한 사전준비가 필요하다.

### 5.1 조사장소 선정

차량화재는 일반도로, 고속도로, 주차장(입체를 포함한다.) 등에서 발생하기 때문에 화재발생 장소에서 조사를 하면 조사요원이 조사 도중 다른 차량으로 인해 사고를 당할 가능성이 높으므로 조사장소는 화재조사요원의 안전대책이 도모될 수 있고 조사하기 쉬운 장소로 선정할 필요가 있다. 조사현장을 선정할 때에는 화재발생 차량의 소유자 의사도 존중하여 결정할 필요가 있으며, 조사요원이 조사장소를 일방적으로 결정하여 관계자에게 차량 이동을 명령하면 훗날 비용과 관계되는 분쟁을 초래하는 경우도 있으므로 주의하여야 한다. 또한 차량에 대한 지식 부족이나 공구 부족인 상태에서 조사하는 것을 피하고, 해당 차량의 기술 자료나 차량공구, 조사 기자재를 준비하여 조사할 필요가 있다.

### (1) 조사장소

조사장소로서는 다음과 같은 곳을 고려할 수 있다.

① 화재차량 소유자가 신차(중고)로 구입한 차량판매영업소의 서비스공장
② 화재차량 소유자가 최근 차량검사·수리를 맡긴 차량정비·수리공장
③ 화재차량 소유자나 보험회사 등이 폐차를 맡긴 폐차장
④ 도로공사의 차량 두는 곳
⑤ 소유자의 주차장 또는 조사 가능한 주차장
⑥ 화재발생장소가 교통장애가 되어 긴급히 이동할 필요가 있고, 차량 소유자의 양해가 얻어진 경우에는 소방서 주차장 또는 경찰서 주차장
⑦ 조사할 때에 지장이 없는 큰 공간이 있는 도로 및 도로부속공간으로 화재조사요원의 안전대책이 도모될 수 있는 장소

### (2) 조사장소에서의 유의점

① 조사하는 장소는 차량 잭업(jack up)을 용이하게 할 수 있는 평탄한 장소를 선정하고, 차량의 잭 가대위치도 견고한 개소를 선정하여 행한다.
② 관계자 양해가 얻어져 조사장소로서 차량영업소, 차량정비·수리공장, 폐차장을 선정한 경우에는 작업장을 사용하기 때문에 업무에 지장을 주는 경우가 있으므로 화재조사는 효율 좋게 행하여 조기에 종료시켜야 한다.
③ 차량부품을 떼어내는 것은 조사요원이 행해야 하지만, 부품 분리방법이 어렵거나 알지 못하는 경우에는 공장 정비요원에게 맡겨 작업의 안전성과 효율화를 도모해야 한다.
④ 비로 인해 차량이 녹슬어 소손에 의한 차체 변색상황이 변화되는 것을 막기 위해, 또한 휘발유·오일 등이 물로 인한 유화현상(乳化現象)을 일으켜 변색하는 것을 막기 위해 차량에 방수시트를 씌워서 비로 인한 변질을 방지해야 한다.
⑤ 날씨가 나빠 조사 중에 비가 내릴 가능성이 있을 때에는 방수시트·천막, 로프 등을 준비하여 조사에 지장을 주지 않도록 대책을 강구해야 한다.
⑥ 화재조사 종료 후에는 조사로 인해 산란된 부품이나 잔존물을 모아 소손차량의 트렁크 등에 수납하고 청소를 해야 한다.

## 5.2 조사기자재 준비

조사장소에서 차량화재를 조사하기 위해서는 차량 공구를 준비해야 한다.

### (1) 차량 리프트 업을 위한 공구 등

차량을 리프트로 들어 올릴 때에는 평탄한 장소에서 잭을 사용하여 들어 올리고, 차량 밑을 확인하여 사진을 촬영한다. 이 때 차량 아래에서 사진 초점을 맞추기 위해서나 조사원이 차량 아래에서 몸의 움직임을 용이하게 하기 위해서도 지면과 차량 밑의 간격을 최저 40cm 이상 확보할 필요가 있으며, 이 높이가 확보될 수 있는 잭을 준비할 필요가 있다.
또한 잭 업을 하여 차량을 들어 올린 후 불의의 사고로부터 조사원의 안전을 확보하기 위한 추가조치를 할 필요가 있다.

### (2) 차량화재 조사용 해체공구

① 소켓렌치, 플러그소켓렌치, 라쳇트 핸들
② 스패너 렌치
③ 드라이버(+, −), 니퍼, 해머, 쇠 지렛대

## 5.3 차량의 자료 · 이력 · 정보

### (1) 조사를 위한 자료

화재조사를 하기 위해서는 화재발생 차량의 자료(정보)도 수집할 필요가 있다.

① 차량의 소유자 · 운전자 · 발견자 등의 진술
② 차량등록증
③ 차량검사 시의 정기점검 정비 기록부
④ 과거의 수리기록(정비 목록이 기록된 영수증)
⑤ 차량의 정비 매뉴얼
⑥ 리콜의 유무
⑦ 개조, 구입 후 부착한 장치의 유무 및 자료
⑧ 보험증서 등

### (2) 차량등록증

차량번호, 최초 등록년월일, 차명, 형식, 차대번호, 원동기번호, 소유자성명 또는 명칭을 조사하고, 차량 메이커에 연락하여 차량에 관한 필요한 자료 등의 정보를 수집한다. 등록년월일 및 최초 등록년월일에 의거 차량의 이력을 조사한다.

### (3) 정기점검 정비기록부

- 차량화재 발화개소로 추정되는 부근에서 과거에 반복하여 교환·수리·분해를 행하고 있지 않은가를 조사한다.
- 과거에 교환, 분해, 수리를 한 개소를 파악한다.
- 정기점검은 딜러차량검사에 의해, 또는 사용자 차량검사로 하였는가를 조사한다.
- 금회 차량화재의 발화개소 부근에서 과거에 교환·수리·분해를 하고 있지 않은가?
- 과거에 반복하여 같은 교환·수리·분해를 하고 있지 않은가를 조사한다.

# 연습문제

차량화재조사

1. 우리나라 전체 화재발생 건수 중 차량화재가 차지하는 비율은 얼마정도인가?
2. 자동차 1만 대당 자동차에서 발생하는 화재 건수를 일본과 비교하여 설명하라.
3. 차량의 분류방법을 설명하시오.
4. 자동차 분류방법을 설명하시오.
5. 차량화재의 원인은 어떻게 분류되고 있고 원인별 발생비율을 설명하시오.
6. 화재신고부터 화재원인판정까지의 흐름(절차)을 설명하시오.
7. 발화개소판정 방법을 설명하시오.
8. 단락흔과 발화개소의 관계를 설명하시오.
9. 차량화재의 원인 분석 방법을 설명하시오.
10. 차량화재의 원인 분석 방법과 절차 및 적용 이론을 설명하시오.
11. 차량화재 원인규명을 위한 전제조건에 대해 설명하시오.
12. 차량화재의 특징을 설명하시오.
13. 차량화재 조사 장소 선정과 관련하여 고려할 점을 설명하시오.

# 2장 차량화재 조사 요령

차량화재조사

## 01 차량 환경 및 관계자 조사[1)]

### 1.1 화재현장 조사

#### (1) 화재발생장소의 지형 및 도로 상황

관계자 진술을 통해 차량에서 연기나 화염이 나오기 시작한 지점의 도로 경사나 커브 등 지형, 교통신호, 도로정체상황을 조사한다.

#### (2) 화재발생장소의 도로면, 주차장 등의 바닥면 흔적 확인

연료나 각종 오일의 누설흔적 조사 및 브레이크, 휠, 차체 등이 노면에 남긴 상처 흔적이나 타이어흔의 흔적을 조사한다.
또한 주차장소의 바닥면에 휘발유나 오일 등의 누설이 있는지를 조사한다.

#### (3) 화재 차량에서 지상으로 낙하된 낙하물을 수거한다.

#### (4) 소방활동을 한 대원으로부터 연소상황 및 소화방법(소화기·직사주수·분무주수 등)의 청취

1) 동경소방청, 신화조사교본 제4권 제1부 차량화재편, pp.7~8, 2000.

#### (5) 차량화재 발생으로 인한 인근 연소피해(延焼被害)에 대한 피해조사를 한다.

건물·광고탑·인근차량·가드레일·조명·전주 등 또는 경보설비·주차장 등의 소방용 설비 등 작동상황을 조사한다.

### 1.2 관계자 진술 청취

#### (1) 차량의 이력

① 차량 구입년월일, 최초등록년월일(차량검사증이나 차량등록증으로 확인한다.)
② 차량 판매점, 렌트카 회사 및 구입 금액
③ 외제차인 경우에는 정식수입차인가 평행수입차인가의 확인(차량검사증 참고)
④ 과거 차량검사나 정기검사 시 교환·분해·조정·수리상황의 확인
⑤ 수리·사고·개조·의장 유무의 확인

#### (2) 차량보험가입의 유무

자차보험 등 보험가입 내용을 조사한다.

#### (3) 주행 시 차량의 전조증상

화재발생 당일의 주행개시시간, 주행도로, 주행시간, 주행거리, 휴식시간, 엔진의 정지회수, 엔진의 시동곤란성과 이상음(異常音) 및 타이어의 진동 등 전조증상 유무를 확인한다.

#### (4) 화재 발생 전 운전자의 행동

① 담배를 피웠는지 여부, 사용한 라이터 및 기타 라이터의 개수 및 위치
② 좌석 조정, 윈도우 승강의 유무
③ 주유소 등에서의 연료보충, 오일보충, 배터리교환충전·점검 등의 유무
④ 라디오, 카 내비게이션, 스테레오, 에어컨(외기·내기순환), 공기청정기, 차량높이조정장치 등의 사용 유무
⑤ 라이트, 깜박이, 와이퍼의 사용 유무

### (5) 화재발생 시 상황 조사

① 화재발생 시 장소와 주행속도
② 엔진은 작동 중이었는가? 정지 중이었는가?
③ 차내에서 운전자 상황(주행 중, 수면 중)
④ 화재발생 시 연기와 화염의 발생개소
⑤ 화재발생 시 연기와 화염의 색상 및 폭발·이상음 발생의 유무
⑥ 화재발생 시 엔진의 이상 또는 차체, 기타 부분에서의 이상의 유무
⑦ 조명장치(램프 등) 및 각종 전장품(혼, 스테레오, 와이퍼 등)의 사용과 갑작스런 점등·작동의 유무
⑧ 계기판 경고등의 점등유무
⑨ 화재발생 시 차량 주위 관계자의 목격정보

### (6) 화재발생 후의 운전자 및 관계자 행동

① 화재발생을 알아차리게 된 후 차량정지까지의 주행거리와 소요시간
② 시동키에 의한 엔진정지의 유무
③ 보닛, 트렁크 룸, 도어 개폐의 유무
④ 격렬하게 타기 시작한 개소와 연소확대방향(延焼方向)의 확인
⑤ 소화방법과 소화위치 및 119신고방법

관계자 진술 청취를 효과적으로 하기 위해서는 [표 2.1]의 체크리스트를 활용하면 좋을 것이다.

▼ **표 2.1** 관계자 진술 청취용 체크리스트[2)]

## 차량화재조사 관계자 진술청취용 체크리스트

(운전자, 동승자, 관계인, 유족, 소방공무원, 경찰공무원 등)

조사일시 년 월 일 : 경

조사장소 :

| 항목 | 구분 | 세부 | 내용 | 세부 | 내용 |
|---|---|---|---|---|---|
| ① 사고일시 | | | | 날씨 | |
| ② 장소 | | | | | |
| ③ 피해차량 | | 차종 | | 차량번호(최초등록일) | |
| | | 사용연수 | | 주행거리(당일주행거리) | |
| | | 엔진연료 | 경유, 휘발유, 가스(LPG, LNG), 기타 | 배기량 | |
| ④ 화재 시 상태 | 주행 중 | 도로형태 | | | |
| | | 주행구간 | 에서부터( )km | 속도 | |
| | 주차 중 | 장소 | 옥외(주차장, 노견, 공터, 기타) | 옥내( 층) | |
| | | 주차직전 운행상황 | | | |
| | | 주차이후 경과시간 | | | |
| ⑤ 발견 상황 | | | | | |
| ⑥ 화재 전 상황 | | ⓐ 전혀 이상 없었음 | | ⓑ 전장품이상 유무 | |
| | | ⓒ 엔진이상 | | ⓓ 조향장치 | |
| | | ⓔ 브레이크 이상 유무 | | ⓕ 이상한 소리 유무 | |
| | | ⓖ 진동여부 | | ⓗ 기타 | |
| ⑦ 화재발견 계기 등 | | ⓐ 전혀 이상 없었음 | | ⓑ 폭발음 있었음 | |
| | | ⓒ 타이어펑크소리 | | ⓓ 충격 및 진동여부 | |
| | | ⓔ 엔진정지등 | | ⓕ 계기 이상여부 | |
| | | ⓖ 냄새여부 | | ⓗ 최초착화 위치 | |
| | | ⓘ 연소형태 | (연기, 불꽃 색상 등) | | |
| ⑧ 사고처리 상황 | | ⓐ 시동키처리 | | ⓑ 진화시도 여부 | |
| | | ⓒ 119신고자 | | ⓓ 이후 조치 | |
| ⑨ 운전자(탑승자)의 상태 | | | 흡연여부 | 음주여부 | |
| ⑩ 최근 정비 내용 | | ⓐ 정비업체 | | ⓑ 정비내용 | |
| ⑪ 개조여부 | | | | | |
| ⑫ 추가 장착 전장품 등 | | | | | |
| ⑬ 적재물 현황 | | 인화성액체 | | | |
| | | 종류와 양 | | | |
| | | 기타 참고사항 | | | |
| ⑭ 보험가입 현황 | | | | | |
| ⑮ 사고이력 | | | | | |
| ⑯ CCTV촬영, 블랙박스 설치 등 특기사항 | | | | | |

답변자 인적사항 성명 ( 세)

연락처

조사자 성명 인

2) 김윤회, "차량화재 사례분석 및 조사기법에 관한 연구", 2015년 전주대학교 박사학위논문, p.68 인용.

# 02 차량 본체의 조사

차량 본체 조사는 차량 전체 형상과 차량 부품의 소손상황으로 나눠 조사한다.

## 2.1 차량 전체 형상 조사

발화개소는 1장에서 언급한 방법으로 조사하여 판정한다. 차량이 전소되고 관계자에게 유효한 진술도 얻을 수 없는 경우에는 발화개소의 판정이 어렵다. 또한 연료, 오일 등이 타기 시작하면 조연재(助燃材)가 되어 급격하게 연소확대(延焼拡大)하므로 조사가 더더욱 어렵게 되는 경우가 많다. 이 경우에는 다음 사항을 유의하면서 조사한다.

### (1) 엔진실, 차실, 트렁크실 등의 소손상황을 비교한다.

발화개소를 판정하기 위해서는 우선 엔진실, 차실, 트렁크실 등의 소손상황을 비교하여 엔진실, 차실, 트렁크실 중 어느 한 부위를 발화개소로 판정해야 한다. 연소피해가 없는 부위는 발화개소에서 배제하고 연소피해가 피해가 있는 부위는 연소강약과 연소확대방향을 조사하여야 한다.
건물화재와 마찬가지로 「연소확대 방향」을 파악하려면 「소손정도의 강약(=연소강약)」을 비교해야 한다. 「소손정도」의 강약을 비교할 때 각 부분별로 주목해야 할 점은 다음과 같다.

① 차체 외부

- 외곽부 양쪽 측면의 앞쪽과 뒤쪽을 비교한다(펜더, 도어, 지붕, 측판 등).
- 도어 전후좌우를 비교한다.
- 보닛 표면 쪽과 안쪽을 비교한다(발화개소에 가까운 부분에 강한 수열 변색 흔적이 있는 경우가 많다).
- 범퍼 등 합성수지부분은 원형, 그을음, 용융, 탄화, 소실로 표현하여 비교한다.
- 보닛 등 금속부분은 원형, 그을음, 변색, 용융, 소실로 표현하여 비교한다.

② 차체 하부

- 전후좌우를 비교한다.
- 소손범위를 확인한다.
- 하부에 위쪽으로 소손이 이어져 확대되어 있는 부분(발화개소에 가까운 경우가 많다)에 주목한다.

③ 차실 내부

- 각 좌석, 천장, 바닥, 도어의 안쪽마감재 등을 비교한다.
- 원형, 그을음, 용융, 탄화, 소실로 표현하여 비교한다.

④ 엔진실

- 엔진실을 4등분하여 평면적인 소손상황을 비교한다.
- 합성수지제 부품은 원형, 그을음, 용융, 탄화, 소실로 표현하여 비교한다.
- 금속제 부품은 원형, 그을음, 변색, 용융, 소실로 표현하여 비교한다.
- 전기배선은 피복의 용융, 탄화, 소실로 표현하여 비교하는 외에 도체의 녹청 발생 상태에도 주목한다.

**참고지식**

4등분법이란 차체 또는 엔진실을 전후좌우로 4등분하여 가장 심한 연소부분과 연소확대방향을 통해 발화개소를 추정(판정)하는 방법을 말한다. 차체(보디)에 4등분법을 활용하기도 하지만 일반적으로 발화개소가 엔진실로 압축된 경우에 엔진실 내의 발화개소를 추정할 때 이용한다. 엔진실 연소상황을 통해 4등분으로 판단하기 어려운 경우에는 전후나 좌우 또는 대각선 등으로 2등분하여 발화개소를 추정해도 무방하다. 엔진실을 상하로 나누고 다시 전후좌우로 나눠 8등분하여 발화개소를 추정할 때도 있다. 추정한 부분에서 발화 가능성이 있는 개소를 상세히 조사하여 발화개소를 압축하여 가서 발화개소를 판정한다.

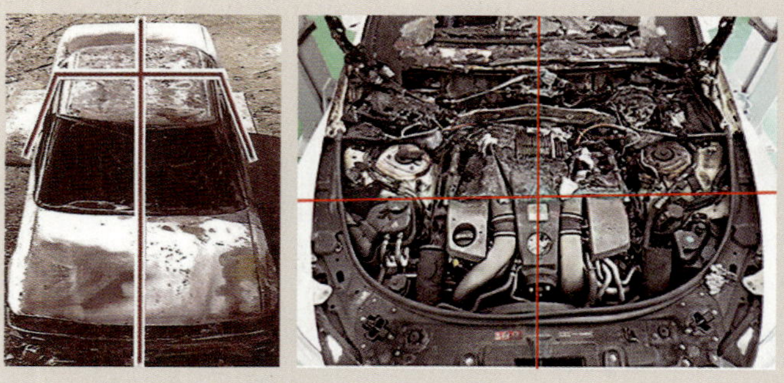

▲ **그림 2.1** 차체(좌)[3]와 엔진실(우)의 4등분 예

[그림 2.2]는 약 20km를 주행 한 후 공판장 주차장에 시동을 켜놓은 상태로 정차 중 화재가 발생해 소방대가 출동하여 진화한 사례로 엔진실과 차실이 연소되는 피해를 입었다. 트렁크실은 연소피해가 전혀 없고 차실은 앞 유리

쪽의 대시보드 위 부분만 피해를 입었고 엔진실의 연소가 심하므로 엔진실에서 차실 쪽으로 연소확대된 것이며 발화개소는 엔진실로 판단할 수 있다.
[그림 2.3]은 고속도로 주행 중 화재가 발생한 사례로 전소되었는데 화재발생 직후 촬영된 사진을 통해 엔진실에서 발화되었음을 알 수 있기도 하지만 엔진실은 전소되고 앞바퀴는 소훼되었지만 뒷바퀴는 남아 있는 것을 통해서도 엔진실에서 발화되고 차실을 거쳐 트렁크실 쪽으로 연소확대 되었음을 알 수 있다.

▲ **그림 2.2** 엔진실과 차실이 연소된 모습[4]

▲ **그림 2.3** 엔진실에서 발화된 후 전소된 모습[5]

3) 相川 潔(아이까와 기요시), 차량화재·구조·조사 대응 가이드, 동경법령출판(일본), p.70, 2012.
4) 이의평, "주차장 정차 공회전 중 발생한 외제승용차화재 사례의 원인 분석", 한국과학수사학회지, Vol.12, No.2, pp.122~129, 2018.
5) 이의평, "커먼레일에서 연료 누유로 인해 발생한 승용차화재 사례의 분석", 한국방재학회논문집, Vol.18, No.4, pp.225~231, 2018.

### (2) 차체 외부의 수열변색 상황을 비교한다.

차량 일부가 소손되었을 때뿐만 아니라 전체가 소손되어 있을 때에는 심하게 연소상태를 일으킨 연료, 오일 등에 의해 확대되어 있는가를 검토하면서 차체 강판의 소손에 의한 변색의 차이를 자세히 관찰하여 발화개소를 추정한다. 알루미늄 소재의 측판은 변색, 용융 차이로 발화개소를 추정한다.

**그림 2.4** ▶ 소손된 차체의 색상변화

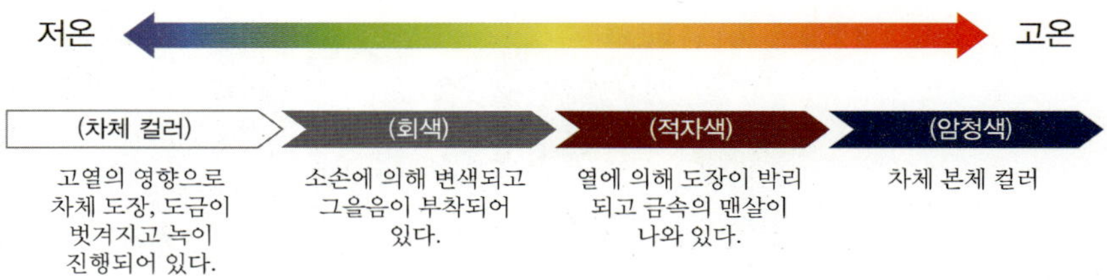


[그림 2.5]는 지하주차장에 주차 중 발생한 화재로 엔진실이 전손되는 피해를 입은 사례로 펜더 좌우측을 비교했을 때 좌측(운전석에 앉아 전방을 주시한 경우를 기준으로 한다.)이 우측보다 심하게 변색되어 있고 지하주차장은 바람의 영향이 거의 없는 곳이므로 외관조사만으로도 발화개소는 우측보다는 좌측일 가능성이 높다.

▲ **그림 2.5** 좌우 펜더 비교 모습

[그림 2.6]은 계모임을 마치고 귀가한다고 한 후 승용차 내에서 시동을 켜놓고 잠을 자던 중 04:50경 화재가 발생한 사례로 차체 좌우 측면을 비교하였을 때 좌측 뒤쪽의 변색이 심함을 알 수 있다.

▲ **그림 2.6** 차체 좌우 외부의 비교 모습

### (3) 전후좌우의 타이어를 비교한다.

타이어로 발화개소를 추정하는 경우에는 앞뒤바퀴 타이어 4개의 소손상태를 비교하여 타이어 중에서 가장 소손이 심한 개소가 발화개소에 가까운 경우가 많다.

[그림 2.7]은 정비를 하고 귀가하다가 발생한 차량화재 사례로 전후좌우 4개의 바퀴를 비교하고 있다. 좌측 앞바퀴는 펑크가 난 상태로 타이어 위에 합성수지류가 흘러내려 붙어 있고, 우측 앞뒤의 두 바퀴와 좌측 뒷바퀴는 펑크가 나지 않은 상태로 화재로 인한 피해가 거의 없이 온전하다.

**그림 2.7** ▶ 전후좌우 4바퀴의 비교 모습6)

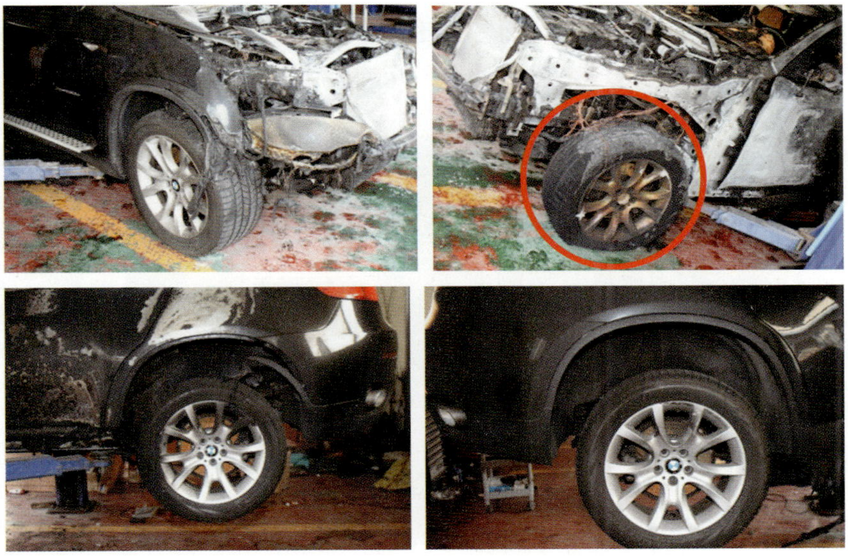

6) 이의평, "DPF 클리닝 직후에 주행 중 발생한 승용차화재 사례의 분석", 한국자동차공학회논문집, Vol.24, No.5, pp.556~565, 2016.

[그림 2.8]은 자택 마당에 주차 중 심야에 발생한 화재사례로 앞바퀴는 좌측은 타이어가 소실되었지만 우측은 펑크가 난 상태일 뿐이며, 뒤의 두 바퀴는 펑크가 나지 않은 상태로 화재로 인한 피해가 없이 온전하다.

▲ **그림 2.8** 전후좌우 4바퀴의 비교[7)]

### (4) 유리의 파손상황을 조사한다.

유리 파손 상황으로 발화개소를 추정하는 경우에는 가장 심하게 열로 손상을 입은 개소가 발화개소에 가까운 경우가 많다. 특히 엔진실에서 발화하여 바람의 영향을 받지 않는 경우에 발화개소를 중심으로 앞 유리가 파손되는 특징이 있다.

[그림 2.9]는 엔진실에서 발화된 화재사례 중 앞 유리의 화재열로 인한 파손상황을 통해 발화개소를 추정할 수 있는 사례들이다.

▲ **그림 2.9** 엔진실에서 발화된 사례의 앞 유리 파손 상황

### (5) 차량 하부를 조사한다.

차량 전체가 소손되어도 차량 하부 쪽까지 소손되는 경우는 아주 드물다. 차량을 들어 올려야 차량 하부의 소손상황을 확인할 수 있다. 차체 하부에서 발화된 경우에는 차량 아래쪽에서 위쪽으로 소손이 연결되어 연소확대(延燒擴大)되어 있거나 차체 하부에 강한 연소 흔적을 남기는 것이 일반적이다. 차량 하부 쪽의 소손이 여러 곳에서 국부적으로 일어나 있을 때에

7) 이의평, "엔진정지 중 심야에 발생한 승용차화재의 분석", 한국방재학회논문집, Vol.15, No.2, pp.241~248, 2015.

는 각각 위쪽으로 타올라간 소손부분을 조사할 필요가 있다. 연료, 오일 등이 하부로 흘러내려 연소되어 차체 하부에 강한 연소흔적을 남기는 경우도 있으므로 유의해야 한다.

[그림 2.10]은 논두렁에 빠져 나오려다가 발생한 화재 사례로 차량 하부의 배기관 위 방열판이 용융되어 있다. 배기관 위 방열판의 국부적인 용융은 다른 곳에서 발화된 경우에는 발생할 수 없다.

[그림 2.11]은 신차 구입 후 14일 만에 주행 중 발생한 화재사례로 엔진실 하부에는 발화 흔적이 없지만 변속기 좌우와 뒤쪽이 집중적으로 소손되어 있으며 변속기 커버가 소실되고 없다. 차체 하부에 변속기 하부에서 발화되었을 때만 나타날 수 있는 소손패턴이 남아 있다.

▲ **그림 2.10** 배기관 위 방열판이 용융되어 있는 차체 하부의 모습

▲ **그림 2.11** 변속기 주위가 심하게 소손되어 있는 차체 하부의 모습[8)]

## 2.2 차량부품의 소손상황 조사

### (1) 엔진실이 소손되어 있는 경우

① 보닛

연료, 오일 등의 연소에 의한 확대를 고려하면서 보닛의 표면과 안쪽 면을 비교하여 양면 모두 같은 위치에 소손에 의한 변색이 강하게 확

8) 김윤회, 이의평, "신차 구입 후 14일 만에 발생한 외제승용차 화재의 분석", 2013 한국자동차공학회학술대회논문집, pp.902~903, 2013.

인되는 개소가 발화개소에 가까운 경우가 많다.

[그림 2.12]는 주행 중에 뒤에 따라 오던 승용차에서 경적을 계속 울려서 도로 노견에 정차하자 엔진실에서 불이 확하고 타올라 운전자가 차량 안에 있던 소화기로 진화를 시도하고 119신고를 하여 소방대가 출동하였음에도 엔진실이 전손되는 피해를 입은 사례로 보닛의 내외부의 동일한 곳에 화열로 인한 국부적으로 심하게 변색된 흔적이 있다. 특히 보닛 안쪽에 선명하게 수열변색(受熱變色) 흔적이 남아 있다. 보닛의 수열변색상황만으로도 변색흔적이 있는 곳 아래의 엔진실 부위를 발화개소로 추정할 수 있다.

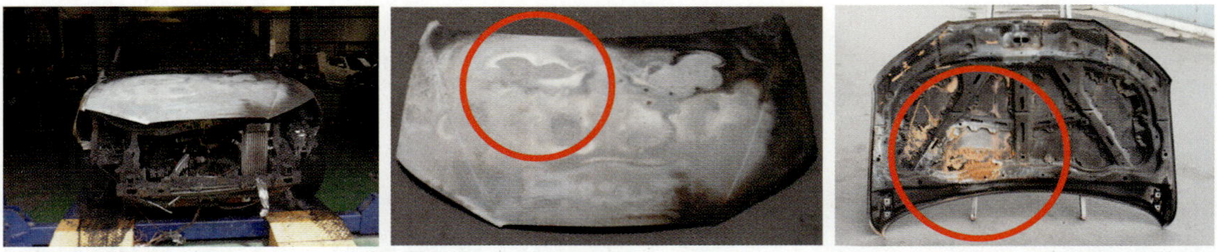

▲ **그림 2.12** 보닛 내외부의 변색흔적

[그림 2.13]은 건물 1층 실내주차장에 주차한 승용차에서 연기가 나고 불꽃이 나는 것을 경비원이 목격하여 119신고를 하여 소방대가 진화한 사례로 운전석 바로 앞의 보닛 외부가 심하게 변색되어 있다.

[그림 2.14]는 고속도로 휴게소에서 주차 중 발화한 화재사례로 운전석 앞쪽의 보닛에 변색흔이 있으므로 변색흔이 있는 아래 부위가 발화개소일 가능성이 높다.

[그림 2.15]는 주행 중 화재가 발생하여 뒤따라오던 차량의 소화기로 진화한 사례로 보닛 안쪽은 조수석 쪽 방음재의 소훼가 심하고 구멍이 있는 부위 주위의 열변색이 심하며 보닛 외부 쪽에도 구멍이 위치한 부위에 수열변색흔이 나타나 있다. 이 화재사례는 2018년 큰 사회적인 문제가 되었던 BMW 차량의 EGR과 관련하여 흡기다기관(운전석 앞쪽에 위치함)이 뚫려 발화된 화재이므로 발화개소에서 떨어진 곳의 보닛에 수열변색흔이 나타난 사례이다. 이와 같이 화재초기에 진화한 경우 보닛 안쪽 구멍의 영향으로 인해 발화개소와 일치하지 않게 보닛 외부에 수열변색흔이 나타나는 경우가 있으므로 주의가 필요하다.

▲ **그림 2.13** 전소된 승용차의 보닛 내외부의 수열변색 흔적

▲ **그림 2.14** 운전석 앞의 보닛 외부에 나타나 있는 수열변색 흔적[9)]

▲ **그림 2.15** 보닛 안쪽 구멍의 영향에 의한 보닛 외부의 수열변색 흔적[10)]

② 실린더 블록

엔진실의 중심에 설치되어 있으므로 외관면의 소손·변색·용융상황을 비교하여 화재의 연소확대 방향을 추정할 수 있다. 특히 실린더 블록 아래 부분에 있는 오일 필터나 오일 팬의 소손상황을 통해 연소확대 방향이 엔진실 상부에서 아랫부분으로 확대되어 있는 것인지? 엔진실에서 차실(차량 내부) 쪽으로 확대되어 있는지? 등 연소방향을 판정할 때에 활용할 수 있다.

9) 이의평, "고속도로휴게소 주차 중 발생한 자동차화재 원인의 분석", 한국화재조사학회 2013년도 춘계학술대회논문집, pp.81~87, 2013.

10) 이의평, "리콜과 관련된 승용차화재 사례의 분석", 한국과학수사학회지, Vol.12, No.3, pp.190~196, 2018.

③ 실린더 헤드 커버

엔진실 중심의 실린더 블록 상부에 설치되어 있으므로 비교적 화재의 초기단계에 화염과 열의 영향을 받기 쉬우며, 표면의 소손·용융상황으로부터 화재의 연소방향을 판정할 수 있는 경우가 있다.

④ 서지탱크, 에어필터

엔진실 중심 상부에 설치되어 있으므로 화재 초기단계에 화염과 열의 영향을 받기 쉬우며, 소손·용융상황으로부터 화재의 방향성을 판정하는 경우에 활용할 수 있다.

⑤ 프런트 서스펜션 서포트(강철제)

엔진실 내에 좌우 1개소씩 설치되어 있다. 좌우의 프런트 서스펜션 서포트의 소손정도를 비교하여 연소방향을 판정할 수 있는 경우가 있다.

⑥ 차량용 전선의 퓨즈

퓨즈는 배터리 양극(+극)의 플러스 전원이 나오는 부근에 대용량인 메인 퓨즈의 퓨지블링크 및 퓨즈 박스가 설치되어 있다. 또한 차내의 운전석 패널 하부에도 각 전장품(電裝品)의 퓨즈가 모인 퓨즈 박스가 설치되어 있다.

외제차 중에는 엔진실 안 배터리 측의 퓨지블 링크가 설치되어 있지 않고 차실 안 운전석 쪽 패널 아래에만 퓨즈박스가 설치되어 있는 경우도 있다.

배선 소손으로 용단된 퓨즈나 퓨지블 링크의 용단상황을 조사하여 배선도에 의거 배터리로부터 각 배선 부설 루트를 확인하고 용단된 퓨즈의 배선 부설 루트로부터 단락개소를 찾아내어 단락발생 개소로부터 엔진실 내 차량용 전선의 소손 루트와 화재 초기에 연소된 개소를 추정할 수 있으므로 발화개소의 판정에 도움이 될 수 있다.

⑦ 차량용 전선

차량용 전선에서는 마이너스선의 사용을 애써 적게 하여 배선 수를 줄이고 있으므로 배선 상호간 단락발생은 많지 않다. 메인 하니스[11] 내에서 배선간 상호 단락되어 있는지를 확인하려면 차량용 전선의 시스템별 배선도에서 메인 하니스 내에 마이너스 선이 들어가 있는지를 확인할 필요가 있으며, 마이너스 선 피복 색에 따라 마이너스 선과 플

11) 차량 배선은 다발로 모아 부설되어 있다. 이 배선 다발을 「와이어링 하니스(wiring harness)」, 줄여서 「하니스(harness)」라고 부른다. 고압회로와 시동회로는 와이어 하니스 내에 묶여져 있지 않고 별도로 단독으로 부설되어 있다.

러스 선의 단락발생 개소를 찾을 필요가 있다.

또한 차량 전선은 피복이 손상을 입으면 배선을 지지하는 지지금구(支持金具)나 차체 · 엔진기기와의 사이에서 단락이 발생하므로 단락에 의한 결손(缺損) · 결락(缺落) 개소를 찾아내면 발화개소의 판정에 도움을 줄 수 있다.

### (2) 차실이 소손되어 있는 경우

① 차실 바닥에 설치되어 있는 매트의 소손상황을 통해 연소확대 방향을 추정할 수 있다. 차량 전체가 소손되더라도 차실 내 매트가 타다 남은 경우가 있으며, 매트의 타다 남은 상황을 통해 연소확대 방향이 엔진실측에서부터인가?, 트렁크측으로부터인가?를 알 수 있으므로 발화개소 판정에 도움이 될 수 있다.

그리고 배기관 계통의 촉매장치나 DPF(미세먼지저감장치) 또는 머플러와 관련되어서 화재가 발생한 때에는 차실 내 바닥 주위의 카펫만이 소손되어 있다.

② 차량용 전선

엔진실이 연소되어 있는 경우와 마찬가지로 배선의 단락 · 반단선 · 접촉불량이 발생한 위치를 찾아내면 발화개소의 판정에 도움이 될 수 있다.

# 03 소손상황 조사 방법

**화재사례 1** 엔진실에서 화염이 분출한 화재

**화재개요**

화재발생 차량에 2명이 승차하여 지방도로 주행 중에 뒤에 따라 오던 승용차에서 경적을 계속 울려서 도로 노견에 정차하자 엔진실에서 불이 확하고 타올라서 운전자가 차량 안에 있던 소화기로 진화를 시도하고 6월 09일 11:58경 119신고를 하여 소방대가 출동하였음에도 엔진실이 전소되는 피해를 입었다.

**조사순서**

> **Point**
> 보닛의 조수석 앞쪽 부분이 강하게 수열변색이 되어 있고 조수석 쪽 앞 유리가 파손되어 있는 점에서 발화개소는 이 부근으로 추정할 수 있다.

> **Point**
> 좌우 펜더가 거의 비슷하게 수열변색된 점에서 발화개소는 엔진실 하부로 추정할 수 있다. 엔진실 하부에서 발화된 경우에 좌우 펜더가 거의 비슷하게 수열변색되는 특징이 있다.

1. 차량 외곽부(바깥) 상황을 조사한다.

(1) 보닛 전체면이 수열변색되어 있다. 차실 내와 차량 후부는 소손되어 있지 않다.
(2) 보닛은 조수석 앞쪽 표면의 일부가 심하게 수열변색되어 있다.
(3) 조수석 쪽의 앞유리가 화열로 파손되어 있다.
(4) 좌우 팬더는 거의 비슷하게 수열변색되어 있고, 조수석 쪽의 바퀴는 타이어가 펑크가 난 상태이지만 운전석 쪽 타이어는 거의 원형을 유지하고 있다.

**Point**
보닛 우측부분의 표면·안쪽면 모두 같은 개소에서 심한 변색 상황을 확인할 수 있으므로 발화개소는 엔진실 우측(조수석 앞쪽) 부근으로 추정할 수 있다.

2. 보닛을 개방하여 조사한다.

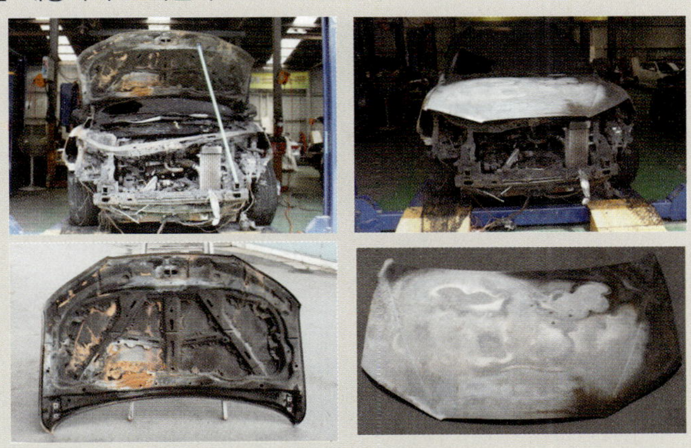

(1) 보닛의 안쪽(엔진실측)은 우측부분이 화재열로 심하게 수열변색되어 있다.
(2) 보닛 안쪽의 심한 수열변색 부위의 바깥쪽도 심하게 변색되어 있다.

3. 엔진실 안을 조사한다.

(1) 엔진실 내부는 전체적으로 우측이 좌측보다도 소훼가 심하다.
(2) 앞 유리가 파손된 부분의 바로 앞쪽이 심하게 소손되어 있다.
(3) 좌우 바퀴 위쪽의 휠 하우스 철재의 화열로 인한 수열변색은 우측이 좌측보다 심하다.
(4) 운전석 쪽에 ECU, 퓨즈박스, 배터리, 에어 클리너, 냉각수 고무배관 등이 위치하여 운전석 쪽이 조수석 쪽보다 훨씬 가연물이 많음에도 조수석 쪽이 심하게 소훼되어 있으므로 운전석 쪽은 발화개소에서 배제할 수 있다.
(5) 엔진실의 조수석 앞쪽에 위치한 연료필터와 휠하우스가 아래쪽까지 화열을 받아 심하게 변색되어 있고, 연료필터 바로 뒤의 하니스 피복이 모두 소실되어 있다.

4. 차체 하부를 조사한다.

(1) 엔진실 하부는 화열로 변색되어 있다.
(2) 파워스티어링오일 배관의 접속부 부근의 차체에 액체류 연소형태가 남아 있다.

5. 엔진을 내려 조사한다.

**❗ Point**
화염은 위쪽으로 타 올라가므로 엔진실의 가장 낮은 위치에서 위쪽으로 타 올라가 위치가 발화개소인 경우가 많다.

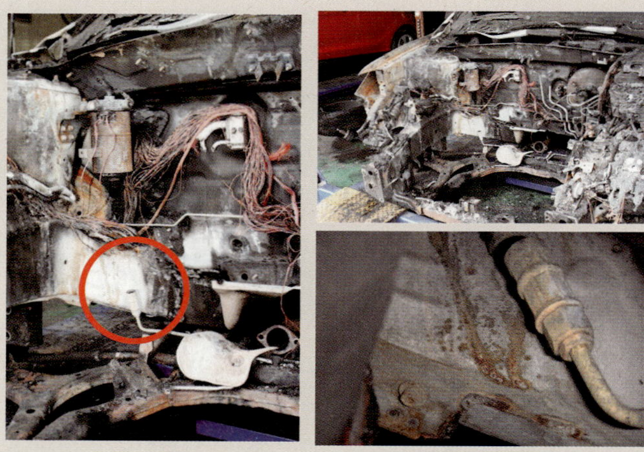

(1) 차체에 액체류 연소형태가 남아 있는 곳 바로 옆에 파워스티어링오일 배관의 접속부가 있다.

(2) 파워스티어링오일 금속배관과 고무배관의 접속 부위부터 위쪽으로 연소확대된 모습을 하고 있으며, 금속배관 접속부분(○ 부분)이 화열로 심하게 변색되어 있다.

위와 같은 근거로 이 화재는 엔진실 좌측부분 아래쪽의 파워스티어링오일배관 접속부분이 발화개소이다.

**검토해야 할 항목**

오일누설에 의해 화재가 발생한 것인가?

**참고지식**

| 연료 | 착화 원인 | 착화원 | 결과 |
|---|---|---|---|
| ■ 휘발유<br>■ LP가스 → | 전기스파크로 착화 | 디스트리뷰터(배전기)<br>릴레이(금속케이스와 수지케이스 균열의 경우)<br>배선단락, 스파크 | → 화재 |
| ■ 경 유 → | 고온물체 접촉 | 배기관<br>배기매니폴드<br>촉매장치<br>DPF(미세먼지 저감 장치) | → 화재 |
| ■ 브레이크액, ABS<br>■ 엔진오일<br>■ 변속기오일<br>■ 파워스티어링 오일 → | 고온 물체 접촉 | 배기관<br>배기매니폴드<br>촉매장치<br>DPF(미세먼지 저감 장치) | → 화재 |

**화재사례 2** 에어컨 송풍구에서 연기가 분출한 후 화재로 이어진 사례[12)]

**화재개요**

주행 중 차실 내 조수석 쪽 대시보드의 에어컨 송풍구에서 연기가 나와서 긴급정차를 한 후 조수석 앞쪽 발판 쪽에서 화염을 목격하여 승용차에서 내려 조수석 쪽으로 돌아가 매트를 걷어내고 구두 발로 불을 꺼보다가 역부족인 걸 판단하고 도와달라고 외치니 인근 공사장 노동자들이 분말소화기로 진화를 해준 화재사례로 진화 후 119신고(9월 20일 08:40경)를 하여 소방대가 출동하였다.

**조사순서**

1. 차량의 외부 쪽 상황을 조사한다.

차량 외부(전후좌우)는 화재로 인한 피해가 없다.

2. 엔진실과 차체 하부를 조사한다.

(1) 엔진실은 화재로 인한 피해가 없다.
(2) 차체 하부는 화재로 인한 피해가 없다.

3. 차실을 조사한다.

(1) 차실 내부는 조수석 앞 대시보드 있는 곳이 연소되어 있다.
(2) 운전석 대시보드와 뒤 좌석 쪽은 연소되어 있지 않다.

12) 이의평, "블랙박스 설치 후 주행 중 발생한 승용차화재 사례의 분석", 한국방재학회논문집, Vol.16, No.3, pp.179~187, 2016.

**Point**
기판으로 인해 발화된 경우에는 기판에 단락흔적이나 국부적인 용융흔적 등 특이점이 남아 있을 수 있다.

4. 연소부위 중 바닥을 조사한다.

(1) 바닥 매트 위에 대시보드 내부의 부품 등이 낙하되어 있다.
(2) 바닥 매트 위에 기판이 낙하되어 있다.

5. 연소부위 중 대시보드 쪽을 조사한다.

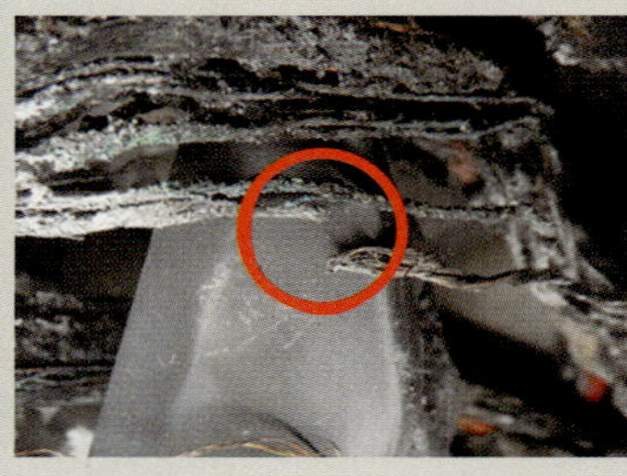

(1) 하니스는 피복이 소실되어 있다.
(2) 하니스의 한 전선에 단락흔이 있다.

**Point**
단락흔은 화재의 원인이 된 것(1차 단락흔)일 수도 있고, 화재로 인해 피복이 소실되는 등으로 인해 2차적으로 단락되어 생성된 것(2차 단락흔)일 수도 있다. 단락흔의 외관만으로는 1차 단락흔인지 2차 단락흔인지 구분하기 어려우므로 단락흔이 있다는 이유만으로 단락흔이 있는 곳이 발화개소라고 판단해서는 안 된다.

**Point**
기기나 부품의 국부적인 발열흔적은 발열흔적이 있는 곳에서 장기간 또는 반복적으로 발열하여 나타나는 현상으로 화재에 의해서는 2차적으로 나타나기 어렵다.

6. 대시보드를 분리해낸 후 안쪽을 조사한다.

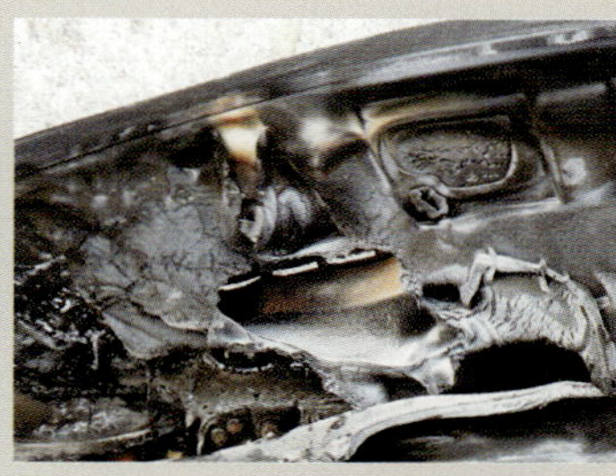

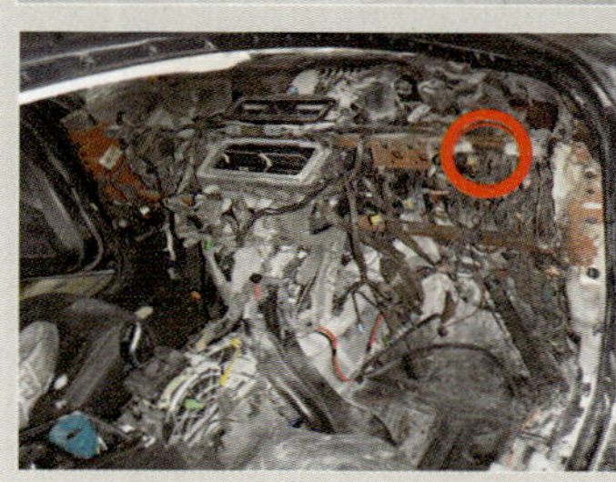

(1) 조수석 앞쪽 대시보드 안(○ 부위)에 국부적으로 용융되다가 뚫린 흔적이 있다.
(2) 대시보드 안쪽의 국부적으로 뚫린 부위는 파워스티어링모듈이 위치한 곳(○ 부위) 부근이다.
(3) 파워스티어링모듈이 위치한 곳 위쪽의 합성수지가 국부적으로 용융되어 있고, 파워스티어링모듈 접속부에 국부적인 발열흔적이 있다.

위와 같은 조사결과를 근거로 이 화재는 파워스티어링 모듈 접속부분 부근을 발화개소로 판정할 수 있다.

**검토해야 할 항목**

(1) 단락흔이 있는 하니스에서 발화되었을 가능성이 있는가?를 조사한다.
(2) 그렇지 않으면 파워스티어링 모듈이나 접속부분에 의해 화재가 발생한 것인지?를 조사한다.

## 화재사례 3 앞바퀴에서 발화한 화재[13)]

**화재개요**

고속도로를 주행 중 가드레일에 충돌하였다. 그 후 인터체인지로 내려가기 위해 3~4km 주행한 바, 좌측 앞쪽 바퀴 부근에서 흰 연기가 분출되기 시작하였고 곧바로 타이어가 불길에 휩싸였다.

**조사순서**

1. 차량 외부 쪽 상황을 조사한다.

(1) 좌측 앞바퀴의 타이어가 파열되고 휠 표면이 소손되어 하얗게 변색되어 있다.
(2) 좌측의 프런트 범퍼, 펜더, 헤드램프, 시그널램프가 파손되어 있지만 소손되어 있지 않다.

2. 엔진실을 조사한다.

(1) 좌측 펜더가 파손되어 내부에 밀려 휘어져 있지만, 엔진실의 변형, 소손은 없다.
(2) 전기계통에 이상이 없고, 퓨즈박스에도 단락은 없다.
(3) 브레이크 오일이 규정량의 절반 이하로 줄어들어 있다.

**참고지식** 차량의 브레이크 배관은 앞뒤바퀴에 X자로 2계통으로 나뉘어져 있으므로 2계통이 동시에 파손되지 않는 한 브레이크오일 전체가 없어지는 경우는 없고, 브레이크가 전혀 듣지 않은 경우도 없다. ABS(Anti-lock Braking System)란 급제동을 하여 타이어가 록킹되려고 하면 브레이크를 자동적으로 느슨하게 하여 록킹을 방지하는 장치이다.

**조사순서** 3. 차륜을 분리한다.

(1) 차륜은 타이어부분이 박리되어 없어지고 휠만 남아 있다. 소손된 타이어의 벨트가 좌측 후륜 아래에 남아 있다.

(2) 휠을 분리한바 브레이크드럼이 녹슬어 있지만 연소에 의한 변색이나 금속끼리의 충격불꽃에 의한 변형은 없다. 디스크 브레이크 캘리퍼(브레이크 패드 내장)에 변형이나 소손은 없다.

(3) 교통사고의 충격으로

- 좌측 앞바퀴 드라이브샤프트가 빠져 있다.
- 디스크 브레이크 캘리퍼에 이어지는 브레이크오일 배관이 이탈되어 있다.
- 주위에 브레이크오일이 비산되어 있다.

(4) 브레이크오일 배관에 가까운 배기관의 일부가 검게 소손되어 변색되어 있다.

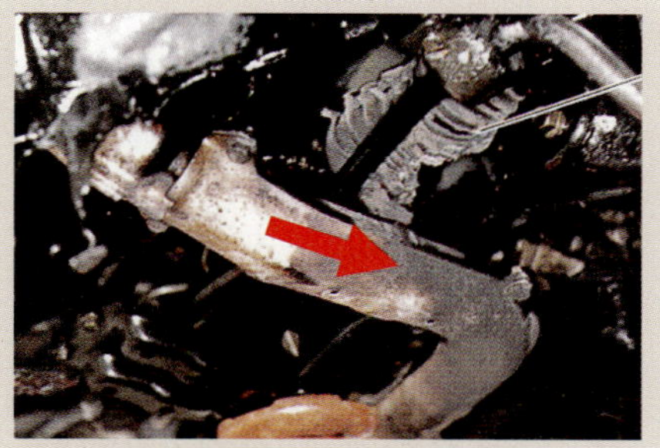

(5) 변색된 배기관 상부의 스트레이트 바의 고무부츠 하부가 배기관에서 타올라간 화염에 의해 소손되어 있다.

**검토해야 할 항목**

(1) 배기관에 브레이크 오일이 누설되어 화자가 발생했을 가능성이 있으므로 조사를 진행한다.

(2) 또한 타이어가 펑크 난 상태에서 주행하면 액슬 샤프트와 브레이크드럼 설치부의 베어링이 파손되어 발열을 일으켜서 휠 실린더에서 누설된 브레이크 오일이 분출하여 고온인 베어링에 접촉하여 발화하는 경우가 있으므로 조사하여 확인할 필요가 있다.

## 04 관계자 입회[14]

차량화재를 조사할 때에 관계자 등에게 입회를 요청할 필요가 있다. 입회인으로서는 다음을 생각할 수 있다.

[입회인]

- 차량의 소유자 : 차량의 이력 및 화재발생전후의 상황을 설명하게 한다.
- 차량·장치 판매업자 : 신·중고차 판매 시와 현황차량과의 차이점의 유무 및 차량의 설명
- 차량메이커 : 차량의 구조, 결선도, 동일 모델 등을 준비시켜 설명을 하게 한다. 메이커 연락처는 고객관련부서가 창구이며, 차량에 대한 자료나 기술제공에 대해 문의한다.
- 정비·수리업자 : 정비·점검·수리 개소를 설명하게 한다.
- 개조·의장업자 : 개조·의장 개소를 설명하게 한다.

13) 동경소방청, 신화조사교본 제4권 제1부 차량화재편, pp.13~15, 2000.
14) 동경소방청, 신화재조사교본 제4권 제1부 차량화재편, p.16, 2000.

차량화재는 화재원인을 둘러싸고 분쟁이 발생하기 쉬우며, 보상 문제나 자동차보험의 지불 거부 등으로 발전하는 경우가 있으므로 차량에 대한 전문지식이 있는 자의 입회를 요구하고 확실한 이론·구조에 기초하여 화재원인을 규명하여 사후에 발생하는 문제에 대처할 수 있도록 조사할 필요가 있다.

차량화재가 다음과 같은 경우에는 법적 분쟁으로 발전할 가능성이 있다.

- 차량 결함으로 화재가 발생하여 차량메이커 측에 책임이 있는 경우
- 신·중고차 구입 후의 보상기간 중에 일어난 화재
- 차량검사 정비나 수리 시의 작업 실수에 의해 화재가 발생한 경우
- 차량개조를 업자나 소유자가 행하여 화재가 발생한 경우
- 소유자의 점검불량, 유지관리 불량으로 화재가 발생한 경우
- 차량화재로 소사자가 발생한 경우

관계자가 입회하지 않은 상태에서 조사를 하여 조사보고서를 마무리한 경우에 법적 분쟁 과정에서 관계자가 입회하지 않은 것을 문제 삼을 수 있으므로 가능한 한 관계자 입회하에 조사를 해야 하고, 보상 문제나 자동차보험의 지불, 손해배상, 제조물책임 사안 등으로 인한 분쟁과 관련하여 법원, 경찰, 변호사, 보험회사에서 사실조회를 하는 경우가 있으므로 사실조회 등에 대비하여 조사보고서를 객관적이고 상세히 작성할 필요가 있다. 화재원인조사를 종료하면 차량의 소유자나 관리자에게 조사내용과 화재발생 원인으로 추정되는 것을 설명할 필요가 있다.

## 05 차량화재 발생 메커니즘

차량화재 중 차량 자체에 기인하여 발화한 화재의 발생원인 등은 여러 영역에 걸쳐 있지만, 다음 4가지 계통과 관련된 요인이 대부분을 차지하고 있다.

- 전기계통 : 배선단락 등이나 전기기기에 기인한 원인
- 연료오일계통 : 연료·오일계통에 기인한 원인
- 배기관계통 : 배기관의 발열이나 가연물 낙하에 기인한 화재
- 기계계통 : 제동장치 과열, 엔진과열, 베어링 파손에 의한 화재

## 5.1 전기계통 화재의 메커니즘

제어시스템과 전동장치 증가에 따라 많은 전기배선이 사용되고 있으며, 엔진실이나 대시보드(dashboard) 안 등 여러 부분에 다발모양으로 된 와이어링 하니스로 배선되어 있다. 이들은 차체를 관통하여 여러 개소에서 서포트 금구(金具)로 고정되고 좁은 공간에 넣어져 있으므로 엔진 열 및 진동, 주행 시 진동 등을 항상 받고 있다. 하니스는 완충재나 보호커버 등으로 보호되고 있기는 하지만 피복이 손상을 받기 쉬운 상태가 되어 피복이 손상되면 차체 사이 등에서 단락하여 피복에 착화하게 된다. 또한 배선이 관통부를 통과할 때 철판 끝의 처리 불충분한 부분에서 피복이 손상되어서 발화한 경우도 있다. 이와 같은 경우를 고려하여 각 회로에는 퓨즈가 설치되고, 차량 배선의 중요한 부분에는 비닐내열저압전선이나 폴리에틸렌내열저압전선 등이 사용되고 있다. 그러나 퓨즈는 간헐적인 스파크만으로는 퓨즈가 용단되지 않고 유염현상(有炎現象)에 이른 후에 용단되는 경우가 대부분이다.

또한 콜게이트 튜브(corrugated tube, 주름관)나 비닐 테이프 피복 주위에 기름이 스며든 먼지나 포장도로의 코트탈피치의 부착 등으로 인해 피복배선에서 이들을 개입하여 화재가 확대되기 쉽다. 그리고 자기소염성(自己消炎性)이 있는 배선일지라도 그룹화된 다발로 배선된 경우에는 연소확대 된다.

이와 같이 스파크가 발생되어 피복에 착화, 연소가 계속되어 각종 합성수지에 연소확대가 되고, 더 나아가서 연료파이프에 화재가 확대하게 된다.

**그림** 2.16 ▶
하니스의 분기 예

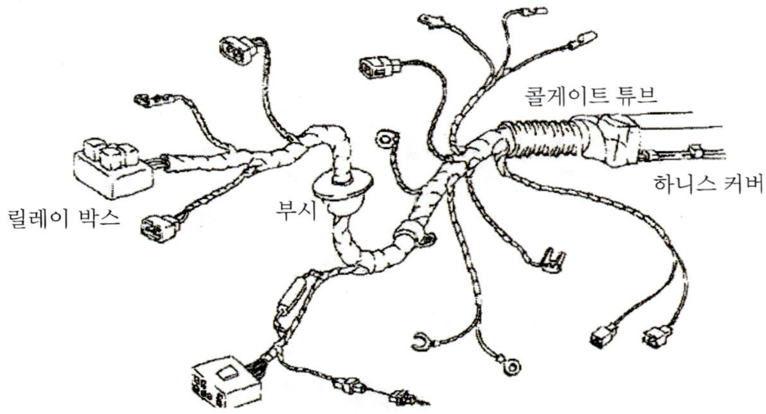

**그림 2.17** ▶ 하니스의 구성(좌), 새들(중), 부시(우)의 예15)

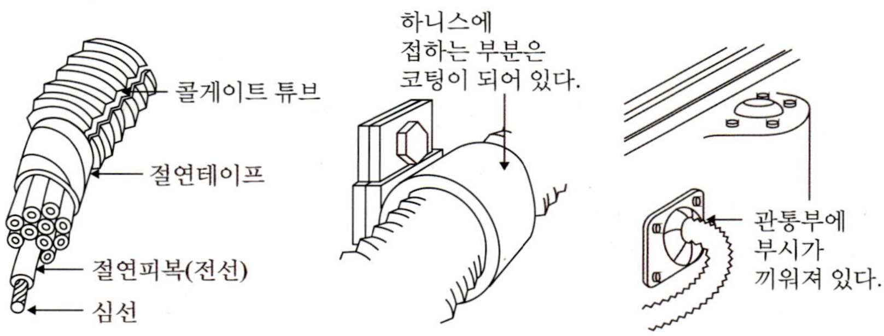


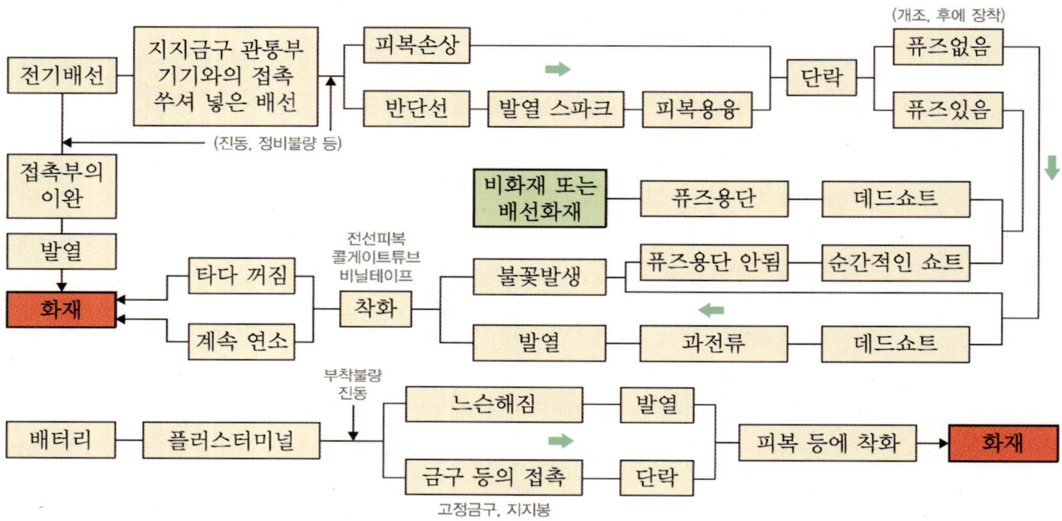


▲ **그림 2.18** 전기화재의 발생 메커니즘

또한 전기배선의 단락에 의한 화재 중에는 전기기구를 개조하거나 차량구입 후에 설치한 배선에서도 발생하고 있다. 차량을 구입한 후에 배터리에서 퓨즈를 개입하지 않고 직접 배선되게 설치하면 복잡하게 되기 쉬워 진동에 의한 손상을 받기 쉬운 상태에 있을 뿐만 아니라 단락되어도 퓨즈가 없으므로 화재로 이어지기 쉽다.

한편 배선계통의 화재는 각종 기기와의 접속부에서도 발생하고 있으며, 이들은 접속부 이완에 기인한 접속저항 증가에 의한 주울 열로 피복 등에 착화하고 있다.

모터 중에서는 시동모터의 화재가 가장 많고, 시동키 되돌아감이 나쁜 이유 등으로 피니언 기어가 나온 상태로 회전을 계속하면 시동모터가 발전기가 되어 과열하여 발화한다. 또한 모터 축의 베어링 록킹(구속운전)에

15) 동경소방청, 차량화재조사 참고서－조사 전의 예비지식, p.57~58, 2005.

의해 모터 코일에 과전류가 흘러 과열 발화하는 경우도 있다.
차실 환기용 팬의 풍량을 조절하는 저항기에서 발화하는 경우도 있는데, 이는 블로어실(室) 내에 이물질이 혼입되어 저항기가 발열하여 발화하기 때문이다.
또한 일반화재에서도 볼 수 있는 스위치나 릴레이부분의 트래킹현상, 기판 불량, 콘덴서 절연열화, 램프에 가연물 접촉 등의 발화도 있다.
전기화재의 발생 메커니즘을 정리하면 [그림 2.18]과 같다.

### (1) 차량 전기의 특징

차량 전장품은 일반가정의 전기기기 등과는 크게 다르다. 차량에는 전원공급을 직류 12V(보통승용차의 경우)로 하고 있다. 직류이므로 전기는 배터리 플러스측에서 일방통행으로 마이너스측으로 흘러간다. 그리고 차량에서는 배선을 줄이기 위해서 마이너스측에 이르는 배선 대신에 차체(보디)를 이용하고 있다. 즉 마이너스측 배선은 보디 어스로 배선되어 있다. 와이퍼 모터 전기회로를 예로 들면, 배터리 플러스 측에서 이그니션스위치(시동스위치), 와이퍼스위치를 거쳐 와이퍼모터에 전원이 공급되고 있다. 그리고 와이퍼모터에서 배터리 마이너스 측으로 배선되는데 이 때 와이퍼모터로부터의 배선은 배터리로 직접 배선하는 것이 아니라 보디에 배선된다. 또한 배터리 마이너스단자도 보디와 연결되어 있다. 결국 전기기기의 마이너스 측 배선은 보디 그 자체를 이용하고 있다.
차량에서는 전기기기의 마이너스측은 보디에 배선되어 있다는 점을 염두에 둘 필요가 있다. 이와 같은 배선방법은 화재조사 시에 일반가정과는 조금 다른 양상을 나타낸다. 예를 들면, 가전제품 전원코드에서는 서로 이웃한 2개 코드는 전위가 다르므로 피복이 손상되거나 하여 접촉하면 단락이 일어나고 단락흔(합선흔, 전기용융흔)이 남는다. 그러나 차량 배선은 일반적으로 서로 이웃하는 배선의 전위는 같으므로 접촉하여도 단락이 일어나지 않으며 단락흔도 생기지 않는다.
차량에서 단락이 일어나는 것은 전기기기에 이르기 전 플러스 배선과 전기기기의 마이너스측 배선이 접촉한 경우이다. 보디는 모두 마이너스배선이므로 차량배선에서의 단락은 일반적으로 플러스 배선과 보디가 접촉함으로써 일어난다. 따라서 전기에 의한 발화로 의심되는 경우에는 단락흔 유무를 확인하면 되며, 이 때 배선과 보디가 접촉하는 부분에 주목해야 한다. 단락이 일어난 경우, 단락흔이 생기는 경우가 많기 때문이다. 단락에 의한 용융흔적은 보디에도 남는다. 그러나 서로 이웃한 플러스 배선끼리의 접촉에 의한 용융흔적은 찾아보아도 발견되지 않을 것이다. 이 이외에도 차량 전장품의 특징으로서는 발전기(알터네이터), 축전지(배터리), 고전압발생장치(점화코일) 등을 들 수 있다. 이들 기기는 각각 특징적인 발화요인을 내포하고 있다.

### (2) 차량 배선

차량 배선(automotive wiring)은 다발로 모아져 효율 좋게 부설되어 있다. 이들 배선 다발을 「와이어링 하니스」, 줄여서 하니스라고 한다. 고압회로와 시동회로는 「하니스(wiring harness)」 내에 묶여져 있지 않고 별도로 부설되어 있다.

하니스 내에는 여러 가지 배선이 묶여져 있고 배선의 전선 굵기도 여러 가지이다. 이들 중에는 큰 전류가 흐르는 것, 센서신호로만 이용되는 것 등도 있다. 그러므로 하니스 내의 배선이 어떤 배선인가를 확인하는 것이 중요하다. 최근 차량은 하니스 자체의 량이 많아서 배선 확인이 쉽지 않으므로 배선 색에 주목하여 확인해야 한다. 차량 배선은 회로별로 사용하는 사이즈(두께), 색 등이 정해져 있기 때문이다.

일반적으로 차량 배선은 [그림 2.19]와 같이 되어 있다. 이를 보면 차량의 전기회로는 상시 통전되어 있는 것과 이그니션스위치(시동키)를 ON으로 했을 때만 통전되는 것으로 나눠진다. 전기에 의한 발화라고 생각되는 경우에는 그 회로에 전기가 흐르고 있었는가 아니었는가(=통전입증)를 확인해야 한다. [그림 2.19]에 의하면 상시 통전회로와 시동키를 개입한 회로에 어떤 전장품이 접속되어 있는지를 알 수 있다. 또한 전기회로는 대전류 그룹과 소전류 그룹으로 나눠진다. 전류가 많이 흐르는 배선에 문제가 생기면 발화에 이를 가능성은 높으므로 어떤 전장품이 많은 전류를 필요로 하는지 파악해두면 좋다.

그리고 [그림 2.19]의 배선 이외에도 센서 등의 신호선이 있는데, 신호선에는 발화에 이를 전류는 흐르지 않는다.

각 회로에는 퓨지블 링크(fusible link), 퓨즈(fuse), 서키트브레이커(circuit breaker) 등이 설치되어 있어서 회로 보호가 꾀해지고 있다. 이들 보호 장치가 정상적으로 작동하면 단락 등이 일어나도 발화에는 이르지 않을 것이다. 그런데 차량에는 진동이 있으므로 진동으로 인해 단락이 간헐적으로 일어나는 경우에는 퓨즈 등이 작동하지 않은 경우가 있다. 그리고 간헐적으로 일어나는 단락은 불꽃(스파크)을 발생시켜 전선피복 등을 착화시킬 수 있다.

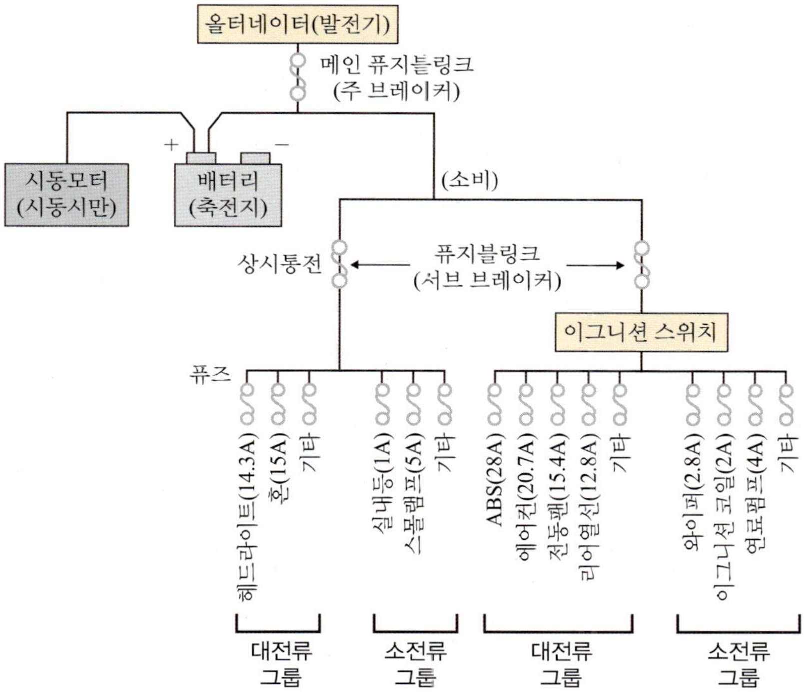


**그림** 2.19 ▶ 차량 전기회로의 예

또한 개조하거나 부품을 개인적으로 나중에 설치함으로써 퓨즈를 설치하지 않는, 부적정한 전선을 사용하는, 부적정한 배선 방법으로 배선이 된 경우에는 발화위험이 아주 높다. 이와 같은 부적정한 배선 방법 유무에 대해서도 확인이 필요하다. [그림 2.20]은 부적정한 배선 방법의 예를 들고 있다.

그림 2.20 ▶
부적정한 배선 방법의 예[16]

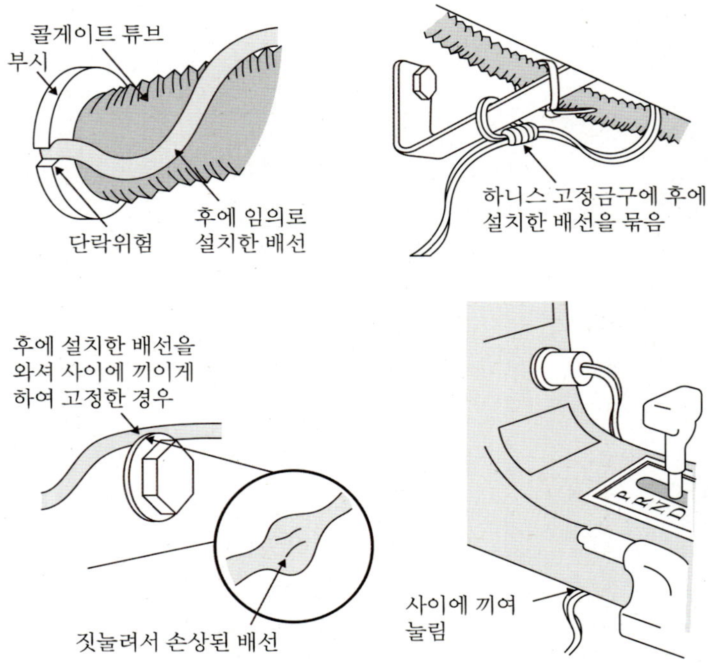


실제로 차량화재 조사를 하는 경우, 어떤 점에 주목해야 하는지 알아본다. 「소손정도의 강약」을 비교하여 연소방향을 찾아가는 방법은 차량 배선에서도 마찬가지이다. 배선은 합성수지제 피복에 덮여 있으며 피복은 용융·탄화·소실이라는 순으로 소손이 강해진다. 또한 배선 중 전선은 일반적으로 동(구리) 연선(撚線, stranded wire)이 이용되고 있는데, 동은 열에 의해 변색하여 용융한다. 연선은 열을 받은 부분은 서로 용착(溶着)되어 있거나 딱딱하게 되어 구부리면 곧 꺾이거나 부서지게 된다.

금속의 소손부분은 붉은색 녹이 발생하지만 구리의 경우에는 녹청(緑錆, 구리가 녹슬어 파란색을 띄는 현상)이 발생한다. 소손된 배선의 특정 부분에 다량의 녹청이 발생해 있으면 그 부분은 강하게 열을 받거나 열을 발생했던 것으로 생각할 수 있다[17].

하니스를 조사하는 경우에 일견 모든 배선이 타있지 않은 것처럼 보일지라도 잘 조사해보면 이 중 1선만이 일정 구간 타있는 상태를 발견하는 경우가 있다(그림 2.21 참조). 이는 그 배선이 어딘가에서 단락을 일으켜 배선 자체가 발열했음을 나타내고 있다. 이론적으로는 타 있는 구간은 플러

16) 동경소방청, 차량화재조사 참고서 - 조사 전의 예비지식, p.89, 2005.
17) 구리선이 화재 전에 열을 받고 주위의 습기로 인해 녹청이 발생하기도 하지만, 화재로 인한 열을 받은 상태에서 소방대 등이 물을 뿌려도 녹청이 발생하는 경우도 있다.

스 측에서 단락지점(보디와의 접촉점 등)까지이므로 불탄 구간을 더듬어 가는 것으로 단락지점을 발견할 수 있는 경우가 있다.

▲ **그림** 2.21 엔진실의 퓨즈박스에 연결된 배선 중 1선만 소손된 예

일반적으로 보디와 접촉하여 단락한 부분에는 용착(溶着, 融着-융착이라고도 부름) 흔적이 생긴다. 보디에 단락흔(=전기적 용융흔)이 부착되어 있는 경우도 많으므로 배선과 보디가 접촉하는 부분은 배선뿐만 아니라 보디측도 염두에 두고 단락흔을 찾아야 한다.

전기적인 단락과 관계없이 열에 의해서 생기는 열흔(熱痕, melting by fire)도 있다. 열흔과 단락흔의 판별은 비교적 용이하다. 배선에 용융되어 가늘어져 쳐진 흔적이 있으며, 연선이 용착되어 딱딱하고 취약해져 있는 경우는 열흔일 가능성이 높다. 연선의 끝에 둥글게 망울이 있는데 주위의 배선은 그다지 열을 받고 있지 않고 용융되어 있지 않으며 망울에 금속광택이 있는 경우 등은 단락흔이다. 그러나 차량화재의 경우에는 엔진실 등 좁은 공간에서 강한 열을 받기 때문에 단락흔이 생긴 후, 2차적으로 열흔이 생기는 경우도 있으며, 또한 단락하는 순간에 배선 자체가 발열하므로 판별이 어려운 경우도 있다. 이와 같은 경우에는 주위의 상황, 연소방향성, 통전입증, 퓨즈의 상태 등으로부터 종합적으로 판단해야 한다.

단락이 의심스러운 배선이 있는 경우는 우선 그 배선이 어떤 배선인가를 확인한다. 그리고 그 배선이 상시 통전되어 있는 것인가? 시동키를 개입한 것인가? 어느 정도 전류가 흐른 것인가? 등을 확인한다. 작은 전류가 흐르거나 시동키를 Off로 하여 통전되어 있지 않는 등의 상태를 확인할 수 있으면 그 배선에 단락은 일어날 수 없다. 스파크 발생에 대해서도 같은 말을 할 수 있다.

참고지식

**녹청현상**[18)]

전선 피복은 PVC를 모재로 하여 충전제(充填劑, $CaCO_3$), 가소제(可塑劑), 안정제 등이 첨가되어 있다. 전선 피복에 열이 가해지면 온도에 대한 반응속도가 PVC가 가장 빠르므로 먼저 PVC가 열분해를 시작한다. PVC는 아세틸렌에 염화수소를 작용하여 합성한다. 아세틸렌은 3중결합을 갖는 불포화탄화수소로 이것에 염화수소(HCl)를 작용시키면 불안정한 3중결합은 염화수소를 얻어 2중결합으로 바뀌어 염화비닐이 된다. 염화비닐이 단량체(單量體, 모노머)가 되어 중합하여 고리모양의 고분자물질이 폴리염화비닐이다. PVC의 분해는 그 분자구조 중에서 가열에 의해 용이하게 탈염산반응을 일으켜 아릴 또는 카노틴계(系)의 중결합(重結合)을 생성하여 PVC분자 고리 중의 Cl을 활성화시킴으로써 탈염소산반응(脫塩酸反應)을 촉진하여 연쇄반응적으로 분해를 촉진하는 것으로 알려져 있다. 전선피복의 열열화(熱劣化)의 진행에 따라 점차 용융변형하여 원소의 결합에너지보다도 열에너지가 크게 되면 분자구조가 해리하여 가스가 발생한다. PVC($CH_2CHCl$)의 분자결합과 원소간의 결합에너지는 [그림 2.22]와 같다.

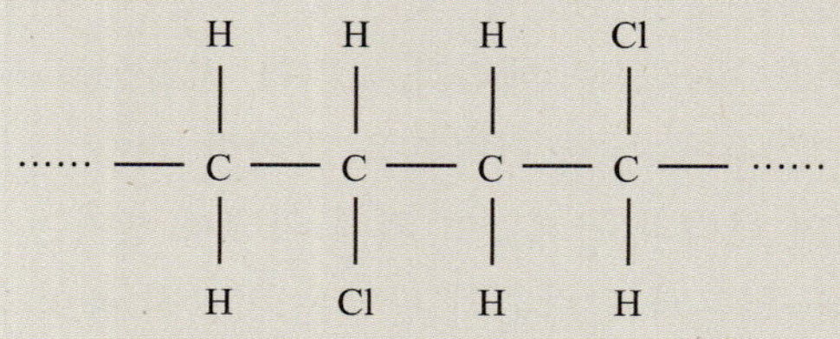

C-C …… 124kcal/mol
C-H …… 98kcal/mol
C-Cl …… 78kcal/mol

▲ **그림 2.22** PVC의 분자구조

가해지는 열에너지가 결합에너지보다 크게 되면 결합에너지가 작은 것부터 점차 고리가 끊어지는 것으로 가정하면 다음과 같이 된다.

(1) C-Cl절단 : 우선 C-Cl 절단이 일어나서 $Cl_2$가스가 발생된다.

(2) C-H절단 : C-H절단에 의거 $H_2O$와 HCl이 발생하며, 염화수소는 $CaCO_3$(충전제) $+ 2HCl = CaCl_2 + H_2O + CO_2$와 같은 반응을 하며, 이 결과 무기질의 탄산칼슘이 흡습성이 강한 염화칼슘으로 변질된다.

(3) C-C절단 : 더 온도가 올라가면 PVC의 골격 C-C 절단이 시작되어 탄소는 잔사(殘渣)가 되며, 온도가 높은 경우에는 그 일부는 산소와 결합하여 $CO_2$가스가 된다.

즉, 열분해과정에서 발생하는 HCl과 충전제인 $CaCO_3$가 반응하여 흡습성인 $CaCl_2$가 발생하며, $CaCl_2$가 생기면 흡습하여 무부하(無負荷)의 상태(전압만 걸려 있는 상태)에서도 단락한다. 이 과정을 요약하면 [그림 2.23]과 같다.

피복의 열열화과정에서 $CaCl_2$가 생성되어 주위 공기 중의 수분을 빨아들이면 전선도체가 부식되어 녹청현상이 발생한다. 이러한 열열화에 의한 부식은 단시일 내에 생길 수 없으므로 열열화가 진행되는 과정에서 부하를 사용하는 경우에는 주울열에 의해 열이 발생하므로 건조되고, 다시 부하를 사용하지 않은 경우에는 흡습을 하고, 다시 부하를 사용하면 건조되는 일련의 반복을 장기간에 걸쳐서 하다가 선간(線間)의 절연저항이 절연파괴를 야기할 수 있는 수 백 Ω 이하로 떨어지는 시점에 절연파괴가 되면서 화재가 발생한다.

18) 이의평, "전선피복의 열열화와 흡습에 기인한 화재 사례 분석", 한국화재조사학회 2011년도 추계학술대회논문집, pp.206~212, 2011.

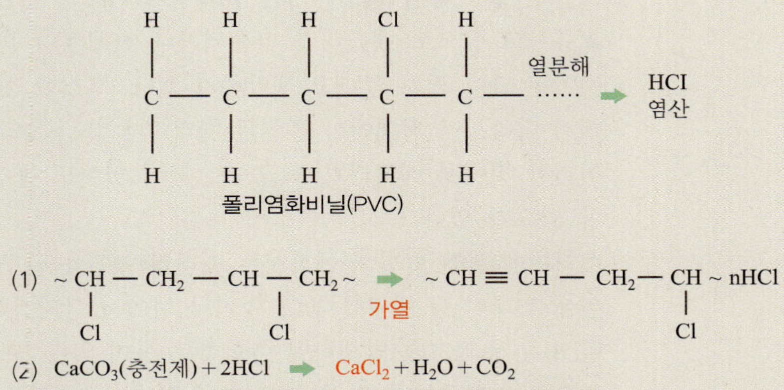


▲ **그림 2.23** PVC의 탈염산반응과 $CaCl_2$의 생성 메커니즘

### (3) 배터리[19]

승용차에는 12V 배터리 하나가, 화물차나 버스에는 12V 배터리 두 개가 직렬로 설치되어 있다. 전압은 비교적 낮지만 단락된 경우에는 큰 전류가 흐른다. 배터리 단자 간에 호칭단면적 1.25～5mm$^2$의 차량용 전선을 직접 접속한 경우, 각각 250A 이상의 전류가 흘렀다([표 2.2] 참조).

**표 2.2** ▶ 차량배선의 단락실험

| 호칭단면적(mm$^2$) | 용단시간(s) | 최대전류치(A) |
|---|---|---|
| 1.25 | 1 | 250 ↑ |
| 2.00 | 1 | 250 ↑ |
| 3.00 | 2 | 250 ↑ |
| 5.00 | 10 | 250 ↑ |

배터리(납축전지) 내에는 수소가스가 발생하므로 파열이나 수소가스에 착화 등 위험은 잠재하고 있지만, 이와 같은 문제는 거의 없다. 역시 전기적인 문제, 즉 단락이나 스파크 발생 등이 배터리 발화요인의 대부분을 차지하고 있다.

배터리 단자가 느슨해져 있거나 반단선상태이거나 하면 스파크가 발생한다. 이 스파크는 배선피복을 탄화시키거나 착화시키거나 한다. 차량화재에서 스파크는 아주 중요한 의미가 있다. 차량에는 휘발유 등 휘발성이 높은 위험물이 적재되어 있다. 휘발유는 배기관 등 고온체에 접촉되어도 쉽게 발화에 이르지는 않는다. 그런데 스파크에는 용이하게 착화한다. 스파

19) 나고야시소방국, 실례화재조사서류 차량화재편, 동경법령출판, p.26, 2015.

크는 휘발유 등을 착화시키는 발화원이 된다는 점을 인식할 필요가 있다. 교통사고 등으로 배터리가 파손되거나 전해액이 흘러나온 경우, 더 이상 전기는 남아 있지 않다고 생각하기 쉽다. 그러나 실험에 의하면 2m 높이에서 낙하시켜 전해액이 유실된 배터리에서도 스파크 발생이 확인되었다. 이러한 점에서 배터리가 조금 파손되어 있어도 통전은 있는 것으로 생각할 필요가 있다.

배터리에 관한 발화의 예로서는 배터리 고정용 금구가 벗겨지거나 배터리 위에 스패너 등 공구를 놓고 잊거나 하여서 단자간이 단락하여 금속이 발열 또는 스파크가 발생하여 출화하는 등이 있다. 또한 배터리를 규격외의 것으로 교환하여서 고정이 잘 되어 있지 않아 진동으로 배터리가 움직여서 고정금구가 접촉했던 예도 있다.

일본 국토교통성 자동차교통국에서 공개하고 있는 배터리 설치 불량과 관련된 화재 실험 결과는 아래와 같다[20].

① 배터리 고정 금구의 너트 조임 불량

화물차를 사용하여 배터리 고정금구의 너트 조임 불량(너트 조임 토크 0.2～05Nm) 상태에서 주행 중 진동이나 충격에 의해 고정금구와 플러스 터미널이 접촉하는지에 대해 주행하는 노면이나 속도를 변화시켜 실차 실험을 한 결과, 평탄한 포장도로 주행 시에는 고정금구가 움직이지 않았지만 노면이 울퉁불퉁한 자갈길 도로를 약 40km/h로 주행 시에는 고정금구가 배터리 플러스 터미널 측으로 이동하여 터미널 커버에 접촉함이 확인되었다. [그림 2.24]는 고정금구가 배터리 플러스 터미널에 접촉한 모습과 단락된 후의 모습이다.

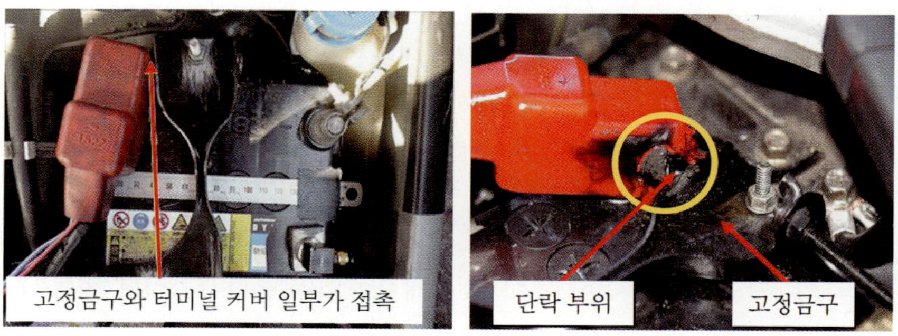


**그림 2.24** ▶ 고정금구와 터미널 커버 접촉한 후 단락된 후의 모습

20) 국토교통성 자동차교통국(일본), 자동차 결함에 의한 사고·화재정보에 있어서 차량화재에 관한 조사실시 보고서, pp.13~21, 2011.

승용차를 이용한 배터리 고정금구 너트 조임 불량(너트 조임 토크 0.2~0.5Nm) 상태에서 실험한 결과, 평탄한 포장도로 주행과 노면이 울퉁불퉁한 자갈길 주행에서도 고정금구는 이동하지 않았지만 약 20km/h로 좌측으로 반경 6m를 선회하는 주행 시에 배터리와 고정금구가 이동하여 플러스 터미널 커버와 고정금구가 접촉함이 확인되었다. [그림 2.25]는 고정금구가 플러스 터미널에 접촉하여 플러스 터미널 커버에 착화된 모습과 진화한 후의 모습이다.

**그림 2.25** 고정금구가 배터리 플러스 터미널에 접촉하여 착화되는 모습

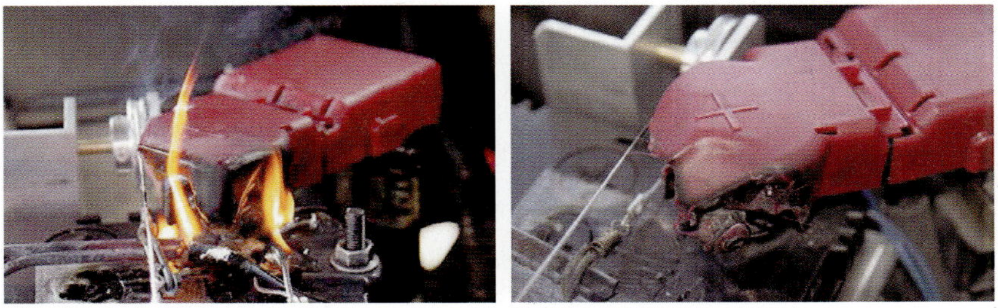

② 배터리 단자 체결 불량

배터리 덤프 서지가 발생한 상태를 모의하여 받침대 위에 설치된 배터리에 진동시험기로 진동을 주면서 시험한 결과, 플러스 터미널이 솟아오르면서 플러스 터미널과 배터리 포스트 사이에서 연속적으로 스파크가 발생하며 플러스 터미널 커버에 인화되었다. [그림 2.26]은 배터리 덤프 서지에 의해 착화된 모습과 실험 후 배터리 포스트가 절반 정도 용손되어 있는 모습이다.

FF 구동의 승용차로 배터리 단자를 손으로 체결(체결 토크 : 0.2~0.5Nm)하여 포장도로를 40km/h로 주행 시험을 한 결과, [그림 2.27]과 같이 약 10분 후에 플러스 터미널 커버 부분에서 불꽃이 발생하고 그 후 약 10분간에 걸쳐 불꽃이 간헐적으로 발생하였지만 화염이 발생할 뿐 플러스 터미널 커버에 인화하지 않아 화재는 발생하지 않았다.

**그림 2.26** 배터리 덤프 서지로 착화되는 모습과 실험 후의 포스트 모습

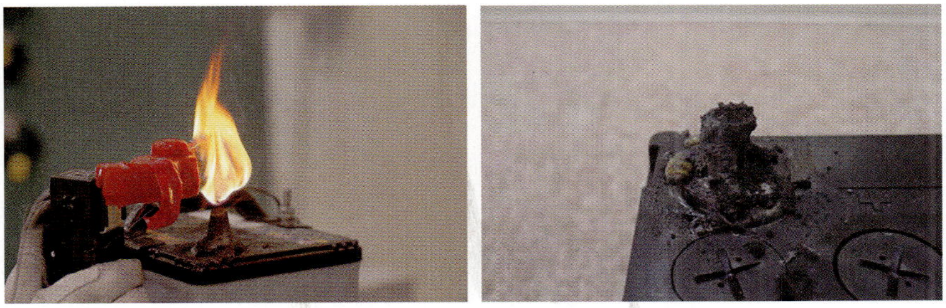

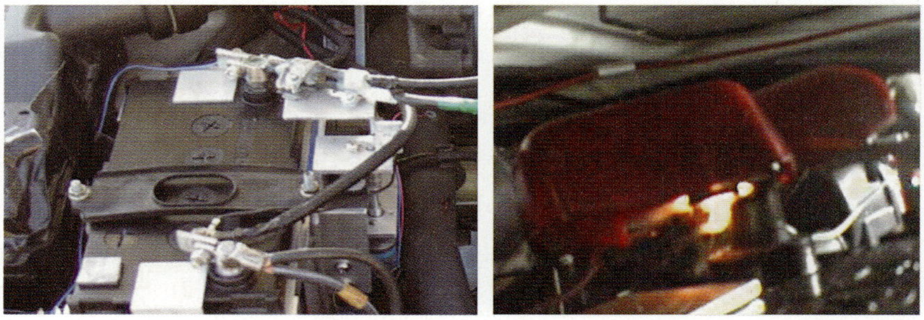

그림 2.27 ▶ 배터리 단자 체결불량 실차 시험으로 화염이 발생할 때의 모습

**Point**

배터리 단자가 이완되어 있는 차량은 주행 상태에서 올터네이터에서 배터리로 충전 중에 진동 등에 의해 배터리 단자(터미널)가 배터리 포스트 위쪽으로 치솟으면 올터네이터에서 배터리 덤프 서지가 발생하며 이 서지 전압에 의해 배터리 터미널과 배터리 포스트 사이에서 스파크가 발생하여 단자부분에 도포되어 있는 그리스나 플러스 터미널 커버에 인화되어 화재가 발생한다.

**참고지식**

**배터리 덤프 서지**(battery dump surge)

배터리 상태가 좋지 않아 시동이 걸리지 않을 때는 일반적으로 다른 배터리를 이용하여 시동을 건다. 시동이 걸린 후에 시동이 걸린 상태에서 배터리를 단자에서 분리하는 경우에는 그 순간에 알터네이터에서 수십 볼트의 서지전압이 발생하며 이 때 올터네이터에서 발생하는 서지 전압을 배터리 덤프 서지(battery dump surge) 또는 덤프 서지라고 부른다. ISO 7637-2 자동차용 전장품 시험규격에도 로드 덤프 서지(load dump surge) 시험으로서 32～100V, 감쇄시간 200ms가 규정되어 있다.

### (4) 알터네이터

차량은 엔진 회전으로 발전기(alternator)를 돌려 스스로 발전하여 충전한다. 알터네이터에는 B단자라 부르는 배터리 등에 전기를 공급하는 단자가 있다. 이 단자에 연결되는 배선은 큰 전류가 흐르지만 단자가 이완되어 있거나 하면 불꽃스파크가 발생한다. 또한 접속불량에 의해서 단자가 발열하므로 단자 이완을 확인해야 한다. 단자의 변형이나 용융에 대해서도 주의해야 한다.

### (5) 디스트리뷰터

디스트리뷰터(distributer, 배전기)는 점화코일의 1차 회로에 전류를 흘리거나 끊거나 하는 역할과 점화코일에 발생한 2차 전압을 각각 점화플러그에 분배하는 역할을 하고 있다. 디스트리뷰터 중에는 로터나 콘택트 포인트 등이 있어 항상 스파크가 발생하고 있다. 휘발유 증기 등 가연성 가스가 디스트리뷰터 안에 들어가면 용이하게 착화한다. 디스트리뷰터는 그 기구상 밀폐되어 있지 않다. 리크 구멍(leak hole)이라고 부르는 구멍이 뚫려 있는데, 여기에 휘발유를 조금 주입하고서 엔진을 시동시키면 착화되는 것을 확인할 수 있다.

### (6) 하이텐션코드

하이텐션코드(high tension cord)는 점화코일에서 발생한 고전압을 디스트리뷰터로, 그리고 스파크 플러그로 전달하는 코드이다. 이 코드의 피복은 절연체인 고무피복으로 되어 있어 견고하나 어떤 원인으로 피복에 상처가 나면 고전압이기 때문에 누설방전이 일어나는 경우가 있다. 누설방전이 일어나기 위해서는 피복 상처 근처에 마이너스 배선이 있어야 한다. 차량은 보디 자체가 마이너스배선이고, 엔진본체도 또한 보디와 어스되어 있다. 하이텐션코드는 스파크플러그에 연결되어 있고, 엔진 바로 옆으로 배선되어 있으므로 엔진 부근에서 상처가 생기면 엔진과의 사이에서 누설방전에 이른다.

### (7) 나중에 설치한 부품이나 배선

나중에 부착된 부품이나 배선(aftermarket optional equipment)의 유무를 확인한다. 앞에서 언급한 것처럼 나중에 설치한 배선은 발화 가능성을 증가시킨다(그림 2.26 참조). 나중에 설치한 부품, 배선이 확인되면 그 부품은 어느 정도 전류를 필요로 하는 것인지? 배선에 퓨즈 등은 설치되어 있는지? 예상되는 전류에 따른 전선이 사용되고 있는지? 배선 처리의 상태는 적정한지? 보디에 접한 부분은 없는지? 연선 등 부적정한 접속을 하고 있지 않은지? 배선을 상처 입힐 우려가 있는 부품을 설치하고 있지 않은지? 등을 확인한다.

### (8) 교통사고에 기인한 발화요인

차량화재는 교통사고로 발생하는 경우도 많이 있다. 교통사고로 연료나 오일 등의 누설, 전기배선의 손상, 마찰열이나 충격불꽃의 발생 등이 일어난다. 전기배선이 차체와 접촉하면 단락이 일어난다. 리크방전이나 스파크는 휘발유 등을 착화시키는 발화원이 된다. 이들이 복합하여 발생하는 경우도 있다. 특별한 케이스로 교통사고로 헤드라이트가 손상되었는데, 전구의 필라멘트는 손상되지 않아 필라멘트가 노출되어 발열하여 발화한 예도 있다(그림 2.29 참조).

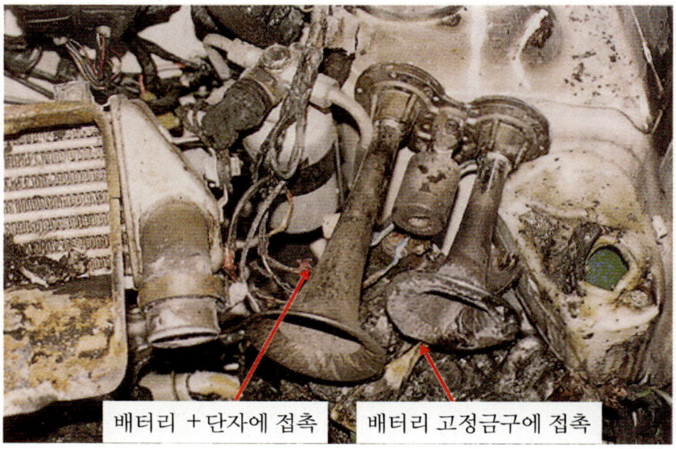


**그림 2.28** 나중에 설치한 혼(horn)이 배터리 +단자와 상부 고정금구에 접촉하여 발화된 예

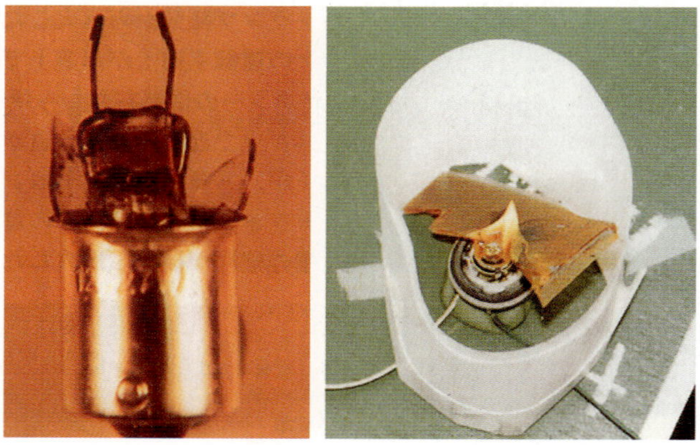

**그림 2.29** 교통사고로 전구 유리가 깨졌으나 끊어지지 않은 필라멘트가 가연물과 접촉하여 화재가 발생한 예 (우측은 재현실험)

### (9) 발화개소의 압축

전기에 의한 발화로 여겨지는 경우에는 발화개소 부근에 단락흔이나 국부적인 발열흔적 등 전기적인 특이점을 찾는 것부터 시작하는 경우가 대부분이다. 발화개소를 소손강도, 연소확대 방향이나 발견 시 상황 등으로 찾아내는 것은 어떤 화재에서나 동일하다. 그러나 차량화재에서는 특정 지점을 발화개소라고 판정하기 곤란한 경우가 많다. 차량은 일단 불타오르면 강한 열을 발하는 요인이 여러 개 존재하고 있다. 즉, 2차적으로 강하게 불타는 경우가 많다. 만일 발화개소 판정을 잘못하면 진짜 발화원이 부정되게 된다. 이와 같은 점 때문에 차량화재에서는 발화개소는 비교적 넓은 범위로 대략적으로 판정하는 쪽이 좋다. 예를 들면 엔진실, 차실의 대시보드, 트렁크실 정도로, 조금 더 상세하게 정하더라도 엔진실 우측 앞부분 부근, 차실 대시보드 왼쪽 부근이라는 정도로 충분하다.

차량화재조사에서는 발화개소를 찾을 때 어느 정도 부위를 정해 좁혀가는 경우가 있는데, 이런 경우에는 특히 높이에 주목해야 한다. 화재는 기본적으로 아래에서 위쪽으로 타며 확대된다. 가장 아래쪽 부분에 불타있는 부분을 찾는 것이다. 합성수지나 기름이 용융 낙하하여 아래쪽에서 불타 올라간 경우에는 그곳이 불탄 곳의 가장 아래쪽이 되지만, 이러한 경우에는 용융된 합성수지 등이 부근에 부착되어 있을 터이어서 부근의 소손상황 등을 통해서도 판단할 수 있다.

차량화재의 발화원인으로서 전기는 상당한 비중을 차지한다. 직접 피복 등에 착화될 뿐 아니라 휘발유 등을 착화시키는 발화원도 된다.

## 5.2 연료오일계통 화재의 메커니즘

연료누설에 의한 화재에서는 연료호스가 소실되어 있는 경우가 많으므로 물증으로 원인을 특정하기 곤란하지만, 소규모 소손으로 끝난 경우 등에는 누설개소를 판정할 수 있는 경우도 있다. 누설은 고압연료펌프와 인젝터 파이프 사이에서 일어나는 케이스가 가장 많고, 다음으로 이들과 배관의 접속부분에서 누설된 경우이다.

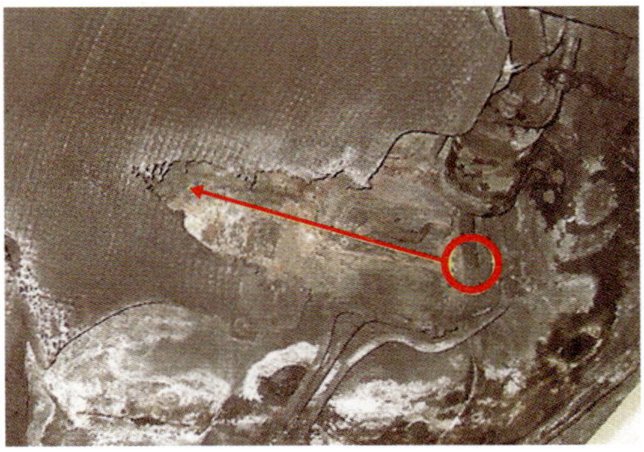

**그림 2.30** ▶ 차체 하부의 연료호스 휘발유 누설에 의한 화재 사례[21)]

연료 공급방식은 종전의 카뷰레터방식과 최근 대부분의 차량에 적용되고 있는 연소효율이 좋고 공해대책에 대응할 수 있는 연료분사방식으로 대별된다.

카뷰레터방식에서는 압력이 0.25kg/cm$^2$(0.025MPa)인 것에 비해 연료분사방식은 2～3.5kg/cm$^2$(0.2～0.34MPa)로 약 10배 이상의 고압이므로 강화호스가 사용되고 있다.

---

21) 相川 潔(아이까와 기요시), 차량화재·구조·조사 대응 가이드, 동경법령출판(일본), p.87, 2012.

연료배관은 가동 부분에 합성고무가 사용되고 있고, 합성고무는 내열성·내유성·내오존성이 있으며 2중으로 된 것도 있다. 그러나 경년사용에 의한 열화(劣化)는 피하기 어려우며, 열화로 균열이 발생하고 있고 균열된 개소에서 누설이 발생하고 있다.

또한 카뷰레터, 연료펌프, 필터 등의 접속부에서 체결밴드의 과잉체결에 의한 균열 등에 의해서도 연료누설이 발생하고 있다(그림 2.31 참조).

오일누설로는 엔진오일 누설이 가장 많고, 변속기 오일, 파워스티어링 오일, 브레이크 오일 등의 누설에 의해서도 발화하고 있다. 누설개소는 배관의 핀홀이나 접속부 이완, 균열 등이나 오일 필터의 체결조임 부족, 오일 필터의 2중 패킹(필터를 교환하면서 낡은 패킹을 빼내지 않고 그 위에 새 패킹을 넣은 것을 2중 패킹이라고 한다.), 실린더 헤드 커버의 패킹손상에 의한 것 등이다.

누설된 연료와 오일은 인화점이 낮은 휘발유의 경우에 엔진실 내일지라도 전기스파크 이외로는 발화하기 어려우며, 인화점이 높은 경유나 오일은 배기관의 열로 발화한다.

휘발유의 경우, 디스트리뷰터에 뚫려진 환기공(孔)으로부터 스파크가 들어가 내부접점 불꽃에 의해 인화하여 조건에 따라서는 연소가 계속한다. 다른 불꽃을 발생하는 기기로는 하이텐션 코드가 피복의 열화나 손상에 의한 누설방전이 있으면 인화할 가능성이 있지만, 시동모터나 팬 모터는 기밀도가 높고 전기불꽃이 작으므로 인화할 가능성은 적다.

연료·오일화재의 발생 메커니즘을 정리하면 [그림 2.32]와 같다.

차량에는 연료를 비롯한 아래와 같은 위험물이 사용되고 있다.

- 연료(휘발유, 경유, LPG 등)
- 엔진오일(engine oil)
- 브레이크 플루드(brake fluid)
- ATF(automatic transmission fluid)
- 파워스티어링 플루드(power steering fluid)
- 기어 오일(gear oil)

이들 위험물은 차량 내, 주로 엔진실 내에 저장, 배관되어 있다. 사고, 개조, 노후(경년열화), 제조결함에 의해 누설되는 경우가 있다. 누설된 위험물은 스파크, 고온체 등에 의해 착화 또는 발화하여 화재에 이른다. 누설 가능성이 있는 부분은 중요한 체크포인트이다.

**그림 2.31** ▶ 연료배관의 연료누설 예

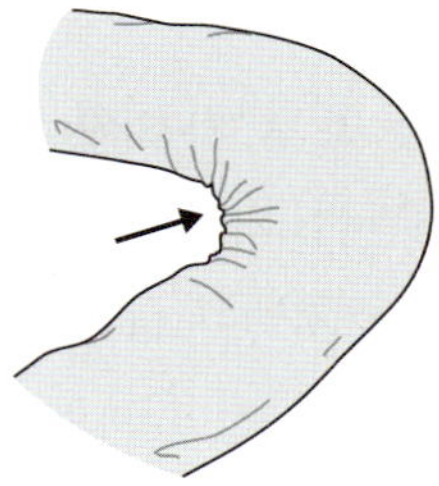

예리한 각도로 휘어진 고무배관
장기간 이와 같은 상태로 방치된 배관은
똑바로 펴면 균열이 생기는 경우가 있다.

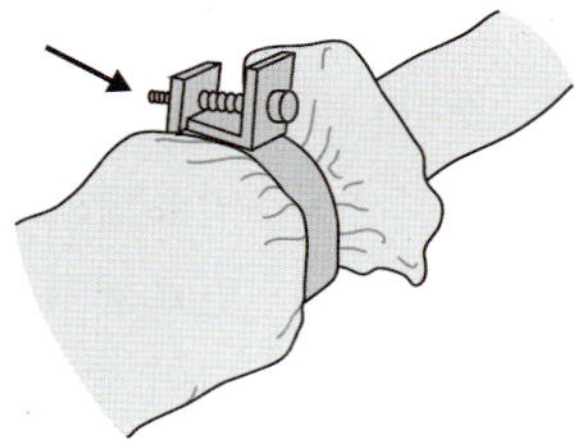

금속배관과 고무배관의 접속부에서
조속밴드를 너무 조여서 고무배관에
균열이 발생한다.

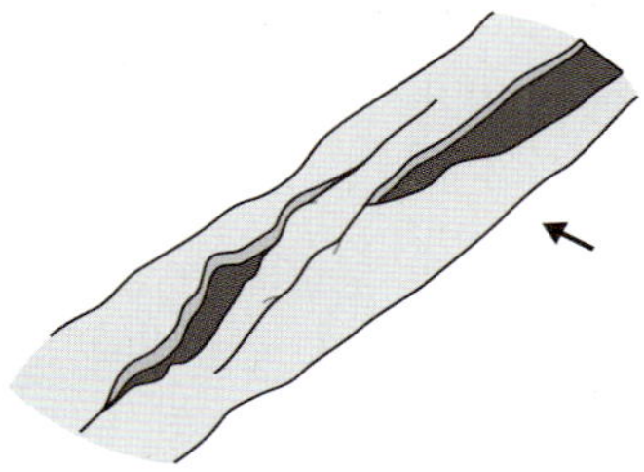

소손되어 있는 배관의 보호고무에 균열이
생겨 고압배관이 노출되어 있다.

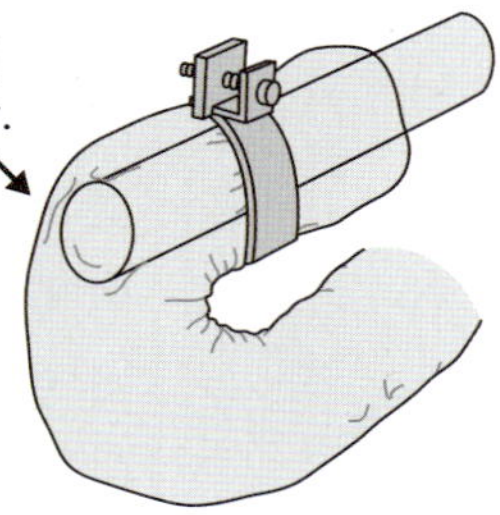


금속배관과 접속부에서 급격한
고무배관의 휜다.

**그림 2.32** ▶ 연료오일계통의 화재발생 메커니즘

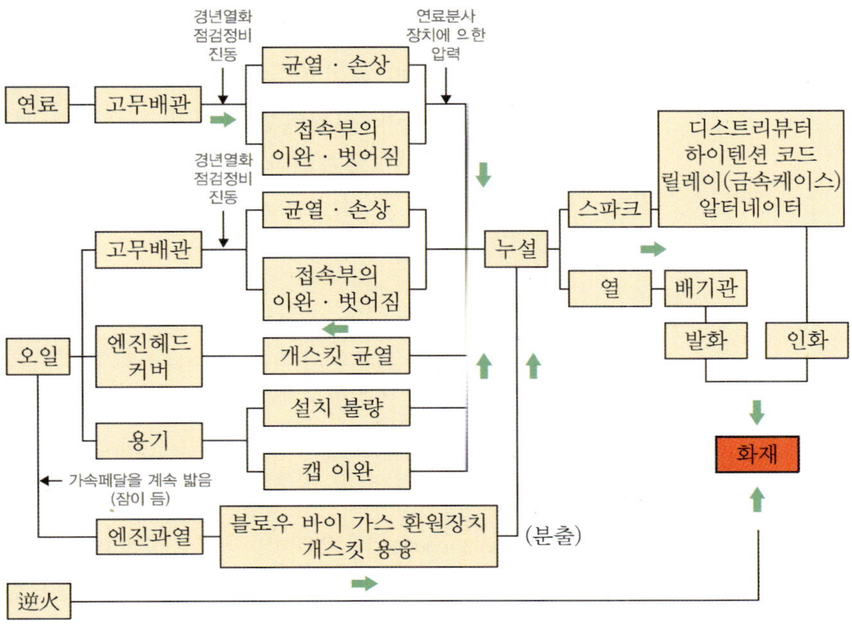

### (1) 연료

연료는 승용차의 경우 차량 후부 하부에 설치된 연료탱크에 저장되며[22], 연료탱크에서 엔진실로 배관이 되어 있다. 연료를 보내기 위해 가압하는 연료펌프는 전기식인 것은 연료탱크 내에, 기계식인 것은 엔진 측에 설치되어 있는 것이 일반적이다.

인젝션 차량인 경우, 연료펌프는 전기식이 이용되며 딜리버리 파이프(delivery pipe)[23]에 연료필터를 개입하여 인젝터로 보낸다. 이 압력은 0.3MPa 정도의 비교적 높은 압력으로 배관에 핀홀 등이 있으면 분무되어 분출될 정도이다. 또 딜리버리 파이프의 엔진 측에는 배관 중에 발생하는 압력변동을 막는 펄세이션 댐퍼(pulsation damper)[24]가 설치되어 있다.

캬브레터 차량인 경우에는 기계식 연료펌프를 이용하며 압력은 약 0.02MPa로 낮다.

인젝션 차량에는 인젝터로부터 분출되는 압력을 일정하게 유지하기 위해서 압력조정기(pressure regulator)가 설치되어 있다. 압력 조정기에서 남은 여분의 연료는 리턴 파이프(return pipe)을 통해 연료탱크에 되돌려진다.

딜리버리 파이프, 리턴 파이프 외에 증발한 연료의 증기를 저장하여 엔진 시동 시에 흡기측에 넣어주는 챠콜 케니스터(charcoal canister)[25]가 있다.

연료배관은 압력이 비교적 높은 부분과 그렇지 않은 부분이 있으므로 연료배관에 문제가 있는 경우, 비산할 정도로 분출되는 곳과 그렇지 않은 곳이 있음을 감안하여 조사하여야 한다. 그리고 연료가 분출될 우려는 인젝션 차량의 딜리버리 파이프측이 가장 크다. 체크 포인트는 배관의 손상부분, 접속부분 등이며, 펄세이션 댐퍼가 느슨해져 있는 경우에도 분출되므로 펄세이션 댐퍼도 체크해야 된다.

---

22) 버스는 뒤쪽에 엔진이 있고 엔진에서 떨어진 앞 차축 전후에 연료탱크가 위치하고, 화물트럭은 캐빈 아래에 엔진이 위치하고 적재함 아래에 연료탱크가 위치한다.

23) delivery pipe는 모든 인젝터에 같은 량의 연료를 공급하기 위하여 연료의 여유분을 저장하고 압력을 일정하게 유지하는 기능을 하며, 인젝터의 장착 및 탈착을 용이하게 한다. 그러나 일부 엔진에서는 인젝터가 실린더 헤드에 직접 장착되기도 한다.

24) 펄세이션 댐퍼는 압력조정기(pressure regulator)와 연료탱크 사이에 장착되며 연료가 인젝터 개폐 및 압력조정기 작동 시 발생시키는 맥동소음을 방지하는 역할을 한다.

25) 챠콜캐니스터는 배출가스를 줄이기 위한 장치이며 증발가스 재순환 장치라고 한다. 엔진 정지 중에 연료 탱크에서 증발한 연료가스를 활성탄(차콜)을 넣은 원통(캐니스터)으로 유도하여 흡착시켜 두었다가 엔진이 작동 중에 흡입계통으로 가스를 빨아내게 하여 활성탄의 흡착 능력을 회복시키도록 한다.

### (2) 엔진오일

엔진오일은 대부분 엔진 내부에 있으며 외부로 배관되어 있는 경우는 드물다. 엔진오일 압력은 0.3MPa 정도로 높으므로 외부로 분출될 가능성이 있다. 엔진오일이 누설될 가능성이 있는 곳은 비교적 제한적이다. 엔진 외형은 대략 실린더헤드, 실린더 블럭, 오일 팬(oil pan)으로 나눌 수 있는데, 이들 이음매 부분에서 누설 가능성이 있다. 또 오일필터도 체크해야할 포인트이다. 오일필터는 용이하게 분리해낼 수 있으므로 느슨한 체결, 패킹 불량, 2중 패킹(패킹을 2개 겹쳐 설치하는 것) 등에 의해 엔진오일 누설을 초래한다. 터보차저는 윤활유를 엔진오일과 공용하고 있는 것이 많으므로 터보차저 장착 차량은 터보차저 설치부분도 체크해야 한다.

일부 스포츠카나 개조차량 등은 오일을 식히기 위해서 오일쿨러를 설치하고 있는 경우가 있으며, 이 경우에는 오일을 순환시키는 배관이 존재하므로 배관의 손상, 접속부 등의 누설 가능성이 증가한다.

### (3) 브레이크오일

브레이크는 유압에 의해 적은 힘으로 큰 제동력이 발생하게 되어 있다. 브레이크페달을 밟는 힘은 브레이크 부스터에서 마스터 실린더로 전달되고 마스터실린더에서 배관을 통해 타이어에 설치된 브레이크장치로 보내진다. 이 때 배관의 압력은 10MPa에 달한다. 마스터실린더 이후의 배관에 손상, 접속부 이완 등이 있는지를 체크한다.

브레이크 배관은 비상 시 안전을 고려하여 2계통으로 나눠져 설치되어 있으므로 조사 시 주의한다.

### (4) ATF

최근 차량은 대부분이 오토매틱 트랜스미션차량이다. 엔진 구동력을 토크컨버터(torque convertor)에 의해 기어를 개입하여 프로펠러 샤프트(propeller shaate)에 전달하고 있다. ATF(automatic transmission fluid)는 고온이 되므로 ATF 쿨러가 설치되어 있으며 변속기와 ATF 쿨러 사이는 배관으로 접속되어 있다. 트랜스미션 내의 압력은 0.35～1.7MPa 정도이고, ATF 쿨러와의 배관 압력은 0.1～0.2MPa 정도이지만 이 압력으로도 배관이 손상되면 플루드가 충분히 비산될 수 있다. 체크 포인트는 역시 배관의 손상, 접속부 등이다. ATF 쿨러의 위치는 충돌 시 등에 손상을 받기 쉬우므로 교통사고로 인해 누설될 가능성이 높다.

### (5) 파워스티어링 오일

오토매틱 트랜스미션과 마찬가지로 최근 차량에는 대부분 파워스티어링이 채용되어 있다. 또한 브레이크와 마찬가지로 작은 힘으로 큰 조타력을 얻을 수 있다. 따라서 파워스티어링도 일부의 배관에 높은 압력이 걸린다. 파워스티어링은 베인펌프(vane pump)로 유압을 발생시켜 필요한 유량을 컨트롤밸브에 보낸다. 컨트롤밸브는 조타력의 크기를 컨트롤하는 것으로 그 힘을 발생시키는 것은 파워실린더이다. 베인펌프에서 파워실린더에 이르는 배관의 압력은 최대 약 7MPa이다.

### (6) 기어오일

일반적으로 기어오일이 외부로 누설 비산되는 경우는 드물지만, 4륜구동차 등에서 디퍼렌셜기어가 문제를 일으켜 기어 손상에 따라 오일이 외부로 분출하거나 교통사고로 인해 누설될 가능성은 있다.

### (7) 착화물과 발화원의 관계

위에서 휘발유를 비롯한 차량 위험물에 대해 누설할 가능성이 있는 부분을 확인하였다. 그러나 이들은 누설하는 것만으로는 발화하지 않는다. 즉, 발화원이 없으면 착화물이 될 수 없다. 발화원은 전기 스파크, 배기관 등의 고온체가 있다. 따라서 누설된 위험물이 이들 발화원에 물리적으로 접촉할 수 있는가를 체크해야 한다. 휘발유나 엔진오일 등의 비산이 인정되어도 그 부근에 고온체도 없고 스파크 발생요인도 없으면 발화에 이르지 않는다.

연료·오일계통 발화가 의심되는 경우에는 누설개소, 위험물의 비산상황 등을 확인하여 그 비산범위 내에 발화원이 될 수 있는 것이 존재하는지 확인이 필요하다.

또한 위험물 누설은 직접적인 발화원인(착화물)이 되지 않더라도 2차적으로 착화되어 불타올라서 연소확대요인이 되는 경우도 있다.

## 5.3 배기관계통 화재의 메커니즘

배기관계통은 배기매니폴드로부터 촉매장치, 미세먼지저감장치(DPF), 머플러[26], 머플러 컷터에 이르는 배관계통으로 이들은 차체 아래쪽에 진동의 충격을 억제하기 위해 고무 O링으로 매달려 있다. BMW 차량의 DPF는 차체 하부에 설치되어 있지 않고 엔진에 부착되어 있다.

배기관계통 내에는 실린더실 내에서 연소한 고온 배기가스가 통과하기 때문에 그 자체가 고온이 되므로 방열판(=차열판) 등도 설치되어 있다. 그러나 정비 후의 기름걸레의 방치, 언더 커버의 제거나 마른 풀 등 가연물이 배기관에 접촉하면 당연히 발화하게 된다. 또한 플랜지부분이 이완되거나 부식 또는 파손이 되면 고온 배기가스가 분출되어 우레탄 범퍼나 단열재 등이 착화한다.

배기관 과열로 주목되는 것은 차실 안에서 잠을 자다가 뒤척여 가속페달을 계속 밟게 되어 발화하는 경우이다. 이 경우는 이상 고속공회전(과레이싱[27]))에 의해 배기관이 과열되어 전도·복사열로 배기관에 매달려 있는 O링이나 차실 안의 바닥 매트에 착화하는 케이스와 엔진 과열에 의해 「블로우 바이 가스(blow-by-gas) 환원장치」[28] 안의 가스가 과열되어 합성수지제 캡이 용융하여 오일이 분출, 과열된 배기관 등에서 발화하는 케이스 두 가지가 있다. 차실 안에서 잠자는 경우는 과음 등을 하여 귀가할 수 없게 되어 차실 안에서 난방이나 냉방을 하기 위해 엔진을 켜 놓은 상태로 자버리므로 화재 발생 시에는 인명피해 위험이 있다.

---

26) 머플러는 배기가스의 소음을 낮추는 장치이다. 고온 배기가스도 머플러를 통과한 후는 온도가 내려가 있다. 그래도 최종적으로 테일파이프에서 나오는 배기가스의 온도는 아이들링 시에 100℃ 전후이며, 고RPM 시에는 더욱 높아지므로 부근에 가연물이 있으면 착화에 이를 가능성은 충분히 있다. 또한 머플러 그 자체도 고온이 되므로 고속주행 직후의 주차 시 등에서 마른 풀이 머플러에 접촉하는 상태가 되면 발화에 이르는 경우가 있다.

27) 엔진을 켠 채로 차량 속에서 잠들어서 자신도 모르게 액셀러레이터를 밟으면 엔진은 고회전상태가 되어 오버히트에 이른다. 과(過)레이싱이란 이와 같이 액셀러레이터를 계속 밟아서 연속 고속공회전을 한 상태를 말한다. 과레이싱이 일어나면 엔진오일은 고온, 고압이 되어 오일 분출을 초래하며, 분출된 오일이 배기매니폴드 등에 끼얹어져서 발화하는 경우가 있다. 또한 오버히트상태로는 합성수지제 배관이나 알루미늄합금부품 등이 열화, 파손될 우려도 있다. 이에 수반하여 오일 등이 비산되는 경우도 생각할 수 있다.

28) 엔진의 압축과 연소행정에서 피스톤과 실린더의 틈새에서 혼합기나 연소가스가 크랭크 케이스 내에 들어간다. 이를 「블로우 바이 가스」라고 부르는데, 이 안의 75~90%는 압축행정에서 누설된 혼합기이며, 다량의 탄화수소(HC)가 포함되어 있다. 이전에는 크랭크 케이스에 환기장치를 설치하여 대기 중에 방출하였지만, 현재는 대기오염을 막기 위해서 강제적으로 흡기계통에 안내하여 연소시키는 방식이 취해지고 있다. 이를 「블로우 바이 가스 환원장치」라고 한다. 크랭크 케이스와 흡기매니폴드를 복수의 관으로 연결하여 블로우 바이 가스는 흡기매니폴드에 발생하는 부압에 의해 빨아들여서 혼합기와 함께 재차 연소실로 보내진다. 크랭크 케이스 내의 블로우 바이 가스 대신에 에어클리너 등과 연결된 관에서 신선한 공기가 도입된다. 이들 관에는 PCV(=Positive Crankcase Ventilation System) 밸브가 설치되어 블로우 바이 가스가 역류하지 않도록 하고 있다.

[그림 2.33]의 사례는 음주 후 시동을 켠 상태에서 차실 속에서 잠을 자던 도중 발생한 화재이다. 머플러를 매달고 있던 고무로 된 O링이 소손되어 있고, 머플러 주위의 후부 범퍼가 약간 소손되어 있다.

**그림 2.33** ▶
차 속에서 잠을 자던 도중 발생한 화재 사례[29)]

과(過)레이싱을 계속하면 블로우 바이 호스를 거쳐 에어클리너에 고인 오일이 배기관에 낙하되어 발화한다.

촉매장치는 배기가스규제에 의해 CO, HC, NOx를 정화시키기 위해 설치되어 있는데 점화플러그 불량 등에 의한 미스 파이어나 아이들링 조정 불량 등에 의한 런온현상[30)]에 의해 과열하여 발화하고 있다. 이들 현상이 발생하면 미연소가스가 촉매장치에 유입하여 촉매장치 내부에서 미연소가스가 연소되어 촉매장치 자체가 적열상태(赤熱狀態)가 되며, 이 때 복사열에 의해 차실 안의 바닥 매트 등에서 발화하고 있다.

엔진 안에서 연소 가스는 고온상태로 배기된다. 배기가스는 우선 배기매니폴드에서 각 실린더로부터 모아져 촉매장치를 거쳐 서브머플러, 메인머플러에서 소음된 후 테일파이프에서 외부로 배출된다.

배기관계통의 화재발생 메커니즘을 정리하면 [그림 2.34]와 같다.

---

29) 화재조사연구회편저, 화재로부터 배운다 = 차량화재사례집 =, 동경법령출판(일본), p.42, 2005.

30) 시동키로 엔진을 꺼도 엔진이 정지하지 않는 현상을 런온(run-on)현상이라고 한다. 런온현상이 일어나면 실린더 내의 연료가 완전연소하지 않고 배기가스로 내보내져서 촉매의 이상과열을 초래한다. 런온현상은 기계식 연료펌프를 이용하고 있는 차량에 한한다(전기식인 경우는 시동키를 OFF하면 연료펌프가 멈춘다). 최근 승용차는 연료분사장치를 사용하고 있으며(인젝션 차량), 연료펌프도 전기식이므로 런온현상은 일어나지 않는다.
런온현상 확인에는 차량이 캬브레터 사양인가, 평상시부터 런온현상의 징후가 보였는지 등을 체크해야 한다.

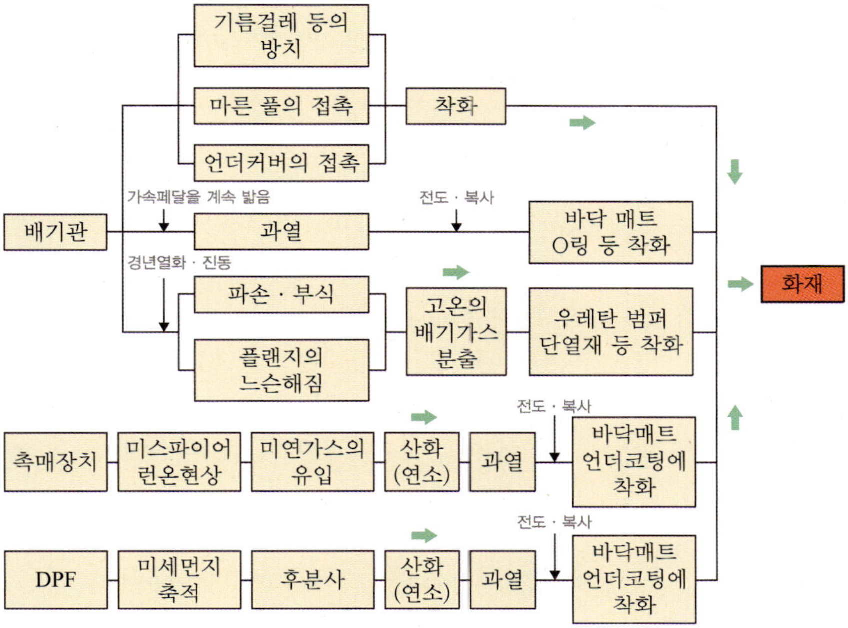


**그림 2.34** 배기관계통의 화재발생 메커니즘

참고지식

▼ **표 2.3** 연료와 오일의 인화점과 발화점[31)32)]

| 구분 | 인화점 (℃) | 발화점 (℃) | 비 고 |
|---|---|---|---|
| 휘발유 | −43 | 300 | |
| 경유 | 50～70 | 200 | |
| 엔진오일 | 210～230 | 315 | |
| 변속기오일 | 194～206 | 300 | |
| 오토머오일 | 198 | 310 | |
| 브레이크오일 | 210 | 244 | 유럽메이커 제품은 발화온도 140～180℃가 많음 |
| 파워스티어링오일 | 210 | 314 | |
| 그리스 | 220 | 70～400 | |
| 디퍼렌셜기어오일 | 216～235 | 300 | |
| 부동액 | − | 514 | 농도 57% 용액 |
| 에어컨압축기오일 | 234 | 300 | |

※ 1. 시험은 인화점(JISK-2265), 발화점(미국ASTME659) 시험기준에 의한다.
2. 사용이 끝난 기름은 엔진오일 1,000km, 변속기오일 50,000km를 주행한 것이다.
3. 휘발유, 오일의 인화점, 발화점은 메이커·계절·국내·국외·차종에 의한 사용 목적에 따라 크게 달라지므로 제조메이커에 확인할 필요가 있다.

[그림 2.35]는 승용차로 주행 시 측정한 배기계통의 온도를 측정한 예이다. [표 2.3]과 연관시켜보면 오일류가 누설되어 배기계통에 떨어지면 충분히 화재로 이어질 수 있음을 알 수 있다.

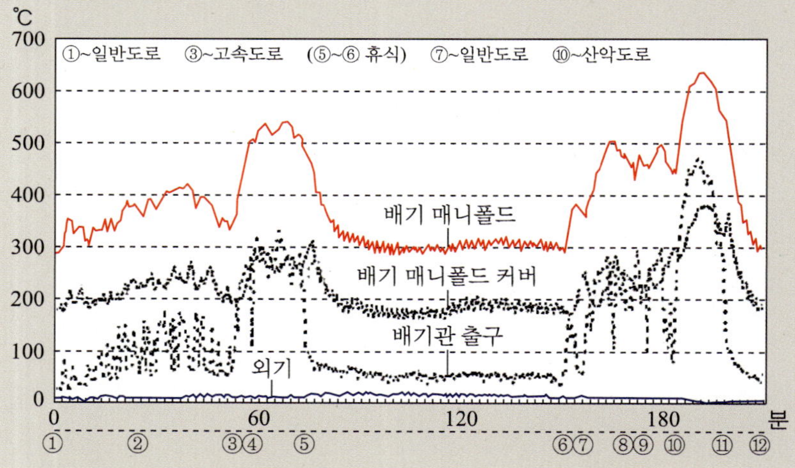


▲ **그림 2.35** 주행 중인 승용차의 배기계통 온도 측정의 예

31) 동경소방청, 신화조사교본 제4권 제1부 차량화재편, p.244, 2000.

### (1) 배기매니폴드

배기매니폴드(exhaust manifold)는 엔진 실린더와 직결되어 있고 배기계통에서 가장 고온이 되는 부분이다. 오르막길 주행이나 고속운전 등 고회전, 고부하의 상태가 계속되면 배기매니폴드 안의 온도는 600℃를 넘는다. 이 온도는 휘발유를 비롯한 차량에 사용되고 있는 위험물의 발화온도 이상이며 종이나 헝겊 등의 발화온도도 초과하고 있다. 그러므로 기름걸레 등 가연물을 엔진실 내에 올려놓고 잊어버려 배기매니폴드에 접촉한 경우에는 착화하여 화재로 이어지는 경우가 있다. 그러나 연료 등 위험물은 다르다.

### (2) 배기매니폴드에 위험물을 떨어뜨리는 실험[33)]

공회전상태에서 액셀러레이터를 밟아 배기매니폴드를 500℃ 가까이까지 온도가 오른 상태로 두고 배기매니폴드에 연료(휘발유), 각종 오일 등을 떨어뜨리면 다음과 같은 현상을 관찰할 수 있다.

- 휘발유를 떨어뜨리는 경우
  휘발유는 가는 입자모양으로 배기매니폴드 표면을 데굴데굴 구르며 마침내 증발한다. 몇 번 시험해보아도 착화하지 않는다. 이 때 연기는 거의 나오지 않고 배기매니폴드에 얼룩이나 변색도 볼 수 없다.
- 엔진오일을 떨어뜨리는 경우
  배기매니폴드에 접촉한 순간, 흰 연기가 분출한다. 표면에 끈적끈적한 느낌으로 부착된다. 그리고 움푹 팬 곳에 고인 엔진오일은 기포가 생기고 그 후 발화한다. 발화 후 연기는 흑색으로 변한다. 불이 꺼진 후 배기매니폴드에는 검게 얼룩진 듯한 오염과 탄화물이 부착되어 있다.
- 브레이크오일을 떨어뜨리는 경우
  떨어뜨리는 순간, 하얀 소량의 연기가 분출한다. 소량으로는 흰 연기를 분출하면서 모두 증발하지만 계속 떨어뜨리면 발화에 이르는 경우가 있다. 배기매니폴드에서 분출자국을 겨우 확인할 수 있다.
- ATF를 떨어뜨리는 경우
  하얗고 가는 연기가 분출한다. 소량으로는 흰 연기를 분출하면서 모두 증발하지만 계속 떨어뜨리면 발화에 이르는 경우가 있는 등 브레이크오일의 경우와 비슷하다.

---

32) 인화점(flash point)이란 불꽃을 갖다 대었을 때 불이 붙는 최저온도를, 발화점(ignition temperature)이란 불꽃 없이 열만을 가했을 때 불이 붙는 최저온도를 말한다.

33) 나고야시소방국, 실례화재조사서류 차량화재편, 동경법령출판, pp.39~40, 2015.

위의 실험결과로부터 다음 사항을 알 수 있다.

- 휘발유를 고온인 배기매니폴드에 끼얹어져도 쉽게 착화하지 않는다. 이 때 연기는 거의 나오지 않는다.
- 엔진오일을 고온인 배기매니폴드에 끼얹으면 착화한다. 착화 직전까지는 흰 연기가, 착화 후에는 검은 연기가 분출한다.
- 엔진오일을 고온인 배기매니폴드에 끼얹어 연소하더라도 검은 얼룩이 부착되어 있는 경우가 있다.
- 브레이크오일, ATF를 고온인 배기매니폴드에 끼얹으면 착화하는 경우가 있다. 이 때 흰 연기를 분출한다.
- 브레이크오일, ATF가 고온인 배기매니폴드에 끼얹어져 연소하면 얼룩이 부착하는 경우가 있지만, 그 얼룩은 엔진오일의 경우에 비해 엷다.

위 사항들을 실제 조사할 때에 주목할 점으로서 고려해야 한다.

휘발유가 누설되었다고 하면 배기매니폴드에 끼얹어져도 발화하지 않고 전기 등에 의한 스파크에 의해 착화된 것으로 생각해야 한다. 엔진오일은 배기매니폴드에 끼얹어져 발화할 가능성이 높고, 배기매니폴드에 얼룩이 있다. 브레이크오일, ATF에 대해서도 마찬가지이지만 얼룩의 상황이 다르다.

누설개소도 확인해야한다. 물리적으로 연료 등이 배기매니폴드에 끼얹어져진 상황이 있었는지를 확인한다. 이들 누설은 발화 직전이나 직후의 연기 상황이나 기기의 기능불량 등과도 관계된다. 연기 상황이나 핸들조작이 무겁다, 브레이크가 듣지 않는다 등의 증상을 확인해야 한다.

시동직후에는 아직 엔진은 차가우므로 배기매니폴드도 차갑다. 고속주행이나 오르막길 주행 시는 고온이 된다. 주행상황을 확인해야 한다.

연기상황이나 기기의 기능불량에 대해서는 관계자 질문 등으로 확인한다. 차량화재 시 질문사항을 참고로 한다.

### (3) 촉매장치

고온 배기가스는 배기매니폴드에서 촉매장치(catalytic converter)로 보내진다. 일반적인 촉매장치는 내부가 격자모양 또는 벌집모양으로 되어 있다. 배기가스가 촉매장치에 도달한 시점에는 아직 고온이므로 촉매장치 내부도 고온이지만 적열(赤熱)될 정도는 아니다. 방열판이 설치되어 있는데, 통상은 방열판으로 바닥아래 마른 풀 등의 착화를 막고 있다.

그런데 어떤 원인에 의해 미연소가스가 배기가스로 내보내진 경우, 연료를 포함한 미연소(未燃燒)가스는 촉매장치 내에서 연소를 시작한다. 그렇게 되면 촉매장치 내부는 적열될 정도로 고온이 되고, 그 복사열은 언더코트나 흡음재를, 전도열은 차실 내의 바닥 매트를 발화시킬 정도가 된다. 촉매장치가 이상과열되었을 경우는 촉매장치, 방열판에 변색이 있고, 언더코트나 플로어매트 등은 촉매장치를 중심으로 소손된다. 승용차의 경우, 촉매장치는 콘솔박스의 바로 아래 부근에 있으므로 화재 발견은 콘솔박스 부근의 화연에 의한 경우가 많다. 촉매장치 내부를 보면 벌집모양에 용융된 부분이 있어 고온이었음을 알 수 있다.

촉매장치 과열은 「배기온도」 경고등으로 조기에 확인할 수 있을 테지만 모든 차량에 경고등이 설치되어 있는 것은 아니다.

미연소가스가 배기측으로 보내지는 원인으로 점화플러그의 미스파이어(misfire)를 생각할 수 있다. 최근 차량은 성능이 좋으므로 플러그 1, 2개가 불량이어도 조금 힘이 없구나 하는 정도로 잘 주행한다. 그리고 점화하고 있지 않은 실린더 내의 가스는 그대로 미연소가스로서 배기된다. 점화불량 확인은 플러그를 모두 분리해내서 비교해보면 알 수 있다. 불량상태의 플러그에는 그을음 부착 등의 특이점이 있는 경우가 있다. 또한 휘발유가 연소되지 않고 플러그에 끼얹어진 경우에는 휘발유의 세정효과에 의해 플러그가 이상스럽게 깨끗한 경우도 있다. 이러한 경우에는 플러그는 휘발유를 뒤집어쓴 상황이라 생각해야 한다. 어쨌든 다른 플러그와 상황이 다르면 그 플러그는 정상적인 점화를 하지 않았을 가능성이 있다.

배기측에서 연소가 일어나는 애프터 파이어(after fire)를 역화(back fire)와 혼동하기 쉬우므로 주의해야 한다. 역화는 배기측에서의 이상연소가 아니라 흡기측에서의 이상연소이다. 어떤 원인에 의해 흡기측 혼합가스에 착화된다. 연료분사식(인젝션 차량)에서는 혼합가스를 만들지 않고 인젝터로 직접 연료를 분사하므로 역화는 일어나지 않는다. 역화는 큰 구경 캬브레터를 사용하고 있는 아주 오래된 대형 차량에서 일어날 수 있다. 역화는 비교적 큰 파열음을 수반하며, 캬브레터에 설치되어 있는 에어클리너 부근부터 소손되어 있고 보닛이 부풀어 오르거나 캬브레터 부근 보닛이 소손되어 있다. 역화인 경우에는 에어클리너를 떼어내 캬브레터를 확인하면 내부에 그을음이 부착되어 있다. 시동 시에 엔진 시동 걸림이 좋지 않아 여러 번 시동모터를 돌리고 있는 중 파열음을 수반하면서 발화하였다, 발화하기 전에 휘발유 냄새를 느꼈다, 평상시부터 휘발유 냄새가 강했다 등의 상황에 대해서도 조사한다. 이러한 내용에 대한 진술은 역화가 일어났을 때 발생하는 현상들이다.

### (4) 미세먼지저감장치[34)]

디젤 엔진의 배기가스 성분 중에 검댕(soot)과 같은 입자상물질(PM : particulate matters, 이하 PM이라 함)이 포함되어 있을 때 디젤 차량 배기구에서 검은 연기를 내뿜는다. DPF(diesel particulate filter)는 벌집모양으로 된 wall flow type 세라믹필터가 사용되고 있으며 이 필터로 검댕과 같은 PM을 포집한다. DPF는 아래 [그림 2.36]과 같이 벌집모양의 통로 양단을 하나 건너 교대로 셀 플러그로 막아놓아서 열린 통로로 들어온 배기가스는 세라믹 벽에 뚫린 기공(porous)을 통과하여 이웃 통로를 거쳐 배기되므로 PM을 포집할 수 있다.

고속주행을 하여 배기가스의 온도가 PM의 발화온도(약 600℃) 이상이 되면 DPF에 포집된 PM이 연소되어 자동재생되는 반면에 단거리 반복 주행 또는 장시간 저속 주행 시는 배기가스 온도가 PM의 발화온도 미만이므로 PM이 연소될 수 없어서 퇴적된다. 일정량 이상 PM이 퇴적되어 DPF 입구와 출구의 압력차이(차압, $\triangle P$)가 일정 값 이상이 되면 ECU에서 DPF 경고등이 점등되게 하며, 이 경우 일부러 10~20분 정도 고속주행을 하면 고온의 배기가스에 의해 포집된 PM이 연소되어 자동재생되어 점등이 해제된다. 이와 같이 고속주행을 하여 배기가스의 온도로 PM을 연소시켜 제거하여 재생하는 방식을 자연재생방식이라고 하며, 승용차(고속주행자동차)의 경우에 대부분 이 방식을 채택하고 있다. 차량 주행 등 사용 중에 재생할 수 없는 경우에는 수동으로 재생하며, 수동재생은 정차한 상태에서 엔진회전수를 올려 배기온도를 상승시켜 PM을 연소시켜서 제거하여 재생한다.

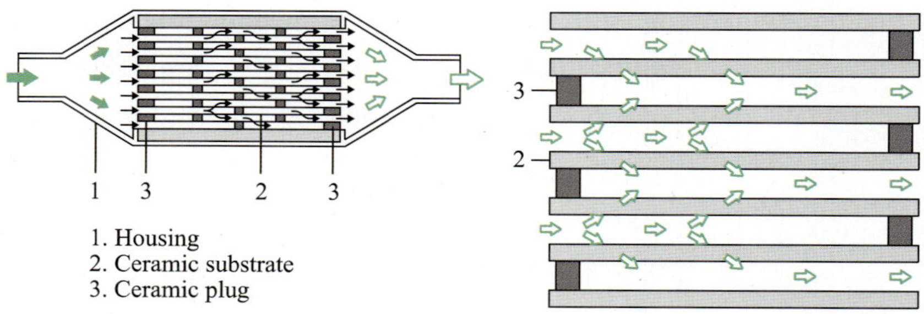


그림 2.36 ▸ Wall flow type의 DPF

34) 이의평, "미세먼지 저감 장치와 관련된 자동차화재의 특징 및 화재원인 입증절차의 분석", 한국화재소방학회논문집, Vol.32, No.1, pp.99~107, 2018.

PM이 일정량 이상 포집되어 입구와 출구의 차압($\Delta P$)이 일정 값 이상이 되면 ECU에 전달해서 흡입－압축－폭발－배기행정 중 배기행정에서 연료를 추가적으로 분사(후분사, post-injection)하여 추가 연소가 발생하면서 배기가스의 온도가 PM의 발화점이상으로 상승하여 포집된 PM을 연소시켜서 재생한다.

후분사방식(강제재생방식)에는 차압신호 외에도 매 정해진 주행거리(300～900km) 주행 시 ECU가 재생모드로 진입하여 연료를 후분사하여 연소시켜 포집된 PM을 연소시켜서 재생하고, 엔진의 상태에 따라 발생하는 PM 양과 연소되는 PM 양을 미리 계산하여 미리 ECU에 저장되어 있고 이를 기초로 주행 조건에 따른 잔여 PM 양을 연산(시뮬레이션)하여 ECU가 미리 저장된 값과 주행조건을 실시간으로 비교 종합하여 후분사시켜서 포집된 PM을 연소시켜서 재생하고 있다. 대부분의 디젤승용차에서 이와 같은 후분사 강제재생방식을 채택하고 있으며 후분사 강제재생에 20～30분정도 시간이 걸린다. DPF의 PM 포집과 후분사 강제재생 과정은 ECU가 판단하며 모든 과정은 자동으로 수행되므로 운전자는 진행사항을 인지하기 어렵다. 위에서 언급한 재생방법 외에 서비스센터에서 진단장비를 이용하여 강제재생을 시키는 방법도 있다.

DPF에서도 촉매와 거의 비슷한 메커니즘으로 화재가 발생하고 있다.

## 5.4 기계계통 화재 메커니즘

기계계통 화재는 제동장치 과열에 의한 화재, 엔진과열에 의한, 엔진 파손에 의한 화재, 베어링 파손, 윤활불량으로 인한 화재 등이 있다. 기계계통 화재 메커니즘은 대부분 기계적 과열(마찰열) 또는 파손(손상)과 관련되어 있다.

# 06 엔진 정지 중인 차량의 화재발생 메커니즘[35)]

엔진 정지 중 발생한 차량화재는 엔진 정지 전에 이미 화재가 발생해 있었으나 이를 모르고 엔진 정지 중에 화재가 발견되는 경우와 엔진 정지 후에 화재가 발생한 경우로 나눌 수 있다. 첫 번째의 경우는 운행 중 화재가 발생할 수 있는 모든 원인에 의해 발생할 수 있고, 두 번째의 경우는 극히 제한적인 원인에 의해 발생하고 있다.
엔진정지 전에는 화재가 발생되지 않았고 엔진정지 후 화재가 발생되는 경우는 크게 전기적인 원인에 의한 화재, 담뱃불에 의한 화재, 방화, 외부발화에 의한 화재(다른 곳에서 발화된 화재로 인해 연소확대된 경우), 1회용 라이터 방치에 의한 화재, 자연발화성물품 적재에 의한 화재 등 여섯 가지를 생각할 수 있다. 그러므로 외부발화, 방화, 담뱃불에 의한 화재, 1회용 라이터 방치에 의한 화재, 자연발화성 물품 적재에 의한 화재가 배제되는 경우는 전기적인 원인만을 생각할 수 있다.

## 6.1 담뱃불에 의한 화재

담뱃불로 인해 차실(승객실)에서 화재가 발생하는 경우가 있는데, 덜 꺼진 담배꽁초가 가연물과 닿아 불꽃을 내지 않고 상당시간 무염연소(無炎燃燒, 훈소-燻燒, smoldering)를 진행시키다가 유염연소(有炎燃燒)로 변해 화재로 전이되기 때문에 발생한다. 담뱃불의 온도는 연소하고 있는 원추형의 끝 중앙부에서 가장 높고 담배를 빨고 있는 중에는 약 900℃가 되며, 담배를 빨지 않고 방치한 경우에는 중앙부는 700~800℃, 표면은 200~300℃가 되므로 담뱃불과 가연물이 닿으면 가연물 아래쪽으로 파고들며 연소확대 되면서 [그림 2.37]과 같은 메커니즘으로 무염연소를 진행시킬 수 있다.

35) 이의평, "엔진정지 중인 자동차의 화재발생 원인 분석", 한국화재조사학회 2010년도 추계학술대회논문집, pp.120~136, 2010.
이의평, "엔진정지 중 자동차화재의 발생 메커니즘 분석", 2011년 한국자동차공학회 학술대회논문집, pp.2068~2073, 2011.

그림 2.37 ▶
담뱃불로 인해 훈소가 일어나고 있는 부근의 모습[36)]

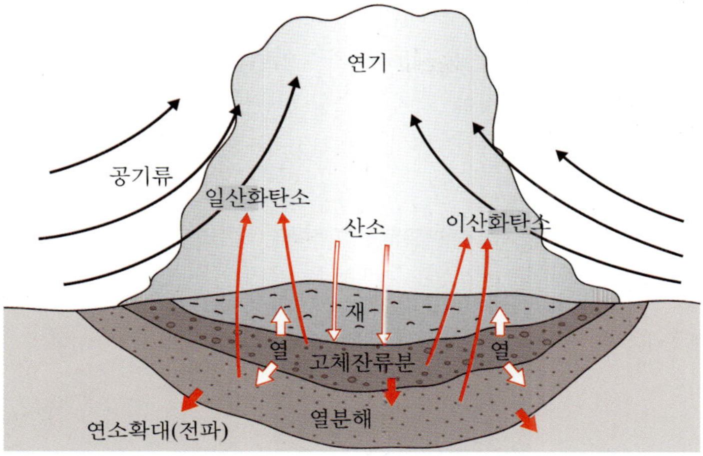


차실 내에서 무염연소가 진행되면 심한 냄새와 연기가 발생하기 때문에 주행 중인 경우에는 운전자나 승객이 화재로 전이되기 전에 냄새나 연기를 충분히 인지할 수 있어 화재로 이어지기 어려울 뿐만 아니라 차실 좌석의 시트 등 내장재는 난연제품을 사용하고 있어 무염연소를 진행시킬 수 없으므로 화재로 이어지기 어렵다.

좌석 시트, 깔판 자체 등 내장재는 난연 의무화에 따라 난연제품이 사용되고 있는데 이 좌석 시트 위에 담뱃불을 놓아두면 [그림 2.38]과 같이 표피(합성직물 또는 인조가죽 등)만 타서 구멍이 뚫리고 표피 바로 아래의 우레탄폼이 용융될 뿐 무염연소가 진행되지 않는다. 따라서 엔진정지 후 차량을 떠나기 전에 난연제품인 좌석 시트 위에 담배꽁초를 차실에 버리더라도 무염연소로 이어지지 않기 때문에 화재로 진전되기 어렵다.

그림 2.38 ▶
담배를 좌석 시트에 놓은 경우의 모습

36) 일본화재학회, 화재와 소화이 이론과 응용, 동경법령출판, p.9, 2006.
일본화재학회, 화재와 건축, 공립(共立)출판주식회사, p.76, 2002.

그러나 쓰레기통, 좌석 시트 위에 놓아 둔 방석이나 의류 등 적재물품, 또는 좌석 시트의 가죽이나 천을 교체하면서 난연성능이 없는 제품으로 바꾼 것에 담배꽁초를 버린 경우에는 [그림 2.37]과 같은 메커니즘을 통해 무염연소를 진행시킬 수 있으므로 [그림 2.39]와 같이 된다.

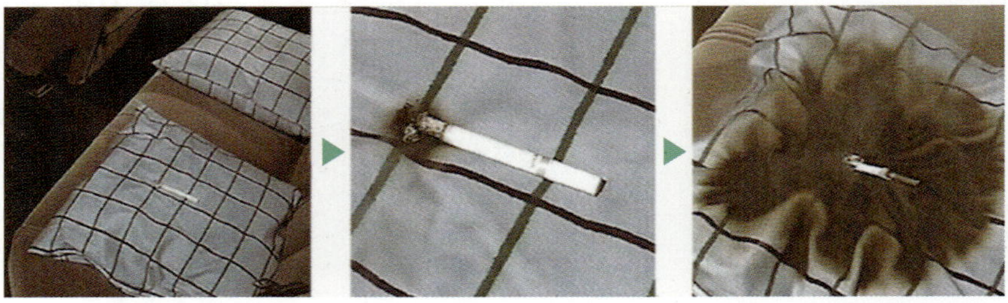

**그림 2.39** ▶ 담배를 면으로 된 방석 위에 놓은 경우의 모습[37)]

또한 난연제품인 좌석 시트에 구멍이 뚫린 부분이나 담뱃불로 우레탄폼이 용융된 위치에 다시 담뱃불을 놓아두거나 떨어뜨린 경우에는 [그림 2.37]과 같은 메커니즘을 통해 무염연소를 진행시킬 수 있다.

담뱃불이 가연물과 닿아 무염연소를 상당시간 진행시키다가 유염연소로 바뀌어 화재로 전이되더라도 승용차의 경우에는 창문을 닫아둔 상태에서는 공기공급 부족으로 인해 대부분의 경우에 어느 정도 타다가 저절로 꺼져버린다.

또한 발화개소가 차실이 아니고 엔진실인 경우에는 보닛이 닫혀 있는 상태에서는 버린 담배꽁초가 승용차의 엔진실에 들어가기 어려우며, 고의로 담배꽁초를 엔진실에 버리더라도 무염연소를 진행시킬 조건이 만들어지지 않으므로 화재로 이어지기 어렵다. 왜냐하면 덜 꺼진 담배꽁초가 화재로 이어지기 위해서는 무염연소를 확대시켜야 하나 엔진실은 차실의 좌석 등과 달리 무염연소를 진행시키기 어렵기 때문이다. 그리고 엔진실 내의 전선과 PVC 제품은 모두 난연성이 높은 것이므로 담배꽁초와 같은 불씨로는 불이 붙기 어렵다.

그러나 밖으로 버린 불씨가 남아있는 담배꽁초가 흡기측 에어클리너 안으로 빨려 들어가서 화재가 발생한 예외적인 사례가 있으므로 흡기측 에어필터에서 발화된 경우는 담배꽁초가 빨려 들어간 것인지를 조사할 필요가 있다.

[그림 2.40]과 같이 에어클리너가 발화한 사례뿐만 아니라 밖으로 버린 불씨가 남아있는 담배꽁초가 뒤쪽 창문을 통해 차실 안으로 들어가 화재가

37) 相川潔, 차량화재·구조·조사 대응 가이드, 동경법령출판(일본), p.104, 2012.

발생한 사례도 있다.

[그림 2.40]과 [그림 2.41]의 사례는 모두 주행 중에 발생한 것이지만 엔진 정지 후 얼마 지나지 않아 화재가 발견되었고 발화개소가 에어필터 부근으로 여겨지는 경우에는 고려할 필요가 있다.

차실에서 담뱃불로 발화된 경우, 창문이 열려있지 않거나 창문의 상부 쪽만 조금 열려 있으면 저절로 꺼져 버리드로 담뱃불로 인한 화재임이 입증될 수 있고, 창문이 열려 있어 화재가 커지더라도 발화개소가 차실이며 좌석에 움푹 팬 탄 무염연소흔적이 남아 이의 입증이 가능하다.

창문에서 담배꽁초를 버려 인테이크덕트에 들어간다.
↓
에어클리너에 불씨가 부착된다.
↓
에어클리너에 착화되고 캡 후방에서 흰 연기가 발생한다.
↓
엔진회전에 의해 계속적으로 공기가 공급되어 에어클리너가 소손되고 인테이크 덕트까지 확대된다.
↓
캡 안으로 옮겨붙어 차량화재가 발생한다.

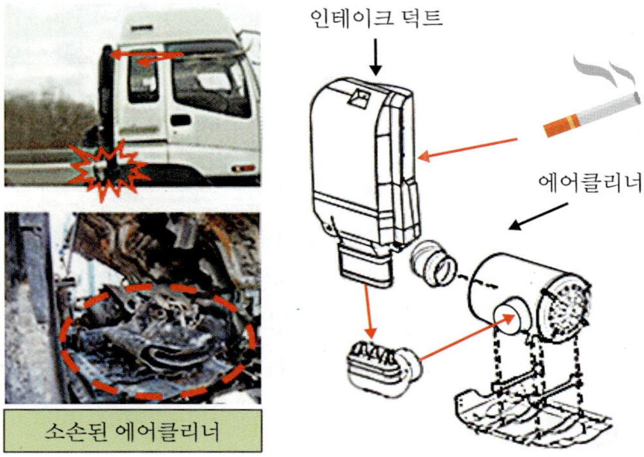


▲ **그림 2.40** 담배꽁초가 에어클리너 안으로 들어간 화재가 발생한 사례

**그림 2.41** ▶ 창밖에 버린 담배꽁초에 의한 차량화재 발생 개요도

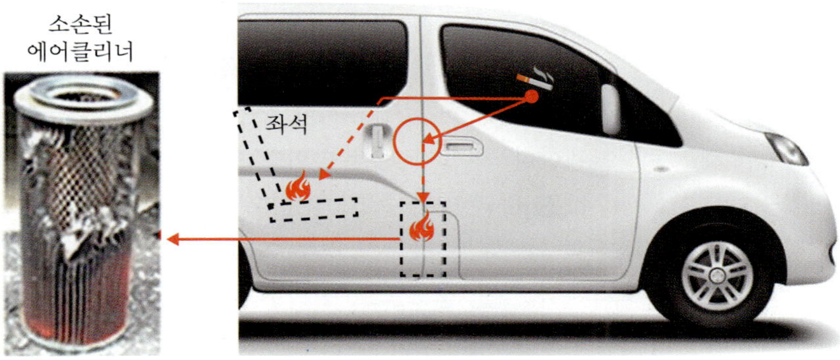

## 6.2 방화에 의한 화재

차량이 개방된 공간에 주차된 경우에 사회 불만이나 주차 불만을 가진 자가 방화할 수 있으며, 차량 자체 및 고가 기기 등이 절도의 대상이 되고, 절도행위의 은폐를 목적으로 방화할 수 있다.

차량 방화는 발화위치(방화된 위치)가 차량의 내부일 수도 있고 외곽부분일 수도 있다. 엔진이 정지되고 문이 잠긴 상태라면 차실 내부에 불을 붙이기 위해서는 도어를 열거나 또는 창문 유리를 파괴해야 한다. 좌석 시트 위에 가연물을 놓고 불을 붙여 화염을 내며 연소하게 한 후 곧바로 문을 닫아버리면 그 화열로 쉽게 창문 유리가 깨지지 않으며, 창문 유리가 깨지지 않으면 공기공급이 안되어 일반적으로 차실은 대부분 저절로 소화가 된다. 따라서 차실 내에서 화재가 발생하여 창문을 통해 화염이 분출하고 있는 상황이면 그 창문은 출화 시 열려 있었거나 이미 깨져 있었다고 생각할 수 있다.

차량의 도어를 열거나 또는 창문을 파괴하고 물건을 훔친 후 범죄증거를 없애려고 차실 내에 방화한 경우와 같은 범죄증거 인멸 목적의 방화나 자살을 위한 방화 등을 제외한 대부분의 차량 방화는 차량의 외곽부에 불을 지르고 있다. 충동적인 방화나 불만표출의 방화인 경우, 대부분 라이터로 불을 붙이며 라이터로 불이 붙는 개소는 범퍼나 흙받이 등 합성수지제품 또는 타이어로 한정된다. 차량 외곽부분의 합성수지제품이나 타이어에 라이터로 착화시키는 것은 불가능하지는 않지만 상당히 장시간 라이터로 불을 쬐지 않으면 착화되지 않는다. 또한 이들 제품은 대부분 자기소화성이 있어 라이터로 불을 붙여도 곧 꺼져 버리는 경우가 대부분이다. 사람 눈에 띄는 것을 신경 쓰는 방화범으로서 그다지 오랫동안 불을 붙일 수는 없을 것이다. 이들 제품에 방화하는 경우 터보라이터 등 일반라이터보다 강력한 것을 이용하든지 휴지나 주변의 쓰레기, 나뭇잎 등의 조연재(助燃材)를 이용한다. 원한에 의한 방화인 경우에는 휘발유, 신나 등 석유류를 차량이 주차된 바닥이나 주변, 차량 자체에 뿌려 연소를 촉진시킨 경우도 있다. 차량 외곽부분 방화인 경우, 연소방향이 비교적 확실히 남는다. 사람 눈을 피해서 불을 놓으므로 착화위치는 대략 아래쪽이며, 불은 아래쪽에서 위쪽으로 확대되므로 그 연소확대 흔적이 대부분 차체 등에 남아 있다.

방화에 의한 차량화재는 때때로 특정지역 내에서 연속해서 발생하는 경우가 있다. 이러한 경우에는 발생장소의 지리적 상황 등을 함께 검토해야 한다.

## 6.3 전기적인 원인에 의한 화재

전기적인 원인으로 화재가 발생하는 것은 엔진이 정지된 상태이더라도 통전(通電)되는 부분이 있고, 이 통전되고 있는 부분의 전선 피복이 벗겨지거나 손상을 입어 전선 도체가 직접 차체 등과 닿아 합선(단락)되거나 전선과 기구의 접속부 등에서 접촉불량으로 발열하기 때문이다.

엔진이 정지된 상태에서 통전되는 부분은 배터리에서 시동모터로 가는 전선, 제너레이터에서 배터리로 가는 전선, 그리고 엔진을 켜지 않은 상태에서 스위치 등의 조작만으로 불빛이 들어오는 전등(브레이크등, 실내등, 비상등, 미등, 트렁크등)의 전선, 경음기의 전선, 리모트컨트롤 되는 자동문 개방기구의 전선, 도난경보기의 전선 등이 있다. 이들 통전되고 있는 전선의 피복이 손상을 입어 전선의 도체가 직접 차체나 지지금구 등과 닿은 경우에는 단락을 한다.

[그림 2.18]에 나타낸 것처럼 엔진정지 상태이지만 통전 중인 전선이 진동이나 정비불량 등에 의해 지지금구, 관통부, 기기와의 접촉부 등에서 피복이 손상되거나 반단선(半斷線)이 되어 단락되어 화재가 발생하거나 전선간의 접속부나 전선과 기기와의 접속부가 이완되어 발열하여 화재로 이어지고 있다. 또한 엔진정지 중이어도 배터리 플러스(+) 터미널이 느슨해져서 발열하거나 고정금구 또는 지지봉과의 접촉으로 단락되어 화재가 발생하고 있다.

## 6.4 1회용 라이터 등의 방치에 의한 화재

뜨거운 여름철 유리창이 닫힌 승용차 내부의 온도는 90℃ 이상까지 올라가는 것으로 알려져 있다. 이런 상태에서는 깡통으로 된 탄산음료 등은 내부압력이 상승하여 파열되며, 1회용 가스라이터나 냄새제거용 또는 세척용 에어졸 용기 등 가연성가스(LPG)가 들어있는 제품도 파열되는 경우가 있다. 1회용 가스라이터가 파열되는 경우, 파열로 그치는 경우가 대부분이나 화재로 이어지는 경우도 있다. 라이터가 파열되어 화재가 발생하더라도 창문이 닫혀 있으면 차실 내로 공기유입이 안되므로 저절로 진화되는 바 라이터 파열 증거를 찾을 수 있다.

### 6.5 자연발화성 물품 적재에 의한 화재

식용유 등 식물성 기름이 오염된 옷이나 장갑 등을 세탁공장에서 세탁하고 건조기로 건조시킨 후에 충분히 식히지 않고 차량 안에 적재해두면 자연발화한다. 이와 같이 자연발화할 수 있는 물품을 적재하면 주차 중에 화재가 발생할 수 있다.

### 6.6 발화시기가 엔진정지 전후인지의 판단 프로세스

발화시기는 화재 발견시간과 밀접한 관련이 있다. 엔진정지 후 곧바로 화재가 발생했다면 화재 전에 화재가 발생했을 가능성이 높고, 이를 엔진정지 후에 발견한 것으로 볼 수 있다. 주간시간대의 사람왕래가 빈번한 곳에 주차한 경우 또는 주차장 등 관리자가 있는 곳이나 자동화재탐지설비가 설치된 곳이나 무인경비를 하고 있는 곳에 주차한 경우에서는 엔진정지 전에 화재가 발생해 있었다면 이에 대한 구체적인 발표된 통계는 없지만 일반적으로 주차 후 대략 10분 이내에 화재가 발견되고 있다. 따라서 주차 후 10분이 경과하지 않은 시점에 화재가 발견되었다면 엔진정지 전에 화재가 발생하였을 가능성이 크다고 볼 수 있다. 심야 등 목격자가 없는 조건인 경우를 제외하고는 엔진정지 전에 발생된 화재가 엔진정지 후 수시간 이후에 발견된 사례는 거의 없다. 사람들의 통행이 뜸한 심야에 화재가 발생하더라도 화재초기에 목격자가 없을 뿐 화재가 확대되어 차량 전체에 불이 붙으면 갑자기 밝아지거나 폭발 비슷한 소리가 나서 아주 외딴 곳이 아니라면 목격자가 있는 것이 일반적이다.

화재발생시기를 정리하여 요약하면 [그림 2.42]와 같이 나타낼 수 있다. 앞에서 언급한 것처럼 엔진정지 전에 화재가 발생했다면 화재원인은 크게 전기계통, 엔진·오일계통, 배기계통, 기타의 요인으로 나눌 수 있으며, 엔진정지 후에 화재가 발생했다면 방화, 담뱃불, 통전중인 전선의 단락, 외적요인, 1회용 라이터 방치, 자연발화성물품 적재로 나눌 수 있다.

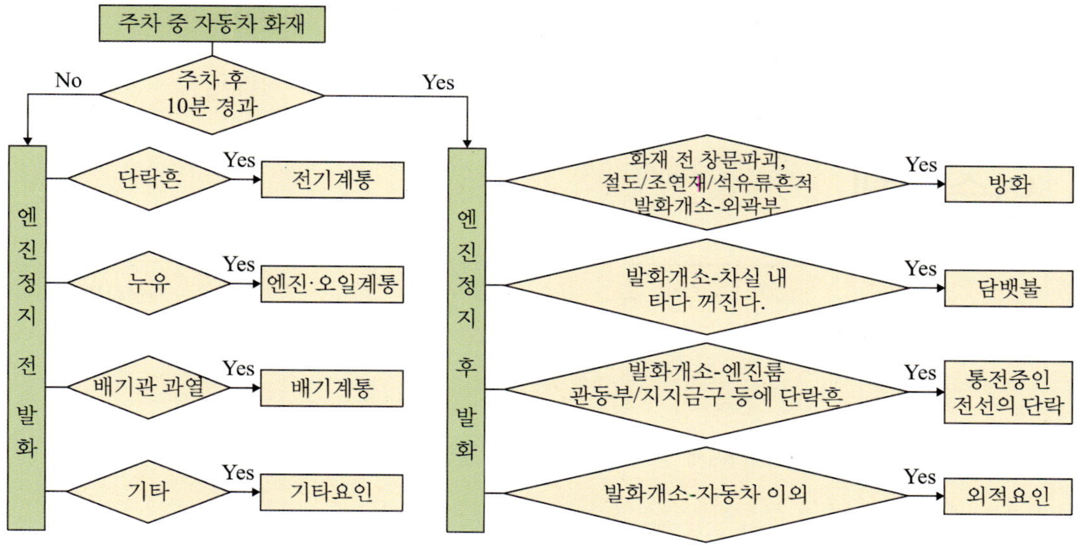


▲ **그림 2.42** 주차 중인 차량의 주요 화재원인

**Point**

엔진 정지 중 발생한 차량화재는 엔진 정지 전에 이미 화재가 발생해 있었으나 이를 모르고 엔진 정지 중에 화재가 발견되는 경우와 엔진 정지 후에 발생한 경우로 나눌 수 있다. 엔진정지 전 운행 중에 발생한 화재는 운행 중 화재가 발생할 수 있는 모든 원인에 의해 발생할 수 있고, 엔진정지 후 발생한 화재는 전기적인 원인에 의한 화재, 담뱃불에 의한 화재, 다른 곳에서 발화된 후 차량으로 확대된 화재, 1회용 라이터 방치에 의한 화재, 자연발화성물품 적재에 의한 화재, 방화 중 하나로 압축할 수 있다.

**Point**

엔진정지 중 발생한 화재가 외부발화, 방화, 담뱃불에 의한 화재, 1회용 라이터 방치에 의한 화재, 자연발화성물품 적재에 의한 화재가 배제되는 경우는 전기적인 원인만을 생각할 수 있다.

**Point**

엔진정지 전에 화재가 발생한 경우에는 일반적으로 주차 후 대략 10분 이내에 화재가 발견되고 있다. 따라서 주차 후 10분이 경과하지 않은 시점에 화재가 발견되었다면 엔진정지 전에 이미 화재가 발생하였을 가능성이 크다고 볼 수 있다.

# 연습문제

차량화재조사

1. 차량화재 조사 시 관계자에게 청취하여야 내용을 설명하시오.

2. 차량화재 조사에서 차량 전체 형상 조사 내용을 설명하시오.

3. 차량화재 조사에서 4등분법에 대해 설명하시오.

4. 화재로 인한 차량 유리의 파손 특징을 설명하시오.

5. 차량화재 조사 시 차량 하부를 조사하여야 하는 이유를 설명하시오.

6. 엔진실이 소손되어 있는 경우에 발화개소 판정과 관련하여 보닛은 어떤 사항을 조사하여야 하며 유의할 사항은 무엇인가?

7. 엔진실이 소손되어 있는 경우에 발화개소 판정과 관련하여 전선은 어떤 사항을 조사하여야 하며 유의할 사항은 무엇인가?

8. 차실이 소손되어 있는 경우에 발화개소 판정과 관련하여 조사하여야 할 사항은 무엇인가?

9. 엔진실 하부에서 발화되는 경우의 특징을 설명하시오.

10. 휘발유, 경유, LPG, 오일이 누설되었을 경우에 화재로 이어지는 메커니즘을 설명하시오.

11. 단락흔이 있다는 이유만으로 단락흔이 있는 개소를 발화개소로 판정해서는 안되는 이유를 설명하시오.

12. 기기나 부품에서 국부적인 발열흔적이 발견될 때 화재로 인해 형성된 것인지 또는 화재의 원인이 된 것인지와 관련하여 설명하시오.

13. 차량화재와 관련하여 분쟁이 발생하는 경우가 많다. 어떤 경우에 분쟁이 발생하는지 분쟁이 발생하는 경우들을 예시하시오.

14. 차량화재 중 차량 자체에 기인하여 발화한 화재의 발생원인 등은 여러 영역에 걸쳐 있지만, 주로 4가지 계통과 관련된 요인이 대부분을 차지하고 있다. 4가지 계통은 무엇인가?

15. 차량화재원인과 관련하여 전기화재 발생 메커니즘을 설명하시오.

16. 차량화재조사와 관련하여 차량 전기의 특징을 설명하시오.

17. 출근하려고 승용차 열쇠로 도어를 열고서 차실 내에 화재가 발생한 사실을 알았다. 즉, 도어를 개방한 시점에는 화재가 발생하였다가 저절로 꺼진 상태이었다. 그런데 피복이 소실되어 노출된 구리전선 둘레에 파란색 이물질이 붙어 있다. 이 파란색 이물질은 무엇이며, 화재원인과 관련이 있는가?

18. 구리전선에 녹청현상이 발생하는 이유를 설명하시오.

19. 화재가 발생하기 전에 전선 피복이 열을 받으면 어떤 현상이 발생하는가? 전선 피복이 열을 받게 되어 화재로 이어지는 과정을 설명하시오.

20. 전기적인 원인으로 단락되어 발생하는 전선의 망울을 단락흔이라고 하고, 전기가 통하지 않은 상태에서 열에 의해 용융되어 생성된 전선의 망울을 열흔이라고 한다. 단락흔과 열흔을 구분하는 방법을 설명하시오.

21. 차량화재와 관련하여 배터리와 관련된 화재에 대해 설명하시오.

22. 배터리 덤프 서지에 대해 설명하시오.

23. 연료·오일계통의 화재발생 메커니즘을 설명하시오.

24. 술을 마신 후 시동을 켜놓고 운전석에서 자다가 화재가 발생하였다. 화재원인으로 고려될 수 있는 것은? 화재원인과 관련하여 조사해야 할 내용은?

25. 주행 중에 휘발유가 누설되어 배기다기관에 떨어지더라도 화재로 이어지지 않는 이유를 설명하시오.

26. 주행 중에 엔진오일이나 변속기오일 등 오일이 배기관에 떨어지는 경우에 일어나는 현상을 설명하시오.

27. 휘발유를 연료로 하는 승용차에서 촉매장치에서 발화되었음을 어떻게 입증하는가?

28. 기계계통 화재의 예를 들고 화재발생 메커니즘을 설명하시오.

29. 엔진정지 중 화재가 발생하였다. 화재원인과 관련하여 검토하여야 할 사항을 설명하시오.

30. 담배꽁초를 차량 좌석 위에 버린 경우에 화재가 발생할 수 있는가?

31. 차량 문을 열고 절도한 후 범죄은폐를 위해 차실 내 가연물에 불을 붙인 후 문을 닫고 도망갔다. 화재가 성장하여 엔진실까지 연소시킬 수 있는가?

32. 엔진정지 중에 전기적인 원인으로 화재가 발생하는 이유는?

33. 엔진정지 주차 중인 차량의 화재발생 주요 원인을 설명하시오.

# 3장 차량 부품별 화재원인과 주요 사례

차량화재조사

## 01 실린더블록과 실린더헤드

엔진실의 큰 금속덩어리로 보이는 것이 실린더블록과 실린더헤드이다. 실린더블록과 실린더헤드는 엔진의 기본이 되는 부품으로 실린더블록에는 피스톤·크랭크축 등이 조립되어 있고, 실린더헤드에는 흡배기계·밸브기구·연소실·스파크 플러그 등 엔진성능을 좌우하는 주요 부품이 조립되어 있다.

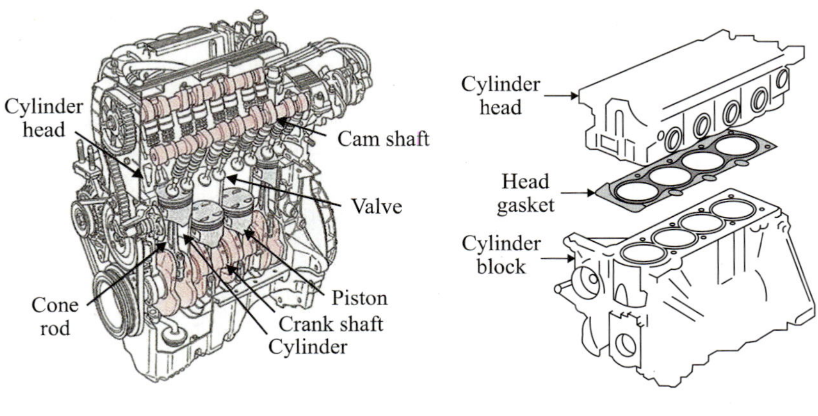


**그림 3.1** 엔진의 실린더 블록과 실린더 헤드

**Point**

실린더블록과 실린더헤드 커버의 접속부에는 [그림 3.2]와 같이 개스킷(밀폐성을 높이고 압축누설과 냉각수 누설을 막는 것으로 연강판(軟鋼板)을 심재(芯材)로 석면(Asbest)고무와 팽창흑연으로 덮은 것)이 끼어져 있는데, 이곳에서 엔진오일이 누설되는 경우가 있다. 볼트의 조임상태를 확인한 후에 헤드커버를 풀어내어 개스킷의 소손상황이나 누설개소를 확인한다. 볼트와 헤드 사이에 있는 와셔부분에 고무링이 설치되어 있는 것은 링의 열화상태도 확인할 필요가 있다. 누설확인이 되었으면 개스킷의 바로 아래에 있는 배기다기관 및 배기관에 오일이 접촉하여 소손된 흔적이 있는가를 확인한다. 배기다기관에는 히트 인슐레이터(遮熱板, 차열판)가 설치되어 있으므로 풀어 낸 후에 오일의 흔적을 확인한다. 누설개소와 착화개소의 위치관계가 발화개소의 결정에 중요한 포인트가 된다.

**Point**

가솔린엔진은 혼합기(휘발유+공기)를 압축하여 상사점 직전 약 10도 전후에서 점화하도록 되어 있는데 연소실 내의 과열에 의해 연소실 안이나 피스톤헤드에 퇴적된 슬러지나 카본이 불씨가 되어 빨리 착화하는 경우가 있다. 이 현상을 프리 이그니션(pre-ignition)[1)]이라고 하며, 녹킹(knocking)을 발생시킨다. 런 온(run-on) 현상에서도 이 프리 이그니션과 같은 현상이 일어나며, 이그니션 키(시동키)를 off로 하여도 엔진을 정지할 수 없게 된다.

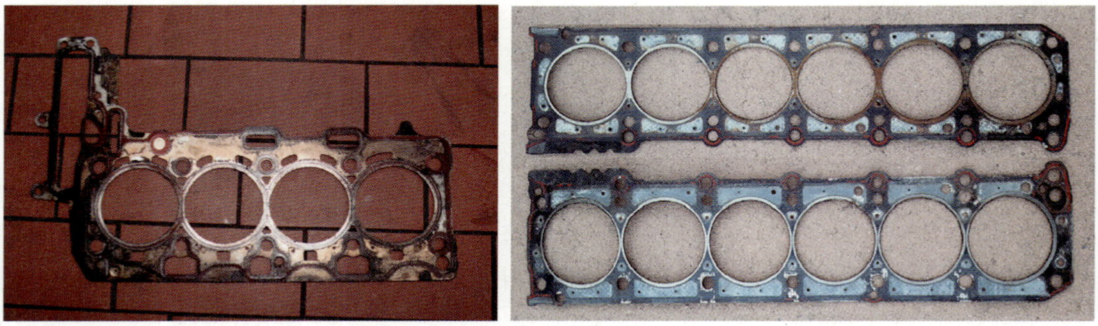

▲ **그림 3.2** 엔진 개스킷(좌측:4기통, 우측:6기통)

---

1) 이상현상으로는

- pre-ignition, post-ignition : 점화플러그로 점화하는 전후에 플러그 이외의 열원으로 혼합기가 점화되는 현상으로 조기점화 및 후점화는 공히 노킹과 같은 형태의 폭발적인 연소로 엔진에 충격을 발생시킨다.
  - 조기점화 : 플러그, 연소실 벽, 피스톤, 밸브 등에 부착되어 있는 카본에 남아 있는 불씨(열점)에 의해 압축행정 중에 혼합기에 착화되는 현상이다.
  - 후점화 : misfire 등에 의해 정상적으로 점화되지 않은 혼합기가 팽창행정에서 점화하는 현상
- run-on : 시동키를 off로 하여도 엔진이 회전을 계속하는 현상이다.
- after fire : 연소실에서 완전히 연소하지 않은 가스가 배기계통 중에서 폭음을 동반하며 폭발적으로 연소하는 현상으로 가속페달을 깊숙이 밟고 있는 상태와 같이 과잉의 휘발유가 연소실에 들어가 연소를 끝내지 못하고 배기계통으로 유입되어 발생한다.
- back fire : 배기행정에서 연소하고 남은 가스가 흡기밸브가 열려 흡입되려고 하는 혼합기에 점화가 되어 연소하는 현상으로 대부분 카뷰레이타 방식의 엔진에서만 발생한다.

## 화재사례 1 실린더블록 파손에 의한 화재[2)]

**화재개요**

화물차가 고속도로 주행 중 엔진실에서 이상한 소리가 나고 급격하게 흰 연기가 엔진 하부에서 분출되어서 화재가 발생했다고 생각하여 갓길에 멈춘바 보닛 틈새에서 화염이 분출되었다.

**화재원인**

엔진오일의 열화 및 양 부족에 의해 크랭크축과 커넥팅로드를 잇는 빅엔드의 메탈이 눌어붙고 이로 인해 크랭크축이 회전을 할 수 없게 된 커넥팅로드가 파손되어 구성부품이 비산하고, 주철제 실린더블록의 내벽에 충돌하여 구멍을 뚫어 이 구멍으로 실린더블록 내부의 엔진오일이 외부로 분출되어 고온인 배기관의 배기다기관 위에 떨어져서 발화점까지 온도가 올라 발화하여 화재가 되었다.

**참고지식1**

커넥팅로드는 압축되거나 인장되는 응력을 반복해서 받으므로 이들에 충분이 견딜 수 있는 강도가 필요하다. 따라서 강도적으로 뛰어난 특수강을 주조하여 만들지만, 기계적 강도를 크게 하고 커넥팅로드 자신의 중량을 가볍게 하기 위해 축부분은 대부분 I 형 단면으로 되어 있다. 커넥팅로드의 피스톤핀에 접속하는 부분을 스몰엔드(small end), 크랭크축에 연결하는 부분을 빅엔드(big end)라고 한다.

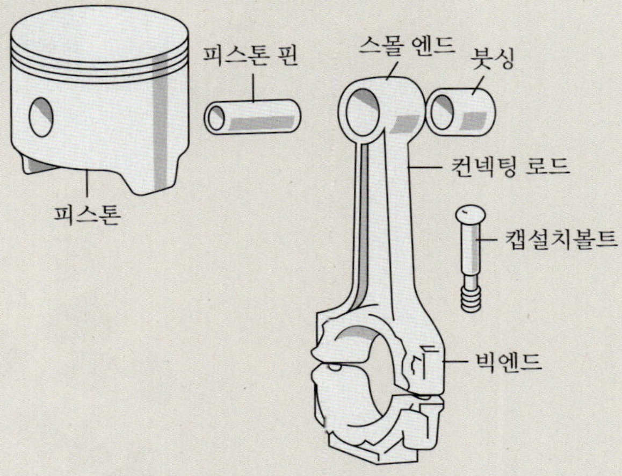


▲ **그림 3.3** 피스톤과 커넥팅로드

**조사요령**

1. 운전자 정보를 조사한다.
   (1) 엔진실에서 최초에 흰 연기[3)]를 발견하고 있다.
   (2) 엔진실에서 이상한 소리(異音)[4)]를 듣고 있다.
2. 차량을 들어 올려서 차량 하부를 조사한다.
   차량 밑에서 위를 올려다보고 엔진오일이 가장 많이 흘러나와 있는 개소를 아래쪽에서부터 위쪽으로 상세히 관찰하며 엔진오일이 분출되어 있는 개소를 찾아낸다.
3. 배기관 계통을 조사한다.
   배기다기관과 배기관의 표면 위에 엔진오일이 낙하된 흔적이나 발화 소손된 흔적을 나타내는 검은 오염(얼룩)이 남아 있지 않은가 확인한다.

▲ **그림 3.4** 배기다기관 위 차열판의 오일 비산상황

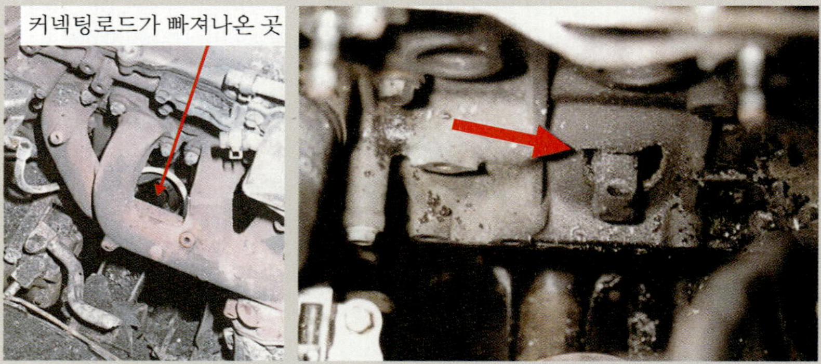


▲ **그림 3.5** 파손된 커넥팅로드

▲ **그림 3.6** 실린더블록에서 튀어나온 커넥팅로드

**참고지식2**

**오일의 연소상황**

1. 오일은 비교적 완만하게 연소하며 휘발유와 같이 급격하게 화염을 올리며 연소되지 않고, 흰 연기를 한참동안 내고 나서 화염을 올리며 타기 시작한다.
2. 오일은 고온부에 접촉하면 발화하여 타오르지만 휘발유와 같이 차량 내의 전기스파크로 착화하여 타오르지 않는다.
3. 오일이 배기관계에서 발화하는 상황은 누설된 오일이 배기다기관이나 촉매, DPF 위의 움푹 팬 곳에 고이거나 배기관, 촉매, DPF의 표면에 낙하되어 모인 오일이 타기 시작한다. 차량 속도가 떨어져 분위기온도가 올라간 때에 화염이 발생한다.

4. 실린더블록에 구멍이 뚫리면 엔진오일과 물의 관리(냉각작용)가 될 수 없으므로 엔진본체가 고온상태가 되며 이에 수반하여 배기계통 온도가 높아져서 낙하된 오일이 발화하기 쉽다.

## 화재사례 2

실린더헤드 커버에서 오일 누설에 의한 화재[5)]

**화재개요**

승용차로 고속도로 주행 중 머플러에서 흰 연기가 나오고 있어 속도를 떨어뜨려 주행하고 있는데 보닛 틈새에서 흰 연기가 나오고 엔진이 정지되었다. 차량에서 내려 보닛을 열어보니 화염이 보였다.

**화재원인**

실린더헤드 커버의 개스킷이 열영향에 의해 변형 용융되고, 이 변형된 틈새에서 실린더헤드 커버 내의 엔진오일이 분출하여 실린더헤드 옆의 고온 배기다기관 위에 낙하되었으므로 엔진오일이 발화 발염한 것이다.

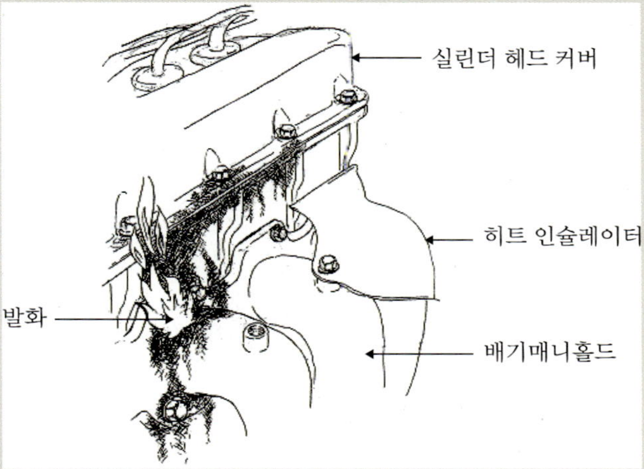


▲ **그림 3.7** 실린더헤드 커버에서의 엔진오일 누설과 발화 상황

**조사요령**

1. 운전자 정보를 조사한다.
 (1) 보닛 틈새에서 흰 연기가 분출되어 나온 것을 목격하고 있다.
 (2) 차량을 멈춰 보닛을 열어보고 엔진실 내에서 화염을 목격하고 있다.
2. 차량을 들어 올려서 차량 하부를 조사한다.
 차량 밑에서 올려다보고 엔진오일이 누출되어 있는 개소를 찾는다.
3. 배기관 계통을 조사한다.
 배기관 계통의 표면에 엔진오일이 소손된 검은 흔적이 남아 있는지를 조사한다.

---

2) 동경소방청, 신화조사교본 제4권 제1부 차량화재편, pp.32~34, 2000.
3) 오일이 고온표면에 비산되면 흰 연기를 발생시킨다.
4) 이상한 소리는 실린더블록에 구멍이 뚫릴 때 발생한 것이다. 실린더블록의 구멍은 좌측벽과 우측벽 2개소에 뚫려 있는 경우가 많지만 1개소 또는 하부의 오일팬에 구멍이 뚫리는 경우도 있다. 실린더블록이 파괴되었을 때 구멍의 크기는 여러 가지이지만 보통 어린이 주먹크기정도이다.
5) 동경소방청, 신화조사교본 제4권 제1부 차량화재편, pp.37~39, 2000.

4. 실린더헤드 커버를 조사한다.
   실린더헤드 커버의 고정 볼트를 풀어내고 실린더헤드 커버의 바깥면과 안쪽면을 비교하여 양쪽면이 소손에 의해 변색되어 있는 개소가 있는가를 확인한다.
   실린더헤드 커버 내의 엔진오일이 누설되기 시작하면 배기관계에 접촉하여 착화하여 화염이 되며, 타오른 화염은 실린더헤드 커버의 실린더 개스킷을 태우고 실린더헤드 커버 안으로 화염이 파고 들어간다.
5. 실린더헤드 커버 개스킷을 조사한다.
   실린더헤드 커버 개스킷은 공해대책상 석면이 사용될 수 없으므로 내유성(耐油性)고무·스틸개스킷(스테인레스+연강)·액체씰(seal)제(劑) 및 콜크 등이 사용되고 있다. 실린더헤드 커버 개스킷이 소손에 의해 떨어져나가거나 변색되어 있을 때에는 실린더헤드 커버 개스킷이 화재의 화염의 영향을 받았음을 시사하고 있다. 실린더헤드 커버 개스킷의 일부분이 위와 같은 상태를 나타내고 있을 때에는 엔진오일관리 부적절이나 냉각수 부족 등에 의해 엔진 본체의 온도가 상승하여 실린더헤드 커버 개스킷이 용융 변형되고, 이 부분의 틈새에서 엔진오일이 누설되어 고온인 배기관계 위에 낙하되어 발화온도까지 올라가 타기 시작한 화염이 실린더헤드 커버 개스킷의 틈새로 들어가 내부를 소손시켰음을 나타내고 있다.

**참고지식1**

엔진실 내의 온도는 주행 중에는 엔진실에 바람이 들어오므로 엔진본체 온도가 내려가 있다. 이 때문에 누설된 오일이 배기계통에 떨어져서 흰 연기가 나오기는 하지만 발화온도까지 올라가지는 않기 때문에 불이 붙기는 어렵다. 이 때문에 불이 붙는 발화온도까지 엔진실 내의 온도가 오른 상태는 차량의 속도가 떨어진 저속상태일 때나 차량을 정지시켜 공회전상태일 때, 신호를 기다리는 상태일 때 등이며, 차량이 저속이나 주행하지 않아 엔진실 내에 바람이 들어오지 않아서 엔진실 내의 온도가 상승하였을 때 불이 붙는 경우가 많다.

**! Point**

엔진오일이 누설된 개소는 다음 조건의 부분이다.

① 실린더헤드 커버의 바깥면과 안쪽면의 양쪽면이 소손·용융·변형되어 있는 것이 확인되는 개소

② 위 상태를 나타내는 개소에서 실린더개스킷이 타서 탄화되거나 결락되어 있는 부분

③ 위 상태를 나타내는 곳 가까이로 배기관계 표면에 엔진오일이 소손된 검은 흔적이 남아 있는 개소

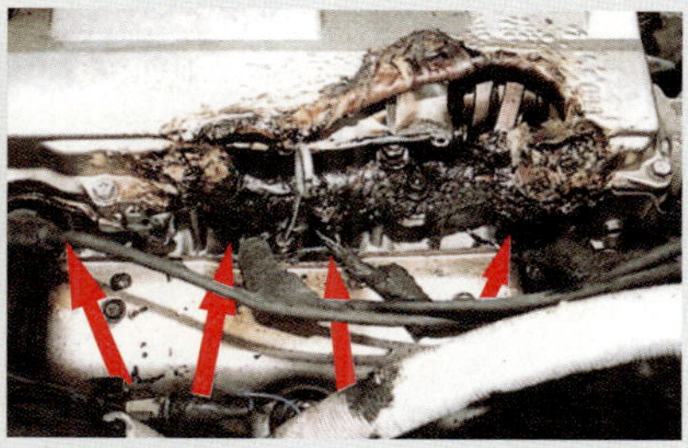

▲ **그림 3.8** 실린더헤드 커버의 오일 누설 흔적

▲ **그림 3.9** 실린더헤드 커버와 개스킷의 소손상황

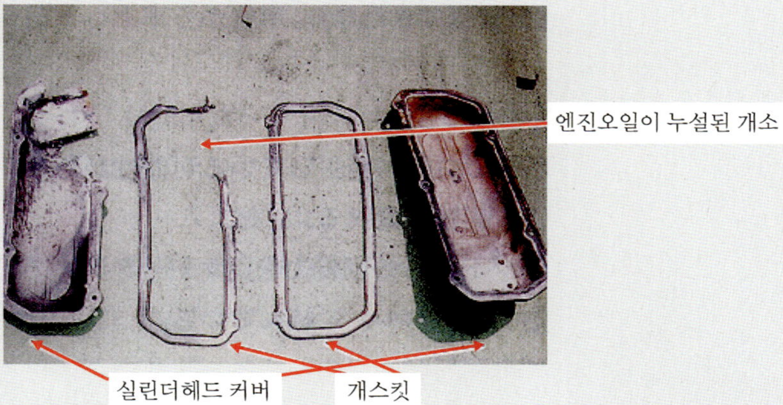


▲ **그림 3.10** 개스킷의 소손상황

**참고지식2**

**엔진오일 팬 개스킷**

엔진오일 팬의 개스킷 틈새에서 엔진오일이 누설되는 경우가 있다. 엔진오일 팬에 사용되고 있는 개스킷은 실린더헤드 커버 개스킷의 재질과 같으며, 이 외에 액체패킹을 사용하여 엔진오일 팬을 접착하고 있는 경우도 있다.

## 화재사례 3 실린더헤드 커버에서 오일 누설에 의한 화재[6)]

**화재개요**

화물차(주행거리 43,000km)로 고속도로를 주행 중 좌석아래 엔진실에서 탁탁하는 소리가 났지만 그대로 주행을 계속하다가 사이드미러를 보고 배기가스가 평상시보다 흰색임을 알아차렸다. 그리고 배터리충전 램프가 점등되어서 일반도로로 내려갔다. 주행을 계속하니 엔진출력이 떨어져서 차량을 정지한바 엔진이 멈추고 좌석 아래에서 흰 연기가 분출되었다.

**화재원인**

주행 중에 V벨트가 끊어진 것을 알아차리지 못하고 계속 주행하였으므로 V벨트로 구동되고 있는 워터펌프와 알터네이터(발전기)가 작동불능이 되어 엔진본체 실린더블록 부분의 냉각수가 순환되지 않아 오버히트 상태가 되어서 엔진오일이 고온비등하여 실린더헤드 커버 개스킷의 틈에서 엔진오일이 분출되어 고온인 배기관 위에 낙하되어 발화되어 차음단열재와 범포를 태운 것이다.

**조사요령**

1. 운전자 정보를 조사한다.
 (1) 머플러에서 흰 배기가스가 나오는 것을 목격하고 있다.
 (2) 엔진실 이음(異音)을 듣고 있다.
 V벨트가 끊어지면 끊어진 끝부분이 풀리에 휘감기어 회전하기 때문에 주위 부분을 타격하여 소리를 낸다.
2. 차량을 들어 올려서 차량 하부를 조사한다.
 (1) 엔진실을 차량 아래에서 올려다보고 소손되어 있는 부분을 파악하며, 발화개소가 차량 아랫부분인가 윗부분인가를 조사한다.
 (2) 엔진실을 차량아래에서 올려다보고 연료(경유)나 엔진오일 등이 누설되어 있는가를 확인하여 누설되어 있는 흔적이 확인되면 차량아래쪽에서 위쪽으로 자세히 관찰하여 누설개소를 찾아낸다.
3. V벨트를 조사한다.
 (1) 운전자 진술로 보아 V벨트가 절단된 후에 흰 연기가 발생하였을 가능성이 있으므로 V벨트 절단이 엔진본체에 주는 영향을 조사한다.
 (2) 절단된 V벨트 1개는 크랭크축으로부터의 회전력을 워터펌프와 라디에이터 팬 및 알터네이터(발전기)로 전달하기 위해 있다.
 (3) V벨트가 끊어지면 워터펌프의 회전이 멈추기 때문에 실린더블록 내의 냉각수가 순환되지 않게 된다. 또한 라디에이터 팬이 멈추면 엔진실 내 바람의 순환이 나빠지게 되므로 엔진본체가 오버히트 상태가 되어 엔진오일이 고온비등상태가 된다.
 (4) V벨트가 끊어짐으로써 알터네이터가 구동되지 않게 되어 배터리충전이 안되므로 운전자 진술처럼 충전부족으로 인해 배터리충전램프가 점등하게 된다. 그러나 디젤엔진은 가솔린엔진처럼 점화계통을 필요로 하지 않으므로 낮 동안 주행 중에는 전기 소비가 적으므로 알터네이터로 충전되지 않아도 한참동안 주행할 수 있다.
4. 실린더헤드 커버와 소음방지 커버를 조사한다.
 (1) 디젤엔진에는 실린더헤드 커버 위의 엔진실 점검구에 소음방지 커버가 설치되어 있으므로 소음방지 커버의 소손범위와 변색상황으로 엔진실의 발화개소를 추정한다.

(2) 실린더헤드 커버와 실린더헤드 커버 개스킷의 상황으로부터 화재조사를 진행한다. 이하 앞 화재사례1의 조사요령을 참고로 하여 진행한다.

5. 나머지 조사는 화재사례2를 참고한다.

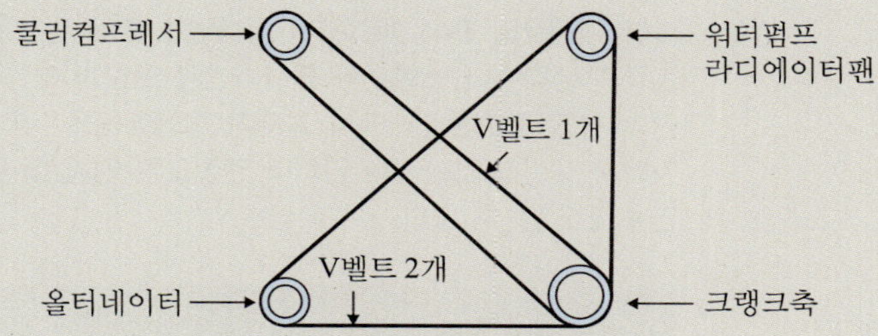


▲ **그림 3.11** V벨트

▲ **그림 3.12** 절단된 V벨트, 개스킷

▲ **그림 3.13** 실린더 헤드와 하부

**참고지식**

유화현상(乳化現象)

실린더헤드 커버나 엔진오일 팬 개스킷에서 엔진오일이 누설되어 화재를 일으킨 엔진에서는 실린더헤드 커버나 엔진오일 팬 내에서 유화현상이 확인되는 경우가 있다. 유화현상이란 물과 기름이 혼합되어 에멀전이 생기는 증상이며, 보통 자동차용 엔진의 오일 백탁(白濁)은 겨울철 엔진시동 후 난기(暖気)까지 시간이 걸리는 상황에서 발진·정지운전이 많은 경우, 엔진오일 중에 연소에 의해 생긴 수분이 혼합하기 쉬워지기 때문에 발생하는 것으로 이는 정온하(定温下)에서는 수분 증발이 어려워 엔진오일 내에 수분이 남기 때문이다. 엔진오일 내의 수분은 오일 내에서 에멀전을 만들어 오일 내에 분산한다. 물과 기름은 굴절율이 달라 빛이 난반사(亂反射)하여 하얗게 보이므로 유화(乳化)라 부르고 있다.

그러나 오일 중에서 수분이 없어지면 백탁이 사라지므로 충분히 난기운전을 하면 원래로 되돌아간다. 보통 자동차용 엔진에서는 난기운전을 20분 이상 하면 백탁은 없어진다. 실린더헤드 커버나 엔진오일 팬에서 엔진오일이 누설되어 화재를 일으킨 엔진에서 실린더헤드 커버 안이나 엔진오일 팬에 유화현상이 확인되는 것은 실린더헤드나 엔진오일 팬의 개스킷이 화재열로 인해 변형을 일으켜 이 틈새를 통해 실린더블록의 냉각수나 소화수가 들어가 엔진오일과 에멀전을 일으키고 있는 것이며, 엔진 안이 상당히 고온상태에서 화재가 발생했음을 나타내고 있다.

따라서 실린더헤드 커버 안이나 엔진오일 팬 안에 있는 유화현상만으로 화재발생 원인을 판단할 수 없다.

▲ **그림 3.14** 실린더헤드 커버 내의 유화현상 (위 : 유화가 없다, 아래 : 유화가 보인다.)

▲ **그림 3.15** 오일팬 내의 유화현상

6) 동경소방청, 신화조사교본 제4권 제1부 차량화재편, pp.40~41, 2000.

# 02 밸브기구

4사이클엔진에는 각 실린더에 1에서 2개의 인테이크 밸브(흡입변)와 배기밸브를 갖추고 있다. 이 밸브를 피스톤의 상하운동에 대해 가장 적절한 시기에 개폐시키는 장치가 밸브기구이다. 밸브기구는 캠샤프트, 흡기밸브, 배기밸브, 밸브스프링, 로커암, 밸브 리프터, 푸시로드 등으로 구성되어 있다.

**그림 3.16** 4기통 디젤엔진에서 분리한 밸브기구 중 캠 샤프트[7]

## 화재사례 4

흡배기밸브 파손에 의한 화재[8]

| | |
|---|---|
| **화재개요** | ECU 매핑을 한 승용차로 5월 하순 21:30경 귀가하려고 터널을 주행 중 갑자기 계기판에 3~4개 이상의 경고등이 작동하고 후방 차량이 상향등을 켜며 진행하여 사이드미러로 확인하니 자신의 승용차 뒷부분에 화염이 보여 터널 내 우측 갓길에 정차한 후 운전석 도어를 열고 피했다가 터널 내 소화기로 화재를 진압하여 뒤쪽에 위치한 엔진실 일부와 머플러 쪽이 연소되는 피해를 입었다. |
| **화재원인** | ECU 매핑으로 인해 점화시기가 부적절하여 흡배기밸브가 파손된 후 4번 피스톤이 파손되고 실린더 벽에 균열이 가면서 엔진오일을 모든 연소실로 끌어올려 배기다기관으로 흘러들게 하여 머플러 끝으로 흘러 나가서 엔진오일에 불이 붙어 머플러 끝으로 분출한 것으로 볼 수 있다. |
| **조사요령** | 1. 운전자 정보를 조사한다.<br>ECU 매핑을 하였다.<br>2. 차량 외부를 조사한다. |

7) 이의평, "인젝터에서 연료 누유로 인해 발생한 승용차화재 사례의 분석", 한국방재학회논문집, Vol.18, No.5, pp.137~144, 2018.

(1) 뒤쪽과 뒤쪽에 위치한 엔진룸을 제외하고 앞쪽에 위치한 트렁크와 좌우 및 네 바퀴의 타이어는 그대로 원형을 유지하고 있으므로 앞쪽(트렁크 포함) 및 좌우와 네 타이어 부근은 발화개소에서 배제할 수 있다.
(2) 뒤쪽에 위치한 합성수지제 범퍼 등 가연물이 좌우 양쪽 머플러를 중심으로 연소되고 변색되어 있다.

3. 차량 하부를 조사한다.
차량 하부에서 발화된 흔적이 없다

4. 엔진실을 조사한다.
(1) 좌측 에어클리너 필터 위쪽에 오일이 스며들어 있고 우측 에어클리너 필터 보호박스 주위에 오일이 묻어 있으며, 냉각수 보조탱크는 내려 앉아 있지만 엔진실 자체는 화열을 크게 받은 흔적은 없다
(2) 우측 에어클리너 필터 아래쪽에 위치한 변속기 액추에이터와 우측 배기관(촉매 뒤쪽의 배기관과 머플러의 접속부위 부근) 사이에 오일이 누유되어 연소되어 있다.
(3) 엔진 좌측에 위치한 좌측 점화플러그 주위에 오일이 누유되어 연소된 흔적이 있다.
(4) 양쪽 에어클리너 필터 2차측과 인테이크 트로틀밸브 입구는 여과된 공기가 들어가는 곳임에도 오일이 고여 있다.
(5) 좌측 에어클리너 필터 위쪽에 오일이 스며들어 있고, 에어클리너 박스 내부에 거의 전체적으로 오일이 묻어 있다.
(6) 우측 촉매 뒤쪽 배기관 안에 오일이 고여 있고 배기관과 머플러를 연결하는 접속부위 아래의 보호철판에 오일이 묻어 있고 연소되어 있다.
(7) 상기와 같은 이유로 발화개소는 좌우 양쪽 머플러 끝부분과 우측 배기관과 머플러 접속부위 부근 및 좌측의 오일이 누유되어 연소된 점화플러그 부근으로 분석할 수 있다.

5. 화재원인을 분석한다.
(1) 승용차 자체에 기인하여 발생한 화재는 연료·오일계통의 화재, 배기관·차륜계통의 화재, 전기계통의 화재, 기계계통의 화재 등으로 분류할 수 있다.
(2) 연료누유에 의한 화재라면 화재가 급격히 확대되어 소화기로 진화할 수 없었고, 연료배관에 연료(고급휘발유)누유 흔적이 없고 연료배관이 그대로 남아 있으므로 연료누유에 의한 화재는 배제할 수 있다.
(3) 화재 피해를 입은 뒤쪽 범퍼의 안쪽에 위치한 전선은 화재로 전선 내부는 손상되지 않고 전선 피복재 일부만이 화열에 노출되는 피해를 입었으며, 접속부는 화열을 받은 흔적이 없고 특이점이 없으며, 엔진실 안의 전선 케이블 주름관도 거의 손상이 없고, 전선에 단락흔적이 없으며, 차실 내에 위치한 퓨즈는 모두 끊어져 있지 않은바 전기계통은 화재원인에서 배제할 수 있다.
(4) 4개의 타이어가 화재로 인한 피해를 입지 않은 상태이므로 차륜이나 제동계통에 의한 화재는 배제할 수 있다.
(5) 오일(엔진, 변속기, 파워스티어링, 변속기 액추에이터) 중 변속기오일은 무교환 방식의 것으로 누유흔적이 없고, 파워스티어링오일과 변속기 액추에이터 오일은 오일탱크 내에 오일이 가득 차 있음이 확인되며 배관에 누유흔적이 없으며, 엔진오일은 오일게이지로 확인이 되나 엔진오일의 상태를 확인하기 위해서 차

체하부의 엔진오일 빼내는 4개소의 마개(너트)를 열어 확인한바 엔진오일에 물과 연료(휘발유)가 섞여 있음이 확인된다.

(6) 승용차 후미의 양쪽 머플러 끝을 중심으로 위로 화염이 올라간 흔적이 있고 엔진실 안의 우측 배기관과 머플러의 접속부 주위에 오일이 누유되어 연소되어 있으므로 배기관계통에 의한 화재는 화재원인에서 배제할 수 없다.

(7) 엔진오일에 물과 휘발유가 섞여 있고, 배기관 끝에서 화염이 분출한 흔적이 있으므로 엔진을 엔진실에서 내려 구체적으로 검토한다.

(8) 우측 배기다기관을 분해한바 배기다기관 안에 엔진오일과 물이 들어 있고, 배기다기관에서 촉매를 거쳐 배기관 접속부위 쪽으로 물과 오일이 나왔다.

(9) 우측 실린더헤드를 분리하기 위해 실린더헤드 커버를 분해한바 캠 샤프트 등에 파손된 흔적이 없고, 우측 실린더헤드를 분리해낸바 4번 피스톤 헤드가 파손되어 실린더에 고착되고 밸브 1개가 붙어 있음에 비해 4번 피스톤 이외의 1번, 2번, 3번, 5번 피스톤과 실린더에 특이점이 없으며, 5개 실린더실 위에 엔진오일이 올라와 있고, 우측 실린더의 4번 피스톤 헤드는 테두리 쪽보다 중심부 쪽이 파손되어 뚫려 있으며, 좌측 흡기밸브가 위치하는 곳 우측부터 배기밸브가 위치하는 곳의 우측까지 뚫려 있으며, 배기벌브가 위치하는 곳의 우측이 흡기밸브가 위치하는 곳의 우측보다 더 넓게 뚫려 있다. 우측 실린더헤드의 4번 연소실 위쪽이 파손되고 배기밸브와 흡기밸브가 탈락되어 있다.

(10) 좌측 실린더헤드를 분리해낸바 5개의 피스톤과 실린더에 특이점이 없고, 연소실과 흡기밸브 및 배기밸브에 특이점이 없다.

(11) 우측 배기다기관 뒤쪽의 촉매장치 바로 앞을 절단하여 확인한바 배기다기관 쪽 촉매장치의 벌집모양이 용융되어 있지 않다.

(12) 위와 같은 이유와 배기관이 과열되더라도 피스톤이 파손되는 것이 아니므로 배기관 과열에 의한 화재는 배제할 수 있고, 우측 실린더 4번 피스톤의 파손에 의한 화재로 압축할 수 있다.

(13) 우측 실린더 4번 피스톤의 파손 원인을 조사하기 위해 엔진을 분해한바 피스톤은 피스톤 헤드를 제외하고는 커넥팅로드 등이 손상되어 있지 않고 실린더 내벽의 여러 개소가 긁혀 있고 2개소에 균열이 가 있다.

(14) 우측 4번 연소실에 너트 등 금속이물질을 고의로 넣은 경우에도 피스톤과 연소실 상부가 손상을 입을 수 있으므로 이러한 고의 행위여부를 확인하기 위해 4번 피스톤 분해과정에서 낙하된 부품을 확인한바 본래 부품 외에 외부에서 넣은 부품 등이 발견되지 않으므로 4번 피스톤 파손이 고의적인 외부 금속이물질 삽입에 의한 것이 아님을 알 수 있다.

(15) 위와 같은 이유로 우측 4번 피스톤 파손은 인위적인 행위와 관련 없이 승용차 엔진 자체 원인에 의한 것으로 결론 내릴 수 있다.

▲ **그림 3.17** 외부의 모습

▲ **그림 3.18** 엔진실 하부의 모습

▲ **그림 3.19** 엔진실의 모습

▲ **그림 3.20** 에어클리너 필터 2차측과 인테이크 트로틀밸브 입구에 오일이 고여 있는 모습

8) 이의평, "ECU 매핑 후 노킹으로 인해 발생한 승용차화재 사례의 분석", 한국방재학회논문집, Vol.15, No.6, pp.251~259, 2015.

▲ **그림** 3.21 우측 실린더 헤드를 제거한 모습
(4번 피스톤 위쪽이 파손되어 실린더에 고착되고 흡기밸브 1개가 붙어 있음)

▲ **그림** 3.22 우측 실린더헤드의 모습
(4번 연소실 위쪽이 파손되고 배기밸브(상)와 흡기밸브(하)가 탈락되어 있음)

▲ **그림** 3.23 4번 피스톤 헤드와 실린더 벽의 모습

# 03 피스톤 및 커넥팅로드와 크랭크축

휘발유, 경유, LPG 등을 연료로 하는 차량은 연료를 연소시켜 열에너지를 얻는다. 이 열에너지를 동력으로 바꾸는 것이 피스톤, 커넥팅로드, 크랭크축이다.

연소 압력에 의해 발생한 피스톤의 상하운동이 커넥팅로드를 개입하여 크랭크축의 회전운동이 되어 동력이 얻어진다.

**Point**

엔진오일 부족이나 오일교환시기의 부적절 등으로 인한 이상열화(異常劣化)로 인해 커넥팅로드와 크랭크축 간에서 눌어붙어 피스톤이나 커넥팅로드가 결손되어 실린더 블록이나 오일팬 등이 파손되면 파손부분에서 누설된 오일이 고열상태인 배기관에 접촉하여 발화한다.

**Point**

피스톤에 조립되어 있는 오일 링 등이 마모되면 엔진오일이 실린더 내로 들어가 미스파이어가 발생한다. 사용연수나 주행거리가 긴 차량에서 많이 관찰된다.

**Point**

피스톤에 조립되어 있는 압축링이 마모되면 피스톤과 실린더 사이(피스톤 클리어런스)에서 크랭크케이스 내에 블로 바이 가스가 많이 흘러 들어가고 흡기측에 보내진 블로 바이 가스와 함께 미스트상(狀) 엔진오일의 유입도 증가하기 때문에 트로틀밸브의 고착(stick)이나 미스 파이어를 발생시킨다.

**화재사례 5** 커넥팅로드 파손에 의한 화재

**화재개요**

19:50경 고속도로 주행 중 갑자기 차량에서 '쇠'갈리는 소리가 들려 갓길에 정차시켰는데, 엔진실에서 검은 연기가 나면서 엔진부위에서 화재가 발생하였다. 화재발생 전에 시동이 걸리지 않아 배터리, 발전기, 엔진오일을 교환하였고, 출퇴근용으로 이용하였다.

**화재원인**

커넥팅로드가 파손되며 커넥팅로드와 크랭크샤프트 사이의 베어링 등에서 발생된 열에 의해 엔진 오일에 착화되어 화재가 발생하였다.

▲ **그림 3.24** 차량 내외부의 연소상황

▲ **그림** 3.25 엔진과 실린더헤드의 연소상황

▲ **그림** 3.26 실린더와 흡배기 밸브의 오염상황

▲ **그림** 3.27 크랭크축의 상황

▲ **그림** 3.28 피스톤의 상황

그림 3.29 크랭크축 베어링의 균열 상황

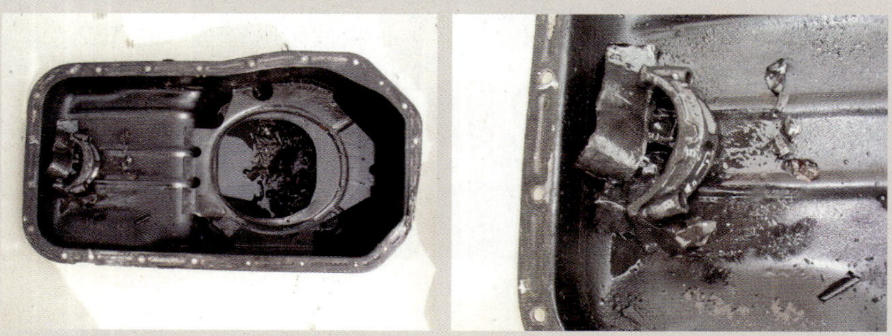

그림 3.30 오일팬의 상황

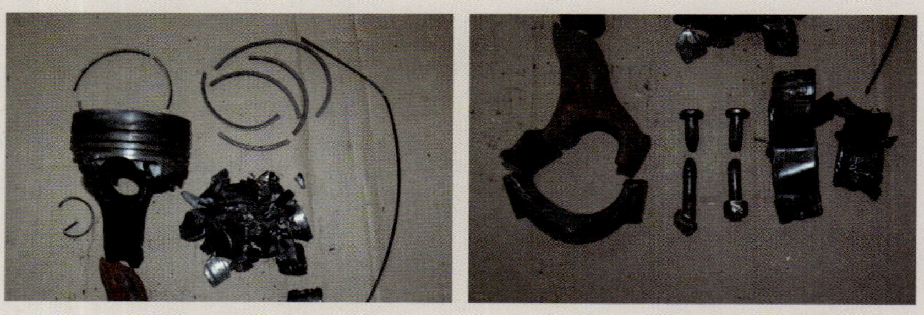

그림 3.31 피스톤의 파손 상황

# 04 윤활장치

엔진에는 많은 회전부분과 섭동부분(맞닿는 부분)이 있다. 엔진을 회전시키면 이러한 부분들의 마찰에 의해 열이 발생되며, 윤활이 되지 않아 마찰열이 발생하는 상태에서는 눌어붙어 엔진을 파손시킨다. 윤활장치는 엔진이 눌어붙는 것을 방지하기 위해 금속의 섭동면(맞닿는 면)에 엔진오일에 의한 유막을 만들기 위한 장치이다. 또한 엔진오일은 윤활작용 외에 완충작용, 냉각작용, 기밀작용, 청정작용, 방청작용이 있다.

**Point**

오일팬의 변형(하부에 스친 자국이 있는 등)이나 실린더블록과의 씰(seal)부분 및 드레인 플러그에서의 오일누설을 확인한다. 드레인 플러그에서 누설된 경우에는 언제 어디에서 누가 오일을 교환하였는가 청취하고 배기관과 오일의 접촉흔적(화염이 타올라간 개소)을 확인한다. 이 경우 상호 위치관계가 중요 포인트가 된다.

**Point**

오일필터의 변형이나 접촉부의 오일누설을 확인한다. 오일이 누설되어 있는 경우에는 언제 어디에서 누가 교환하였는가를 청취함과 동시에 필터의 형식(해당 차량용 제품인가)과 들어 있는 오일씰(O링)의 상태(필터 체결 시의 뒤틀림이나 망가짐 및 개수)를 확인하고, 배기관과 오일의 접촉흔적(화염이 타올라간 개소)을 확인한다.

**Point**

수냉식 오일쿨러인 경우에는 실린더블록 내에 조립되어 있는 것이 많으므로 오일배관이 외부에 없는 것(메이커에 확인이 필요)이 많지만, 공냉식인 경우에는 오일배관이 존재한다. 보디와의 접촉 등으로 인해 배관의 접촉부나 접속부에서 오일이 누설되는 경우가 있다. 차량구입 후에 별도로 설치한 경우에는 특히 가능성이 높으므로 주의할 필요가 있다.

## 화재사례 6 오일필터에서 오일누설에 의한 화재[9)]

**화재개요**

승용차(주행거리 1,900km)로 고속도로를 주행 중 백미러에 흰 연기가 보였지만 다른 차량의 배기가스라고 생각하여 그대로 주행하고 있다가 연기가 점점 심해져서 자신의 승용차라고 생각하여 갓길에 세웠다. 그리고 보닛의 프런트그릴에서 연기와 화염이 나오고 있는 것을 발견하였다. 또한 운전자는 사고일 앞날 주유소에서 엔진오일과 오일필터를 교환했다고 진술하고 있다.

**화재원인**

주유소에서 오일필터를 교환했을 때에 낡은 필터의 고무 패킹을 떼어내지 않아서 새로운 필터의 패킹과 2중 패킹이 되어 오일필터의 체결이 약해져 시간경과와 함께 오일필터의 체결이 더욱 약해진 개소에서 엔진오일이 분출하여 고온인 배기관계통 배기다기관 위에 낙하되었으므로 발화하여 화재로 되었다.

**조사요령**

1. 운전자 정보를 조사한다.
 (1) 백미러로 최초에 흰 연기를 목격하고 있다.
 (2) 주유소에서 오일필터를 교환하고 있다.
2. 차량을 들어 올려서 차량 하부를 조사한다.
 (1) 차량 아래에서 올려다보고 가장 소손이 심한 개소를 찾는다.
 엔진실이 가장 소손이 심하다.
 (2) 차량 아래에서 보아 오일이나 휘발유의 비산이 있는가를 조사한다.
3. 오일필터의 설치상황을 확인한다.
 (1) 오일필터의 덮개를 떼어낼 때에 오일필터 외면에 화살표를 하여 체결위치가 나중에도 알 수 있도록 배려한다. 오일패킹의 누설원인의 위치와 오일필터 주위의 오일의 오손이 일치하는가를 확인한다.
 (2) 오일필터 덮개의 체결강도를 확인한다.
 - 오일필터의 덮개 체결강도가 약하면 엔진오일이 분출하므로 오일누설화재를 일으킬 가능성이 있다. 역으로 기계체결에 의해 너무 강하게 체결하면 패킹이 균열을 일으켜서 엔진오일이 누설되는 경우가 있다.
 - 오일필터에 2중 패킹을 하면 패킹의 기밀이 나빠지므로 틈새에서 엔진오일이 분출한다.
 (3) 오일필터의 소손상황을 확인한다.
 - 오일필터 전체가 소손되어 검게 변색되어 있다.
 - 2중 패킹된 경우에는 신구 패킹 모두 패킹 상부의 일부만이 소손되어 있다.
4. 오일의 비산상황을 확인한다.
 오일엘리먼트(엔진오일필터) 상부의 배기다기관에 엔진오일이 낙하되어 소손되어 생기는 검은 변색이 확인되다.

9) 동경소방청, 신화조사교본 제4권 제1부 차량화재편, pp.48~51, 2000.

▲ **그림** 3.32 낙하된 엔진오일이 소손된 배기다기관의 변색

▲ **그림** 3.33 소손된 오일필터

▲ **그림** 3.34 오일필터를 분리해 낸 후에 남아 있는 패킹

▲ **그림** 3.35 개스킷 남아 있는 패킹(좌)과 오일필터의 패킹(우)

## 화재사례 7 엔진오일 팬 파손에 의한 화재[10)]

**화재개요**

2박 3일 주차장에 주차한 버스에 12:00경 행사를 마친 사람들을 태우고 출발하여 고속도로를 주행 중 운전기사가 엔진이 있는 뒤쪽이 이상하다는 느낌이 들어 갓길에 정차하여 보닛을 열어 확인한바 엔진 위에 불이 붙어 타고 있어 소화기 3대로 진화를 시도하였으나 진화되지 않아 119신고(13:50)를 하여 소방대가 출동하였으나 고속도로 특성 상 접근이 제한되어 있고 원거리이어서 소방대 도착까지 1시간정도 걸려서 전손되는 피해를 입었다.

**화재원인**

교체한 중고엔진의 엔진오일 팬이 파손되어 엔진오일이 누출되어 냉각작용과 윤활작용이 안되어서 엔진이 과열되어 화재가 발생하였다.

▲ **그림 3.36** 화재발생 버스와 분리한 엔진의 모습

▲ **그림 3.37** 좌우 실린더의 모습

▲ **그림 3.38** 크랭크축과 암의 모습

10) 이의평, "엔진오일팬 파손으로 인해 발생한 버스화재사례의 분석", 한국화재소방학회 2015춘계학술대회논문집, pp.89~90, 2015.

▲ **그림 3.39** 마찰손상과 과열흔적이 있는 피스톤과 빅엔드의 모습

▲ **그림 3.40** 메인베어링 오일 구멍의 막힌 모습

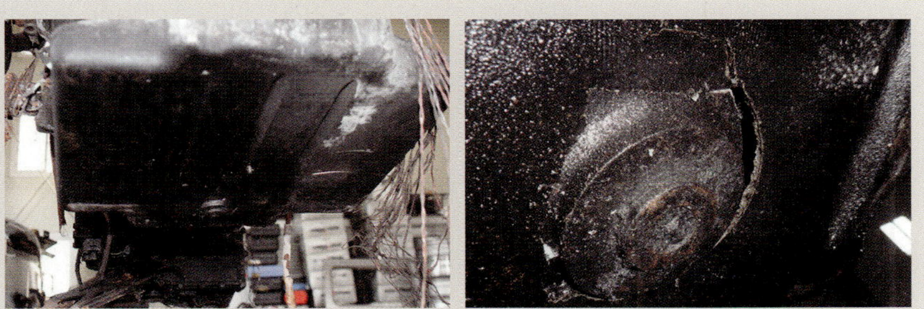

▲ **그림 3.41** 엔진오일 팬의 바닥 쪽 모습

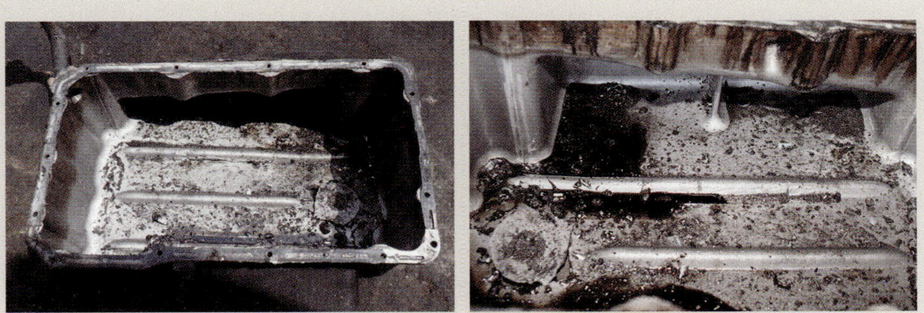

▲ **그림 3.42** 엔진오일 팬 내부 모습

# 05 냉각장치

엔진이 회전하면 연소실 내의 연소에 의해 엔진 각부의 온도가 상승하며, 그대로 놔두면 오버히트(과열)[11]를 일으켜 엔진이 파손되어 버린다. 냉각장치는 오버히트를 방지하기 위해서 엔진 각부를 냉각하는 작용과 엔진을 너무 식히는 오버쿨을 방지하는 작용이 있으며, 엔진을 최적온도로 유지하기 위한 장치이다. 냉각장치는 워터 자켓, 워터펌프, 라디에이터, 서모스탯, 팬, V벨트, 부동액(LLC)[12] 등으로 구성되어 있다. 냉각방법에는 수냉식과 공냉식이 있다. 수냉식은 장치가 복잡하지만 안정된 냉각이 얻어지는 외에 엔진소리를 줄일 수 있고 더 나아가 냉각수의 열을 히터로 이용할 수 있어 많이 이용되고 있다.

**Point**

엔진의 오버히트는 모든 엔진트러블을 유발한다. 엔진오일 부족으로 인한 오버히트도 있지만, 대부분의 경우가 냉각수와 관련이 있다. 점검불충분으로 인한 냉각수 부족(노후 호스에 핀홀 등)과 워터 재킷에 구멍이 뚫려 엔진 본체 내에 냉각수가 유입되는 것, 또는 워터펌프의 임펠러(날개)가 어떤 요인(LLC농도 부족 등)으로 인해 부식되거나 배관 등에 막힘이 생기기 때문에 냉각수가 순환되지 않아 오버히트에 이르는 경우가 있다. 과거에 오버히트를 일으킨 차량의 엔진오일 레벨 게이지에는 오일이 적셔진 흔적이 남아 있는 것도 있었으므로 이를 확인한다.

**Point**

LLC는 도통성 액체인 점에서 엔진실 내의 배선 터미널 부분이나 스태이터·알터네이터의 단자부분 등에 LLC를 분출시키거나 넘치거나 하면 트래킹화재의 요인이 되는 경우가 있다.

| **화재사례 8** | 라디에이터 팬 릴레이에 의한 화재[13] |
|---|---|
| 화재개요 | 승용차끼리 정면충돌하였다. 이 사고로 사고현장 주변의 차량정체가 심하여 사고차량의 엔진을 켜서 갓길로 옮긴 후에 엔진을 껐다. 잠시 후 엔진실에서 연기가 나오고 화재가 발생했다. |

11) 주행 중 엔진과열 유발요인으로는 냉각계통의 이상(thermostat, water pump), 연료제어계통의 이상(조사가 곤란함), 윤활계통의 이상이 있고, 엔진과열 시 운전자는 일반적으로 냉각수 온도계 상승, 에어컨의 온기토출을 감지(운전자의 진술일관성)한다.

12) LLC(long life coolant)의 약자이다.

13) 동경소방청, 신화조사교본 제4권 제1부 차량화재편, pp.54~56, 2000.

**화재원인** 교통사고로 승용차의 라디에이터 팬의 합성수지케이스가 균열 변형되어 이 합성수지케이스에 라디에이터 팬의 날개가 닿아 회전 장해가 되었다. 이로 인해 라디에이터 팬 릴레이에 과전류가 계속 흘러 릴레이 접점이 채터링(chattering)을 반복하여 용착 발열하고, 이 열에 의해 릴레이케이스의 합성수지가 녹기 시작하여 착화하여 화재가 되었다.

**조사요령**

1. 교통사고로 인한 차량의 영향을 조사한다.
   번호판 및 범퍼 중앙부분이 충돌로 움푹 들어가 있고, 라디에이터 팬의 합성수지 케이스가 균열 변형되어 있으며, 라디에이터 팬의 날개가 합성수지케이스에 닿아 돌지 않는다.
2. 소손상황을 조사한다.
   (1) 소손되어 있는 것은 엔진실 내의 퓨즈박스이고, 퓨즈박스 내에는 라디에이터 팬 릴레이가 소손되고 접속부의 배선이 용융하여 둥그렇게 굳어져 있다.
   (2) 라디에이터 팬의 합성수지제 밑동이 용융하여 시커멓다.
   (3) 라디에이터 팬 모터 내부는 검게 그을리고 배선이 단락되어 있다.

▲ **그림 3.43** 소손된 퓨즈박스(좌), 라디에이터 팬 릴레이(우)

▲ **그림 3.44** 소손된 라디에이터 팬 코일(좌), 과전류에 의해 끊어진 퓨지블 링크(우)

**참고지식** 교통사고 등의 충격으로 인해 라디에이터 팬이 록킹되어 화재가 발생하는 사례가 있는데, 라디에이터 팬이 타기 시작하는 경우와 라디에이터 팬 릴레이가 타는 경우가 있다. 이 경우에는 양자를 연결하는 전원배선은 타지 않고 라디에이터 팬과 팬 릴레이가 단독으로 소손되는 경우가 많다.

## 화재사례 9 LCC 누출에 의한 화재[14)]

**화재개요**

초고가 외제승용차가 7월 말 14:08경 주유소에서 가득 주유를 한 후 시내도로를 약 3km 주행하여 교차로에서 좌회전 중 차량 뒤쪽에서 착화되어 119신고를 하여 소방대가 출동하여 엔진실이 연소된 상태로 진화한 사례이다.

**화재원인**

냉각수 호스가 화재발생 전에 이탈된 상태에서 화재로 연소된 점, 이탈된 호스 위쪽 차체에 수열변색흔이 있는 점, 이탈된 냉각수 호스 아래쪽에서 주행 중 착화된 점, 엔진오일이나 휘발유와 다른 알코올 연소형태와 유사한 불꽃을 보이는 점, 냉각수가 14리터 중 1리터만 회수되는 점을 감안하면 냉각수 금속파이프와 고무호스 연결 부위의 체결 불량으로 누출된 냉각수 중의 부동액(에틸렌글리콜)이 기화되고 기화된 가연성 증기가 배기관 등에 접촉되어 착화 발화되었다.

**Point**

냉각수가 누설되어 배기관 등 고온표면에 뿌려지면 물의 비등점이 에틸렌글리콜의 비등점보다 낮기 때문에 물이 에틸렌글리콜보다 빨리 증발되어 희석된 냉각수가 연소하며, 물이 증발되면 남아 있는 에틸렌글리콜에 착화된다.

**Point**

냉각수 중 50%를 차지하는 에틸렌글리콜(부동액)은 연소범위 3.3~15.3 Vol%, 비등점 197.6℃, 인화점 111℃, 발화점 398℃으로 냉각수가 누출되어 촉매 등 고온부에 접촉되어 에틸렌글리콜(부동액)이 기화되면 발화될 수 있다.

▲ **그림 3.45** 주유 직후에 주유소 직원이 누설물질을 확인하고 있는 모습

▲ **그림 3.46** 뒤따라오던 차량의 블랙박스 영상

▲ **그림 3.47** 화재발생 차량의 모습

▲ **그림 3.48** 금속파이프에서 분리된 고무호스의 모습

▲ **그림 3.49** 잘못 체결되어 분리된 부분의 모습

14) 이의평, "냉각수 누설에 의해 발생한 승용차화재 사례의 분석", 한국자동차공학회논문집, Vol.27, No.3, pp.185~191, 2019.

## 화재사례 10 워터펌프 임펠러 파손으로 인한 화재 2예

**화재개요**

▲ **그림 3.50** Water pump 임펠러의 손상으로 인한 화재 2예

## 화재사례 11 서모스탯 파손으로 인한 화재

**화재개요**

▲ **그림 3.51** Thermostat의 파손형상(굽힘변형에 따른 파손, 기계적 원인)

# 06 연료장치

## 6.1 가솔린엔진 연료장치

연료장치는 엔진에 연료를 공급하기 위한 장치로 연료탱크, 연료를 빨아내는 연료펌프, 불순물을 제거하는 연료필터, 혼합기를 만드는 캬브레터와 연료분사장치, 이들을 연결하는 연료배관으로 구성되어 있다.

캬브레터식 엔진에는 기계식 연료펌프(엔진 캠축 측에 설치함)가 설치되어 있으며 토출압력은 0.25$kg_f/cm^2$이고, 인젝션방식의 엔진에는 전기식 연료펌프가 설치되어 있으며 전기식 연료펌프는 연료탱크 속이나 연료 배관에 설치되며 토출압력은 2.0～3.5$kg_f/cm^2$정도이다. 토출압력이 1$kg_f/cm^2$을 넘으면 연료파이프의 균열이 있는 지점이나 핀홀에서 고압의 가솔린 분무가 엔진실 내의 전체면에 분출시킬 정도가 된다.

[그림 3.52]는 가솔린엔진에서 대부분 채용하고 있는 전자제어연료분사방식 엔진의 연료장치 등을 개략적으로 나타내고 있다.

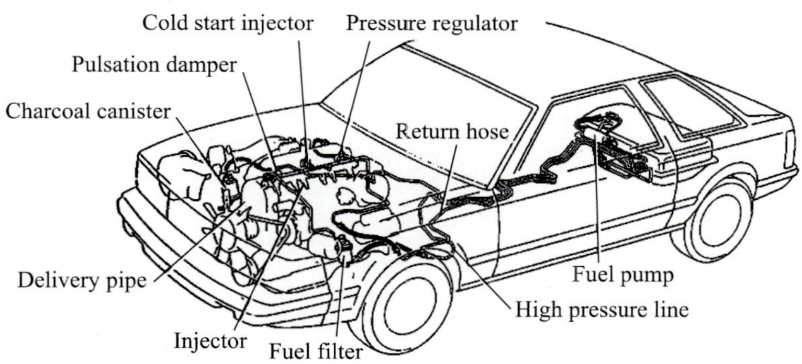


**그림 3.52** 전자제어연료 분사방식 가솔린엔진의 연료장치

**참고지식1**

휘발유 등이 누설되는 개소로는 배관의 접속부, 고무배관의 균열 및 핀홀 등이 있지만, 엔진실에서 발화하는 경우에 연료계통이 2차적으로 소손되어도 강한 소손상황을 나타내기 때문에 판단 착오로 연결되기 쉽다. 연료탱크와 엔진을 연결하는 연료배관은 딜리버리계, 리턴계, 차콜캐니스터[15)]계의 3계통이다. 차량 하부의 연료배관은 알루미늄제나 철제도 있지만, 최근에는 합성수지제 튜브를 사용하는 차종이 대부분이다.

**Point**

딜리버리측 연료배관에서 연료가 누설된 경우, 연료압력의 저하로 가속 페달을 밟아도 가속되지 않고 엔진부조(不調)가 된다. 그러나 운전자 진술에서 그와 같은 상태가 확인되지 않은 경우에는 리턴측 배관에서의 누설 가능성이 높다. 또한 연료 냄새나 연료계기의 지침 상태 등도 청취하여 둘 필요가 있다.

**Point**

휘발유가 고열의 배기관에 접촉하면 순식간에 증발하여서 착화하지 않는 경우가 많다. 오히려 엔진실 내에 체류하는 휘발유 유증기는 전기적인 불꽃(스파크)으로 용이하게 인화하는 경우가 많으므로 디스트리뷰터를 사용하는 엔진에서는 디스트리뷰터 등의 기기 내부에서 스파크를 발생하는 세그먼트에 의해 휘발유 유증기가 착화되어 있지 않은지 디스트리뷰터 등의 내부 벽면에 생긴 착화흔적의 그을음 유무로 확인할 필요가 있다.

**Point**

전기식 연료펌프는 모터를 사용하고 있으므로 내부에 브러시가 있어 스파크를 발생할 가능성이 있지만 보통 휘발유 탱크에 담겨져 있으므로 스파크를 발생하지 않는다. 그러나 펌프의 1차측 배관에 구멍이 뚫리거나 배관에 이물질 등이 막혀 펌프에 휘발유가 보내지지 않게 되는 경우나 또는 연료탱크에서 꺼내 노출시킨 경우에는 브러시의 스파크로 휘발유 유증기가 인화하여 화재로 이어지는 경우가 있다.

▲ **그림 3.53** 소손된 디스트리뷰터(좌), 휘발유 유증기가 들어가서 내부 로터의 스파크로 착화하여 연소된 그을음이 분출한 흔적(우)

15) 차콜 캐니스터(charcoal canister)는 연료 탱크나 기화기로부터 발생되는 가솔린 증기를 모아 정화시키기 위해 사용되는 활성 탄소를 채운 용기를 말한다. 엔진 정지 중에 연료 탱크에서 증발한 연료 증발 가스를 활성탄을 넣은 캐니스터(여과 장치통)로 유도하여 흡착시켜 두었다가 엔진 운전 중에 흡입 부압을 이용해서 연료 증발 가스를 흡기측으로 빨아들이게 하여 활성탄의 흡착능력을 회복시킨다.

**참고지식2** 카뷰레터방식[16]의 엔진에서는 기계식 연료펌프가 사용되고 있는 경우가 많으므로 캠샤프트 측에 설치되어 있는 경우가 많다. 전자제어연료분사방식 엔진에서는 전기식 연료펌프가 사용되고 있으므로 연료탱크 속이나 근처의 연료배관의 도중에 설치되어 있는 경우가 많다.

## 화재사례 12 연료배관 경년열화에 의한 연료누설[17]

**화재개요** 도로를 주행 중인 승용차의 엔진실에서 펑하는 소리와 함께 보닛 좌측에서 화염이 올랐다. 당황하여 차량을 도로 가에 세운바 잠시 후 화염은 꺼지고 연기가 올라왔다.

**화재원인** 경년열화에 의해 균열이 생긴 연료배관에서 휘발유가 누설되어 디스트리뷰터 내의 로터와 세그먼트 사이에서 발생한 스파크에 휘발유 유증기가 인화한 것이다.

**조사요령**

1. 소손된 것은 엔진실 안뿐이다. 보닛이 소손된 곳은 중앙근처의 좌측후방으로 엔진 좌측 배기다기관 바로 위이지만 배기다기관에는 오일이나 가연물 등의 접촉흔적이나 화염이 올라간 것을 확인할 수 없고 라디에이터 리저버 탱크, 전기배선의 하니스 및 하이텐션 코드의 소손상황은 상부로부터의 소손을 나타내고 있다.
2. 실린더헤드 커버 위에 소손된 고무 연료배관이 확인된다. 이는 연료필터에서 T자형 커플링을 경유하여 딜리버리파이프용과 콜드 스타트 인젝터용으로 나눠지는 연료배관인데, 콜드 스타트 인젝션용의 고무 연료배관에 세로의 균열이 관찰된다.
3. 이 배관은 2중으로 되어 있으며 외측이 고무만의 보호용으로, 내측이 글라스 울 메쉬를 고무로 코팅한 내압용으로 되어 있다. 소손된 균열부를 조사해보니 글라스 울의 메쉬가 노출되어 있었다.

---

16) 카브레터(Carburetor, 기화기)방식은 4사이클 엔진의 배기행정에서 부압으로 에어필터에서 공기가 공급되어 벤츄리관에 의한 부압을 이용하여 연료를 빨아들여 연료를 미세하게 작은 입자로 만들어 공기와 혼합시켜 기화하기 쉽게 한 다음, 엔진의 운전 상태에 따라 적절한 혼합가스 양을 실린더 내에 공급하는 방식이다. 부하에의 대응, 연비향상, 배기가스 공해대책을 취하기 어려워 현재 생산되는 차량에는 채용도고 있지 않다.
연료분사방식은 흡입공기의 유량을 센서로 검지하여 이에 대응하는 연료의 양을 흡입행정 시에 직접 실린더 내 또는 흡기밸브 바로 앞에 분사하는 방식이다. 엔진에 최적인 연료량을 정밀하게 제어할 수 있으므로 최근 차량은 전자제어연료분사방식만을 채용하고 있다. 연료를 직접 분사하기 위해 연료분사압력이 2.5kg/cm$^2$ 전후로 카브레타방식에 비해 압력이 높다.

17) 동경소방청, 신화조사교본 제4권 제1부 차량화재편, pp.61~62, 2000.

**Point**

화재발생 차량은 최초등록으로부터 13년이 경과하였는데 정비기록을 확인해보아도 고무 연료배관을 교환한 적이 없다. 메이커 권장 교환 시기는 최초등록에서 5년, 그 다음부터는 4년마다로 하고 있지만, 과잉정비의 철폐와 사용자 관리책임과의 관계에서 차량검사정비 등에서 균열이나 누설이 육안으로 확인되는 경우 또는 사용자가 교체를 원하지 않는 한 교환되지 않는 것이 현실이다.

▲ **그림 3.54** 보닛의 소손상황(좌), 균열을 일으킨 고무 연료배관(우)

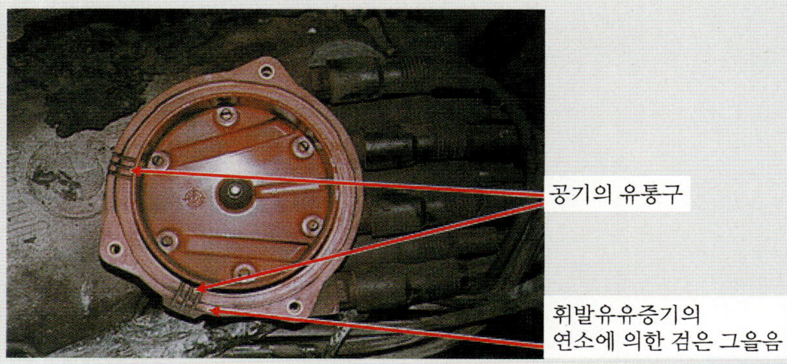


▲ **그림 3.55** 누설된 휘발유가 착화한 디스트리뷰터 캡의 세그먼트(6개)와 센터 터미널(1개)

## 화재사례 13 연료배관 퀵 커플링 접속부의 연료누설에 의한 화재[18)]

**화재개요**

약 70km를 주행한 후 자택 앞 주차장에 14:00경 주차한 후 시동을 끄고 문을 잠근 상태에서 약 10분경과 후 인근주민들에 의해 엔진실에서 연기가 나오고 있는 것이 목격(방화는 배제되는 상황)되어 인근 주민이 소화기로 진화를 시도하였으나 실패하여 119신고(14:24)를 하여 진화되었으며, 이 화재로 인해 엔진실이 전소되는 피해를 입었다.

**화재원인**

휘발유 액상연료 공급라인의 퀵 커플링 접속부위의 유격에 의해 연료가 누설되어서 발생한 것으로 판단되고, 주차된 엔진정지 상태에서는 연료누설이 되기 어렵고 잔압[19)]에 의해 연료누설이 있었다고 하더라도 점화원이 없으므로 화재로 이어질 수 없는바, 주차하기 전에 연료누설이 있었고 주차 시에는 화재가 이미 발생해 있었다고 판단할 수밖에 없다.

▲ **그림 3.56** 화재발생 차량과 엔진실의 모습
(조수석 바로 앞쪽 엔진실의 소손이 심하고, 소손이 심한 부위 위쪽의 보닛도 가장 소손이 심함)

▲ **그림 3.57** 동일모델 연료배관과 접속부위 직전의 연소 부위 모습

18) 이의평, “주행 중 발생한 자동차화재를 엔진정지 주차 후 발견한 화재 사례 분석”, 한국자동차공학회논문집, Vol.20, No.6, pp.9~16, 2012.

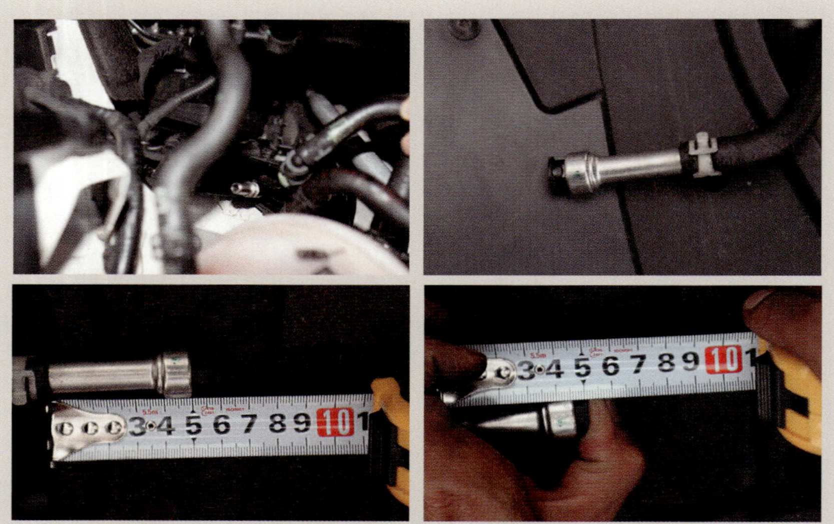

▲ **그림 3.58** 퀵 커플링과 체결부위의 길이 변화 모습
(최대 약 8mm, 최소 약 3mm이므로 약 5mm의 유격이 있을 수 있음)

## 6.2 디젤엔진 연료장치

디젤엔진은 경유를 연료로 하며 실린더 내의 공기를 압축(압축비는 가솔린엔진이 8배 전후이고, 디젤엔진은 20～25배임)하여 압축열로 고온(600℃ 전후)이 된 곳으로 연료를 분무상으로 분사하여 자기착화시켜 연소한다. 가솔린엔진과 마찬가지로 피스톤의 4행정으로 흡입, 압축, 연소, 배기를 완료하지만 공기만을 실린더 내에 흡입하고 압축행정에 경유를 분사하며 점화장치가 없어도 스스로 연소하여 동력을 얻는 점이 다르다.

디젤엔진 연료장치는 [그림 3.59]와 같이 구성되어 있다. 연료탱크에서 피드펌프에 의해 흡상된 연료가 연료필터에서 여과되어 고압펌프(인젝션펌프, 서플라이펌프)로 보내지고, 고압펌프는 엔진에 의해 구동되며 고압펌프에 의해 생성된 고압연료는 파이프를 거쳐 커먼레일에 저장되고 인젝터 내의 전자밸브에 의해 노즐 배압(背壓)을 제어하여 연료의 압력, 양, 시기를 ECU(engine control unit)로 제어한다.

19) 엔진가동 시는 연료호스에 5~8kg/$cm^2$의 압력이 걸리고, 엔진정지 직후는 3kg/$cm^2$의 잔압이 걸린다.

**Point**
고압펌프의 거버너 안에는 시동키 및 가속페달의 움직임과 연동하여 인젝터에서 분사되는 연료 양을 직접 조작하는 트로틀 컨트를 로드가 있다. 이 로드가 '트로틀 열림' 상태로 고착되거나 절손되면 엔진을 정지할 수 없게 되어 고온의 배기가스가 머플러를 과열시켜 주위 가연물이 착화되는 경우가 있다. 따라서 디젤엔진을 정지시키지 못하여 화재가 발생한 경우에는 다른 링크 기구에 이상이 없으면 고압펌프를 감식한다.

**Point**
디젤엔진은 연료압력이 높으므로 배관 핀홀이나 접속부 이완 등이 있으면 엔진실 내에 미스트 모양으로 경유가 분출한다. 경유는 고온물에 접촉하면 발화되므로 배기매니폴드 및 배기관계통(터보차저, DPF를 포함)에서의 연소상황과 배관계통의 소손상황을 조사한다.

**그림 3.59** 디젤엔진의 연료장치 개략도

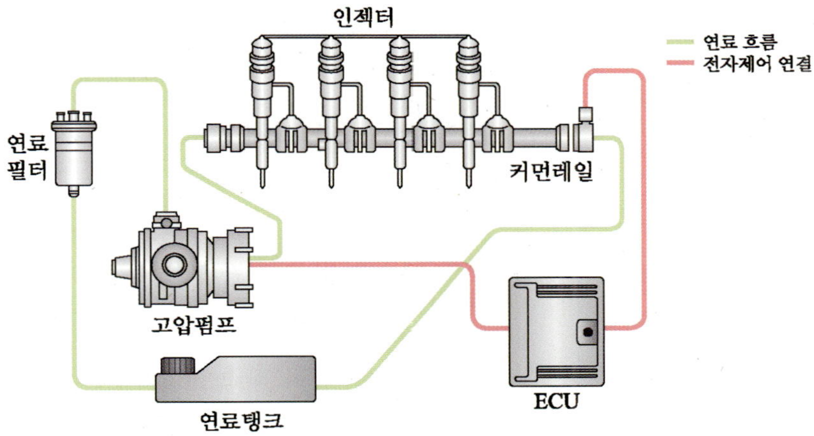


## 화재사례 14 커먼레일 리턴호스에서 연료누유로 인해 발생한 화재[20]

**화재개요**

승용차(약 6만 6천 km 주행)가 주행 중 갑자기 출력이 저하되고 가속페달이 반응하지 않고 약 5m 진행 후 자동 정차되고 엔진실에서 연기가 발생하여 승용차에 화재가 발생해 있음을 확인하고 119신고(7월 15일 14:56)를 하여 소방대가 출동하여 진화하였다.

**화재원인**

소훼된 커먼레일 리턴연료호스를 중심으로 연소확대 되어 있고, 커먼레일 리턴연료호스의 구부러진 부위가 가장 심하게 소훼되어 있고 누설되어 연소된 흔적이 이 구부러진 부위에 나타나 있으며, 주행 중 갑자기 출력이 저하되어 가속페달이 반응하지 않고 약 5m 진행 후 자동정차하여 엔진실에서 연기발생을 보고 화재를 인지한 점으로 보아 커먼레일 리턴연료호스에서 연료가 누설되어 화재가 발생한 것이다.

**조사순서**

1. 외부 상황을 조사한다.
   엔진실 보닛에 변색흔이 있는 것 외에 외부에 특이점이 없으므로 엔진실 외는 발화개소에서 배제된다.
2. 차실과 트렁크실을 조사한다.
   차실과 트렁크실은 화재로 인한 피해가 없으므로 발화개소에서 배제된다.

3. 차량 하부를 조사한다.
   차량 하부는 연소되어 있지 않으므로 발화개소에서 배제된다
4. 보닛을 개방하여 보닛 내외부를 조사한다.
   운전석 앞쪽 보닛 내외부의 일부분에 열변색흔적이 있다.
5. 엔진실을 조사한다.
   보닛이 수열변색된 곳 아래의 엔진실이 가장 심하게 연소되어 있다.
6. 엔진실의 가장 심하게 연소된 부위를 상세히 조사한다.

(1) 가장 심하게 연소된 부위에 대한 구체적인 조사를 위해 ECU와 전류분배기의 고정 볼트를 풀어 ECU와 전류분배기를 엔진 쪽으로 제친바 라디에이터에서 엔진으로 들어가는 냉각수호스가 큰 피해 없이 남아 있으므로 냉각수호스 위쪽에서 발화되었음이 확인되고, 연료호스가 연소되어 있고, 연료호스 위쪽의 엔진후드(보닛) 뒤쪽 실링 고무의 소훼가 심함이 확인된다.

(2) 소훼된 연료호스 위쪽의 엔진후드(보닛) 뒤쪽 실링 고무의 소훼가 심하고, 소훼된 연료호스 쪽에서 ECU 쪽으로 연소확대되어 ECU 측면이 소훼되어 있으며, 소훼된 연료호스 바로 앞쪽에 위치한 고압연료펌프에 화열로 인한 열변색흔이 있고, 소훼된 연료호스 앞 위쪽에 위치한 엔진 메인 하니스의 아래쪽에 단락흔이 있으며, 소훼된 연료호스 위쪽 주위에 위치한 하니스의 피복이 소실되어 있고, 소훼된 연료호스를 중심으로 연소확대가 되어 있다.

(3) 소훼된 연료호스를 확인하기 위해 실린더 헤드 커버를 제거한바 소훼된 연료호스는 커먼레일과 연결되는 리턴연료호스임이 확인되고, 인젝터와 연결되어 있는 리턴연료호스는 거의 원형을 유지하고 있고, 고압연료펌프에서 커먼레일로 연결된 연료공급용 금속재파이프는 특이점이 없으며, 엔진에 과열된 흔적이 없다.

(4) 발전기에서 배터리로 가는 상시 전원선(케이블)에 합선흔적인 단락흔이 있고, ECU와 연결된 엔진컨트롤 배선이 풀어헤쳐지고 절단되어 있으며, ECU와 전류분배기 고정볼트를 풀어내고 제쳐서 확인한바 엔진 메인 하니스의 아래쪽에 합선흔적인 단락흔이 있으며, 조수석 바로 앞 엔진실에 위치한 퓨즈박스 내 21, 23, 24번 퓨즈가 합선에 의해 용단되어 있고, 승용차 구입 후 설치된 블랙박스는 센터콘솔 뒤쪽 시거잭 전원선에서 분기하여 전원을 공급하고 있는데 블랙박스 전원선을 포함하여 추가로 설치된 블랙박스는 화재와 관련이 없음이 확인되므로 위와 같은 전기적인 특이점(피복소실, 단락흔, 풀어헤쳐지고 절단됨, 퓨즈용단)은 화재가 발생한 후 2차적으로 생성될 수 있는바, 이 승용차의 모든 합선흔적(단락흔) 등 특이점들은 화재발생 전에 전기적인 원인(합선)에 의해 형성된 것이 아니라 연료누설에 의해 화재가 발생한 후에 2차적으로 피복이 손상되어 절연이 파괴되어서 합선되는 등으로 발생한 것으로 분석할 수 있다. 왜냐하면 단락흔 등 전기적인 특이점이 있는 곳에서 발화되었다면 소훼된 리턴연료호스를 중심으로 연소확대된 모습 등이 나타날 수 없기 때문이다.

(5) 조사결과를 종합한다.
이상의 조사 분석 결과를 종합하면, 이 승용차 화재는 커먼레일 리턴연료호스의 연료누설에 의해 발생한 것으로 분석된다.

20) 이의평, "연료누설에 의한 외제승용차화재 사례의 분석", 한국화재조사학회 2017 추계학술대회논문집, p.259, 2017.

▲ **그림** 3.60 차량 외부의 모습

▲ **그림** 3.61 차실과 트렁크실의 모습

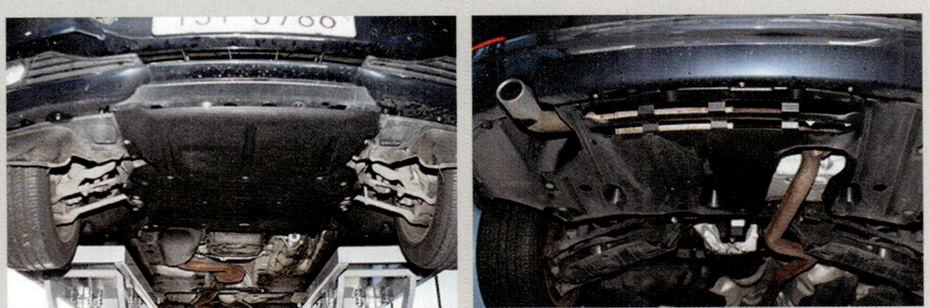

▲ **그림** 3.62 차량 하부의 모습

▲ **그림** 3.63 보닛 내외부의 모습

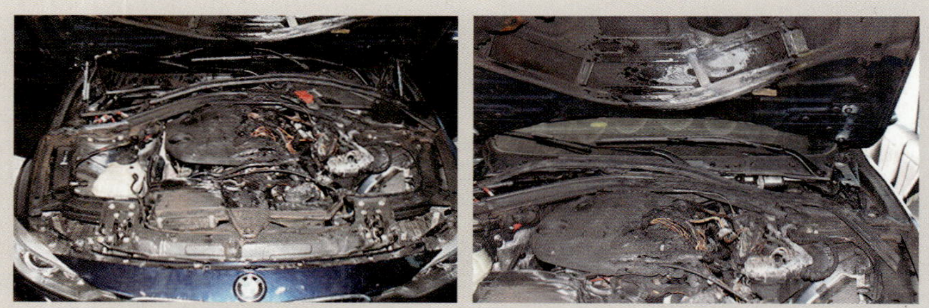

▲ **그림** 3.63  엔진실의 모습

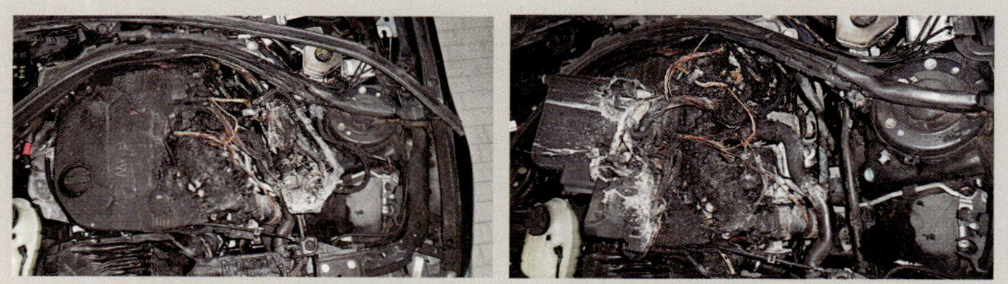

▲ **그림** 3.64  ECU와 전류분배기를 엔진 쪽으로 제치기 전과 후의 모습

▲ **그림** 3.65  소훼된 연료호스 주위의 모습

▲ **그림** 3.66 실린더 헤드 커버를 제거한 후의 모습

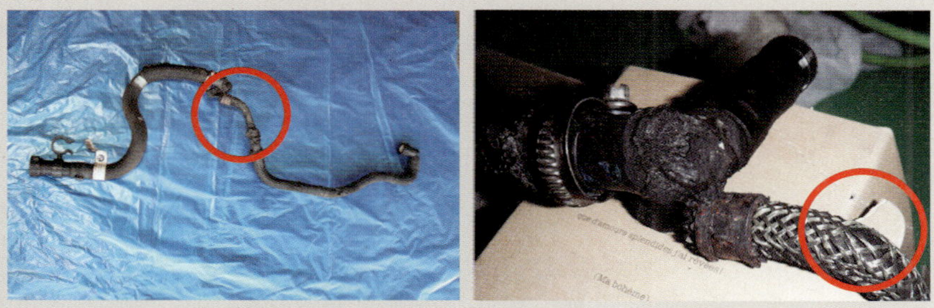

▲ **그림** 3.67 분리한 리턴호스의 모습

▲ **그림** 3.68 리턴호스의 누설 추정 부위 모습

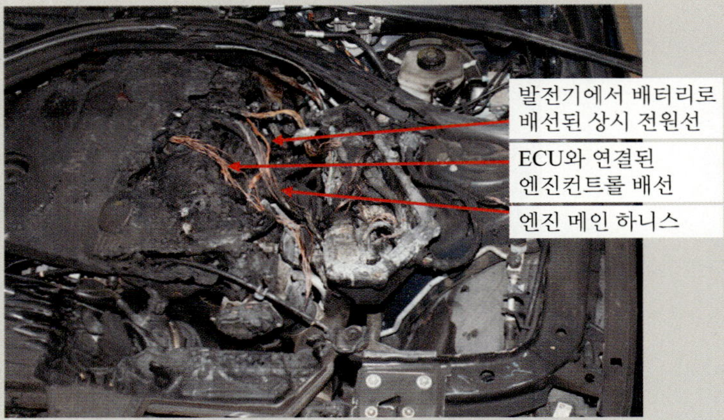


▲ **그림** 3.69 화열 등에 의해 피복이 소실되어 있는 하니스의 모습

▲ **그림** 3.70 발전기에서 배터리로 연결된 상시 전원선의 합선된 부위의 모습

▲ **그림** 3.71 엔진 메인 하니스 단락흔의 모습

## 화재사례 15 정비 후 주행 중 인젝터에서 연료누유로 인해 발생한 화재[21)]

**화재개요**

외제차 정비 전문 업체에서 3월 6일 엔진오일교환, 엔진 플러싱, 인젝터클리닝, 흡기클리닝, 앞쪽 브레이크 패드 교체를 하고, 3월 7일 기름 냄새와 연기가 나서 재방문하여 인젝터 조임을 하고, 3월 10일 기름 냄새와 연기가 나서 재차방문하였더니 연료 리턴호스 오링(O ring) 불량으로 호스가 빠졌다며 리턴 호스를 연결하고서 연료가 누유된 곳을 세척제로 청소 후 누유가 없음을 차주와 재차 확인 후 출고하였는데, 3월 17일 오르막 고갯길을 주행하던 중 갑자기 실내로 기름냄새가 역하게 들어왔는데 세울 곳이 없어서 그대로 주행을 하다가 공원에서 승용차를 세워 보닛을 열고 엔진실을 봤더니 엔진 커버에 불이 붙어 있어 음료수병의 음료수를 불이 붙은 부위에 뿌렸더니 거의 진화되려다가 음료수(쿨)가 떨어져서 더 이상 진화하지 못하고 3월 17일 12:35경 119신고를 하여 소방대가 출동하였음에도 전손되는 피해를 입었다.

**화재원인**

엔진커버 안쪽의 뚫리고 연소(용융)된 부분이 인젝터가 위치한 부위와 정확히 일치하며, 엔진커버가 화재초기 불이 붙다가 꺼진 상태에서 그대로 남아 있고, 화재초기에 불이 꺼진 상태에서 그대로 남아 있는 엔진커버 안쪽의 뚫리고 연소(용융)되어 있는 흔적(모습)은 인위적으로 만들 수 없으므로 인젝터에서 연료누유에 의해 화재가 발생한 것으로 분석한다.

▲ **그림 3.72** 화재발생 당시의 모습

▲ **그림 3.73** 화재발생 차량의 모습

▲ **그림 3.74** 화재 직후 떼어놓은 엔진 커버의 모습
(엔진실 및 차실 안까지도 가연물 대부분이 소실되거나 연소되어 있음에도 엔진 커버를 화재초기에 떼어놓아서 화재초기 불이 붙다가 꺼진 상태로 그대로 남아 있다.)

▲ 그림 3.75 엔진커버와 인젝터의 위치 관계

## 화재사례 16 커먼레일에서 연료누설로 인한 화재[22)]

**화재개요**

"승용차(약 9만 8천 km 주행)로 고속도로 주행 중 미세한 떨림과 동시에 가속페달이 작동하지 않으면서 100km/h 속도에서 엔진브레이크가 작동하는 것처럼 속도가 급격히 줄면서 앞 유리창 앞의 보닛에서 흰 연기가 몇 초간 발생하고 연이어 시커먼 연기가 발생하고 발화되어 급히 갓길에 정차하여 탈출하였고, 2~3분 만에 불길과 함께 보닛이 부풀면서 폭발하였음"이라고 운전자가 진술하는 차량화재 사건으로, 동승자가 119 신고(9월 20일 10:35)를 하여 소방대가 출동하였음에도 전소되었다.

**화재원인**

커먼레일의 연료가 누설되어 연소된 흔적이 있는 부위는 화재발생 후 2차적으로 누설되어 흔적을 남길 수 없고, 화재발생 후 화염이 침투하여 연소흔적을 남겼다면 커먼레일 위 커버가 전체적으로 연소되어 이 화재사건 승용차와 같은 미연소된 커버를 남길 수 없으므로 화재발생 전에 연료가 누설된 후 화재가 발생한 것으로 분석할 수 있다. 동영상의 화염이 솟구치는 부위, 운전자의 진술, 정차 후 화염이 솟구치는 현상, 커먼레일 누유 및 연소흔적은 커먼레일에서 연료가 누설되어 화재가 발생한 것과 모순이 없다.

---

21) 이의평, "연료누유로 인해 발생한 승용차화재 사례의 분석", 한국화재조사학회 2014추계학술대회논문집, pp.103~110, 2014.

22) 이의평, "커먼레일에서 연료 누유로 인해 발생한 승용차화재 사례의 분석", 한국방재학회논문집, Vol.18, No.4, pp.225~231, 2018.

▲ **그림** 3.76 화재발생 당시와 전소된 차량의 모습

▲ **그림** 3.77 엔진실과 차량 하부의 모습

▲ **그림** 3.78 동영상 속의 화염이 솟구치는 운전석 앞 부위의 모습
(화염이 솟구치는 부위에서 외관조사만으로는 화재원인이 된 물증이 확인되지 않음)

▲ **그림 3.79** 엔진 위의 커먼레일 커버를 분리한 모습
(커먼레일 연료누유 연소흔적과 커버 연소흔적은 화재로 인해 2차적으로 생길 수 없음)

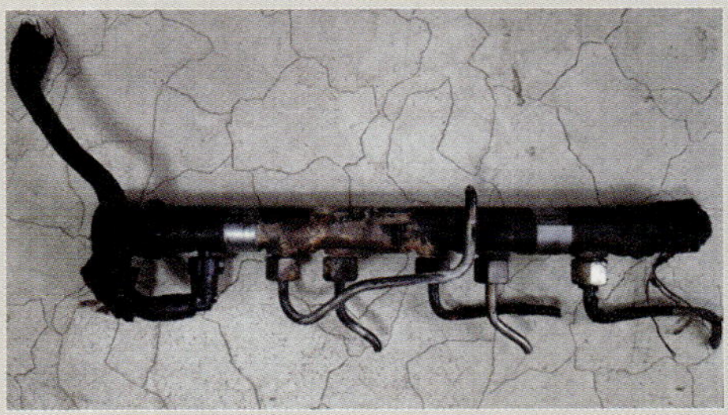

▲ **그림 3.80** 분리한 커먼레일과 커버의 모습

## 화재사례 17 서비스센터에서 연료누설 점검 후 연료누설로 인한 화재

**화재개요**

주행 중 차실 내 히터 송풍구에서 연료 냄새와 타는 냄새가 나고 보닛에서 연기가 나오는 것이 보여 길가에 정차한 후 내려 보니 차량 조수석 앞 보닛에서 연기가 발생하고 불꽃이 보여 119신고(11월 24일 02:59)를 하여 소방대에 의해 진화되었다. 운행 중 히터를 작동시키면 연료 냄새와 타는 냄새가 발생하여 A/S 센터에 입고(11월 16일~11월 20일)하여 점검을 받았으나 연료누유 현상은 없다는 진단을 받고 운행을 하였다. 그 후 운행 중 히터를 작동시키면 연료 냄새가 나고 타는 냄새가 실내로 유입되어 A/S 센터 담당자와 전화 통화를 하였고 점검예약을 한 상태이었다.

**화재원인**

고압연료펌프에서 우측 커먼레일로 연결된 고압연료배관의 커먼레일 측 연결부위에서의 미세한 누유 또는 리턴호스의 소실된 부분에서의 누유에 의하여 유출된 연료가 엔진가동으로 고온상태인 배기매니폴드에 낙하 증발되고 차실 내 히터 송풍구에서 기름 냄새와 타는 냄새가 나고 보닛에서 연기가 나오는 것이 보여 길가에 정차하자 누유된 연료에 착화되어 화재가 발생하였다.

**조사요령**

1. 목격자 정보를 조사한다.
   (1) 연료냄새와 타는 냄새가 나서 서비스센터에 입고하여 점검을 받았는데 연료누유 되지 않는다는 진단을 받고 출고하였다.
   (2) 출고 후 주행 중 여전히 연료냄새와 타는 냄새가 나서 서비스센터에 전화하여 점검예약을 한 상태이었다.
   (3) 화재발생 직전 연료냄새와 타는 냄새가 나고 연기가 보여 정차한바 화재가 발생하였다.
2. 외부 소손상황을 조사한다.
   (1) 우측 전조등 부분과 엔진실 우측 부분이 심하게 연소되었고, 엔진실 좌측, 차실내, 트렁크실 등은 연소되어 있지 않다.
   (2) 조수석 쪽의 앞 유리가 화열에 의해 깨져 있을 뿐 뚫리지는 않았다.
3. 차량 하부를 조사한다.
   차량 하부는 우측 앞바퀴 부분과 우측 전조등 부분이 연소되어 있고 다른 부분은 연소되지 않은 상태로 배기관 부분에 과열흔적이 없고 타이어와 브레이크 드럼에도 특이점이 없다.
4. 우측 전조등과 엔진실 우측을 조사한다.
   (1) 인터쿨러가 원래의 위치에서 후방 쪽으로 전도된 상태에서 우측 전조등 부분의 연소 열기에 의하여 연소된 V패턴이 있다.
   (2) 엔진실 우측 부분은 심하게 연소되어 있지만 좌측 부분은 일부만 연소된 상태로 리턴호스 등 가연성 부품이 원형을 유지하고 있으며 서지탱크 상단 일부가 용융되어 있다.
   (3) 엔진실 우측 부분은 하니스가 심하게 연소된 상태로 배터리에서 연결된 메인 전원선(케이블) 부분에 단락흔이 있고, 전조등부분으로 연결된 커먼레일 인접부분의 하니스에 단락흔이 있다.
   (4) 우측 커먼레일 하부의 메인 프레임 부분에서 국부적인 용융형태가 식별되며, 용융부위는 인접한 인터쿨러와 우측 전조등 부품의 연소 열기에 의하여 용융된 모습이다.
   (5) 우측 커먼레일의 바로 아래에 위치한 배기매기폴드 부분은 표면이 적색으로 부식되어 있고 일부분에서 위쪽의 가연성 합성수지류가 흘러내려 융착되어 있다.
   (6) 우측 커먼레일 부분에는 인젝터로 연결된 파이프와는 고압연료펌프에 연결된 고압연료배관에 적색으로 부식되어 있고, 고압연료파이프 인접 리턴호스가 국부적으로 소실되어 있는 등 고압연료파이프 연결부분을 중심으로 연소되어 있다.
   (7) 우측 고압연료파이프 연결부분의 너트 조임 상태는 확인시험을 한바 최대 잠금 상태이며, 커먼레일을 분리해 낸바 고압연료파이프 너트 부분을 중심으로 연소 확대된 형태이며 바로 하부의 배기매니폴드 부분에 합성수지류의 융착 연소형태가 남아 있다.
   (8) 우측 커먼레일과 고압연료파이프의 연결부분을 조사한 결과 다른 연결부분과 달리 고압연료파이프와 커먼레일을 연결하는 부분이 부식되고 오염되어 있지만 손상이나 흠집 등 특이점은 없다.
5. 발화개소와 화재원인을 검토한다.
   (1) 차량의 연소형태로 보아 최초 발화개소는 엔진실 내부의 우측 커먼레일 부근으로 판정할 수 있다.

(2) 배기매니폴드 부분의 합성수지류 융착 연소형태는 배기매니폴드 자체가 고온상태일 때 접촉한 합성수지류가 연소된 것으로 분석할 수 있는바 엔진 가동 상태에서 발화 연소된 것이다.

(3) 피복이 연소된 하니스에 발견되는 수 개소의 단락흔은 화재발생 후 연소과정에서 피복 소실에 의해 화재원인과 관련이 없이 2차적으로 생성된 것일 수도 있고 화재의 원인이 된 것일 수도 있다.

(4) 우측 전조등 부분이 심하게 연소된 것은 외기와 접하여 원활하게 산소공급이 될 수 있는 부분이기 때문이며, 인터쿨러가 전도된 상태에서 연소된 것은 서지탱크가 선행 용융되어 공간이 형성되자 인터쿨러 고정 부위가 파손되며 후방으로 기울어지고 외부로 화염이 분출하고 공기의 유입이 용이하게 되어 국부적으로 심하게 연소되고 동 부분의 연소 열기에 의하여 메인 프레임 부분이 국부적으로 용융된 것으로 분석할 수 있다.

(5) 우측 커먼레일의 고압연료파이프 연결부분의 부식 형태는 산화철의 오염으로 볼 수 있으며, 오염된 산화철은 연료 중 포함되어있는 미세한 철분이 연소된 후 남은 잔존물로 추정할 수 있으며, 동 부위에서 연료가 누출된 것으로 분석할 수 있다.

(6) 우측 커먼레일의 고압연료파이프 연결부분이 부식되고 오염되어 있으나 너트 조임 상태가 최대 잠금 상태이며 직접적인 누설로 볼 수 있는 접촉면의 손상 크랙 등 특이점이 없는바 미세한 누설이 있었거나 인접 소실된 리턴호스 부분의 누유로 볼 수 있으나 리턴호스의 소실로 리턴호스의 누설여부에 대한 구체적인 논단은 불가하다.

(7) 상기와 같은 근거를 바탕으로 이 사건 화재는 우측 커먼레일 고압연료파이프 연결부위에서의 미세한 누유 또는 리턴호스의 소실된 부분에서의 누유에 의하여 유출된 연료가 엔진가동으로 고온상태인 배기매니폴드에 낙하 증발되고 차실 내 히터 송풍구에서 기름 냄새와 타는 냄새가 나고 보닛에서 연기가 나오는 것이 보여 길가에 정차하자 착화되어 화재가 발생한 것으로 분석할 수 있으며, 하니스 등 배선 및 전기부품에서의 전기적인 요인에 의한 발화, 배기매니폴드 및 브레이크 등에서의 과열에 의한 발화, 엔진과열 등에 의한 발화 등 다른 원인에 의한 발화가능성은 배제된다.

▲ **그림 3.81** 화재발생 차량의 모습

▲ **그림** 3.82 우측 전조등 부근의 모습

▲ **그림** 3.83 엔진실, 차실 및 앞 유리창의 모습

▲ **그림** 3.84 차량 하부의 모습

▲ **그림** 3.85 인터쿨러가 뒤쪽으로 붕괴되어 연소되어 있는 모습

▲ **그림 3.86** 붕괴된 후 연소된 인터쿨러를 복원한 모습
(메인 프레임 부분이 국부적으로 용융되어 있고, 인터쿨러 붕괴된 지점에서 커먼레일 부분 쪽으로 V패턴이 나타나 있음)

▲ **그림 3.87** 인터쿨러 앞의 소락된 전조등 부품의 모습

▲ **그림 3.88** 전조등 부품의 모습

메인전원선 전원측 전선의 모습

▲ **그림 3.89** 위 사진의 □부분과 ○부분의 합선에 의한 단락흔 모습

▲ **그림** 3.90 메인전원선 부하측의 전선과 단락흔모습

▲ **그림** 3.91 배기다기관 부근의 하니스와 단락흔의 모습

▲ **그림** 3.92 전조등부분으로 연결되는 하니스와 단락흔의 모습

▲ **그림** 3.93 배기다기관 부근의 모습

▲ **그림 3.94** 우측 커먼레일 부근의 모습
(고압연료펌프에서 커먼레일로 연결되는 파이프가 인젝터 라인과 부식되어 있음)

▲ **그림 3.95** 변색된 고압연료파이프와 연소된 리턴호스의 모습
(너트는 최대 조임 상태이고, 너트부분을 중심으로 리턴호스 및 하니스가 소손되어 있음)

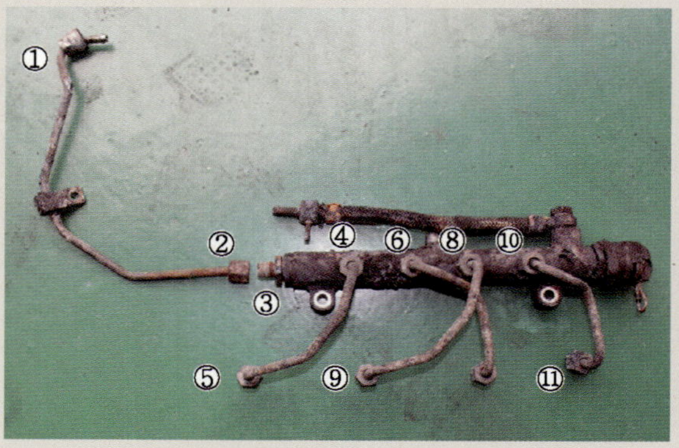


▲ **그림 3.96** 분리해낸 커먼레일과 고압연료파이프의 모습

▲ **그림** 3.97 연결부분 ①부분 모습(내부에 부식이나 오염 및 수열흔적이 없음)

▲ **그림** 3.98 연결부분 ②부분의 모습(오염 및 부식되어 있으나 손상흔적은 없음)

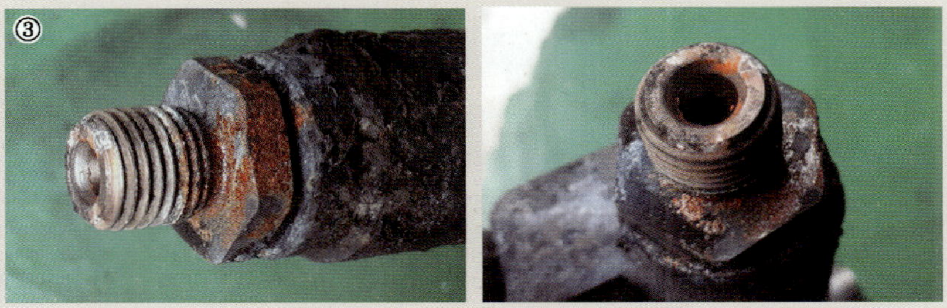


▲ **그림** 3.99 연결부분 ③부분의 모습(오염 및 부식되어 있으나 손상흔적은 없음)

▲ **그림** 3.100 연결부분 ②, ③부분의 모습

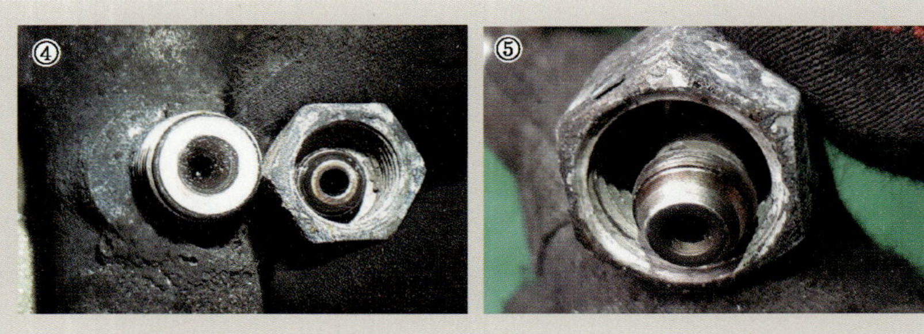


▲ **그림** 3.101 연결부분 ④, ⑤부분의 모습

▲ **그림** 3.102 연결부분 ⑥, ⑦ 부분의 모습

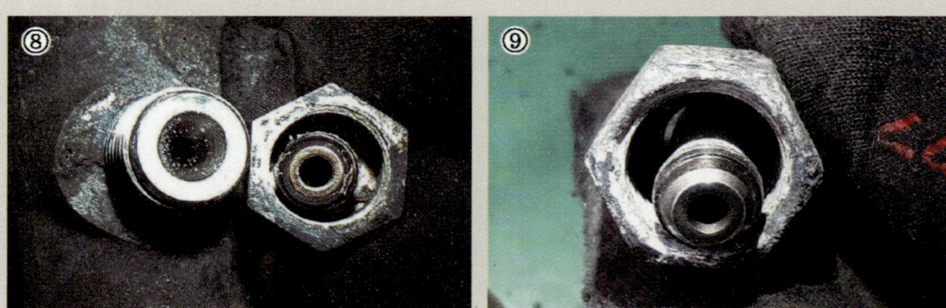


▲ **그림** 3.103 연결부분 ⑧, ⑨부분의 모습

▲ **그림** 3.104 연결부분 ⑩, ⑪ 부분의 모습

# 07 흡배기장치

흡배기장치는 흡기계통과 배기계통으로 나눠진다. 흡기계통에는 공기 중의 먼지를 제거하는 에어필터와 각 실린더에 혼합기를 인도하는 흡기 다기관(intake manifold) 등으로 구성된다. 배기계통은 실린더에서 배출된 배기가스를 모으는 배기다기관, 배기가스를 대기에 배출하는 배기파이프, 배기음을 저하시키는 머플러 등으로 구성된다.

**Point**
에어엘리먼트가 먼지 등으로 막히면 연소에 필요한 공기가 충분히 공급되지 않아 엔진 출력의 저하와 미스 파이어의 원인이 된다.

**Point**
주철제 배기다기관이 배기열로 소손된 색은 녹슨 색이지만 오일 등이 접촉하여 발화하면 주위가 검게 그을리고 중심 부근이 새하얀 여우색 또는 흑색의 오일 오염흔적이 남으므로 확인 시에는 인슐레이터(遮熱板, 방열판)를 분리해 낼 필요가 있다. 또한 스포츠카의 배기다기관은 스테인레스합금제로 보통 사용에도 적자색에서 암청색으로 변색하기 때문에 육안으로 구분하기 어려우므로 흑색의 오일오염흔적과 오일 누설개소 등의 소손상황으로 판단한다.

**Point**
배기관과 머플러의 용접부 등은 오랫동안 사용하고 있으면 녹이 슬어 구멍이 뚫리고 고온인 가스가 누설되는 경우가 있으므로 차량 하부에서 발화된 화재인 경우에는 주의하여 조사한다.

**Point**
스포츠카 머플러로 교체된 차량에서는 배기관 접속부 등에서 배기누설을 일으키고 있는 것이 있다. 또한 머플러 자체에 과열 상태가 조사된 경우, 촉매장치가 분리되어 있을 가능성과 ECU 부조화(不調和)에 의한 내연기관의 균형이 붕괴되어 있는 것이 고려될 수 있으므로 소유자 등으로부터 교환 시기나 정비 상황 등을 청취한다.

## 화재사례 18 배기관 과열에 의한 화재

**화재개요**

재래시장 주차장 내 승용차에서 03:00경 화재가 발생하여 운전석에 있던 사람이 치료도중 사망하였다.

**화재원인**

트렁크의 바닥면 및 예비 타이어의 바닥면이 수열되어 있고, 차량 하부의 머플러 및 주변 차체 구조물이 집중적으로 연소되었고, 차량 하부의 언더 코팅이 차량 앞쪽으로 향하면서 연소된 점으로 보아 차량의 우측 뒤쪽 끝인 머플러 부근에서 최초 발화된 것으로 판단되며, 운전자는 차량 화재 시 운전석에 위치하였고 시동키가 'ON'위치인 점으로 보아 화재당시 엔진은 구동 중이었던 것으로 추정할 수 있다. 시동을 켜놓은 정차상태에서 가속페달을 계속 밟아 배기관(소음기) 과열에 의해 화재가 발생하였다.

**참고지식**

**정차상태에서 가속페달을 계속 밟는 경우**

정차상태에서 가속페달을 밟으면 미스 파이어(misfire)[23] 현상에 의한 소음기의 2차 연소를 유발하거나 고온의 배기가스 분출, 소음기 과열 등에 의한 전도 및 복사열에 의해 범퍼 등 주변 가연물에 착화되어 발화될 가능성이 있다.

**조사순서**

1. 외부 상황을 조사한다.
   전체적으로 차량 뒤쪽의 트렁크 하단에서 발화하여 차량 앞쪽으로 화염이 이동한 형상이며, 차량 우측면보다 좌측면의 화염 이동이 빨랐던 연소 형상이다.
2. 트렁크 내부를 조사한다.
   트렁크 내부의 적재물은 상단 표면만 연소된 형상이고, 바닥부분은 화염의 영향을 받은 상태로서 예비타이어의 바닥면이 윗면보다 심하게 수열된 상태이다.
3. 차량을 들어 올려서 하부를 조사한다.
   차량 하부 뒤쪽 끝부분(뒷범퍼 부근)이 심하게 연소된 형상이며, 특히 머플러 및 머플러와 인접한 차량 하부 구조물이 다른 부분에 비하여 상대적으로 수열 정도가 심하다.
   좌우측 뒷바퀴는 휠의 내측 부분이 심하게 연소된 상태이고, 좌측 뒷바퀴 휠이 우측 뒷바퀴 휠보다 수열 정도가 심하다.
   차량 하부의 언더 코딩은 앞쪽 방향으로 향하면서 연소된 상태이고, 차량 뒤쪽의 우측부분에 위치하는 연료탱크와 연결된 연료 호스는 화재로 인하여 소훼된 상태이다.
4. 차실 내부를 조사한다.
   조사 시 시동키는 'ON'에 위치하고 있으며, 변속레버는 중립상태, 주차 브레이크 레버는 풀려진 상태이다.

---

23) 실화(misfire)는 ① 점화 플러그의 전극에 불꽃이 튀지 않을 때, ② 연소가 완료되기 전에 불꽃이 소멸될 때, ③ 혼합기 중 일부가 미처 연소되지 못하고 배출될 때 발생한다. 정차상태에서 가속페달을 계속 밟으면 ③으로 인해 미스 파이어가 발생한다.

▲ **그림** 3.105 외부의 모습

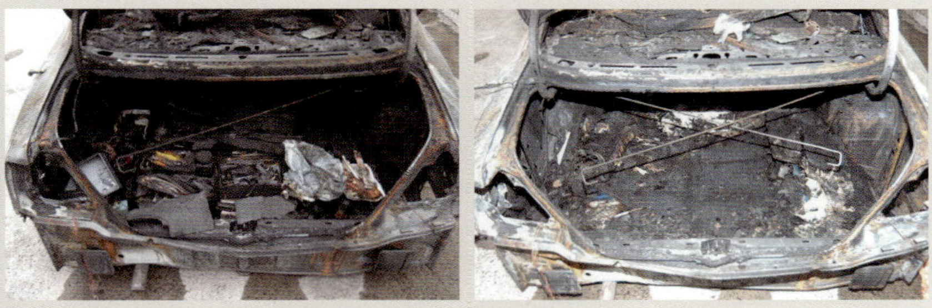

▲ **그림** 3.106 트렁크 내부의 연소형상

▲ **그림** 3.107 트렁크 바닥면 및 예비타이어 윗면의 연소형상

▲ **그림** 3.108 트렁크 바닥면 및 예비타이어 밑면의 연소형상

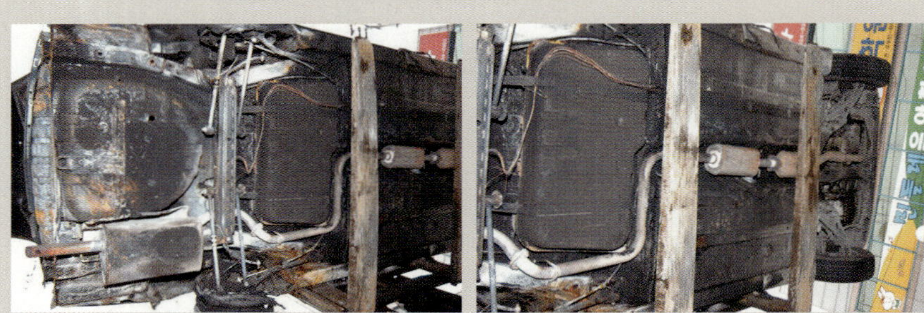

▲ **그림** 3.109 차량 하부와 뒷부분의 연소형상

▲ **그림** 3.110 하부 뒷부분의 연소형상

▲ **그림** 3.111 뒷범퍼 부근의 연소형상

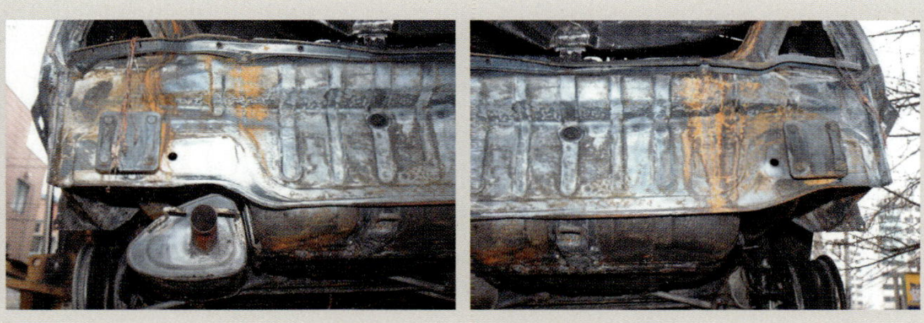

▲ **그림** 3.112 뒷범퍼 내측 차체 좌우측 부분의 연소형상

▲ **그림** 3.113 머플러 부근의 연소형상

▲ **그림** 3.114 좌측 뒷바퀴 내측 부분의 연소형상

▲ **그림** 3.115 우측 뒷바퀴 내측 부분의 연소형상

▲ **그림 3.116** 차량 하부 언더코팅의 연소형상

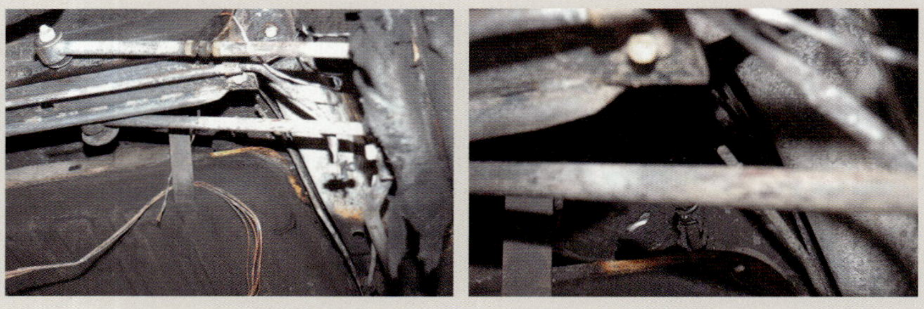

▲ **그림 3.117** 연료탱크와 연결된 연료호스의 소훼된 상태

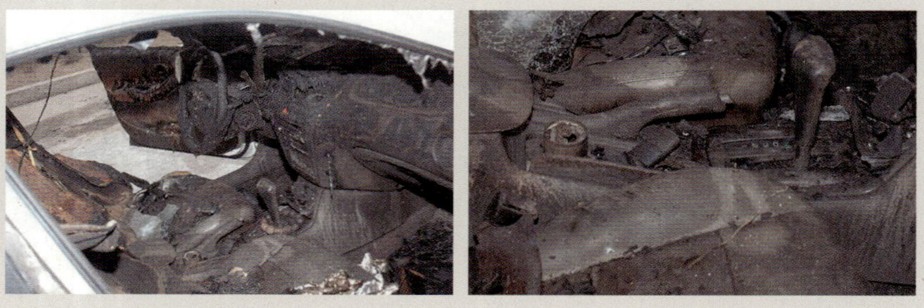

▲ **그림 3.118** 운전석 내부 및 변속레버의 위치

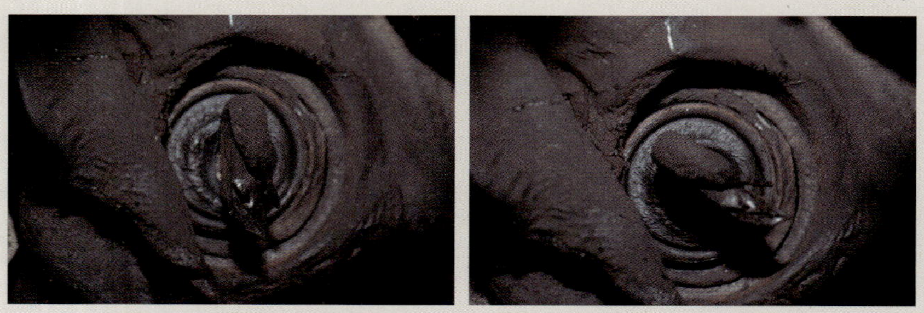

▲ **그림 3.119** 차량 조사 시 시동키 위치(좌)와 시동키를 off 위치에 놓은 상태(우)

## 화재사례 19 머플러(배기계통) 과열에 의한 화재

**화재개요**

05:45경 아파트 지하주차장에서 화재가 발생하여 차량 전소 및 연소 확대되어 지하주차장의 설비가 소훼되었다. 음주운전 후 차에서 자고 있었고, 출화 이후 주차 장소에서 이동된 모습이 CCTV에 찍혀 있다.

**화재원인**

차량의 처음 주차위치 바닥에 나타난 3곳의 국부적 연소흔적이 차량 하부의 배기계통이 지나는 부분의 위치와 상호 유사한 점 등으로 보아 머플러(배기계통) 과열에 의한 발화 가능성이 높다.

▲ **그림 3.120** CCTV에 찍힌 화면

▲ **그림 3.121** 차량 내외부의 연소상황

▲ **그림** 3.122 초기 주차 장소

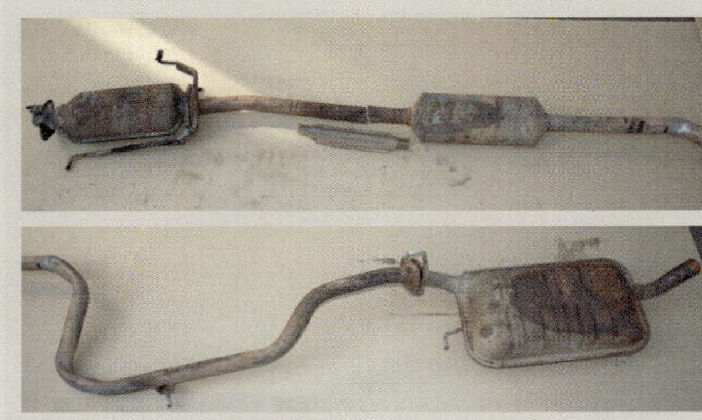

▲ **그림** 3.123 머플러의 수열변색 상황

▲ **그림** 3.124 승용차 하부의 연소상황

## 화재사례 20 배기관에 잡풀 끼임에 의한 화재

**화재개요**

7월 16일 19:55경 폭우가 내리는 가운데 교통정체로 인한 서행 중(출발에서 사고지점까지 30~40분 운행함)에 옆 여러 차량에서 경음기를 울려서 보니 조수석측 문짝 부분에서 불기둥이 보였기에 곧바로 차로를 바꿔서 멈춰 시동을 끄고 내려서 차량 밑의 운전석과 조수석 사이의 가운데 부위에서 올라오고 있는 화재를 소화기로 2차례 진화 시도하였으나 실패하였으며 소방대가 출동하였음에도 전소되었다.

**화재원인**

산악주행으로 차량 하부의 변속기 및 소음기 보호용 철판(Shielder)과 소음기 사이에 잡풀이 끼이고, 끼인 잡풀이 배기관과 닿아 발화되었다.

**조사요령**

1. 외부 상황을 조사한다.
   우측(조수석쪽)은 좌측에 비해 소손정도가 약하고, 엔진실의 운전석 앞쪽 보닛이 심하게 변색되어 있다.
2. 엔진실 안을 조사한다.
   운전석 바로 앞에 위치한 브레이크 배력장치 드럼 아래에 화열로 인한 변색(적색) 흔적이 있는데, 아래쪽에 있는 변색흔적은 아래에서 화열이 공격한 경우에만 나타나며, 화재가 차체 아래에서 배력장치 드럼 아래쪽을 통해 엔진실 내로 확대된 흔적이다.
3. 차량 하부를 조사한다.
   변속기(TM) 보호용 철판과 TC 보호용 철판 사이 배기관에 변색(적색) 흔적이 있다. 변속기 및 소음기 보호용 철판(Shielder)과 소음기 사이에 잡풀이 끼어 있고, 잡풀이 끼어 있는 쪽의 배기관 부위가 화열로 인한 변색이 심하며, 끼인 잡풀이 배기관과 닿아 연소되어 있다.

▲ **그림 3.125** 차량 외부

▲ **그림 3.126** 브레이크 배력장치 아래의 화열로 인한 변색흔적

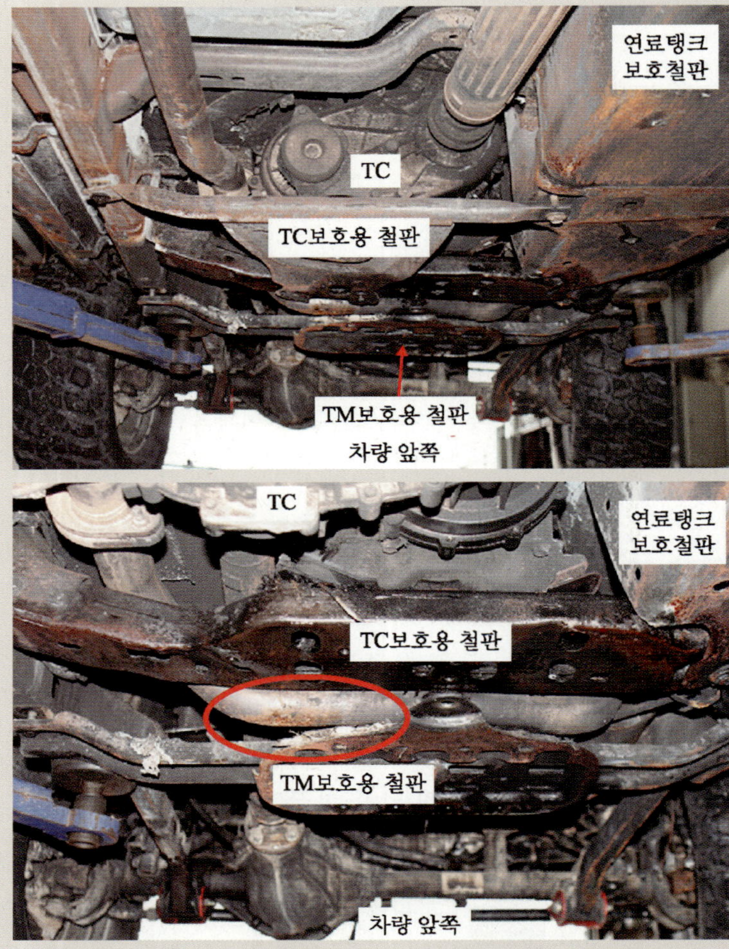


▲ **그림 3.127** TM 보호용 철판과 TC 보호용 철판 사이 배기관의 변색 흔적

▲ **그림 3.128** 잡풀이 변속기 보호용 철판의 배기관과 닿아 연소된 모습

# 08 점화장치

가솔린엔진의 실린더 내에서 압축된 혼합기에 점화하는 장치이다. 점화장치에는 혼합기에 점화시키기 위한 스파크가 충분히 발생하는 것, 엔진의 회전상태에 따른 시기에 발생하는 것, 그리고 내구성이 뛰어난 것 등이 요구된다.

**Point**

휘발유 누설에 의한 발화인 경우, 발화원으로 디스트리뷰터가 생각될 수 있는데 외부의 소손상황 뿐만 아니라 내부도 반드시 확인한다. 디스트리뷰터에는 공기구멍이 몇 개소 있어 거기에서 휘발유 유증기가 내부에 진입하여 세그먼트부와 로터 사이의 스파크에 인화, 공기구멍에서 분출된 화염이 휘발유 누설개소로 달리어 화세가 확대한다. 세그먼트와 공기구멍의 그을음 부착을 확인함과 동시에 디스트리뷰터의 설치상황(패킹의 설치상태 등)과 외관의 변형(균열 등)을 확인한다. 그 외에 스파크플러그와 하이텐션 코드의 접속부가 불완전(헐거워져 있는 등)하여 스파크가 발생하거나 하이텐션 코드에서의 누설 스파크 등이 생각될 수 있다.

**Point**

하이텐션 코드의 저항치는 15KΩ/m이므로 각 플러그의 하이텐션 코드의 저항치를 측정하여 단선이나 도통불량개소를 찾아내어 점화플러그의 미스 파이어의 원인을 찾아낼 수 있다.

**Point**

스파크 플러그를 분리해 내어 중심전극 및 접지전극의 상태(간격, 그을음, 젖음 등)를 확인하여 점화상태를 파악한다. 또한 그을음이 없는데도 전극이 젖어 있는 경우, 전기계통의 불량(이그니션 코일, 하이텐션 코드, 디스트리뷰터, 각 센서 및 배선 등)과 컴퓨터계(CPU)의 고장 및 프로그램 잘못이 생각될 수 있으므로 엔진시동이 가능하면 메이커의 자기진단장치 등을 활용하여 조사한다. 이 때 이상없음이라는 진단결과이면 컴퓨터계의 트러블이 생각될 수 있다.

**Point**

스파크 플러그를 확인할 때 함부로 떼어내지 말고 우선 이완을 확인한다. 이완이 있는 경우에는 현장에서 화살표를 하고 닫히는 방향으로 돌려서 재차 화살표를 한다. 이것으로 스파크 플러그의 개도(開度)를 나타낸다. 스파크 플러그는 보통 토크렌치를 사용하여 조립하기 때문에 이완 등은 발생하지 않으므로 소유자 등에게 정비상황을 청취함과 동시에 당해 스파크 플러그가 메이커 지정품인가를 확인한다. 스파크 플러그의 설치가 부적절하면 스파크 플러그에서 누설된 리크 스파크의 흔적이 주위에 하얗게 소손된 흔적을 남기고 있는 경우가 있다.

**Point**
스파크 플러그를 교환할 때에 혼합기의 연소에 대해 열가(熱價)가 맞지 않은 스파크 플러그를 조립하면 미스 파이어가 발생하는 경우가 있다. 특히 백금 플러그를 순정 지정하고 있는 것에 대해 보통의 스파크를 조립하면 미스 파이어를 일으키는 확률은 높아진다. 소유자 등으로부터「스파크 플러그 교환 후 이전보다 연비가 나빠졌다.」등을 청취한 경우 미스 파이어의 가능성은 높다.

## 화재사례 21 이그니션코일 화재[24)]

**화재개요**

승용차로 일반도로를 주행 중 적색신호에 정지하기 위해 브레이크를 밟았더니 엔진이 정지되었다. 엔진을 다시 시동 걸기 위해 시동모터를 2~3회 돌렸으나 시동이 걸리지 않고 갑자기 차량 안에 연기가 찼다.

**화재원인**

하이텐션 코드의 센터코드 부분이 차체와 스쳐 누설방전하여 방전스파크가 합성수지 엘리먼트에 착화한 것이다.

**조사요령**

1. 엔진실 내의 소손상황과 연소상황(延燒状況)을 확인한다.
   이그니션코일, 하이텐션 코드를 중심으로 하여 합성수지 에어 덕트를 경유하여 엔진실에 소손이 확대되어 있다.
2. 화재원인을 검토한다.
   (1) 이그니션코일 센터코드의 설치부분만이 소손되어 타서 끊어져 있다.
   (2) 센터코드가 타서 끊어져 있는 부분에 근접하여 있는 보디 프레임에 스파크에 의한 용융흔이 확인된다. 스파크불꽃이 나오면 합성수지 에어 덕트에 용이하게 착화할 거리이다.

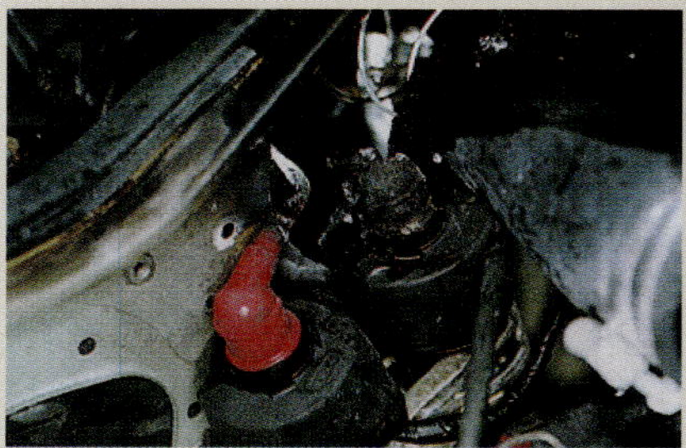

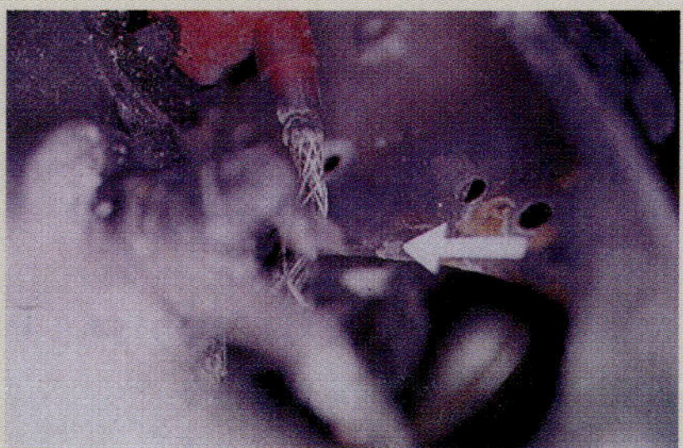

▲ **그림 3.129** 소손된 이그니션코일　　소손된 이그니션코일과 단락개소

24) 동경소방청, 신화조사교본 제4권 제1부 차량화재편, pp.79~80, 2000.

▲ **그림 3.130** 소손된 이그니션코일과 센터코드

**참고지식**

하이텐션코드의 센터코드는 디스트리뷰터(배전기)와 연결되어 배터리 12V를 이그니션코일(점화코일)에서 25,000V로 승압하여 각 점화플러그에 분배하는 코드이다.
하이텐션코드는 고압전류가 흐르기 때문에 전파장해가 발생한다. 이 때문에 1m당 약 15kΩ의 저항을 갖게 하여 고주파를 감쇄시키고 있다.
하이텐션코드의 재질에는 다음과 같은 것들이 있다.

| | 심선 | 내층 | 외층 |
|---|---|---|---|
| (1) | 주석도금동선 | 고무절연체 | 비닐피복 |
| (2) | 유리섬유와 탄소섬유 | 고무절연체 | 비닐피복 |
| (3) | 주석도금동선 | 유리섬유 | 실리콘고무 |

# 09 충전장치와 시동장치

엔진 전장품(電裝品) 중에는 점화장치 외에 배터리에 전기를 보충하는 충전장치, 엔진을 시동시키는 시동장치 등이 있다.
충전장치는 전기를 발생시키는 알터네이˙터(Alternator, 교류발전기), 알터네이터에서 발생한 전기를 일정 전압으르 유지하는 레귤레이터로 구성되며, 시동장치에는 시동모터가 있다. 또한 배터리는 전기를 비축하는 외에 전기의 공급원으로서 이용되고 있다.

**Point**
알터네이터의 리어커버 설치 나사부분이 소손·변색·탈락하여 있는 경우, 차량의 메이커, 차종명, 형식, 최초등록년도 등을 조사하여 리콜이나 서비스 캠페인 등의 해당차량인지를 확인한 후에 감식한다.

**Point**
알터네이터의 리어커버에 용융흔적이나 브러시와 슬립링의 접촉부에 흔적이 있거나 슬립링의 동(銅)이 녹아있는 경우, 다음을 생각할 수 있다. 알터네이터에 엔진오일 등이 끼얹어져 브러시에 오일이 부착되면 브러시의 조직이 열화(劣化)된다. 전기 도통불량으로 브러시가 변형되어 마모분(粉)이 발생한다. 브러시에서 발생한 전기가 브러시의 마모분을 개입하여 알터네이터 보디와 단락되어 브러시 홀더의 실리콘 고무 등에 착화한다. 소유자 등에게 정비상황 등을 확인하고, 알터네이터를 수거 후 감식을 한다.

**Point**
교류에서 직류로 전류를 정류하는 정류기 내에 있는 다이오드가 과전류 등으로 인해 그 기능을 잃는 경우, 다이오드가 소실되는 경우도 있다.

**Point**
시동모터의 오버 로드에 의해 발화하는 화재가 있다. 피니언 기어가 링 기어에 맞물린 상태에서 발화한다는 점에서 다음을 생각할 수 있다.

(1) 시동키의 되돌림 불량으로 인해 회로가 접속상태가 된다. 스페어 키 등을 사용한 후 키 내부의 물림상태가 나빠 걸려서 자동으로 되돌아가지 않게 된다.
(2) 시동키에 키 고리 등을 여러 개 달고 있어 무게와 계기판 등에 걸려 자동으로 되돌아가지 않게 된다.
(3) 클러치 디스크의 마모가루나 흙먼지 등이 피니언기어와 링기어 내에 들어가 이탈불능이 된다.
(4) 화물차나 특수차 등(24V차량)은 릴레이접점이 용착되면 회전을 계속하는 경우가 있으므로 릴레이의 확인이 필요하다.

**Point**
시동모터 B단자부 절연재(페놀수지제)에 열화나 어떤 외력이 생겨서 균열이 발생하는 경우와 바다나 하천 등을 주행하여 시동모터가 침수된 경우에 시동모터 내부에 흙탕물 등 도전성 액체가 들어가 절연재에 전기의 길을 만들어 버리므로 B단자와 시동모터 케이스 사이에서 트래킹이 발생하여 절연재에 착화한다. 4WD 차량이나 RV차량 등은 사용상황을 청취하여 확인한다.

**Point**
배터리단자는 납 또는 납합금으로 되어 있으므로 화재열로 용이하게 녹아버리므로 배터리배선 터미널부분의 용융 등도 확인한다. 또한 배터리 터미널의 이완이 원인이면 소유자 등에게 언제 어디서 누가 교환정비를 하였는지에 대해 청취함과 동시에 해당차량용 규격품인가를 확인하여 이완에 이른 요인을 찾아내고 연소방향 등에 모순이 없는가를 확인한다.

**Point**
배터리는 항상 수소가스가 발생하고 공기 중의 혼합비율이 4~75%의 범위에 있을 때 인화에 의해 폭발한다. 인화의 요인이 되는 화원(火源)은 배터리 내외로 나눠지며, 내부로서는 전해액 줄어 없어짐 등에 의한 내부단락, 과열, 용단 등을 생각할 수 있고, 외부로서는 수리점검 중 잘못으로 인해 생긴 단락불꽃, 단자부의 이완으로 발생한 스파크, 부스터 케이블의 오사용, 정전기 스파크, 라이터 불꽃 등을 생각할 수 있다. 수소가스가 체류하는 요인으로서는 액면 저하에 의한 용적의 증대, 액구전(液口栓) 구멍 막힘, 통기 불량, 가스체류가 있으며 주행직후, 충전종료 직후(충전개시 시에는 거의 발생하지 않는다) 등이 있다.

## 화재사례 22 시동모터 화재[25)]

**화재개요**

쇼핑하기 위해 지하상점가의 지하주차장에 승용차를 세우고 시동키를 빼고 문을 잠그고 차를 떠난 뒤 1시간 20분 후에 엔진실에서 발화하였다.

**화재원인**

시동모터 모터의 마그네트 스위치 내부에 차량 세정액이 계속 흘러들어가서 이 액체가 B단자와 고정접점의 사이에 개재하여 전기가 계속 흘러서, 이 사이를 절연하고 있는 페놀수지가 트래킹현상을 일으켜 타기 시작하여 B단자의 배선피복을 거쳐 엔진실 내에 화재가 확대된 것이다.

**조사요령**

1. 엔진실 내의 소손상황을 조사한다.
   (1) 우측 앞유리 바로 앞의 보닛 표면, 안쪽면 모두 소손에 의해 변색되어 있다. 이 위치는 브레이크의 마스터실린더 등이 설치되어 있으며 리저버 탱크 내의 브레이크액이 연소하여 보닛에 변색이 발생하고 있다.
   (2) 엔진실 전체의 표면이 화재열에 의해 용융되어 시커멓지만 특히 강하게 소손되어 있는 개소는 적다. 엔진실과 차실을 칸막이하는 대쉬 패널(dash panel)부분을 따라 배선되어 있는 메인 하니스 부분의 소손이 심하다.
   (3) 시동키가 들어가 있지 않았으므로 연료계통에서의 소손상황은 적고, 고무 연료 호스가 소실되어 있을 정도이다.
   (4) 차량 밑쪽에는 엔진실, 차실 모두 소손이 없다.
2. 화재원인을 검토한다.
   (1) 소손상황으로부터 발화개소는 대쉬패널과 브레이크 마스터실린더 부근에서 발화하였다고 추정되므로 주위의 기기를 떼어내 조사를 진행한다.
   (2) 엔진실 중심에 있는 공기취입용 서지탱크 표면이 아래쪽에서 위쪽으로 소손되어 있는 상황을 확인할 수 있으므로 서지탱크를 분리해 낸다.
   (3) 서지탱크 아래의 소손상황을 조사한바, 서지탱크 아래에는 시동모터가 있고 소손되어 있다. 시동모터의 아래에는 V형 엔진의 실린더블록이 있는데, 그 계곡 사이에는 물로 젖은 쓰레기 등의 퇴적물이 침전되어 있는 점으로 보아 물이 고인 상태가 계속되었던 것으로 생각된다.
   (4) 시동모터를 해체한바, 시동모터는 마그네트스위치 및 배터리 배선의 일부가 소손되어 있다. 마그네트스위치 케이스의 뚜껑을 열어보니 배터리로부터의 전원을 받는 B단자에 접속되어 있는 고정단자가 용융 변형되어 있다. 고정단자 금속부분만의 용융 변형은 스파크불꽃이 반복적으로 튀겨서 발생하고 있다. B단

자와 케이스 사이의 절연물(페놀수지제)이 소실되어 있다.
마그네트스위치 이외의 기타 부분 및 모터부분 등에는 소손변형이 없고 이상이 확인되는 것은 B단자 주변뿐이다.
고정단자는 케이스와의 사이를 절연재(페놀수지)로 절연하고 있지만, 시동모터가 침수되면 도전성액체가 마그네트스위치 내에 들어가 절연재의 표면을 적시므로 이 표면을 B단자로부터의 누설전류가 흘러 트래킹현상이 반복되어 절연재인 페놀수지 표면이 도전화(導電化)되어 화재가 발생하고 있다.

▲ **그림 3.131** 소손된 엔진실(좌),
소손된 연료배관의 재현(적색 – 공급 배관, 청색 – 리턴 배관)(우)

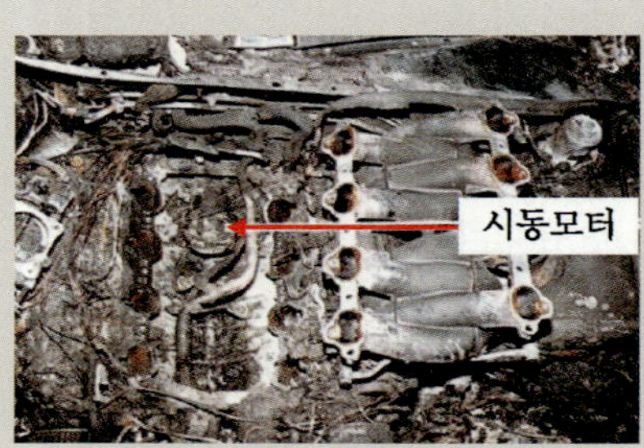

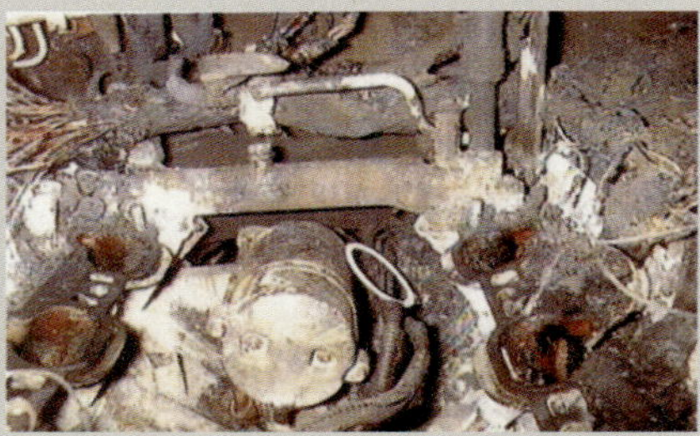

▲ **그림 3.132** 소손된 시동모터1 소손된 시동모터2(○:배선단락개소)

▲ **그림 3.133** 시동모터를 떼어낸 V형 실린더의 계곡 사이(좌), 소손된 시동모터3(우)

25) 동경소방청, 신화조사교본 제4권 제1부 차량화재편, pp.85~87, 2000.

▲ **그림** 3.134 시동모터의 용융 용융된 마그네트스위치

## 화재사례 23 시동모터 화재[26)]

**화재개요**

화물을 적재하여 주행하던 화물차가 신호에 정차하였다. 정차 중 공회전 상태에서는 이음(異音)이 들리지 않았지만 가속페달을 밟기 시작하자 '끼-'하는 소리가 차량 아래에서 나기 시작하였다. 300m 정도 주행하여도 소리가 없어지지 않아서 노견에 차량을 세워 점검을 하여 캡과 화물칸 사이에서 흰 연기가 나오는 것을 발견하였다.

**화재원인**

시동모터 릴레이 접점이 채터링을 반복하여 용착되고 이로 인해 시동모터 기동전류가 계속 흐르는 상태가 되어 엔진이 걸려 크랭크축이 고속회전을 시작했음에도 시동모터의 피니언기어가 플라이휠 측의 링기어에서 벗어나지 않아 시동모터가 크랭크축의 고회전에 맞물려 발전상태가 되어서 시동모터 내부가 발열을 일으켜서 화재가 발생하였다.

**참고지식**

**시동모터의 구조**

시동키(점화스위치)를 시동위치로 돌리면 배터리에서 공급된 대전류가 마그네틱 스위치의 솔레노이드에 전류가 흘러 솔레노이드 플런저와 클러치 시프트 레버의 작동에 의해 전동기 축에 끼워진 피니언과 엔진 플라이휠의 둘레에 끼워져 있는 링 기어가 맞물린다. 동시에 마그네틱 스위치를 통해 축전지의 전류가 모터에 흘러 모터가 회전한다. 이 회전력은 피니언을 통해 링 기어로 전달되어 엔진이 회전되어 시동이 걸린다. 엔진이 시동되면 피니언은 링 기어에서 풀리고 시동모터는 정지한다.

26) 동경소방청, 신화조사교본 제4권 제1부 차량화재편, pp.87~90, 2000.

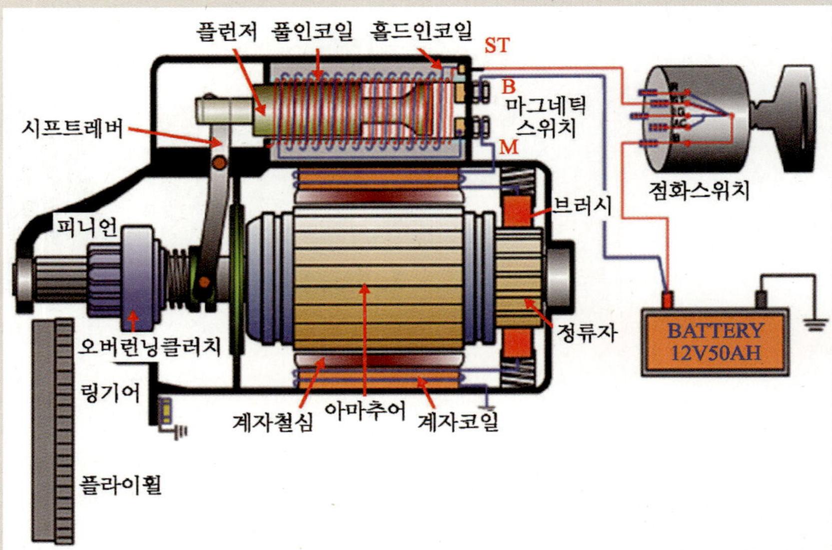


▲ **그림 3.135** 시동모터의 구조

**조사요령**

1. 시동모터 릴레이를 조사한다.
 (1) 시동모터 릴레이의 합성수지제 케이스가 소손되어 있지 않다.
 (2) 시동모터 릴레이의 접점이 용융되어 있다.
2. 시동모터 마그네트 스위치부분을 조사한다.
 (1) 마그네트 스위치 부분과 모터부분이 함께 소손되어 있다.
 (2) 풀인코일과 홀딩코일 모두 에나멜이 소손되고 양 코일의 니크롬선에 단락흔이 있다.
3. 시동모터 모터부분을 조사한다.
 (1) 브러시가 닿는 정류자가 젖혀져 변형되어 있다.
 (2) 브러시 4개의 끝이 정류자 젖혀진 부분이 닫아서 변형되고 균열되어 있다.
 (3) 아마츄어 코일을 회전시키기 위한 필드코일에 다수의 단락흔이 있다.
4. 플라이휠과 링기어 및 피니언기어를 조사한다.
 (1) 플라이휠과 링기어 및 피니어기어와 링기어의 치차 비는 10~15대 1로 감속비를 크게 하여 토크력을 증대시켜 무거운 크랭크축을 회전시켜서 엔진을 기동하고 있다.
 (2) 엔진이 기동하면 플라이휠은 700회 이상의 속도로 돌기 시작한다. 이 때 피니언기어와 링기어가 분리되는데 분리되지 않고 서로 맞물린 상태가 되면 피니언기어와 링기어가 감속되지 않은 채 엔진회전력을 받아 7,000~15,000의 고속회전으로 회전하게 된다. 그 결과 아마츄어에 과전류가 계속 흘러서 발전기상태로 회전하며 아마추어는 한계회전수 이상이 되면 원심력으로 인해 아마추어 코일이 어긋나거나 끊어져서 단락을 발생시킨다.

▲ **그림 3.136** 소손된 시동모터와 원형품(좌), 플라이휠의 링기어(우)

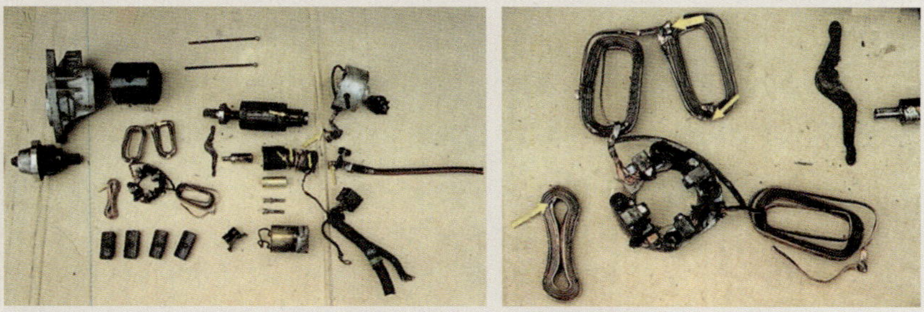

▲ **그림 3.137** 시동모터 분해(좌), 필드코일의 단락흔(우)

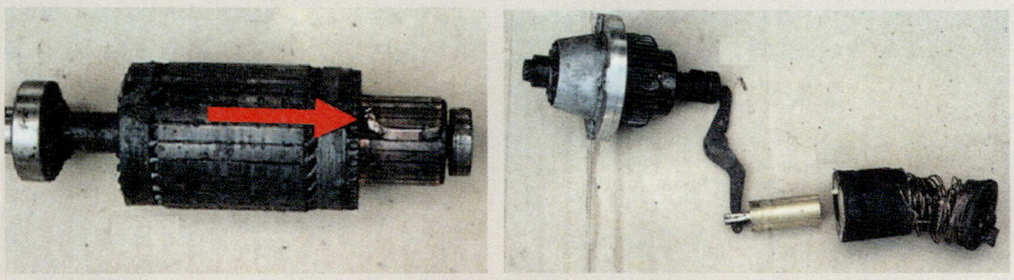

▲ **그림 3.138** 아마추어와 브러시의 변형(좌), 소손된 풀인코일과 플런저(우)

▲ **그림 3.139** 풀인코일과 홀딩코일(좌), 릴레이 박스(우)

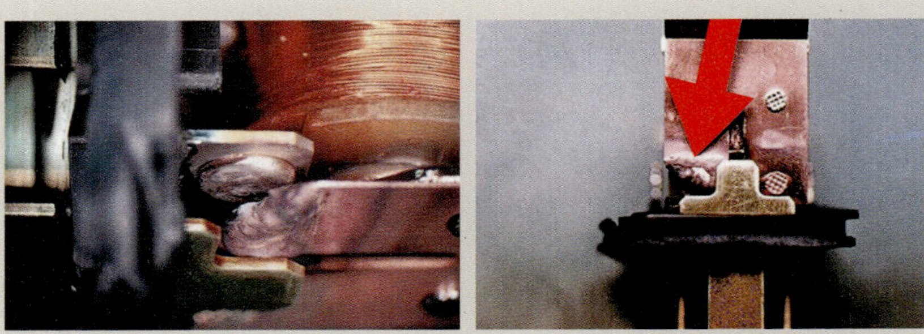

▲ **그림 3.140** 릴레이 접점의 용착1(좌), 릴레이 접점의 용착2(우)

## 화재사례 24

주유 중 시동이 저절로 걸리려고 한 후 발생한 화재[27)]

**화재개요**

2톤 트럭이 주유 중 갑자기 덜컹덜컹 흔들리며 시동이 걸리려고 하여서 급유를 중지하고 시동키로 시동을 걸어 주유소 빈 공간에 이동시킨 후에 엔진실 부근에서 화염이 분출하여 주유소 직원이 소화기로 진화하였으며, 시동모터 케이블이 단락되어 절단되어 있고 시동모터 부근만 연소되는 피해를 입었다.

**화재원인**

차실 내 조수석 아래 바닥 매트가 습기를 머금고 있고 매트 아래 부분에 있는 글로우 & EGR커넥터에 녹청현상이 발생해 있으며 내부의 상시전원 단자와 시동모터 신호단자 사이에 단락흔이 있으므로 글로우 & EGR커넥터 내의 상시전원 단자와 시동모터 신호단자 사이가 수분침입으로 단락 되어 시동모터 신호선에 연속하여 전류가 흘러 시동모터가 연속 회전하게 되어 내부가 과열되어 화재가 발생한 것이다.

▲ **그림 3.141** 화재발생 트럭(좌), 시동모터와 케이블(우)

▲ **그림 3.142** 분리해낸 시동모터

▲ **그림 3.143** 마그네트 스위치(좌)와 시동모터 릴레이(우)

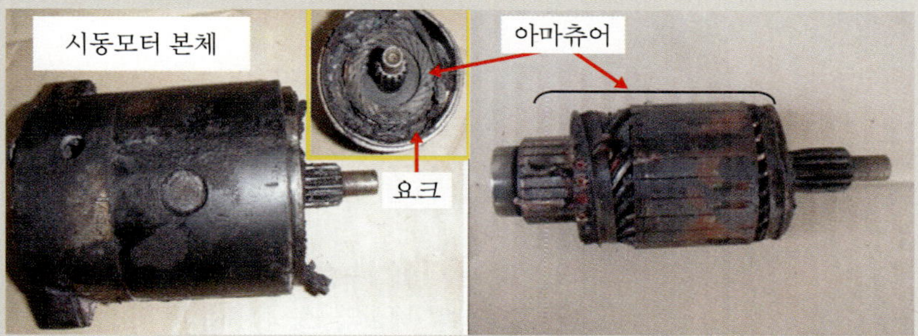


▲ **그림 3.144** 분해한 시동모터

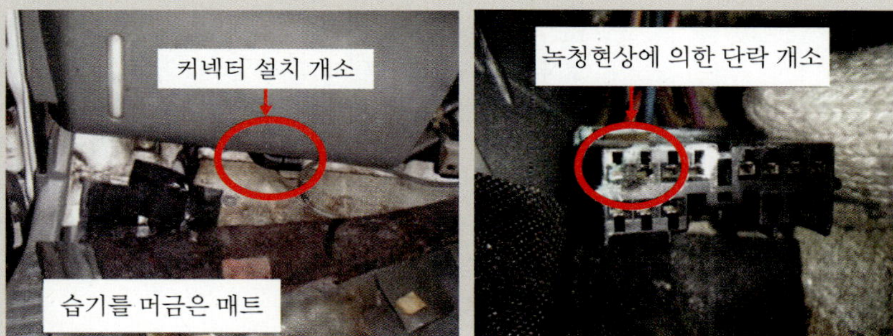


▲ **그림 3.145** 차실 내 조수석 아래 바닥 매트 부근의 모습
(습기를 머금고 있는 매트 아래 부분에 있는 글로우 & EGR 커넥터에 녹청현상이 발생해 있으며 내부 상시전원 단자와 시동모터 신호단자 사이에 단락흔이 있다.)

27) 中村祐二, 中村謙吾, "시동모터 이상연속회전에 의한 차량화재에 대해", 제64회전국소방기술자회의자료, 일본소방청 소방연구센터, pp.310~318, 2016.

## 화재사례 25 알터네이터(발전기) 화재[28]

**화재개요**

주행 중 보닛 우측에서 흰 연기가 분출되어서 승용차를 갓길에 세우고 보닛을 열자 알터네이터의 부근에서 화염이 분출하였다.

**화재원인**

알터네이터 제조 시에 정류기 내의 －핀과 ＋핀을 연결하는 리벳의 체결이 불충분하여 접촉불량을 일으켜 정류기와 리벳 사이에서 스파크를 일으키고, 이 스파크 불똥이 쌓여 전기의 전로(電路)가 되어 단락이 일어나서 정류기의 합성수지 부분에 착화하여 화재로 이어졌다.

**조사요령**

1. 운전자 정보를 조사한다.
 (1) 보닛을 열고 알터네이터 부근에서 화염을 목격하고 있다.
 (2) 운전자에 따라서는 계기판에 알터네이터로부터의 충전 부족에 의한 배터리표시를 나타내는 표시마크가 점등되어 있는 것을 알아차리는 경우가 있다.
2. 발화개소를 조사한다.
 (1) 알터네이터에서 발화하면 접속배선의 피복을 따라 화염이 확대하므로 발화개소를 특정할 때에 배선의 연소상황(延焼状況)을 확인할 필요가 있다.
 (2) 차량탑재 전장제품 증가에 따라 전기를 충전하는 알터네이터는 고출력화되고 있으며 승용차에서도 최대 140A의 고전류를 발생하는 것을 적재하고 있다.
 안전장치로서 알터네이터 배선에 퓨지블 링크를 설치하고 있는 경우가 많으므로 퓨지블링크의 절단에 따라 알터네이터의 이상유무를 확인할 수 있지만 일부 외제차에서는 알터네이터에 퓨지블 링크를 설치하고 있지 않는 경우도 있다.
 (3) 알터네이터는 크랭크축의 회전을 벨트에 의해 풀리에 전달하고 있으므로 설치위치는 필연적으로 엔진실 앞쪽이다.
 알터네이터에서 화재가 발생하면 접속배선의 피복을 따라 화재가 확대하므로 엔진실 앞쪽에서 화염을 분출하고 배선피복을 태우면서 엔진실의 표면부분을 소손하는 화재사례가 많다.
3. 알터네이터를 감식한다.
 (1) 알터네이터의 리어 커버가 소손되어 있으며 내면의 쪽이 변색이 심하다.
 리어 커버를 체결하는 너트가 용융하고 볼트가 들어가는 구멍도 용융되어 있다.
 (2) 리어 커버를 분리해내니 IC레귤레이터와 정류기가 소손 용융되어 있다.
 (3) IC레귤레이터와 정류기를 분리해내니 소손에 의해 검게 변색된 알터네이터 본체가 있으며 리어 커버를 체결하는 3개의 볼트가 가늘어지거나 소실되어 있다.
 (4) 정류기 내부의 －핀과 ＋핀을 체결하는 리벳이 용융 소실되어 있다.
 (5) 금속제의 볼트, 리벳이 용융 소실되어 있고, 스파크·단락 등의 영향에 의한 것을 알 수 있다.

28) 동경소방청, 신화조사교본 제4권 제1부 차량화재편, pp.91~95, 2000.

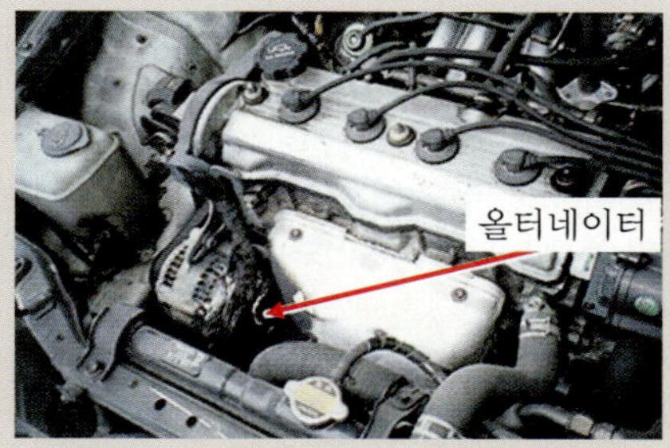

▲ **그림 3.146** 엔진실의 알터네이터(좌), 소손된 알터네이터(우)

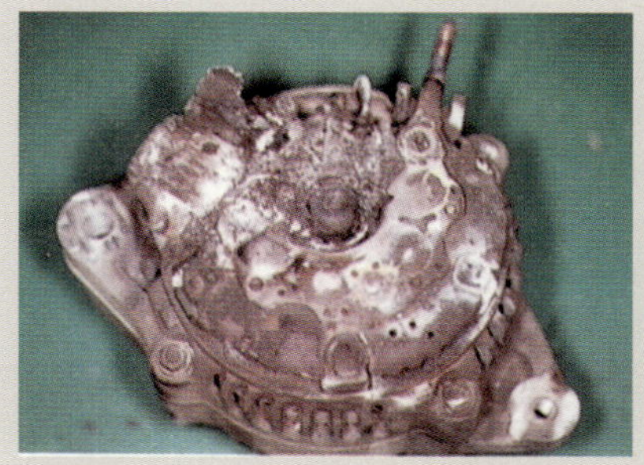
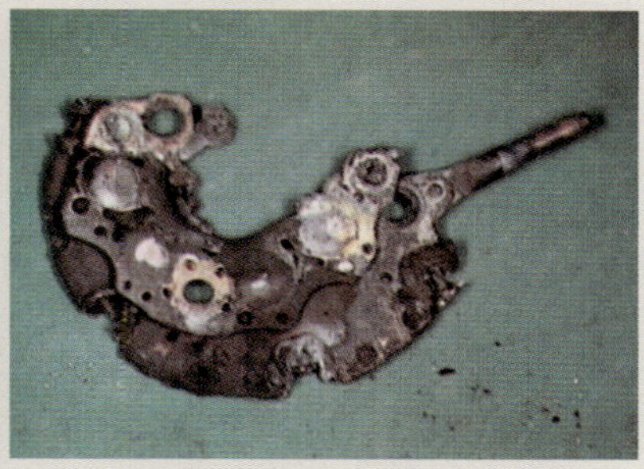

▲ **그림 3.147** 리어커버 분리한 알터네이터(좌), 소손된 정류기(우)

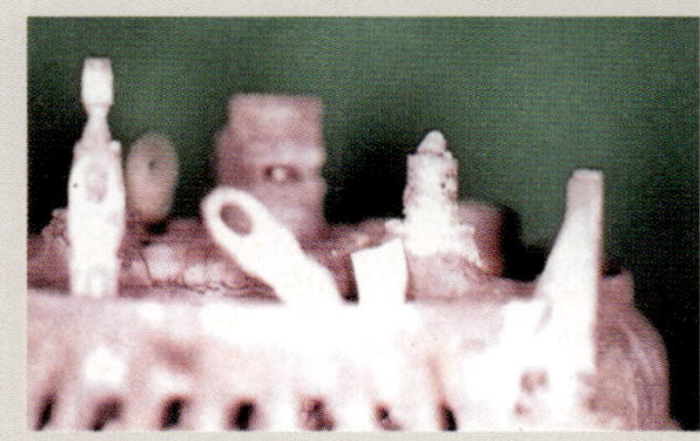

▲ **그림 3.148** 알터네이터 변형된 3개의 볼트와 리벳

위의 화재사례 외에 알터네이터에서 발생하는 화재로서는 알터네이터에서 발전한 전기를 배터리에 충전하는 배선의 접속 B단자의 체결이 헐거워져 접속불량 등에 의해 발열을 일으켜서 고온이 되고, 단자 커버가 발화하여 타기 시작하여 배선피복을 따라 화재가 확대된 사례가 있다. B단자의 체결부가 접속불량을 일으키면 B단자가 용융 변형을 일으키므로 판별할 수 있다.

**참고지식**

**알터네이터(교류발전기)**

배터리는 시동장치, 점화장치, 전장(電裝)장치 등에 의해 저장된 전력이 소비된다. 이 소비된 전력을 보충하기 위해서 엔진의 회전력에 의해 발전기를 돌려 전력을 발생시켜 배터리를 충전한다. 이 발전기를 알터네이터(AC제너레이터, 교류발전기)이다. 종전에는 직류발전기(DC 제너레이터)가 많이 사용되었지만 현재는 저회전에서 발전할 수 있는 소형·경량인 알터네이터가 장착되고 있다.

알터네이터의 구조는 로터코일을 감은 로터가 엔진 회전력에 의해 풀리에 감겨있는 V벨트로 회전을 하여 교류전기를 발생한다. 이 전기는 정류기의 다이오드에 의해 직류전기로 정류되어 IC레귤레이터의 IC와 스위칭회로에 의해 전류를 제한하여 출력전압을 일정하게 하여 알터네이터 B단자에서 배터리로 송전하여 충전을 하고 있다.

## 화재사례 26 알터네이터(발전기) 화재[29]

**화재개요**

차량등록 후 약 8년 경과한 차량을 26km 주행하고 7월 22일 20시경 귀가하여 자택 차고 안에 주차 중이었는데, 22시경 차고 쪽에서 나는 이상한 소리를 가족이 듣고 확인하러 가보았더니 차량 보닛에서 검은 연기와 화염이 나오고 있는 것을 발견하여 차량을 밀어 차고에서 꺼내 수도 호스로 물을 끼얹어서 소화하였다. 화재발생 수일 전 운전 중 ABS와 사이드브레이크 램프가 저절로 점등된 적이 있었다.

**화재원인**

누설된 엔진오일이 알터네이터 내부까지 침입함으로써 통상 퇴적되지 않은 브러시 마모 가루가 퇴적하고 이 마모 가루에 의해 알터네이터 내부가 단락되어 화재가 발생한 것으로 추정할 수 있다. 메이커에 의하면 알터네이터 내부에서 발화된 경우 전조증상으로서 ABS 등의 경고램프가 점등한다고 하며 이 현상은 소유자의 진술과도 일치하였다.

**조사요령**

1. 운전자 정보를 조사한다.
   (1) 주차 후 2시간 만에 화재가 발생하였다.
   (2) 화재발생 수일 전 운전 중 ABS와 사이드브레이크 램프가 저절로 점등된 적이 있었다.
2. 발화개소를 특정하고 화재원인을 조사한다.
   (1) 소손개소는 앞쪽 보닛 안이다.
   (2) 보닛 내에서 소손에 의한 변색이 심한 곳은 우측이다.
   (3) 엔진실 우측의 퓨즈박스, 배터리, 배터리 하니스, 알터네이터만 연소되어 있으므로 발화개소는 엔진실 우측으로 한정할 수 있다.
   (4) 알터네이터 부근에 4개로 된 배터리 하니스 중 B단자에 접속한 1개에서만 연소흔적이 발견된다.
   (5) 알터네이터 내부에 강한 연소흔적이 있고, 브러시홀더의 내부 스프링이 용융되어 있다.
   (6) 알터네이터의 로터 축 주변에 점성을 띠고 퇴적되어 있는 브러시 마모가루가 있다.

29) 石川里一郎, "알터네이터에서 출화한 차량화재에 대해", 제59회전국소방기술자회의자료, 일본소방청 소방연구센터, pp.194~197, 2011.

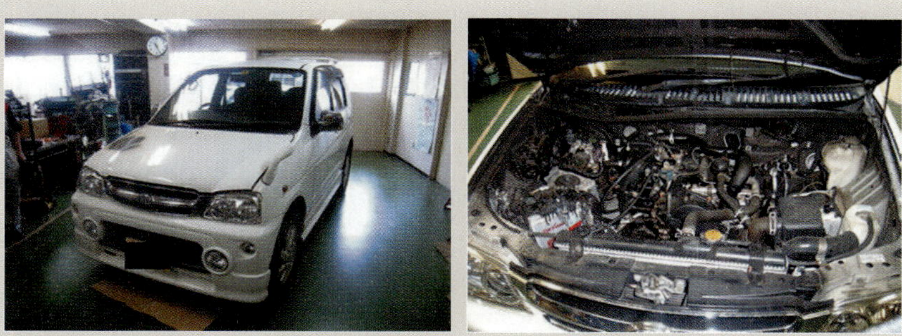

▲ **그림 3.148** 차량 외부(좌), 엔진실(우)

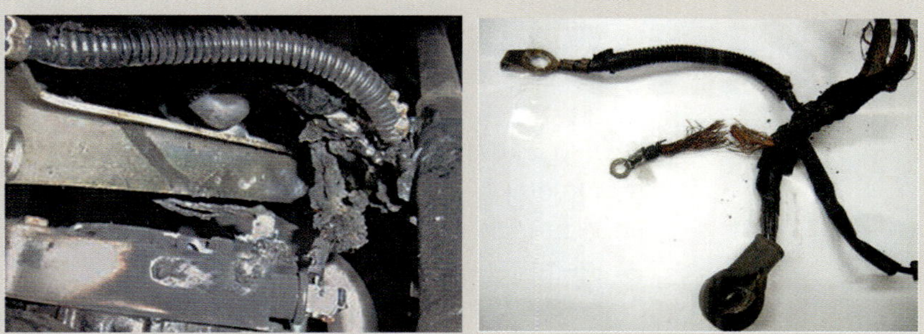

▲ **그림 3.149** 알타네이터 B단자 주변(좌), 배터리 하니스(우)

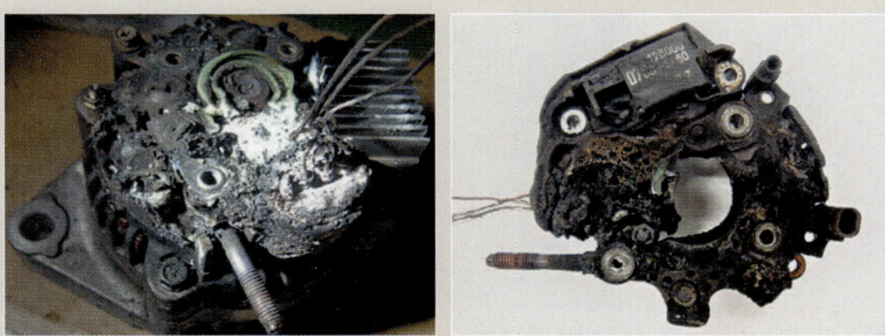

▲ **그림 3.150** 알타네이터 리어커버 분리 전후

▲ **그림 3.151** 알터네이터의 로터 축 주변

## 화재사례 27 배터리 터미널 체결불량에 의한 화재[30)]

**화재개요**

도로를 주행 중 보닛의 틈새에서 연기가 나왔다. 승용차를 갓길에 세워 보닛을 여니 엔진실의 우측 전면에서 화염이 분출하였다.

**화재원인**

교체한 배터리 터미널 연결 배선의 금속접속부 사이즈가 너무 커서 배선 체결이 잘 되지 않아 접속불량을 일으켜 발열하여 금속접합부를 덮고 있는 고무 커버가 불타고 배선 피복을 따라 화재가 확대되었다.

**조사요령**

1. 운전자 정보를 조사한다.
(1) 운전자가 4개월 전에 배터리터미널의 금속접합부를 구입하고 있다.
(2) 운전자가 화염을 본 엔진실의 우측전면에 배터리가 설치되어 있다.
2. 발화개소를 특정하고 화재원인을 조사한다.
(1) 소손개소는 앞쪽 보닛 내이다.
(2) 보닛 내에서 소손에 의한 변색이 심한 곳은 우측 타이어하우스의 상부이다.
(3) 타이어하우스의 측에는 소손된 배터리와 전기배선의 조인트박스가 있다.
(4) 전기배선에 단락 등의 특이한 증상은 확인되지 않는다.
(5) 배터리 터미널과 메인 하니스를 접속하는 접속금구의 내벽이 용융되어 있고 또한 접속금구로 연결되는 메인 하니스의 체결부분이 접속불량을 일으켜서 고온이 되어 녹고 접속금구의 보호 커버인 고무 커버가 타서 화재로 이어졌다.

▲ **그림 3.152** 소손된 배터리(좌), 배터리 (+)접속단자(우)

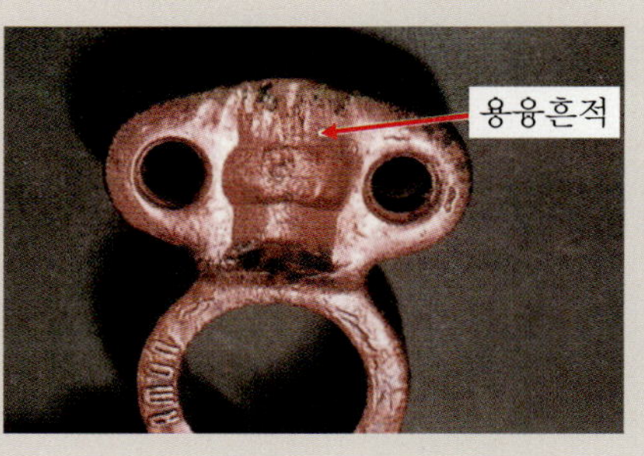


▲ **그림 3.153** 용융된 배터리 케이블(좌), 용융된 단자(우)

30) 동경소방청, 신화조사교본 제4권 제1부 차량화재편, pp.96~98, 2000.

## 화재사례 28 배터리 충전 중 화재[31)]

**화재개요**

크레인(이동식 대형 크레인 360톤) 운전자는 건설현장에서 크레인을 움직이려고 크레인의 시동키를 돌렸지만 움직이지 않았다. 배터리 충전부족이라고 생각하여 크레인의 배터리를 충전하기 위해 주행용 엔진을 움직여 주행용 배터리의 플러스에서 크레인용 배터리에 충전하려고 접속하자마자 크레인용 배터리가 폭발하여 화재가 되었다.

**화재원인**

크레인 운전자는 크레인엔진이 움직이지 않아서 크레인용 배터리(12V×2개 직렬)를 충전시키려고 주행용 엔진을 가동하여 주행용 배터리(12V×2개 직렬)의 플러스터미널에서 부스터케이블을 연장시켜 크레인용 배터리의 터미널에 부스터케이블을 접속시켰다. 이 때 플러스 터미널에 접속시켜야 할 곳을 마이너스터미널에 접속시켜 버렸기 때문에 스파크가 발생하고 크레인용 배터리 내부에 체류하고 있어 액구전(液口栓)에서 새어나온 수소가스에 스파크가 착화하여 폭발을 일으켜서 화재가 되었다.

**조사요령**

1. 운전자 정보를 조사한다.
 (1) 부스터 케이블 접속 시 엔진이 움직이고 있는 배터리에서 연장하고 있다.
 (2) 배터리 터미널에 접속한 순간에 스파크가 발생하고 있다.
 (3) 부스터케이블을 잘못 접속하고 있다.
2. 발화개소를 특정한다.
 (1) 소손되어 있는 곳은 크레인용 배터리 1개이다.
 (2) 배터리 뚜껑이 파손되어 있다.
 (3) 배터리 내의 극판 상부가 검게 변색되어 있다.
 (4) 부스터 케이블에 스파크가 발생한 개소가 용융되어 있다.

**참고지식**

배터리 내부에는 항상 수소가스가 발생되어 있으며, 특히 충전 종기(充電終期)에 대량의 수소가스가 발생한다. 수소가스는 공기 중에서 혼합비율 4~75%의 범위에 있을 때 인화 폭발한다. 인화의 화원(火源)이 될 가능성이 있는 것은 다음과 같은 것들이 있다.

**배터리 내부에는** ① 배터리 전해액 부족에 의한 내부 쇼트 ② 과충전에 의한 과열 ③ 과충전에 의한 용단 스파크 불꽃

**배터리 외부에는** ① 단락, 쇼트의 스파크 불꽃 ② 외부단자의 이완 ③ 부스터 케이블의 접속 잘못 ④ 나화(裸火)

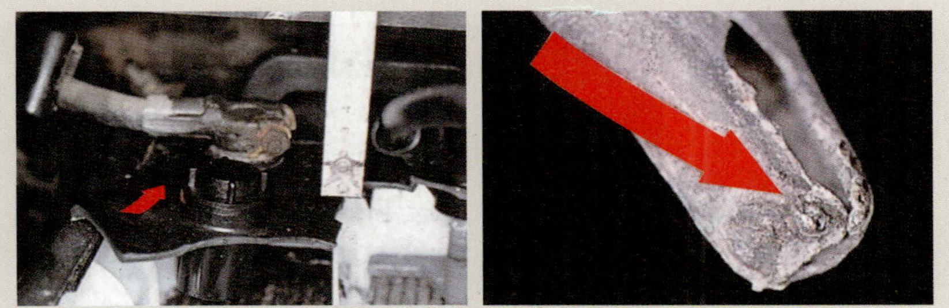

▲ **그림 3.154** 소손된 배터리의 스파크 개소(좌), 부스터케이블의 스파크 흔적(우)

31) 동경소방청, 신화조사교본 제4권 제1부 차량화재편, pp.99~101, 2000.

## 화재사례 29 배터리 접속단자 접촉불량에 의한 화재

**화재개요**

3일전 시동상태가 좋지 않아 카센터에서 시동센서 수리를 했고, 화재 당일 5분도 운행하지 않아 보닛에서 연기와 화염이 분출하여 곧바로 119에 신고하였다.

**화재원인**

수리과정에서 배터리와 연결잭을 잘 고정시키지 않아 운행도중 스파크가 지속적으로 발생하여 인근가연물에 착화되어 화재로 이어졌다.

▲ **그림 3.155** 진화 장면과 외부의 연소상황

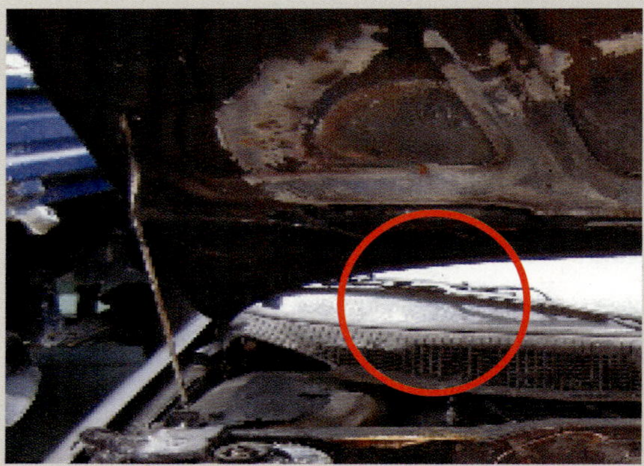

▲ **그림 3.156** 엔진실의 연소상황
(좌측 배터리 부위가 심하게 소훼되어 있으며 우측과 운전석 쪽으로의 연소확대 흔적이 보인다.)

▲ **그림** 3.157 배터리 접속 단자의 용융된 모습

# 10 예열장치[32]

디젤엔진은 공기의 압축열에 의해 연료를 자기착화시키고 있으므로 가솔린엔진과 같은 점화장치를 필요로 하지 않는다. 그러나 경유는 분위기온도가 낮으면 착화하기 어려우므로 엔진시동을 용이하게 하기 위해서 흡입공기를 따뜻하게 할 필요가 있다. 이 장치가 예열장치이다. 즉, 외부의 온도가 낮거나 또는 엔진이 냉각되어 있을 때 공기의 압축열이 실린더 벽 및 실린더 헤드에 흡수되어 연료가 착화할 수 있는 고온이 되지 못하므로 예연소실 내의 공기를 미리 가열하여 시동을 용이하게 하는 장치이다. 다시 말해 냉각된 상태의 디젤엔진은 압축누설 및 연소실벽을 통한 열손실 때문에 압축압력과 압축온도가 낮아져 시동이 어렵게 된다. 따라서 냉각된 상태의 디젤엔진에서는 연소실 또는 흡기통로의 공기를 추가적으로 가열하지 않으면 시동이 불가능할 수도 있다. 그러므로 엔진의 시동을 용이하게 하고, 원활한 공운전 및 공운전 상태의 안정화, 그리고 유해 배출물의 저감을 위해 예열장치(pre-heating system)를 사용한다.

그리고 이와 같은 디젤차량의 예열장치는 가열플러그, 가열플랜지 등의 예열플러그 및 예열표시, 예열시간제어, 예열장치 감시기능 등을 하는 제어회로로 구성된다.

32) 남태식, "디젤 자동차 예열장치의 발화가능성에 관한 연구", 동신대학교 석사학위논문(2017)에서 인용함.

예열장치 종류에는 일반적으로 직접 분사식 연소실에 사용하는 흡기 가열 방식(intake air heater type)과 예연소실식, 와류실식, 공기실식 등의 복실식 연소실과 같은 간접 분사식 연소실에 사용하는 예열플러그 방식(glow plug type)이 있다.

그리고 직접분사기관은 간접분사기관에 비해 연소실 표면적이 작아 열손실이 적기 때문에 냉시동성이 비교적 양호하다. 그러나 행정체적이 1리터 이상인 대형 직접분사기관에서는 흡기다기관에 화염 예열플러그(flame glow plug)를, 행정체적이 작은 소형 직접분사기관에서는 흡기통로에 가열 플러그(heating plug) 또는 가열 플랜지(heating flange)를 설치하여 흡기를 예열하는 방식을 주로 이용한다. 하지만 직접분사기관에서도 주 연소실에 예열플러그를 설치하기도 한다. 그리고 예연소실식, 와류실식, 공기실식 등의 간접분사기관에서는 부 연소실에 예열플러그를 설치하여 흡입공기를 가열하는 방식을 주로 사용한다.

한편 디젤차량은 시동속도로 시동할 때 경유의 최저 자기착화온도는 약 250℃ 정도이다. 그래서 엔진이 차가운 상태에서 간접 분사실식 예연소실식에서는 대기온도가 40℃ 이하일 때, 와류실식에서는 20℃ 이하일 때, 직접 분사실식에서는 0℃ 이하일 때 예열장치를 필요로 한다. 그리고 엔진이 시동된 후 난기운전 중에는 일정 시간 동안 예열회로를 작동시켜서 엔진의 정상운전을 촉진시키고 동시에 소음과 유해 배출물을 저감시키는 방식이 주로 사용되고 있다.

### 화재사례 30 예열장치에 의한 화재

**화재개요**

08월 13일 07:50경 운전자가 이삿짐 운반 트럭을 약 20여분 운행하여 아파트 앞 주차장에 주차 및 시동을 끈 후 5여분 동안 이삿짐 정리 중에 최초 화재를 목격하였다. 목격 당시 운전실 하부 및 적재함 사이 공간에서 화염과 연기가 발생하면서 이후 운전실 내부 및 적재함 전면외부 등으로 연소확대가 되고 있는 상태였다.

**화재원인**

글로우 릴레이의 접점이 고착(ON) 및 전원이 상시적으로 인가된 상태에서 흡기히터가 계속적으로 작동되어 흡기히터 예열장치 주변에서의 발열 및 인접에 부착되어 있는 슬러지 등의 이물질에 착화되어 화재로 발전한 것으로 추정된다.

**조사요령**

1. 운전자 정보를 조사한다.
   운전실 하부 및 적재함 사이 공간에서 화염과 연기가 발생하면서 이후 운전실 내부 및 적재함 전면외부 등으로 연소확대되고 있는 상태이었다.
2. 발화개소를 특정하고 화재원인을 조사한다.
   (1) 운전실 직하부 엔진실 인근에서 시작하여 운전실과 후면 적재함 공간사이로 연

소가 진행하여 적재함 전면외부 및 운전실 내부로 연소가 확장된 모습이 식별된 점으로 보아 운전실 직하부 엔진실 내부에서 발화되었다.

(2) 발화지점의 발열 및 소손변형된 형태를 보인 흡기관(연결배관)과 예열장치인 흡기히터 부품 2개를 분해하여 소손상태를 확인하여 보니 1개의 전열방식 흡기히터 단품 내부의 히터 레인지(코일)에서 발열 및 슬러지 연소흔적이 식별되었다. 또한 발열흔적이 있는 흡기히터 연결배관이 심하게 소손변형된 형태가 식별되고 배관 내부에서도 배관에 부착된 슬러지 연소흔적이 확인되었다.

(3) 소훼된 흡기히터의 지속적인 작동의 전제조건인 글로우 릴레이 통전여부를 확인하기 위해 글로우 릴레이 유닛을 엔진실에서 분리하여 글로우 릴레이의 외형 관찰 및 릴레이 내부를 X선 촬영기로 촬영한 결과 흡기히터 글로우 릴레이 외형에서는 특이사항이 발견되지 않았지만 X선 촬영기로 촬영한 릴레이 내부에서는 좌측 시동모터 릴레이의 접점이 떨어져 있는 상태였고 우측 흡기히터 글로우릴레이의 경우는 동작(ON)하고 있는 상태, 즉 단자의 접점이 고착(ON)되어 통전이 가능한 상태인 것으로 확인되었다.

▲ 그림 3.158 운전실과 적재함 사이의 모습

▲ 그림 3.159 운전실 내부(좌), 엔진실(우)

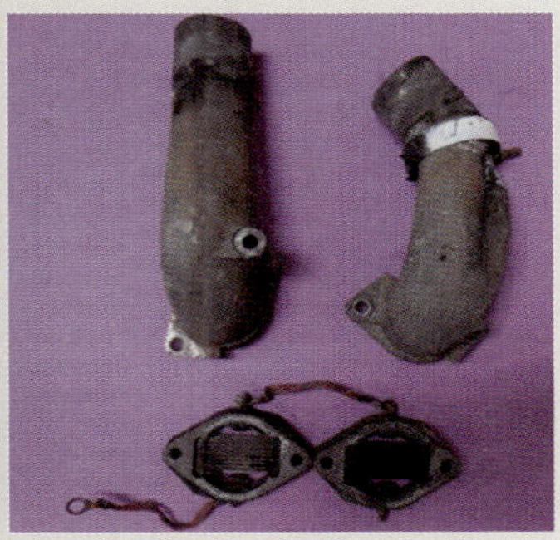

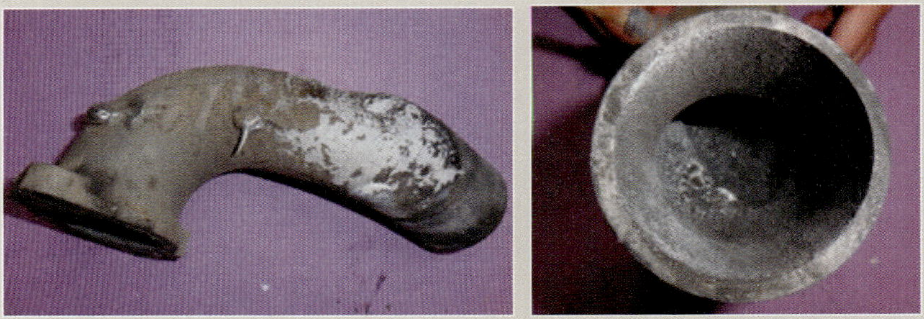

▲ **그림 3.160** 전열방식 흡기히터 단품 및 연결배관 소손흔적

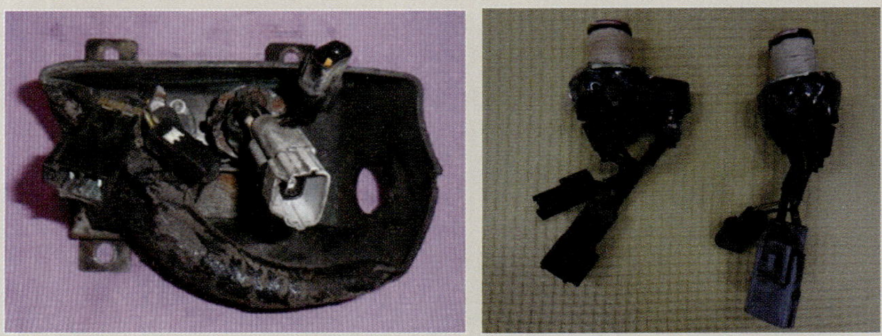

▲ **그림 3.161** 흡기히터 글로우 릴레이[33)]

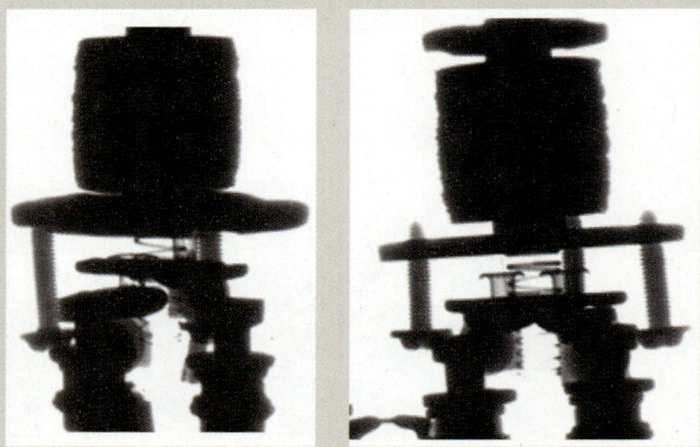

▲ **그림 3.162** 흡기히터 글로우 릴레이 접점

33) 글로우 릴레이는 시동모터 스위치를 보호하는 역할을 하며, 시동모터 스위치 조작으로 글로우 플러그를 적열시키는 회로와 시동모터 회전 중에도 일정시간만 글로우 플러그의 적열을 계속하는 2개의 회로를 두고 있다.

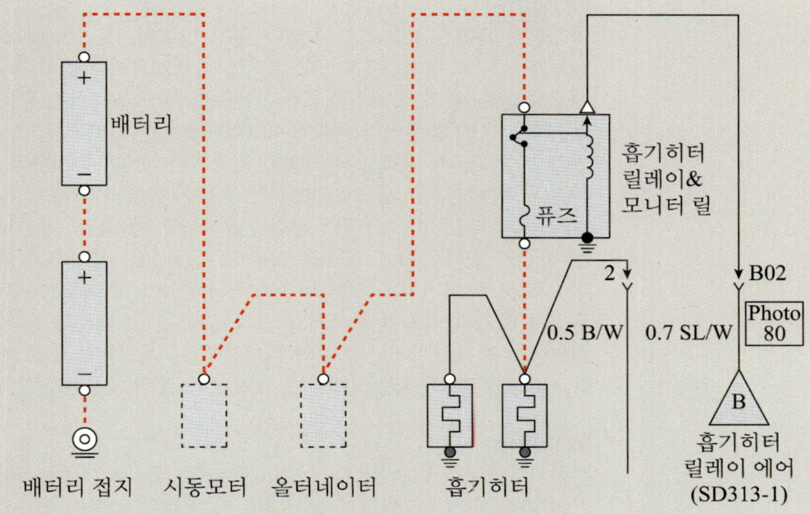

▲ **그림 3.163** 예열장치의 제어회로도

# 11 배출가스 정화장치

배출가스정화장치는 배출가스에 포함된 유해한 성분을 정화하는 장치로 엔진의 연소에 의해 배기관에서 나오는 배기가스, 피스톤 링과 실린더 벽의 틈새에서 누설되는 혼합기의 미연소가스가 섞인 블로우 바이, 연료탱크 등의 연료장치에서 증발한 연료증발가스, 입자상물질(미세먼지)이 있으며, 배출가스정화장치는 이들 가스를 정화하고 입자상물질을 포집한다.

**! Point**
차콜 캐니스터의 보디는 합성수지제가 많은 점에서 2차적으로 착화하여도 강하게 연소하여 잘못 관찰하기 쉬우므로 주의할 필요가 있다.

**! Point**
촉매장치가 과열되면 새하얀 엷은 갈색이나 암청색으로 변색된다. 촉매장치와 보디하부의 사이에는 히트인슐레이터(차열판)이 설치되어 있으므로 이를 분리해내고 차량 하부 도장면의 소손이나 머플러를 매달고 있는 고무제 O링, 배기온도센서 배선 피복 등의 상태도 확인한다. 또한 과열의 요인이 되는 미스 파이어의 증상이나 과(過)레이싱 및 런온(Run on)현상이 있었는지도 확인한다.

**Point**

촉매장치 중에는 모노리스 촉매가 들어 있으며, 이 모노리스촉매가 배기열을 축적하여 배기가스 중의 유해성분을 연소함으로써 배기가스를 정화한다. 여기에 미연소가스나 엔진오일 등이 흘러 들어가면 2차적 연소를 일으켜서 촉매장치를 과열시킨다. 이 모노리스촉매는 초기 알루미나제에서 세라믹제로 개량되어 있으며, 그리고 메탈제로 진화되고 있다. 알루미나제 촉매에서 과열을 일으키면 중심부에서부터 녹기 시작하여 과열상황의 확인이 가능하지만, 세라믹제에서는 용융이 발생하지 않는다(용융점이 촉매장치의 금속보다 높기 때문이다. 그러나 산화발열에 의해 열화된 것이 배기 가스압에 의해 무너지는 경우가 있다). 또는 모노리스촉매의 셀형상이 진화하여 종래의 4각에서 6각으로 되어 있으므로 배기가스 저항이 감소하여 연소에 의한 고온고압의 배기가스가 머플러를 통하여 배기관 밖으로 분출되고 있다. 이러한 점 때문에 종래의 미스 파이어에 의한 과열현상이 촉매장치에서 촉매의 후방에 있는 서브머플러 또는 메인 머플러로 옮겨져 있다. 그리고 연료분사방식에서는 배기관 외로의 분출온도도 높아지는 경향이 있다.

**Point**

점화시스템에 무접점식(CDI식/세미 풀트랜지스터식 등)을 채용하고 있는 차종에는 메이커에 따라 배기온도센서가 설치되어 있지 않은 차량이 있으므로 촉매장치 등이 과열되어 있어도 경고등 표시가 행해지지 않은 차종도 있으므로 주의가 필요하다.

**Point**

블로 바이 가스에 엔진오일이 섞이고 이것이 연소실로 들어가면 미스 파이어를 일으키는 경우가 있다. 기화기가 카뷰레터인 경우 에어클리너 내에, 인젝터인 경우 서지탱크에서 인테이크 다기관 내에 엔진오일이 들어가 있는지를 확인한다. 블로우 바이 호스는 고무제이고, PCV[34]밸브는 합성수지제이므로 엔진부하가 크고 흡기관 부하가 낮은 상황이 장시간 계속되면 고무와 합성수지제가 용융되거나 고열의 영향에 의해 틈새에서 엔진오일이 분출하여 화재를 일으키는 경우가 있으므로 블로우 바이 호스와 PCV 밸브의 상황을 확인할 필요가 있다.

**Point**

미세먼지 포집 필터인 DPF로 인해 화재가 발생하는 경우에는 배기구에 흰색의 이물질이 부착되어 있고 DPF를 중심으로 발화되어 연소확대되어 있다.

**참고지식1**

**촉매장치**

촉매장치는 자동차엔진의 배출가스를 정화하는 장치로 설치되어 있다. 촉매장치는 촉매가 되는 담체(担体)와 이를 지지하는 용기인 통으로 구성으로 되어 있다. 촉매란 「그 자신은 변화하지 않고 다른 물질의 화학반응에 현저하게 영향을 미치는 물질」이다. 배출가스 중에는 인간에 유해한 CO, HC, NOx 3종류의 성분이 포함되어 있으며, 이들의 성분을 하나의 촉매로 저감시키는 것을 3원촉매라고 한다. 촉매는 형태와 구조에서 따라 모노리스타입(板状)과 펠릿타입(粒状)으로 분류된다. 현재의 촉매장치는 모노리스 타입의 세라믹, 메탈촉매가 주류이며, 펠릿타입은 사용되지 않고 있다. 전자제어식 연료분사장치 엔진은 공해대책상 및 연비향상을 위해 압력손실이 적은 촉매장치를 사용하여 고과기압(高過氣壓)의 배기가스를 통과시켜 배기가스의

34) PCV valve(positive crankcase ventilation valve)는 실린더 헤드 커버 또는 크랭크케이스로부터 나오는 블로 바이 가스를 에어클리너와 흡입관 상부로 환원하는 밸브이다.

저항을 줄이고 있다. 그러나 한편에서는 배기가스의 소음대책을 하기 위해서 메인 머플러, 서브 머플러의 저항을 키워 배기가스의 소음치를 낮추고 있으므로 배기가스의 저항이 되어 있다.

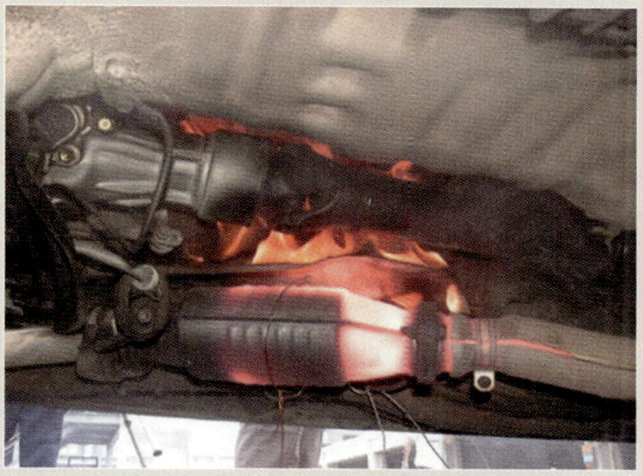

▲ **그림 3.164** 미스파이어에 의해 촉매장치가 적열되어 있는 모습

참고지식2

**디젤자동차의 배기가스 배출 규제 실태**

자동차의 배기가스 등 오염물질 배출에 대해서는 대기환경보전법에서 규제하고 있다. 대기환경보전법 제46조 제1항에서 자동차를 제작하려는 자는 그 자동차에서 나오는 대통령령으로 정하는 오염물질이 환경부령으로 정하는 제작차배출허용기준에 맞도록 제작하도록 하고 있다.

대기환경보전법시행령 제46조에서 대통령령으로 정하는 오염물질은 휘발유, 알코올 또는 가스를 사용하는 자동차는 일산화탄소, 탄화수소, 질소산화물, 알데히드로 하고 있으며, 경유를 사용하는 자동차는 일산화탄소, 탄화수소, 질소산화물, 매연, 입자상물질(PM)로 정하고 있다.

대기환경보전법시행규칙 제62조에서 법 제46조 및 영 제46조에 따라 자동차를 제작하려는 자동차제작자가 제작차를 제작할 때 지켜야 하는 배출가스 종류별 제작차배출허용기준은 별표17과 같다고 정하고 있다. 별표17의 제작차배출허용기준은 차종별로 설정되어 있으며 2014년 1월 1일 이후 그 이전보다 질소산화물과 입자상물질(PM)의 기준이 대폭 강화되었다. 대폭 기준이 강화된 것은 유럽기준 EURO5을 준용하다가 EURO6을 준용하기 위함이었다.

참고지식3

**디젤자동차의 배기가스 저감장치**

우리나라에서 2015년 9월 이후 출고되거나 수입되는 모든 디젤자동차는 대기환경보전법의 규제에 맞추어야 출고하거나 수입을 할 수 있다. 대기환경보전법의 기준을 맞추기 위해 디젤자동차에 접목시켜야 배기가스 저감 장치들은 아래와 같다. 여기서는 연료의 품질에 대해서는 언급하지 않고 저감장치만을 언급한다.

첫째, 디젤 고압분사시스템인 커먼레일 시스템(Common rail system) 설치이다. 커먼레일 시스템은 정확한 시기에 정확한 연료(경유) 량을 전자식으로 제어 분사하여 최적의 연료분사로 유해배출물의 수준을 낮춘다. 2000년대 초 이후 생산된 디젤 승용차는 전부 이 방식을 채택하고 있다.

둘째, 디젤산화촉매장치(DOC : Diesel Oxidation Catalyst) 설치이다. DOC는 세라믹

또는 금속의 담체로 구성되어 있으며, 담체의 재료로는 산화알루미늄, 산화세슘 및 산화지르코니아가, 그리고 촉매물질로는 백금, 팔라듐 등이 사용된다(26). 촉매물질의 촉매효과로 배기 중의 산소를 이용하여 일산화탄소, 탄화수소를 제거하는 기능을 한다. CO와 HC(탄화수소)가 촉매 층을 통과하며 촉매와 반응하여 $CO_2$와 $H_2O$로 배출된다.

셋째, 배기가스재순환장치(EGR : Exhaust Gas Recirculation system) 설치이다. 질소($N_2$)는 안정된 원소로 상온상압 공기 중에서 산소와 반응하지 않지만 고온, 고압에서는 공기 중의 산소와 반응하여 산화되어 질소산화물이 된다. 디젤엔진은 압축하여 착화시키므로, 즉 고온고압을 발생시켜 연소시키는 기관이므로 질소산화물의 발생을 근본적으로 막을 수 없다. 질소산화물은 NOx라고 칭하며 NO, $NO_2$, $N_2O$ 등 다양하다. 디젤엔진은 연소실에서 완전연소에 가깝게 연소할수록 NOx는 증가하고 CO는 감소하며, 반대로 불완전연소가 심할수록 CO가 증가하고 NOx가 감소하는 특징이 있다. 이러한 특징을 이용하여 완전연소를 못하게 하여 NOx가 감소하게 하는 장치가 EGR이다. EGR은 배기매니폴드 쪽에서 배기가스의 일부를 빼내어 EGR 쿨러로 유입하게 한 후 냉각된 배기가스를 연소실로 유입하게 하는 외부 재순환시스템으로 재순환된 배기가스에는 $N_2$에 비해 열용량이 큰 $CO_2$가 많이 함유되어 있어 동일한 양의 연료를 연소시킬 때 온도상승률이 낮으며, 또 공기에 비해 산소함량이 적은 배기가스가 연소에 관여하게 됨에 따라 연소속도가 감소하여 연소최고온도가 낮아지게 되며 그렇게 되면 NOx의 양은 현저히 감소한다. EGR 쿨러로 냉각시키는 것은 연소실의 온도를 낮추기 위함이다. EGR을 통해 배기가스가 연소실로 유입되어 불완전연소를 하게 되므로 출력과 연비가 낮아지며 흡기라인에 카본을 축적시키는 단점이 있을 뿐만 아니라 NOx는 저감되지만 불완전연소로 인해 입자상물질(PM)이 증가하게 되어 DPF를 추가로 장착하여야 한다.

넷째, DPF 설치이다. 위에서 언급한 것처럼 EGR를 설치하면 NOx를 저감시키지만 PM 등을 생성하므로 이 PM를 걸러줄 필터가 필요하며, 이 필터가 DPF이다. 디젤기관에서 배출되는 입자상물질의 크기는 직경 0.01～10 $\mu m$ 정도가 대부분이며 평균 질량의 입자크기는 직경 1 $\mu m$ 이하이다. DPF는 세라믹필터로 되어 있으며 벌집모양의 통로양단을 하나 건너 교대로 세라믹 플러그로 막아놓아서 열린 통로로 들어온 배기가스는 세라믹 벽에 뚫린 기공을 통과하여 이웃 통로를 거쳐 배기되므로 PM을 포집할 수 있다. DPF는 연소 이후 남은 미세입자들이 배기가스에 섞여 대기 중으로 배출되는 것을 막기 위해서 배기관에 필터를 설치해서 PM이 일정량 이상 포집되어 입구와 출구의 압력차이가 커지면 계기판에 DPF 재생신호가 나타나며 고속주행을 하면 배기가스의 온도가 높아져 PM이 연소되어 자동으로 재생하게 된다. PM이 일정량 이상 포집되어 재생을 해야 함에도 저속주행으로 재생을 할 수 없는 경우에는 정지상태에서 엔진회전수(rpm)를 높여서 추가적인 연료 분사를 통해 DPF의 온도가 약 600℃ 이상이 될 수 있게 하여 포집된 PM을 연소시켜 재생시키고 있다. PM이 일정량 이상 포집되어 입구와 출구의 차압이 일정 값 이상이 되면 ECU에 전달해서 흡입－압축－폭발－배기행정 중 배기행정에서 연료를 추가적으로 분사(후분사, post-injection)하여 추가 연소가 발생하면서 배기가스의 온도가 PM의 발화점이상으로 상승하여 포집된 PM을 연소시켜서 후분사방식으로 강제재생을 하고 있다. 후분사방식(강제재생방식)에는 차압신호 외에도 매 정해진 주행거리 주행 시 ECU가 재생모드로 진입하여 연료를 후분사하여 연소시켜 포집된 PM을 연소시켜서 재생하고,

엔진의 상태에 따라 발생하는 PM 양과 연소되는 PM 양을 미리 계산하여 미리 ECU에 저장되어 있고 이를 기초로 주행 조건에 따른 잔여 PM 양을 연산(시뮬레이션)하여 ECU가 미리 저장된 값과 주행조건을 실시간으로 비교 종합하여 후분사시켜서 포집된 PM을 연소시켜서 재생하고 있다. 그리고 이 DPF는 원활한 재생작업이 이루어지지 못할 경우에는 클리닝 작업을 하여 수동재생할 수 있으며, 필터의 셀(벌집구조)이 손상되어 있으면 클리닝 작업을 하지 않고 DPF 자체를 교체하여야 한다.
다섯째, 선택적 환원촉매장치(SCR : Selective Catalytic Reduction) 설치이다. 여기서 선택적(selective)이라는 말은 환원물질의 산화가 NOx에 포함된 산소와의 사이에서 우선적으로 이루어진다는 것을 의미한다. SCR의 촉매제로 요소수(Adblue, $(NH_2)_2CO$)를 사용하며, 소음기에서 NOx의 배출을 검출하면 바로 배기가스 라인에 요소수를 분사하여 NOx를 질소($N_2$)와 수증기($H_2O$)로 만들어 NOx의 양을 저감시킨다.

## 화재사례 31 과레이싱에 의한 화재[35)]

**화재개요**

경승용차(배기량 660cc) 운전자가 시내 도로가에 정차하여 차 속에서 친구를 기다리며 난방효과를 높이기 위해 가속페달을 밟았다. 그런데 엔진회전수를 올린 상태로 운전석에서 잠들어버렸다. 한참 지나 차실 안에 흰 연기가 충만하여서 화재라고 생각하여 시동키를 뽑아 밖으로 나왔다. 그 때 보닛의 틈새에서 화염이 분출하고 있었다.

**화재원인**

운전자가 차량의 난방효과를 올리기 위해 가속페달을 밟아 엔진회전을 고속회전상태(과레이싱)로 한 채로 잠들어서 엔진이 과열되어 고온상태가 된 엔진오일이 엔진오일 팬과 실린더블록의 접속 틈새에서 분출하여 고온인 배기관 위에 낙하되어 발화한 것이다.

**참고지식1**

**과(過)레이싱**

과레이싱(Over RPM)이란 가속페달을 밟아 연속 공회전시키는 상태를 말한다. 과레이싱을 하면 엔진회전수가 높아지고, 라디에이터 물이나 엔진오일의 온도가 급격히 상승하여 냉각팬만으로는 냉각부족이 되어 엔진과열이 발생한다. 이 때문에 엔진 내의 압력이 높아져서 통상 실린더헤드커버 내부의 구획에 의해 거의 누설하지 않는 엔진오일이 블로 바이 가스 순환장치의 PCV 밸브를 통해 흡기측으로 흐른다. 또한 고부하시에는 다른 파이프를 통해 에어클리너로도 흐른다.

**조사요령**

1. 화재발생장소 주변 주민의 정보를 조사한다.
   과레이싱을 하면 엔진 소리가 높아지므로 화재발생 전에 주변 주민이 연속된 차량의 높은 엔진 소리를 듣고 있지 않은가? 탐문조사를 한다.
2. 운전자 정보를 조사한다.
   (1) 운전자가 엔진을 켜서 화재를 알아차리기까지 장시간을 경과하고 있다.
   (2) 운전자는 차실 안에 흰 연기가 충만하여 있는 것을 알아차렸다.
   (3) 운전자는 난방효과를 올리기 위해 가속페달을 밟고 있다.
   운전자가 과음으로 기억이 없을 때에는 주변 주민이 연속된 높은 차량의 엔진 소리를 듣고 있으면 질문조서에 기재한다.

3. 차량을 들어 올려 하부를 조사한다.
(1) 차량 하부에 가장 심하게 소손되어 있는 위치를 확인한다.
엔진실의 하부에서 가장 심하게 소손되어 있는 위치를 확인한다.
(2) 엔진실의 아래에서 올려다보아 엔진실 하부에서 상부로 소손이 연결되어 있는 개소를 찾는다.
- 실린더헤드 커버에서 엔진오일이 샌 경우 ⇨ 배기관에서부터 그 상부에 설치되어 있는 하이텐션 코드, 실린더헤드 커버로 소손이 연결되어 있다.
- 오일팬에서 엔진오일이 샌 경우 ⇨ 배기관이 소손되고 엔진오일로 오염되어 있으며, 오일팬의 틈새에서 엔진오일 누설흔적을 확인할 수 있다.
(3) 엔진오일 팬을 분리해 낸다.
- 엔진오일 팬은 개스킷을 패킹으로 하여 실린더블록과 볼트와 너트로 접속되어 있다.
- 개스킷은 실린더헤드 커버 개스킷과 마찬가지로 내유성고무나 스틸개스킷을 사용하고 있는데, 최근에는 액체개스킷을 사용하여 접착하고 있는 차량이 늘고 있다.
- 이 차량에는 엔진오일 팬의 개스킷으로서 액체패킹(적색)을 사용하고 있었으며, 볼트를 풀어 드라이버로 비집어 오일 팬을 열어보니 규정량보다는 크게 적게 들어 있는 유화(乳化)된 엔진오일이 오일 팬 속에 남아 있다.
- 오일 팬의 접착제로서 사용되는 액체패킹은 적색을 나타내지만, 이 부분에서 엔진오일이 새어 소실되면 누설된 부분 패킹의 적색이 흑색으로 변색하므로 확인할 수 있다.

4. 과레이싱 상태를 계속하여 엔진오일이 고온이 되어 대량으로 발생한 블로 바이 가스로 인해 화재가 되는 경우인지를 확인한다.
일반적으로 블로 바이 가스는 공회전 시보다 고부하 가속 시에 발생하기 쉽다. 크랭크케이스 내에 발생한 블로 바이 가스는 크랭크케이스 상부의 실린더헤드 커버에 설치되어 있는 브리더(breather)에서 기체와 액체로 분리되어 기체의 혼합가스는 PCV 밸브를 거쳐 고무배관 접속에 의해 흡기 매니폴드로 보내 실린더 내에서 재연소시켜 대기오염방지를 도모하고 있다.
차량 속에서 잠들어 가속페달을 밟아 과레이싱 상태가 일어난 화재에서는 블로 바이 가스가 분출하여 화재가 되기보다는 개스킷 등에서 엔진오일이 분출하여 화재가 되는 사례 쪽이 많다.
블로 바이 가스는 다음 개소에서 분출하는 사례가 많다.
- 합성수지제 PCV 밸브(고온인 블로 바이 가스로 용융할 때)
- PCV 밸브와 각 장치가 연결되는 고무배관(고온 블로 바이 가스로 용융 균열했을 때) 등이다.

블로 바이 가스가 균열개소에서 분출하면 가스 내에 포함되어 있는 엔진오일이 엔진실의 넓은 범위에 비산하고 냉각되면 엔진오일의 검은 점점으로 오염이 다수 확인되므로 블로 바이 가스 누설에 의한 화재임을 판별할 수 있다.

**참고지식2**

블로 바이 가스(blow-by gas)란 실린더와 피스톤의 기밀유지가 불완전하여서 엔진의 압축공정과 폭발공정에서 실린더 내 피스톤의 틈새를 통해 크랭크케이스로 새는 연소가스나 엔진오일에서 발생한 미스트 등이 크랭크 케이스에 체류하는 혼합가스를 말한다. 블로 바이 가스 환원장치(positive crankcase ventilation)란 블로 바이 가스 중 70~90%는 압축공정에서 누설된 혼합가스로 대량의 HC를 포함하고 있으므로 대기 중에 방출시키지 않고 강제적으로 흡기계로 도입하여 다시 연소실로 되돌려 다시 연소시키는 장치이다. 일반적으로 엔진에서 발생한 블로 바이 가스의 양은 엔진 부하가 크고 흡기관에서 공기의 유입이 적을 때에 대량으로 배출되고, 엔진부하가 적고 흡기량이 많게 될 때에는 소량이 된다. 이 때문에 엔진부하에 따라 블로 바이 가스 유량을 조절하는 PCV 밸브를 설치하고 있다. 흡기 매니폴드의 진공량이 많아지면 PCV 밸브가 개방되어 블로 바이 가스는 연소실에 유입되어 연소된다.

▲ **그림 3.165** 화재발생 차량과 엔진오일이 낙하되어 타오른 배기관

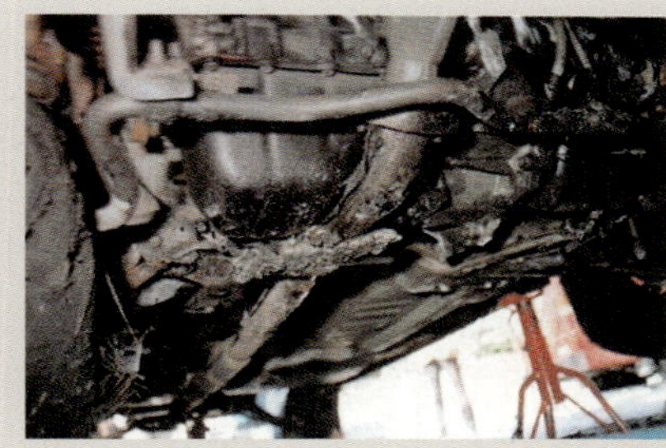

▲ **그림 3.166** 엔진오일이 누설된 오일팬과 오일팬의 액체패킹

## 화재사례 32 촉매장치에 의한 화재(런온현상)[36]

**화재개요**

승용차 운전자는 기계입체식 주차장에 차량을 넣기 위해 1층의 카 리프트 테이블 위에 차를 멈추고 시동키를 off로 하였다. 그러나 승용차의 가솔린엔진은 정지하지 않고 저회전으로 돌고 있었다. 시동키를 맡은 주차장 종업원은 곧 정지할 것이라고 생각하여 5층으로 기계가 운반하도록 스위치를 넣어 주차를 완료하였다. 잠시 후에 주차장 관리용 모니터 음성으로 6층 부근에서 이음(異音)이 들려왔다. 이를 확인하려고 종업원이 카 리프트를 타고 조사하여 5층에 주차된 엔진이 정지되지 않았던 차량이 불타고 있는 것을 발견하였다.

35) 동경소방청, 신화조사교본 제4권 제1부 차량화재편, pp.106~110, 2000.
36) 동경소방청, 신화조사교본 제4권 제1부 차량화재편, pp.111~115, 2000.

**화재원인**

시동키를 꺼도 가솔린엔진이 멈추지 않은 런온현상이 발생하여서 실린더 내에서 완전연소가 되지 않은 연료가 배기관을 통하여 촉매에 모이고, 이 연료가 배기가스의 열에 의해 발화하여 타서 촉매장치가 고온이 되어 주위의 배기온도센서 피복, 배기관을 매단 고무 O링과 차내의 카펫 등이 복사열로 타서 화재로 이어졌다.

**참고지식**

**런온현상**

런온(run on, running on)현상이란 시동키를 off하여도 엔진이 멈추지 않은 현상을 말한다. 시동키를 off로 하여도 플라이휠의 관성에 의해 흡입된 연료 기계식(다이어프램식) 연료펌프인 경우에 한함)와 연소실 내에 남아 있는 미연소 가스가 과열된 스파크와 연소실 내에 쌓인 카본 등이 자연발화되어 발생한다. 런온현상은 점화계통이 작동하지 않아도 엔진회전이 계속되고, 작동상황도 비슷한 점에서 디젤링이라고도 한다. 캠축으로 직접 구동되는 기계식(다이어프램식) 연료펌프는 시동키 off하여도 연료를 실린더실로 보내어 연소시키는 것이 가능하므로 런온현상이 발생한다. 연료장치에 연료분사장치를 사용하고 있는 전기식(모터) 연료펌프는 시동키가 끊어져 있으면 전기계통이 작동하지 않으므로 런온현상은 발생하지 않는다.

**조사요령**

1. 주차장 종업원의 정보를 조사한다.
   주차장 종업원은 화재발생차량은 시동키를 off하여도 엔진이 멈추지 않은 상태가 일어나 있는 것을 알고 있다.
2. 발화개소를 특정(特定)하고 발화원인을 조사한다.
   (1) 시동키는 「off」상태임이 확인된다.
   (2) 엔진실은 균일하게 소손되어 있고, 특별히 소손이 강한 개소는 없다.
   (3) 엔진의 연료펌프는 캠축으로 직접 구동되는 기계식(다이어프램식)이고 카뷰레터를 사용하고 있다. 기계식 연료펌프는 시동키 off하여도 런온현상이 발생하면 연료를 실린더실로 보내어 연소시키는 것이 가능하다.
   (4) 차실 안은 균일하게 소손되어 있지만 바닥은 콘솔박스 주위의 카펫부분만이 소실되어 있다.
   (5) 차량 밑에 배기관이 설치되어 있는 플로어 센터 패널의 터널부분 인슐레이터 전체가 고온인 열로 변색되어 있으며, 특히 촉매장치 상부의 인슐레이터에 강한 변색이 확인된다.
   (6) 촉매장치는 모노리스형으로 장치 전체가 열에 의해 변색되어 있는데, 장치 내부의 촉매컨버터에 용융변형은 없다.
   (7) 불완전연소상태에서 일어나는 연소가스의 그을음이 4개의 점화플러그 중 3개에 부착되어 있다.
   (8) 실린더헤드의 로커커버를 분리해내니 크랭크축 주위의 엔진오일이 변색되어 있고, 엔진과열 시 일어나는 엔진오일이 타는 냄새와 같은 냄새가 난다. 이는 시동키가 off 이므로 전기계통의 전원이 들어있지 않아 엔진을 냉각하는 라디에이터 팬이 작동하지 않고 또한 저회전으로 움직이고 있으므로 냉각수를 순환시키는 워터펌프와 오일펌프가 작동불량으로 인해 냉각부족이 되어 엔진이 오버히트상태가 되었기 때문이다.
   (9) 실린더헤드를 분리해서 실린더실의 피스톤헤드상황을 감식하니 피스톤헤드 주위부분을 따라 검은 덩어리의 슬러지가 남아 있다. 이 상황은 3개의 피스톤헤

드에도 마찬가지로 확인된다. 이 슬러지의 덩어리가 실린더 내의 점화플러그 불꽃에 의한 폭발로 적열(赤熱)되면 시동키 off 이어도 점화플러그의 불꽃 대신에 연료를 연소시켰던 것으로 추정된다.

▲ **그림** 3.167 화재발생 차량(좌), 소손된 엔진실(우)

▲ **그림** 3.168 이그니션 키는 off(좌), 콘솔박스 주변(우)

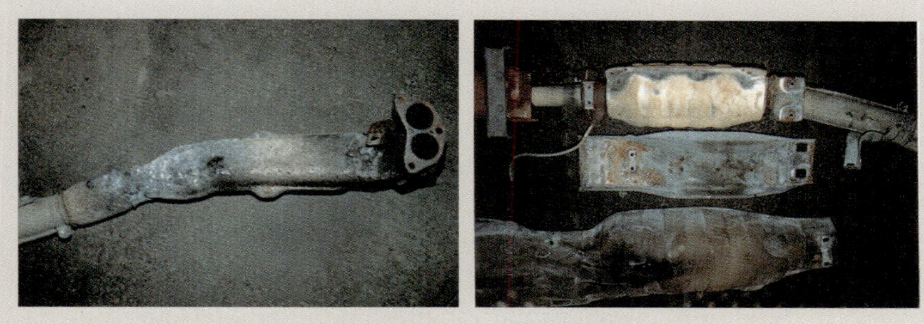

▲ **그림** 3.169 변색된 배기관(좌), 배기관 상부의 차열판(우)

▲ **그림** 3.170 캠축 내부 변색된 엔진오일(좌), 그을린 점화플러그(우)

▲ **그림 3.171** 실린더 헤드(좌), 실린더 내부(우)

## 화재사례 33 엔진정지 불능이 되고 발생한 머플러의 화재[37)]

**화재개요**

휘발유 14kl 및 경유 6kl를 적재한 탱크로리를 견인 중인 트랙터가 일반도로를 주행 중 언덕길을 전부 올라가서 가속페달을 떼었으나 엔진 회전이 내려가지 않게 되어 운전자는 차량을 정지하고 시동키를 off로 하였지만 엔진은 고RPM을 유지한 채로 정지하지 않았다. 잠시 있으니 배기관에서 검은 연기가 나왔으므로 수동조작으로 탱크로리를 분리하고 트랙터를 앞쪽으로 이동하고 트랙터에서 내리니 차량 우측후방 차륜의 합성수지제 펜더와 그 주변에서 화염이 오르고 있었다.

**화재원인**

디젤엔진에 설치되어 있는 8기통을 열형(列型) 연료분사장치 내의 연료분사량을 조절하는 컨트롤 로드가 고RPM상태로 1기통 째에서 파손되어 조작불능이 되어 고온의 배기가스가 계속 분출하여 배기관 최후부에 있는 제3머플러를 과열시키고, 그 방사열을 받은 합성수지제 흙막이 커버에 착화되어 화재가 발생한 것이다.

**조사요령**

1. 이 차량화재는 시동키를 off로 하였음에도 불구하고 엔진이 정지하지 않고 고RPM 회전을 계속하여 화재가 발생하고 있다. 이러한 점으로부터 연료의 on/off의 메커니즘 및 연료분사장치의 작동요령 등의 자료를 입수하여 상세한 감식을 행할 필요가 있다.
   또한 디젤엔진의 부속부품은 정밀하고 튼튼하게 만들어져 있으므로 일반적인 공구로는 분해가 불가능하다. 이와 같은 때에는 차량메이커에서 장치를 제작한 메이커를 물어 연락하여 감식장소를 선정하여 행하는 것이 바람직하다.
2. 제3머플러의 외관은 흑색으로 변색되고 주위에 있는 리어 콤비네이션 펌프, 흙막이 커버, 우측 후부 팬더의 소손이 확인되고, 제3머플러를 절단하여 내부를 관찰조사하니 차갈색으로 변색되어 있어 머플러가 과열되었음을 알 수 있다.
3. 엔진실 내의 소손은 확인되지 않고 전기배선, 퓨즈박스, 각각의 유입배관과 연료배관에서도 이상은 확인되지 않는다. 연료분사장치는 외관상 이상이 없고 트로틀 링크기구의 와이어 케이블에도 걸림 등의 이상은 확인되지 않는다.
4. 엔진을 차량에서 내리고 변속기를 분리하니 클러치판의 표면은 울퉁불퉁 거칠고 클러치판의 소재인 비석면(非石綿) 섬유가 망가진 상태로 클러치하우징에서 빠져나와 있다. 엔진이 고속회전 시 차량을 이동시키기 위해 무리하게 클러치를 연결한 것을 나타내고 있다.

5. 연료분사장치의 내부를 확인하여 보니 장치 하부에 있는 거버너부분은 이상이 없다. 장치 중앙에 있는 컨트롤로드의 말단부분을 만져보니 고정되어 있어 할 링크기구가 좌우로 이동하고 있어서 분해하여 조사해보니 1기통 째의 플런저(연료를 분사하는 곳) 조작부에서 파손이 확인된다.
시동키로의 연료 on/off도 최종적으로 컨트롤로드의 조작으로 행하고 있으므로 컨트롤 로드의 파손에 의해 정지되지 않았던 것이다.

▲ **그림 3.172** 소손된 트랙터 후부와 열에 의해 변색된 제2, 제3 머플러

▲ **그림 3.173** 클러치판과 플라이휠

▲ **그림 3.174** 열변색된 제3 머플러(좌), 연로분사장치(우)

37) 동경소방청, 신화조사교본 제4권 제1부 차량화재편, pp.125~128, 2000.

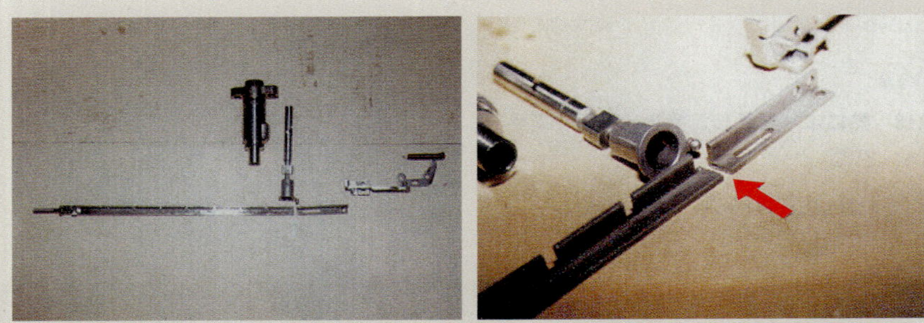

그림 3.175 절손된 컨트롤 부품(좌), 컨트롤로드의 파단부(우)

**화재사례 34** 촉매장치에 의한 화재(미스파이어현상)[38)]

**화재개요**

경매로 구입된 승용차를 운송하도록 의뢰 받은 운전자가 일반도로를 주행 중, 엔진 상태가 좋지 않고 계기판에 촉매과열 경고램프표시가 점등하여서 사이드 미러를 보니 차량의 측면에서 연기가 나오고 있었다.

**화재원인**

엔진실 안을 물로 세정하여 점화플러그의 고무 플러그 캡 내에 세정수가 들어가 점화플러그에 흘러야 할 고전류가 물로 인해 누설되었다. 이로 인해 점화플러그가 유효한 불꽃(스파크)를 발생할 수 없게 되어 실린더의 6기통 중 4기통이 미스 파이어를 일으켜 생가스가 촉매장치에 모이어 배기관 속을 흐르는 배기가스의 온도로 발화하여 불탔으며, 이로 인해 촉매장치가 적열(赤熱)되어 주위의 언더 코트(차량 밑쪽의 방음·방청용 코팅)와 차내 카펫이 방열판에 의해 발화되어 화재로 이어졌다.

**조사요령**

1. 운전자 정보를 조사한다.
 (1) 엔진 상태가 나빠지고 계기판에 촉매과열 경고램프표시가 점등되었다.
 (2) 차량 밑의 촉매장치가 적열되어 있었다.
2. 발화개소를 특정하고 화재원인을 조사한다.
 (1) 차실 내 콘솔박스 주위와 차량 밑 배기관계통의 촉매장치 주위가 소손되어 있다.
 (2) 엔진실은 소손되어 있지 않고 점화플러그 6개를 분리하여 감식하니 1·2·3·5번 플러그가 엔진오일과 그을음에 의해 오염되어 있다. 또한 4개의 점화플러그 모두 단자 근처의 애자에 스파크 흔적이 확인된다. 이는 점화플러그 4개의 고무 플러그 캡이 젖어 있는 점에서 이그니션 코일에서 디스트리뷰터를 경유하여 각 점화장치에 흘러야 할 고전류가 물에 젖은 플러그 캡에서 물을 개재하여 누설되어 플러그 애자 외면에서 실린더헤드에 흘러 스파크를 일으키고 있었던 것이다.
 (3) 차실 내의 콘솔박스 주위는 카펫이 소실되어 있다.
 (4) 차량 하부의 촉매장치는 고열의 영향을 받아 변색되어 있다.
 (5) 촉매장치를 분리하여 차 밑 쪽에 설치되어 있는 방열판의 안팎을 감식하니 촉매장치에 면하는 부분의 변색이 심하다.
 (6) 차량 하부 쪽을 감식하니 촉매장치가 설치되어 있는 부근의 언더코팅이 소손되어 있다.

(7) 촉매장치는 모노리스형 촉매이며, 내부는 용융되어 파손되어 있다.

▲ **그림 3.176** 소손된 실내(좌), 소손이 심한 콘솔박스 주변(우)

▲ **그림 3.177** 흡음재와 바닥 매트(좌), 차량하부의 촉매장치 상황(우)

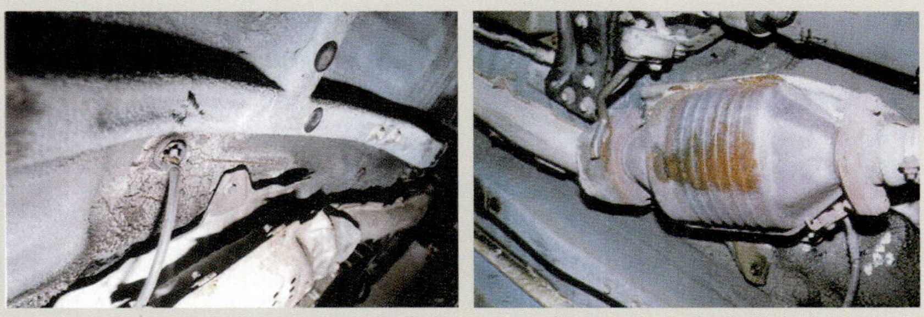

▲ **그림 3.178** 촉매장치주변의 연소상황(좌), 촉매장치의 변색상황(우)

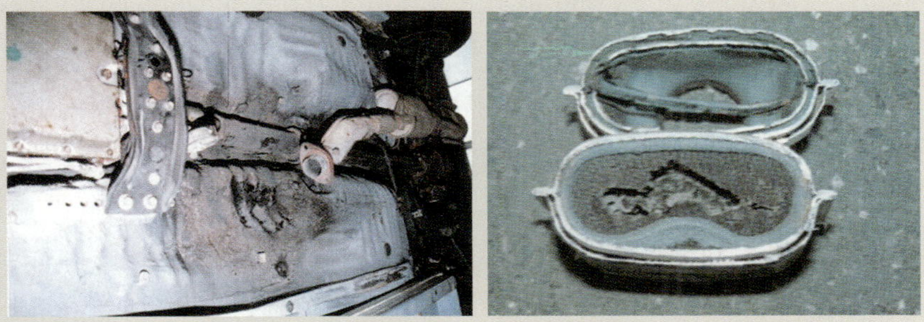

▲ **그림 3.179** 촉매장치 분리한의 언더코팅(좌), 촉매장치 내부 용융상황(우)

38) 동경소방청, 신화조사교본 제4권 제1부 차량화재편, pp.116~118, 2000.

## 화재사례 35 DPF 클리닝 직후 발생한 화재[39)]

**화재개요**

승용차(3만 km 주행) DPF(Diesel Particulate Filter, 디젤미립자포집필터) 경고등이 점등되어서 차량정비소에서 에어클리너 교체와 DPF 클리닝 정비를 한 후 운전자 혼자서 주행 중 지나가던 차량들이 경적을 울려서 주위를 보다가 자신의 승용차에 화재가 발생해 있음을 확인하고 정비소로부터 약 1.4km 주행한 지점에 정차하여 119 신고(12월 23일 16:40)를 하여 소방대가 출동하여 진화하였다.

**화재원인**

DPF 케이스의 후미 부위가 용융되고 케이스 내부의 벌집구조 세라믹 필터가 손상되어 있고 DPF에 이어진 배기파이프를 통해 절단한 쪽으로 손상된 벌집구조의 세라믹 필터가 흘러나와 있는데 이러한 현상은 DPF가 과열되지 않고는 발생할 수 없고 DPF 세라믹 벌집구조가 손상되고 케이스가 뚫릴 정도로 과열되는 경우에는 인근 가연물을 착화시켜서 충분히 화재로 이어질 수 있고, DPF 수리(DPF 클리너 약품으로 클리닝을 함) 후 약 1.4km 주행 중에 화재가 발생한 것이므로 이 승용차 화재는 DPF 과열에 의해 화재가 발생한 것으로 분석할 수 있다.

**조사요령**

1. 운전자 정보를 조사한다.
   DPF 클리닝을 한 직후에 주행 중 화재가 발생하였다.
2. 차량 외부를 조사한다.
   (1) 엔진실과 좌측의 피해가 심하고, 엔진실과 운전석 사이가 열변색이 되어 있으며, 우측과 후미측은 화재로 인한 피해가 거의 없다.
   (2) 좌우 배기구 안쪽에 흰색 이물질이 부착되어 있다.
3. 차량 하부를 조사한다.
   (1) 하부 배기관 주위의 방열판이 일부 용융되어 있다.
   (2) 좌측의 운전석과 엔진 사이 차량 하부의 언더코팅이 소실되고 열변색되어 있다.
   (3) 가연성 재질의 언더커버가 상당부분 소실되어 있다.
   (4) 차체 뒤쪽 하부는 그을음이 부착되는 피해 이외에 화열로 인한 피해는 거의 없다.
4. 엔진실과 차실을 조사한다.
   (1) 운전석 앞의 엔진실에서 운전석 쪽 차실 안으로 연소확대된 모습을 하고 있다.
   (2) 운전석 등받이 표피는 소실되었지만 조수석은 표피가 남아 있다.
5. 엔진을 분리해 내려 조사한다.
   (1) DPF 케이스의 뒤쪽이 심하게 열을 받아 케이스가 열변색되어 있다.
   (2) DPF 바로 뒤쪽의 배기구에서 벌집구조 세라믹 필터가 쏟아져 나온다.
   (3) DPF 케이스를 절단한바 끝 쪽의 벌집구조 세라믹 필터가 손상되어 있다.

▲ **그림 3.180** 화재발생 당시와 진화 직후의 모습

▲ **그림 3.181** 외부의 모습

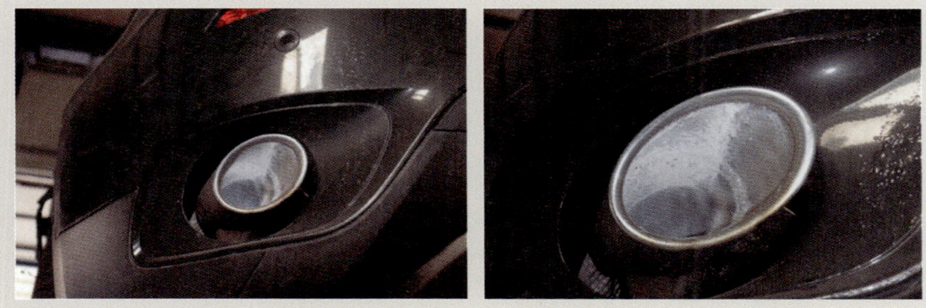

▲ **그림 3.182** 좌측 배기구의 모습

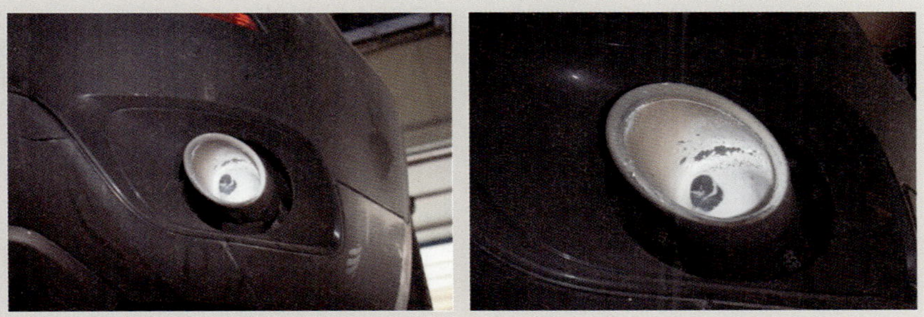

▲ **그림 3.183** 우측 배기구의 모습

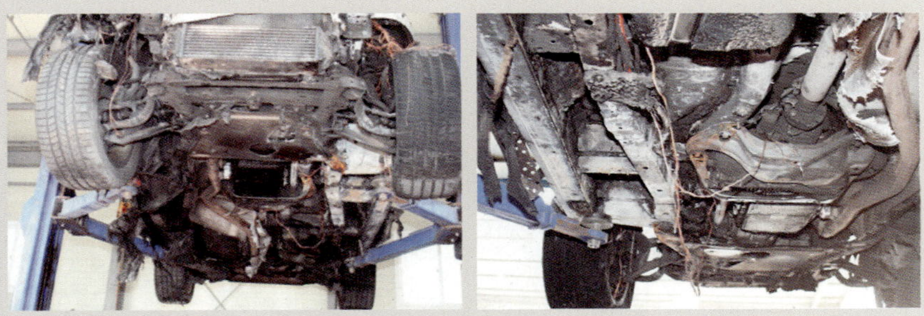

▲ **그림 3.184** 차량 하부의 모습

39) 이의평, "DPF 클리닝 직후에 주행 중 발생한 승용차화재 사례의 분석", 한국자동차공학회논문집, Vol.24, No.5, pp.556~565, 2016.

그림 3.185 차체 뒤쪽 하부의 모습

그림 3.186 엔진실과 차실 사이의 모습

그림 3.187 엔진실의 모습

그림 3.188 분리해 내린 엔진과 변속기의 모습

▲ **그림 3.189** DPF 주위의 모습(좌), 분리해낸 DPF의 모습(우)

▲ **그림 3.190** DPF 케이스를 절단한 모습

## 화재사례 36 정비 후 DPF로 인해 발생한 화재[40)]

**화재개요**

승용차(8만 3천 km 주행) 지정서비스센터에서 2일간 정비를 받고 5일 후 터널 내부에서 교통정체로 서행 중 경고등이 뜨는 동시에 옆쪽과 뒤쪽을 지나가던 차량들이 경적을 울려서 주위를 보다가 자신의 승용차에 화재가 발생해 있음을 확인하고 터널 내부에 정차하여 119신고(7월 5일 15:06)를 하였는데 터널관리소 측에서 CCTV를 보고 출동하여 옥내소화전으로 진화하였고 소방대는 차량정체로 인해 지연 도착하여 보닛을 열어 잔화정리를 하였다.

**화재원인**

DPF의 케이스의 후미 부위가 용융되고 케이스 내부의 벌집구조 세라믹 필터가 손상되어 있고 DPF에 이어진 배기파이프가 용융되어 있으며 DPF 위쪽의 차열재가 용융되어 소실되고 차실 바닥이 뚫려 있는데 이러한 현상은 DPF 내부가 과열되지 않고는 발생할 수 없고 DPF 세라믹 벌집구조가 손상되고 케이스가 뚫릴 정도로 과열되는 경우에는 인근 가연물을 착화시켜서 충분히 화재로 이어질 수 있으므로 이 승용차 화재는 DPF 내부 과열에 의해 화재가 발생한 것으로 분석할 수 있다.

**조사요령**

1. 운전자 정보를 조사한다.
   DPF 정비를 한 5일 후에 터널 서행 중 화재가 발생하였다.
2. 차량 외부를 조사한다.
   (1) 좌측 헤드라이트 주위와 좌측 바퀴 주위의 연소가 심하며 운전석 문까지 변색되어 있다.

(2) 좌측이 우측보다 화열로 인한 변색이 심하다.
(3) 좌우 배기구 안쪽에 흰색 이물질이 부착되어 있다.

3. 차실 내부를 조사한다.
(1) 대시보드와 운전석 및 조수석과 앞쪽의 바닥 부위는 그을음 피해가 있을 뿐 연소되지 않다.
(2) 뒤쪽 좌석의 앞바닥에 놓아둔 물건들이 연소되고 조수석 등받이 뒤쪽 표면이 연소되어 있다.
(3) 뒤쪽 좌석 앞바닥의 매트가 연소되어 있으며 한 곳은 뚫려 지면이 보이며, 우측 연료탱크는 내부까지 연소되는 피해를 입은 것에 비해 좌측 연료탱크가 있는 부위는 화열노출로 변색되어 있을 뿐 내부는 보이지 않는다.

4. 엔진실을 조사한다.
(1) 보닛을 강제로 개방한 흔적이 남아 있으며 좌우측 일부분이 화열로 인해 심하게 변색되어 있는데 좌측의 변색이 우측보다 심하다.
(2) 엔진실 내부는 좌측이 우측보다 심한 연소피해를 입고 있고, 운전석 바로 앞에 위치한 연료필터 주위에서 발화되었다고 볼만한 특이점이 없다.
(3) 좌측 헤드라이트 쪽이 심하게 연소되어 있고, 엔진실 내부는 좌측 헤드라이트 주위를 중심으로 심한 연소피해를 입고 있다.

5. 차량 하부와 DPF를 조사한다.
(1) DPF 커버와 보호철판이 화열로 변색되어 있으며 보호철판은 일부 용융되어 뚫려 있다.
(2) DPF 커버가 화열로 심하게 변색되어 있고 DPF 뒤쪽 커버가 용융되어 뚫려 있다.
(3) DPF 커버를 제친 후 확인한바 커버 안쪽과 배기관이 화열로 심하게 변색되어 있으며 좌측 배기관 일부가 용융되어 뚫려 있고 배기관 위쪽의 차열재가 소실되어 있다.
(4) DPF 뒤쪽이 용융되어 뚫려 있고 절단한 배기관 안쪽에 다량의 흰색 이물질이 들어 있다.
(5) DPF 케이스를 절개한바 앞쪽은 거의 원형을 유지하고 있는 반면에 뒤쪽은 심하게 손상되어 있다.

▲ **그림 3.191** 진화 직후의 모습

40) 이의평, "매연포집필터 과열로 발생한 디젤승용차화재 원인의 분석", 한국화재소방학회논문집, Vol.31, No.1, pp.89~97, 2016.

▲ **그림 3.192** 외부의 모습

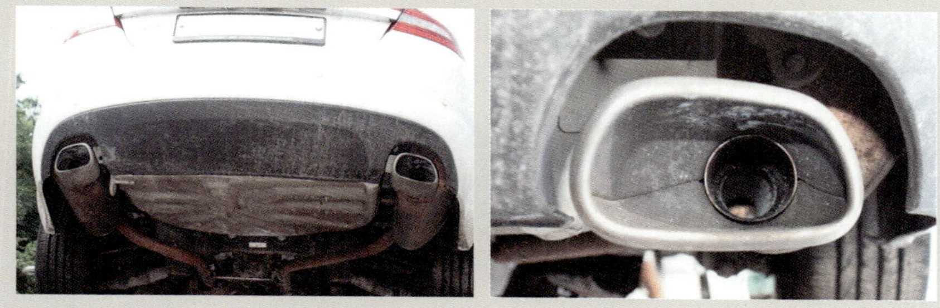

▲ **그림 3.193** 좌우 배기구의 모습

▲ **그림 3.194** 앞좌석 부근의 모습

▲ **그림 3.195** 뒷좌석 부근의 모습

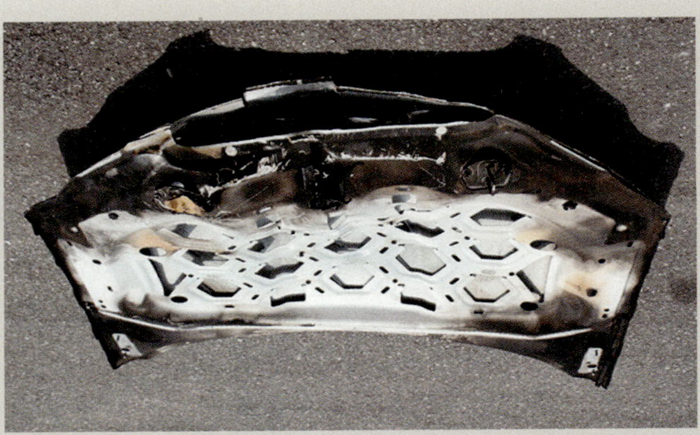

▲ **그림** 3.196 보닛 안쪽의 모습

▲ **그림** 3.197 엔진실 내부의 모습

▲ **그림** 3.198 차량 하부의 모습

▲ **그림** 3.199 차량 하부와 DPF 보호철판의 모습

▲ **그림** 3.200 DPF커버 안쪽의 모습

▲ **그림 3.201** 배기관 내부의 모습

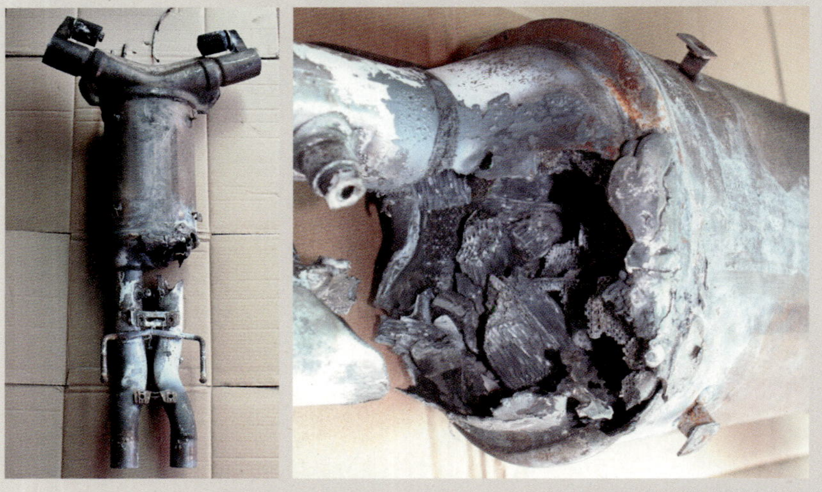

▲ **그림 3.202** DPF 뒤쪽 케이스의 용융과 DPF 내부의 손상된 벌집 구조의 모습

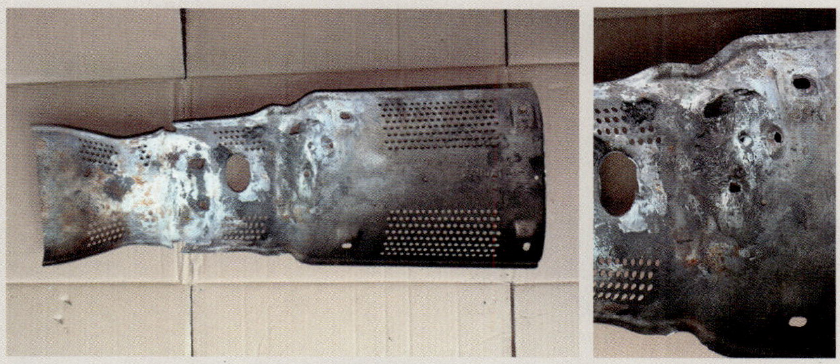

▲ **그림 3.203** DPF 커버 안쪽의 용융되어 뚫린 부위 4개소의 모습

▲ **그림 3.204** DPF 내부 격자의 모습

## 화재사례 37 DPF 이상으로 정비하러 가던 중 발생한 화재[41)]

**화재개요**

차령 6년 7개월의 자동차를 중고차 딜러 중개로 구입하여 여행을 가던 중 갑자기 출력이 떨어지고 심하게 매연이 발생해서 중개한 딜러에게 전화했더니 자신이 안내한 정비소에서 도움을 받으라고 해서 찾아갔고, 이 비공식 정비소는 DPF 압력센서에 문제가 있다고 하였지만 딜러가 수리비용 때문에 수리하지 말라고 해서 이틀간의 여행을 마치고 주행해 집으로 귀가하였고, 귀가한 후 딜러가 소개한 다른 비공식정비소를 방문했는데, 이 정비소는 수리할 수 없다고 하여서 딜러가 소개한 또 다른 정비소로 가기 위해서 사거리 신호대기를 하다가 주행신호 점등이 되어 사거리를 지나는 순간 2차선에서 경적소리가 자신의 자동차를 향해 울려서 창문을 열고 여쭤봤더니 자동차에 불이 났다고 알려주어서 사거리 지나자마자 정차하여 자동차 조수석 아래 차량 하부부분에 불이 붙어 있음을 확인한 후 시동을 끄고 경고등을 켜고 119신고를 하여 소방대가 출동하여 진화하였다. 메이커가 정한 보증기간 중이었으므로 공식 정비소로 곧바로 갔으면 무상으로 수리를 할 수 있는 상황이었다.

**참고지식1**

**배출가스 관련 부품의 보증기간**

(1) 보증기간(대기환경보전법 시행규칙 제 63조 관련) : 60개월 또는 80,000km
단, 정화용 촉매(Catalytic Converter) 및 전자 제어 장치(Electronic Control Unit)의 보증 기간은 84개월 또는 120,000km

(2) 보증부품(대기환경보전법 시행규칙 제 76조 관련)

**화재원인**

배기구에 흰색 이물질이 있고 차량 하부의 DPF 부근이 화열로 인한 손상이 심하며, DPF를 분리해 내려서 확인한바 DPF 이후의 배기관 내부에 흰색 이물질이 다량 부착되어 있으므로 이 승용차 화재는 DPF 과열에 의해 화재가 발생한 것으로 분석할 수 있다.

**조사요령**

1. 운전자 정보를 조사한다.
   DPF 이상으로 정비소로 가다가 화재가 발생하였고, 조수석 아래 차량 하부 부분에 불이 붙어 있었다.
2. 차량 외부를 조사한다.
   배기구 안에 흰색 이물질이 부착되어 있다.
3. 차량 하부를 조사한다.
   차량 하부에 위치한 DPF를 중심으로 소손되어 있다.
4. DPF를 분리하여 조사한다.
   DPF 내부 세라믹필터가 파손되어 있으며 배기관 안에 흰색 이물질이 다량 붙어 있다.

▲ **그림 3.205** 화재 당시와 배기구의 모습

▲ **그림 3.206** 차량 하부와 DPF를 분리한 모습

41) 이의평, "미세먼지 저감 장치와 관련된 자동차화재의 특징 및 화재원인 입증절차의 분석", 한국화재소방학회논문집, Vol.32, No.1, pp.99~107, 2018.

▲ **그림 3.207** DPF 이후 배기관 안의 흰색 이물질 모습

**참고지식2**

**DPF로 인해 발화된 경우의 특징**

DPF가 과열되어 발화되는 경우에는 아래와 같은 특징들이 있다. 이러한 특징은 모두 나타나는 경우도 있고 일부만 나타나는 경우도 있다.

첫째, 주행하다가 서행 또는 신호대기 중에 화재가 발생한다. 고속주행 중에 화재가 발생하지 않고 서행 또는 신호대기 중에 화재가 발생하는 것은 고속주행 중에는 공기흐름(바람)의 영향으로 DPF가 과열되더라도 DPF 과열 자체가 냉각될 뿐만 아니라 인근 가연물에 열전달이 되는 중 냉각이 되지만 서행 또는 신호대기 중에는 공기흐름으로 인한 냉각효과가 거의 없어 DPF 온도가 급격히 상승할 뿐만 아니라 주위 가연물로의 열전달 중 냉각되지 않고 그대로 전달되기 때문이다. 앞에서 언급한 두 번째 DPF화재사례는 터널에서 서행을 하다가 화재가 발생하였고, 세 번째 DPF화재사례는 신호대기를 하다가 출발하는 시점에 화재가 발생하였다.

둘째, 주행 중 전조증상으로 출력저하가 있다. DPF 내부에 PM(입자상물질)이 과다하게 쌓이면 배기가스 배출이 원활하지 않게 된다. 보일러 연통이 막힐 때 불완전연소가 일어나는 것처럼 자동차에서도 배기배출이 원활하지 않으면 연소실에서 불완전연소를 하게 되고, 불완전연소가 심하면 출력이 저하된다. 주행 중 출력저하가 있을 정도는 DPF 내부에 다량의 PM이 포집되어 있을 때이다. 세 번째 DPF화재사례에서 주행 중 갑작스런 출력저하가 생긴 것은 DPF 너부에 다량의 PM이 포집되어 배출가스 배출이 원활하지 못했기 때문에 발생한 현상이다.

셋째, 배기구 안쪽에 흰색 이물질이 부착되어 있다. DPF와 관련되지 않고 발생한 자동차화재에서는 배기구 안쪽에 흰색 이물질이 부착되는 경우는 없다. 흰색 이물질은 DPF 내부의 세라믹필터의 탄화규소(SiC)가 용융되어 부착된 것이다. 세라믹필터의 담체는 탄화규소로 용융점이 1600℃ 이상으로 고온인 장점이 있지만 열팽창계수가 커서 열충격에 취약한 단점이 있다. 세라믹필터는 국부적인 고온 및 온도 구배에 노출되면 용융 및 크랙 등이 발생하며 파손되며 배기구 안의 흰색 이물질은 세라믹 벌집구조(탄화규소)가 용융 및 파손되어 부착된 것이다.

넷째, 차량 하부가 소훼되어 있고, DPF 주위나 배기관 부근이 국부적으로 소훼되어 있다. 차량 하부에서 발화되지 않거나 배기관과 관련이 없는 장치 등에서 발화된 경우에는 자동차가 전소되더라도 연료탱크가 파열되어 연료가 누설되어 차량 하부로 흘러가 연소되는 경우를 제외하고는 일반적으로 차량 하부는 피해가 거의 없다.

다섯째, 스테인리스 스틸로 된 DPF 케이스의 뒤쪽이 용융되어 뚫려 있거나 열변색되어 있다. DPF 앞쪽이나 측면은 용융되지 않음에 비해 뒤쪽만 용융되거나 심한 열변색이 생기는 것은 필터의 후단에서 최고 온도가 되기 때문이다. DPF 내부에서 PM은 필터의 입구 측에서 착화된 후 후단으로 연소되어 가고, 상류에서 발생한 열이 하류에 누적되어 후단으로 갈수록 온도가 증가하므로 후단에서 최고 온도가 된.

여섯째, 차실 바닥 매트 주위가 연소되어 있다. 차량 하부의 소훼가 심하고 차실 바닥 매트도 연소되어 있어 차량 하부에서 독립적으로 발화되고 차실 내부에서 독립적으로 발화된 것처럼 보이므로 독립적인 발화개소가 2개소이어서 방화일 수 있다고 생각할 수 있다. 2개소 독립적인 발화개소는 방화 판정의 중요한 지표이기 때문이다. 앞의 두 번째 DPF화재사례에서처럼 차실의 다른 부위는 연소되지 않았음에도 차실 바닥의 매트 주위만이 연소되는 것은 차량 하부 DPF의 고열이 차체 바닥을 통해 열전도 되어 바닥 매트가 발화점이상이 되어 발화되었기 때문이다. 두 번째 DPF화재사례에서 차실 내부의 다른 곳으로 확대되기 이전에 소방대가 소화하여서 바닥 매트 주위만 연소된 것이 아니라 차실 내부 바닥매트에 착화되었지만 창문이 닫혀 있어 공기부족으로 연소확대되지 못하고 자연진화된 결과이다. 차량 하부의 화재가 확대되는 과정에 유리창이 파손되면 차실 공간으로 공기 유입이 원활하여 차실 내부의 가연물은 진화하지 않으면 일반적으로 전소된다.

일곱째, 차량 하부에 배선된 전선에 단락흔이 있다. 차량 하부에서 발화된 경우에 화재원인과 관계없이 차량 하부 전선의 1개소 이상에서 일반적으로 단락흔이 발견된다. 차량 하부의 소훼가 심하고 소훼가 심한 부위의 전선에 단락흔이 있으면 단락흔이 있는 부위에서 합선(단락)으로 화재가 발생한 것으로 생각할 수도 있다. 왜냐하면 단락흔의 외관만으로는 화재의 원인이 된 합선에 의해 생긴 것인지 화재 후에 화재확대과정 중에 2차적으로 합선되어 생긴 것인지 알 수 없기 때문이다. 따라서 DPF에 과열흔적이 있고 스테인리스 케이스가 심한 열변색이 있거나 용융되어 있는 경우에 차량 하부 전선의 단락흔은 화재확대 중에 2차적으로 생성된 것으로 판단해야 한다.

여덟째, 전소되더라도 화재원인의 입증이 100% 가능하다. 차량이 화재로 전소된 경우에 화재원인이 된 물증을 확보하는 것은 쉽지 않다. 특히 연료나 오일 누설에 의한 화재의 경우 전소된 경우에 물증 자체가 소실되거나 하여서 물증을 통해 화재원인을 입증하는 것은 어렵다. DPF 자체는 케이스가 스테인리스 스틸로 되어 있고 스테인리스 스틸의 용점은 1400℃ 이상이고, DPF 내부 세라믹필터의 탄화규소(SiC)의 융점은 1600℃ 이상이어서 화재로 차량이 전소되는 경우에도 DPF 케이스와 세라믹필터는 소실되지 않고 그대로 남아 있으므로 용융 또는 열변색된 케이스와 열손상이 있는 세라믹필터의 물증을 통해 100% 화재원인의 입증이 가능하다.

**참고지식3**

**DPF와 관련된 차량화재 발생 요인**

DPF에 PM이 정상적으로 포집되고 재생되는 경우에는 DPF와 관련된 화재는 발생할 수 없다. 과다하게 포집된 PM이 연소하는 등의 이유로 DPF가 과열되어 세라믹필터가 손상되고 과열된 열이 과열 손상된 부위의 인근으로 전도되거나 누설되어 가연물을 착화시키기 때문에 발생한다. DPF 내부가 재생가능한 온도에 도달하지 않은 상태로 주행을 계속하면 PM이 다량으로 포집되어 DPF가 막히게 되고 차압센서가 DPF 입구와 출구의 압력차이(차압, $\Delta p$)를 측정하여 ECU에 전달해서 DPF 경고등이 점등되도록 하며, 경고등이 점등되면 일부러 고속주행을 하거나 정차 상태에서 엔진회전수를 올리면 고온의 배기가스에 의해 포집된 PM이 연소되어 자동재생되어 점등이 해제된다.

DPF의 세라믹 벌집구조가 손상되고 스테인리스 스틸 케이스가 용융되어 화재가 발생하려면 DPF 내부가 정상적으로 재생될 때보다 과열되지 않으면 안 되며 과열은 아래와 같은 4가지 경우로 분석할 수 있다.

첫째, 냉각 원활하지 않은 상태로 고RPM을 유지한다.

음주 후 시동을 켠 상태에서 운전석에서 자다가 자신도 모르게 가속페달을 계속해서 밟든지 또는 정차 중 DPF 수동재생이 완료되었음에도 계속 고RPM을 유지하는 경우 등과 같이 냉각이 원활하지 않은 상태에서 고RPM을 계속 유지하면 DPF가 과열된다. 또한 DPF 클리닝을 하여 수동재생하는 경우에 클리닝 마지막 단계에서 2000 rpm 이상으로 공회전하며 배기구에서 클리닝약품 거품과 이물질을 배출시키는데 적정시간을 초래하여 계속 공회전을 시키면 DPF가 과열된다. DPF가 과열되어 스테인리스 스틸로 된 케이스가 용융되면 내부의 고열이 밖으로 누설되어 누설된 곳 주변의 가연물을 착화시켜 화재로 이어질 수 있고, 케이스가 용융되지 않더라도 과열된 고열이 인근 가연물을 착화시킬 수 있게 열전도가 되는 경우에도 화재로 이어질 수 있다. 앞에서 언급한 첫 번째, 두 번째 화재사려에서는 DPF 세라믹필터가 손상되고 스테인리스 스틸 케이스가 용융되어 뚫린 공통점이 있었다.

둘째, DPF 경고등 점등을 무시하고 운행한다.

DPF 경고등이 점등된 것은 DPF 내부에 PM이 축적되어 압력센서가 일정이상의 압력 차이를 감지하거나 온도센서가 고온을 감지하기 때문이며, 압력센서가 일정이상의 압력 차이를 감지한 것은 PM이 축적되었음에도 저속운전 등으로 인해 PM을 연소시키지 않아서 필터를 재생하지 못했기 때문이다. DPF 경고등이 점등됨에도 이를 무시하고 계속 운행을 하면 필터에 더 많은 PM이 포집될 수 밖에 없다. DPF 경고등 점등을 무시하고 계속 운행하다가 고속주행 또는 고부하운전을 하면 막힌 다량의 PM이 급격히 연소하여 그 연소열로 DPF 담체(세라믹필터)의 내열온도를 초과하여 손상될 수 있고 스테인리스 스틸로 된 케이스가 용융될 수 있으며, 스테인리스 스틸 케이스가 용융되면 용융된 부위를 통해 고열이 누출되고 누출된 고열이 주위의 가연물을 착화시키거나 과열된 스테인리스 스틸 케이스가 용융되지 않더라도 주변의 가연물에 발화점에 이르게 할 정도로 열전달을 하면 화재로 이어질 수 있다. 세 번째 DPF화재사례가 이에 해당한다.

셋째, 센서 고장이다.

DPF의 온도를 측정하는 온도센서나 압력센서가 고장이 난 상태에서는 DPF 경고등이 점등될 수 없고, DPF 경고등이 점등되지 않으면 필터에 PM이 다량 축적되더라도 운전자가 PM이 축적된 사실을 알 수 없어 PM이 다량 축적된 상태로 운행을 계속 할 수 있다. 온도센서나 압력센서가 고장 난 상태에서 운행하다가 고속주행 또는 고부하운전을 하면 막힌 다량의 PM이 급격히 연소하여 그 연소열로 DPF담체(세라믹필터)의 내열온도를 초과하여 손상될 수 있고 금속제 케이스가 용융될 수 있으며, 스테인리스 스틸 케이스가 용융되어 고열이 누출되면 누출된 부위 근처의 가연물을 착화시켜서 화재로 이어질 수 있다. 또한 스테인리스 스틸 케이스가 용융되지 않더라도 과열상태의 스테인리스 스틸의 열이 주변 가연물에 열전달이 되어 주변 가연물을 발화점에 이르게 하면 화재로 이어질 수 있다. 두 번째 DPF화재사례가 이에 해당한다.

넷째, 후분사된 연료가 DPF 내부에서 연소한다.

DPF 센서 등의 오류로 후분사가 적절히 제어되지 않거나 하여 후분사된 연료가 DPF

내부에서 연소를 하여 그 연소열이 DPF 담체(세라믹필터)의 내열온도를 초과하면 손상될 수 있고 스테인리스 스틸 케이스가 용융될 수 있고, 용융되어 구멍이 뚫리면 구멍 주변의 가연물이 누설된 열에 의해 착화되어 화재로 이어질 수 있다. 또한 스테인리스 스틸 케이스가 용융되지 않더라도 열전달되어 주변 가연물을 발화점에 이르게 하면 화재로 이어질 수 있다.

**참고지식4**

**DPF와 관련된 화재의 예방대책**

첫째, 취급설명서에 화재위험 표시를 한다. 차량을 포함한 모든 제품에는 제조물책임법에 따라 경고표시를 하고 있다. DPF는 화재를 야기할 수 있으므로 차량취급설명서에 화재위험 표시를 하여야 한다.

둘째, 화재발생 위험을 적극 홍보한다. 디젤차량에 DPF가 설치되어 있고 DPF를 관리하지 않으면 화재로 이어질 수 있음에도 DPF의 화재 위험성이 홍보되어 있지 않다. 운전자 및 정비기술자에게 DPF를 적절히 관리하지 않으면 화재가 발생할 수 있음을 화재사례를 이용하여 홍보할 필요가 있다.

셋째, DPF 경고 표시등 점등 시 적절한 조치를 곧바로 한다. 저속주행만을 하거나 단거리 저속주행을 반복하여 DPF 경고 표시등이 점등되는 경우에는 고속주행을 하여 PM을 연소시켜 재생하게 하여야 한다. 경고 표시등이 점등되어서 PM을 연소시키기 위해 고속주행을 하여도 경고표시등이 계속 점등되는 경우에는 정비공장이나 서비스센터에서 정비를 받아야 한다.

넷째, 갑작스런 출력저하 또는 심한 매연이 발생하는 경우에는 정비를 받는다. DPF가 회분이나 PM이 과도하게 포집되면 갑작스런 출력저하가 발생하거나 심한 매연이 발생할 수 있다. 갑작스런 출력저하 또는 심한 매연은 DPF가 정상적으로 작동하지 않을 때 발생하므로 이러한 증상이 있으면 정비공장이나 서비스센터에서 정비를 받아야 한다.

다섯째, DPF를 과열시키는 행위를 하지 않는다. DPF 클리닝을 하는 경우에 2000 rpm 이상으로 공회전하며 배기구에서 클리닝약품 거품과 이물질을 배출시켜 마무리를 하는데 거품과 이물질이 배출되었음에도 계속 공회전을 시키면 DPF가 과열된다. DPF 클리닝 마무리 단계에서 정비사가 자리를 지키며 과열이 발생하지 않도록 유의해야 한다.

여섯째, DPF 케이스 위에 가연물질을 놓아두지 않는다. DPF 세라믹 필터 내에서 PM이 연소되어 재생되는 경우에 필터 내부는 600℃정도까지 상승하므로 DPF 케이스 위에 가연물을 놓아두면 화재로 이어질 수 있다. DPF 케이스 위에 수건을 올려놓아 화재가 발생한 사례가 보고되어 있다.

일곱째, 손상되거나 수명을 다한 DPF는 교체한다. DPF가 앞에서 언급한 자연재생방식, 후분사 강제재생방식, 진단장비이용 강제재생으로 재생되지 않는 경우에는 정비업소 등에서 약제를 이용하여 클리닝을 하여 재생하기도 한다. 손상되거나 수명을 다한 경우에는 교체하여야 화재를 예방할 수 있다.

여덟째, 메이커 지정 엔진오일을 사용한다. DPF가 장착되어 있는 디젤차량은 저회분(低灰分) 'ACEA-C3' 엔진오일을 지정되거나 추천되어 있다. 'ACEA-C3' 이외의 엔진오일을 사용하면 DPF에 회분(ash) 퇴적이 빨라져서 필터막힘이 일어나기 쉽다. 필터막힘이 일어나면 DPF가 PM 필터 기능을 하지 못해 PM이 과도하게 퇴적되고 재생 시 과열된다.

**참고지식5** **DPF와 관련된 화재의 조사 시 입증절차**

이상의 DPF화재사례 분석 및 DPF에서 발화된 경우의 특징 등을 종합하여 DPF와 관련된 자동차화재 원인조사 시 입증절차를 정리하면 아래와 같다.

첫째, 디젤차량 화재조사 시 배기구에 흰색 이물질이 붙어 있는지 확인한다. 흰색 이물질 부착은 DPF 내부 세라믹필터가 열손상되어 생긴 것이다.

둘째, 차량을 들어 올려서 차량하부를 확인한다. DPF와 관련된 화재인 경우에는 DPF를 중심으로 차량 하부가 연소되어 있다. 단, BMW 차량은 DPF가 차량 하부에 설치되어 있지 않고 엔진에 설치되어 있다.

셋째, DPF 후부가 용융되어 뚫리거나 심한 열변색이 있다. 용융되어 뚫리거나 심한 열변색은 DPF가 과열되어 발화되는 경우에만 나타난다.

넷째, DPF를 분리해 내려서 내부 세라믹필터의 손상을 확인한다. DPF가 과열된 경우에는 내부 세라믹필터의 후부가 용융되거나 크랙이 발생되어 있다.

다섯째, DPF 케이스 위에 정비장갑 등 가연물이 있는가 확인한다. DPF 케이스 위에 가연물을 놓아두면 DPF 재생 시 열에 의해 화재로 이어질 수 있다.

여섯째, 차량이력, 정비이력 등을 참고하여 DPF 손상원인을 분석한다. 차량이력, 정비이력 등과 DPF 손상 상태를 종합하면 DPF 손상원인을 분석할 수 있다. 손상원인이 판정되면 책임소재까지도 분석할 수 있다.

## 화재사례 38 EGR 결함으로 인한 리콜과 관련된 화재[42)]

**화재개요**

저녁 식사 후 승용차(약 7만 5천 km 주행)로 시속 약 40km로 5분 정도 주행 중 변속기어가 D에서 N으로 자동 변경된 후 승용차 외부에서 타는 냄새가 나서 갓길에 정차 후 시동을 끄자 보닛에서 연기가 나기 시작하였고 얼마 후 엔진실에서 화재가 발생하여서 뒤에 오던 차량에서 소화기를 빌려서 직접 화재진압을 하고 소방서 119 신고(9월 14일 21:14)와 보험사 및 메이커 측에 전화를 하였다.

**화재원인**

EGR 결함으로 인해 고온 배기가스가 흡기다기관에 유입하여 흡기다기관에 천공을 발생시키고 엔진 커버 등에 착화되어 화재가 발생한 것이다.

**조사요령**

1. 외부를 조사한다.
2. 차량을 들어 올려서 하부를 조사한다.
   엔진 하부에서 위쪽으로 연소확대된 흔적이 없다.
3. 엔진실을 조사한다.
   (1) 엔진 커버는 중간부위의 연소정도가 심하다.
   (2) 엔진 우측의 휠하우스 방음재가 연소되어 있다.
   (3) 엔진 뒤쪽의 카울 커버와 전선 피복이 연소되어 있고, 엔진 (4)우측 뒤쪽 대시 패널 방음재의 표면이 연소되어 있다.
   (4) 엔진 좌측은 공기공급관, 배선분배기, 냉각수 보조탱크 등이 있어 우측보다 가연물량이 많음에도 연소피해가 거의 없다.
   (5) 엔진 앞쪽은 에어클리너 케이스 위쪽 표면만 일부 연소되는 피해를 입고 있어 발화개소에서 배제할 수 있다.

(6) 엔진커버를 제거한 바 하니스 절단 부위 좌측에 위치한 흡기다기관의 위쪽이 연소되어 구멍이 뚫려 있다.

(7) 엔진커버의 연소가 심한 부위 아래에 위치한 하니스(전선다발)의 피복이 소실되어있고 소실된 부위의 하니스가 절단되어 있고 일부가 존재하지 않는다.

(8) 연료펌프에서 커먼레일에 연결된 연료배관과 커먼레일의 4번째 연료배관에 열변색흔적이 있다.

(9) 3번 인젝터 옆 우측의 철재 벽에 열변색흔이 있다.

(10) 엔진커버는 하니스와 닿은 부위가 국부적으로 용융되어 있고, 커먼레일이 위치한 부위는 연소되어 있지 않으며, 3번 인젝터와 4번 인젝터가 사이의 커버에 열변색흔이 있다.

(11) 엔진 우측은 DPF, 배기다기관, 터보차저가 위치하고 있는데 DPF와 터보차저에서 발화되어 위쪽으로 확대된 흔적이 없고, 배기다기관 커버 위에 연소물이 부착되어 있고 배기다기관 커버 위쪽이 국부적으로 심하게 연소되어 있지만 바로 앞쪽에 위치한 에어클리너가 거의 연소되지 않은 것으로 보아 엔진 우측의 배기다기관 커버에서 발화된 것으로 보기 어렵다.

(12) 고압연료펌프에서 커먼레일로 연결된 커먼레일 접속부위와 연료배관에 열변색흔이 있고, 커먼레일에서 4번 인젝터로 연결된 연료배관 접속부위에 열변색흔이 있다.

(13) 제공된 화재증명원, 차주 작성 화재사고 확인서(주행 중 사고), 화재현장 조사서와 승용차의 연소형태로 보아 방화나 담뱃불 취급 부주의 등 인적요인이나 자연발화 물질 적재에 의한 화재, 교통사고에 의한 화재 등 외부적 요인에 의한 화재는 배제할 수 있으며, 엔진가동 중인 승용차는 방화나 담뱃불 취급부주의 등 인적요인이나 외부적 요인에 의한 화재를 배제하는 경우에 연료누유, 오일누유, 엔진과열, 배기관 과열, 제동부위 과열, 전기적인 원인 등에 의해 화재가 발생할 수 있는데, 엔진실 하부는 발화개소에서 배제될 뿐만 아니라 엔진오일과 변속기 오일의 누유흔적이 없으며, 운전석 앞쪽 브레이크오일통은 그대로 있으므로 오일누유에 의한 화재는 배제할 수 있으며, 배기관이 위치한 차량 하부는 특이점이 없고, DPF가 있는 부위도 특이점이 없으며, 배기다기관 커버 위에 연소용융물이 붙어있고 커버 위쪽에 국부적인 연소흔적이 있으나 발화개소로 보기 어려우므로 배기관 과열은 이 사건 화재의 원인에서 배제되며, 제동부위가 과열되어 화재가 발생한 경우에는 제동장치가 있는 바퀴에서 발화되는데 바퀴는 발화개소에서 배제할 수 있으므로 제동부위 과열에 의한 화재는 배제할 수 있고, 엔진오일도 정상이고 엔진과열 흔적이 없으므로 이 사건 화재는 엔진과열에 의한 화재와 관련이 없다.

(14) 커먼레일 위쪽에는 열변색흔이 있지만 아래쪽에는 열변색흔이 없으므로 커먼레일 접속부위에서 연료가 누설된 것으로 볼 수 없다.

(15) 3번 인젝터에 열변색흔이 있고, 3번 인젝터의 우측에 있는 철제 벽에 열변색흔이 있다.

(16) 분리한 인젝터에는 화재원인과 관련될만한 특이점이 없다.

(17) 엔진 커버 안쪽에 하니스와 닿은 부분에 용융된 자국이 남아 있는 특징이 있고, 하니스 2곳이 절단되어 일부가 없어져 있고 절단해가고 남아 있는 하니스 끝에 단락흔이 있다.

(18) 절단된 하니스에 단락흔적(합선흔적)이 있고, 메이커 측에서 절단하여 수거해 간 것으로 추정되는 하니스에도 단락흔이 있었던 것으로 추정되지만 이에 대한 정보제공은 없으며 이 단락흔은 화재의 원인이 된 것(1차 단락흔)일 수도 있고 화재로 인해 2차적으로 단락되어 생긴 것(2차 단락흔)일 수도 있는데, 외관만으로는 1차 단락흔인지 2차 단락흔인지 식별할 수 없고, 배선분배기에서 엔진실 안으로 절단된 하니스가 배선되어 있고, 배선분배기의 20A 퓨즈 1개가 용단되어 있음이 확인되는바 흡기다기관이 뚫린 부위 근처의 하니스에서 단락이 발생하여 화재가 발생하였을 가능성을 배제할 수 없다.

(19) 흡기다기관의 뚫림이 화재로 2차적으로 생성되었다면 중력에 의해 흡기다기관 외부에서 내부 쪽으로 휘어진 상태로 연소되어 있어야 하는데 흡기 다기관의 뚫린 부위 외곽부분이 바깥쪽으로 휘어진 상태로 연소되어 있기 때문에 흡기다기관의 천공은 화재 후 시동이 꺼진 상터에서 2차적으로 연소되어 뚫린 것이 아니라 흡기다기관에 압력이 걸린 상태(시동이 걸린 상태)에서 EGR을 거쳐 온 고온가스에 의해 뚫려서 연소된 것으로 분석할 수 있다.

(20) 이 승용차 차종은 메이커 측에서 고온 배기가스가 냉각되지 않은 상태에서 흡기다기관에 유입하여 흡기다기관에 구멍을 발생시키고 위에 장착된 엔진 커버 등에 착화되어 화재가 발생한다는 것을 인정하여 리콜 조치를 하였고, EGR 쿨러에 의해 배기가스가 냉각되어 흡기다기관에 유입된 경우에는 흡기다기관에 고온가스가 유입될 수 없으므로 흡기다기관에 천공이 발생할 수 없으며. 즉, EGR 결함에 의한 고온가스에 의하지 않고는 흡기다기관에 천공이 발생할 수 없으며, 흡기다기관 천공과 BMW 측이 밝힌 리콜 사유와 관련시켜보면 이 사건 차량 화재는 EGR 결함으로 인해 고온 배기가스가 흡기다기관에 유입하여 흡기다기관에 천공을 발생시키고 엔진 커버 등에 착화되어 화재가 발생한 것으로 분석(추정)할 수 있고, EGR결함으로 인해 화재가 발생한 것으로 분석되므로, 흡기다기관이 뚫린 부위 근처 하니스에서 단락이 발생하여 화재가 발생하였을 가능성은 배제할 수 있다.

▲ **그림 3.208** 외부와 하부의 모습

42) 이의평, "리콜과 관련된 승용차화재 사례의 분석", 한국과학수사학회지, Vol.12, No.3, pp.190~196, 2018.

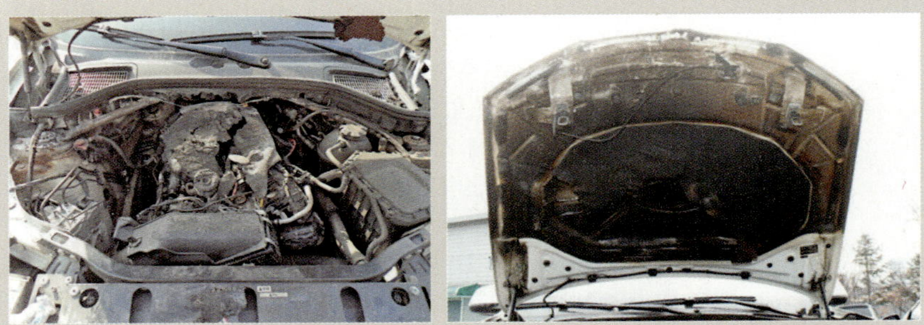

▲ **그림** 3.209 엔진실과 보닛의 모습

▲ **그림** 3.210 엔진커버를 분리한 엔진실 모습

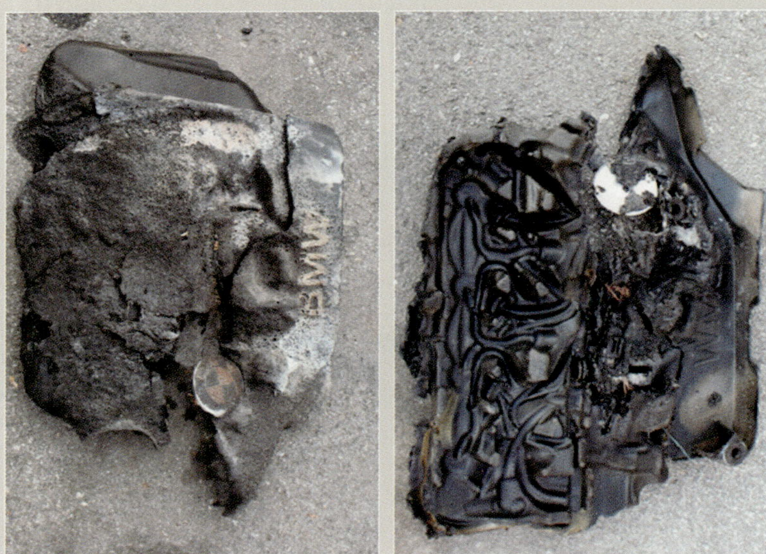

▲ **그림** 3.211 엔진 커버 안팎의 모습

▲ **그림** 3.212 엔진실 우측의 모습

▲ **그림** 3.213 커먼레일의 모습

▲ **그림** 3.214 분리한 커먼레일의 모습

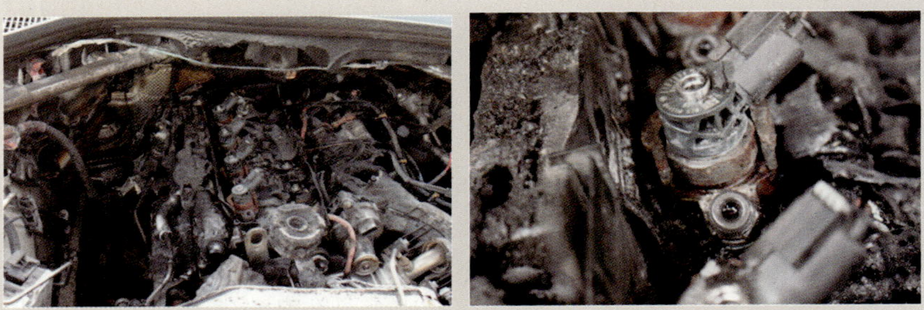

▲ **그림 3.215** 3번 인젝터의 열변색흔 모습

▲ **그림 3.216** 분리한 인젝터의 모습

▲ **그림 3.217** 하니스의 단락흔

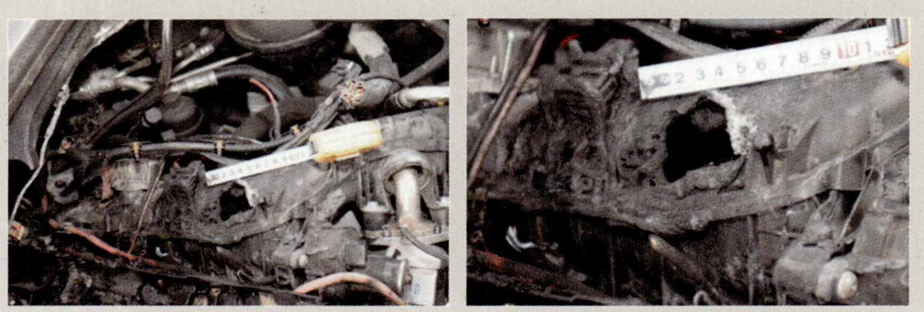

▲ **그림 3.218** 흡기다기관의 직경 4~5cm 구멍이 뚫린 부위의 모습

# 12 전자제어 연료분사장치

### (1) 기본구성

엔진이 필요로 하는 연료를 카뷰레터 대신에 컴퓨터(ECU)로 정확하게 컨트롤하여 공급하는 장치로 연료계통, 흡기계통, 제어계통의 3계통으로 구성되어 있다.

① 연료계통

연소에 필요한 연료를 인젝터에 압송하고 인젝터는 컴퓨터의 분사신호를 받아 각 인테이크 매니폴드 내에 최적량의 연료를 분사한다.

② 흡기계통

연소에 필요한 공기를 에어클리너로부터 흡입하여 각 인테이크 매니폴드 내에 공급한다.

③ 제어계통

엔진의 부하상태, 냉각수온도, 흡기온도, 엔진회전수, 가감속 등 주행상태를 각 센서로 검출하여 그 신호를 기초로 컴퓨터(ECU)가 필요한 연료의 양을 컨트롤한다.

④ 에어 플로 메터와 버큠 센서

엔진이 흡입하는 공기의 양을 검출하는 방법에는 에어 플로 메터(air flow meter)로 직접 공기량을 검출하는 것과 버큠(vacuum) 센서 흡기관의 압력을 검출하여 컴퓨터가 공기의 양을 산출하는 것이 있다.

### (2) 전자제어식 연료계통

연료탱크에서 펌프로 연료를 빨아 올려 압력 라인(고압측 파이프)을 통과하여 연료필터에서 여과된 후에 딜리버리 파이프에서 인젝터로 분배된다. 또한 프레셔 레귤레이터에 의해 압력은 일정하게 되며 인젝터는 인테이크 매니폴드 내로 연료를 분사한다.

① 연료펌프

연료탱크의 연료를 빨아올려 인젝터에 연료를 보내는 역할을 한다. 전자제어식 연료분사장치용 연료펌프에는 전기식이 사용되고 있다.

② 프레셔 레귤레이터

분사되는 측 인테이크 메니폴드의 압력이 변화하면 인젝터의 연료분사량이 약간 변화한다. 그래서 인테이크 매니폴드의 압력을 프레셔 레귤레이터 내로 인도하여 연료와 인테이크 매니폴드의 압력 차를 일정하게 유지하는 것이다.

③ 인젝터

컴퓨터(ECU)의 분사신호를 받아 연료를 각 실린더의 인테이크 매니폴드로 분사하는 작용을 한다. 인테이크 내의 전자코일이 컴퓨터로부터의 신호를 받아 통전되면 플런저가 코일에 이끌리어 니들 밸브가 열려 연료가 분사된다.

④ 콜드 스타트 인젝터

수온이 일정온도 이하의 엔진 시동 시에 서지탱크 내에 연료를 분사하는 것으로 엔진이 시동되면 작동은 정지한다.

⑤ 펄세이션 댐퍼

프레셔 레귤레이터(압력조정기)에 의해 일정으로 유지되어 있는 연료의 압력이 인젝터 연료분사에 의해 미세한 변동을 일으킨다. 이 압력의 미세한 변동을 펄세이션 댐퍼 내의 다이어프램으로 조정한다.

**Point**

전자제어식 연료분사장치 차량의 대배기량엔진 탑재 차량은 미스파이어에 의해 노킹이나 엔진부조화를 일으키더라도 대부분 소유자 등이 알아차리지 못하고 주행하고 있으므로 진술만으로 판단하지 말고 스파크 플러그의 그을음을 확인하여 판정할 필요가 있다.

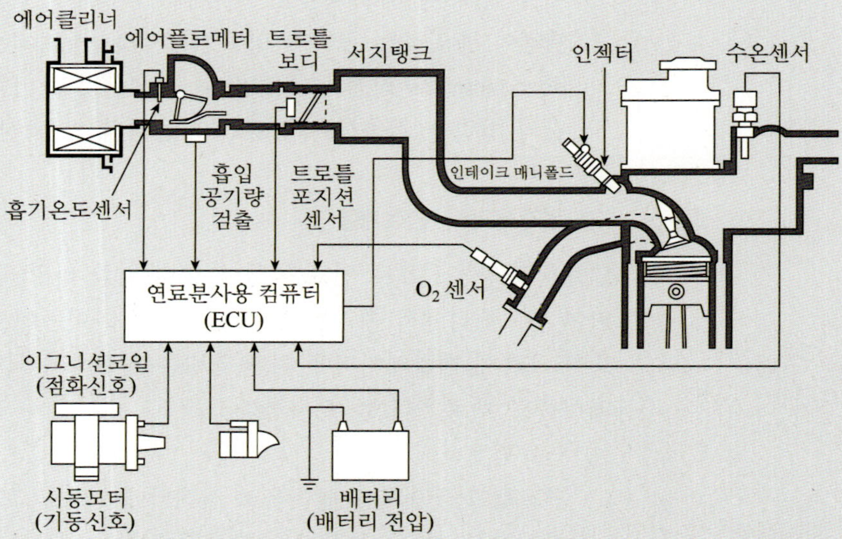


▲ **그림 3.219** 전자제어연료분사장치 시스템

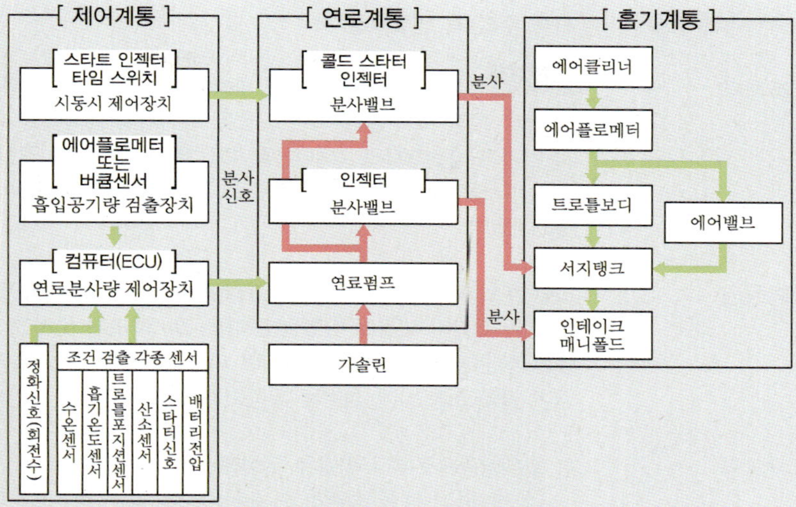


▲ **그림 3.220** 전자제어연료분사장치의 기본 구성

## Point

프레셰 레귤레이터에서 인젝터까지 걸리는 연료압력은 메이커 등에 따라 약간 차이가 있지만 대략 2.5 kg/cm$^2$이므로 연표펌프에서 프레셰 레귤레이터 사이에는 이와 동등한 연료압력이 있다. 핀홀정도의 구멍이더라도 연료는 심하게 분출한다. 또한 인젝터와 인테이크 매니폴드의 접속부 및 딜리버리 파이프의 접속부에는 고무패킹이 설치되어 연료의 분출을 막고 있지만 수리 등으로 연료배관계통을 이동시킨 경우, 패킹이 제자리에서 벗어나서 연료누설을 일으키는 경우가 있다.

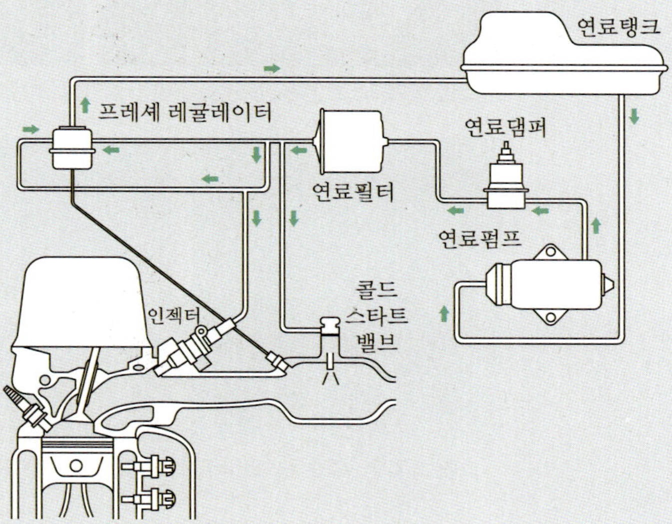


▲ **그림 3.221** 전자제어식 연료계통

## 화재사례 39 리콜 수리 후 연료누설[43]

**화재개요**

교차점에서 빨간 신호로 인해 정차하였던 승용차 엔진실에서 「퍽」 하는 소리가 났지만 별로 신경 쓰지 않고 파란 신호로 바뀌자 가속페달을 밟아 발차한바 보닛 양쪽에서 연기가 나왔으므로 교차점 옆 보도 위에 정지하여 엔진시동을 껐다. 2일 전에 리콜수리(시동모터 B단자 절연불량)로 인해 차량을 메이커에 맡겼다가 화재발생 앞날 출고하였다.

**화재원인**

리콜 수리 시 분리한 인젝터를 조립할 때에 딜리버리 파이프와 2번 인젝터의 접속부에 있는 O링이 뒤틀려 있었는데 이를 알아차리지 못하고 그래도 조립하였으므로 뒤틀린 부분에서 휘발유가 누설되어 디스트리뷰터 내의 로터와 세그먼트 사이에서 발생한 불꽃(스파크)에 휘발유 유증기가 인화하였다.

**조사요령**

1. 화재상황으로부터 휘발유 누설에 의한 가능성이 아주 높으므로 차량 정비상황이나 그 행적 등을 청취하고 소손상황에 따른 현장조사가 필요하다.
2. 인젝터와 딜리버리 파이프의 접속부는 딜리버리 파이프에 뚫려 있는 구멍에 인젝터를 삽입하고 있을 뿐이어서 볼트체결 등은 행해져 있지 않기 때문에 기밀을 유지하는 O링에 뒤틀림이나 균열이 생기면 연료가 그곳에서 분출한다.

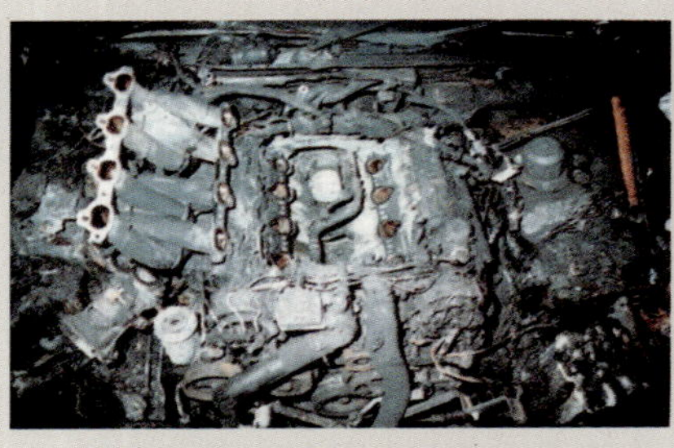
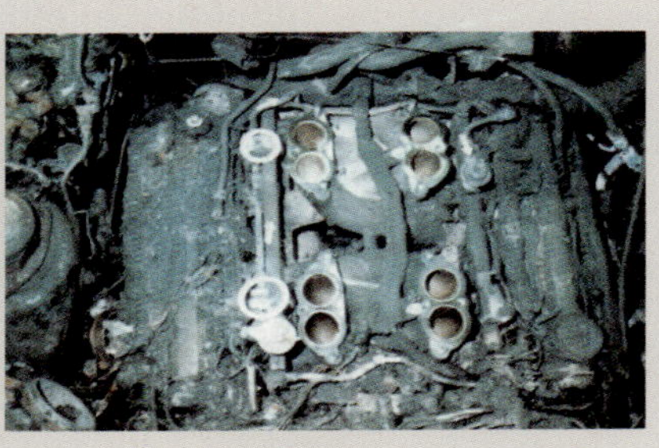

▲ **그림 3.222** 소손된 엔진실(실린더 중앙에 시동모터)과 연료계통

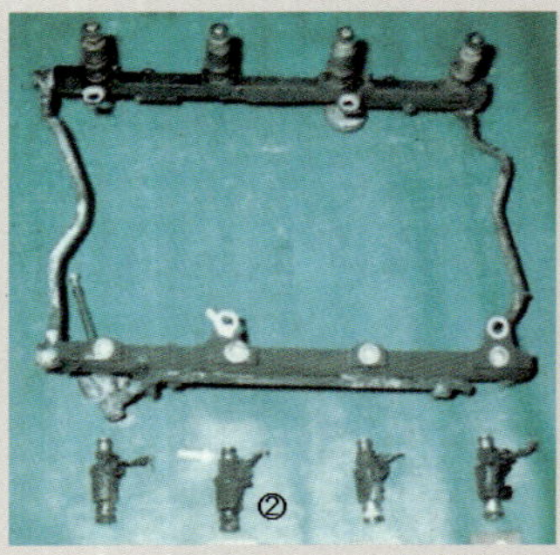

▲ **그림 3.223** 소손된 딜리버리 파이프, 인젝터, 프레셔 레귤레이터

43) 동경소방청, 신화조사교본 제4권 제1부 차량화재편, pp.136~138, 2000.

▲ **그림 3.224** 누설된 휘발유가 착화한 디스트리뷰터

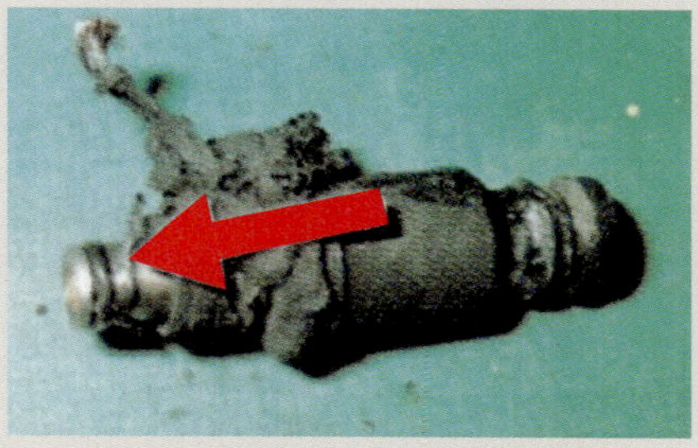

▲ **그림 3.225** 연료누설을 일으킨 인젝터(O링이 뒤틀려 있다.)

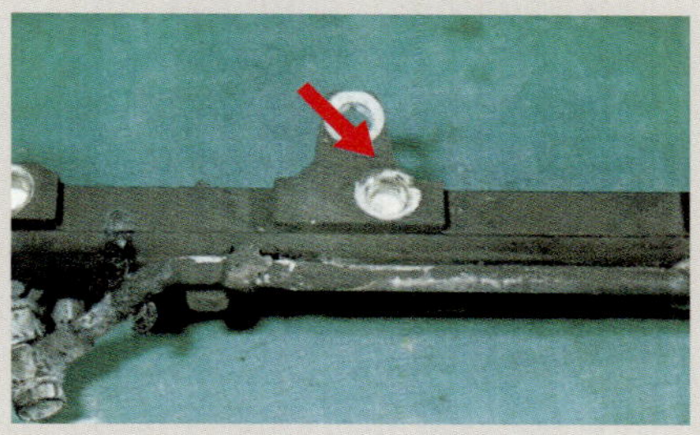

▲ **그림 3.226** 인젝터를 설치한 딜리버리 파이프
(화살표 부위에 그을음이 있으므로 O링의 틈새에서 연료가 누설되었음을 알 수 있다.)

**Point**

외제차 중에는 딜리버리 파이프와 인젝터 사이에 고무배관을 사용하고 있는 것이 있다. 경년열화 등으로 고무배관에 균열이 생겨 가솔린 누설을 일으켜 화재가 발생한 경우에 누설되어 있지 않은 다른 고무배관과 비교하면 소손상황에 차이가 있는 경우가 있으므로 주의하여 조사할 필요가 있다.

### (3) 전자제어식 흡기계통

엔진에 공기를 공급하기 위한 계통이다. 에어클리너로 흡입된 공기는 트로틀 밸브의 개도(開度)에 따라 탱크로 흘러 각 실린더의 인테이크 매니폴드로 분배된다.

또한 전자제어식 연료분사장치에서는 적절한 혼합기를 만들기 위해서 흡입공기 양을 에어 플로 메터 또는 버큠 센서로 검출하여 컴퓨터(ECU)가 그 흡입공기량에 따라 연료의 분사신호를 연료계통에 보낸다.

① 트로틀 보디

가속페달에 연결되어 흡입공기 양을 컨트롤하는 트로틀 밸브와 가속페달을 급히 되돌릴 때에 부드럽게 트로틀 밸브를 닫는 대쉬포트, 트로틀밸브의 열기 가감을 검출하는 트로틀 포지션 센서 등으로 구성되어 있다.

② 에어 밸브

흡입공기의 양을 바꿔 난기 중 엔진회전을 높게 하는 것이다. 에어 밸브 내 센서가 수온을 감지하여 밸브를 개폐하는 것으로 수온이 낮으면 밸브는 열리어 흡입공기가 트로틀 밸브를 바이패스하여 인테이크 매니폴드 내로 흡입되어 엔진회전을 높인다.

**Point**

에어클리너에 있는 엘리멘트를 떼어내거나 또는 흡입량이 많아 저항이 적은 에어 엘리멘트(스포츠 에어 엘리멘트) 등으로 교환한 경우에 흡입량의 증대 및 흡입압력의 변화로 인해 메이커 순정품의 컴퓨터 프로그램으로는 혼합기의 최적화를 꾀할 수 없어 미스 파이어를 일으킬 가능성이 있으므로 스파크 플러그의 소손상황을 확인한다.

**Point**

스포츠카 에어 엘리멘트에는 구입한 자가 엘리멘트에 특수한 유지(油脂)를 스며들게 하여 장착하는 타입이 있는데 유지가 너무 많이 스며들어 에어 플로 메터와 온도센서 등 센서 부분에 유지가 부착하여 정확한 정보가 컴퓨터에 전달되지 않아 엔진 부조화가 되는 경우가 있다. 소유자 등에게 교환시기와 정비상황 등을 청취하고, 스파크 플러그의 소손상황을 통해 미스 파이어를 일으키고 있는지 확인한다.

### (4) 전자제어식 제어계통

제어계통은 엔진의 상태를 감지하는 각 센서로, 각 센서로부터의 신호를 기초로 연료 분사량(분사시간)을 계산하는 컴퓨터로 구성되어 있다.

각 센서는 엔진의 부하상태, 냉각수 온도, 흡기 온도, 엔진회전수, 가감속 등의 주행 상태를 진기신호로 바꿔 컴퓨터에 보내고, 컴퓨터는 각 센서로부터의 신호를 기초로 인젝터 분사시간을 계산하여 인젝터를 작동시킨다.

① 에어 플로 메터

흡입공기의 양을 검출하고 이 신호를 컴퓨터에 보내는 것이다. 에어클리너의 출구에 설치되어 공기통로에 있는 플레이트가 흡입공기에 의해 열리며, 이 열리는 양이 포텐쇼 메터의 전압변화로서 검출된다. 또한 에에 플로 메터에는 흡입공기의 온도를 검출하는 흡기온도 센서와 연료펌프 스위치도 조합되어 있다.

② 버큠 센서

엔진의 흡기관 압력을 검출하여 그 신호를 컴퓨터에 보내는 것이다. 진공으로 유지된 센서 유닛 내에서 인테이크 메니폴드의 압력변화를 검출한다.

③ 트로틀 포지션 센서

트로틀 보디에 설치되어 있으며, 트로틀밸브의 개도(開度)로부터 엔진 상태를 검출하여 그 신호에 의해 컴퓨터가 연료의 증량 및 감속 시 연료의 감량을 하고 있다. 트로틀 포지션 센서에는 트로틀 밸브와 같은 축에 고정된 가이드 캠을 따라 움직이는 접점과 2개의 고정접점과의 On/Off로 개도를 검출하는 것과 트로틀밸브와 연동한 2개의 가동접점과 기판에 프린트된 저항체와의 접촉량으로 개도를 검출하는 것이 있다.

④ 기타 센서

전자제어식 연료분사장치의 제어계통에는 언급한 것 외에 냉각수 온도를 검출하는 수온센서, 배기관 내의 산소농도를 검출하는 $O_2$센서, 냉각수온이 낮을 때에 On이 되어 콜드 스타트 인젝터를 작동시키는 스타트 인젝터 타임 스위치 등이 있다

**Point**

전자제어식 연료분사장치 장착차량의 ECU 튜닝을 하는 경우가 있다. 이는 순정 차재품(車載品)의 컴퓨터 프로그램을 바꿔 써넣어 버리는 경우나 연료증감, 점화시기, 부스트 압력 등을 보조제어하는 서브 컴퓨터를 증설하는 것, 순정 컴퓨터에 접속하여 독자의 프로그램을 갖는 컴퓨터를 증설하여 엔진을 제어하는 것 등이 있지만, 이와 같이 개조한 경우에 이에 수반한 종합적인 튜닝이 필요하게 된다. 이러한 튜닝이 좋지 않은 경우에는 점화시기, 연료분사 시간의 맞지 않음 등으로 인해 미스파이어의 요인이 되어 애프터 파이어나 역화(逆火), 배기관 계통의 과열 등을 일으킨다.

**Point**

ECU 튜닝을 하지 않고 흡기계의 에어클리너나 배기계의 머플러를 대용량의 것으로 교환하면 ECU 프로그램과의 밸런스가 무너져서 엔진 부조화(저RPM 회전에서의 토크 부족, 가속페달 반응의 저하 등)로 인해 가속페달의 밟는 양이 커져서 미스 파이어나 역화의 요인이 된다. 배기관 출구에 미스파이어의 징후인 그을음이 다량으로 부착되어 있는가를 확인하고 스파크 플러그를 떼어내어 스손상황을 확인한다.

# 13 과급장치

### (1) 터보차저

터보차저는 배기가스의 에너지로 터빈을 회전시킴으로써 같은 축에 있는 컴프레서를 회전시켜 흡입공기를 압축하여 밀도가 높은 혼합기를 연소실에 보내 출력을 증대시키는 장치이다.

**그림 3.227 ▸** 터보차저 본체

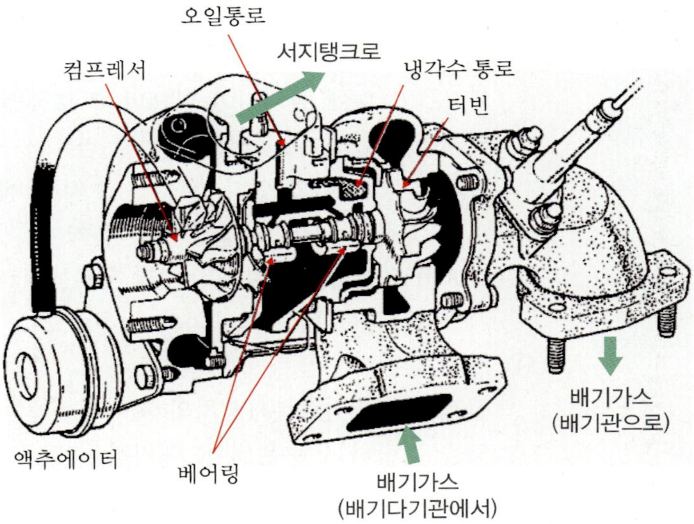


**그림 3.228 ▸** 터보차저 시스템

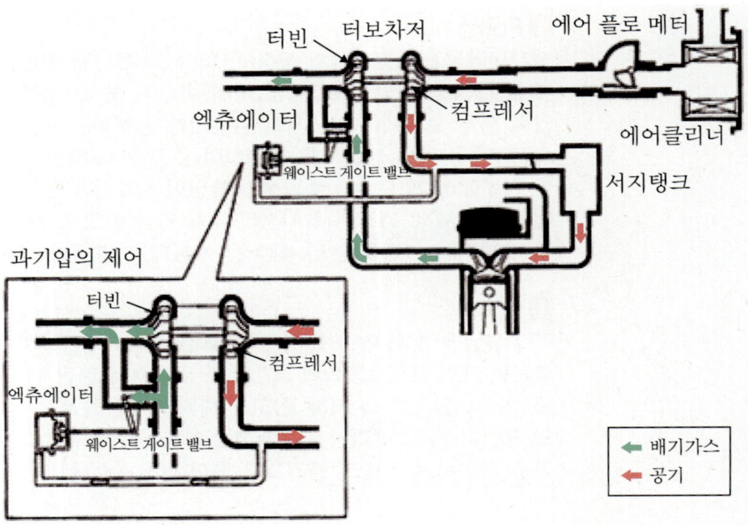

① 터빈과 컴프레서

터빈과 컴프레서는 같은 축에 설치되어 있어 배기 매니폴드에서 배출된 배기가스의 압력으로 터빈을 회전시킨다, 터빈이 회전하면 이에 따라 컴프레서도 회전하여 흡입공기를 더욱 보내 넣는다.

② 센터 하우징

터빈, 컴프레서의 샤프트를 지지하는 것이다. 하우징 속에는 고회전하는 샤프트의 진동 흡수와 눌어붙음을 방지하는 베어링을 윤활하는 오일공과 하우징 내 오일 통로의 온도를 낮추기 위해서 엔진냉각수를 순화시키는 통로가 설치되어 있다.

③ 액추에이터와 웨이스트 게이트 밸브

터보차저는 혼합기의 과급(過給)에 의해 고출력을 얻는 반면, 과기압(부스트 압)이 너무 높으면 엔진 각 부품이 연소에 견딜 수 없게 된다. 그래서 과기압이 설정치 이상이 되지 않도록 컨트롤하는 것이 액추에이터와 웨이스트 게이트 밸브이다.

과기압이 설정치를 초과하면 액추에이터가 작동하여 배기매니폴드에 설치되어 있는 웨이스트 게이트 밸브를 열어 배기가스의 일부를 터빈에 흘리지 않고 배출시킨다.

**Point**
터보차저는 배기압력을 직접 활용하고 있으므르 본체가 고열이 되므로 각종 오일이나 합성수지 성형품 등이 접촉하면 발화하여 출화한다. 배기메니폴드의 포인트와 마찬가지로 확인할 필요가 있다.

**Point**
센터하우징 내에는 터빈 및 컴프레서의 윤활, 냉각을 하기 위해서 엔진 오일이 순환하고 있다. 흡기측과 배기측의 하우징에 오일이 누설되지 않도록 시일(기밀)이 되어 있지만, 이 시일이 열화되어 오일이 배기 측에 누설되면 촉매장치, 머플러 등에서 발화한다. 흡기측에 누설되면 혼합기에 오일이 섞이어 미스 파이어가 발생하거나 하우징의 접촉부나 에어클리너 접속부 부근에서 오일이 누설되어 배기관 등에 접촉하여 발화한다.

**Point**
센터 하우징 내에 엔진 오일이 순환하지 않은 경우(오일 부족, 오일의 이상, 오일 열화, 오일공 막힘 등)에는 터빈 및 컴프레서의 베어링이 눌어붙어 정상 과기압이 얻어지지 않게 되어 미스 파이어를 일으켜서 엔진 부조화가 된다.

### (2) 슈퍼 차져

2개의 눈썹형 로터를 갖는 루트형 컴프레서를 크랭크축에서 드라이브 벨트를 개입하여 구동시켜서 흡입공기를 인테이크 메니폴드 내로 과급하는 것이다. 구동력은 전자클러치를 엔진 작동상태에 따라 저부하 시에는 Off, 고부하 시에는 On이 되도록 ECU가 컨트롤한다. 가속 시나 고속회전 시에 흡입공기를 압축하여 밀도가 높은 혼합기를 연소실에 넣어 보내 출력을 증대시키는 장치이다.

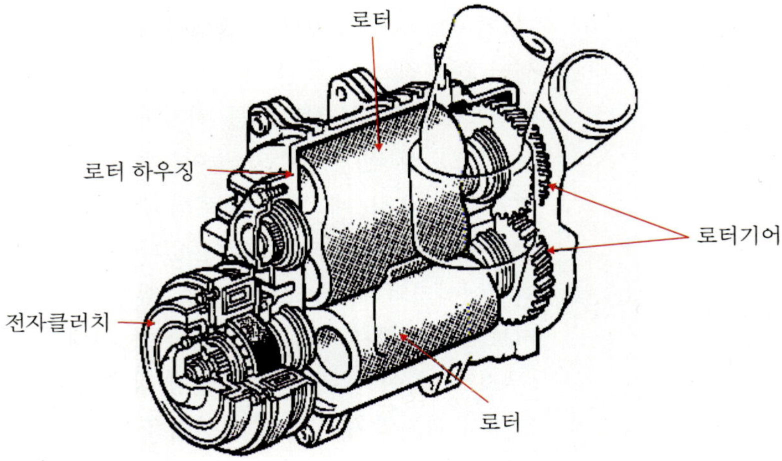


**그림** 3.229 ▶
슈퍼차저 본체

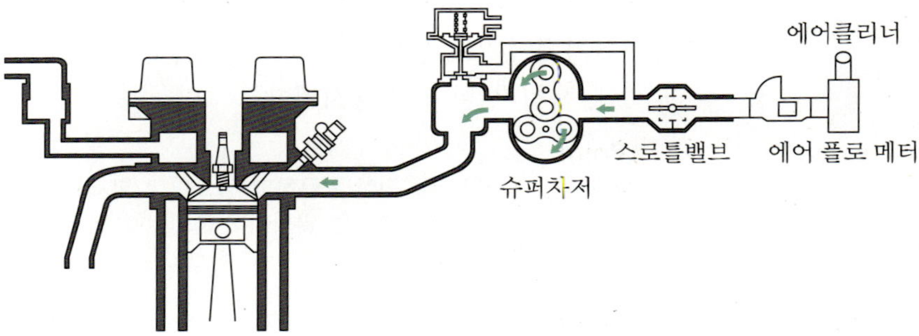


**그림** 3.230 ▶
슈퍼차저 시스템

① 슈퍼 차저 본체

2개의 눈썹형 로터와 하우징으로 구성되며, 로터는 같은 회전수로 역방향으로 회전한다. 흡입공기는 2개의 로터와 하우징 사이에 들어가 로터가 회전함에 따라 흡입측에서 토출측으로 보내지고, 이때 보내진 공기의 양이 실린더 용적보다 크기 때문에 인테이크 매니폴드 내의 압력이 높아진다.

② 전자클러치

엔진 컨트롤 컴퓨터에서 보내져 온 신호로 컨트롤한다. On 신호에 의해 클러치 스테이터(마그네트)가 자화(磁化)되어 클러치 풀리와 클러치 허브가 일체로 되어 크랭크축의 회전력을 로터 샤프트에 전한다.

③ 로터 샤프트와 로터 기어

로터 샤프트에는 구동용과 피구동용이 있다. 크랭크축의 회전이 구동용의 로터축을 회전하고 로터 기어를 개입하여 피구동용의 로터 축을 회전시킨다. 로터 기어는 2개 모두 같은 치수로 역방향의 회전을 한다.

④ 하우징

로터가 회전운동을 하는 실(방)이다. 알루미늄제로 흡입과 토출용의 닥트가 설치되어 있다. 또한 하우징 내의 압력변동에 의한 베어링용 그리스의 유출을 막기 위해 벤틸레이션 파이프를 설치하여 공기통로의 개폐를 ECU로 컨트롤한다.

**Point**

슈퍼 차저(드라이브 벨트를 포함한다)가 소손되어 록킹이 되어 있는 경우에는 로터 고착이나 베어링 파손 등이 고려될 수 있으므로 내부 확인이 필요하다. 풀리 벗김 등의 공구가 없는 경우에는 메이커 정비공장 등에서 감식한다.

### (3) 인터 쿨러

과급에 의해 압축된 공기는 온도가 상승한다. 가솔린 엔진에서 흡입공기의 온도상승은 노킹(이상연소)을 발생하는 원인이 되며, 과급에 의한 출력증가의 효과가 발휘될 수 없다. 인터 쿨러는 온도가 상승한 공기를 급기장치에 보내 섞기 전에 냉각하여 흡입공기온도를 내리는 것으로 노킹을 억제하고, 더 나아가 엔진의 압축비를 높게 할 수 있는 등 출력을 향상시킬 수 있다. 또한 인터 쿨러의 냉각방식에는 공기식과 수냉식이 있다.

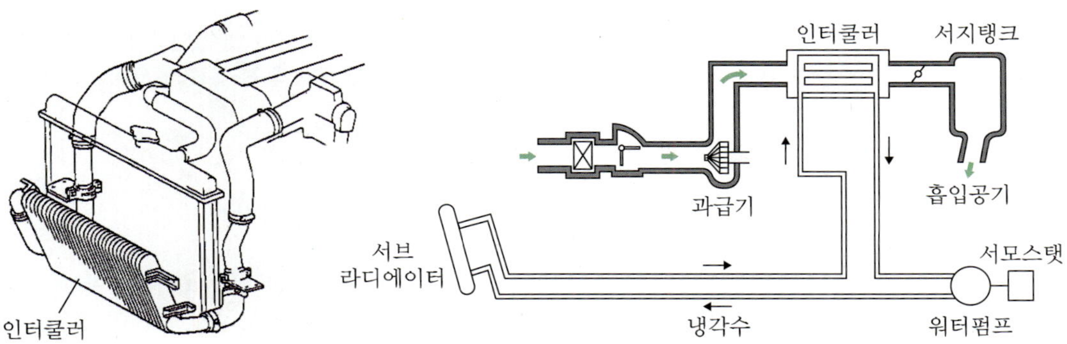


▲ **그림 3.231** 인터 쿨러의 구성(좌:공랭식, 우:수냉식)

① 공랭식 인터 쿨러

인터쿨러를 직접 외기에 닿게 하여 차량주행에서 얻어진 바람을 이용하여 흡입공기의 온도를 내리는 방식이다. 인터쿨러의 설치위치는 라디에이터의 앞이나 후드바르지 내 등 충분하게 풍속 및 풍량이 얻어지는 위치이다.

② 수냉식 인터 쿨러

인터쿨러 내에 냉각수를 순환시켜 흡입공기의 온도를 내리는 방식이다. 냉각수는 전용의 전동식 워터펌프에 의해 차량 앞부분에 놓여 있는 서브 라디에이터와의 사이를 순환한다. 인터 쿨러 내에서 뜨거워진 냉각수는 서브 라디에이터에 보내지고, 여기에서 엔진 팬 및 차량주행으로 얻어진 바람에 의해 냉각된다.

**Point**

인터쿨러가 유효하게 기능하지 않으면 흡입공기의 온도가 너무 높아지게 되어 미스파이어를 일으키는 경우가 있다. 공랭식의 인터쿨러이면 냉각용핀에 비닐봉지나 골판지 종이 등이 붙어 있지 않은가? 수냉식 인터쿨러이면 앞에 서술한 것 외에 서브 라디에이터 내의 냉각수가 부족된 것은 아닌지?를 확인한다.

## 화재사례 40 터보차저 화재[44)]

**화재개요**

야채를 가득 적재한 트럭 냉장차가 고속도로가 정체하여 저속주행을 계속하고 있는데 인근을 달리고 있던 차량의 운전자가 트럭 아래에서 흰 연기가 나오고 있다고 가르쳐 주어서 차량에서 내려 엔진부분을 들여다보니 화염이 분출하고 있었다.

**화재원인**

적재하중이 무거운 점과 컨테이너 내의 야채의 신선도를 내리지 않기 위해 차량 엔진을 이용한 냉장고용 컴프레서를 항상 회전시키기 위해 엔진 아이들링이 항상 높게 설정되어 있고, 컨테이너 내 야채를 내리기까지는 엔진이 멈추지 않게 사용하고 있기 때문에 터보차저 컴프레서 측의 오일시일이 경년사용에 의해 열화를 일으켜서 오일시일의 탄성이 없어졌다. 오일시일의 탄성 약화로 변형을 일으켜 틈새가 발생하여 윤활 및 냉각용 엔진 오일이 시일의 틈새에서 분출하였다. 분출된 엔진오일이 인테이크 측의 에어덕트 배관에 누설되어 합성수지제 플렉시블 커플링에서 누설, 낙하된 엔진오일이 고온 배기관에 접촉하여 발화한 것이다.

**참고지식**

**터보차저의 화재발생 요인**

터보차저의 화재는 다음 요인으로 발생하고 있는 사례가 많다.

1. 엔진오일 관리 부족

   열화된 엔진오일을 계속해서 사용하면 컴프레서 터빈 휠의 베어링이 윤활·냉각 부족에 의해 베어링이 마모하여 휠의 금속축에 흔들림이 발생하고, 이 영향을 받아 컴프레서 휠의 오일시일(고무제)이 변형하여 틈새가 생기므로 이 틈새에서 엔진오일이 분출하여 화재가 되는 것으로 추정된다. 열화된 엔진오일이나 금속 등의 이물이 들어간 엔진오일을 계속해서 사용하면 고열의 영향과 금속 등 이물의 충격을 베어링 및 금속이 계속 받으므로 회전불균형이 발생하고, 이 영향으로 오일시일이 변형하여 틈새가 생기므로 이 틈새에서 엔진오일이 분출하여 화재가 발생할 수 있다.

2. 운전자의 취급 부적절에 의한 터보차저 열화

   고속도로나 급경사 도로를 연속 주행한 후에 급히 차량을 정차시켜서 엔진을 정지하는 것과 같이 차량을 취급하면 터보차저가 가열된 채로 냉각되지 않으므로 부품의 열화가 진행한다. 이러한 원인이나 오일관리 부적절의 영향 하에 장기사용을 계속하고 있는 부품이 본체 고장을 일으켜서 엔진오일이 누출되어 화재를 일으키는 경우가 있다.

3. 엔진의 사용빈도가 격심한 차량에서의 오일시일의 열화
냉장차량과 같이 냉방용 컴프레서를 차량 엔진으로 겸용하고 있는 경우에 엔진 아이들링이 높게 설정되어 있다. 냉장차량은 항상 엔진을 켠 채로 사용하고 있어 컨테이너 내부의 상품을 전부 내릴 때까지는 엔진을 끄지 않는다. 이와 같은 차량에서는 터보차저 사용빈도가 많아지므로 터보 컴프레서 측 오일시일(고무제)의 탄성이 없어지고, 이 틈새에서 엔진오일이 누설되어 화재를 일으키는 경우가 있다.

**조사요령**

1. 목격상황을 조사한다.
인접차선을 주행 중인 운전자의 정보로 당해 차량의 운전자가 트럭 아래에서 흰 연기와 화염이 나오고 있는 것을 발견하고 있다.
2. 운전실을 들어 올려 엔진실을 볼 수 있도록 한다.
3. 엔진실을 조사한다.
운전실 아래에 붙여져 있는 방음재가 소손되어 있다.
캠축커버의 소손에 의한 변색을 보고 출하개소부근을 판정한다.
엔진실 아래에서 상부를 올려다보아 오일누설이나 심한 개소를 자세히 조사한다.
4. 터보차저를 조사한다.

(1) 터보차저에서 화재가 발생했다고 추정될 때에는 터보차저를 엔진실에서 떼어내서 감식한다. 터보차저는 엔진실 중에서 가장 온도가 높은 개소이므로 볼트 등의 눌어붙음이 일어나기 쉬워 분해하는 것이 곤란하므로 윤활유나 고(高)토크렌치를 준비할 필요가 있다.

(2) 터보차저를 감식하기 전에 터보차저가 연결되어 있는 흡기계통과 배기계통 배관의 소손상황을 조사한다.
흡기계통은 에어클리너로부터의 신선공기가 에어덕트를 통하여 터보챠저 컴프레서 하우징의 컴프레서 휠에 들어가 압력이 높여진 과기압이 서지탱크에서 각 실린더 속으로 보내지고 있다. 본래 흡기계통 배관에서는 통상 신선공기의 오염만이 남아 있을 것이지만 터보차저화재를 일으키면 터보차저의 베어링을 냉각하기 위한 엔진오일이 고무제 오일시일의 틈새로부터 흡기계 배관 내로 분출하여 누설되므로 합성수지제 가요성 커플링의 밴드체결부 틈새 등에서 누설하여 배기관계통에 접촉하여 발화하여 화재가 된다. 불타기 쉬운 합성수지제 덕트 등의 성형품은 소실하지만 소실하지 않고 남아 있는 오일필터나 에어 덕트의 금속부에 엔진오일이 달라붙거나 엔진오일이 소손된 그을음이 부착하여 남아 있는 경우가 많다. 이 엔진오일의 확산이 터보차저화재 발생 시의 특징이다.
흡기계통에 엔진오일이 역류하여 분출되는 이유는 베어링 냉각용 엔진오일 압력은 $3kg_f/cm^2$ 정도이나 흡기계통에 흐르는 공기 압력은 $1kg_f/cm^2$ 정도로 엔진오일 압력 쪽이 높기 때문이다.
배기계통은 실린더 내에서 연소한 배기가스가 배기관을 통하여 터보차저 터빈 하우징의 터빈 휠에 들어가 휠을 돈 배기가스는 촉매장치, DPF, 머플러를 거쳐 배기되고 있다. 배기계통은 상시 고온이므로 주철이나 강철과 같은 금속으로 만들어져 있고, 터보차저 내의 윤활 및 냉각용 엔진오일에 의해 화재가 일어난

다. 따라서 화재조사 시 배기배관을 감식하고, 화재발생상황을 확인하는 것이 필요하다.

▲ **그림 3.232** 엔진룸

▲ **그림 3.233** 에어필터와 배기관(에어필터는 엔진오일이 분출하여 소손되어 있고 배기관에 엔진오일이 부착되어 검은 얼룩이 있다.)

▲ **그림 3.234** 분리해낸 터보차저

44) 동경소방청, 신화조사교본 제4권 제1부 차량화재편, pp.146~150, 2000.

▲ **그림** 3.235 흡기측 임펠러 그을음과 흡기측 오일 오염

▲ **그림** 3.236 터보차저 분해(화살표는 엔진오일 소손흔적)

## 화재사례 41 터보차저 화재[45)]

**화재개요**

9월 20일 2:55경 57명을 태운 버스(등록 후 6.5년 경과)가 고속도로 고갯길 정상 부근을 90km/h 속도로 주행 중 갑자기 속도가 80km/h로 떨어짐과 동시에 변속기어가 자동으로 변속되므로 가속페달을 밟아 가속하려고 하였지만 가속되지 않아서 이상하다고 생각하고 사이드 미러로 버스 뒤쪽을 확인한바 뒤쪽 우측 사일런서 부근에서 화염과 연기를 나옴을 알고 200~300m 정도 주행하여 비상정차대에 긴급 정차하여 시동을 끄고 사이드브레이크를 채우고 승강문을 개방하여 승객을 피난유도시켰고, 내려서 버스 뒤쪽을 확인한바 머플러 위쪽 부근에서 불꽃이 분출하고 있었다.

**화재원인**

터보차저가 이물질의 영향으로 윤활불량이 되어 파손되고 파손부위에서 엔진오일이 유출되어 고온의 배기 또는 배기계통에 접촉하여 착화되고 화재가 발생하였다.

**조사요령**

1. 외부와 차실을 조사한다.
   차량 후부의 외판, 엔진룸 내, 2층 부분이 소손되었다.
   1층 좌석은 소손되어 있지 않지만 2층은 앞쪽 좌석까지 소손되어 있다.
2. 엔진실을 조사한다.
   (1) 엔진 좌측과 엔진 상부의 소손이 심하며, 특히 좌측면의 소손이 심하다.
   (2) 엔진 본체에 설치되어 있는 알루미늄제 부품(알터네이터 등)과 합성수지제 부품

(엔진헤드 커버 등)은 용손되어 있다.

(3) 터보차저의 컴프레서측 인테이크 덕트 일부는 용손(溶損)되어 있지만 컴프레서 하우징은 용손되어 있지 않다.

(4) 인터쿨러 흡입구가 용손되어 있지만 내부에 엔진오일은 없다.

(5) 엔진오일은 오일게이지로 계측한바 상한과 하한의 중간보다도 15cm 정도 위쪽에 있으며 소화수가 혼입되어 있다. 엔진오일의 정격용량은 25리터이고 중량계측법으로 계측한바 약 30리터가 남아 있어 화재로 약 5리터 소실되었다.

(6) 엔진 본체에 특이점이 없다.

(7) 좌우 터보차저는 인테이크 덕트 일부의 용손을 제외하고 본체에 외관상 이상이 없지만 모두 터보차저도 파손되어 있고 터보차저 샤프트는 회전하지 않으며, 우측 터보차저는 내부가 크게 파손되어 있으며 샤프트가 2개소 절손, 컴프레서측 및 터빈측 모두 휠이 하우징과 접촉되어 파손, 변형이 있고 컴프레서측 및 터빈측 각각의 휠은 임펠러 일부가 결손되어 있다.

(8) 소음기 입구 부근의 외측에 오일누설 흔적이 있고, 소음기 내부의 흡음재와 배기구에 그을음이 부착되어 있다

(9) 배기매니폴드에서 배기관 집합부를 거쳐 소음기에 이르는 뱀 배 모양의 배관 접합부에 오일누설 흔적이 있다.

(10) 뱀 배 모양의 배관에 비눗물을 칠해 가압한바 기포가 발생하므로 미소 틈새가 있는 것으로 여겨진다.

(11) 우측 터보차저는

- 컴프레서 하우징 내측에 컴프레서 휠과의 접촉흔이 있다.
- 컴프레서 휠의 날개는 컴프레서 하우징과의 접촉에 의한 결손과 접촉흔이 있고, 컴프레서 휠의 안쪽 측에는 파손된 피스톤 링에 의한 것으로 여겨지는 상처가 있다.
- 트러스트 슬리브의 컴프레서 휠과의 접촉면에는 샤프트의 움직임이 커진 후에 생긴 것으로 여겨지는 백플레이트와의 접촉흔이 있고, 트러스트베어링 측의 면에는 트러스트 와셔와의 접촉흔적과 트러스트베어링과의 접촉흔이 있다.
- 터빈 휠에는 터빈 하우징과의 접촉에 의한 날개의 파손이 있고 터빈 휠의 히트 시일드 측의 면에는 히트 시일드와의 강한 접촉흔적과 약 0.5mm 마모되어 있다.
- 샤프트는 터빈 휠 설치부와 플로팅 메탈(저널베어링) 부분 사이 2개소가 절손되어 있다.
- 터보차저측 접속부와 윤활용 오일 파이프 접속부 모두에 이물질의 흔적이 있다.
- 트러스트베어링은 3개소의 오일구멍 및 홈 부분이 이물질에 의해 막힘과 동시에 균열되어 있다. 또한 트러스트베어링의 트러스트와셔와의 접촉면이 약 1mm 마모되어 있다. 이물질은 액상실링재로 추정된다.
- 터빈 휠 측의 플로팅메탈(저널베어링)은 축방향으로 늘어나고 내측이 마모되고 완전히 파손되어 있다.
- 히트 시일드의 터빈 휠 측은 터빈휠과의 접촉흔이 있고 마모되어 있다. 또한 중심의 구멍은 샤프트가 흔들리며 회전하여서 확정되어 있다.

(12) 좌측 터보차저는

- 컴프레서 하우징 내측은 화염에 의한 흔적이 있다.
- 컴프레서 휠의 날개는 이물질에 의한 결손과 파손이 있다.

- 히트 시일드의 내측에는 엔진오일이 탄 흔적이 있다.

(13) 터보차저는 교환한 적이 없고 터보차저는 점검한 적이 없다.

▲ **그림 3.237** 좌우와 뒤쪽의 모습

▲ **그림 3.238** 우측 터보차저 휠의 모습

▲ **그림 3.239** 엔진오일 누유 흔적

▲ **그림 3.240** 엔진을 내려놓은 모습

▲ **그림 3.241** 우측 터보차저를 분해한 모습

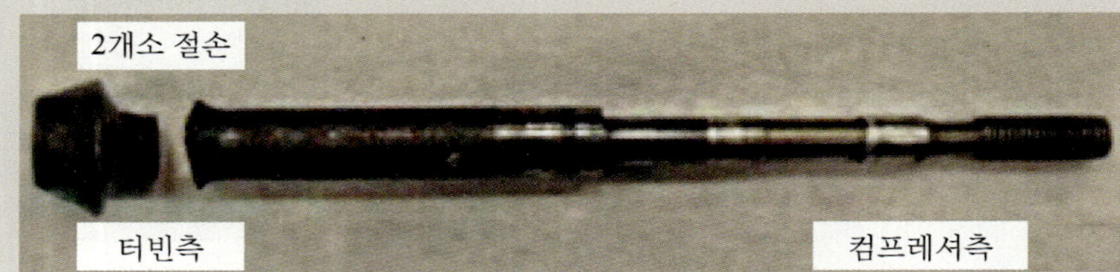


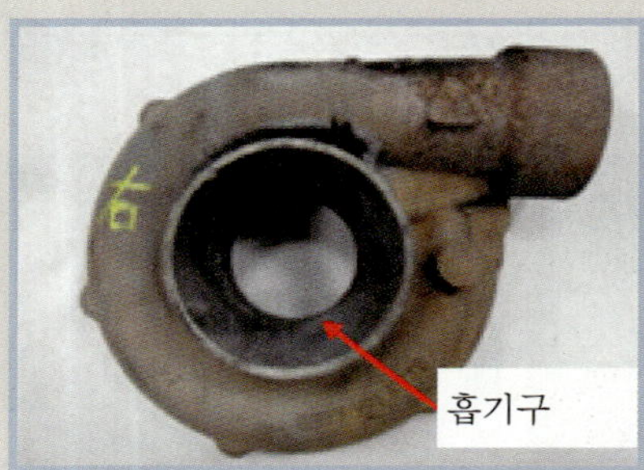


컴프레셔 하우징(흡기구측)

컴프레셔 하우징(내측)

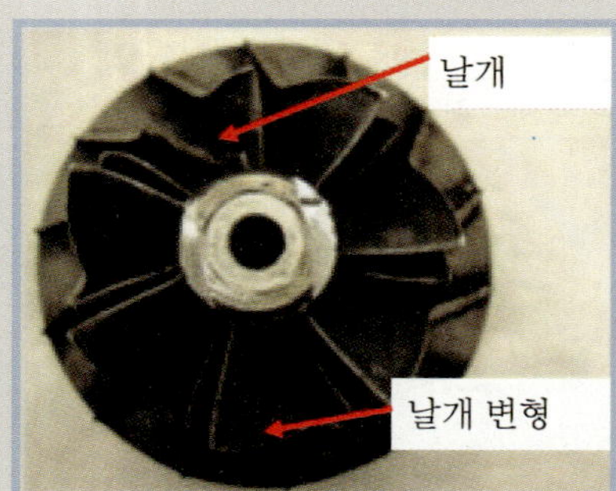

컴프레셔 날개

45) http://www.mlit.go.jp/jidosha/anzen/03analysis/resourse/data/20100629_002.pdf 요약 인용.

트러스트 슬리브(트러스트베어링측)

트러스트 슬리브(컴프레셔휠측)

터빈 휠

터빈 휠 안쪽

터빈 하우징

터빈 하우징 내부

우측 터보차저

좌측 터보차저

▲ **그림** 3.242 우측 터보차저 부품 모습

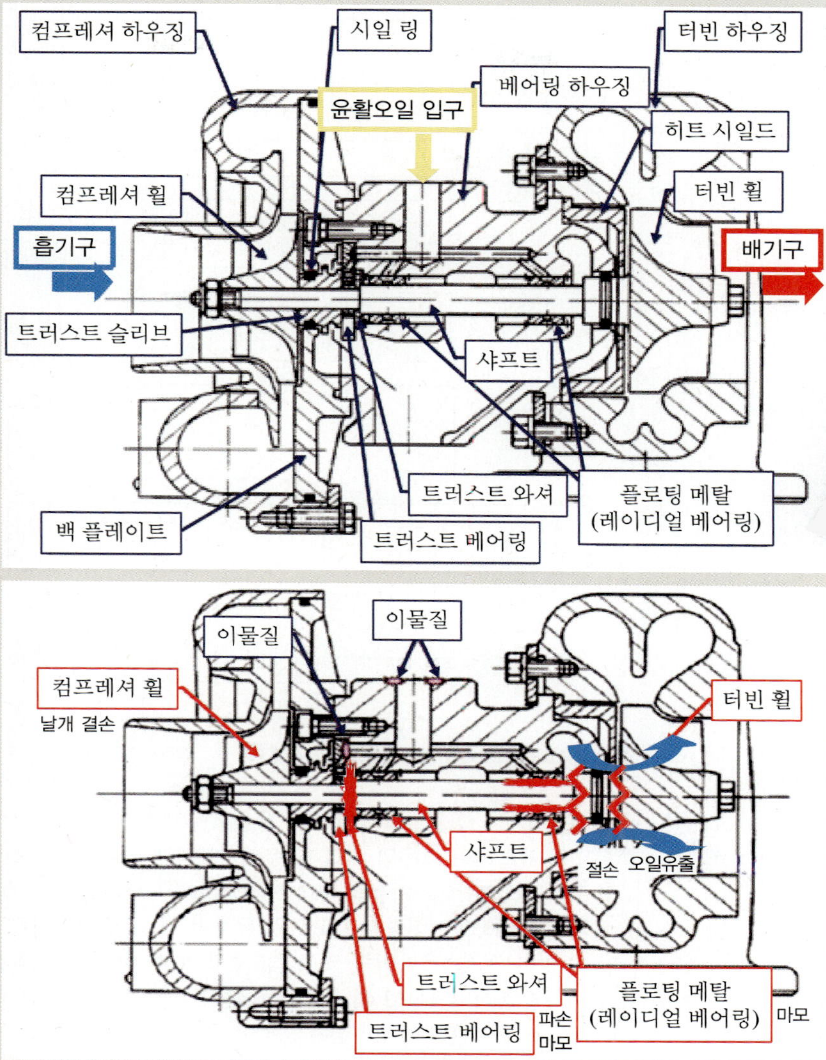


▲ **그림 3.243** 우측 터보차저의 소손상황

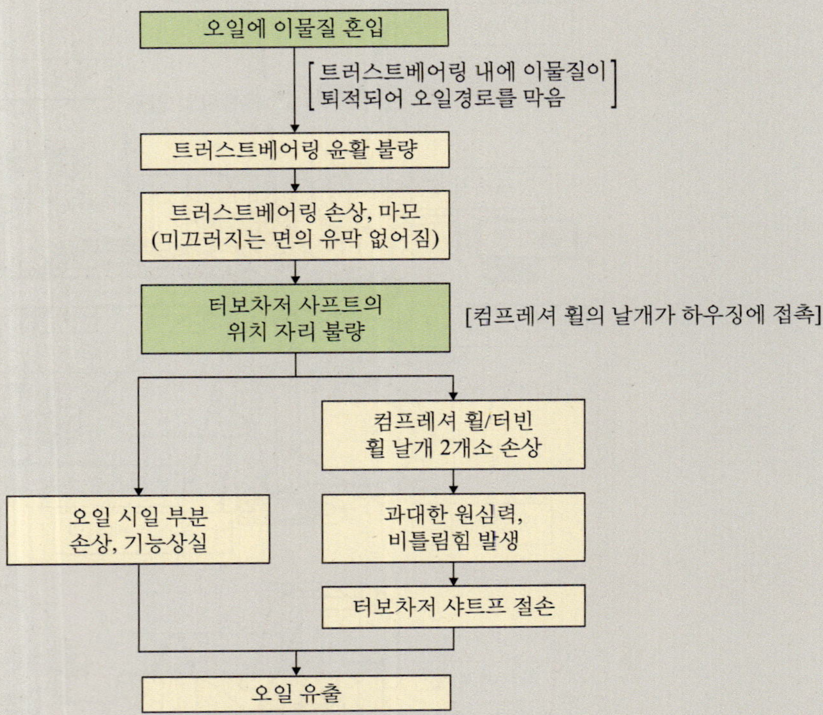


▲ **그림 3.244** 터보차저 파손에 이른 (추정) 프로세스

**터보차저 파손 프로세스 요약**

터보차저가 이물질의 영향으로 윤활불량이 되어 파손되고 파손된 부위에서 엔진오일이 유출하여 고온의 배기 또는 배기계통에 접촉되고 착화되어 화재가 발생한 것으로 추정되며, 터보차저의 파손은 액상 실링재로 추정되는 이물질이 엔진오일에 혼입되어 트러스트베어링부분의 오일 유로의 가느다란 부분을 막아 엔진오일 흐름이 방해 받아 트러스트베어링 와셔 접촉면과 와셔 사이에 직접 접촉이 일어나고 동 베어링이 마찰하여 샤프트의 위치 자리잡기를 할 수 없어 컴프레서 휠과 하우징이 접촉한 것으로 추정되며, 이 접촉 충격에 의한 힘 또는 접촉에 의해 동 휠의 날개가 손상되어 언밸런스가 된 것에 의한 힘에 의해 먼저 샤프트 파단이 일어나고 샤프트의 절손, 오일 시일부분의 파손 등이 있었던 것으로 추정된다.

## 화재사례 42 터보차저 화재[46)]

**화재개요**

3월 16일 심야에 승객 77명을 태운 버스(등록 후 6년 경과, 년간 16만 km 주행)가 고속도로 고갯길을 80km/h 속도로 주행 중 사이드 미러로 버스 뒤쪽에서 흰 연기가 나오는 것을 확인한 후 비상등을 켜고 5km를 주행하여 휴게소 주차장 빈 공간에 정차하였고, 흰 연기가 나오기 전에 등판차선을 주행하고 있던 차량운반차를 추월할 수 없었던 점을 통해 엔진 출력 부족을 느꼈지만 경고등 점등이나 이상한 소리 등은 없었다.

**화재원인**

주행 중 터보차저가 파손되어 파손부위에서 엔진오일이 유출되어 고온의 배기 또는 배기계통에 접촉하여 화재가 발생하였다.

**조사요령**

1. 외부와 차실을 조사한다.
   전소되었다.
2. 엔진실을 조사한다.
   (1) 엔진실 소손이 심하고, 특히 우측면의 소손이 심하다.
   (2) 엔진 우측면과 예열히터의 소손이 심하다.
   (3) 엔진 본체에 부착되어 있는 알루미늄제 부품(알터네이터 등)은 용손되어 있고, 우측의 터보차저는 파손됨과 동시에 용손되어 있다.
   (4) 인터 쿨러는 흡입구가 용손되어 있지만 본체는 남아 있고 내부에는 엔진오일이 들어가 있다.
   (5) 오일게이지로 계측한바 오일팬에는 엔진오일이 없다. 또한 휴게소 입구에서 정차장소까지 노면에는 엔진오일이나 연료가 누설된 흔적은 없다. 엔진오일 잔량 계측을 한 결과, 오일팬 안에는 엔진오일이 8.8리터 물이 10.2리터, 인터쿨러 내에는 엔진오일이 8.8리터, 물이 0.2리터 들어 있다.
   (6) 엔진 본체에 특이점이 없고, 각 실린더에는 이상연소흔적이 없고 양호하다.
   (7) 우측 터보차저는 컴프레서 하우징 및 컴프레서 휠은 파손됨과 동시에 용손되어 있다. 샤프트는 일부 휘어져 있고 컴프레서 휠을 고정하는 부근이 절손되어 있다. 또 터보차저의 윤활용 오일파이프 설치 시일부분에서 가스켓과의 접촉이 좋지 않아서 일부에 녹이 있고 조임이 불충분하다. 샤프트의 베어링인 저널 베어링은 내외면이 거칠다. 좌측 터보차저도 용손되어 있지만 일부가 잔존하고 있고 변형이 있다.
   (8) 인터쿨러 안에는 엔진오일이 유입되어 있다.
   (9) ECU는 소손되어 있어 기능 확인이 어렵다.
   (10) 예열히터는 외관상 소손이 심하지만 내부에 이상이 없으며 배기구 부근에 이상연소를 한 흔적이 없다. 화재사고 발생 시의 파이로트 램프 상태를 통해 스위치는 들어가 있지 않았던 것으로 여겨진다.
   (11) 우측 터보차저는
      - 컴프레서 하우징 및 백 플레이트는 화재 영향으로 용손되어 있으며 컴프레서 휠은 소손되어 있다.
      - 터빈 휠의 임펠러에는 터빈 하우징과의 접촉흔이 있다.
      - 샤프트는 컴프레서 휠 측의 끝부분에서 약 55mm 위치의 둘레방향으로 파손된 상황이며, 파단개소는 샤프트의 형상변화부분이 아니고 대략 컴프레서 휠의 디스크 면에 상당하는 위치이다. 파단부분은 전체적으로 매끄러운 양상을 띠고 있지만 균열의 단차부분이 있으므로 이 단차부분이 최종적으로 파단 된 개소로 볼 수 있다.
        주사형전자현미경으로 파단면을 관찰한 결과, 파단의 기점측 및 진전역으로 여겨지는 관찰위치 모두 파단면의 손상이 심하고 균열 발생이나 진전을 나타내는 특징적인 양상은 관찰되지 않지만 최종파단부로 여겨지는 관찰위치에는 연성파괴의 특징인 딤플패턴이 관찰되므로 최종파단역으로 여겨진다. 또한 파단면은 샤프트의 파단면 근방 전역에서 우측에서 좌측으로 한 방향에 조직

유동이 관찰되고 파단면 근방은 소성변형을 받은 양상이 관찰된다. 금속조직학적으로는 sorbite 조직이며, 구조용합금강의 조질(調質) 처리[47] 후의 일반적인 조직상태이다. 또한 샤프트에는 컴프레서 측의 저널베어링과의 접촉흔으로 보이는 노란 금속의 흔적이 있다.

- 2개의 저널 베어링은 모두 오일공(孔)이 막혀 있으며 오일공 주변에는 균열이 있다. 우측 터보차저의 손상품과 좌측 터보차저 미손상품에 대해 각 부위의 치수 계측을 한바 손상품의 저널베어링 내경 치수가 미손상품에 비해 0.1mm에서 0.7mm 정도의 차이가 있다.
- 터보차저 측 접속부 표면(외측)에 오렌지색 및 갈색의 이물질 흔적이 있다. 이 물질의 성분분석을 한 결과, 구성성분은 활석(talc)[48]과 무기화합물로 추정된다.

(12) 좌측 터보차저는

- 컴프레서 하우징은 화재 영향으로 파손되어 있다.
- 컴프레서 휠의 임펠러는 화재의 고온에 의한 손상과 컴프레서 하우징과의 접촉흔이 있다.
- 백 플레이트는 화염에 의해 용손되어 있다.
- 트러스트 슬리브는 트러스트 와셔와의 접촉면에 손상이 있다.

(13) 터보차저는 교환한 적이 없고 터보차저는 점검한 적이 없다.

▲ **그림 3.245** 외부 모습

▲ **그림 3.246** 우측 터보차저

▲ **그림 3.247** 우측 터보차저 분해 모습

▲ **그림 3.248** 저널베어링 안쪽 면의 마모와 샤프트 절손된 부분의 모습

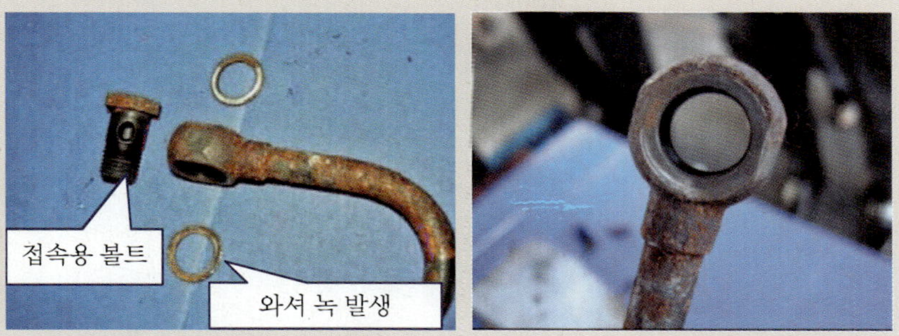


▲ **그림 3.249** 윤활용 오일 파이프

---

46) http://www.mlit.go.jp/jidosha/anzen/03analysis/resourse/data/20100629_001.pdf 요약 인용.

47) 강(鋼, 순철과 탄소의 합금)을 일정온도 이상으로 가열한 다음 빠르거 냉각하는 열처리를 담금질(quenching)이라고 하며 가열 후의 빠르게 냉각시키면 경도(硬度)가 높아지지만 취성(脆性)이 있는 단점이 있다. 경도가 높아진 강을 적당하게 낮은 온도로 가열하면 높은 경도는 그대로 유지하고 취성을 제거할 수 있으며 이러한 공정을 '뜨임(tempering)'이라고 한다. 뜨임은 강인한 쇠를 만들기 위해서는 담금질 다음으로 꼭 필요한 연속 공정이며 담금질-뜨임공정을 'QT'(Quenching & Tempering)라고 하고 한자어로 조질(調質)처리라고 한다.

▲ **그림 3.250** 인터쿨러

▲ **그림 3.251** 소음기 분해 모습(흡음재에 그을음, 오일이 부착되어 있다.)

▲ **그림 3.252** 우측 터보차저 손상 상황

베어링 하우징

터빈 휠과 샤프트

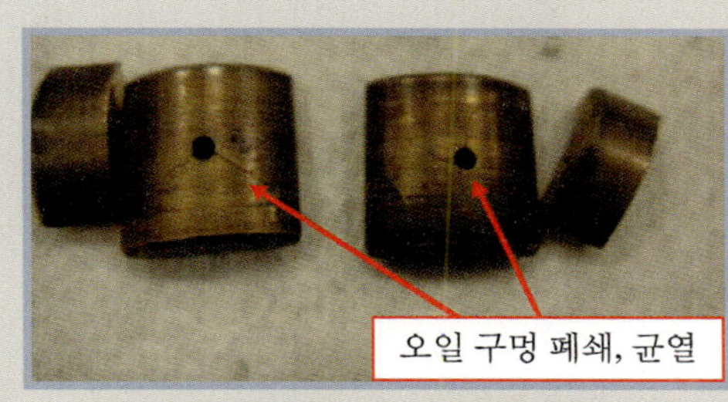


플로팅 메탈(조사를 위해 절단함)

샤프트

▲ **그림** 3.253 우측 터보차저 부품의 모습

---

48) talc는 활석(滑席), 운모라고도 부르는 수산화마그네슘과 규산염으로 된 광물이다. 가는 가루로 하여 감마제(減摩劑), 약품, 화장품, 방적(紡績) 등에 이용된다.

주사형전자현미경에 의한 관찰

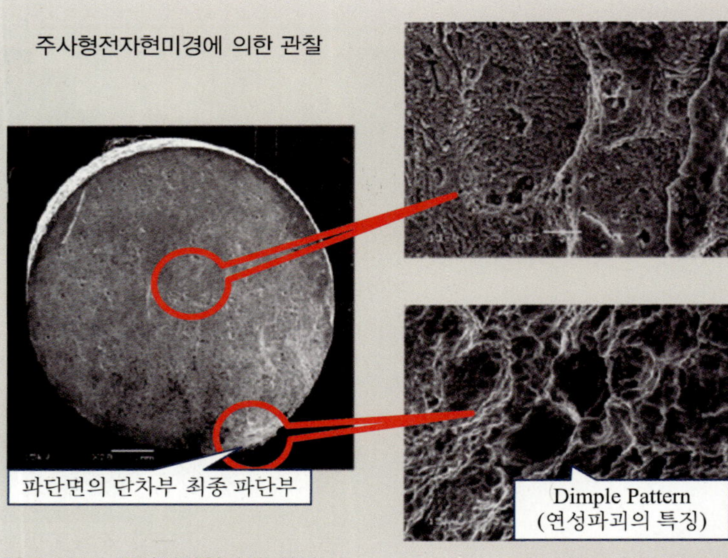


▲ **그림 3.254** 주사전자현미경 사진

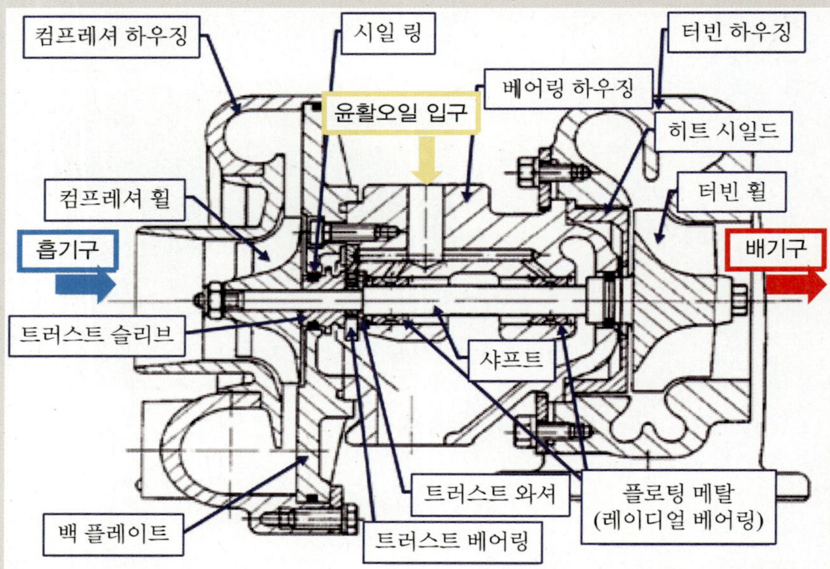

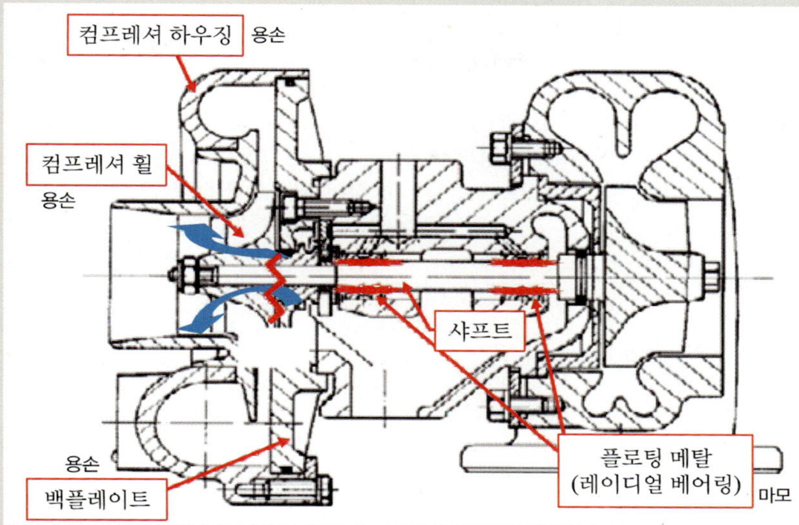


▲ **그림 3.255** 우측 터보차저 손상 상황

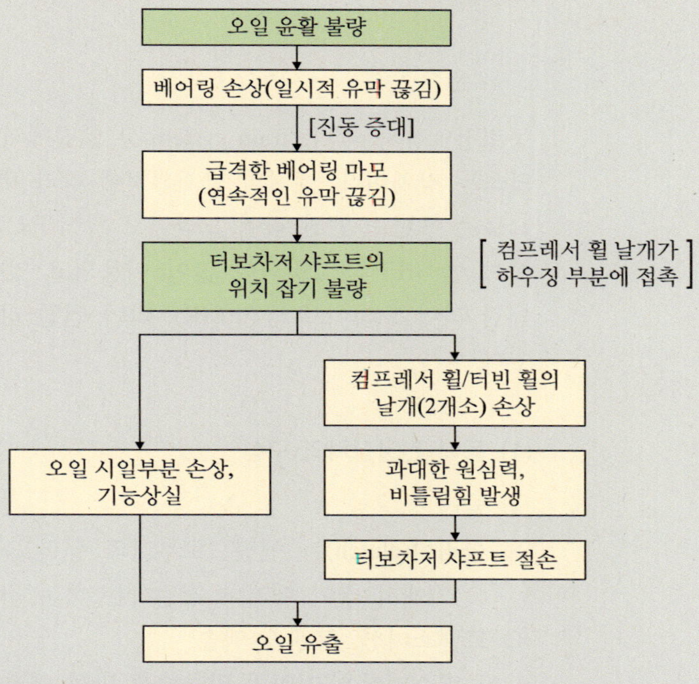


▲ **그림 3.256** 터보차저 파손에 이른 프로세스

**터보차저 파손 프로세스 요약**

터보차저 샤프트 파단은 주사전자현미경에 의한 단면해석에서 피로파괴가 아니고 연성(延性)적인 파괴이며, 샤프트 파단면 근방 전역에 축직각 1방향에 조직활동이 관찰되는 점으로부터도 반복응력이 부하된 파괴가 아니고 비교적 큰 힘에 의해 급속히 파단된 것으로 추정되며, 샤프트 파단개소는 축경 변화가 있는 곳이 아니고 컴프

레셔 휠의 디스크면 위치의 근방인 점으로부터 컴프레서 휠이 손상 등에 의해 축 주위의 회전 밸런스가 불균일하게 되어 급속히 파단된 2차적인 손상으로 추정되며, 터보차저 샤프트에는 저널베어링과의 접촉흔으로 보이는 흔적이 있고 저널베어링이 마모되어 내경이 확대되어 있는 점으로부터 샤프트와 그 베어링인 저널베어링의 사이에 직접적인 접촉이 있었던 것으로 추정되며 사용상태에서 이 직접 접촉이 발생하여 마모가 진행되어 틈이 커지고 진동 커짐 등이 일어났을 가능성이 있고, 진동 커짐은 어느 상태를 넘을 때 급격히 진행하므로 마모가 증대되어 샤프트의 위치 자리 잡음이 한계치를 벗어나 컴프레서 휠 또는 터빈 휠과 각각의 하우징이 접촉했을 가능성이 있고 이 접촉에 의한 충격 또는 접촉에 의한 컴프레서 휠 손상, 파괴의 언밸런스에 의해 터보 축 절손, 터보 축 오일 시일부분 파손 등으로 연결되었을 것으로 추정된다.

## 14 동력전달장치

동력전달장치(power train system)는 엔진에서 발생한 동력을 타이어에 전달하는 장치이다. 엔진의 탑재위치에 따라 몇 가지로 분류되지만 일반적으로는 프런트 엔진 리어 드라이브 방식(FR)과 프런트 엔진 프런트 드라이브 방식(FF)의 2방식이 많이 이용되고 있다. 그밖에 미드십(mid-ship) 엔진 리어 드라이브 방식(MR), 리어 엔진 리어 드라이브 방식(RR) 등이 있다.

### (1) 동력 전달장치의 구성

① 클러치

클러치(clutch)는 엔진으로부터의 동력을 트랜스미션(transmission, 변속기)에서 끊어 떼거나 전달하는 하는 장치이다.

② 트랜스미션, 트랜스 액슬

트랜스미션은 기어의 맞물림을 바꿔 엔진으로부터의 회전수를 바꾸는 장치이다. 트랜스 액슬(trans axle)은 트랜스미션과 디퍼렌셜(differential) 기구를 하나의 케이스에 넣은 것으로 FF차량 등에 이용되고 있다. 또한 기어의 맞물림을 자동으로 바꾸는 오토매틱 트랜스미션이나 오토매틱 트랜스 액슬이 있다.

③ 프로펠러 샤프트

추진축(propeller shaft)은 트랜스미션으로부터의 동력을 디퍼렌셜(차동 기어)에 전달하는 장치이다.

④ 디퍼렌셜

트랜스미션으로 변속된 회전을 더욱 감속하고, 또한 동력의 전달방향을 직각으로 나눠 액슬 샤프트(axle shaft) 또는 드라이브 샤프트(drive shaft)에 전달하는 역할과 자동차가 코너링을 할 때에 좌우 타이어에 회전차를 주어 부드러운 주행을 시키는 역할을 하는 장치이다.

⑤ 액슬 샤프트, 드라이브 샤프트

디퍼렌셜로부터의 동력을 타이어에 전달하는 장치이다.

### (2) 클러치

클러치는 엔진과 트랜스미션 사이에 있으며 클러치 페달의 조작에 따라 엔진의 동력을 트랜스미션에 끊어 떼거나 전달하는 장치이다. 클러치는 주로 트랜스미션의 기어를 바꿀 때에 동력을 일시적으로 끊어 떼어 기어에 부담이 걸리지 않도록 하는 역할이 있다. 마찰식 클러치는 엔진의 플라이휠에 클러치 디스크(마찰판)를 밀어붙여 그 때의 마찰력으로 엔진의 동력을 트랜스미션에 전달한다. 유체식 클러치는 엔진의 동력을 오일의 흐름으로 바꿔서 트랜스미션에 전달한다. 오토매틱 트랜스미션의 토크 컨버터로서 많이 이용되고 있다.

**그림 3.257** ▶ 클러치의 배치

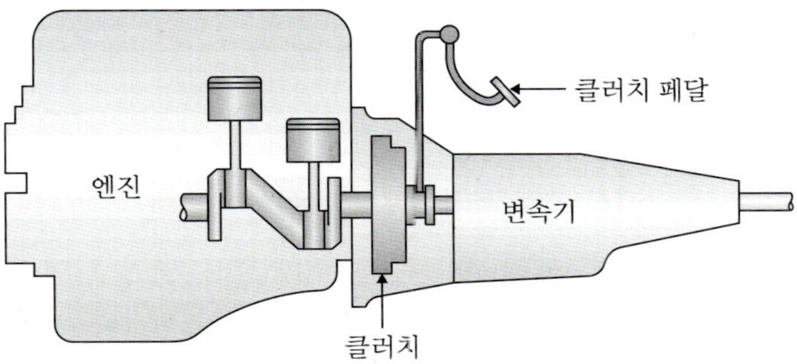


**! Point**

유압식 클러치에는 당연히 오일이 사용되고 있으므로 배관 등에서 오일이 누설되어 고온의 배기관 등에 접촉하면 화재로 이어질 수 있다. 소유자 등으로부터 클러치 페달의 상태(갑자기 밟는 힘이 가벼워졌음)나 클러치의 끊어지는 상태의 변화 등을 청취하여 누설개소 및 발화개소를 확인한다.

**Point**
클러치를 강화클러치 또는 메탈클러치 등으로 교환하면 플라이휠과 클러치를 접속할 때에 큰 충격이 발생하여 강화되어 있지 않은 플라이휠(특히 순정품을 깎아서 경량화하고 있는 것에서) 및 트랜스미션 본체는 본래보다도 차량 전체에 충격이 전달되므로 각 부분 오일배관 및 연료배관 접속개소의 균열, 파손으로 연결되어 오일 누설 및 연료누설을 유발할 가능성이 있다.

### (3) 트랜스미션

트랜스미션은 차량 주행상황에 따라 기어의 맞물림을 바꿔 엔진으로부터의 회전수나 힘을 변환하여 구동륜에 전달하는 장치이다. 자동차가 발진할 때에 언덕을 오를 때 등에는 구동륜에 힘을 발생시키고, 고속주행에서는 구동륜을 고회전시키고 또는 후진할 때에는 구동륜을 역회전시킨다.
트랜스미션의 조작기구에는 주로 변속기어를 선택하기 위한 시프트기구와 기어의 맞물림을 부드럽게 바꾸기 위한 메쉬 기구가 있다.

**Point**
트랜스미션 및 트랜스 액슬 안에는 변속기오일이 들어있으므로 엔진본체 및 드라이브 샤프트와의 접촉부 등에서 오일누설을 확인한 경우에는 배기관이나 머플러 등에 오일이 접촉하고 있지 않은가를 확인함과 동시에 오일 레벨 게이지 등으로부터 오일의 양과 질을 확인한다.

**Point**
오토매틱 트랜스미션 안에는 ATF(Automatic Transmission Fluid)가 들어 있다. ATF의 레벨측정은 엔진을 시동하여 트랜스미션 안이 가압상태에서 하므로 엔진정지 시 레벨 측정을 하면 레벨게이지의 규정위치보다 높아진다. 규정치 내 또는 그 이하이면 오일누설을 일으키고 있을 가능성이 있다. 또한 ATF는 고온이어서 오일 쿨러가 차량 앞쪽에 설치되어 있으므로 오일배관의 접속부나 외력에 의해 손상된 오일 쿨러 등으로부터 오일누설을 일으키는 경우가 있다.

### (4) 프로펠러 샤프트

프로펠러 샤프트는 FR(프런트 엔진 리어 드라이브)차량에서 트랜스미션으로부터의 동력을 디퍼렌셜에 전달하는 연결장치이다. 또한 노면의 요철이나 차체의 하중 변화 등으로 항상 상하, 전후로 움직이고 있는 디퍼렌셜과의 연결하는 각도나 길이의 변화 등에 따르면서 동력을 전달한다.
샤프트부분은 중량이 가볍고 뒤틀림, 굽힘에 강한 중공(中空) 강관이 사용되며 그 양단에 유니버설 조인트(universal joint)가 설치되어 있다. 유니버설 조인트는 프로펠러 샤프트의 연결각도 변화에 대응하여 동력을 원활하게 전달하는 커플링으로 구조가 간단하고 동작도 확실하므로 널리 이용되고 있다.

**Point**
트랜스미션 및 디퍼렌셜의 샤프트 섭동부에는 오일 시일이 설치되어 있어 트랜스미션 오일 및 디퍼렌셜 오일의 유출을 방지하고 있다. 어떤 요인으로 시일에 균열이 생기면 오일은 누설되고 샤프트의 회전으로 인해 오일이 주위에 비산하여 배기관 등에 접촉하여 출화한다.

### (5) 디퍼렌셜

디퍼렌셜(차동기어)은 트랜스미션에서 변속된 회전을 더욱 감소하여 구동력을 크게 하는 역할과 동력의 전달방향을 좌우로 나눠 동력축에 전달하는 역할, 차량이 코너링을 할 때에 좌우의 구동축에 회전차를 주어 부드럽게 주행시키는 역할을 갖는다.

### (6) 액슬

액슬(Axle, 차축)은 차량 중량을 지지하는 역할과 엔진으로부터의 동력을 타이어에 전달하는 역할이 있다. 프런트 액슬(front axle)은 차량 중량을 지지하는 역할을 하고 양쪽 끝에 조향을 하기 위한 스티어링 너클(steering knuckle)이 설치되어 있다. FF차량이나 4WD차량은 차량중량을 지지하는 외에 엔진으로부터의 동력을 타이어에 전달하는 역할은 한다. 리어 액슬(rear axle)도 프런트 액슬과 마찬가지로 차량중량을 지지하는 역할을 하고 FR차량이나 4WD차량은 차량중량을 지지하는 외에 디퍼렌셜로부터의 동력을 타이어에 전달하는 역할을 한다.

**Point**
휠에 뒤틀림 등이 발생하면 액슬에 있는 이너 베어링 및 아웃터 베어링이 덜컹거려 차축의 중심이 일치하지 않게 된다. 중심이 틀려지면 브레이크 드럼과 라이닝이 접촉하여 과열하므로 주위에 있는 더스트 부츠나 브레이크 배관에 영향을 준다. 주위의 소손 상황을 확인한 후 액슬을 분해하면서 감식을 한다.

### (7) 4WD(4 Wheel Drive : 4륜구동)

4륜에 구동력을 주는 것으로 험한 도로 등의 주행을 가능하게 한다. 4WD에는 파트타임(part time)식과 풀 타임(pull time)식이 있다. 파트 타임식은 2WD와 4WD 2종류의 주행패턴을 갖고 있는 것으로 트랜스퍼(transfer) 조작에 의해 어느 한쪽을 선택하고, 플 타임식은 상시 4륜에 구동력을 주는 것으로 비스커스 커플링(viscous coupling)이나 다판클러치 등을 사용하여 전후륜에 토크 전달을 한다.

비스커스 커플링 방식은 얇은 다수의 플레이트와 고밀도 실리콘 오일로 구성된다. 출력 샤프트를 붙인 케이스와 일체로 회전하는 바깥쪽 판(outer plate)과 입력 샤프트와 일체로 회전하는 안쪽 판(inner plate)이 교대로 조립되고, 안쪽 판은 축방향으로 전후로 움직일 수 있도록 되어 있으며, 케이스 내부는 실리콘 오일과 소량의 공기가 채워져 있다. 출력측과 입력측에 회전차가 생기면 양 플레이트에서 내부의 실리콘 오일이 전단(剪斷)되며, 유체클러치 원리에 따라 회전수가 적은 쪽에 많은 토크가 전달된다. 또한 큰 회전차가 생기는 경우에는 실리콘 오일의 온도가 상승하여 내부 압력이 높아져서 전달토크가 증가하므로 안쪽 판(inner plate)이 실리콘 오일에 밀려 바깥쪽 판(outer plate)과 밀착하여 직결상태가 되어 동력 분배가 전후 균등하게 된다.

다판클러치 방식은 복수의 클러치 플레이트와 클러치 디스크를 교대로 조합하고, 이들을 압착했을 때의 마찰력에 의해 회전 단속을 하는 것으로 기본적인 고려방법은 다판 클러치와 다르지 않다. 다판 클러치는 유압에 의해 작동하므로 유압원을 갖고 있는 자동변속 차량에 채용되는 경우가 많으며, 주행상태나 노면상황에 따라 컴퓨터(ECU) 제어로 전후에 미세한 토크 배분을 할 수 있다.

### 화재사례 43 4륜구동 차량의 화재[49)]

**화재개요**

승용차가 고속도로를 주행 중에 뒤 차량이 경적을 울려서 뒤를 보니 자신의 차량 뒤에서 흰 연기가 나오고 있었다. 차량을 세워 차량 하부를 들여다보니 디퍼렌셜 부근에서 흰 연기와 화염이 나오고 있는 것을 발견하였다.

**화재원인**

전륜 후륜의 타이어 외경이 다른 상태로 고속도로에서 연속 고속운전을 계속하여 비스커스 커플링이 험프(hump)현상[50)]에 의해 오차동(誤差動)을 계속하여 디퍼렌셜 기어의 마찰열에 의해 디퍼렌셜 기어 박스가 발열하여 내부의 기어오일이 블리자드 밸브(blizzard valve)에서 외부로 분출하여 과열되어 있는 디퍼렌셜 기어 박스의 외부 케이스에 접촉하여 발화하여 화재가 발생하였다.

**조사요령**

1. 운전자로 정보를 조사한다.
   (1) 차량 디퍼렌셜이 흰 연기를 내고 타고 있는 것을 확인하고 있다.
   (2) 차량 소유자는 고향에 가기 위해 타이어 4개를 스노타이어로 교환하려고 하였지만 전륜부분은 타이어 공간 나오지 않아 후륜의 타이어 사이즈보다 작은 사이즈의 레이디얼 타이어로 하였다. 이 때문에 전륜과 후륜은 타이어 직경이 달라서 되어 타이어 원주차가 발생하고 있었다.
2. 차량 하부 디퍼렌셜부근이 소손되어 있다. 디퍼렌셜은 화재에 의해 하얗게 변색되어 있으며, 그 상부의 브레이크 배관이 소손되어 있다.
3. 디퍼렌셜 케이스를 떼어내고 내부를 확인하니 디퍼렌셜의 링 기어가 마모하여 하얗게 변색되어 있으며, 또한 내부의 기어유가 소손되어 차색으로 변색되어 있다. 변색된 기어유 속에는 디퍼렌셜의 사이드 베어링을 누르는 금속 플레이트 와셔가 조각조각 부서져 남아 있다.

▲ **그림 3.258** 화재발생 차량과 소손된 디퍼렌셜

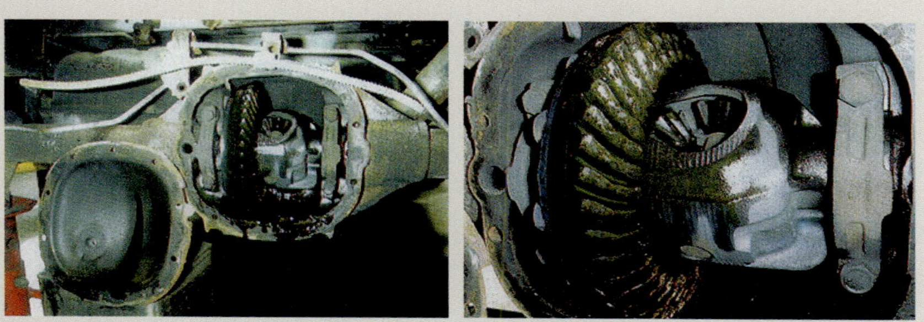

▲ **그림 3.259** 디퍼렌셜 내부와 마모된 링 기어

▲ **그림 3.260** 소손된 기어 오일과 파손된 플레이트 와셔의 파편

**참고지식**

1. 차량의 동력전달

   4WD 차량은 전후의 회전차이를 프런트 디프렌셜로, 후륜의 회전차이는 리어 디프렌셜로 흡수하고, 또한 전후륜의 회전차이는 센터 디퍼렌셜로 제어하는 것이 종래에는 일반적이었다. 위 화재사례의 차량은 센터 디퍼렌셜 대신에 전후륜의 회전차에 대응할 수 있도록 트랜스퍼 내에 비스커스 커플링을 이용하여 전후륜에 동력배분을 하고 있는 4WD 차량이며, 현재 많은 차종에서 채용되고 있는 방식이다.

---

49) 동경소방청, 신화조사교본 제4권 제1부 차량화재편, pp.162~164, 2000.

50) 비스커스 커플링 특유의 현상으로, 좌우륜의 회전수 차이가 커지면 비스커스 커플링 내의 실리콘 오일이 플레이트에 의해 심한 전단을 받기 때문에 오일 온도가 상승하여 (실리콘 오일이 팽창) LSD(limited slip differential) 토크가 급격히 상승하는 현상을 말하며, 험프현상이 발생하면 이너 플레이트와 아우터 플레이트가 직결(디퍼렌셜 로크)상태가 된다.

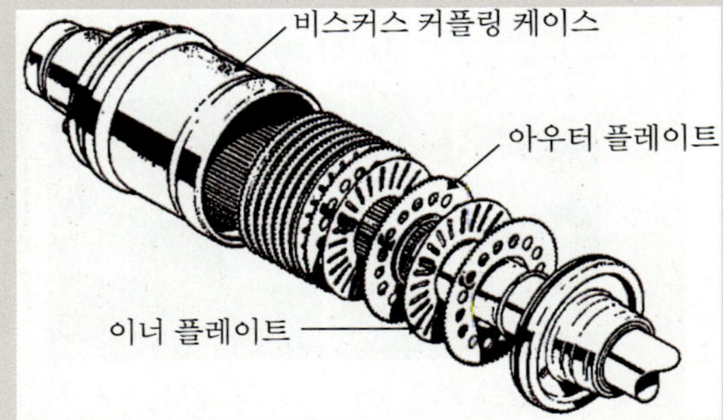


▲ **그림 3.261** 비스커스 커플링의 구성

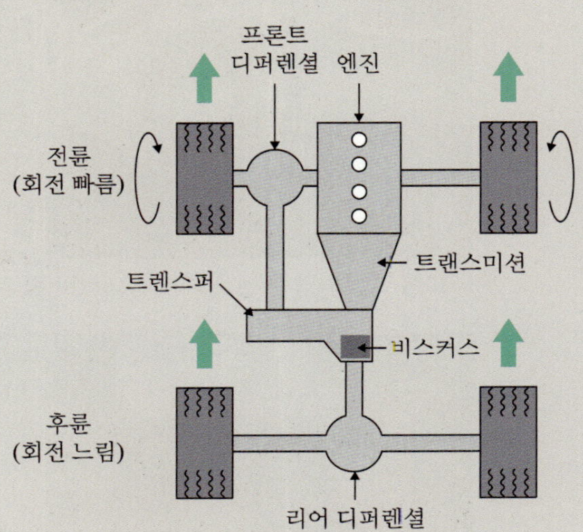


▲ **그림 3.262** 비스커스 커플링에 의한 동력전달 상황

2. 작동제어장치
   4WD 차량은 비스커스작동제한장치가 있어 전후륜에서 회전차를 발생하지 않은 경우에는 트랜스퍼 안 샤프트가 직결상태를 유지하여 비스커스는 작동하지 않고 전후륜에 대해 설정된 동력배분을 하고 있다.
   험한 도로에서 타이어가 바위 등을 타고 올라 공전(空轉)하면 비스커스제한장치가 작동하여 나머지 타이어에 큰 회전을 가해 회전이 적은 쪽에 회전차이에 따른 구동력의 동력배분을 한다. 위 사례의 화재에서는 이경(異経) 타이어로 인해 전후륜 타이어에 원주차가 항상 발생하고 있었으므로 전륜 회전에 비해 후륜 회전이 적어져서 비스커스가 작동과 부작동을 끊임없이 반복하고 있었던 것으로 추정된다.
3. 비스커스의 구조와 작동
   비스커스는 얇은 다수의 플레이트와 고밀도의 실리콘 오일로 구성되어 있다. 출력 샤프트 측에서 회전하는 아웃터 플레이트와 입력 샤프트 측에서 회전하는 이너 플레이트가 교대로 들어가 있어 이너 플레이트가 축방향에 전후하도록 케이스 내에는 실리콘 오일과 소량의 공기가 채워져 있다.
   전후륜에 회전차가 발생하면 양 플레이트에 의해 실리콘 오일이 전단(剪斷)되어 액체클러치의 원리에 따라 회전수가 적은 쪽으로 많은 동력이 전달된다.

그리고 실리콘 오일의 온도가 상승하면 내부 압력이 높아져서 전달되는 동력의 압력이 증가하여 최종적으로는 이너 플레이트와 아웃터 플레이트가 압착하는 「험프현상」이 발생한다. 플레이트가 압착하면 트랜스퍼 내의 샤프트가 직결상태가 되어 동력을 전달한다. 그러나 플레이트가 압착하면 실리콘 오일의 회전이 멈추어 온도와 압력 모두 저하하여 완전히 양 플레이트는 떨어져 「험프현상」은 종료하여 평상으로 되돌아간다.

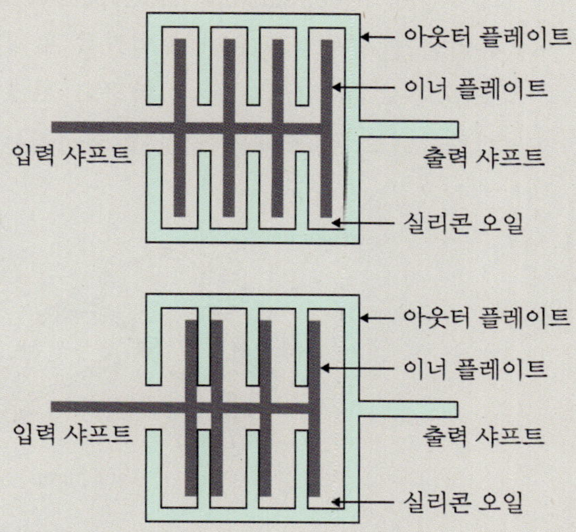


▲ **그림 3.263** 비스커스 커플링의 구조(좌), 험프현상 시의 상황(우)

4. 차량메이커의 취급 설명서
   메이커의 취급설명서에는 이경(異徑) 타이어의 상태로 고속주행을 계속하면 비스커스 커플링이 발열하여 화재가 발생한다고 기재하고 있다. 그러나 각 메이커에서는 실제로 차량을 사용한 주행실험을 하고 있지 않으므로 상세한 것은 확인할 수 없다.

# 15 조향장치

스티어링(steering : 조향장치)은 차량의 진행방향을 바꾸기 위한 장치로 운전자가 핸들(스티어링 휠)을 조작함에 따라 프런트 타이어의 방향을 컨트롤하는 것이다.

스티어링은 스티어링 기어(steering gear)에 운전자의 조작력을 전달하는 핸들(스티어링 휠, steering wheel) 및 스티어링 컬럼(steering column, 조향축), 핸들의 회전을 감속하여 큰 힘을 스티어링 링키지(streering linkage)에 전달하는 스티어링 기어, 스티어링 기어의 움직임을 전륜에 전달하는 스티어링 링키지 등으로 구성된다.

파워스티어링은 유압(일부 차종에는 전동식도 있다)으로 핸들 조작을 가볍게 하는 장치로 래크와 피니언식(rack and pinion type steering), 리서큘레이팅볼식(recirculating ball type steering)으로 나눠진다. 파워스티어링은 유압을 발생시켜 필요한 오일량을 보내는 베인펌프, 플로 콘트롤 밸브, 좌 또는 우로 유로(油路)를 전환하고 보조하는 조향력의 크기를 컨트롤하는 컨트롤밸브, 보조하는 힘을 발생시키는 파워실린더로 구성된다.

**그림 3.264** 래크와 피니언식 파워스티어링의 구성

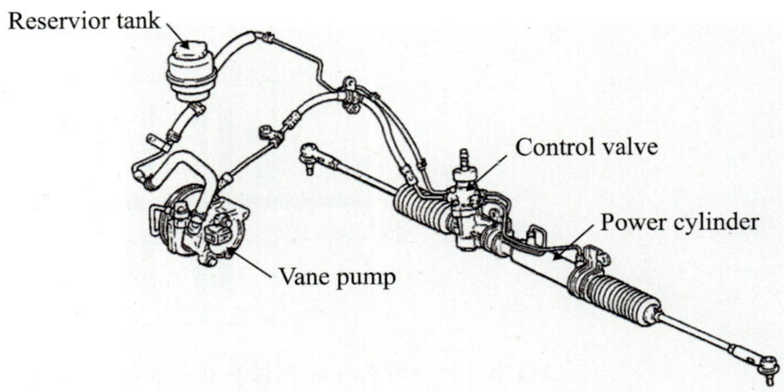


**Point**

파워스티어링은 유압이 작동하는 점에서 당연히 오일배관 등이 존재한다. 오일배관은 베인펌프를 기점으로 하여 스티어링 기어 박스에 이르는 압력측 [80kgf/cm$^2$(7.84MPa)]과 스티어링 기어 박스에서 리저버 탱크를 경유하여 베인펌프에 이르는 리턴측 [최고 50kgf/cm$^2$(4.9MPa)]이 있어 저속 시에는 배관 내의 압력이 고압 [최고 80kgf/cm$^2$(7.84 MPa)]이 되므로 고무배관에 핀홀이 발생하면 오일은 분출한다. 오일배관의 정확한 위치를 파악하여 배기관이나 배기매니폴드 등과의 위치관계를 확인, 차량 하부 등에서 오일 누설 상황을 조사한다.

**Point**

스티어링 샤프트의 조인트부분에 더스트 부츠(고무제)가 설치되어 있는데, 배기매니폴드나 터보차저를 교환하거나 차량 구입 후에 부착하고 있는 차량 중에는 이에 접촉하고 있는 것이 있다. 더스트 부츠의 소손을 확인하면 이들의 위치관계를 조사할 필요가 있다.

## 화재사례 44 파워스티어링 오일 누유로 주차하려던 중 발생한 화재

**화재개요**

9월 하순 18:30분경 지방을 출발 서울 여의도 지하 3층 주차장에 20:50경 도착하여 주차 중 보닛에서 연기가 나오고 불이 붙어 있어 시동키를 빼고 119신고를 하여 소방대가 출동하여 진화하였다.

**화재원인**

파워스티어링오일 호스 접속부에서 오일이 누유되어 배기매니폴드와 촉매 위 방열판에 떨어져 화재가 발생하였다.

**조사요령**

1. 운전자 정보를 조사한다.
 (1) 후진 주차를 하려던 중 화재가 발생하였다.
 (2) CCTV에 후진 주차 중 엔진아래에서 화염이 분출하는 모습이 촬영되어 있다.
2. 차량 외부를 조사한다.
 엔진실 보닛 이외에 화재로 인한 피해가 없다.
3. 엔진실을 조사한다.
 (1) 엔진실은 엔진실과 차실 사이 가운데 부분의 소손이 가장 심하다.
 (2) 보닛 안쪽도 엔진실과 차실 사이의 가운데 부분의 소손이 가장 심하다.
 (3) 배기매니폴드와 촉매 위의 방열판에 파워스티어링오일이 누유되고 서지탱크가 타 흘러내리어 소손된 흔적이 있다.
 (4) 파워스티어링오일 호스가 차체에 고정된 부위에 호스 접속부위가 있고 이곳에 누유되었음이 확인된다.
 (5) 파워스티어링오일 호스에서 은박지 모양의 차열재를 풀어헤친 바 차열재 안쪽 전체에 파워스티어링오일이 누유되어 묻어 있다.

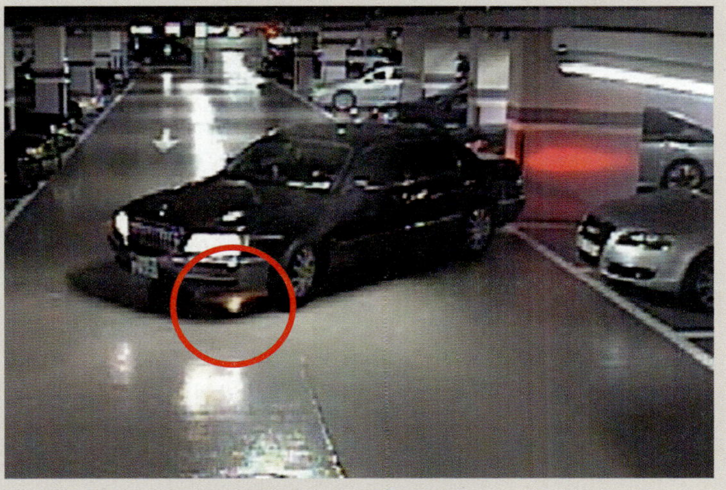

▲ **그림 3.265** 엔진실 하부에 불이 붙어 있는 모습

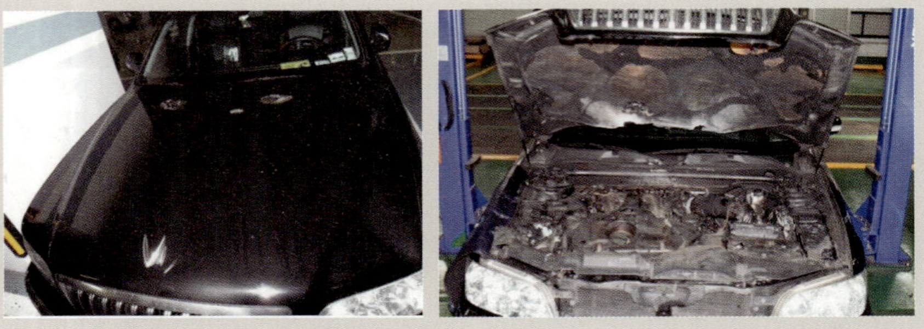

▲ **그림** 3.266 보닛과 엔진실 안의 모습

▲ **그림** 3.267 배기매니폴드와 촉매 히트프로텍터의 소손상황
(파워스티어링오일이 누유되고 서지탱크가 타 흘러내리어 소손됨)

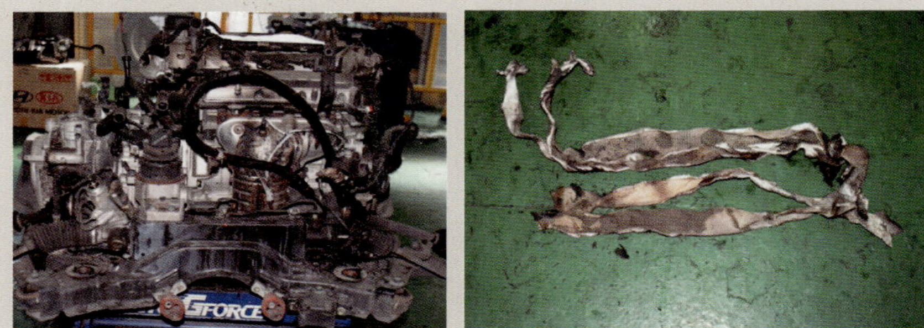

▲ **그림** 3.268 파워스티어링오일 호스에서 차열재를 분리한 모습

## 화재사례 45 파워스티어링 오일 배관 파손으로 인해 발생한 화재

**화재개요**

11월 4일 외제승용차 소유자가 자택을 출발하여 회사로 출근도중 고속도로 요금소를 나와 국도 500m 지점에서 보닛에서 연기가 나서 승용차를 세우고 시동을 끄려고 하였으나 시동이 꺼지지 않았고 엔진실에서 불길이 보여 도로 맞은편 가게에서 분말소화기를 빌려 소화를 시도하였으나 실패하고 소방대가 출동하여 진화하였으나 전소되었다. 3월 차량등록을 한 차량으로 서비스센터에 입고하여 검사를 받고 11월 2일 13시 아무 이상이 없다고 통보를 받고 출고하였고 서비스센터에서 정비한 사항은 없었다.

**화재원인**

파워스티어링오일 금속제 호스에 강한 충격이 가해져 파손되어 오일 누유되어 화재가 발생하였다.

**조사요령**

1. 운전자 정보를 조사한다.
 (1) 고속도로 요금소를 나와 국도 500m 지점을 주행 중에 보닛에서 연기가 난 후 화염이 분출하였다.
 (2) 차량 구입 후 교통사고 발생 사실이 없고, 화재 당일 충격을 받은 사실이 없다.
2. 외부를 조사한다.
 (1) 엔진실을 중심으로 연소되었고, 좌측보다 우측의 소손이 심하다.
 (2) 화재 전에 충격을 받아 차량 앞쪽 하부가 손상된 흔적이 있다.
 (3) 엔진실 앞쪽에 위치한 파워스티어링 금속제 파이프가 납작하게 변형되고 파손되어 끊어져 있다.
3. 차량을 들어 하부를 조사한다.
 배기관에 과열된 흔적이 없고, 배기관 주위에서 발화된 흔적도 없다.
4. 엔진실을 조사한다.
 (1) 조수석 앞쪽의 소손이 심하다.
 (2) 연료배관이 지나가는 곳과 발화개소는 거리가 있는 등 파워스티어링 오일 파이프의 파손을 제외하고는 화재와 관련지을만한 사항을 발견할 수 없다.
5. 화재현장을 조사한다.
 도로 위 화재현장 바닥에 화재흔적이 남아 있고, 화재장소 뒤쪽으로 오일이 누설된 흔적이 요금소 쪽을 향해 계속 이어져 있다.

▲ **그림 3.269** 진화 직후 화재발생 차량의 모습

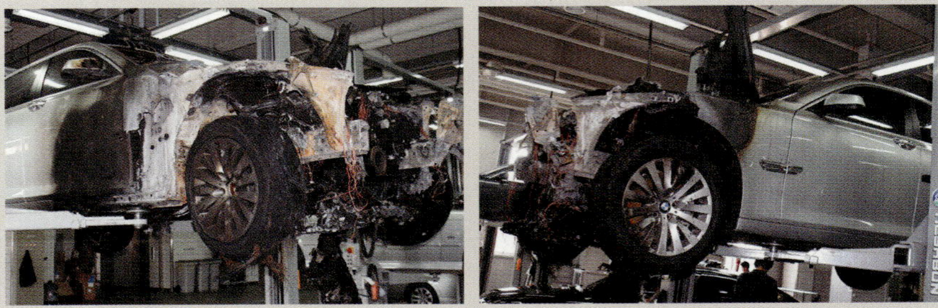

▲ **그림** 3.270 좌우측 비교 – 좌측보다 우측의 소손이 심하다.

▲ **그림** 3.271 차실의 모습 – 발화개소와 무관하다.

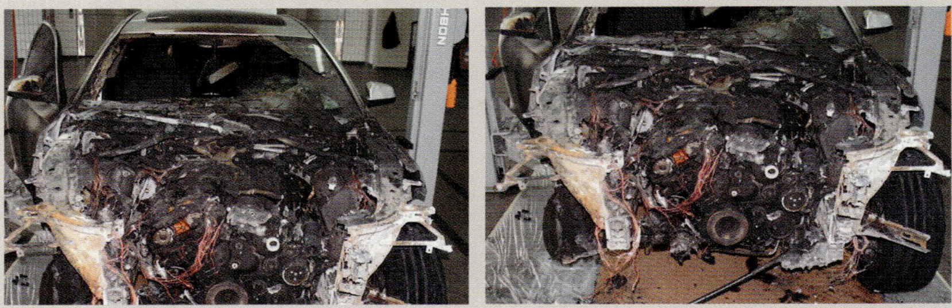

▲ **그림** 3.272 엔진실의 모습

▲ **그림 3.273** 파워스티어링오일 파이프의 납작하게 변형되고 끊어져 있는 모습

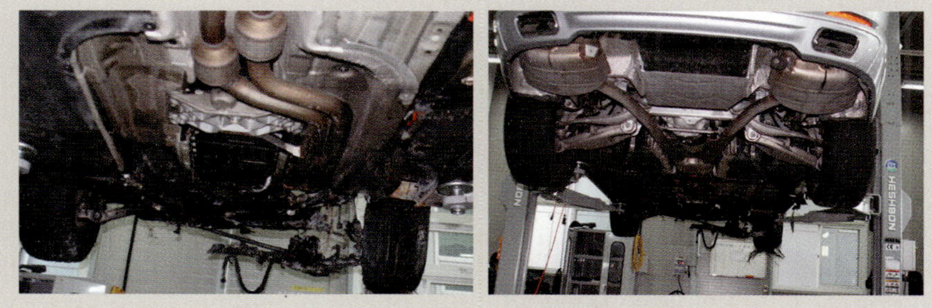

▲ **그림 3.274** 차량 하부의 모습

▲ **그림 3.275** 화재발생 현장 도로의 모습
(요금소에서 화재발생 지점으로 이어져 있는 오일의 누유 흔적)

# 16 주행장치

휠은 타이어와 함께 차량의 전체 중량을 지지하면서 가속 시의 구동력, 감속 시의 제동력, 코너링 시의 횡력(横力) 등에 견디고 경량일 것이 요구된다. 타이어는 노면의 상황이나 차량의 성능에 맞춰 구동력, 제동력, 조향력을 노면에 전달하는 것이므로 용도에 따라 선택할 필요가 있다.

**Point**

타이어는 내측·외측, 상·하, 전·후의 연소방향을 현저하게 나타낸다. 차량 내부를 조사하기 전에 반드시 확인해 둔다.

**Point**

후륜타이어가 펑크가 난 후 그대로 주행을 계속하여 펑크 난 차륜 부근에서 발화한 사례가 있다. 노면과 휠이 접촉할 때에 발생하는 불꽃으로 타이어가 발화되었던지, 그렇지 않으면 회전하고 있는 타이어와 노면의 마찰열로 타이어가 발화했다고 화재원인을 추정한 사례가 있다. 그러나 타이어는 노면과 금속의 충격불꽃이나 회전하고 있는 타이어와 노면의 마찰로는 주행 중인 조건에서는 발화되지 않는다. 타이어가 발화할 가능성으로서는 차량 정지 상태에서 차륜이 공회전하여 타이어가 노면과 접촉을 계속하는 경우와 주행 중 어떤 요인으로 인해 휠이 록킹이 되어 타이어가 끌려가는 경우 등에서는 마찰열의 축적에 의해 타이어가 발화될 수 있다. 또한 이와 같은 경우, 휠의 내측에서 트러블이 발생하고 있는 경우가 많으며 휠과 노면의 충격에 의해 휠이 찌그러져 그것이 액슬샤프트에 설치되어 있는 베어링(내측과 외측에 있다)이 덜걱거려 파손, 샤프트의 중심이 어긋나 브레이크슈 라이닝과 브레이크 드럼이 접촉하여 브레이크드럼이 과열된다. 이 열영향으로 인해 각 부분의 시일(seal)과 고무배관을 열화시켜 브레이크오일, 그리스, 디퍼렌셜오일 등이 누설되어 브레이크 드럼에 접촉하여 발화한다. 또한 타이어 내측이 휠에서 벗어나 브레이크배관에 접촉하여 오일누설을 일으키는 경우가 있으므로 반드시 휠의 내측 및 샤프트 내부를 확인하여 브레이크슈의 이상마모나 베어링 상태를 조사할 필요가 있다.

## 화재사례 46 차축 증설에 의한 화재[51)]

**화재개요**

고속도로 요금소에서 요금을 내고 출발 10초 후 타이어가 파손되어 갓길에 정차하여 내려서 확인 중 우측 3축 바퀴에서 불꽃이 보여 화재를 인지(12월 17일 09:45)하고 운전자가 암롤 트럭[52)]에 실린 소화기로 진화를 시도하였으나 진화되지 않아서 박스 탈거 후 119신고를 하여 소방대가 출동하여 진화하였다.

**화재원인**

증축한 우측 3축에 외부 쪽으로 강한 힘이 작용하여 허브베어링 고정키의 키 부분이 끊어지고 이너 허브베어링에서 베어링이 이탈되면서 베어링 상호간 또는 베어링과 스핀들 등과의 연속적인 충격 마찰에 의해 발생한 열이 브레이크 드럼을 과열시키고 휠에 열전도(熱傳導)된 후 타이어 쪽에 가해져서 3축 우측의 타이어에 불이 붙어 화재가 발생하였다.

**조사요령**

1. 운전자 정보를 조사한다.
 (1) 타이어가 파손되어 갓길에 정차하여 우측 3측 바퀴에서 불꽃을 목격하였다.
 (2) 3축을 증축하였다.
2. 차량 외부를 조사한다.
 (1) 화재는 앞쪽, 운전실, 엔진, 적재함, 뒤쪽으로 확대되지 않았으므로 앞쪽, 운전실, 엔진, 적재함(박스), 뒤쪽은 발화개소와 무관하다.
 (2) 타이어 등 좌측은 화재로 인한 피해가 없으므로 좌측은 발화개소와 무관하다.
 (3) 우측의 1축, 2축, 5축은 피해가 없으므로 1축, 2축, 5축의 우측은 발화개소와 무관하다.
 (4) 증축(축 증설)한 3번째 축의 좌측은 피해가 없으므로 증축한 3번째 축의 좌측은 발화개소와 무관하다.
 (5) 화재로 인한 피해는 증축한 3번째 축의 우측에 집중되어 있다.
3. 증축한 3축 좌우의 브레이크 드럼을 분해하여 조사한다.
 (1) 우측 브레이크 드럼
  - 브레이크 라이닝의 표면이 약간 손상되어 있지만, 브레이크 드럼 내부에 과열된 상태에서 장시간 브레이크 라이닝 등과 접촉할 때 나타나는 터닝칼라[53)]가 생겼다고 보기 어렵다.
  - 윤활유가 장시간 고열에 노출될 때 나타나는 상태로 변질되어 있다.
  - 아웃터 허브베어링(outer hub bearing)에 특이점이 없으나 이너 허브베어링(inner hub bearing)은 베어링 하우징이 손상되어 있고 베어링 17개 모두 베어링 하우징에서 이탈되어 있다.
  - 가장 외측에 위치한 캡이 손상되어 있다.
  - 캡 내측에 위치한 고정키의 키 부분이 파손되어 있다.
  - 브레이크슈를 지지하는 리턴스프링에는 특이점이 없다.
  - 허브베어링 등은 가장 안쪽부터 '리테이너 → 인너허브베어링 → 아웃터허브베어링 → 내부고정키 → 허브베어링 너트 → 외부고정키 → 캡(외부위치)' 순으로 조립되어 있는데, 가장 외측에 위치한 캡이 손상되어 있고 캡 내측에 위치한 외부고정키의 키 부분이 끊어져 있으며, 브레이크 라이닝의 표면이 약간 손상되어 있지만 브레이크 드럼에 터닝칼라가 생성되어 있지 않으며, 윤활유가 장시간 고열에 노출되어 변질되어 있고, 이너 허브베어링의 베어링 하우

징이 파손되어 있고 베어링 17개 모두 베어링 하우징에서 이탈되어 있을 뿐만 아니라 베어링과 리테이너 등에 손상흔적이 있고 아웃터 베어링의 외부쪽 고정 키의 키 부분이 끊어져 있다.

(2) 좌측 브레이크 드럼

- 화재로 인한 피해가 없어 화재원인과 무관하지만, 우측 브레이크 드럼과 비교하기 위해서 좌측 브레이크 드럼을 분해한다.
- 우측 브레이크 드럼과 달리 허브베어링, 윤활유, 브레이크라이닝 등에 이상이 없음이 확인된다.

▲ **그림 3.276** 소손된 우축 3축의 바퀴

▲ **그림 3.277** 3축 우측 브레이크드럼 분리 후 모습

▲ **그림 3.278** 증축한 3축 우측의 가장 외측에 위치한 캡의 모습

▲ **그림 3.279** 브레이크 라이닝과 브레이크의 모습

▲ **그림 3.280** 3축 우측 브레이크슈의 리턴스프링 모습

▲ **그림 3.281** 3축 우측 아웃터 허브베어링의 외부 쪽 고정 키의 모습

---

51) 이의평, "축 추가설치로 인해 발생한 트럭화재 사례의 분석", 한국화재조사학회 2014 춘계학술대회논문집, p.174, 2014.

52) 암롤(arm roll) 트럭은 적재함를 위에 올려서 싣고 다닐 수도 있고 바닥에 내려놓을 수도 있는 트럭으로 쓰레기차나 폐기물 운반용으로 사용되고 있다.

53) 터닝칼라(turning color)는 연속적인 마찰(브레이크 라이닝과 브레이크 드럼 내부의 접촉에 의한 마찰)로 인해 드럼 내부가 과열(발열)된 상태에서 브레이크 라이닝과 브레이크 드럼 내부가 접촉 마찰하며 드럼이 회전하는 경우에 생기는 전형적인 흔적이다.

▲ **그림** 3.282 3축 우측 차축의 인너 허브베어링 모습

▲ **그림** 3.283 3축 좌측 브레이크 드럼과 베어링 분리 후 모습

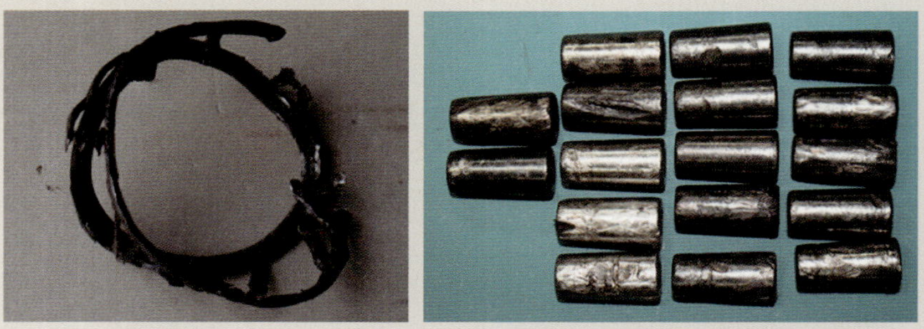

▲ **그림** 3.284 3축 우측 이너 허브베어링 레이스와 롤러베어링의 손상된 모습

▲ **그림 3.285** 3축 우측 이너 허브베어링의 이너 레이스와 리테이너의 모습

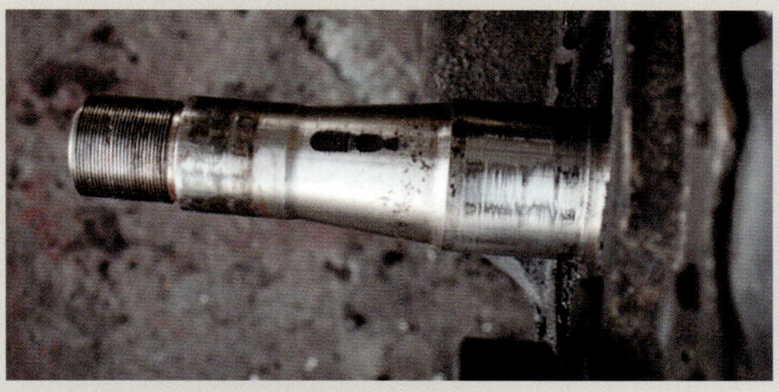

▲ **그림 3.286** 스핀들 표면의 마찰 손상흔적

▲ **그림 3.287** 증축한 3축 우측 외부 쪽 좌우 고정키의 모습

## 화재사례 47 타이어 화재[54)]

**화재개요**

운전자가 최대적재량 8.25톤의 트럭에 9.0톤 정도의 음료수 제품을 적재하고 고속도로를 시속 90km정도 속도로 주행하고 있던 중 펑하는 소리가 나서 사이드미러로 확인해보니 전륜타이어에서 흰 연기가 보여 차량을 갓길에 세우고 서둘러 차량에 적재된 소화기를 갖고 근처에 가보니 우측 전륜 2축의 타이어가 타고 있었다.

**화재원인**

휠과 스티어링 넉클을 고정하는 허브의 사이에 사용되고 있는 아웃터 베어링이 파손된 상태로 무거운 적재하중으로 고속주행을 계속하여서 휠을 체결하는 허브 캡이 이완되었다. 이로 인해 디스크 휠이 편심회전을 일으켜서 브레이크드럼과 브레이크슈가 접촉하여 마찰열에 의해 발열하고, 이 열에 의해 휠 실린더 내의 브레이크액이 분출하여 고열이 된 브레이크슈에서 착화하여 타올라 화재가 되었다.

**조사요령**

1. 운전자 정보를 조사한다.
   펑크소리를 듣고 연기를 보고 곧바로 정차하여 우측 전륜 2축 타이어의 화염을 목격하고 있다.
2. 발화개소를 특정하고 화재원인을 조사한다.
   (1) 우측 전륜 2축 타이어는 소손 박리하고, 타이어 내부의 카카스(스테인레스와이어)만 남아 있다.
   (2) 우측 전륜 2축 타이어의 스티어링 넉클의 나사산이 변형되고 체결금구의 허브캡이 벗어나 없어져 있다.
   (3) 허브와 허브 캡의 사이에 들어가는 아웃터 베어링과 아웃터 베어링레이스가 벗어나 없어져 있다.
   (4) 허브와 스티어링 넉클 사이에 들어가는 이너 베어링레이스가 남아 있지만 이너 베어링에서는 가운데 베어링이 기울어 변형되어 있고, 이너 베어링레이스도 무리한 응력에 의해 두께가 변하여 탈락 직전이다.
   (5) 브레이크 드럼의 내측은 브레이크슈와의 충돌에 의해 균열과 파손이 생기고, 브레이크 패드의 접촉면은 휠의 편심회전에 의해 단차가 있는 홈이 발생되어 있다.
   (6) 브레이크슈 전체가 소손에 의해 변색되어 있으며 브레이크 패드를 작동시키는 휠 실린더가 소손되고, 휠실린더 내부의 고무패킹과 브레이크유가 소실되어 있다.

▲ **그림 3.288** 발화한 두 번째 축의 차륜(좌), 브레이크드럼의 변형(우)

54) 동경소방청, 신화조사교본 제4권 제1부 차량화재편, pp.175~179, 2000.

▲ **그림 3.289** 브레이크 어셈블리 소손상황

▲ **그림 3.290** 이너베어링과 이너레이스의 변형상황

▲ **그림 3.291** 아웃터 베어링의 파손상황(좌), 휠실린더와 브레이크 라이닝(우)

▲ **그림 3.292** 파손된 베어링과 베어링레이스

**참고지식1**

**타이어의 구성과 명칭**

(1) 트레드 Tred : 노면과 접촉하는 부분으로서 내마모성, 내컷팅성이 양호하여야 하며 외부 충격에 견딜 수 있어야 하며 발열이 적어야 한다.

(2) 숄더 Shoulder : 트레드의 가장자리로부터 사이드 월의 윗부분으로서 외관 및 발열효과가 좋아야 한다.

(3) 사이드 월 Side Wall : 타이어의 옆 부분으로서 카카스를 보호하고 굴신운동을 함으로써 승차감을 좋게 한다. 타이어 규격 등 각종 문자가 이 부위에 표기되어 있다.

(4) 비드 Bead : 코드의 끝부분을 감싸주어 타이어를 림에 장착시키는 역할을 하며 비드와이어(강선), 코어고무 등으로 구성되어 있다.

(5) 벨트 Belt : 스틸와이어 또는 섬유로 구성되며 트레드와 카카스 사이에서 주행 시 노면 충격을 감소시키는 것은 물론 트레드의 노면에 닿는 부위를 넓게 유지시켜 주행안정성을 우수하게 한다.

(6) 이너 라이너 Inner Liner : 튜브 대신 타이어 안쪽에 붙인 공기가 통과하기 어려운 특수고무층이다.

(7) 카카스 Cacass : 타이어 내부의 섬유나 스틸로 구성된 코드층으로서 하중을 지지하고 충격에 견디며 주행 중 굴신운동에 대한 내피로성이 강해야 한다.

(8) 그루브 Groove : 트레드의 홈 부분으로서 조종안정성, 견인력, 제동성, 배수 등의 기능이 있다.

(9) 캡플라이(Capply) : 벨트 위에 부착되는 특수코드지로 주행 시 성능을 향상시켜 준다.

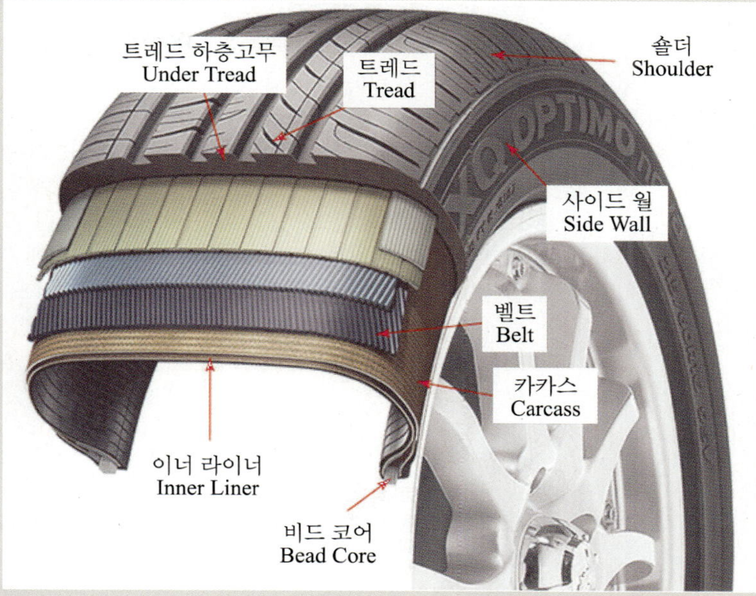


▲ **그림** 3.293

**참고지식2**

**타이어 발화 원인**

펑크나 교통사고로 타이어 이상을 일으키고 있는 차량의 타이어에서 연기나 화염을 분출하는 화재가 발생하고 있다. 타이어에서 발화하는 원인은 대부분 아래와 같다.

1. 타이어와 노면 사이에서 발생하는 마찰열에 의한 화재

   타이어 내부에 사용되고 있는 스틸제 벨트나 비드와이어가 노면이나 자동차 금속부와의 사이에서 스쳐 충격불꽃을 발생시켜 타이어의 고무제 트레드부분을 태워 화재를 발생하는 사례는 다음과 같은 상황일 때이다.

주행 중 차량이 선행차량, 주차 중인 차량, 전봇대, 가드레일 등 견고한 물건(시설물)에 추돌하여 의식을 잃은 운전자가 가속페달을 밟아 같은 노면위치에서 타이어가 고속회전을 계속하면 마찰열이 발생하여 축적되어 타이어의 트레드가 박리를 시작하여 스틸의 벨트부분이 노출되고, 이 때 노면과의 충격불꽃으로 타이어가 발화점(고무 350℃) 이상으로 올라갔을 때에 트레드의 고무가 발화하여 화재가 발생되는 경우가 있다.

또한 교통사고 등에 의해 비구동륜의 타이어가 회전할 수 없는 변형상태가 되었음에도 불구하고 회전하지 않은 타이어를 질질 끌면서 주행을 계속하면 타이어가 노면과의 사이에서 마찰열을 축적하여 발화하여 타오르는 경우가 있다.

타이어와 노면 사이에 발생하는 마찰열에 의한 화재는 타이어의 트레드고무에 마찰열이 축적되는 것이 전제조건이다. 이 조건을 만족하기 위해서는 타이어가 냉각되지 않아야 하며, 타이어 펑크가 나서 공기압이 줄어들어 있어도 도로면을 회전하면서 진행할 수 있는 상태이면 트레드고무에 마찰열은 축적되지 않고 오히려 냉각됨으로써 발화될 수 없어 화재는 발생하지 않는다.

또한 타이어의 내부온도가 올라 125℃를 넘으면 타이어 골격인 카카스 코드와

드럼의 트레드의 고무 접촉력이 저하하고, 이 사이에서 박리현상이 시작되어 타이어가 휠에서 벗어나 버리므로 마찰열을 축적시킬 수 있는 것은 대단히 짧은 시간 사이일 뿐이다.

따라서 타이어 펑크만으로 타이어에서 화재가 발생할 확률은 아주 낮다.

2. 타이어 이상에 의해 브레이크 오일이 발화하는 화재
   차륜 속의 휠실린더는 엔진실 내의 브레이크 장치에서 작동유인 브레이크오일이 보내지는데, 브레이크오일의 발화점(브레이크오일 125℃, 그리스오일 235℃, 합성고무 350℃)은 낮으므로 브레이크드럼이나 휠에 이상이 발생하여 고온이 되어 발열하여 온도가 올라가면 휠 실린더 내의 고무 오일시일이 열변형되어 내부에 들어있는 브레이크오일이 분출하여 고온의 부위에 접촉되어 착화하여 화재가 된다.
   또한 차륜 내의 베어링과 허브에 대량의 그리스를 부착시키는데, 발화온도가 높으므로 브레이크오일 쪽이 먼저 착화한다.

주행 중인 차량의 타이어가 펑크 나면 타이어 공기압이 감소하여 무게중심이 치우쳐 펑크 난 타이어에 급격한 차중이 가중되어 드라이브 샤프트와 액슬을 변형시킨다. 이로 인해 차륜 내의 아웃터 베어링과 이너 베어링이 파손되면 드라이브 샤프트의 회전이 전달되지 않게 되므로 마찰열이 발생하여 브레이크 드럼이 발열하므로 휠 실린더의 오일시일이 열변형되어 틈새에서 브레이크오일이 분출하여 고온이 된 브레이크드럼에 의해 발화하는 경우도 있다.

## 17 제동장치

차량에 이용되는 제동장치는 풋 브레이크(foot brake)와 주차브레이크(parking brake)로 나눠진다.

풋 브레이크는 차량의 감속이나 정차에 이용하며 일반적으로 유압식(대형 트럭은 공기식임)이며 디스크식과 드럼식이 있다. 디스크식은 승용차에 채용되고 있으며 바퀴와 함께 회전하는 원판(디스크)을 양쪽의 바깥쪽에서 유압 피스톤을 작동시켜 브레이크 패드를 밀어 붙여 그 마찰력으로 제동을 한다. 드럼식은 화물차에 채용되고 있으며 회전하는 드럼에 안쪽에서 마찰재를 밀여 붙여 제동력을 얻고 있으며 브레이크 드럼, 브레이크슈, 배킹 플레이트(차축하우징에 고정된다.), 리턴스프링 등으로 구성되어 있다. 주차브레이크는 기계식으로 후륜만을 록킹하는 방식이며 주차브레이크 레버를 당기거나 주차브레이크 페달을 밟아 조작한다.

**Point**

2계통형(탠덤형) 마스터실린더를 장착하고 있는 차량은 설령 1계통이 오일누설을 일으켜도 다른 1계통이 살아 있으므로 브레이크오일이 완전히 빠지는 경우는 없다. 리저버탱크가 완전히 비워있지 않아도 오일량이 줄어 있으면 오일누설을 일으키고 있을 가능성이 높다.

**Point**

브레이크슈 라이닝은 비석면화에 따른 재질변경으로 주마찰재의 결합에 접착제가 쓰이고 있다. 이로 인해 라이닝에 이상 마찰열이 축적되면 라이닝 자체가 탄화하여 발화할 가능성이 있다.

**Point**

브레이크 패드도 브레이크슈 라이닝과 마찬가지로 마찰열의 이상 축적으로 탄화하여 발화할 가능성이 있다.

**Point**

주차브레이크를 완전히 풀지 않고 주행하면 드럼과 라이닝 또는 디스크와 패드가 마찰에 의해 발열을 일으킨다. 이 열영향에 의해 여러 가지 발화요인이 발생하므로 주의하여 조사한다.

**Point**

주차브레이크가 드럼인덱스 타입의 경우, 디스크브레이크의 존재감이 크므로 드럼브레이크 측을 못보고 지나치기 쉽다. 조사하기 전에 주차브레이크의 타입을 확인하여 둔다.

**Point**

화물트럭의 일부 바퀴에만 제동이 걸기는 경우에 제동이 걸린 브레이크드럼이 과열되어 아래 사진과 같이 타이어를 착화시켜 화재로 진전되므로 바퀴를 분해하여 조사하여야 한다.

▲ **그림** 3.294 트럭의 한 바퀴에 제동이 걸려 화재로 이어지는 모습

## 화재사례 48 슈 리턴스프링으로 인한 화물차 화재

**화재개요**

11월 1일 14:18경 고속도로 터널 내(입구에서 약 500m 지점)에서 15t 카고트럭의 적재함 타이어(총 4열 중 4열(복륜) 내측)에서 화재가 발생하고 군용 적재물이 폭발하였다.

**화재원인**

좌측 4열 내측 바퀴에 접한 브레이크 시스템의 리턴스프링이 늘어나 브레이크슈의 복원력이 저하된 상태에서 운행 중 브레이크 드럼과 라이닝의 지속적 마찰로 발열되어 타이어 등 주변 가연물에 착화되어 화재가 발생하였다.

**조사요령**

1. 관계자 정보와 터널 내 CCTV 자료 등을 조사한다.
   (1) 터널 안 정지(14:16:30), 타이어 타는 냄새 인지 → 수송원 하차·조사(14:17:06), 타이어주변 불꽃 목격 → 연소 활성화로 진화 불가(14:18:46) → 수송요원 주변 통제(14:26:01) → 수송요원 대피(14:28:32) → 폭발(14:37:11)
   (2) 폭발 직전 수송차량 관계자의 연락내용은 다음과 같다.

① 후행 차량 운전자 타는 냄새 인지 ▶ ② 연락 폭발차량 운전자 ▶ ③ 폭발차량 운전자 펑크 인지 ▶ ④ 터널 내 정지, 운전자 하차 타이어 펑크 및 불꽃 확인

   (3) 5월 16일 3열 좌우측 바퀴의 브레이크 라이닝을 교환하였고, 10월 3일 3열 우측 바퀴의 브레이크 라이닝을 교환하였으며, 앞 해 8월 30일 좌측 4열 바퀴의 브레이크 라이닝을 교환하였다.
2. 사고현장을 조사한다.
   (1) 차량과 폭발 잔유물 차량이 정지한 지점을 중심으로 노면에는 불특정 노면 손상흔(패임과 긁힘 등)과 터널 천장과 주변 벽면의 타일의 박리·연소 형상 등이 식별된다.
   (2) 사고현장은 차량의 최종 정지상태 외 차량의 초기 정차위치나 노면흔의 생성과정 등은 확인이 불가하나 차로 분리선상에서 차량의 이동흔으로 판단되는 노면 긁힘흔이 부분적으로 식별된다.
3. 차량 외부를 조사한다.
   (1) 폭발·연소로 차체 프레임만 남은 상태로서 프레임도 심하게 변형되어 있다.
   (2) 적재함의 프레임과 바퀴 휠 주변(3, 4열)은 전체적인 변형 정도가 좌측이 심한 형상이고, 좌측 바퀴(4열:복륜 내측) 휠 부분과 휠 인접 부분의 적재함 프레임의 수열정도가 심하다.
4. 브레이크계통을 조사한다.
   (1) 15톤 카고트럭으로 제동장치는 에어 브레이크 시스템(full air brake system)이다.
   (2) 차량은 심하게 전소되어 브레이크 라인 및 단품이 소훼되어 있다.
   (3) 차량의 3열과 4열의 바퀴는 스프링 브레이크 챔버(spring brake chamber)가 있는 방식으로 공히 클램프 밴드가 풀려 압력스프링 및 비상 브레이크 챔버(emergency brake chamber)가 이탈된 상태이다.
   (4) 좌측 4열 바퀴를 분해한바 브레이크 라이닝은 규정치까지 마모된 상태이고, 브레이크 캠은 푸시로드의 최대 행정거리만큼 회전된 상태이다.

(5) 좌측 4열 바퀴의 브레이크 드럼 내측 면에서 국부적으로 수열 정도가 심했던 변색흔 및 리벳 머리와 접촉에 의한 마모흔이 식별된다.
(6) 좌측 4열 바퀴 액슬 샤프트의 스플라인 홈에서 국부적 마모흔 및 열변형흔이 식별되지 않는다.
(7) 좌측 4열 바퀴의 아웃터 허브베어링 및 이너 허브베어링에서 고체마찰(건조마찰)의 흔적을 추정할 수 있는 마모 및 열변형흔이 식별되지 않는다.
(8) 좌측 3열, 우측의 3열과 4열 바퀴를 분해한바 브레이크 라이닝은 규정치 범위 이내의 마모상태이고, 브레이크 캠은 충분히 회전하지 않은 상태이다.
(9) 좌측 3열, 우측의 3열과 4열 바퀴의 브레이크 드럼 내측면에서 리벳 머리와 접촉에 의한 마모흔이 식별되지 않는다.
(10) 좌측 3열, 우측의 3열과 4열 바퀴의 액슬 샤프트의 스플라인 홈에서 국부적 마모흔 및 열변형흔이 식별되지 않는다.
(11) 좌측 3열, 우측의 3열과 4열 바퀴의 아웃터 허브베어링 및 이너 허브베어링에서 고체마찰(건조마찰)의 흔적을 추정할 수 있는 마모 및 열변형흔이 식별되지 않는다.

5. 브레이크 단품에 대해 정밀 조사를 한다.
(1) 좌측 4열 바퀴의 1차 슈(primary shoe) 및 2차 슈(second shoe)에서 브레이크 라이닝이 규정치를 초과 마모되어 리벳 머리가 브레이크 드럼과 지속적으로 접촉되었던 마모흔이 식별된다.
(2) 좌측 3열 및 우측 3, 4열 바퀴의 브레이크 라이닝은 규정치 이내의 마모 상태이다.
(3) 좌측 4열 바퀴의 슈 리턴 스프링은 좌측 3열 바퀴의 리턴 스프링에 비하여 약 3cm 더 벌어진 상태이고, 특히 리턴 스프링이 우측부분만 집중으로 늘어난 상태이다.
(4) 우측 3열과 4열 바퀴의 슈 리턴 스프링에 비교해도 약 2.5cm 이상 늘어난 상태이다.

6. 브레이크 작동 메커니즘 및 발열 가능성에 대한 검토한다.
(1) 사고차량의 드럼 브레이크는 리딩-트레일링 슈(leading-trailing shoe) 방식이고, 특히 리딩 슈는 마찰력 때문에 앵커 핀을 중심으로 바깥쪽으로 벌어지려고 하므로 드럼을 강하게 밀착시켜 제동력이 증가하는 자기배력 작용 구조이다.

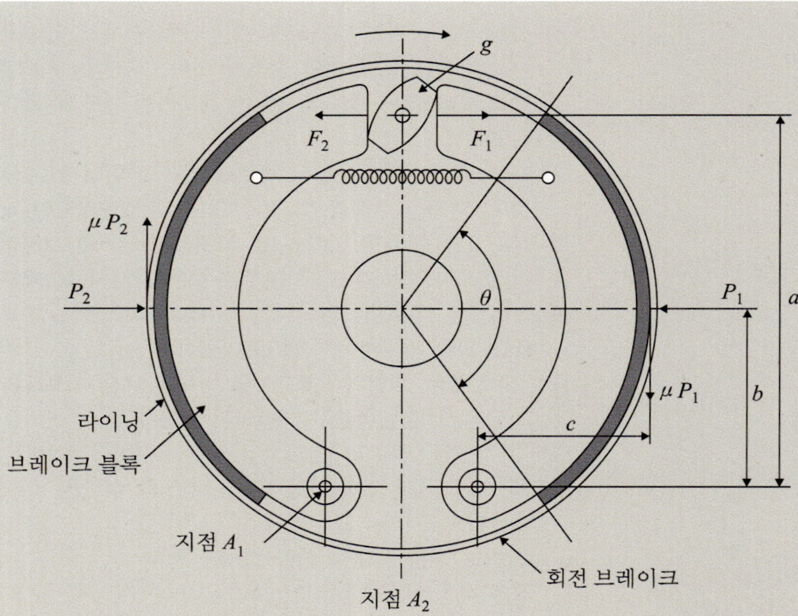


▲ **그림 3.295** 자기배력 원리와 구조도

(2) 좌측 4열 바퀴만 리턴 스프링 끝부분이 국부적으로 벌어져 다른 리턴 스프링에 비하여 약 3cm 늘어난 상태이고, 동 경우 service brake 작동 시 리턴 스프링의 탄성력($F=k(l-l_0)$)이 부족하여 브레이크슈(brake shoe)의 복원이 어렵다. 그러므로 브레이크 드럼과 브레이크 라이닝의 마찰력에 의해 차량 주행 시 리딩슈(leading shoe)가 항상 브레이크 드럼과 접촉하려 하므로 브레이크 작동 여부와 관계없이 동 부분에 마찰열이 발생할 수 있다.

(3) 좌측 4열 바퀴의 리턴 스프링이 전체적으로 늘어난 것이 아니고 한쪽 끝부분만 늘어난 점으로 보아, 주차 브레이크가 작동된 상태에서 차량 화재에 의해 나타날 수 있는 가능성은 없다. 즉 사고 이전부터 리턴 스프링(return spring)이 벌어져 있었다고 추정할 수 있다.

(4) 또한 사고차량의 좌우측 3, 4열 바퀴의 비상 브레이크 쳄버(emergency brake chamber)가 이탈되어 압력 스프링에 의한 압착력이 상실된 상태이나, 좌측 4열 바퀴 슈 리턴 스프링의 복원력이 충분하지 않아 다른 바퀴에 비하여 브레이크 캠이 많이 회전된 상태의 부연 설명이 가능하다.

7. 발화원에 대해 검토한다.

(1) 사고차량의 브레이크 계통은 에어 브레이크 시스템(full air brake system)으로 브레이크 작동유 등에 의한 발화 가능성은 배제할 수 있다.

(2) 좌측 4열 바퀴 부근에서 자체 발화원으로 작용할 수 있는 경우는 기계적 마찰에 의한 과열 현상을 제외하고 좌측 4열 바퀴 주변에서 자체 발화 가능한 구조물은 없는 상태이다.

(3) 좌측 4열 바퀴 내부에서 발생할 수 있는 2가지 기계적 마찰요인은 허브 베어링과 드럼, 브레이크 라이닝과 드럼 내측면의 마찰 현상이 발생할 수 있으나, 허브 베어링은 충분히 윤활될 경우(유체마찰) 발열 가능성이 희박하고 사고차량

좌측 4열 바퀴의 허브 베어링에서 발열 흔적을 추정할 수 있는 마모 및 열변형 흔이 없으므로 이에 대한 가능성은 배제할 수 있다.

(4) 좌측 4열 바퀴의 리턴 스프링이 늘어난 경우 브레이크슈의 복원력이 현저히 떨어지고, 브레이크 드럼과 라이닝의 마찰력에 의한 자기배력 작용에 의해 주행 중 동 부분이 지속적으로 발열할 수 있는 구조이며, 마찰열은 주변 구조물에 전도, 복사되어 타이어 주변에 축열되고, 타이어의 파열 및 주변 가연물의 착화로 발전한 것으로 추정된다.

▲ **그림 3.296** 화재발생 트럭 동일모델 트럭과의 비교

▲ **그림 3.297** 적재함 좌우 3열과 4열 바퀴의 수열·변형 비교

▲ **그림 3.298** 좌측 3열 바퀴 부근의 모습

▲ **그림 3.299** 좌측 4열 바퀴 부근의 모습

▲ **그림 3.300** 좌측 3열 바퀴의 분해 전후 상태

▲ **그림 3.301** 좌측 3열 바퀴의 브레이크 라이닝

▲ **그림 3.302** 좌측 3열 바퀴 브레이크 캠의 회전상태

▲ **그림** 3.303 좌측 3열 바퀴의 브레이크 드럼 내측면

▲ **그림** 3.304 좌측 3열 바퀴 액슬 샤프트의 스프라인 홈

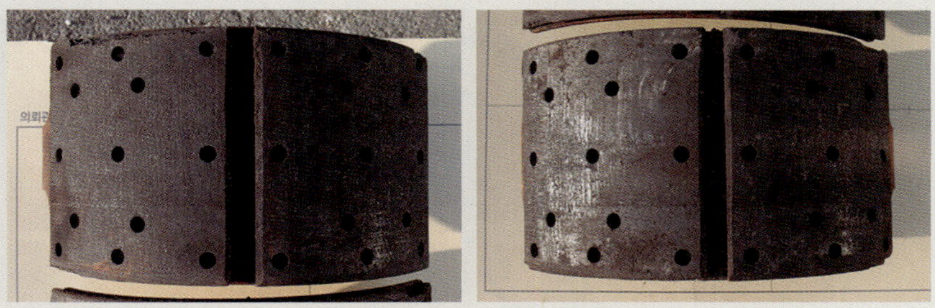

▲ **그림** 3.305 좌측 3열 바퀴의 브레이크 라이닝

▲ **그림** 3.306 4열 내측 바퀴 휠의 수열 모습

▲ **그림** 3.307 좌측 4열 바퀴의 분해 전·후 모습

▲ **그림** 3.308 좌측 4열 바퀴의 브레이크 라이닝

▲ **그림** 3.309 좌측 4열 바퀴 브레이크 캠의 회전상태

▲ **그림** 3.310 좌측 4열 바퀴의 브레이크 드럼 내측면

▲ **그림 3.311** 좌측 4열 바퀴 액슬 샤프트의 스플라인 홈

▲ **그림 3.312** 좌측 4열의 브레이크 라이닝

▲ **그림 3.313** 좌측 3열과 4열 바퀴의 허브 베어링의 비교

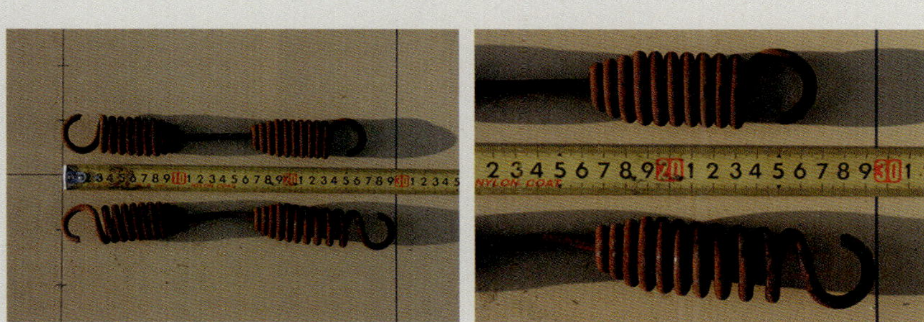

▲ **그림 3.314** 좌측 3열과 4열 바퀴의 슈 리턴 스프링의 비교

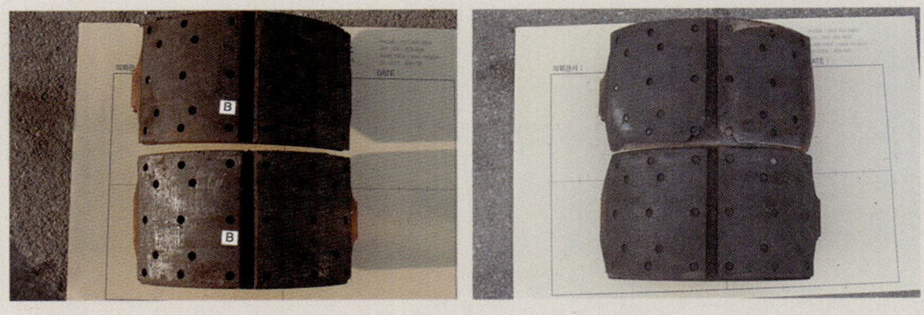

▲ **그림 3.315** 좌측 3열과 4열 바퀴의 브레이크 라이닝 비교

▲ **그림 3.316** 좌측 4열의 primary shoe에서 식별되는 리벳 머리

▲ **그림 3.317** 좌측 4열의 secondary shoe에서 식별되는 리벳

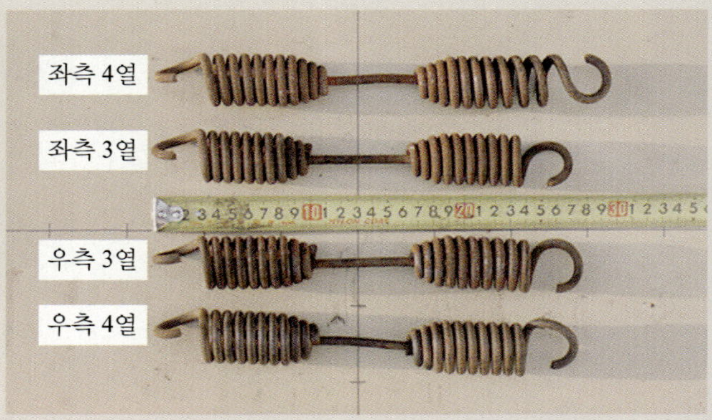


▲ **그림 3.318** 좌우측 3열 4열 바퀴의 슈 리턴 스프링 비교

## 화재사례 49 슈 리턴스프링으로 인한 트럭화재[55)]

**화재개요**

3월 2일 고속도로를 시속 70~80km로 운행 중 갑자기 펑하고 타이어 펑크가 나는 소리가 나서 갓길로 세우고 확인한바 3축 우측의 안쪽 타이어가 펑크가 나 있는 것을 확인하였고 바로 펑크가 난 바퀴 아래쪽에서 불꽃이 보여서 트럭에 적재된 소화기를 가져다가 분말소화약제를 방출시켰으나 진화하지 못하였다.

**화재원인**

3축 우측의 안쪽 바퀴에 접한 브레이크 시스템의 리턴스프링이 늘어나 브레이크슈의 복원력이 저하된 상태에서 운행 중 브레이크드럼과 브레이크라이닝의 지속적 마찰과 파손된 브레이크라이닝 조각이 브레이크드럼과 브레이크라이닝 사이에 끼어 브레이크드럼에 마찰열을 지속적으로 발생하게 하여 타이어 등 주변 가연물에 착화되어 화재가 발생하였다.

**조사요령**

1. 목격자 정보를 조사한다.
 (1) 4축 중 3축의 우측 안쪽 바퀴(타이어)가 펑크가 난 것을 확인하였고, 이 바퀴 밑쪽에서 불꽃이 보였다.
 (2) 4축 중 2축은 트럭 구입 후 증축하였고, 화재발생 시 증축한 2축은 내려와 있는 상태이었다.
2. 차량 외부를 조사한다.
 (1) 차량 전면 좌측부분이 심하게 파손된 상태이고, 전체적으로 차량 좌측 뒷부분이 심하게 연소된 상태이다.
 (2) 운전자가 최초 화재를 목격한 부위(3열 우측 안쪽)를 확인한 바, 바로 위쪽의 화물칸 바닥의 하부 쪽 판자가 국부적으로 소실되어 뚫려 있음에 비해 반대쪽(좌측)의 판자는 탄화균열만 되어 있는 점으로 보아 운전자가 화재를 목격한 지점이 발화개소임에 틀림없다.
3. 브레이크 드럼을 조사한다.
 (1) 3축 우측 브레이크드럼의 외부에 휠이 용융되어 붙어 있고, 이 브레이크드럼을 분해한바 위쪽 브레이크슈(brake shoe)가 빨갛게 변색되어 있고 브레이크라이닝(brake lining)의 일부가 파손되어 없어져 있다.
 (2) 위쪽 브레이크라이닝의 외부 쪽은 외부 쪽 1열의 리벳은 물론 브레이크라이닝까지 원형을 유지하고 있으나 외부부터 2열 리벳이 있는 곳부터 안쪽으로 파손되어 있으며 리벳 4개가 드러나 있고 리벳이 드러난 부위의 브레이크라이닝은 없다.
 (3) 브레이크드럼 안쪽의 dust cover가 붉은 색으로 변색되어 있고, 허브베어링에 손상이 없으나 윤활유는 고열에 노출된 흔적이다.
 (4) 브레이크슈를 분리해 낸바 위쪽 브레이크슈는 화열로 인해 붉게 변색되어 있고 이물질이 거의 붙어 있지 않으나 아래쪽 브레이크슈는 위쪽의 것에 비해 변색 정도가 약하고 이물질(라이닝 가루)이 많이 붙어 있으며, 리턴스프링의 한쪽이 늘어나 있다.
 (5) 브레이크라이닝은 위쪽의 것은 파손되어 있을 뿐만 아니라 표면 전체가 손상되어 있고, 아래쪽의 것은 일부가 손상되어 있다.
 (6) 브레이크드럼 내부 면은 안쪽의 브레이크라이닝 파손된 부위와 닿은 부위에 터닝칼라가 나타나 있다. 터닝 컬러는 연속적 마찰(라이닝과 드럼 내부의 접촉에

의한 마찰)로 인해 드럼 내부가 과열(발열)된 상태에서 접촉 마찰하며 회전하는 경우에 생긴다.

(7) 브레이크드럼 내부에는 브레이크라이닝이 가루모양으로 분쇄되어 브레이크드럼 안쪽에 쌓여 있고 고열에 노출되어 검게 그을려 있다.

(8) 3열 우측의 것과 비교하기 위해 3열 좌측 브레이크드럼을 분리해 확인한바 브레이크라이닝, 허브베어링, 그리스(윤활유)에 특이사항이 없고, 우측 브레이크슈와 달리 붉게 변색되어 있지 않고 브레이크 라이닝과 리턴스프링에도 특이점이 없으며, 브레이크드럼 내부에 브레이크라이닝의 가루가 거의 없으며, 고열에 노출된 흔적이 없다.

(9) 3열 좌우의 브레이크슈와 브레이크라이닝을 비교한바 좌측의 것은 붉은 변색흔이 없으나 우측의 것은 화열에 노출되어 붉은 변색흔이 남아 있다.

(10) 3열 좌우의 리턴스프링을 비교한바 좌측 것은 원형을 유지하고 있으나 우측 것은 화열을 받아 변색됨은 물론 한쪽의 스프링이 4cm 정도 늘어나 있다.

(11) 3축 좌우 축의 베어링 윤활유를 비교한바 우측의 것은 윤활유가 고열에 노출되어 있으나 좌측의 것은 특이점이 없다.

▲ **그림 3.319** 화재발생 트럭의 모습

▲ **그림 3.320** 화염이 발견된 우측 3열 안쪽 바퀴의 모습

55) 이의평, 김윤회, "고속도로 주행 중 제동장치 리턴스프링 결함으로 발생한 트럭화재의 분석", 한국자동차공학회논문집, Vol.22, No.2, pp.148~155, 2014.

▲ **그림 3.321** 좌우 3축 위의 화물칸 차량 하부 쪽 바닥 판자의 모습

▲ **그림 3.322** 3축 우측 브레이크드럼의 분해 결과와 브레이크 라이닝의 모습

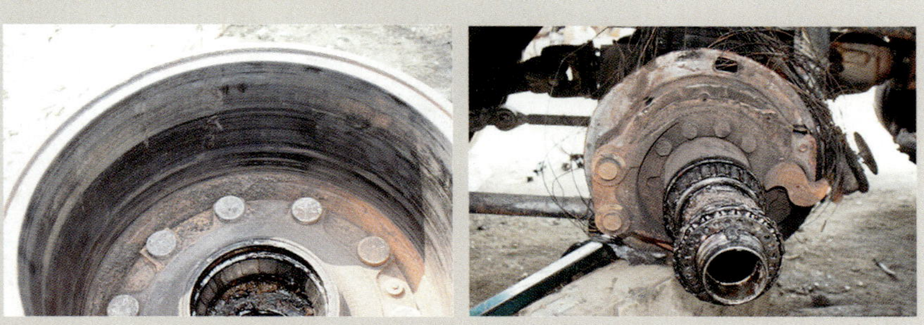

▲ **그림 3.323** 브레이크드럼 내부와 허브베어링, 그리스의 모습

▲ **그림 3.324** 브레이크슈의 모습

▲ **그림 3.325** 좌측 3축 브레이크드럼, 라이닝과 베어링 등의 모습

▲ **그림 3.326** 좌측 3축 허브베어링과 그리스의 모습

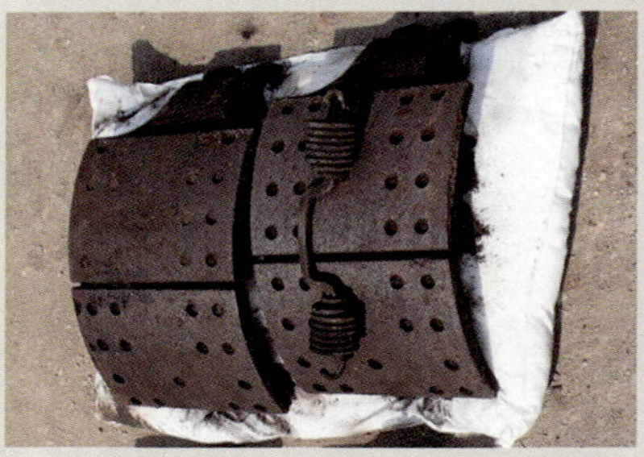

▲ **그림 3.327** 좌측 3축의 브레이크슈 모습

- 좌측의 것은 붉은 변색흔이 없고 손상이 없다.
- 우측의 것은 화열에 노출되어 붉은 변색흔이 있고 파손되어 있다.

▲ **그림 3.328** 3축의 좌우 브레이크슈와 브레이크라이닝의 비교

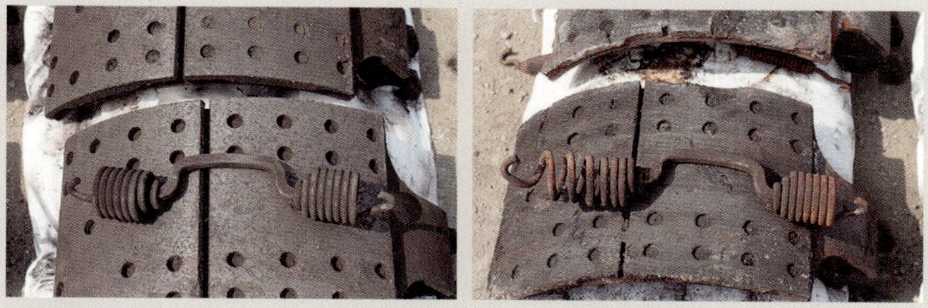

▲ **그림 3.329** 3축의 좌우 슈 리턴스프링의 비교
(좌측 것은 원형을 유지하고 있으나 우측 것은 화열(火熱)을 받아 붉은 색으로 변색됨은 물론 한쪽의 스프링이 늘어나 있다.)

▲ **그림 3.330** 3축의 좌우 슈 리턴스프링의 비교
(우측 리턴스프링의 한쪽이 약 4cm 정도 늘어나 있다.)

## 화재사례 50 마스터실린더 설정 잘못으로 인한 트럭화재[56)]

**화재개요**

5월말 05:50경 메이커 공장 옆 출하장에서 탁송회사 소속 운전기사가 군용 5톤 트럭을 인수하여 전방부대에 탁송하기 위해 고속도로를 주행 중이었다. 고속도로 휴게소에 들른 후 80km/h 정도의 속도로 주행 중이었는데 언덕길에서 속도가 떨어지는 느낌이 들어 기어를 5단에서 4단으로 변속을 하여도 속도가 떨어져서 3단으로 변속하였음에도 속도가 떨어져서 이상하다고 생각하여 계기판의 경고등을 확인하였는데 경고등은 들어와 있지 않았다. 그 후 곧바로 동료 직원에게 전화를 하여 차량이 속도가 나지 않는다고 말하자 4륜이 작동되었는지 확인해보라 하여 확인한바 4륜은 작동하지 않은 상태이었다. 언덕길을 오른 후에도 30km/h 정도의 속도로 떨어져 갓길에 정차하고 내려서 차량을 살펴보는 순간 바퀴에서 화재가 발생하여 119신고(신고시각 06:31)를 하여 06:41에 소방대가 현장에 도착하여 06:45 완전 진화하였다.

**화재원인**

마스터실린더의 1차 컵씰의 초기위치 설정 잘못으로 제동을 하지 않음에도 1축과 3축의 좌우 브레이크 드럼과 브레이크 라이닝의 연속적인 마찰에 의해 발생한 열이 1축과 3축 좌우의 브레이크 드럼을 과열시키고 휠에 열전도가 된 후 1축과 3축 좌우의 타이어 쪽에 가해져서 1축과 3축 좌우의 타이어에 거의 동시에 불이 붙어 화재가 발생하였다.

**조사요령**

1. 목격자 정보를 조사한다.
 (1) 차량을 공장에서 출고하여 탁송 중이었다.
 (2) 속도가 떨어져 갓길에 정차하고 내려서 차량을 살펴보는 순간 바퀴에서 화재가 발생하였다.
2. 차량 외부를 조사한다.
 (1) 1축과 3축 부위 부근만 화재피해를 입었을 뿐 운전실, 엔진, 적재함으로 확대되지 않았다.
 (2) 1축과 3축의 브레이크 드럼에 심하게 열을 받은 흔적이 있다.
3. 브레이크 드럼을 조사한다.
 (1) 1축 우측 브레이크 드럼은 허브베어링에 손상이 없고 윤활유에도 특이점이 없어 허브베어링은 화재원인과 관련이 없고, 브레이크슈 및 휠 실린더와 리턴스프링에 이상이 없으므로 브레이크슈 및 휠 실린더와 리턴스프링은 화재원인과 관련이 없으며, 브레이크 드럼의 내부에 터닝칼라(turning color)가 형성되어 있고, 브레이크 라이닝에 마찰흔적이 있다. 터닝칼라는 브레이크 라이닝과 브레이크 드럼 내부의 접촉에 의한 연속적인 마찰로 인해 드럼 내부가 과열(발열)된 상태에서 라이닝과 드럼이 접촉 마찰하며 드럼이 회전하는 경우에 생기는 전형적인 흔적이다.
 (2) 1축 좌측 브레이크 드럼도 우측과 마찬가지로 허브베어링, 윤활유, 휠 실린더, 브레이크슈, 리턴스프링 등에 이상이 없으므로 이들은 화재원인과 관련이 없으며, 브레이크 드럼의 내부에 터닝칼라가 형성되어 있고 브레이크 라이닝에 마찰흔적이 있다
 (3) 메이커 측의 협조가 없어 3축 좌우의 브레이크 드럼은 분해하지 못하였지만, 3축 좌우의 브레이크 드럼도 1축 좌우 브레이크 드럼과 같은 이유로 화열의 공격을 받아 변색된 것으로 보이므로 1축과 마찬가지로 허브베어링, 휠 실린더, 윤활유, 브레이크슈, 리턴스프링 등에 이상이 없어 이들은 화재원인과 관련이 없고 브레이크 드럼의 내부에 터닝칼라가 형성되어 있고 브레이크라이닝에도 마찰흔적이 있을 것으로 판단(추정)된다.
4. 브레이크 작동 메커니즘에 대해 검토한다.
 (1) 공기압배력유압식 제동장치가 설치되어 있으며, 이 제동장치는 에어컴프레서, 에어탱크, 배력장치, 에어마스터(마스터실린더), 듀얼 브레이크 밸브(페달), 드라이어, 브레이크 드럼 등으로 이루어지는데 마스터 실린더(에어마스터)의 작동 동력원은 공기압이고 동력 전달 매개체는 브레이크 오일이다. 공기압으로 마스터 실린더(에어마스터)를 작동하여 여기서 생성된 브레이크 오일의 유압을 이용하여 제동을 한다. 제동력 증폭·전달·발생 순서는 '페달 → 제어밸브 → 배력장치 → 에어마스터(마스터실린더) → 유압배관 → 휠실린더 → 브레이크 슈 → 드럼' 순이다.
 (2) 탠덤(tandem) 마스터실린더(에어마스터)가 장착되어 있는데, 이 마스터실린더는 안전성을 높이기 위해 앞뒤 바퀴에 각각 독립적으로 작용하는 2계통의 회로를 갖도록 2개의 마스터실린더 구조를 1개의 실린더에 직렬로 배치하고 있다.

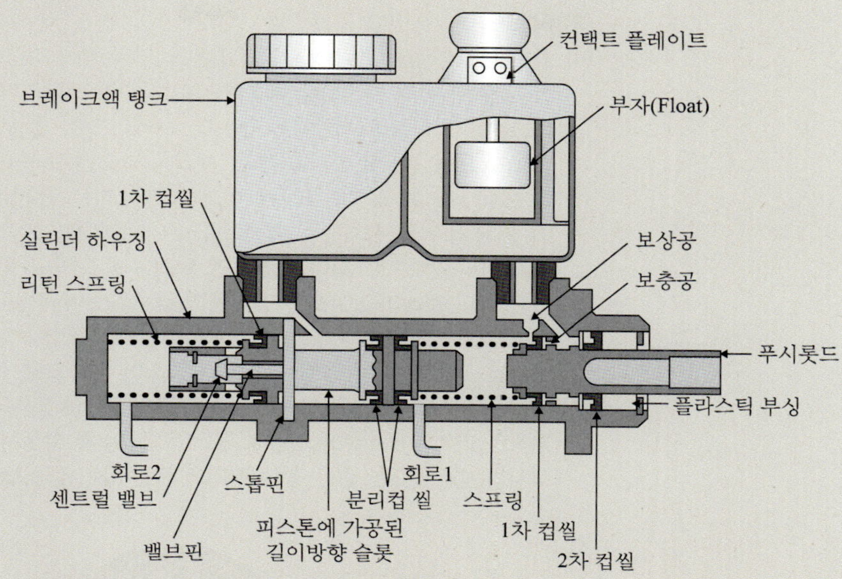


▲ **그림 3.331** 탠덤마스터실린더의 기본구조

페달 쪽 피스톤을 1차 피스톤, 안쪽에 들어 있는 피스톤을 2차 피스톤이라 하며, 1차 피스톤과 2차 피스톤은 모두 복동식이다. 그리고 각 피스톤의 전후 컵씰(cup seal) 사이는 원통형의 밀폐된 공간으로서 보충실의 역할을 한다. 각 피스톤에 설치된 고무제의 컵씰(cup seal)은 피스톤과는 반대로 앞쪽의 것을 1차 컵씰, 뒤쪽의 것을 2차 컵씰이라 한다. 제동할 때 1차 컵씰이 보상공을 지나면 각 회로의 압력실은 곧바로 밀폐되어 회로압력이 형성되게 된다. 이때 필러 디스크(filler disk)는 1차 컵씰이 피스톤에 뚫린 보충통로로 밀려드는 것을 방지한다. 1차 피스톤에 설치된 2차 컵씰과 진공 컵씰은 설치방향이 서로 반대이다. 2차 컵씰은 유압측 누설을 방지하고, 진공 컵씰은 진공(배력장치) 측로부터의 진공유입을 방지한다. 2차 피스톤에 설치된 2차 컵씰과 분리 컵씰(cup)도 설치방향이 서로 반대이다. 1차 컵씰과 같은 방향으로 설치된 2차 컵씰은 보충실의 기밀을 유지하고, 1차 컵씰과 반대방향으로 설치된 분리(고압) 컵씰은 다른 회로의 압력실을 형성한다. 즉, 두 회로를 완전히 분리시키는 기능을 한다. 1차 피스톤과 2차 피스톤은 스프링을 사이에 두고 연결 볼트에 의해 연결되어 있다. 즉, 1차적으로 강체연결과 같다. 따라서 1차 피스톤과 2차 피스톤 사이에는 항상 일정한 간격이 유지된다.

(3) 브레이크페달을 밟지 않을 때를 초기 위치라고 하며, 초기 위치에서 피스톤은 각각 스프링에 의해 스토퍼에 밀착되어 있다. 이때 각 1차 컵씰들은 각각 자신의 보상공을 막지 않아야 한다. 따라서 2개의 압력실은 모두 각각의 보상공을 통해 브레이크액 저장탱크와 연결되어 있다. 브레이크액 저장탱크와 압력실 사이에 브레이크액의 유동이 가능하므로 브레이크액의 가열 또는 냉각에 의한 체적보상이 자연스럽게 이루어진다. 1차 컵씰의 초기위치 설정이 잘못되었거나 오염에 의해 보상공이 막히면 체적보상작용이 이루어질 수 없게 된다. 이 경우

브레이크액이 가열, 팽창되면 브레이크페달을 밟지 않은 상태에서도 제동현상이 나타날 수 있다[57].

(4) 화재발생 트럭은 [그림 3.332]와 같은 내부 확장식 드럼브레이크를 채용하고 있다. 바퀴와 함께 회전하는 브레이크 드럼 안쪽으로 라이닝(마찰재)을 붙인 브레이크슈를 압착하여 제동력을 얻는다. 브레이크슈, 휠실린더, 백플레이트 및 브레이크 드럼 등으로 이루어진다. 페달을 밟으면 브레이크슈는 확장 기구에 의해 드럼 내면에 압착되고, 브레이크 슈에 부착된 라이닝과 드럼 내면의 마찰력에 의해 바퀴가 정지하는 방식이다. 즉, 브레이크 드럼은 휠과 함께 구동축에 설치되어 있으므로 휠이 회전하면 브레이크 드럼도 함께 회전하고, 브레이크 드럼 내의 브레이크 슈와 확장력을 발생시키는 부품들은 앵커-플레이트에 설치되고 앵커-플레이트는 차축 하우징에 고정되어 있어 브레이크 슈는 확장될 수는 있으나 회전할 수는 없는 구조로 설치되어 있으므로 브레이크 페달을 밟으면 휠실린더가 작동하여 브레이크 슈는 드럼의 내벽에 압착되며 이때 브레이크 슈에 부착된 라이닝(lining)이 제동에 필요한 마찰력을 발생시킨다. 브레이크 슈를 확장시키는데 필요한 힘은 휠 실린더에 작용하는 유압으로부터 작용시켜 얻는다.

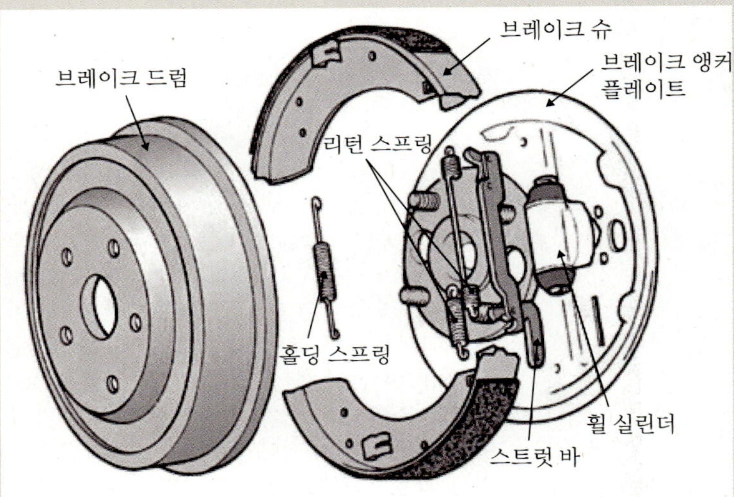


▲ **그림 3.332** 드럼 브레이크 구성 주요 부품

5. 화재발생 원인을 분석한다.

(1) 1축과 3축의 좌우 브레이크 드럼과 브레이크 라이닝이 연속적으로 마찰 접촉하여 열이 발생하여 1축과 3축의 좌우 브레이크 드럼을 과열시키고 이 과열된 브레이크 드럼의 열이 휠로 전도되어 1축과 3축의 좌우 타이어에 가해져서 1축과 3축의 좌우 타이어를 거의 동시에 발화하게 한 것이므로 1축과 3축의 좌우 브레이크 드럼이나 브레이크 라이닝에 개별적으로 제동이 걸려 발생된 것이 아니라 1축과 3축 좌우의 브레이크 드럼에 브레이크 라이닝이 동시에 연속적으로 접촉하여 제동이 걸려 화재가 발생한 것으로 볼 수 있다.

(2) 1축과 3축의 브레이크 드럼에 동시에 브레이크 라이닝이 달라붙어 연속적으로 제동이 걸리는 경우는 사이드브레이크를 작동시키는 경우에는 구조적으로 불가

능하고 오로지 운전석 아래 차량 하부 쪽에 위치한 에어마스터가 작동하여 휠 실린더를 작동시킨 경우로 한정되므로 이 트럭화재는 에어마스터가 작동하여 1축과 3축 좌우의 브레이크 드럼의 제동이 걸린 것과 관련이 있는 것으로 볼 수 있다.

(3) 에어마스터가 작동하여 1축과 3축 좌우의 브레이크 드럼에 브레이크 라이닝이 접촉하며 동시에 연속적으로 제동이 걸리는 경우는 ① 운전자가 계속 브레이크를 밟고 있거나 밟고 떼고를 연속적으로 반복하는 경우, ② 운전자가 브레이크 페달을 밟아 에어마스터가 작동하여 제동이 걸렸다가 브레이크 페달에서 발을 떼었음에도 제동이 해제되지 않은 경우, ③ 운전자가 브레이크 페달을 밟지 않았음에도 에어마스터가 작동하여 제동이 계속 걸린 경우로 나눠서 생각할 수 있다.

① 운전자가 계속 브레이크를 밟고 있는 경우나 밟고 떼고를 연속해서 반복하는 경우는 브레이크 페달을 완전히 밟으면 강하게 제동이 걸려 일정거리를 주행하다 정지하게 되어 브레이크 드럼에서 화재가 발생하는 것은 불가능하므로 이러한 경우는 해당되지 않으며, 브레이크 페달을 계속 조금만 밟고 주행하는 경우나 브레이크 페달을 밟고 떼고를 연속적으로 반복하는 경우라 할 수 있는데, 군용트럭을 탁송한 경험이 많은 운전기사가 고속도로를 주행하면서 브레이크를 계속 조금만 밟고 운전했을 리 없고 이 군용트럭은 수동기어 장착 차량이므로 브레이크 페달을 밟고 뗄 때마다 변속기어를 조작해야 하므로 브레이크 페달을 밟고 떼고를 연속적으로 반복했을 리 없는바 ①의 경우는 배제할 수 있다.

② 운전자가 브레이크 페달을 밟아 에어마스터가 작동하여 제동이 걸렸다가 브레이크 페달에서 발을 떼었음에도 제동이 해제되지 않은 경우는 1축과 3축의 좌우 브레이크 드럼에 브레이크 라이닝이 달라붙어 주행하므로 1축과 3축의 브레이크 드럼이 과열되고 이 과열된 열이 휠에 전도되어 1축과 3축의 타이어에 가해져 타이어에 불이 붙을 수 있으므로 ②의 경우는 배제할 수 없으나, 운전자에게 확인한바 속도가 떨어지는 느낌이 들기 전에 2차선 오르막길을 주행하고 있었고 이른 아침 시간대라 주행을 방해하는 차량이 전혀 없어서 브레이크를 밟을 이유가 없는 상황에서 2차선을 거의 일정속도로 주행하고 있었다고 하므로 ②의 원인(경우)에 의해 발화되었을 가능성은 높지 않은 것으로 분석(추정)된다.

③ 운전자가 브레이크 페달을 밟지 않았음에도 에어마스터가 작동하여 제동이 계속 걸린 경우는 에어마스터가 강하게 작동하여 급제동이 걸린 경우와 에어마스터가 강하게 작동하지 않아 가속페달을 밟으면 고속주행은 아니지만 일정이상의 속도로 주행이 가능한 경우로 나눌 수 있는데, 에어마스터 작동으로 제동이 강하게 걸렸다면 급격히 속도가 떨어져 정지되어 주행이 불가능하게 될 것이므로 화재가 발생할 상황이 되지 않은바 제동이 강하게 걸린 경우는 배제할 수 있고, 운전자의 운행경위서에 의하면 "고속도로를 시속 80km로 주행 중 화재장소 직전인 언덕길에서 약간 속도가 떨어지는 느낌이 들어 기어를 5단에서 4단으로 변속 주행 중에도 속도가 또 떨어져 3단으로 변속하여 주행 중 이상하여 경고등을 확인하여도 경고등은 들어오지 않아 이상하다고 생각하여 동료직원에게 전화를 하여 차량이 속도가 나지 않는다

고 묻자 동료직원이 4륜이 작동되었는지 확인해보라고 하여 확인하여도 4륜은 작동하지 않는 상태로 속도가 30km/h로 떨어져 갓길에 정차하여 살펴보는 순간 바퀴에서 화재가 발생하였다"라고 하는바 운전자가 브레이크 페달을 밟지 않았음에도 에어마스터가 작동하여 브레이크 드럼과 브레이크 라이닝이 접촉한 것으로 볼 수 있고 브레이크 드럼과 라이닝이 접촉한 상태에서 가속페달을 밟자 고속주행은 안되지만 일정속도 이상으로 주행하여 브레이크 드럼과 브레이크 라이닝이 연속적으로 마찰을 일으켜 브레이크 드럼을 과열되게 하여 타이어를 발화시킨 것으로 볼 수 있는바 ③의 원인(경우)에 의해 화재가 발생하였을 가능성이 높다.

(4) 운전자에 의하면 메이커 출하장에서 이 화재사건 군용트럭을 인수하여 고속도로를 이용하여 주행하다가 휴게소에 들러 엔진정지를 하고 잠시 쉬었다가 다시 시동을 켜서 주행했다고 하는바 출하장에서부터 에어마스터에 문제가 있어 1축과 3축에 제동이 걸렸다면 휴게소에서 타는 냄새를 맡는 등 이상징후를 발견했을 것이나 이상징후를 발견한 사실이 없고, 휴게소에서 사고지점 직전의 속도가 떨어지는 느낌이 드는 지점까지 터널 고갯길을 통과하는 등 오르막길을 여러 차례 통과하여 약 40km의 거리를 주행하여 왔으므로 휴게소부터 에어마스터가 이상 작동하여 계속 제동이 걸렸다고 보기 어려우며, 약간 속도가 떨어지는 느낌이 드는 순간부터 에어마스터가 작동하였을 가능성이 있는데 약간속도가 떨어지는 느낌이 든 후 정차한 곳(화재발생지점)까지의 거리가 수 km에 지나지 않으므로 약간 속도가 떨어지는 느낌이 드는 순간부터 에어마스터가 작동했다고도 보기도 어려운바 (휴게소부터는 아니지만) 언덕길에서 약간 속도가 떨어지는 느낌이 드는 순간 이전부터 에어마스터가 작동한 상태로 주행하다가 오르막길에서 속도가 떨어져 속도가 떨어지는 것을 느꼈을 가능성이 높다.

(5) 이상의 분석 결과, 군용트럭 화재는 운전자가 브레이크 페달을 밟지 않았음에도 에어마스터가 작동하여 1축과 3축에 제동이 걸려서 브레이크 드럼과 브레이크 라이닝이 연속적으로 접촉 마찰하여 브레이크드럼이 과열되어 타이어를 착화시켜 발화된 것으로 판단된다.

(6) 앞에서 언급한 것처럼 마스터실린더의 1차 컵씰의 초기위치 설정이 잘못되었거나 또는 오염에 의해 보상공이 막히면 체적보상작용이 이루어질 수 없게 되고, 이 경우 브레이크액이 가열, 팽창되면 브레이크페달을 밟지 않은 상태에서도 제동현상이 나타날 수 있다고 하였는데, 출고 직후 운행한 차량이므로 1차 컵씰이 오염되었을 가능성보다는 초기위치 설정이 잘못되어서 브레이크페달을 밟지 않은 상태에서도 제동이 걸린 것으로 분석(추정)된다.

(7) 브레이크 계통 등 차량 하부에 외부 충격을 받은 흔적이 전혀 없으므로 외부적인 요인에 의한 화재는 배제할 수 있고, 운전자의 잘못과 관련된 화재라고 볼 아무런 단서나 증거가 없으므로 외부적인 요인이나 운전자와 관련된 인위적인 행위(담배, 방화, 사이드브레이크 체결, 기기조작 잘못, 운전습관 등)는 화재의 원인에서 배제할 수 있다.

---

56) 이의평, 출고 후 납품하기 위해 고속도로 주행 중 발생한 트럭화재의 분석, 한국화재조사학회 2017춘계학술대회논문집, pp.28~42, 2017.

57) 김재휘, 첨단자동차섀시, 골든벨, pp.362~364, 2009.

▲ **그림 3.333** 화재발생 트럭의 모습

▲ **그림 3.334** 분리해놓은 1축 브레이크 드럼의 모습

▲ **그림 3.335** 3축 좌우측 브레이크드럼의 화재열을 받아 변색되어 있는 모습

▲ **그림 3.336** 1축 우측 허브베어링, 실린더와 리턴스프링의 모습

▲ **그림 3.337** 1축 우측 브레이크 드럼 내부와 라이닝의 모습

▲ **그림 3.338** 1축 좌측 브레이크 드럼, 휠 실린더와 리턴스프링

▲ **그림 3.339** 운전석 아래쪽의 에어마스터 모습

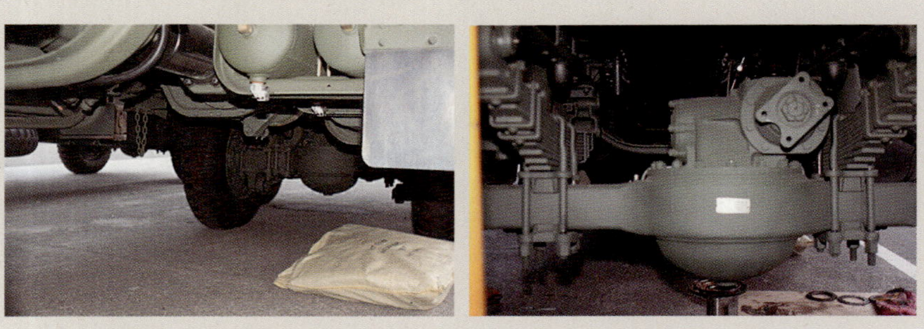

▲ **그림 3.340** 하부 쪽의 모습 – 외부의 충격을 받은 흔적이 없다.

## 화재사례 51 브레이크 챔버 고장으로 인한 트럭화재

**화재개요**

6월 12일 21:02경 공장 출하장에서 화물차(22.5톤)의 사이드브레이크경고등이 점등되고 계기판의 압력이 7kg/cm$^2$정도(9kg/cm$^2$가 정상임)로 떨어지면서 운행이 불가능하여 A/S센터에 긴급출동 서비스를 신청하여서 인근의 서비스지정 공업사에서 현장에 출동하여 약 20분간에 걸쳐 운전석 쪽 4축 브레이크 챔버에 대해 조치를 하였고, 조치 후 사이드브레이크경고등이 꺼지고 계기판의 압력이 정상으로 복귀되었고 운전자가 시험운전을 해보니 차량운행이 가능한 상태가 되어서 공장을 23:55분경 출발하여 약 20~30분가량 주행 중 '펑'하는 소리를 듣고 후미를 살펴보자 운전석 쪽의 4축 부위에서 화재가 발생함을 확인 후 갓길에 정차, 운전석 쪽 4축의 안쪽 타이어에 불이 붙어 있는 것을 확인하고 소화기를 분사하였으나 진화되지 않았다.

**화재원인**

브레이크 챔버에서 공기유입 막음조치만을 하고 막음조치 전에 이미 작동된 제동이 해제되지 않고 주행하여서 브레이크라이닝과 브레이크 드럼의 지속적인 마찰에 의해 발열하여 화재가 발생하였다.

**조사요령**

1. 목격자 정보를 조사한다.
   (1) A/S센터에서 긴급출동하여 좌측 4축 브레이크 챔버에 대해 조치를 하였다.
   (2) 좌측 4축의 안쪽 타이어에 불이 붙어 있어 소화기를 분사하였다.
2. 차량 외부를 조사한다.
   (1) 좌측 4축 바퀴를 기점으로 위쪽으로 연소확대 되어 있다.
   (2) 좌측 4축의 브레이크드럼이 화열로 변색되어 있다.
3. 좌측 4축의 브레이크 드럼을 조사한다.
   (1) 브레이크 드럼 내부를 확인하기 위해 타이어를 분리한바 브레이크 드럼의 외부가 화열을 받아 변색되어 있다.
   (2) 브레이크 드럼의 내부를 확인하기 위해 드럼을 분리한바 드럼 내부에 그을음이 차 있다. 드럼 내부의 그을음은 드럼과 브레이크 라이닝의 마찰불티에 의해 생성 될 수 있는 것으로 브레이크라이닝과 드럼이 지속적으로 접촉상태를 유지했음을 의미하고 있다.
   (3) 차축의 베어링 그리스(윤활유)가 남아 있으므로 베어링 이상이나 베어링 윤활불량은 화재원인에서 배제할 수 있다.
   (4) 브레이크슈가 열을 받아 변색되어 있지만, 브레이크 라이닝의 리벳이상 등 라이닝에 특이점이 없고, 브레이크슈의 S캠이 회전되어 있고 리턴스프링이 확장되어 있는 상황이다. 브레이크를 밟거나 사이드브레이크를 걸면 S캠이 회전되어 브레이크슈 리턴스프링이 확장되므로, 이러한 상태를 유지하고 있음은 브레이크가 걸린 상태에서, 즉, 브레이크 라이닝과 브레이크 드럼의 내측이 마찰을 유지한 상태에서 계속 주행했음을 의미한다.
4. 좌측 4축의 브레이크 챔버를 조사한다.
   (1) 브레이크 챔버에는 브레이크 호스가 2개 연결되어 있는데, 2개 호스 모두 소실되어 있다.
   (2) 브레이크 챔버의 브레이크호스 중 1개(우측, 사이드브레이크용) 커넥터 안쪽과 브레이크 챔버 쪽의 구멍에 각각 둥근 막대모양의 철재도구를 꽂아 공기유입 막음 조치가 되어 있고, 1개(좌측, 주브레이크용)는 아무런 조치가 없다. 즉, 브

레이크 챔버의 공기유입 막음조치만을 하고 브레이크 드럼의 기계적 제동 해제를 하지 않음이 확인된다. 막음조치를 하면 공기가 브레이크 챔버에 유입되지 못하게 되고, 이로 인해 운전실 계기판의 사이드브레이크경고등이 꺼지게 되고, 막음조치로 사이드브레이크경고등이 꺼지고 공기누설 소리가 없어져서 운전자는 차량에 이상이 없는 것으로 알고 운행한 것으로 판단된다. 공기유입 막음조치만으로는 막음조치 전에 이미 작동된 제동이 해제되지 않으므로 막음조치는 물론 사이드브레이크의 제동을 기계적으로 해제조치를 해야 한다.

(3) 브레이크 챔버에 릴리즈볼트가 끼워져 있지 않고 푸시로드가 뒤로 밀려나 있음이 확인되는데, 이는 제동이 해제되지 않은 상태이다. 기계적으로 제동 해제조치를 하면 4축 우측에 있는 브레이크 챔버와 같은 상태(릴리즈볼트가 끼워져 있고 볼트의 상당부분이 튀어나와있는 상태)가 되며 이 우측의 브레이크 챔버는 화재 후 타이어교체업자가 견인을 위해 제동을 해제하였다.

(4) 브레이크 챔버를 분해한바 파워 스프링이 파손되고 다이어프램(고무막)이 뚫려 있다.

5. 화재원인을 검토한다.

(1) 좌측 4축 브레이크 챔버의 브레이크호스 중 1개(사이드브레이크용) 커넥터 안쪽과 브레이크 챔버 쪽의 구멍에 각각 둥근 막대모양의 철재도구를 꽂아 공기유입 막음 조치가 되어 있고, 1개(주브레이크용)는 아무런 조치가 없으며 브레이크 챔버에 릴리즈볼트가 끼워져 있지 않고 푸시로드가 뒤로 밀려나 있는 상태인바 공기유입 막음조치만을 하고 막음조치 전에 이미 작동된 제동이 해제되지 않고 운행되었음이 확인된다.

(2) 브레이크 드럼 내부를 확인하기 위해 타이어와 드럼을 분리한바 브레이크 드럼의 외부가 화열을 받아 변색되어 있고, 드럼 내부에 그을음이 차 있고, 브레이크슈의 S캠이 회전되어 있고, 브레이크슈 리턴스프링이 확장되어 있는 상황인바 브레이크 라이닝과 브레이크 드럼의 내측이 마찰을 유지한 상태에서 계속 운행되었음이 확인된다. 즉, 제동이 해제되지 않고 운행상태에 있었음이 확인된다.

(3) 상기와 같이 제동이 해제되지 않은 상태에서 운행을 하여서 브레이크라이닝과 브레이크 드럼의 지속적인 마찰에 의해 발열을 하여 화재가 발생한 것으로 판단된다.

▲ **그림 3.341** 화재발생 트럭의 모습

▲ **그림 3.342** 브레이크 챔버(에어챔버)의 모습

▲ **그림 3.343** 브레이크 드럼 내외의 모습

▲ **그림 3.344** 브레이크슈의 S캠, 리턴스프링, 라이닝의 모습

▲ **그림 3.345** 브레이크챔버의 사이드브레이크 공기유입구를 막음조치한 모습

▲ **그림 3.346** 분리한 브레이크 챔버를 분해한 모습

▲ **그림 3.347** 파손된 파워 스프링과 찢어진 다이어프램의 모습

참고지식1

**브레이크 챔버에서 기계적으로 제동을 해제하는 방법**

(1) 브레이크 챔버에서 더스트 캡을 제거하고, 스토리지 포켓에서 릴리즈볼트를 풀어낸다.

(2) 더스트 캡이 제거된 위치에 릴리즈 볼트를 넣고 프레셔 플레이트에 삽입한다.

(3) 프레셔 플레이트에 크로스 핀이 고정되도록 1/4바퀴 시계방향으로 릴리즈 볼트를 회전시킨다.

(4) 릴리즈 볼트에 너트와 와셔를 조립한다.

(5) 압축공기를 넣어 파워 스프링이 완전히 압축될 때까지 렌치로 릴리즈 볼트의 너트를 조인다.

(6) 푸시로드가 뒤쪽으로 밀려서 슬랙 어저스터를 움직이게 하고 S캠을 움직여서 브레이크슈를 브레이크 드럼에서 분리시켜 제동을 해제한다.

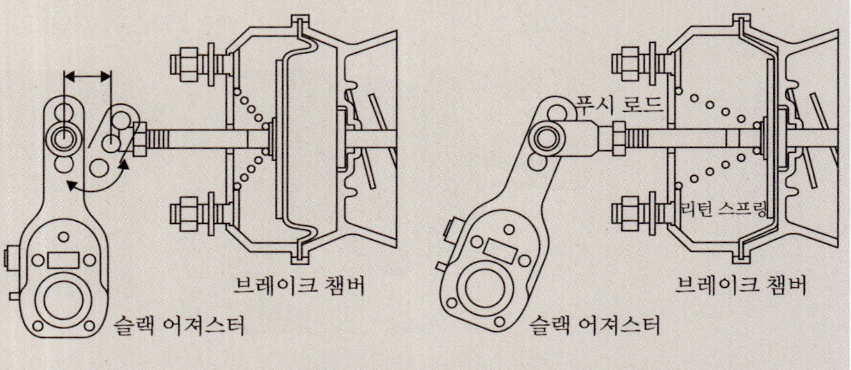


▲ **그림 3.348** 제동 시와 해제 시의 브레이크 챔버와 슬랙 어저스터의 모습

▲ **그림 3.349** 브레이크 챔버에서 기계적으로 제동을 해제하는 방법

**Point**

브레이크 챔버의 푸시로드는 슬랙 어저스터(slack adjuster)와 연결되며 푸시로드가 들어가면 챔버 내의 리턴스프링이 압축되고, 리턴스프링은 슬랙 어져스터를 매개로 브레이크 드럼 내 브레이크슈 리턴스프링을 원위치로 되돌려 제동을 해제하며, 푸시로드가 들어가야 챔버 내의 다이어프램 푸시로드 어셈블리, 슬랙 어져스터, 브레이크 드럼의 캠 샤프트를 브레이크를 걸기 전의 상태로 원위치가 된다. 푸시로드가 들어간다는 것은 리턴스프링이 압축되는 것이며, 브레이크 챔버의 리턴스프링은 슬랙 어져스터를 매개로 브레이크슈 리턴스프링과 동시에 작동되어 다이어프램 푸시로드 어셈블리, 슬랙어져스터, 캠 샤프트를 제동을 걸기 전의 상태로 원위치시킨다.

**Point**

챔버 내의 파워 스프링이 파손되면 릴리즈 볼트를 끼울 수 없어 제동장치 해제가 안 되므로 슬랙 어저스터 조정볼트로 브레이크드럼과 브레이크라이닝에 간격을 두어 제동을 해제해야 한다.

**참고지식2**

**공기브레이크 시스템**[58]

공기브레이크 시스템은 압축공기의 팽창력을 이용하여 제동하며 공기압축기를 비롯하여 복잡한 장치가 필요하므로 대형 트럭과 버스에만 설치되어 있다.

공기압축기에서 만들어진 압축공기는 체크밸브를 거쳐 공기탱크에 저장되며 공기탱크에 저장된 압축공기는 브레이크 밸브, 릴레이 밸브, 마그네틱 밸브, 앞뒤 커플링, 저압표시기, 압력계, 압력조정기에 작용된다. 브레이크 페달을 밟으면 압축공기는 퀵릴리즈밸브를 거쳐 브레이크 챔버에 작동되고 브레이크 챔버에 압축공기가 작동되면 푸시로드를 밀어 S캠과 브레이크슈를 작동시켜 드럼에 브레이크슈를 밀착시켜 제동력을 얻으며, 브레이크 페달을 놓으면 브레이크밸브와 릴레이밸브 사이의 압축공기는 브레이크 밸브 구멍을 통해 대기로 방출되고 브레이크 챔버 속의 압축공기도 퀵 릴리즈밸브와 릴리즈밸브에서 대기로 방출되며 푸시로드를 원위치로 하여 제동이 해제된다.

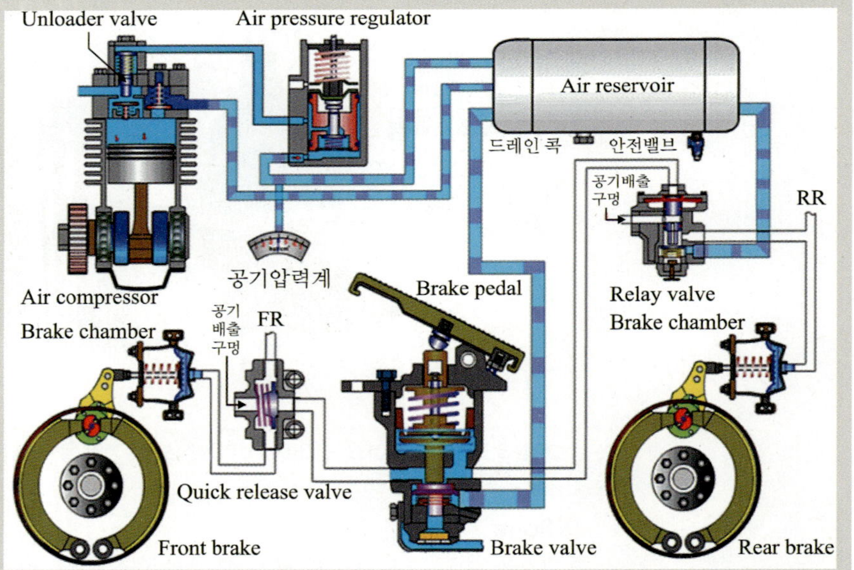


▲ **그림 3.350** 공기브레이크 시스템의 구성

58) https://sugarlessgum.tistory.com/88

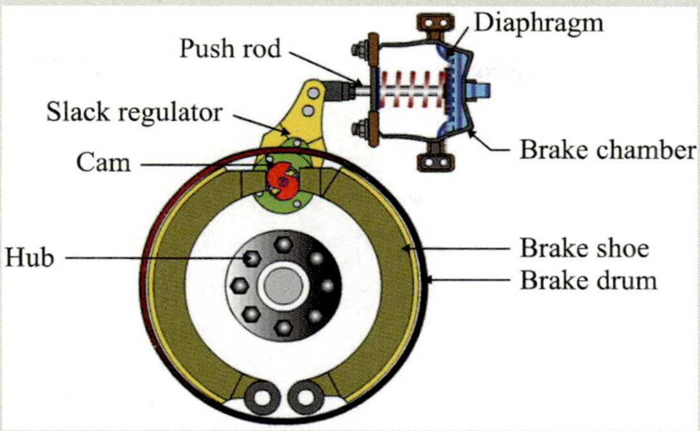


▲ **그림 3.351** 브레이크 챔버와 브레이크드럼 등의 구성

## 화재사례 52 견인 중 화재

**화재개요**

카고 트럭 운전자가 고속도로에서 과실로 01:00경 추돌사고 후 견인차량으로 견인 중 좌측 뒤쪽 타이어에서 화재가 발생하였으며, 견인 시 차량이 움직이지 않아 뒷바퀴의 브레이크 파이프와 브레이크 호스를 1회씩 절단한 이후 차량을 견인하였고 있었다.

**화재원인**

우측 뒷바퀴에 제동력이 가해진 상태에서 견인 작업 중 브레이크 라이닝과 드럼의 과열 현상으로 주변 가연물에 착화되어 화재가 발생한 것으로 추정된다.

**조사요령**

1. 목격자 정보를 조사한다.
   추돌 사고 후 뒷바퀴의 브레이크 파이프와 브레이크 호스를 절단하고서 견인 중 우측 뒤쪽 타이어에서 화재가 발생하였다.
2. 차량 외부를 조사한다.
   (1) 차량 앞쪽 우측부분이 심하게 파손된 상태이고, 전체적으로 차량 좌측 뒷부분이 심하게 연소된 상태이고, 좌측 뒷 타이어는 연소된 상태로 파열되었다.
   (2) 차량 좌측 뒷바퀴가 상대적으로 제일 심하게 연소되었고 좌측 뒷바퀴에서 우측 뒷바퀴 및 차량 앞쪽으로 화염이 전파된 모습이다.
3. 브레이크계통을 조사한다.
   (1) 운전석 앞 브레이크 페달은 차체의 변형으로 완전히 복원되지 않은 상태이다.
   (2) 차량 우측면에 에어탱크, 에어마스터, 브레이크 오일 리저버 등이 위치하며, 브레이크 오일 리저버에는 브레이크 오일이 없다.
   (3) 차량 좌측면에 위치하는 2개의 에어마스터실린더는 독립적으로 좌우측 뒷바퀴로 향하고 있다.
   (4) 좌측 뒷바퀴로 향하는 브레이크 파이프는 절단된 상태이고, 좌우측 뒷바퀴로 향하는 브레이크 호스는 소훼되어 절단부위의 확인이 불가하다.
   (5) 우측 뒷바퀴를 분해하여 보니 휠 실린더의 고무커버 등이 소훼된 상태이고, 리딩(leading) 슈의 브레이크 라이닝은 유실되었고 트레일링(trailing) 슈의 브레이크 라이닝은 심하게 마모되어 체결 리벳이 돌출된 상태이다.

(6) 우측 뒷바퀴 브레이크 드럼의 마찰면은 돌출된 리벳에 의해 국부적으로 마모된 상태이다.

4. 발화개소 및 화재원인에 대한 검토한다.

(1) 차량은 전체적으로 우측 뒷바퀴에서 화염이 시작되어 좌측 뒷바퀴 및 차량 앞쪽으로 화염이 이동한 형상인 점으로 보아 우측 뒷바퀴가 최초 발화개소이다.

(2) 좌측 뒷바퀴로 향하는 브레이크 파이프 및 브레이크 호스를 절단하지 않은 상태에서 차량이 움직이지 않았고, 차량 전면부분이 심하게 파손되어 차체가 틀어져 브레이크 페달이 완전히 복원되지 않은 점으로 보아, 사고 직후 좌우측 뒷바퀴에 제동력이 가해졌던 것으로 추정할 수 있다.

(3) 우측 뒷바퀴의 브레이크 라이닝 유실 및 과다 마모에 의해 리벳이 브레이크 라이닝 표면 밖으로 돌출되었고, 브레이크 드럼에서 이에 대응되는 마모흔적이 식별되는 점으로 보아, 우측 뒷바퀴의 브레이크 라이닝과 브레이크 드럼의 마찰에 의한 과열 현상이 있었던 것으로 판단할 수 있고, 화재 직전 우측 뒷바퀴에 제동력이 전달되었던 것으로 추정할 수 있다.

(4) 우측 뒷바퀴의 브레이크 라이닝과 드럼의 마찰에 의한 과열 현상으로 브레이크 휠 실린더 및 브레이크 오일, 장착된 타이어 등과 같은 가연물에 착화되어 화재가 발생한 것으로 추정된다.

(5) 이상의 조사 결과, 카고 트럭의 우측 뒷바퀴에 제동력이 가해진 상태에서 견인 작업 중 브레이크 라이닝과 드럼의 과열 현상으로 주변 가연물에 착화되어 화재가 발생한 것으로 추정된다.

▲ **그림 3.352** 트럭 앞부분의 충격흔적과 연소흔적의 모습

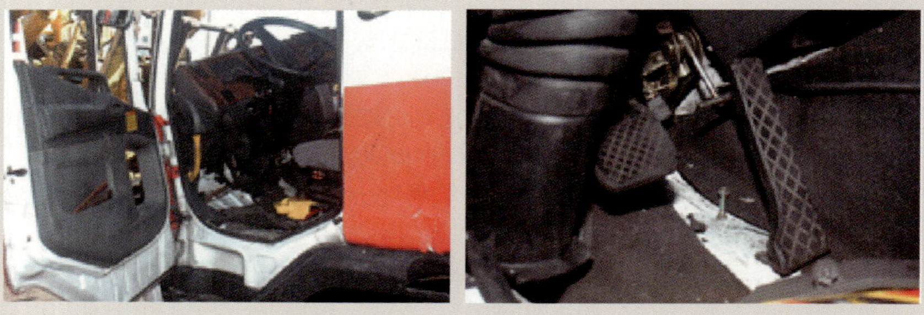

▲ **그림 3.353** 브레이크 페달이 완전히 복원되지 않은 모습

▲ **그림 3.354** 차량 좌측면의 에어탱크, 에어마스터 및 브레이크 오일 리저버 등 모습

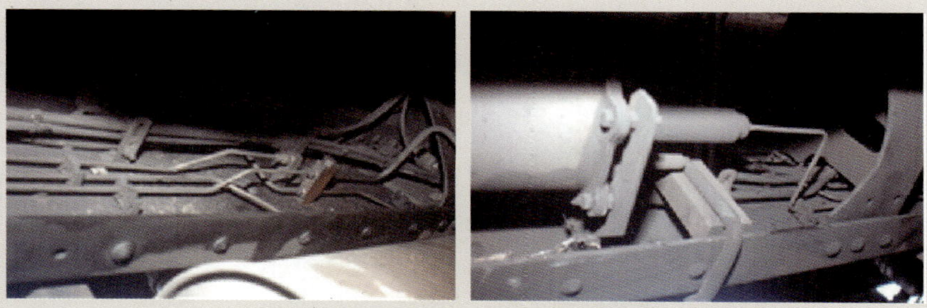

▲ **그림 3.355** 뒷바퀴(좌)와 앞바퀴(우)로 향하는 브레이크 파이프 모습

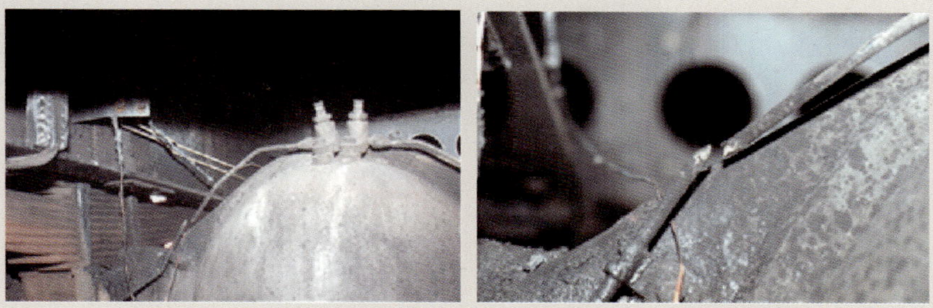

▲ **그림 3.356** 좌우 뒷바퀴로 향하는 브레이크 호스, 좌측 뒷바퀴로 향하는 절단된 브레이크 파이프 모습

▲ **그림 3.357** 분해한 우측 뒷바퀴 모습

▲ **그림** 3.358 브레이크 라이닝이 뜯겨져 나간 모습

▲ **그림** 3.359 브레이크 드럼에서 식별되는 리벳에 의한 마모흔적 모습

# 18 보디

보디는 범퍼, 파워 윈도우, 도어 록, 시트, 안전벨트 등을 구성된다. 범퍼는 차량 전후의 작은 충격 등으로부터 보디를 보호하기 위한 것이다. 창문 개폐와 도어록킹이 보다 편리하고 확실히 조작할 수 있도록 전기제어에 의한 파워 윈도우, 전기식/전자식 록크, 와이어리스 도아 록 컨트롤 등이 있다. 시트는 주행 중 승객의 몸을 지탱하고 장시간 앉아 있어도 피로감이 적고 쾌적하게 보낼 수 있게 설치되어 있다. 안전벨트는 급제동이나 출동했을 때 충격에서 승객을 지키기 위한 안전장치이다.

**Point**
합성수지제 범퍼는 연소방향을 현저하게 나타내는 외에 범퍼 내에 윙커등 및 안개등 등이 설치되어 있으므로 전기배선의 확인이 필요하다.

**Point**
파워 윈도우가 있는 도어의 내부에는 모터 및 전기배선이 있으므로 도어 부근에서 소손을 확인한 경우, 내장 부품을 분리해내서 내부를 조사한다. 또한 도어 잠금부분 등에 전자라이터가 떨어져 있는가? 바닥 카펫으로부터 타올라간 흔적이 있는가 등도 확인한다.

**Point**
좌석 표면은 난연처리가 되어 있으므로 담배 불씨가 낙하되어도 표면을 눋게 할 정도이며, 내부 우레탄층에는 달하지 않는다. 그러나 한번 눌은 곳에 불씨가 떨어지면 용이하게 우레탄층에 들어가 내부의 기포(基布)(레이온, 면포 등)에 달해 착화한다. 소유자 등의 흡연상황 청취와 타 있지 않은 좌석이나 바닥 카펫에 담뱃불 낙하에 의한 눌은 흔적이 있는지 등 흡연관리 상황을 확인한다.

**Point**
멀티 어져스터블 파워 시트 장착 차량에서 시트 부근에서 연소상황을 확인한 경우, 시트 내부의 각종 모터 및 전기배선의 상태를 관찰 조사한다. 또한 시트 레일 부근에 전자라이터가 떨어져 있는가, 바닥 카펫에서 타 올라갔는가를 확인한다.

**Point**
안전벨트에 관한 화재로서 안전벨트 자동 감는 장치(차량충돌 시에 화약을 폭발시켜 그 때에 발생한 가스압력을 이용하여 실린더 내의 피스톤을 밀어 올려서 안전벨트를 약 10cm 감아올려 승차한 사람이 튀어나가는 것을 방지하는 장치)가 있는데, 이 경우 리콜 대상제품인지를 차종명, 제조년월일, 형식, 차대번호 등으로 조사하여 안전벨트 자동 감는 장치(自動巻取装置)의 작동상황을 확인한다.

**Point**
어깨벨트 앵커를 설치하고 있는 센터필러 내에는 전기배선 및 커넥터 등이 있으므로 센터필러의 내부 부품에서 소손이 확인되면, 내부부품을 분리하여 내부를 확인한다.

**참고지식**

**담뱃불과 관련된 차량화재**

차실 안을 금연으로 하고 있는 분들이 대부분이지만, 그래도 차실 내에서 담배를 피우는 사람도 있다. 미소화원(微小火源)이란 일반적으로 화염이 없는 불씨로 담배, 향불, 불티 등 아주 작은 화원을 가리킨다. 성냥이나 라이터 등은 유염화원으로서 이들과 구별되고 있다. 담뱃불 등 미소화원과 관련된 일반적인 체크포인트는 다음과 같다.

(1) 화원(火源)이 발화개소에 존재했는가?
(2) 무염연소를 계속시킬 착화물이 있는가?
(3) 시간적 타당성은 있는가?
(4) 무염연소를 계속한 흔적이 있는가?
(5) 무염연소에서 유염연소로 바뀔 요소가 있는가?

이를 차량화재에 대해 대조하여 고려해본다.

(1) 화원(火源)이 존재했는가? 라는 포인트는 담배 등이 차실 내에 있었는가를 확인하는 것이다. 재떨이나 글러브 박스 등에 (꽁초를 포함하여) 담배가 있는가를 체크한다. 관계자에게도 흡연습관의 유무를 확인한다.

(2) 무염연소를 계속시킬 착화물이 있는가? 라는 포인트는 착화물에 대해서는 주의가 필요하다. 차실 내에는 시트나 플로어매트 등 가연물이 많이 있다. 그런데 이들 가연물은 담배 등으로는 용이하게 착화하지 않는다. 많은 차량의 시트에는 천(겉 포지)이 붙여져 있고 천(겉 포지) 안에 우레탄이 들어 있다. 플로어매트도 푹신푹신하고 호화스러운 융단과 같은 것뿐이다. 그렇지만 이들 재질은 난연성인 것이 이용되고 있으며, 설령 라이터로 직접 불을 대어도 그 정도의 불꽃으로는 간단히 불타오르지 않게 되어 있다. 쓸 수 없게 된 플로어매트를 이용하여 플로어매트 위에 불이 붙은 담배를 놓아두더라도 차량메이커가 제공한 것은 미소화원으로는 불붙지 않음을 확인할 수 있다. 시트도 폐차 등으로 실험해보면 미소화원으로는 불붙지 않음을 확인할 수 있다.

그리고 시트나 플로어매트에 착화하지 않는다고 하면 어떤 가연물이 착화물일 될 수 있는가? 차실 내에는 어떤 것이 있는가를 생각해보자.

- 천으로 된 인형 – 천으로 된 인형은 대부분이 폴리에스텔 면을 사용하고 있으므로 미소화원의 착화물이 되는 경우는 없다. 단, 중면(中綿)에 목면이 사용되고 있는 경우는 착화물이 될 수 있다.
- 쿠션 – 쿠션도 천으로 된 인형과 마찬가지이다. 단, 커버가 목면제인 경우는 커버에 착화할 가능성은 있다.
- 시트커버 – 시트는 난연성일지라도 그곳에 씌워지는 시트커버가 목면제인 경우, 착화할 가능성이 있다. 폴리에스텔 등인 경우는 용융 고착해버려 착화에는 이르지 않는다.
- 타월 등 – 타월은 대부분이 목면제이며, 그 형상부터도 미소화원의 착화물로서의 요건을 갖추고 있다. 타월 외에도 목면제인 옷도 착화물이 될 수 있다.
- 화장지 – 화장지는 미사용으로 상자에 들어 있는 상황과 사용이 끝나 뭉뚱그려진 상황, 모두 착화물이 될 수 있다. 특히, 뭉뚱그려진 화장지는 미소화원으로 용이하게 착화할 뿐만 아니라 무염연소의 계속에 대해서도 조건이 갖춰져 있다.
- 잡지 – 잡지는 종이이므로 착화한다고 생각하기 쉽지만, 다발로 되어 있으므

로 의외로 착화하지 않는다. 착화물이 될 수 없는 것은 아니지만, 그 가능성은 비교적 낮다고 할 수 있다.

- 쓰레기통－쓰레기통이나 쓰레기봉지는 대부분이 플라스틱 합성수지로 만들어져 있다. 그러므로 미소화원으로는 착화하지 않는다. 그러나 그 중에 뭉뚱그린 화장지 등이 들어 있으면 그곳에 착화하며, 쓰레기통 등이 연소, 연소확대하는 경우를 충분히 생각할 수 있다.
- CD－CD도 합성수지제품이므로 용융을 하지만 미소화원으로는 착화하지 않는다. 단, 일반적으로 합성수지제품은 유염화원에 노출된 경우에는 연소확대 매개체가 되는 경우가 있다.

이들 외에 대시보드나 콘솔박스 등도 생각할 수 있지만, 이들 합성수지제 등은 담배 등의 미소화원으로는 착화하지 않는다. 또한 유염화원이 접촉하여도 차량에 사용되고 있는 합성수지는 난연성능을 부가하고 있으므로 작은 불꽃으로는 타다가 곧바로 꺼져 버린다.

(3) 시간적 타당성은 있는가?라는 포인트에서 시간적 타당성은 비교적 확인하기 쉽다. 차량 사용시간의 판명은 용이한 경우가 많다. 질문하여 차량의 사용상황, 담배를 피운 시간 등을 명백히 해둔다. 미소화원에 의한 무염연소를 하면 연기가 눈이나 코를 강하게 자극한다. 결국 좁은 차실 내에서 목면 등이 훈소하면 꽤 눈이 아프고, 냄새도 심하다. 그러므로 승차 중이면 용이하게 이상을 알아차릴 수 있다.

시간에 대해서는 착화물이 비교적 작은 케이스가 많으므로 그렇게 길게 무염연소가 계속되지 않을 것으로 생각할 수 있다. 그러나 차실 안은 밀폐성이 좋으므로 조건에 따라 연소속도가 상당히 다르다. 이는 유염연소로의 전환요소에 대해서도 마찬가지를 말할 수 있다. 차량화재에서 연소상황은 조건에 따라 여러 가지 형태가 있을 수 있다.

(4) 무염연소를 계속한 흔적이 있는가? 와 관련하여 무염연소 계속 흔적은 차량화재에서는 명확하지 않는 경우가 많다. 난연성인 시트 등은 무염연소를 하지 않으므로 특유의 움푹 타들어감이 생기지 않고, 착화물도 작은 것이 많으므로 전소상태에서는 흔적을 발견하기 어렵다. 훈소흔적을 알 수 없어도 착화물, 그 자체의 흔적을 찾는데 힘써야 한다. 질문과 현장조사를 통해서 차실 내에 반입된 착화물의 존재를 나타내도록 해야 한다.

(5) 무염연소에서 유염연소로 바뀔 요소가 있는가?와 관련하여 유염연소로 바뀌려면 공기유입이 필요하다. 승용차 차실은 창문을 닫고 있으면 공기유입이 안되므로 담배꽁초 등을 놓아두어 무염연소를 진행하더라도 유염연소로 바뀌기 어렵다.

## 화재사례 53 승용차 앞좌석 화재[59)]

**화재개요**

퇴근하여 자택 부근의 주차장에 승용차를 세우고 문을 잠근 다음 자택에서 식사를 하고 있으니 근처에서 소방차 사이렌 소리가 들렸다. 자신의 차량이 있는 주차장방면이어서 주차장에 가보니 자신의 차량 내에서 검은 연기가 분출되고 있었다.

**화재원인**

운전자는 주차장에 차를 세우기 전에 2개비의 담배를 피웠다. 또한 평상시 담배를 입에 물고 차량을 운전하고 있었으므로 운전석의 시트에 구멍이 뚫리는 경우가 있었으며 운전석시트에 담배에 의한 구멍이 수 개소 뚫려 있었다고 진술하고 있는 점으로 보아 운전자가 피운 담배의 불씨가 운전자가 이전 담배에 의해 뚫린 시트의 구멍에 다시 낙하되어 시트 내부 가연재에 착화하여 타올라 화재가 되었다.

**조사요령**

1. 운전자 정보를 조사한다.
   (1) 주차장에 세우기 전에 담배를 피우고 있다.
   (2) 운전석 시트에 담배에 의한 구멍이 수 개소에 뚫려 있었다.
2. 발화개소를 특정한다.
   (1) 소손되어 있는 것은 운전석의 좌석과 등받이의 표면부분이다.
   (2) 기타 엔진실 등에는 소손된 곳이 없다.
   (3) 운전석 주변의 바닥 카펫에 담뱃불에 의해 소손된 흔적이 보인다.
   담배에 의해 화재를 일으킨 차량은 운전자의 흡연 관리가 나쁘므로 발화개소 이외에서도 담뱃불로 탄 흔적이 확인된다.
   (4) 운전석 좌석은 중심부가 깊게 소손되어 있다.

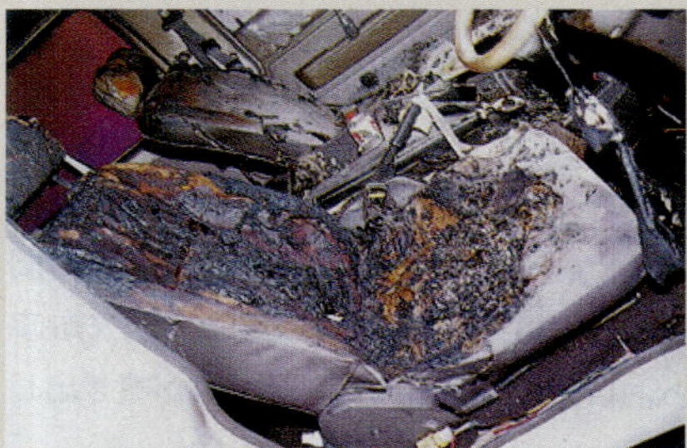
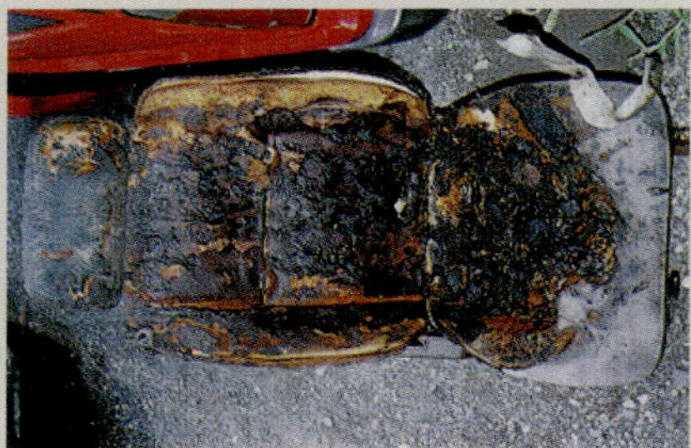

▲ **그림 3.360** 차실 안의 소손상황(좌), 운전석의 소손상황(우)

59) 동경소방청, 신화조사교본 제4권 제1부 차량화재편, pp.193~195, 2000.

**참고자료**

▼ **표 3.1** 좌석시트 위에 불이 붙은 담배를 놓고 연소상황 실험 결과

| | 실험항목 | 실험결과 |
|---|---|---|
| 실험 1 | 표피 위에 불이 붙은 담배를 놓는다. | 5분 후 : 표피가 타서 뚫리고 우레탄폼이 용융하지만 발염하지 않는다.<br>10분 후 : 담배 전체가 탄다. 연소상태는 변하지 않고 3층 째의 기포(基布)까지는 연소되지 않는다. |
| 실험 2 | 표피의 재봉선 부분에 불이 붙은 담배를 놓는다. | 5분 후 : 표피가 타서 탄화할 뿐으로 발염하지 않는다.<br>10분 후 : 담배 절반이 탔지만, 연소상태는 변하지 않는다.<br>15분 후 : 담배 전체가 탄다. 연소상태는 변하지 않고, 우레탄폼까지는 소손되지 않는다. |
| 실험 3 | 표피 위에 담배 불씨를 낙하시킨다. | 2분 후 : 표피가 타서 뚫리고, 우레탄폼까지가 용융한다. 기포까지는 연소되지 않는다. |
| 실험 4 | 담배에 의해 소손된 표피 위에 불이 붙은 담배를 놓는다. | 표피 및 우레탄폼이 타서 뚫리고 3층째 기포까지 탄화되었다. |
| 고찰 | (1) 실험1~3에서는 불이 붙은 담배를 좌석시트 위에 놓고 연소상황을 확인하였지만, 모두 시트의 표면부분인 우레탄폼을 용융시키는데 그치고, 3층째인 기포(基布)까지는 연소하지 않았다.<br>(2) 실험4와 같이 좌석시트에 담배에 의해 탄 흔적을 만들고, 다시 불이 붙은 담배가 이탄 곳에 낙하되어 좌석시트 내부에 들어가면 담뱃불의 열축적에 의해 연소가 확대되어 화재가 발생하는 것을 알았다. | |

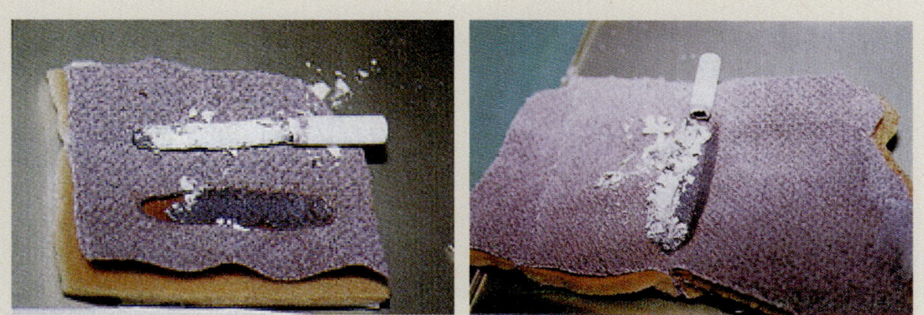

▲ **그림 3.361** 실험1 프런트시트 표피 위에 불이 붙은 담배를 놓는다.(좌), 실험2 표피의 재봉선에 불이 붙은 담배를 놓는다.(우)

▲ **그림 3.362** 실험3 표피 위에 담배 불씨를 낙하시킨다.(좌), 실험4 담배에 의해 한번 소손된 표피에 다시 불이 붙은 담배를 놓는다.

▲ **그림 3.363** 실험4 표피, 우레탄 및 기포까지 타 있다.

# 19 전기장치

전기장치로 램프, 혼, 히터, 에어컨, 블랙박스, 내비게이션 등이 있다.

**Point**

헤드램프 전구(할로겐램프)는 순정부품 또는 메이커지정품의 것보다 조도를 높인 것이 시판되고 있다. 이 중에는 와트 수를 높인 것(60/55W를 120/110W 등으로)과 전기배선 및 릴레이 등을 후에 붙이고 있는 것도 있으므로 소유자 등에게 구입 장소, 설치일, 사용현황 등을 청취한다. 또한 전구교환 시에는 방수용의 고무 부츠 및 플러그가 이탈되므로 잔존물을 통해 설치상태를 조사한다.

**Point**

최근 차량에는 스톱램프[60)]의 전기계통에 발광다이오드의 일류미네이션이나 스톱램프를 증설한 것이 있다. 스톱램프 스위치는 순정 스톱램프의 전기용량에 맞는 것이 설정되어 있으므로 램프계통의 증설은 과부하로 연결되어 스위치에 부담이 걸려 발열한다. 스톱램프의 스위치는 시소 방식이 이용되는 것이 많으며 접점의 접속 측에는 스프링이 설치되어 있으며, 이 스프링에는 윤활용 그리스가 도포되어 있다. 스위치가 발열하면 이 그리스가 녹아 접점부에 흘러 접점부에서 발생하는 스파크에 의해 탄화하여 발화한다. 스톱램프 스위치는 대부분의 차종이 풋 브레이크의 밑동부근에 설치되어 있으므로 스위치의 소손을 확인한 경우에는 스톱램프의 전기계통에 사용되고 있는 전기량과 스위치의 허용량을 확인하여 소유자 등에게 구입장소, 설치일, 사용상황 등을 청취한다.

**Point**

히터 코어에서 냉각수가 누설되면 엔진이 오버히트를 일으켜 화재의 잠재요인이 된다.

**Point**

유럽차량에는 블로어 모터의 풍량 제어를 레지스터로 하고 있는 경우가 많다. 레지스터는 24V의 전압을 사용하여 코일부분이 적열(赤熱)하기 때문에 가연성 물품이 프로텍터를 넘어서 접촉하여 화재로 된 사례가 있다.

**Point**

에어컨의 냉매배관 및 압축기 내에는 냉매가스 액 외에 압축기 윤활용으로 오일이 혼합되어 있다. 오일 단독으로 고온물에 접촉하면 발화하지만 냉매가스 액과 혼합되어 있으므로 양적으로 적으며 누설에 의한 발화의 가능성은 아주 적다. 착화물로 압축기 오일을 선택할 때에는 다른 오일 및 가연물의 접촉을 부정할 필요가 있다. 또한 풀리의 샤프트 부분에서 오일 누설을 확인한 경우, 압축기 내의 클러치 및 베어링을 손상시키고 샤프트부분을 과열, 샤프트부분의 오일 시일(seal)을 열화(劣化)시켜 오일이 분출할 가능성이 있으므로 압축기를 분해하여 내부를 관찰 조사한다. 공구 등이 갖추어져 있지 않아서 그 장소에서 조사할 수 없는 경우에는 정비공장 등에 갖고 들어가 감식한다.

60) stop lamp는 브레이크 페달을 밟으면 점등되는 적색램프를 말한다.

**Point**
정비 등으로 부품교환을 한 경우, 메이커 지정의 것인가? 신품, 중고품, 리빌트품(중고품을 분해, 청소, 교환 등의 정비를 하여 신품과 같은 기능으로 복원한 것)의 別로 구입처(리빌트품인 경우에는 정비업자)를 확인한다.

**Point**
압축기의 토출구에 눈막힘이 발생하면 압축기 안이 과잉 고압이 되어 오일이 과열된다. 당연히 압축기 자체도 과열되므로 샤프트부분의 오일시일부분의 오일시일이 열화되어 오일이 분출하고 과열되어 있는 오일이 공기에 닿아 발화되어 출화한다.

## 화재사례 54 버스 에어컨 압축기 화재[61)]

**화재개요**

버스가 운행노선을 주행 중에 엔진부분에서 끼익하는 이상한 금속음이 나왔다. 그 후 차 안으로 흰 연기가 분출하였으므로 길가에 세우고 차를 내려서 후부를 보니 엔진실에서 흰 연기가 나오고 있었다.

**화재원인**

에어컨용 압축기의 커넥팅로드와 이를 구동하는 크랭크축과의 접합부로 사용되고 있는 메탈이 마모되어 눌어붙어서 피스톤의 상하운동이 되지 않아 전자클러치가 붙은 풀리가 움직이지 않게 되어 커넥팅로드를 구동하기 위해 돌고 있던 V벨트가 공회전하여 마찰열에 의해 화재가 발생하였다.

**조사요령**

1. 운전자 정보를 조사한다.
 (1) 주행 중 엔진부분에서 끼익 하는 이상스런 금속음을 듣고 있다.
 (2) 엔진실에서 흰 연기가 분출하고 있는 것을 목격하고 있다.
2. 발화개소를 특정하고 화재원인을 조사한다.
 (1) 소손되어 있는 것은 엔진실의 V벨트 2개뿐이다.
 (2) 전자클러치가 붙은 풀리에 소손된 V벨트가 부착되어 있고, V벨트가 마찰열로 연소된 것으로 추정되므로 에어컨용 압축기 내부를 감식한다.
 (3) 압축기 내부에는 오염된 윤활유가 규정 값까지 들어 있다.
  메탈 마모의 원인은 윤활유의 열화에 의한 것이 많다.
 (4) 압축기 내 4개의 피스톤 중 1번 피스톤부분이 망가져 있다.
 (5) 1번 피스톤은 메탈이 여러 개로 부서지고, 피스톤에 상하운동의 동력을 전달하는 크랭크축이 부러져 있다.

61) 동경소방청, 신화조사교본 제4권 제1부 차량화재편, pp.203~205, 2000.

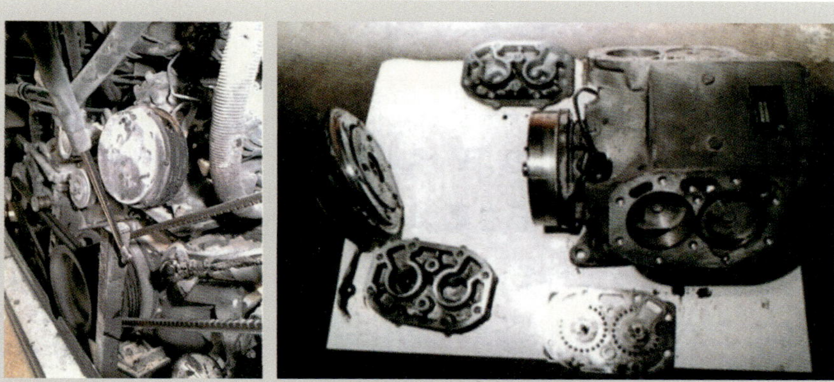

▲ **그림** 3.364　소손된 컴퓨레서와 V벨트(좌), 소손된 컴프레서(우)

▲ **그림** 3.365　부러진 크랭크축(좌), 1번 피스톤과 메탈(우)

## 화재사례 55 주차 중 발생한 화재

**화재개요**

아파트 주차장에 주차한 후 다음날 확인한 바, 23:40 경부터 08:10 사이 차량에서 화재가 발생한 사건으로 메이커는 일반적으로 시동키가 없는 상태에서 전류가 흐르는 배선은 극히 제한적이며, 계기판에서 발견된 유리파편 위에 잿더미가 발견된 것으로 보아 유리조각이 있는 상태에서 화재가 진행된 것으로 추정하고, 차량의 각종 배선은 난연성 피복을 사용하므로 전기배선에서 합선에 의한 화재 가능성은 없다는 의견을 제시하였다.

**화재원인**

주차 중 계기판 또는 계기판과 접한 부분에서의 전기적 발열에 의하여 발화된 것으로 추정되었다.

**조사요령**

1. 운전자 정보를 조사한다.
   주차장에 주차해 둔 상태에서 화재가 발생했다가 저절로 진화되었다.
2. 차량 외부를 조사한다.
   (1) 차량 외부는 엔진실, 보닛, 문짝, 트렁크 등 차량의 외부로 대표되는 몸체에서는 특이한 파손이나 변형, 탄화 등의 특이점이 식별되지 않으며 전면유리의 운전석 상단부 한곳이 천공 상태이었고 좌우측 전조등의 전면부분 내측이 열변형된 상태이며, 전원 연결 커넥터의 접촉부가 열 변형된 상태이다.
   (2) 앞 범퍼 및 옆면 등에서는 육안으로 확인 가능한 충격흔적이나 변형흔적이 없고, 앞 범퍼 내부 지지부에는 충격으로 눌린 흔적이 있다.
3. 차실 내부를 조사한다.
   (1) 차량 실내의 운전대 상단 일부가 연소되고 계기판 테두리 보드가 연소로 함몰되어 있으며, 계기판 내측의 연소가 좌측 측면으로 관통된 상태이고, 전면 유리는 상하 계기판을 중심으로 아래에서 위쪽까지 수열된 형상이며, 파괴 기점의 유리는 일부가 이탈되어 있고 상단의 룸미러 등이 소훼된 상태이다.
   (2) 계기판 상단의 보드는 계기판의 연소로 아래로 함몰되어 있고 외측보다 내측이 심하게 연소된 상태이며, 중심에서 좌측으로 화염이 분출되어 벌어진 형상이며, 계기판 좌측을 지나는 배선은 절연피복이 소실되어 있다.
   (3) 실내 퓨즈박스의 6번(heater A/C ATC : 10A), 8번(cigar lighter : 20A), 9번(미등 : 15A), 13번(room lamp : 10A), 14번(message center : 5A) 등이 끊어진 상태이며, 엔진실 퓨즈박스의 엔진실 head lamp(30A)가 끊어져 있다.
   (4) 앞 유리는 외부에서 관찰 시 운전석 상단부가 한 곳을 기점으로 비대칭 방사형의 파손 형태를 보이며, 기점 부근 일부는 변형된 동심원 모양의 파손형태가 식별되나 기점으로부터 멀리 떨어질수록 유선형의 파손형태가 나타나 있고, 파손 기점의 유리 일부는 밖으로 돌출 형상을 보이며, 파괴기점으로부터 수집된 유리의 파단면은 내측에서 밖으로 힘이 가해진 흔적이다.
   (5) 앞 유리의 조각은 실내에서 수거되며 모두 조합이 가능한 구조이며, 앞뒷면이 심하게 그을린 상태이며, 파괴 기점의 파단면은 내측의 힘에 의해 바깥쪽으로 밀려나오면서 파손된 특징을 보인다.
   (6) 차실 내에서 본 앞 유리는 전체적으로 고르게 그을린 형상이며, 천공 부분 주변의 유리는 일부 소락되어 있고, 주변의 파손은 동심원이나 방사형의 파손은 나타나지 않고 유선형의 파손 형태가 나타나 있다.

(7) 장착 상태의 계기판은 아래 좌측 계침기와 이의 상단이 백화상태의 국부적 연소형상을 나타내며, 상단과 좌우로 연소가 확대된 형상이다.

(8) 계기판 회로기판을 들어내어 확인한바 뒷면에 설치된 배선은 직접 연소가 미치지 않은 상태이다.

(9) 분리된 계기판 회로기판은 중앙에서 약간 좌측부, 상하에서는 중하 부분을 기점으로 하는 좌우 상승 연소의 특징이 나타나 있다.

(10) 계기판의 좌측하단의 상하 계침기 사이를 지나는 회로기판 동박 일부가 국부적으로 용융 절단된 상태이다.

(11) 유리파손형태를 확인하기 위해 연소시험을 실시하였는데 임의의 차량 전면유리는 계기판 표면에 점 착화 시 발화되어 전면 유리 하단을 그을리면 화염이 상단으로 확장되는 형상이며 약 3분 경과 시 유리 접합부에 기포가 한 기점으로부터 방사형으로 확장되며, 약 3분 30초 경과 시 기포 발생 부분 중심에서 유리의 파열 형태가 나타나며, 점점 성장하여 약 4분 후 진화 시 파괴 기점 일부가 밖으로 밀려나오며 길게 비대칭의 방사형 파손 형태를 보였다.

**그림 3.366** 차량 외부의 모습

**그림 3.367** 앞 유리의 파손 모습

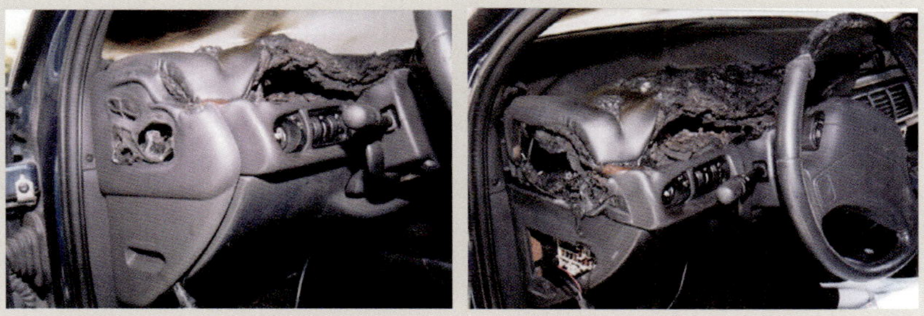

**그림 3.368** 운전대 주위의 연소 모습

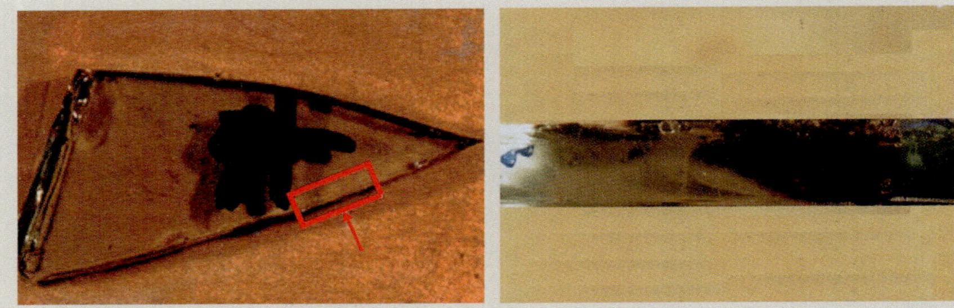

▲ **그림 3.369** 파괴기점으로부터 수집된 유리의 파단면 모습

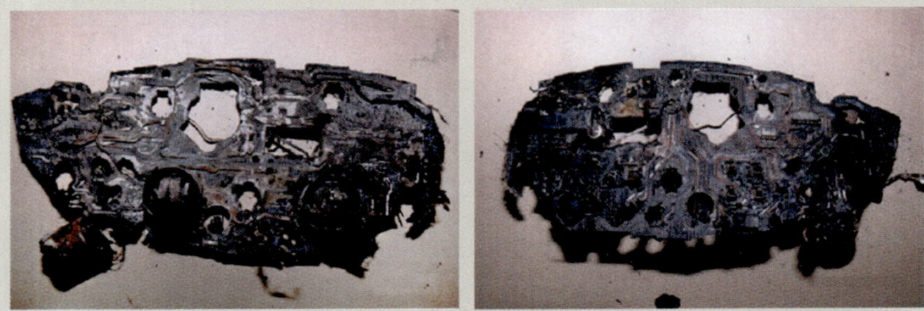

▲ **그림 3.370** 계기판 PCB기판 앞뒷면 모습

▲ **그림 3.371** 계기판에서 나타나는 'V'패턴 연소흔

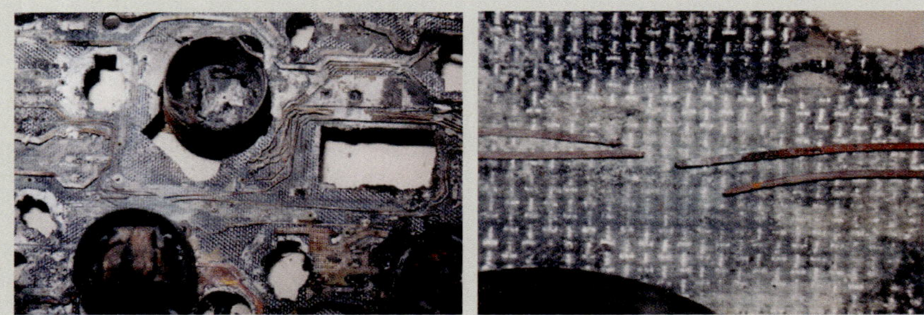

▲ **그림 3.372** PCB기판 동막의 단락흔 모습

## 화재사례 56 주차 중 원격시동경보기용 PCB에서 발화된 화재

**화재개요**

4월 18일 18:00~4월 22일 13:00 주유소 사무실 뒤 주차장에 주차한 상태에서 차량 운전석 부위에서 화재가 발생하였다가 차실 내부 일부만 연소되고 저절로 진화되었다.

**화재원인**

주차 중 핸들 좌측 대시보드 내부에 설치되어 있던 원격시동경보기용 PCB의 전원커넥터가 연결되는 부위 근방에서 접속불량이나 납땜불량 등으로 인해 발화되었다.

**조사요령**

1. 차실 내 연소부위를 조사한다.
   (1) 화재차량은 견인차량으로 운전석 앞쪽 핸들 좌측 부위의 대시보드 일부가 연소되다가 멈춘 흔적이다.
   (2) 운전석 발판 매트 위쪽에서 초기에 연소가 시작되어 대시보드 쪽으로 상승 연소된 흔적은 발견되지 않으며 대시보드 내부에서 연소가 시작되어 일부 연소물이 시트 위쪽으로 흘러내린 모습이다.
   (3) 대시보드 내부에 설치된 상태에서 연소되어 매트 위쪽으로 내려앉은 원격시동경보기용 PCB 기판의 인입전선에서 단락흔이 발견되고 PCB가 국부적으로 소훼된 흔적이 발견되어 이를 수거하였다.
   (4) 원격시동경보기용 PCB는 전원커넥터 연결부위가 국부적으로 소손되고 동 부위 전선들의 절연피복이 또한 국부적으로 심하게 소훼된 상태이며, 인입전선에 연결된 퓨즈가 용단된 상태이다.
   (5) PCB를 세척하고 전선의 절연피복을 벗긴 결과 전원커넥터 주변의 전선 여러 지점에서 단락흔이 발견된다.
   (6) 전원커넥터가 PCB와 연결되는 부위 근방의 PCB 일부가 국부적으로 소실되고 동박막이 전기적인 발열로 인해 용융된 상태이며 동 부위를 중심으로 하여 주변으로 연소 이동된 형상이 뚜렷하다.
   (7) PCB 일부가 국부적으로 소실된 부위에는 동박막 및 접속단자 이외에 특별한 전기소자가 설치되어 있지 않은 상태이다
2. 화재원인을 검토한다.
   (1) 화재차량 운전석 핸들 좌측의 대시보드 내부에서 최초 발화될 경우 나타날 수 있는 연소 흔적이다.
   (2) 핸들 좌측 대시보드 내부에 설치되어 있던 원격시동경보기용 PCB의 전원커넥터가 연결되는 부위 근방에서 접속불량이나 납땜불량 등으로 인해 발화된 경우로 판단된다.

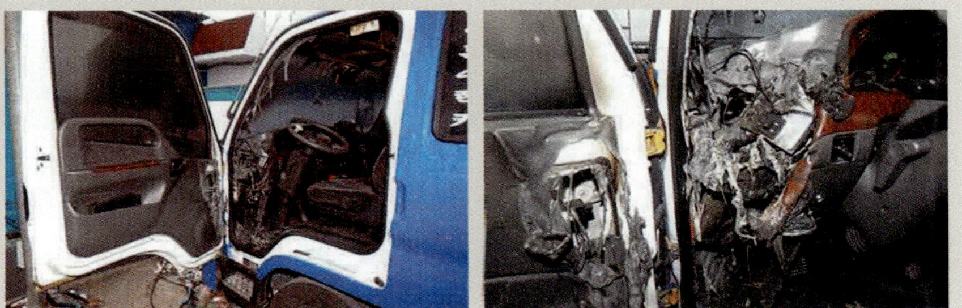

▲ **그림 3.373** 핸들 주위의 모습

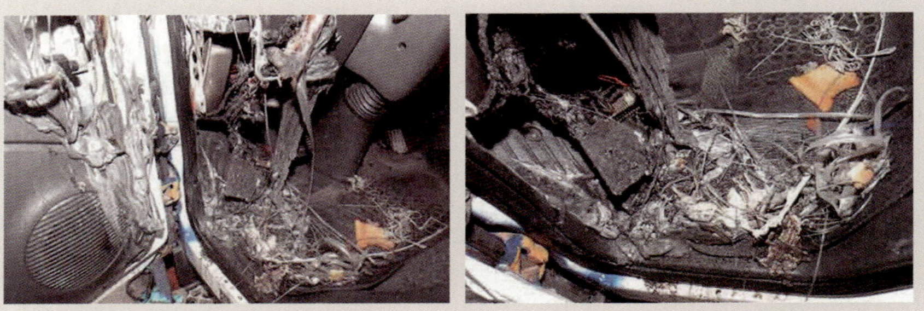

▲ **그림** 3.374 운전석 발판 매트 부근의 모습

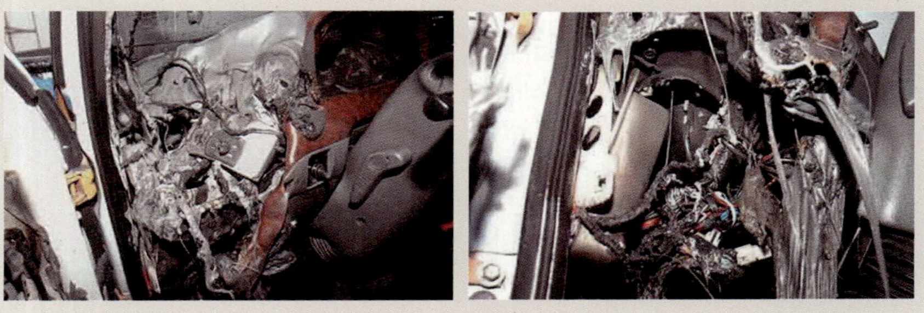

▲ **그림** 3.375 대시보드 상단 내부 쪽 모습

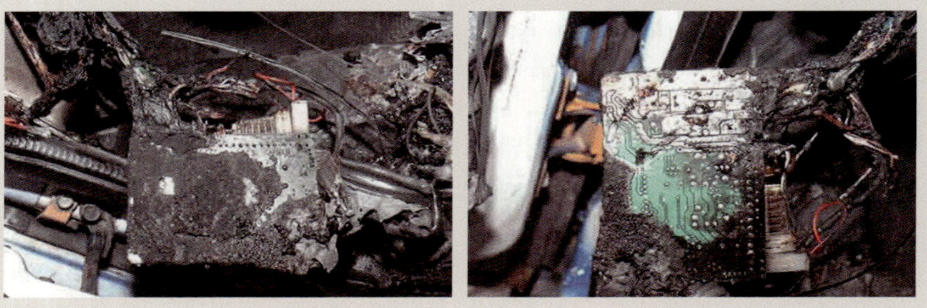

▲ **그림** 3.376 원격시동경보기용 PCB의 모습

▲ **그림** 3.377 수거한 원격시동경보기용 PCB와 퓨즈 용단된 모습

▲ **그림 3.378** PCB 세척과 전선 피복을 제거한 모습

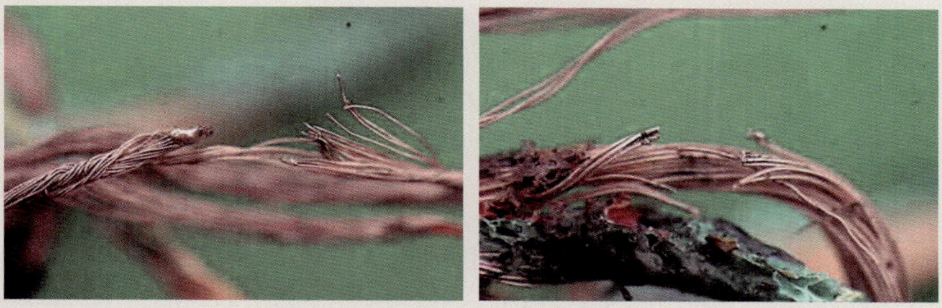

▲ **그림 3.379** PCB 인출입되는 전선의 단락흔 모습

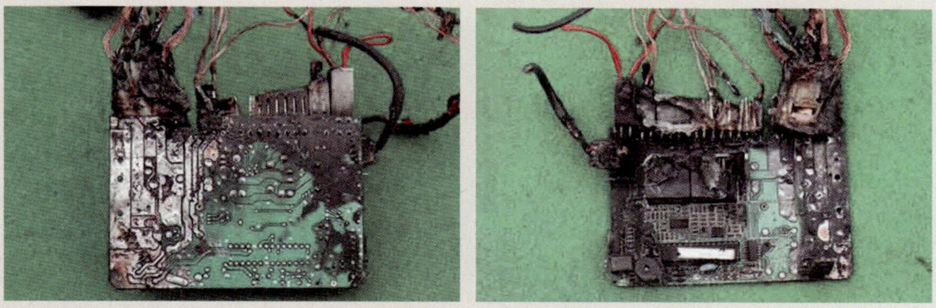

▲ **그림 3.380** PCB 전면과 후면의 모습

▲ **그림 3.381** PCB 전원 커넥터의 동박막 용융 모습

## 화재사례 57 주차 중 시동모터 케이블의 철재 브래킷 접촉에 의한 화재[62)]

**화재개요**

10월 1일 19:34경 주상복합아파트 지하주차장 2층에 주차해둔 승용차에서 10월 2일 17:11경 화재가 발생하여 옆 차량으로 불이 옮겨 붙었으며, 스프링클러 헤드 120여 개가 작동하였으나 화재는 진화되지 못하고 소방대가 출동하여 소화활동을 하였음에도 전소되고, 바로 옆 차량이 반소되었으며 건물 천장 전기배선 및 배관 외 기타 시설이 피해를 입었으며 주위 주차된 수십 대의 자동차가 화재의 여파로 간접 손상을 입었다. 화재가 확대되는 과정이 CCTV에 녹화되어 있다.

**화재원인**

엔진 하부에 위치한 크로스멤버 위쪽의 에어컨라인 고정용 철재브래킷과 시동모터로 가는 전선이 닿아 합선되어 화재가 발생하였다.

**조사요령**

1. 발화개소를 조사한다.
 (1) CCTV 녹화기록 및 차량의 소손상황과 주차장 바닥의 소손상황으로 보아 주차장 바닥은 발화개소에서 배제할 수 있으며, 차실과 후부는 발화개소와 무관하며, 연소확대 방향은 '엔진실 → 앞좌석 → 뒷좌석'이므로 발화개소는 엔진실로 한정된다.
 (2) 앞쪽 부분에 위치한 범퍼, 라디에이터그릴, 헤드라이트, 타이어 모두 좌측보다 소손이 심하며, 엔진실 우측에 위치한 헤드라이트, 도어, 대시보드보다 좌측부분에 위치한 헤드라이트, 도어, 대시보드가 심하게 소손되어 있으므로 우측은 발화개소에서 배제할 수 있다.
 (3) 조수석 바로 앞 엔진실에서 '트렁크의 배터리 → 엔진실 제어 유닛'으로 배선된 전선에서 합선흔적이 3개소가 발견되며, 차량을 들어 올려 엔진 하부를 관찰한바 크로스멤버 위쪽의 에어컨라인 고정용 철재브래킷과 시동모터로 가는 전선(케이블) 및 시동모터에서 발전기로 가는 전선(케이블)이 닿아 합선한 흔적이 있다.
 (4) 상기와 같은 이유로 인해 발화개소는 엔진실 좌측(운전석 쪽) 부분으로 판정할 수 있다.
2. 시동모터로 가는 케이블의 합선 시기에 대해 검토한다.
 (1) 합선흔적은 화재의 원인이 된 것(1차 단락흔)일 수도 있고 화재 후에 절연이 파괴어 2차적으로 생긴 것(2차 단락흔)일 수 있으므로 배터리에서 시동모터로 가는 케이블의 합선은 화재 후에 생긴 것을 완전히 배제할 수 없다.
 (2) 브래킷에 접촉되어 생긴 합선된 부위의 케이블 소선들은 손상되어 있는데, 이러한 손상은 진동이나 눌림이나 당김, 충격 등으로 인해 피복이 먼저 손상을 받은 후 생기는 현상이며, 엔진정지 후 주차된 차량(진동이나 충격이 없다)의 손상이 없는 케이블이 화재로 인해 합선되는 경우에는 피복이 먼저 용융되거나 소손된 후 브래킷과 접촉되어 합선될 가능성이 있으나 합선되더라도 케이들에 손상흔적을 남기지 않고 단순히 합선된 흔적만 남을 뿐이다. 따라서 브래킷과 접촉되어 합선된 케이블의 손상흔적은 화재로 인해 2차적으로 생긴 것은 아니다.
3. 시동모터로 가는 케이블의 합선 원인을 검토한다.
 (1) 브래킷에 접촉되어 생긴 케이블의 합선 개소에는 반단선(전선 중의 일부가 끊어지는 현상을 반단선(半斷線)이라고 한다)이 발생되어 있고, 이러한 반단선은 케이블(전선)이 진동이나 눌림이나 당김으로 인해 전선피복이 먼저 손상을 받은 후 브래킷에 접촉되어 생길 수 있다.

(2) 엔진정지 후 주차 중 전기가 살아 있는 상태에서 화재로 인해 전선피복이 손상을 받고 합선되는 경우에는 전선에 이러한 손상흔적을 남기고 합선되는 것이 아니라 피복이 용융되거나 소손된 후 합선되며 이러한 경우에는 전선에 이러한 손상(반단선)흔적이 없이 단순히 합선된 흔적만 남을 뿐이다.

(3) 따라서 이 전선의 손상(반단선) 흔적은 장기간의 차량진동 등에 의해 브래킷과 접촉(마찰)되어 피복이 손상을 받은 후 생긴 것이고, 피복이 손상되어 노출된 케이블이 브래킷과 접촉하여 합선된 것으로 해석할 수 있다.

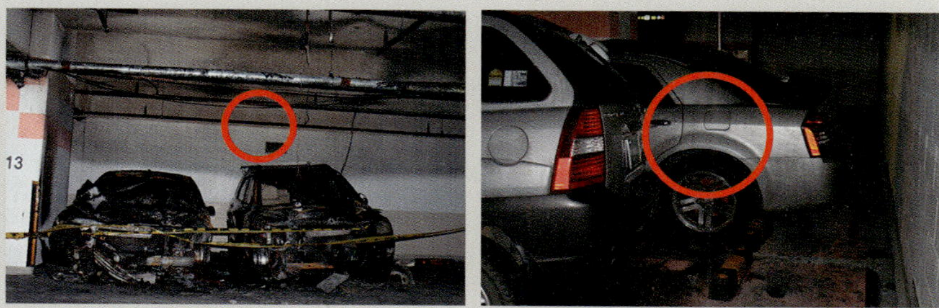


▲ **그림 3.382** 화재현장에서 차량의 모습

▲ **그림 3.383** 화재발생 차량의 좌우 비교 모습

▲ **그림 3.384** 엔진실의 모습

62) 이의평, "엔진정지 후 전기적인 원인에 의해 발생한 자동차화재의 분석 연구", 한국자동차공학회논문집, Vol.21, No.1, pp.9~16, 2013년 1월

▲ **그림 3.385** 차량 하부의 모습

▲ **그림 3.386** 시동모터로 배선된 케이블과 에어컨라인 고정용 브래킷의 모습

▲ **그림 3.387** 에어컨라인 철재 브래킷을 분리한 모습 – 합선흔적이 있다.

▲ **그림 3.388** 케이블과 브래킷의 접촉에 의해 합선된 모습

## 화재사례 58 주차 중 ABS모듈과 관련된 트럭 화재[63)]

**화재개요**

1월 2시경 신문배달원이 신문배달 중에 회사 안 주차장에 주차되어 있던 트럭 우측 후륜 부근에서 흰 연기가 나오고 있는 발견하여 119신고를 하였다. 소방대 도착 시 우측 후륜 부근의 화염을 확인하고 방수하여 진화하였다. 아무도 없는 심야에 발생한 화재이어서 방화의심이 가는 화재이었다.

**화재원인**

ABS[64)] 유닛의 EHCU 내부에 습기가 유입되어 ECU 기판 위 각 배선 단자 삽입부에서 트래킹에 의해 발화하였다.

**조사요령**

1. 목격자 등의 정보를 조사한다.
   (1) 신문배달원이 우측 후륜 부근에서 흰 연기가 나오고 있는 것을 발견하였다.
   (2) 소방대 도착 시 우측 후륜 부근의 화염을 확인하고 방수하여 진화하였다.
   (3) 최종 사용은 2일정도 전으로 경고등 등의 이상은 없었고 사용 후 운전실 문을 잠갔다.
   (4) 화물칸에는 전체적으로 내수성합판이 깔려 있었지만 노후화되어서 철판을 깔아 사용하고 있었다.
   (5) 소방대 현장 도착 시 바람은 남풍으로 차량 측면을 왼쪽에서 오른쪽으로 불고 있었다.
2. 외부를 조사한다.
   (1) 화물칸의 내수성합판은 부분적으로 노후되어 떨어져 있고 구멍이 뚫려 있어 지면이 보이며, 구멍 테두리는 검게 탄 흔적이 있다.
   (2) 구멍이 뚫린 곳에서 내수성합판 하부를 관찰해보니 우측 후륜 타이어의 흙받이 앞방향의 일부가 용융, 소실되어 있는 외에 특이점이 없고, 내수성합판은 만지면 쉽게 부서져 떨어져 나간다.
3. 내수성합판을 분리하여 조사한다.
   (1) 새시 및 내수성합판 안쪽(지면측)의 상황을 조사하기 위해 내수성합판을 분리해 낸바, 화물칸을 구성하는 철제 프레임은 소손되어 있지 않다.
   (2) 화물칸 바닥에는 진행방향과 수직으로 교차되도록 5개(후륜을 경계로 앞쪽으로 3개, 뒤쪽으로 2개) 가로대가 배치되어 있고 뒤쪽 2개는 원형을 유지하고 있음에 비해 앞쪽 3개 중 가장 앞쪽 열의 것을 제외하고 2개는 우측이 검게 변색되고 일부 결손되어 있다.
   (3) 가로대는 부분적으로 맨손으로 닿으면 무너져 내릴 정도로 노후화되어 있으며 결손부분은 소손뿐만 아니라 노후화되어 있다. 좌측 후륜 흙받이에는 특이점이 없다.
4. 화재원인을 검토한다.
   (1) 방화여부를 조사한다.
      - 방화라고 가정하면 내수성합판 또는 우측 후륜 타이어의 흙받이가 착화물일 것으로 생각된다.
      - 연소된 범위, 각 부위의 배치로부터 내수성합판의 타다 꺼진 조각이 ABS 유닛(unit) 위에 낙하되어 연소된 것으로 추정할 수 있는데 내수성합판의 연소성상(발화되는지? 자기연소를 계속 하는지?)을 검토할 필요가 있고, 또한 흙받이에 방화했다고 가정하면 흙받이의 소손은 부분적이므로 어떤 연소경로를

거쳤는가에 대해 검증할 필요가 있다.

(2) 전기관계를 검토한다.

- 글러브 박스 안의 퓨즈박스를 확인한바 용단된 퓨즈는 없다.
- 소손되어 있는 우측면에서 후미등으로 배선된 전선을 확인한바 부분적으로 피복이 소실되고 소선이 노출되어 있지만 단락흔 등 특이점이 없다.
- 적재함 아래 좌측 뒤쪽에 있는 배터리를 확인한바 이상이 없고 양극 단자 사이의 전압은 24V로 정상이다.
- 적재함 중앙 하부의 섀시에 설치되어 있는 ABS 유닛을 확인한바 브래킷 안에 모터, 기판이 들어 있고 위쪽은 금속제 배관이 복수 접속되어 있고 윗면의 일부가 백색으로 변색되어 있다. 기판 뒤쪽 옆에 하니스에서 접속된 커넥터 부분이 보이고 하니스를 배터리에서 커넥터 부분 방향으로 따라가 보니 하니스의 피복이 용융되어 커넥터부근은 하니스 안의 몇 개 배선 윗면의 배선 피복이 소실되고 커넥터 접속부는 백색으로 변색되어 있다. 또한 유닛 윗면에는 내수성합판의 조각이 떨어져 있다.

(3) (1)과 (2)의 검토 결과로부터 ABS 유닛은 소손된 내수성합판보다 하부에 위치하여 발화의 기점일 것으로 추정되므로 ABS 유닛에 대해 구체적으로 검토해야 한다.

- ABS 유닛의 메인이 되는 부품은 EHCU(electronic hydraulic control unit)이며 휠 스피드 센서의 신호에 기초하여 제동 시에 브레이크 액압의 유지, 갑압, 증압을 하는 것으로 브레이크 액압을 적정하게 제어하는 기능을 한다. EHCU에서 발화하고, 배선이 유닛에 접속된 커넥터부분에 들어가서 단락되어 발화한 예가 있다. 고무제 방수처리 조치가 되어 있지만 고무부분이 연소되어 있다. 화재 등을 예방하기 위해 EHCU에 이상이 발생하면 안전장치가 작동하여 ABS/ASR이 없는 상태로 되돌아가서 경고등이 점등된다. 점등되는 때에 수리, 점검을 받도록 취급설명서에 기재되어 있다. EHCU 경고등을 확인한바 점등되지 않는다.
- EHCU를 분리하여 확인한바 EHCU는 가압모터, 기름배관이 접속되어 있는 HU(hydraulic unit), 하니스가 삽입되는 기판부분의 ECU로 구성되며, 금속제 브래킷에 둘러싸여 있다. 차량 섀시의 EHCU 설치부분은 기름배관 윗면 일부의 백색 변색이 있는 외에 특이점이 없고 EHCU 설치 개소 하부에는 이상이 없다.
- EHCU를 전개한바 가압모터, HU에 특이점이 없지만 ECU 측의 측면이 변색, 용융되어 있다. 브래킷에서 EHCU를 분리해 낸바 브래킷 밑바닥부분에는 수분 및 내수성합판의 조각이 확인된다. 하니스 안의 배선은 단선되어 다발에서 이탈되어 배선이 여러 개 보이며 그 중 여러 개의 끝에 단락흔이 있다. 또한 다발모양의 배선에 4개소에 단락흔이 있다.
- 커넥터부분 배선 중 시동키를 개입하지 않고 항상 통전되어 있는 것은 가압모터로 접속된 배선으로 플러스측, 어스측 각각 2선씩 합계 4선이며, 배터리 플러스 단자에서 slow blow fuse(50A)[65]를 개입하여 직결되어 있다. 다른 배선은 시동키가 들어가지 않는 한 통전되지 않아 EHCU, HU는 기동되지 않는다. 다발배선에 있는 4개소의 단락흔은 가압모터로 연결된 배선일 가능성이 높다. 이 부분에서 단락되었다고 가정하여 검토하면 어스측인 차체 보디 또는 EHCU 유닛의 브래킷과의 접촉에 대해서는 양자에 접촉된 흔적이 없어

서 플러스 마이너스 배선끼리의 단락을 생각할 수 있다.

- 이상발생의 흔적을 확인한다. EHCU 퓨즈는 글러브박스 내에 있고 재차 확인한바 용단되어 있지 않다. 캡 하부에 위치한 슬로우 블로 퓨즈도 용단되어 있지 않다. 앞에서 언급한 것처럼 EHCU 이상 시에는 경고등이 점등하므로 경고등 전구 끊어짐 등을 확인하려는데 전구가 분리되어 있어 조사에 참여한 메이커 및 정비공장 담당자에게 물어본바 경위는 알 수 없다고 한다.
- 하니스에서 EHCU 접속부를 확인한바 커넥터 측에 잔존하는 배선 끝에 단락흔이 있고, 복수의 단자가 타서 탈락되어 있고 단자의 끝이 용융되어 있다. 커넥터 부분은 소손되고 특히 하부의 소손이 심하다.
- 커넥터 근방의 ECU를 확인하기 위해 합성수지로 된 외장 커버를 분리한바 기판이 있고, 기판 면은 차량 쪽 부착위치에서 보아 뒤쪽 아래측을 기점으로 부채꼴모양으로 소손되어 있고 합성수지 커버의 안쪽은 기판면의 소손이 있는 개소에 상대하여 용융되어 있다. 기판 면 뒤쪽은 커넥터가 설치되어 있는 위치로 복수의 단자가 삽입되어 있는 흔적이 있지만 아래 부분으로 갈수록 원형을 유지하지 않고 국소적으로 백색으로 회화(灰化)되어 있다. 단자가 삽입된 개소의 한 쌍에 대해 저항치를 측정한바 18Ω이다.
- 다발배선(가압모터 배선)에 단락흔이 있는데 이 단락흔이 1차 단락흔이라고 하려면 이 단락흔이 있는 개소에서 부하측으로는 통전되지 않았을 것임에도 이 개소보다 부하측인 커넥터 삽입부와 기판 내부에서 소손이 있는 점, 또한 ECU 기판 위에서 현저하고 낮은 저항치가 있는 점으로부터 ECU 기판이 발화에 관련된 것으로 추정할 수 있다.
- ECU 기판의 프린트면 반대측면의 커넥터부분을 확인한바 위쪽은 단자의 대부분이 뚫려 떨어져 나가고 중앙부에 회회상태가 보이며 하부는 합성수지가 변형되어 원형을 유지하고 있지 않다. 또한 뚫려 떨어져 나간 단자는 끝이 용융되어 배선 도중에 단락흔이 있다. 기판 프린트 면 위의 부채꼴모양의 소손 기점에 가까운 개소에 대해 저항치를 계측한바 약 1cm 사이에서 4.3Ω이다. ECU 내부의 기판까지 소손되어 있으므로 X선투과장치로 기판을 촬영한바 기판 프린트 면 위의 부채꼴 소손기점에 가까운 하부에 해당하는 커넥터 접속부분에서 기판의 일부가 소실되고 단자가 삽입되어 있는 배열이 도중에 끊어져 단자는 확인할 수 없으며 구리입자가 비산되어 있다. 기판 측면을 확인한바 기판은 하니스배선의 측에서 금속판, 중간판, 합성수지 프린트기판으로 3층으로 되어 있으며 앞에서 언급한 기판 및 단자가 없는 부분은 가장 안쪽 층에 해당한다.

(4) 방화 또는 EHCU에서의 발화에 대해 검토한다. 내수성합판에 어떤 화원을 이용하여 착화시키더라도 EHCU 안쪽까지 소손시키기 어렵다. EHCU는 하니스 배선의 다발배선의 단락흔, 배선단자의 용융 및 단락흔, EHCU 기판 프린트 면의 소손 및 현저하게 낮은 저항치를 나타내는 점 중에서 ECU 기판의 소손이 구성부품 중에서 가장 내부에 있는 이상개소이다. 외부에서 연소확대에 의해 EHCU의 금속제 브래킷, 합성수지 커버를 연소시키고 ECU 기판 프린트 면에서 소손을 형성하였다고 생각하기 어렵고 프린트 면에서 발화했다고 생각하는 것이 타당하다. 프린트면에서 통상 배선단자가 한 쌍(2개) 삽입되어 있었다고 추정되는 개소에서 양극 사이(약 1cm)의 저항치 4.3Ω은 100Ω/cm 이하이므로 트래킹

이 생긴 흔적으로 볼 수 있다. 또한 기판 측면을 촬영한 X선 사진과 같이 브래킷에 둘러싸인 EHCU에는 빗물 등의 수분이 흔적이 있는 점도 트래킹현상이 일어날 수 있는 조건의 하나라고 할 수 있다. 따라서 ECU 기판 위 각 배선 단자 삽입부의 하부에서 트래킹에 의해 발화, 기판과 커넥터를 빗물로부터 보호하는 고무제 케이스를 태우고 EHCU 상부의 내수성합판에 착화, 바람의 영향으로 차량 적재함 하부에서 좌측에서 우측으로 연소확대되어 내수성합판의 조각이 우측 후륜 타이어 흙받이 상부에 낙하되어 흙받이로 연소확대된 것으로 판단할 수 있다.

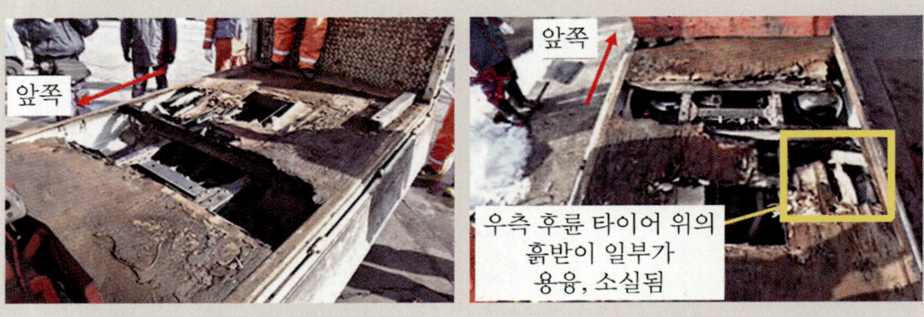


▲ **그림 3.389** 소손된 화물칸의 모습

▲ **그림 3.390** 우측 후륜 흙받이의 모습

▲ **그림 3.391** 화물칸 바닥 가로대의 모습(좌), 후미등 배선의 모습(우)

---

63) 新潟市 消防局, "트럭의 ABS 유닛에서 발화한 화재사례 및 조사 수순에 대해", 제65회전국소방기술자회의자료, 일본소방청 소방연구센터, pp.279~292, 2017.

64) 차량 브레이크 시스템은 제동력이 너무 크면 타이어의 잠김(lock) 현상이 발생하고, 타이어 회전이 멈추면 스티어링 휠 조작이 불가하며 운전자는 차량의 진행방향을 제어할 수 없게 된다.
ABS(=anti-skid system)는
- 노면과 타이어 간 점착 능력에 맞추어 휠 브레이크 제동압력 제어

▲ **그림 3.392** 배터리를 확인하고 있는 모습

▲ **그림 3.393** ABS 유닛의 모습

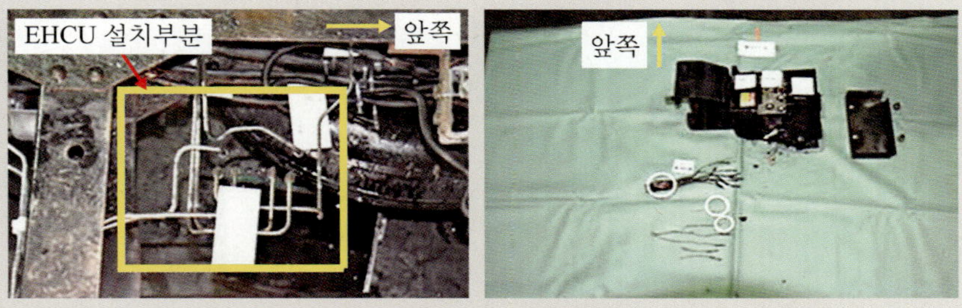


▲ **그림 3.394** EHCU의 설치부분과 EHCU의 전개 모습

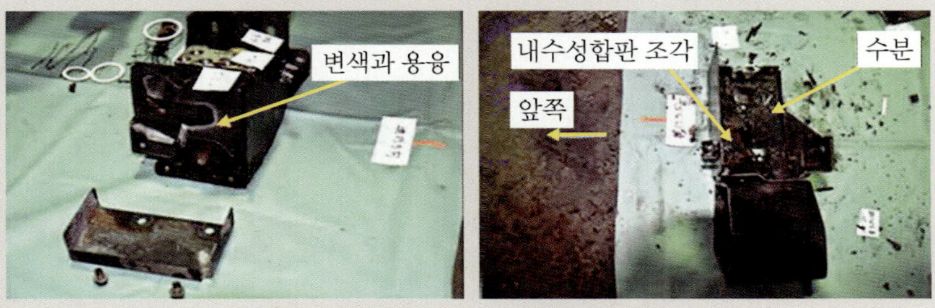


▲ **그림 3.395** ECU 측면의 모습(좌), 브래킷의 모습(우)

→ 유압 브레이크 및 에어 브레이크 압력 펌핑 형태로 제어
- 시스템 제어영역 : 일반적으로 8~35%(제동마찰계수 최대영역)
- 주행속도 약 10km/h 이상에서 활성화, 약 6km/h 이하에서 비활성화
- 기본적인 안전장치로 현재 대부분의 차량에 기본 장착
- ABS에 결함이 발생하는 경우, 본래의 기능을 상실하므로 화재로 이어지지 않더라고 사고의 위험성이 높아진다.

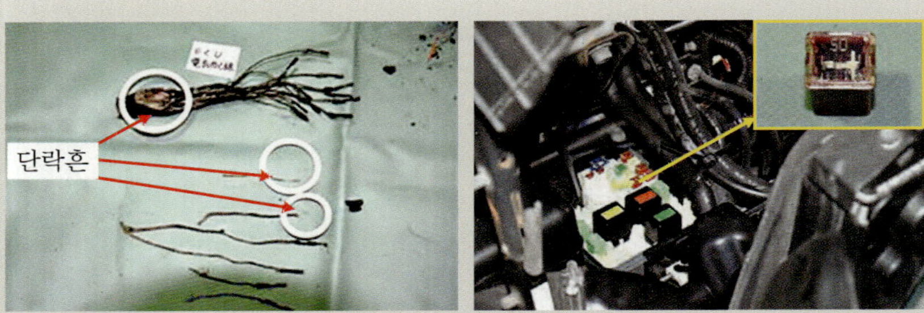


▲ **그림 3.396** 하니스의 모습(좌), 슬로우블로우퓨즈의 모습(우)

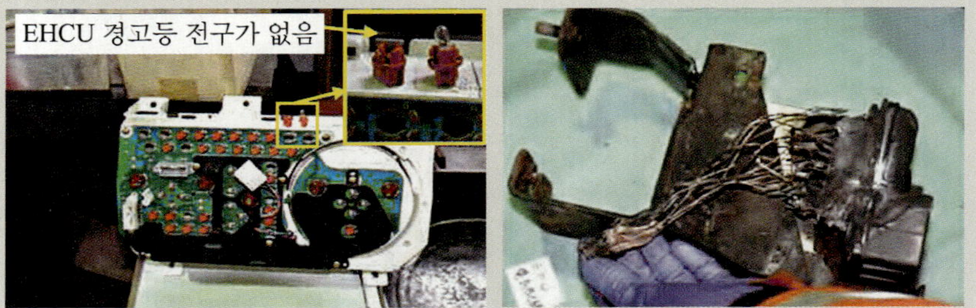


▲ **그림 3.397** 각 표시등 기판의 모습(좌), 하니스 커넥터부분의 접속 모습(우)

▲ **그림 3.398** 탈락된 단자 모습(좌), 커넥터부분의 모습(우)

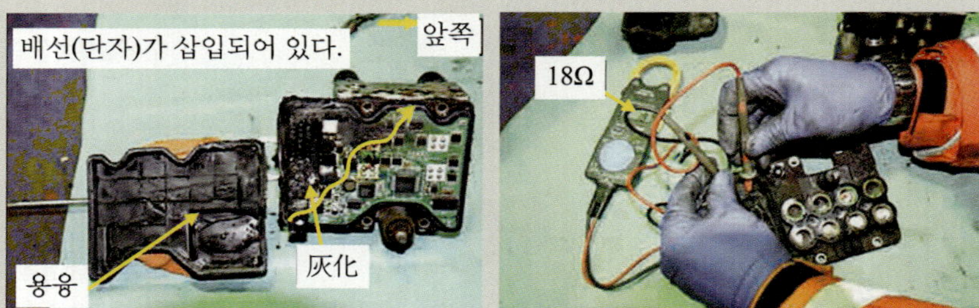


▲ **그림 3.399** ECU 기판의 모습(좌), 기판 위의 저항치(우)

---

65) 전기회로 중 특히 모터 등 코일을 사용하는 기기를 시동시키는 경우에 스위치를 넣는 순간 돌입전류라고 하는 큰 전류가 순간적으로 흐른다. 이 순간적인 전류는 평상시 80~100배의 전류가 흐른다. 예를 들면 평상시 10A이라면 돌입전류는 800~1000A가 되어 20A 퓨즈를 사용하면 용단된다. 순간 돌입전류를 고려하여 만든 퓨즈가 슬로우 블로 퓨즈(slow blow fuse)로 순간적인 전류로는 용단되지 않고 연속해서 큰 전류가 흐를 때만 용단되는 성질을 갖고 있다. 차량에서 사용하는 퓨즈는 보통 30A까지가 평형퓨즈이고 그 이상은 슬로우 블로 퓨즈를 사용하고 있다.

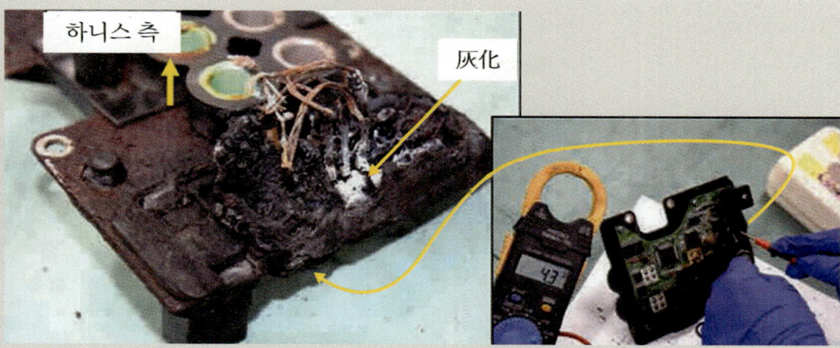


▲ **그림** 3.400 기판의 모습

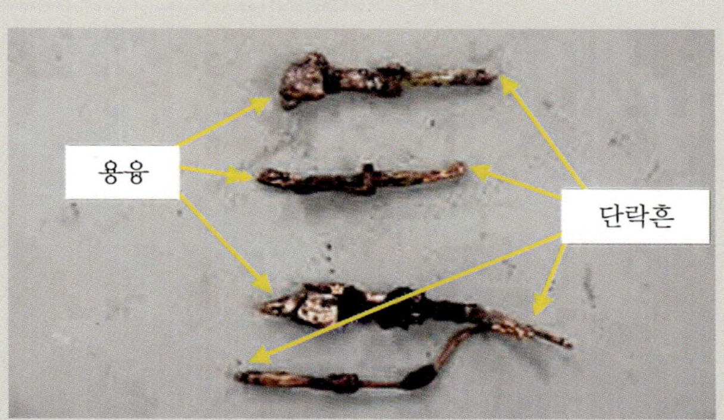


▲ **그림** 3.401 단자의 모습

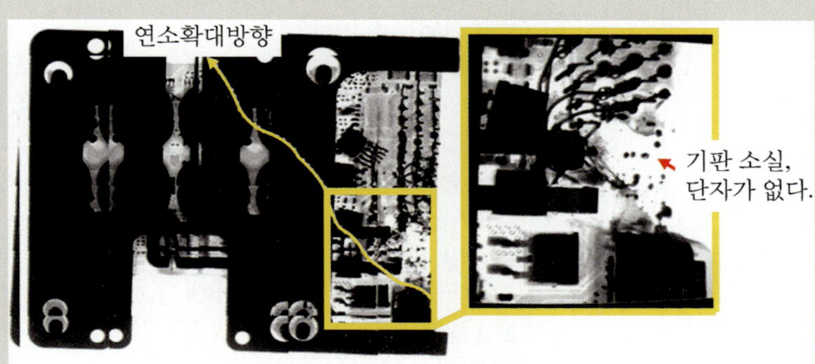


▲ **그림** 3.402 기판의 모습

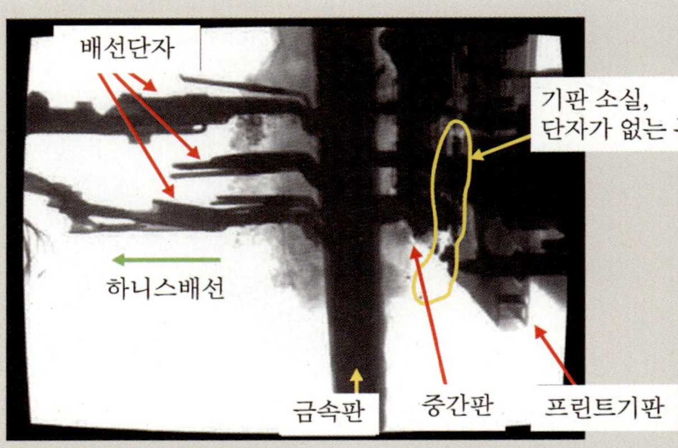


▲ **그림 3.403** 기판 측면의 모습

## 화재사례 59 ABS모듈과 관련된 화재[66]

**화재개요**

아파트 지하주차장에 주차해둔 차량(11년 경과)에서 주차 후 6시간만인 10월 18일 04:37경 연기가 발생한 후 화재가 엔진룸이 전소되었다. CCTV에 주차부터 화재발생까지의 과정이 녹화되어 있다.

**화재원인**

ABS 모듈 내부에서 도전성 분진이나 습기 등에 의해 tracking이 발생하여 발화되었을 것으로 추정된다.

**조사요령**

1. CCTV 녹화내용을 조사한다.
 (1) 주차 후 6시간 경과한 시점인 18:37:09에 엔진실에서 연기가 발생하고, 04:38:03에 후미등이 켜졌다가 꺼지며, 04:38:48에 전조등과 후미등이 점멸하며, 04:39:30에 차량 하부에서 불꽃이 보이고, 04:41:10에 엔진실 상부 및 하부에서 화염이 보이고, 04:41:33에 비상등이 켜지며 연소확대가 된다.
 (2) 제3자에 의한 인위적인 요인에 의한 발화 가능성 배제된다.
2. 차량 외부를 조사한다.
 우측 좌측 헤드라이트 쪽이 심하게 소훼되고, 운전석 앞 전면유리가 파손됨
3. 엔진실을 조사한다.
 엔진실이 전소되고, 브레이크 부스터 및 ABS 모듈 주변이 심하게 수열되어 있다.
4. ABS 모듈을 조사한다.
 (1) ABS(=anti-skid system) 모듈 내부배선에 전기적 용융흔이 있다.
 (2) ABS 모듈 내부배선의 전기적 용융흔 발생 부분은 모듈 내부 하단이며 내부배선 일부는 합성수지류로 쌓여있고 국부적으로 전기적 용융흔이 식별되며 인접한 절연체는 절연이 파괴되어 있으며 외부요인에 의해 형성되기 어려운 부분이다.
 (3) 차량 및 모듈의 연소형상, 모듈구조, 전기적 용융흔 형상 고려 시 도전성 분진이나 습기 등에 의해 tracking이 발생하여 발화되었을 가능성이 의심된다.

66) 박남규, 이동규, 조영진, 문병선, 송재용, "동일한 제조사의 ABS모듈 결함으로 인한 차량화재 사고사례 분석", 한국화재소방학회논문지, Vol.33, No.3, pp.121~127, 2019.

▲ **그림 3.404** 외부의 모습

▲ **그림 3.405** 엔진실과 ABS모듈 주변의 모습

▲ **그림 3.406** ABS 모듈 내부배선의 전기적 용융흔

## 화재사례 60 ABS모듈과 관련된 화재[67)]

**화재개요**

아파트 지하주차장에 주차해둔 차량(11년 경과)에서 주차 후 6시간만인 10월 18일 04:37경 연기가 발생한 후 화재가 엔진룸이 전소되었다. CCTV에 주차부터 화재발생까지의 과정이 녹화되어 있다.

**화재원인**

ABS 모듈 내부에서 도전성 분진이나 습기 등에 의해 tracking이 발생하여 발화되었을 것으로 추정된다.

**조사요령**

1. 차량 외부를 조사한다.
   앞 유리 바로 앞의 보닛에 수열변색흔이 있다.
2. 엔진실을 조사한다.

엔진실이 전소되고, 브레이크 부스터 및 ABS모듈 주변이 심하게 수열되어 있다.

3. ABS 모듈을 조사한다.
   (1) ABS(=anti-skid system)모듈 내부배선에 전기적 용융흔이 있다.
   (2) 차량 및 모듈의 연소형상, 모듈구조, 전기적 용융흔 형상 고려 시 도전성 분진이나 습기 등에 의해 tracking이 발생하여 발화되었을 가능성이 의심된다.

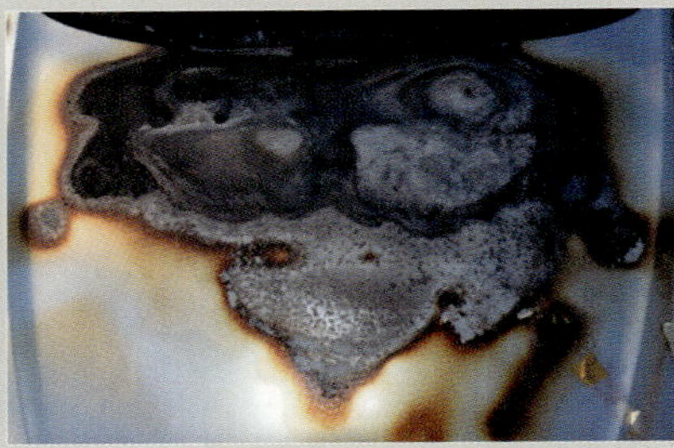

▲ **그림 3.407** 차량 외부의 모습

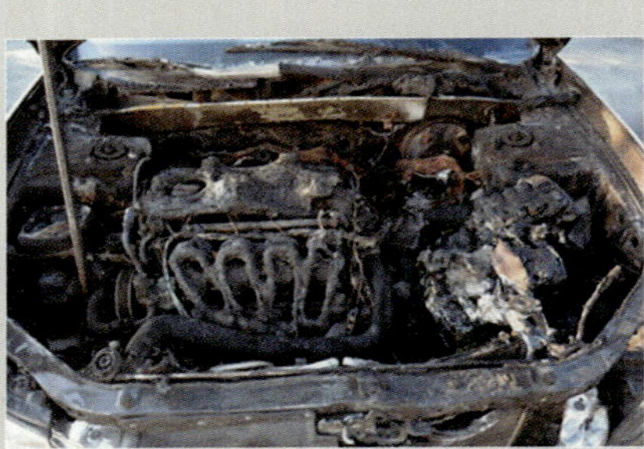

▲ **그림 3.408** 엔진실과 ABS모듈 주변의 모습

▲ **그림 3.409** ABS모듈

67) 박남규, 김진표, 남정우, 박종택, 송재용, "ABS모듈의 접속부 및 전원배선손상으로 인한 차량화재 사고사례 분석", 한국안전학회지, Vol.32, No.5, pp.17~18, 2017.

▲ **그림 3.410** ABS 모듈 내부배선의 전기적 용융흔

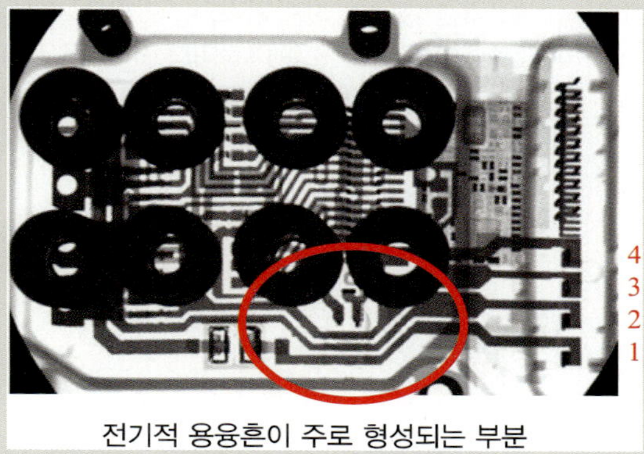


▲ **그림 3.411** ABS 모듈의 X-ray 사진
1 – 접지, 2 – 배터리(상시전원) – 퓨즈블링크 40A, 3 – 배터리(상시전원) – 퓨즈블링크 20A 4–접지

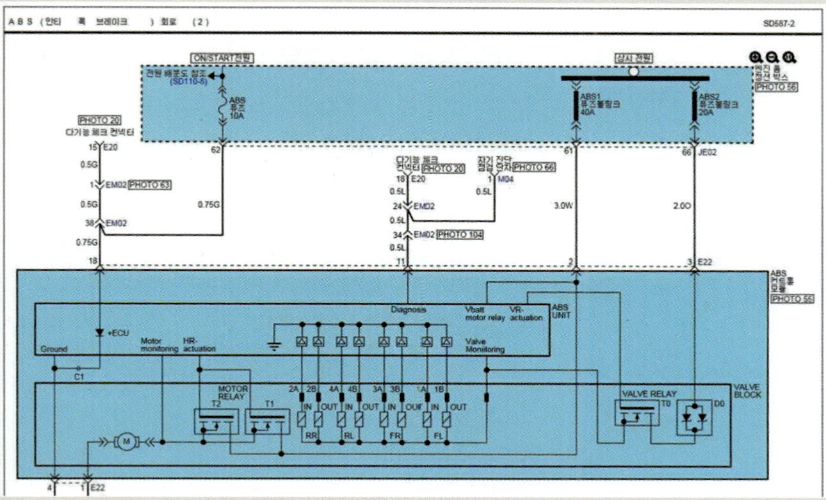


▲ **그림 3.412** ABS 모듈의 전장회로도

## 화재사례 61 전조등 설치 불량에 의한 화재[68)]

**화재개요**

5월 19시경에 직장 주차장을 출발하여 고속도로 터널을 50~60km/h 속도로 주행하고 있던 중 추월차선을 주행하던 차량 운전자가 손으로 신호를 보내서 창문을 열어 얼굴을 조금 밖으로 낸바 차량 앞쪽에서 연기가 나오고 있어 갓길에 차량을 정차시켰고 차량에서 내려 앞쪽을 확인한바 갑자기 화염이 분출하여서 차량에서 떨어져 피난하였고, 순찰차로 순찰 중이던 도로공사 직원과 소화기 8대로 진화하였다.

**화재원인**

전조등 점등 중 램프가 소켓에 접촉하여 접촉부의 소켓 소재인 폴리카보네이트의 발화온도를 초과하여 발화에 이른 것으로 추정할 수 있다.

**조사요령**

1. 운전자 정보 등을 조사한다.
 (1) 3년 계약의 리스차량으로 화재당일 사용하였던 운전자 이외는 사용하지 않는다.
 (2) 엔진오일은 5,000km마다 하며 오일엘리멘트는 10,000km마다 하고 있다.
 (3) 신차등록 후 2년 10개월경과, 총주행거리는 176,631km이다.
 (4) 차량 앞쪽에서 연기가 나오고 있어 갓길에 정차시켰는데 갑자기 화염이 분출하였다.
2. 차량 외부를 조사한다.
 (1) 엔진실과 우측 전조등 주변만 연소되어 있다.
 (2) 보닛은 우측에만 수열변색흔이 있다.
3. 엔진실을 조사한다.
 (1) 엔진실 우측과 우측 전조등 부근이 심하게 연소되어 있다 .
 (2) 엔진실 우측의 합성수지제 부품은 소실되어 있지만 엔진실 중심부에 위치한 엔진부분의 합성수지제 커버는 용융변형되어 있을 뿐이고 좌측에 설치되어 있는 퓨즈박스는 뚜껑만이 용융변형되어 있고 배터리는 단자부분의 커버가 일부 용융되어 있는 정도이고 배터리 본체는 연소피해가 없다.
4. 전조등을 조사한다.
 (1) 우측 전조등은 소훼가 심하고 일부분을 남기고 소실되어 탈락되어 있으며, 전조등 부근의 탈락된 부분에서 high beam의 반사판 부분 및 워셔액 모터를 확인할 수 있을 뿐 low beam bulb의 부품류는 확인할 수 없다.
 (2) 좌측 전조등은 소훼나 변형이 없으며, 엔진실 안쪽에서 전조등을 확인해보니 하이빔, 방향지시등, 차폭등의 램프는 바른 위치에 설치되어 있지만 로우빔 벌브가 설치위치에서 이탈되어 있다.
 (3) 좌측 전조등 로우 빔 벌브를 조사해보니 유리부분에 용융된 검은 합성수지가 고착되어 있고 전체에 분말소화약제가 부착되어 있다. 또한 로우 빔 벌브의 밑동부분에는 패킹이 2개 붙어 있음이 확인된다. 동일모델 차량과 화재발생 차량을 비교해보니 화재발생 차량에는 다른 메이커의 로우 빔 벌브가 장착되어 있다. 화재발생 차량의 로우 빔 벌브는 메이커, 서비스센터가 취급하고 있지 않은 것(사외품)이다. 동일 모델 차량의 로우 빔 벌브에 순정품이 설치되어 있고 패킹은 1개뿐이다.
 (4) 운전자에게 화재발생 차량의 로우 빔 벌브를 교환했는지 확인할 수 없었지만 사외품 로우 빔 벌브가 장착되어 있는 점을 통해 시기는 알 수 없지만 로우 빔 벌브 교환이 있었던 것은 사실로 보인다.

(5) 화재발생 차량의 로우 빔 벌브에 붙어 있는 2개의 패킹을 조사해보니 앞쪽이 순정품에 장착되어 있는 로우 빔 벌브의 패킹이고 밑동부분은 사외품이다. 사외품 신품을 확인한 바 로우 빔 벌브에 붙어 있는 패킹은 1개이다.

5. 로우 빔 벌브 설치 검증을 한다.

(1) 화재조사 과정에 동일모델 차량에서 로우 빔 벌브를 분리해 낼 때 벌브에서 패킹이 벗겨져 소켓부분에 붙어 남아 있는 상태이었다. 이러한 점을 통해 로우 빔 벌브를 교환하였을 때에 낡은 패킹이 소켓에 남은 상태이었다고 추정할 수 있으며 패킹 2개를 상태로 하여 벌브 설치를 검증하였다.

(2) 로우 빔 벌브에는 3개소의 튀어 나온 부분이 있고 이 튀어 나온 부분을 소켓 삽입부에 넣어 회전시키면 고정되는 구조로 되어 있다.

(3) 패킹이 1개인 경우에 로우 빔 벌브는 비교적 간단히 설치되고 안정된 상태가 된다. 패킹이 2개가 되면 설치하는데 상당한 힘을 필요로 하여 작업이 어렵지만 튀어 나온 3개소가 모두 걸리면 벌브 고정 상태가 패킹 1개인 경우와 마찬가지로 안정되어 빠질 가능성은 적을 것으로 생각된다. 그러나 벌브 설치는 손을 엔진실 안의 좁은 개소에 넣고 시야도 나쁜 상태에서 작업을 해야 하고 튀어나온 부분 1개소만 걸린 상태에서 고정될 가능성이 있다. 튀어 나온 부분 1개소만 걸린 경우에 패킹에는 균일하게 히이 걸리지 않고 불안정한 상태가 되어 손으로 조그만 진동을 가하면 벌브가 빠진다. 이러한 점을 통해 튀어나온 부분이 1개소밖에 걸리지 않은 경우에는 차량 주행 중 진동으로 벌브가 빠질 가능성이 높을 것으로 생각된다.

6. 재현실험으로 검증한다.

(1) 차량 주행 중에 로우 빔 벌브가 소켓에서 빠져서 소켓부분에 접촉한 상태를 재현하고 벌브를 점등시킨 연소실험을 하였다. 인가전압은 주행 시를 고려하여 13.7V로 하였다. 실험에 사용한 로우 빔 벌브는 화재발생 차량에 장착되어 있던 벌브와 같은 것(12V 55W)을 사용하였다.

(2) 연소실험에 앞서 복사온도계를 사용하여 로우 빔 벌브의 표면온도 및 접촉 시에 소켓부분이 용융될 때의 표면온도를 측정하였다. 소켓부분 용융 시의 소켓 수지 표면온도는 540℃ 이상이 되는 것을 확인하였다.

(3) 케이스에 넣은 상태(밀폐상태) 실험에서는 벌브 점등 후 53초에 소켓 용융이 시작되고 흰 연기가 발생함과 동시에 소켓 부분에 착화되었고 4분 59초 후에는 벌브 유리가 파열되고 연소확대로 이어지지 않았다.

(4) 개방된 공간 실험에서는 점등 후 30초에 흰 연기가 발생하고 5분 후에는 착화되며 벌브가 파열되지 않고 전조등 전체로 연소가 확대되었다.

7. 폴리카보네이트의 발화온도를 측정한다.

(1) 로우 빔 벌브의 소켓부분 구성재료인 폴리카보네이트 발화온도를 항온조를 이용하여 측정하였다.

(2) 로우 빔 벌브가 빠진 시기가 불명확하크로 소켓의 폴리카보네이트가 용융한 상태에서 전조등이 소등되고 재차 전조등을 점등했을 때에 연소했던 것도 생각할 수 있다. 따라서 폴리카보네이트는 용융 전 신품상태의 것과 한번 용융되어 굳은 것 2종류를 비교검토하였다. 용융 전과 용융되어 굳은 상태의 폴리카보네이트의 발열량을 비교한바 약 400℃전후에 발열량이 최대가 되므로 용융 전과 용융되어 굳은 상태의 폴리카보네이트의 발화온도는 크게 변하지 않을 것으로 추정된다.

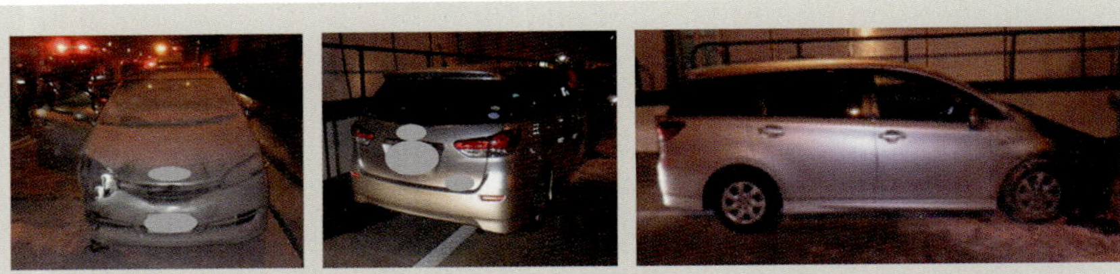

▲ **그림 3.413** 차량 외부의 모습

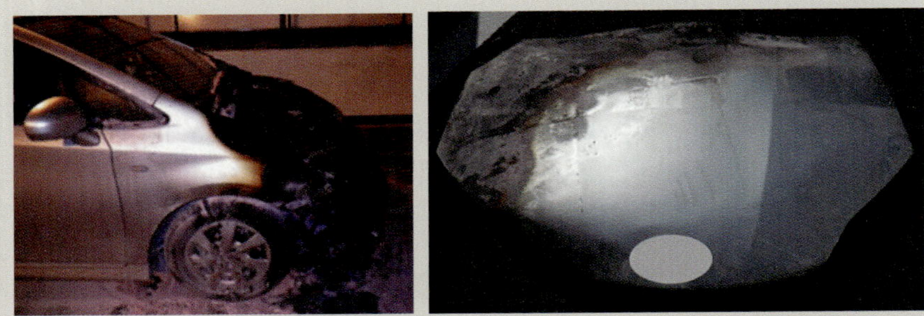

▲ **그림 3.414** 엔진실 심한 연소 부위와 보닛의 모습

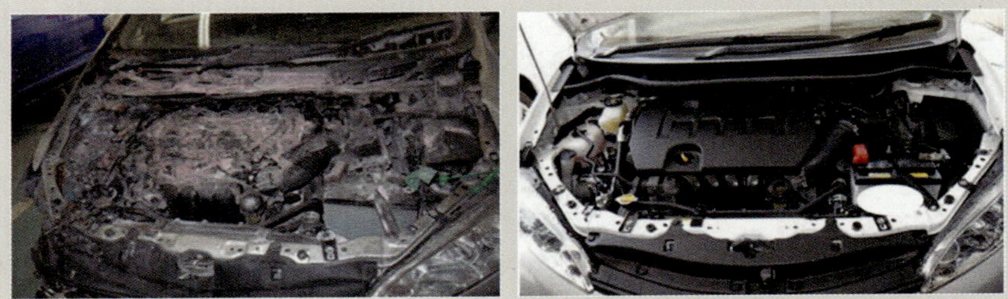

▲ **그림 3.415** 동일모델과 엔진실 비교

▲ **그림 3.416** 좌측에 위치한 배터리와 퓨즈박스의 모습

---

68) 眞鍋達也(나고야시소방국), "차량전조등(할로겐벌브) 설치불량에 의한 출화사례", 제62회전국소방기술자회의 전국조사기술회의자료, pp.171~180, 2014.

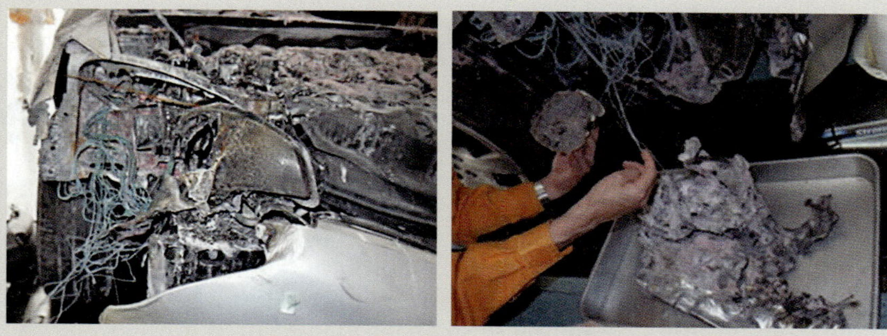

▲ **그림 3.417** 우측 전조등

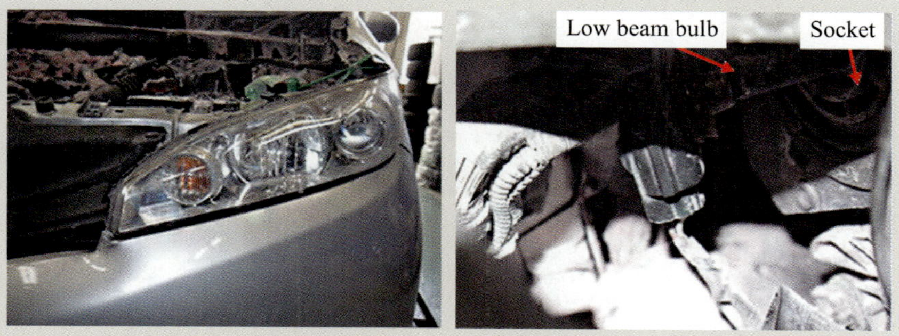


▲ **그림 3.418** 엔진룸 안에서 본 좌측 전조등

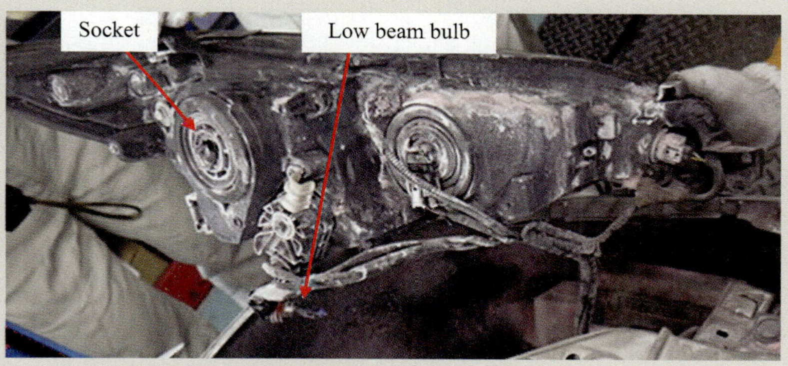


▲ **그림 3.419** 차체에서 분리해낸 좌측 전조등 유닛

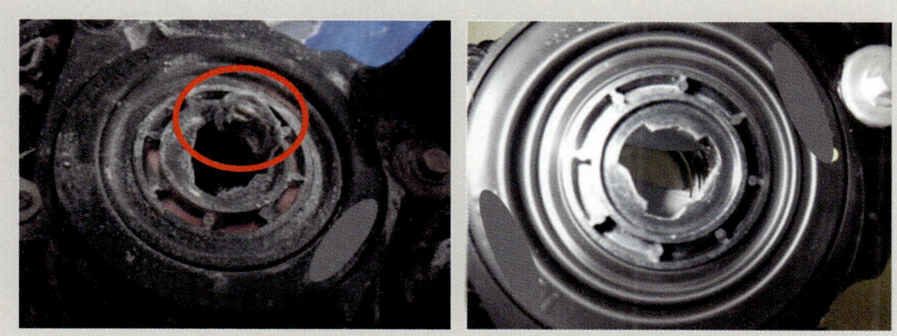

▲ **그림 3.420** 용융되어 있는 것과 동일 모델의 로우 빔 벌브의 소켓

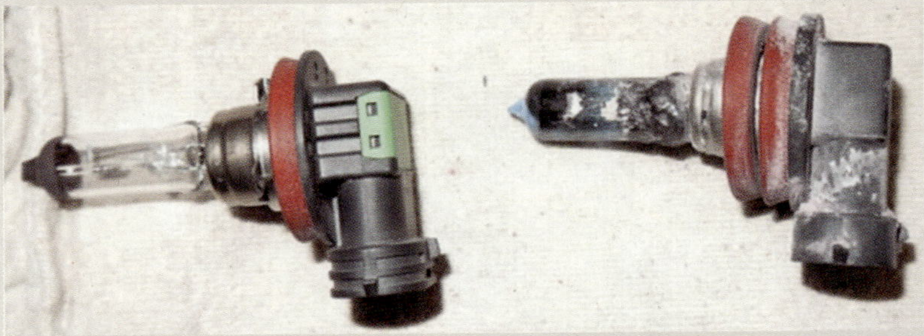

▲ **그림** 3.421 동일모델 차량 순정품과 화재발생 차량 로우 빔 벌브의 비교

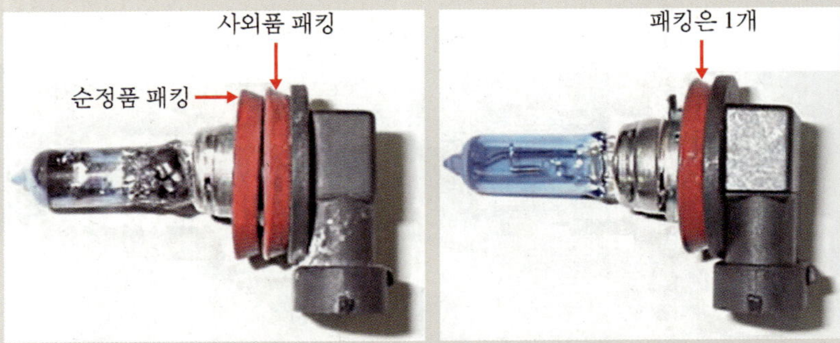


▲ **그림** 3.422 화재발생 차량의 로우 빔 벌브와 사외품 신품의 비교

▲ **그림** 3.423 소켓에 패킹이 남아 있는 상태의 재현 모습

▲ **그림** 3.424 패킹 1개(좌)와 2개(우)로 벌브의 튀어 나온 부분 3개소가 소켓에 걸린 모습

▲ **그림 3.425** 2중 패킹으로 한 상태에서 벌브의 튀어 나온 부분 1개만 소켓에 걸린 모습

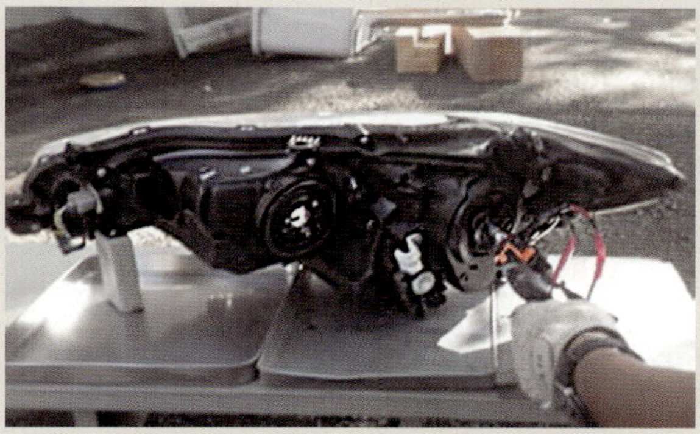

▲ **그림 3.426** 재현실험 모습

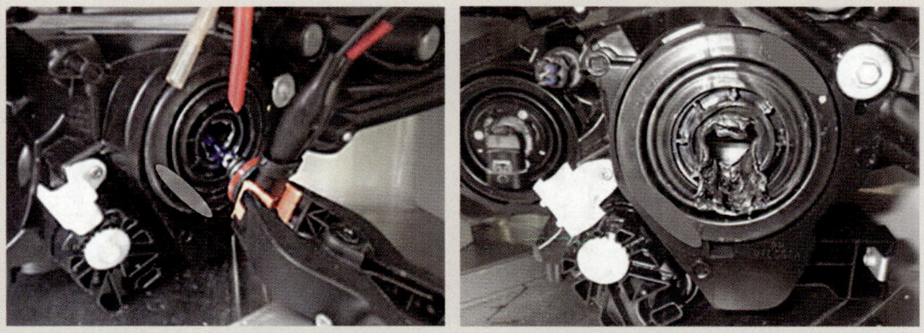

▲ **그림 3.427** 재현실험으로 용융된 소켓으 모습(소켓부분 용융 시 소켓 수지 표면온도는 540 이상이 된다.)

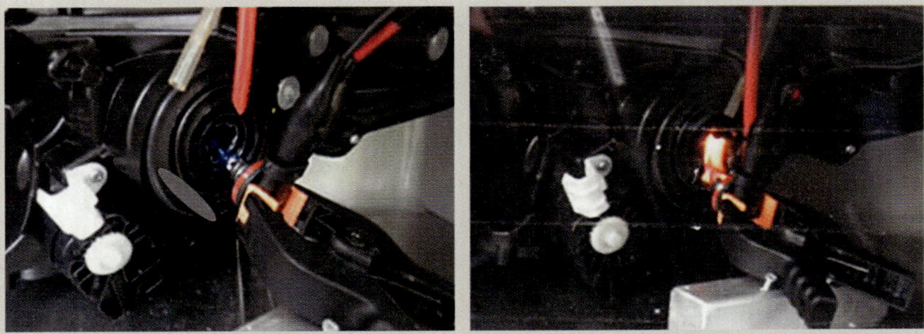

▲ **그림 3.428** 재현실험으로 발화된 소켓의 모습
(화재원인은 점등 중 램프가 소켓에 접촉하여 접촉부의 소켓 소재인 폴리카보네이트의 발화온도를 초과하여 발화에 이른 것으로 추정할 수 있다.)

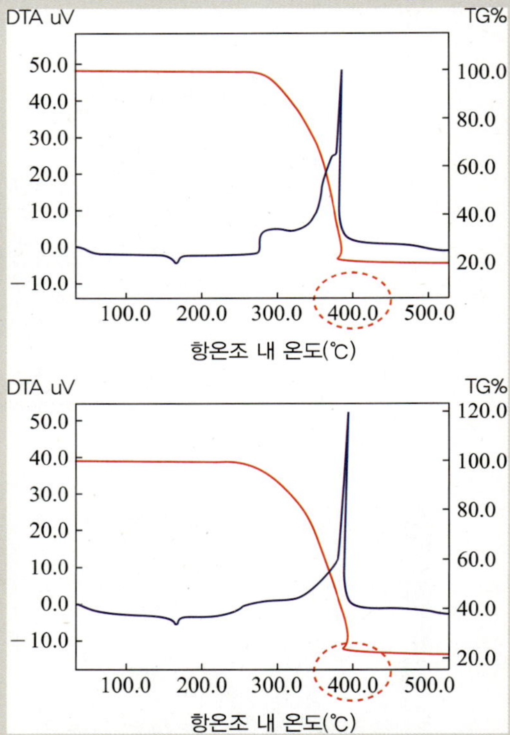


▲ **그림 3.429** 용융 전 폴리카보네이트 수지(좌), 용융되어 굳은 폴리카보네이트 수지(우)

## 화재사례 62　HID에 기인한 화재[69)]

**화재개요**

1월 하순 23시경 소유자가 운전하여 약 20분 주행한 후에 빨간 신호로 정차, 좌측 헤드라이트가 어두워지는 것을 알아차리고 약 1분 후 주행 중에 헤드라이트가 꺼져서 노견에 정차하여 하차한바 좌측 헤드라이트 부근이 불타고 있어 인근 시설의 분말소화기로 진화하였다.

**화재원인**

HID 쉐이드 부분에서 유닛부분이 이탈되어서 버너가 좌금(座金)에 접촉하고 그 후 헤드라이트의 합성수지와 방수캡에 접촉하여 화재가 발생하였다.

**조사요령**

1. 운전자 정보 등을 조사한다.
 (1) 사고, 고장에 의한 수리이력은 없다.
 (2) 화재가 발생하기 약 1년 11개월 전에 헤드라이트를 HID로 교환하고 배터리 마이너스 단자에 5개의 어스선을 증설, 차폭등을 LED전구로 교환하였다.
 (3) 좌측 헤드라이트가 어두워지고 헤드라이트가 꺼진 후 화재가 헤드라이트 부근에서 화재가 발생하였다.
2. 차량 외부를 조사한다.
 (1) 차량은 주행 가능한 상태이다.
 (2) 좌측 헤드라이트와 주변 보닛 및 좌측 프런트 펜더 부분이 소손되어 있고, 다른 개소에 소손이나 파손은 없다.
 (3) 좌측 헤드라이트 유닛의 상부가 소실되고 리플렉터(반사경)가 뒷부분에 탈락되어 있다.
 (4) 보닛 안쪽은 좌측 전방 모서리 주변의 페인트도장 도막이 검게 변색되고 일부가 벗겨져 있다.
 (5) 좌측 프런트 펜더는 앞쪽 위 부분 모서리의 도장의 소실되고 녹이 발생되었지만 보닛은 앞쪽 좌측 프런트 펜더 근처의 도장이 일부 벗겨져 있으나 녹이 발생되지 않았고 좌측 헤드라이트 부근의 도장은 엷게 검게 변색되어 있다.
3. 엔진실과 헤드라이트부분을 조사한다.
 (1) 엔진실 안은 에어클리너 좌측에 배터리, 냉각수용 예비탱크, 퓨즈박스가 있다.
 (2) 퓨즈박스 상부에는 뒷부분부터 HID 키트의 좌측 밸러스트, HID 키트의 좌측 이그나이터가 부착되어 있다.
 (3) 냉각수용 예비 탱크는 앞면 및 좌측면이 용융되고 노출된 내부에는 분말소화약제가 퇴적되어 있다.
 (4) 퓨즈박스는 앞면에 금이 가고 상부의 좌측 밸러스트, 좌측 이그나이터는 소손되어 있지 않다.
 (5) 배터리는 소손되지 않고 플러스측 단자에 씌어져 있는 적색 터미널 커버가 변형되어 있다.
 (6) 좌측 헤드라이트는 렌즈부분의 대부분이 용융되고 하부 일부가 불타다가 남아 있다. 용융된 렌즈에서 리플렉터가 오목부분을 위로 향한 상태로 탈락되고 위쪽이 부분소실되어 잔존한 개소에 그을음이 부착되어 있다. 리플렉터에는 쉐이드 부분의 금속부분만이 불타다 남아 있다.
 (7) 리플렉터 아래에는 LED 램프, 유닛부분, 고무제 방수캡이 불타다 남아 있다.
 (8) 좌측 헤드라이트 뒤쪽의 와이어 유닛은 대부분 피복이 용융되어 심선이 노출되

었으나 노출된 심선에 단락흔은 없다.

(9) 증설한 어스선 1개와 차량 측 커넥터에서 이은 AV선이 교차하고 있다.

(10) 차실 내 퓨즈박스는 헤드라이트 10A 퓨즈가 끊어져 있다.

(11) 좌측 헤드라이트 유닛 후방에 남아 있는 리플렉터는 진한 그을음이 부착되고 리플렉터 중앙에 쉐이드 부분의 좌금(座金)이 클립으로 고정되어 있고, 클립을 분리한바 좌금은 용융되거나 변형되지는 않았지만 전체적으로 황갈색으로 변색되어 있다.

(12) 소손되어 있는 좌측 헤드라이트의 방수캡을 헤드라이트에 장착된 방향에서 조사한바 배수관은 가까스로 원형을 유지하고 있지만 개구부분은 강하게 소손되어 있으며 2시 방향을 향할수록 타서 가늘어져 있고 일부 소실되어 있다.

(13) 우측 헤드라이트의 방수캡은 끈적거림 및 균열이 없고 유닛부분의 장착개소의 개공에 4개의 나사산이 있다. 신품과 비교한바 방수캡은 가공되어 있지 않음이 확인되었다.

(14) 순정품 전기계통 부품과 HID 키트를 전개하여 조사한바 집중 어스, 차량측 커넥터, 윙커, 에어백 센서, 차폭등, 컨트롤러 측 2P 커넥터 등에는 용융이나 결손 등 이상이 없다.

(15) 청색피복의 어스선(이하 '개조 어스'라 함)을 조사한바 차량측 커넥터 AV선의 심선이 3선 모두 노출되어 있고 모두 개조 어스에 접촉되어 있으며 접촉개소로부터 보디 어스측은 피복이 완전히 소실된 상태로 심선이 노출되어 있지만 전기적 용융흔적은 없다.

(16) 차량측 커넥터 AV선과 개조 어스의 접촉은 절연저항계로 저항치를 측정한바 OL(측정한계치 이상)을 나타낸다.

(17) 우측 HID벌브를 조사해보니 쉐이드(shade)부분과 유닛(unit)부분으로 구성되며 쉐이드 부분에는 흑색으로 원통모양의 합성수지가 설치되어 있다. 이 합성수지의 표면은 유닛부분을 꽂아 넣는 방향을 기준으로 10시 방향에 OPEN, 12시 방향에 LOCK가 새겨져 있다. 유닛부분을 조사해보니 HID벌브의 AV선이 설치되어 있고 여기에서 180도 반전한 개소에 화살표 표시가 인쇄되어 있다. 또한 유닛부분에는 록킹용으로 치수가 다른 가공이 2개소에 되어 있다.

(18) 소손된 쉐이드 부분은 좌금이 떨어져나가고 그을음이 부착되어 있으며 흑색의 원통모양 수지는 완전히 소실되어 있다. 유닛부분은 버너 유리부분에 금이 가거나 팽창되어 있지 않지만 발광관에 탄화물이 조금 부착되어 있다. 또한 쉐이드 부분과 접촉하고 있는 개소는 대부분이 용융 변형되어 있지만 유닛부분의 화살표 표시가 인쇄되어 있는 측은 록킹 부분과 녹색을 띤 고무패킹이 조금 남아 있다.

(19) 유닛부분에서 이어진 AV선을 조사한바 접속부에 헐거움은 없고 심선이 노출되어 있지만 전기적 용융흔적은 없다. 또한 저면(底面)측 합성수지는 원형을 유지하며 소손되어 있지 않다.

4. 화재원인을 검토한다.

(1) 순정 전기계통 부품, 개조 어스, 차폭등(LED), 2P 커넥터에는 이상이 없으므로 이들로부터 발화는 고려할 수 없는바 HID 벌브에 대해 검토한다.

(2) HID 취급설명서에는 "버너가 쉐이드 부분에서 이탈되면 버너의 유리부분이 쉐이드에 접촉하여 녹는다."라고 기재되어 있다.

(3) 좌금은 전체적으로 황갈색으로 변색되어 있으므로 강한 수열과 소손에 의해 변색된 것으로 생각할 수 있다.

(4) 방수패킹은 유닛부분을 장착하는 개공이 강하게 소손되고 외곽부분은 2시 방향에 일부 강한 소손개소가 보인다.

(5) 쉐이드 부분의 흑색 원통모양 합성수지가 전부 소실되어 있다.

(6) 유닛부분은 버너의 유리부분 발광관에 탄화물이 조금 부착되고 쉐이드 부분과 접촉한 개소에 소손이 보이지 않는 부분이 있다.

(7) 좌측 헤드라이트 후방에 배치되어 있는 합성수지제 차량부품은 좌측 헤드라이트 방향에서 연소확대된 것으로 보임에도 불구하고 유닛부분 저면(底面)측의 합성수지에 소손은 보이지 않는다.

(8) 화재당시 차량 사용상황을 감안하면 HID 라이트는 점등되어 있다고 보는 것이 타당하다.

(9) 위와 같은 점들로부터 유닛부분이 이탈되어 발광관이 쉐이드 부분의 합성수지와 방수캡에 접촉하여 착화된 후 리플럭터보다 먼저 엔진실 안에 낙하된 것으로 생각할 수 있다. 그러나 발화개소가 엔진실이고 명확한 입증에 이르지 못해서 연소실험을 하기로 하였다.

5. 재현실험으로 검증한다.

(1) HID 벌브를 발화원으로 하여 가연물에 접촉한 경우의 착화상황을 검증하였다.

(2) 화재발생 차량 운전자의 "운전개시로부터 약 20분에 화재가 발생하였다"라는 진술로부터 HID 벌브를 20분간 접촉시킨다.

(3) 실험내용은 다음과 같다.

① 연소실험(HID 벌브의 온도 측정)
HID 벌브의 점등을 Lo로 한 상태에서 발광부의 표면온도(최고온도)를 적외선열화상장치로 측정한바 3분경과 후에 620℃에 도달하였다.

② 연소실험(HID 벌브의 유닛부분을 주위의 방수캡에 접촉시킬 때의 연소상황)
5초에 발연하였지만 그 후 발화에는 이르지 않았다.

③ 연소실험(HID 유닛부분을 와이어 하니스로 접촉시킬 때의 연소상황)
10초에 발연하였지만 그 후 발화에는 이르지 않았다.

④ 연소실험(HID 벌브 유닛부분을 헤드라이트(합성수지)에 접촉시킬 때의 연소상황)
26초에 발연하였지만 그 후 발화에는 이르지 않았다.

⑤ 연소실험(방수캡을 1cm로 절단하여 HID 벌브의 버너에 감싸 넣는 상태로 둘 때의 연소상황)
17초에 발연, 4분에 방수 캡이 적열된 후 12분27초에 발화에 이른다.

⑥ 연소실험(헤드라이트 수지를 1cm로 절단하여 HID 벌브의 버너에 감싸 넣는 상태로 둘 때의 연소상황)
11초에 발연, 4분에 합성수지가 적열된 후 6분 46초에 발화에 이른다.

⑦ 연소실험(유염화원을 이용하여 접염시켰을때 방수캡 및 헤드라이트 유닛의 연소상황)
유염화원(라이터)를 이용하여 방수캡에 불꽃을 접염시킨바 자기연소를 계속하지만 도중에 꺼졌다. 다음으로 헤드라이트의 HID 벌브 꽂아 넣는 곳 부근의 합성수지에 화염을 접염시킨바 자기연소를 계속하고 연소확대에 이르렀다. 유염화원으로 방수캡 또는 헤드라이트의 합성수지에 접염시키면 용이하게

착화되고, 특히 헤드라이트의 수지에 화염을 접염하면 연소확대하는 점이 확인된다. 또한 실험에서 소손된 헤드라이트를 조사해보니 렌즈의 소손상황이 화재발생 차량의 소손된 헤드라이트와 일치하지만 좌금에 황갈색의 변색은 보이지 않는다.

⑧ 연소실험(HID 벌브의 유닛부분을 정규 위치에서 기울어지게 하여 쉐이드 부분에 접촉시키고 바람을 계속적으로 송풍시켰을 때의 연소상황)
버너를 방수캡과 헤드라이트의 합성수지에 접촉시키면서 이동시켜 강제적으로 드라이어의 바람(공기)를 연속적으로 송풍시킨바 8분 10초에 방수캡이 발화되고 그로부터 4분 12초 후에 헤드라이트의 합성수지가 연소하여 연소확대에 이른다. 소손된 쉐이드 부분은 좌금에 황갈색의 변색이 보인다. 또한 버너를 쉐이드 부분에 접촉시켜 점등시킨바 발화에 이르지는 않지만 버너에는 탄화된 합성수지가 부착되어 있는 것을 볼 수 있다.

6. 착화물 분석을 한다.
쉐이드 부분의 합성수지, 방수캡, 헤드라이트의 합성수지를 TG-DTA를 이용하여 조사한바 결과는 다음과 같다.

| 구분 | 급격한 발열개시 온도 | 분해개시 온도 | 용해개시 온도 |
|---|---|---|---|
| 쉐이드 부분 합성수지 | 508.6℃ | 227.9℃ | 264.1℃ |
| 방수캡 | 245.0℃ | 244.5℃ | - |
| 헤드라이트 합성수지 | 253.4℃ | 251.6℃ | 153.1℃ |

7. 화재원인을 검토한다.
(1) ① 연소실험~⑧ 연소실험 및 착화물 분석을 검증한 결과, HID 벌브의 표면온도는 쉐이드 부분의 합성수지, 방수캡, 헤드라이트의 합성수지에 접촉하면 충분히 발열을 개시할 온도이다.
(2) 헤드라이트 유닛 및 좌금의 소손상황이 현장의 소손상황과 일치하고 있다. 또한 헤드라이트 유닛과 방수캡은 유염화원이면 연소를 계속하는 재질이다.
(3) HID 유닛부분의 버너에 가연물이 많아 접촉하여 축열되면 발화하는 점이 확인되고, 조사로 버너의 유리부분의 발광관에 탄화물이 부착되어 있는 점을 통해서 화재원인은 HID 쉐이드 부분에서 유닛부분이 이탈되어서 버너가 좌금에 접촉하고 그 후 헤드라이트의 합성수지와 방수캡에 접촉하였기 때문에 발화한 것으로 결론을 내렸다.

① 에어클리너
② 배터리
③ 냉각용 예비 탱크
④ 퓨즈박스

▲ **그림 3.430** 좌측 헤드라이트 부위와 엔진실 안의 모습

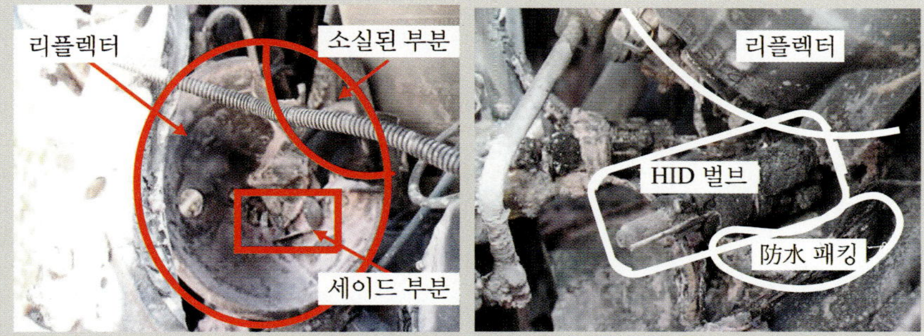


▲ **그림 3.431** 좌측 헤드라이트 후방과 리플렉터 하부의 모습

▲ **그림 3.432** 좌금과 클립의 설치 상황과 분리한 좌금의 모습

▲ **그림 3.433** 좌우 헤드라이트의 방수캡 비교

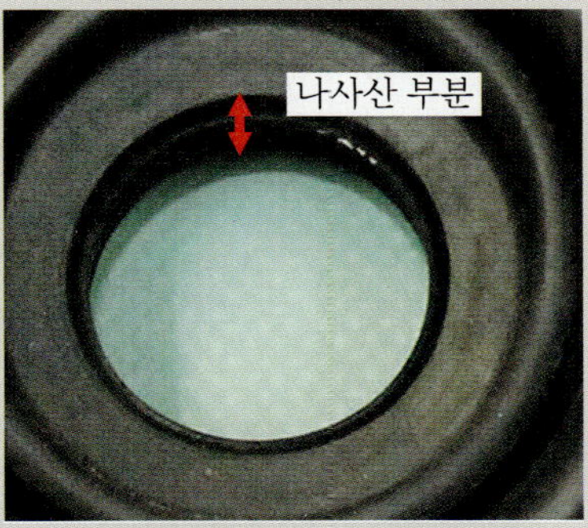


▲ **그림 3.434** 우측 방수캡 개공부(開孔部) 모습

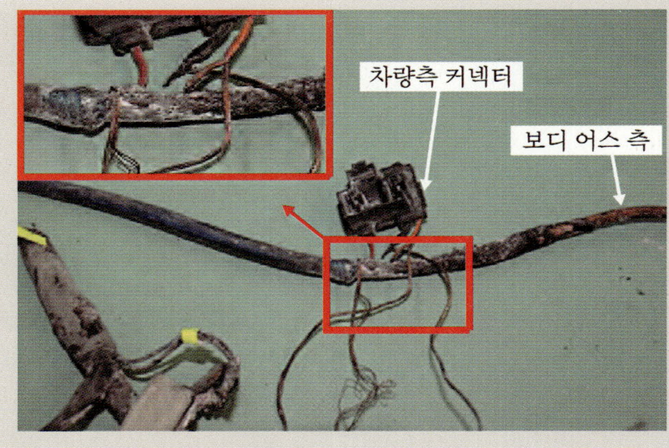


▲ **그림 3.435** 개조 어스의 소손 모습

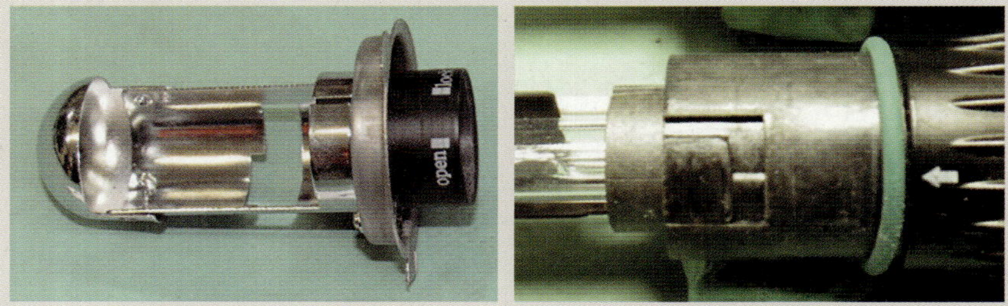

▲ **그림 3.436** 우측 헤드라이트의 쉐이드 부분과 유닛 부분의 모습

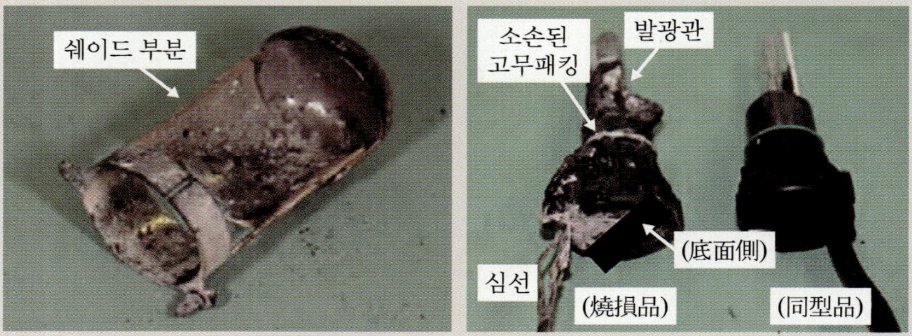


▲ **그림 3.437** 좌측 헤드라이트 쉐이드 부분과 유닛 부분의 모습

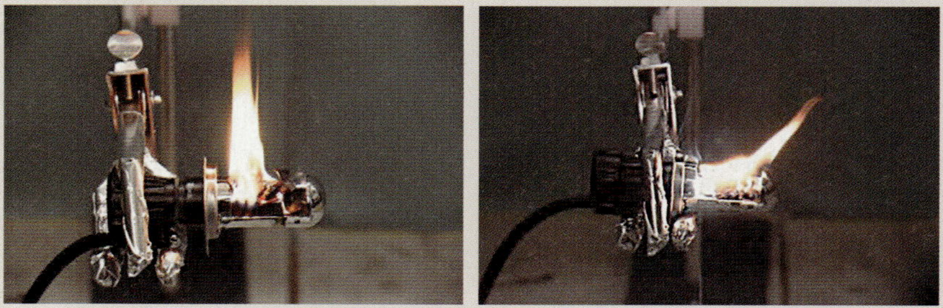

▲ **그림 3.438** ⑤ 연소실험(좌) ⑥ 연소실험의 착화된 모습

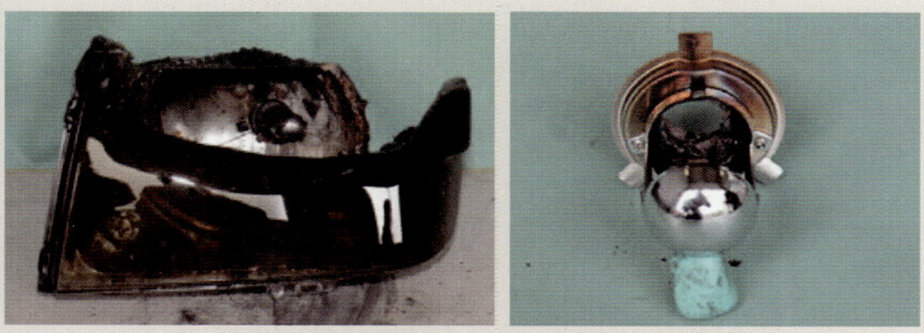

▲ **그림 3.439** ⑦ 연소실험과 ⑧ 연소실험어서 소화한 후 좌금의 모습

**참고지식**

**HID의 구조**

HID(high intensity discharge lamp)는 점등시키려면 반드시 점등회로(이그나이터와 볼라스트)에 접속될 필요가 있으며 점등 중 발광관 내부는 고온고압이다. HID 벌브는 발광관을 포함한 유닛부분과 빛을 조절하는 쉐이드 부분으로 나눠져 있다. 설치방법은 쉐이드 부분을 정규 부품의 헤드라이트 유닛에 꽂아 넣고 금속 클립으로 고정한 후 정규 부품의 방수캡을 유닛부분에 설치하그 유닛부분을 쉐이드 부분에 꽂아 넣어 우측으로 돌려 장착한다. 대부분의 차종에서 정규부품의 방수패킹의 가공이 필요하다.

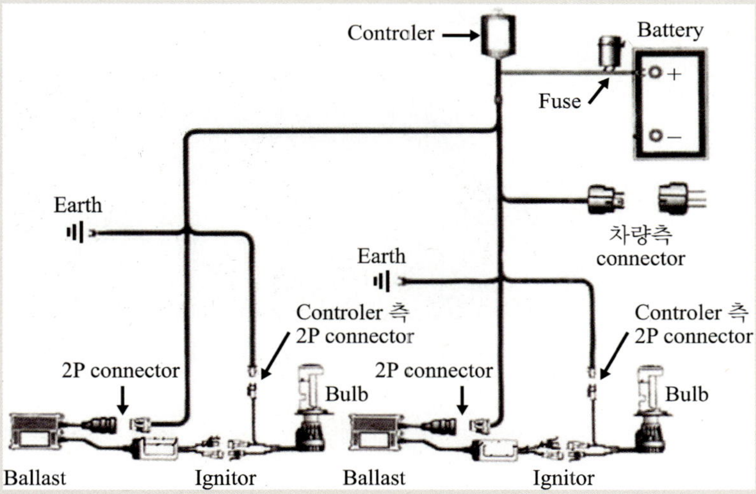


▲ **그림 3.440** HID 접속도

69) 森脇義和, 小林龍二(키타하리마소방조합소방본부), "HID가 기인한 차량화재에 대해", 제62회전국소방기술자회의 전국조사기술회의자료, pp.611~170, 2014.

70) 국토교통성 자동차교통국(일본), 자동차 결함에 의한 사고·화재정보에 있어서 차량화재에 관한 조사실시 보고서, p.26, 2011.

71) 국토교통성 자동차교통국(일본), 자동차 결함에 의한 사고·화재정보에 있어서 차량화재에 관한 조사실시 보고서, p.25, 2011.

**Point**

HID 벌브를 소켓에 기울어지게 설치하면 벌브가 리플렉터에 접촉되어 화재로 이어질 수 있다.

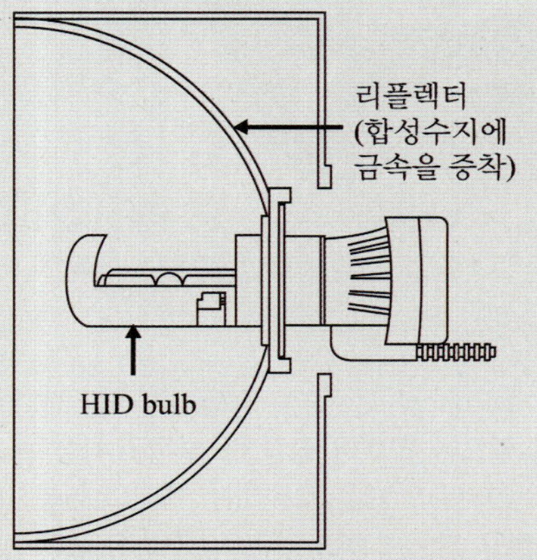


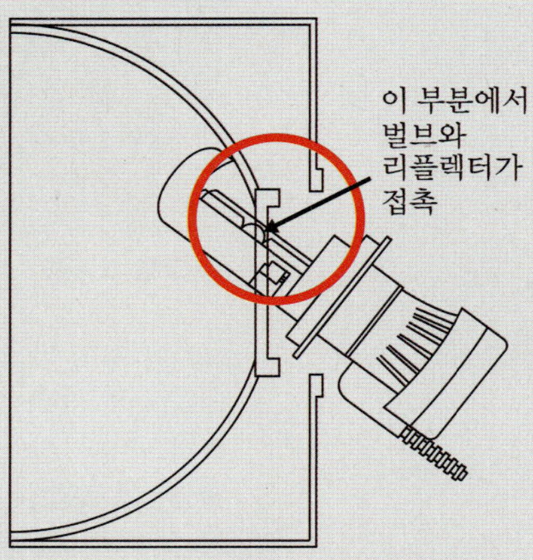


▲ **그림 3.441** HID 벌브를 정상 설치한 모습과 기울어지게 설치한 모습 비교[70)]

**Point**

HID 벌브가 소켓에서 빠져서 낙하되어 하니스 등 가연물과 접촉되면 화재로 이어질 수 있다.

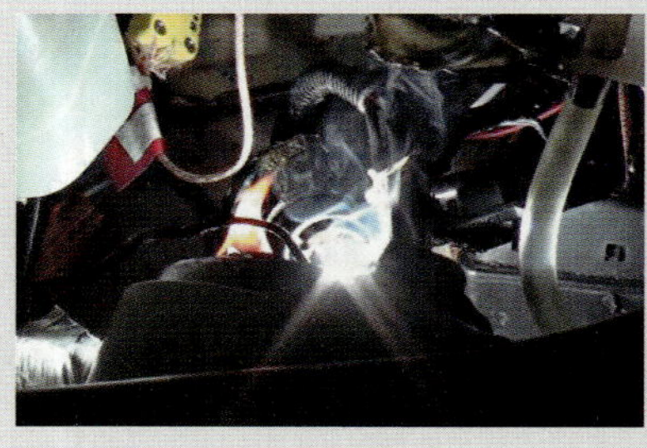

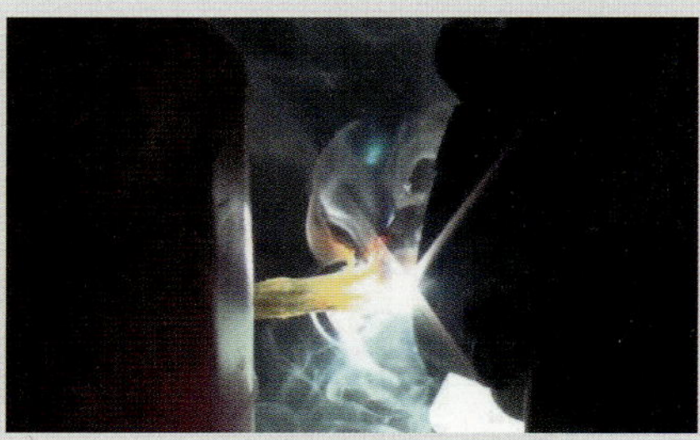

▲ **그림 3.442** HID 벌브가 전선 피복과 워셔액 튜브에 낙하되어 발화되는 모습

**Point**

유통되고 있는 할로겐램프나 HID 램프가 점등되면 550~650℃정도까지 온도가 상승하므로 램프 점등 중에 방수패킹이나 비닐테이프 등에 접촉되면 쉽게 화재로 이어질 수 있다.

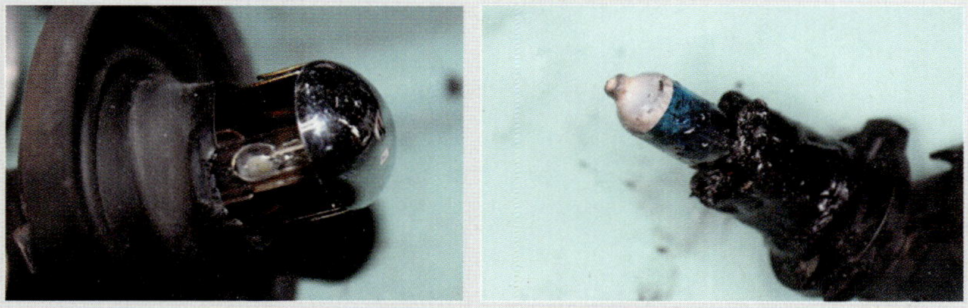

▲ **그림 3.443** 고무 방수패킹과 비닐테이프의 용융 모습

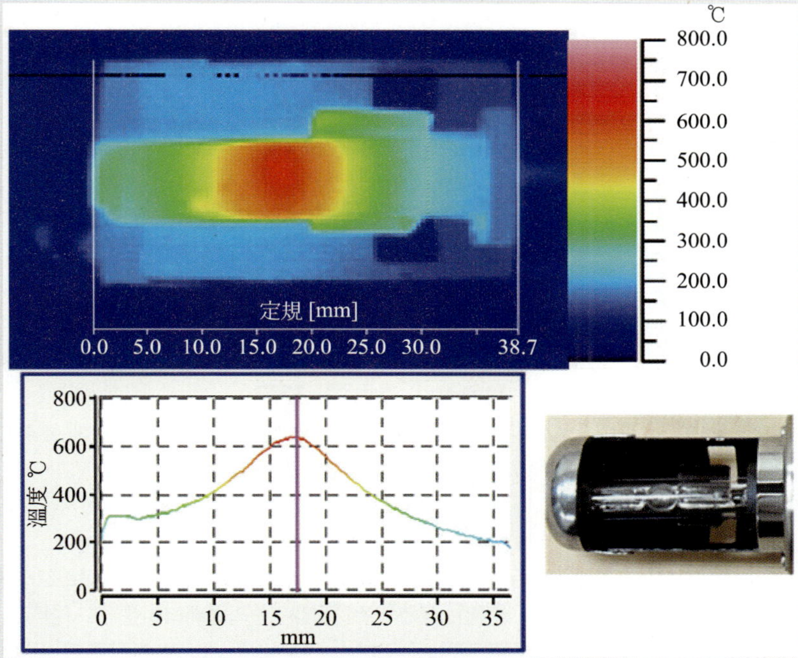


▲ **그림 3.444** HID 벌브의 점등 시 온도분포71)

**화재사례 63** 리튬배터리와 관련된 화재

**화재개요**

승용차가 신호대기 중 운전석 에어컨 송풍구 안에서 '펑!'하는 소리와 함께 연기와 불꽃이 보이면서 차량에 화재가 발생하였다. 화재발생 직후 119신고(7월 23일 11:59)를 하여 3~4분 사이에 소방대가 도착했음에도 차실 내부가 전소되었다.

**화재원인**

블랙박스용 리튬배터리 셀 내부의 분리막 절연 저하로 발화된 것으로 추정된다.

**조사요령**

1. 운전자 정보 등을 조사한다.
(1) 신호대기 정차 중에 운전석 왼쪽 에어컨 송풍구에서 펑!하는 소리와 연기와 불꽃이 보였고, 119에 신고하고 112에 신고하려고 보니 운전석 왼쪽 송풍구에서 불꽃과 연기가 나왔다.
(2) 대략 2년 전에 에어컨 송풍구 수리 이력이 있고 대략 4년 전에 운전석 앞 대시보드 내부 퓨즈함 아래 부분에 블랙박스 보조배터리 설치하였다.
2. 차량 외부 상황을 조사한다.
(1) 차실이 심하게 연소되어 있고, 엔진실과 트렁크실은 연소피해가 거의 없으므로 차실과 트렁크실은 발화개소에서 배제할 수 있다.
(2) 좌우 앞 도어 철판 변색흔의 비교한바 운전석 도어에만 변색흔이 있다.
(3) 운전석 쪽 내부의 차실에서 발화되어 외부 쪽으로 연소확대가 된 모습이다. 운전석 바로 보닛 가장자리에 변색흔이 있고 운전석 위의 지붕과 운전석 도어에 변색흔과 탄화흔이 있다.
(4) 차량 하부에 누설된 오일 등이 없다.
3. 차실을 조사한다.
(1) 앞좌석은 철재 뼈대만 남고 모두 소훼되었지만, 뒷좌석은 하부의 우레탄폼 등이 타다가 남아 있다.
(2) 운전석 대시보드 내부는 다른 부분보다 심하게 소훼되어 있고, 전기배선의 피복이 소실되어 도체가 노출되어 있다.
(3) 운전석 앞의 심하게 소훼된 대시보드 부분에 퓨즈함, 전자기판, 릴레이가 식별되지만 전선 등에서 단락흔이 식별되지 않는다.
(4) 운전석 앞의 바닥에서 블랙박스용 두 개의 보조(리튬)배터리 셀이 발굴된다.
4. 전자기판, 퓨즈박스, 릴레이, 리튬배터리를 조사한다.
(1) 전자기판, 퓨즈박스, 릴레이는 X-ray 검사를 한바 내부에 특이점이 없다.
(2) 2개(A, B)의 리튬배터리 중 A배터리는 금속케이스가 소실되고 극판이 노출되어 있으며 구리극판(음극)은 형태를 유지하고 있으나 알루미늄극판(양극)과 분리막은 소실된 상태이며 2개의 셀이 적층된 형태로 전압상승을 위해 직렬로 연결한 것으로 추정되고, A-1셀의 남아 있는 음극판 수는 13개로 극판에서 외형적 손상(찍힘, 찢어짐)은 식별되지 않고, A-2셀의 남아 있는 음극판 수는 18개로 2-5번 극판 내부에서 탄화 및 천공 흔적이 식별되고 1, 6번 극판에서는 탄화흔적이 식별된다.
5. 화재원인을 검토한다.
운전석 대시보드 내부 배선에서 단락흔이 발견되지 않고, 수거된 퓨즈함, 전자기판, 릴레이에 대한 X-ray 검사 결과 특이점이 없고, 발굴된 블랙박스 보조(리튬)배터리 셀에 대한 조사결과 A-2셀의 2-5번 극판 내부에서 탄화 및 천공 흔적이 식별되고 1번과 6번 극판에서는 탄화흔적이 식별된다), 운전석 왼쪽 에어컨 송풍구에서 퍽!하는 소리와 연기와 불꽃이 보였다는 운전자 진술을 감안하면 운전석 앞 대시보드 내부 퓨즈함 아래에 설치된 블랙박스 보조배터리 셀 내부에서 분리판의 절연 저하로 발열이 발생하여 발화한 것으로 추정된다.

▲ **그림 3.445** 소방대 도착 시와 진화 직후의 모습

▲ **그림 3.446** 좌우측 비교

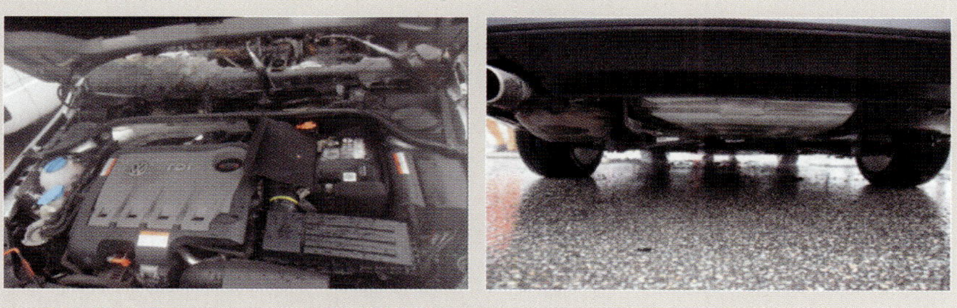

▲ **그림 3.447** 엔진실과 차량 하부의 모습

▲ **그림 3.448** 차실 내부의 모습

▲ **그림 3.449** 운전석 앞 대시보드 부근의 모습(① 퓨즈함, ② 전자기판, ③ 릴레이)

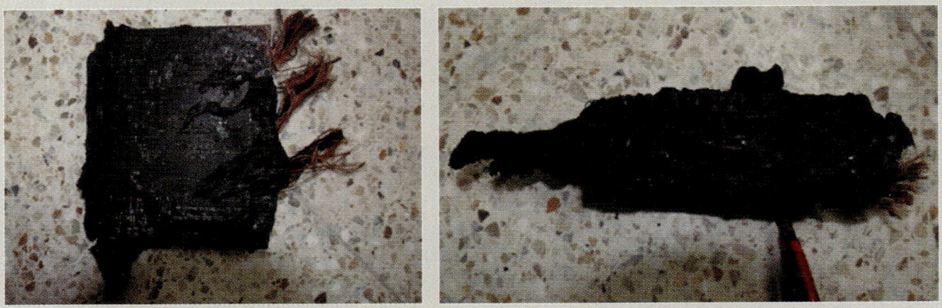

▲ **그림 3.450** 전자기판과 퓨즈함의 모습

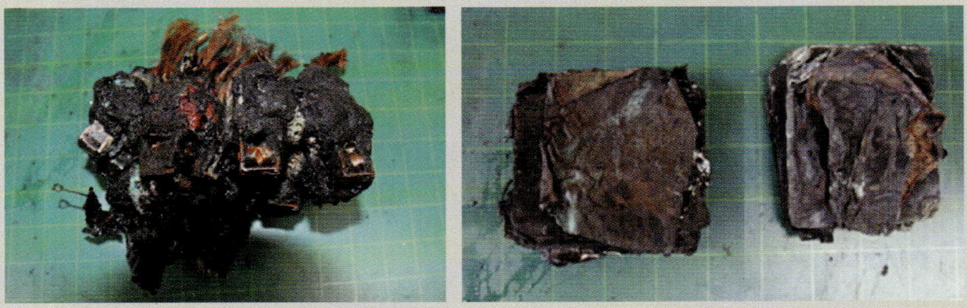

▲ **그림 3.451** 릴레이와 운전석 앞 바닥에서 발굴한 리튬배터리 셀의 모습

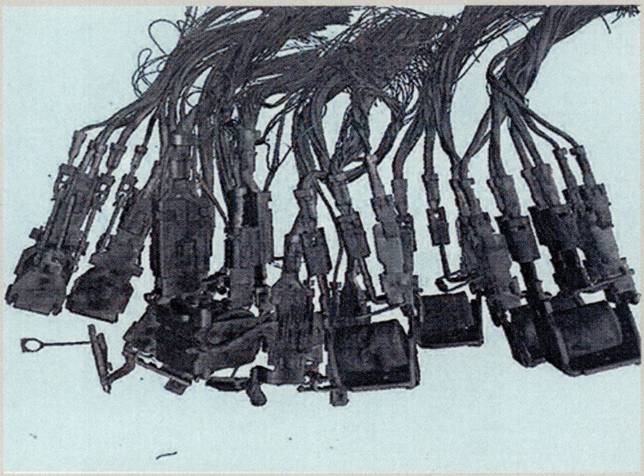

▲ **그림 3.452** 릴레이의 X-Ray 모습

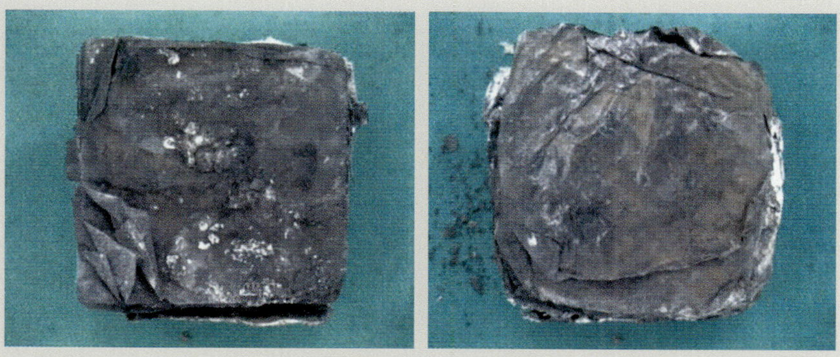

▲ **그림 3.453** A배터리의 앞면과 뒷면의 모습

▲ **그림 3.454** A배터리 셀의 모습(금속케이스가 소실되고 극판이 노출되어 있으며 2개의 셀이 적층된 형태로 전압상승을 위해 직렬로 연결한 것으로 추정된다.)

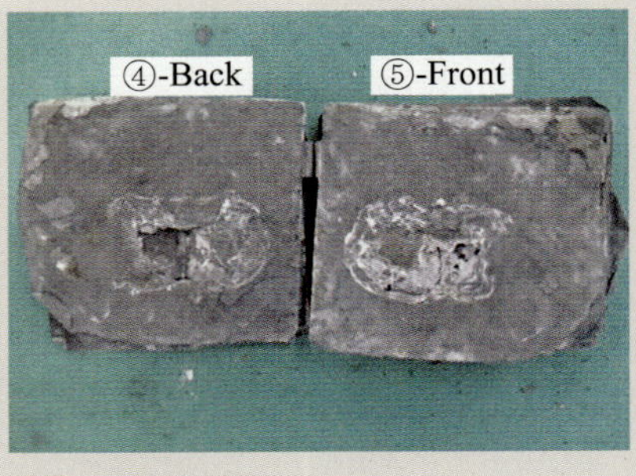


▲ **그림 3.455** A-2 셀을 펼친 모습

▲ **그림 3.456** B배터리 앞과 뒤면의 모습

▲ **그림 3.457** B배터리 구리극판과 알루미늄극판의 모습

**참고지식1**

**리튬배터리의 구조**

모든 배터리는 4가지 요소인 양극, 음극, 전해질, 분리막으로 구성되어 있고, 리튬배터리는 아래 그림과 같이 음극집전체, 음극활물질, 분리막, 양극활물질, 양극집전체로 되어 있다. 리튬배터리는 리튬이온배터리와 리튬폴리머배터리로 구분되는데, 리튬이온배터리는 전해질로 전해액을 사용하고 리튬폴리머배터리는 전해액을 사용하지 않고 고분자 전해질을 사용하는 차이가 있을 뿐이다.

음극 집전체는 구리박막(이하 '구리극판'이라 한다)을 사용하고 음극활물질은 탄소(흑연)을 사용하며, 음극활물질은 전도성이 우수하고 전기화학반응에 안정한 도전체 및 결합재와 혼합하여 고체화하여 구리극판에 코팅하여 음극을 형성한다.

분리막은 리튬이온이 이동할 수 있도록 작은 기공을 가지고 있는 고분자로 된 다공성 박막으로 양극과 음극이 직접 접촉되는 것을 막아 단락이 발생하지 않도록 하는 역할을 하며 폴리에틸렌이나 폴리프로필렌을 사용한다. 배터리 내부 온도가 분리막의 열가소성 성분의 용융온도까지 상승하면 용융되어 기공이 막히어 리튬이온의 이동이 중단되어 온도상승이 중지되는데 이를 셧다운(shut down)이라고 부르며, 셧다운 이후에도 분리막의 내열온도 이상으로 상승하면 분리막이 파괴되는데 이를 브레이크다운(break down, 破膜)이라고 부른다.

양극 집전체는 알루미늄박막(이하 '알루미늄극판'이라 함)을 사용하고 양극활물질은 리튬코발트산화물($LiCoO_2$)을 사용하며 양극 집전체는 양극활물질로 코팅되어 양극을 형성한다.

전해질은 양극과 음극 사이에서 리튬이온을 이동하게 하는 매질 역할을 하며, 리튬이온배터리는 전해질로 리튬염을 용해시킨 유기전해액을 사용하는데 전해액의 인화점은 40℃정도이므로 위험물안전관리법에서 정하는 제4류위험물 제2석유류에 해당하고, 리튬폴리머배터리는 액체 전해질을 사용하지 않고 고분자 전해질을 사용하는데 분리막이 고분자 전해질 역할을 동시에 한다.

리튬배터리는 구리극판과 알루미늄극판을 롤 모양으로 감아 원통에 넣고 전해질을 채운 원통형, 연속된 구리극판과 분리막 및 알루미늄 극판을 포개어 접은 각형, 절단된 4각형의 구리극판과 분리막 및 알루미늄 극판을 적층한 각형이 있다.

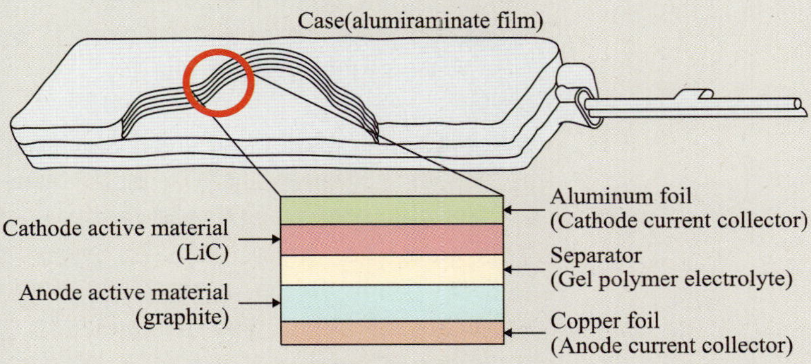


▲ **그림 3.458** 리튬폴리머배터리의 구조

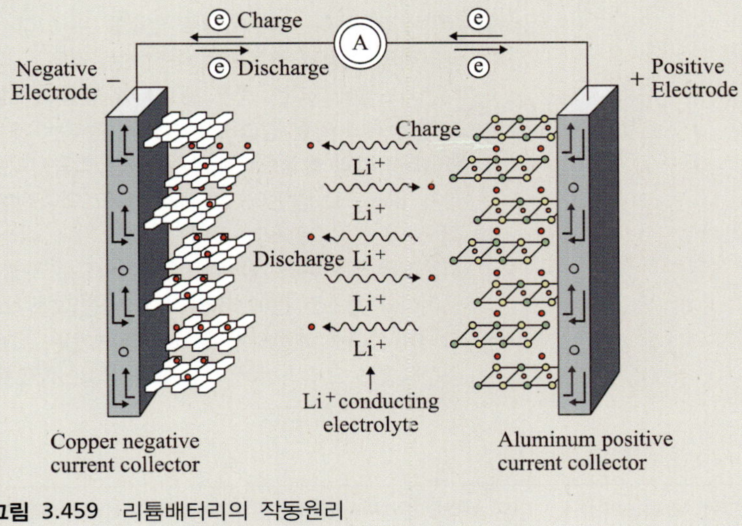


▲ **그림 3.459** 리튬배터리의 작동원리

위 그림과 같이 배터리에 전자제품 등을 연결하면 음극 전극의 흑연 격자구조 속에 있는 리튬이온($Li^+$)이 분리막을 통해 양극의 결정구조 속으로 움직이기 시작하며 이 과정에서 전자(ⓔ)가 도선을 타고 음극에서 양극으로 이동하면서 전류가 양극에서 음극으로 흐르고, 충전을 하면 금속산화물 속에 끼어들어간 리튬이온($Li^+$)이 다시 음극 쪽으로 향하게 되고 이 때 전자(ⓔ)도 도선을 타고 움직이며 배터리는 충전상태가 된다.

**참고지식2**

**리튬배터리의 발화 메커니즘**[72)]

리튬배터리는 연소의 3요소를 만족시킬 수 있으므로 발화될 수 있다. 리튬배터리의 화재원인과 관련된 발화 메커니즘은 다음과 같이 분석할 수 있다.

(1) 이물혼입 등 제조결함

배터리 제조과정에 이물질(금속 또는 금속산화물)이 양극과 분리막 사이에 유입되면 충전과 방전을 계속하면서 이물질의 환원 전압영역에 이르면 금속이온 상태로 환원되어 분리막을 통과하여 음극으로 이동하게 되고, 음극으로 이동한 금속이온물질은 음극활물질 표면에 축적되면서 결정성을 지닌 덴트라이트(dendrite) 형태로 성장하게 되고, 덴드라이트가 성장하여 분리막을 거쳐 양극에 접촉되면 음극의 전자가 순식간에 양극으로 흐르며 이 때 주울열이 발생하여 발화·폭발의 방아쇠 역할을 한다.

(2) 과충전

충전이 계속되어 과충전이 되면 발열을 하고 전해질에서 가연성가스의 발생 등이 일어난다. 일반적으로 과충전 시 배터리 내부에서는 처음에 전해액과 마이너스극의 환원반응이 일어나서 전해액의 열분해, 전해액과 플러스극과의 산화분해, 마이너스극의 열분해, 플러스극의 열분해, 최후에 분리막의 용융유동에 의한 내부 단락이 발생한다. 과충전을 하면 플러스극은 전해액의 산화, 결정구조의 파괴에 의한 발열이 일어나고 마이너스극은 금속리튬이 석출한다. 과충전 방지 보호회로(Protection Circuit Board, 이하 PCM이라 함)가 없거나 PCM이 있더라도 고장 등의 이유로 기능하지 못하는 경우에는 과충전이 되어 폭발될 수 있고, 과충전을 방지하기 위해 PCM이 설치되어 있는 경우에도 다음과 같은 경우에는 과충전이 되어 화재로 연결될 수 있다.

(a) 배터리의 설정을 잘못하여 충전하는 경우

니켈카드뮴배터리는 충전 완료시에 특유의 전압변화(델타피크)가 발생하므로 충전기에 이를 검출하여 충전을 멈추는 기능이 있다. 리튬전지를 니켈카드뮴배터리의 설정으로 충전을 하면 리튬전지는 충전 완료 시에 이 전압변화가 없으므로 충전이 정지되지 않고 과충전이 된다.

(b) 각 셀의 전압밸런스가 무너진 경우

리튬배터리는 여러 개 셀을 직렬접속으로 조합된 팩으로 되어 있고, 경년사용이나 사용조건 등에 따라 각 셀의 전압밸런스에 차이가 생기는 경우가 있다. 이 상태를 개선하기 위해 아래 그림의 좌측과 같이 충전 시에 각 셀의 충전상황을 모니터하여 각각 셀마다 충전종료를 하는 기능이 충전기에 갖춰

72) 이의평, "리튬배터리와 관련된 차량화재 사례 및 원인조사 기법", 한국화재소방학회논문집, Vol.33, No.2, pp.98~106, 2019.

져 있고 이 충전방법을 밸런스 충전이라고 한다. 아래 그림 우측과 같이 밸런스충전 기능이 없으면 맨 우측의 셀은 만충전이 되어 있지만 좌측 2개 셀은 충전 중인 상황이 된다. 각 셀의 전압에 차이가 생긴 리튬배터리를 충전할 때 밸런스충전을 하지 않는 경우에 직렬 셀을 일체로 하여 모니터하고 있는 것이 되어서 팩 전체의 전압으로서는 적절할지라도 단일 셀로서는 과충전이 된다. 아래 그림 우측과 같은 경우에 팩 전체로서는 충전이 종료되지 않으므로 맨 우측 셀은 과충전이 된다.

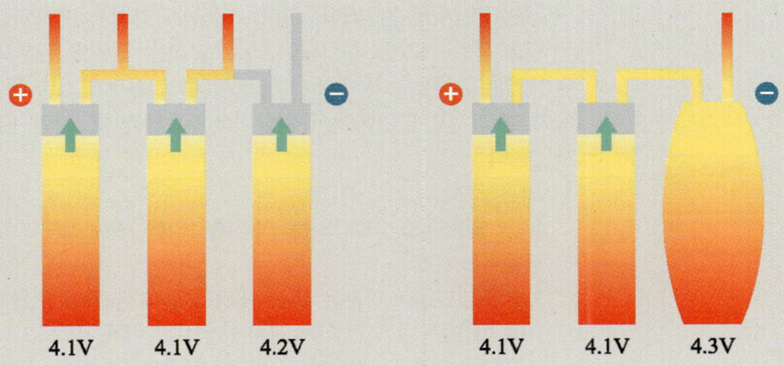


▲ **그림** 3.460 밸런스 충전과 과충전

(3) 과방전

방전에 의해 음극에서 $Li^+$이 다 빠져나간 후 계속 방전모드가 지속되면 음극에서 더 이상 전자를 공급할 수 없기 때문에 구리극판에서 전자가 공급되면서 이로 인해 구리극판이 녹게 된다. 구리극판이 녹게 되면 집전체로서의 기능을 잃게 되고 내부 단락의 가능성이 높아져 배터리의 기능이 열화된다. 과방전을 하면 양극 측에 코발트가 용출되고 음극 측에 구리극판이 용출된다. 따라서 과방전을 하면 과충전과 마찬가지로 발열을 한다.

(4) 잘못된 설정으로 충전

충전하는 리튬배터리의 셀 수와 사양을 잘못 인식하여 충전전압, 충전전류를 잘못하여 충전하면 과충전이 될 수 있다.

(5) 외부 열에 의한 가열

화재열 등에 의해 외부로부터 가열된 경우에는 배터리 내부에서 플러스극 재료, 전해액, 마이너스극 재료가 단독 및 상호 발열반응을 일으키고 이에 따라 분리막이 용융하여 전극이 단락되고, 이 때 주울열에 의해 열폭주가 개시된다. PCM은 과충전, 과방전, 과전류 전기적인 이상특성에 대해서는 보호역할을 하지만 배터리가 고온에 노출된 경우에는 배터리 내부 자체의 활성화에너지 반응을 막을 수 없기 때문에 PCM과 관계없이 발화·폭발한다. 리튬폴리머배터리의 경우 약 130℃로 가열되었을 때 부풀어오름현상이 일어났고 약 170℃에서 폭발과 함께 불꽃방출이 일어났다.

(6) 외부 충격

외부로부터의 충격에 의해 각 전극의 절연이나 분리막이 손상되는 경우, 그때에 발화에 이르지 않더라도 충전 시에 내부 단락이 발생하여 발화하는 경우가 있다.

(7) 손상된 배터리에 충전
부풀어 오르거나 찍혀 움푹 들어간 배터리에 충전 중 화재가 발생하는 경우가 있다. 충전된 배터리는 애완견이 물어뜯어 내부에서 단락이 발생하면 화재로 이어질 수 있으므로 충전 중이 아니더라도 화재로 이어질 수 있다.

**참고지식3** **리튬배터리 관련 화재원인조사 기법**

차량화재 조사과정에 발화개소로 판정한 곳에 리튬배터리가 있는 경우에는 리튬배터리에서 발화된 것인지 그렇지 않으면 다른 기기 등에서 발화된 후 리튬배터리로 확대된 것인지를 판정해야 한다. 리튬배터리에서 발화되었다면 리튬배터리에서 발화된 물리적인 증거를 제시해야 하고 발화된 원인을 규명해야 한다. 리튬배터리와 관련이 없는 다른 기기 등에서 발화된 후 리튬배터리로 확대되었다면 그 근거를 제시해야 한다. 이런 관점에서 차량화재 시 리튬배터리와 관련된 화재원인조사 기법을 제안한다.

1. 외관 조사
우선 발화개소 내에 있는 리튬배터리에 대해 외관으로 부풀어 오름, 천공, 용융 등을 조사한다.

(1) 부풀어 오름 외관은 우선 배터리 셀에 부풀어 오름이 있는가를 조사한다. 부풀어 오름은 셀 극판 내부에서 단락된 경우도 생기고 다른 기기 등에서 발화된 후 화재에 노출된 경우에도 생기므로 부풀어 오름 여부만으로 발화여부를 판정할 수 없지만, 부풀어 오름이 없다면 배터리 셀 내부에서의 발화는 배제될 가능성이 높다.

(2) 천공 셀 외부에 천공이 발생해 있는지를 조사한다. 셀 극판 내부에서 단락되어 발화된 경우에는 천공의 방향이 내부에서 외부로 향해 있고 단락개소를 중심으로 방사상으로 분출된 모습이 확인된다. 천공이 확인되더라도 천공 방향이 외부에서 내부로 향한 경우는 화재 후 진화과정이나 조사과정 등에서 2차적으로 발생한 것이므로 화재원인과 관련이 없다.

(3) 용융 외부에서 확인되는 구리극판과 알루미늄극판뿐만 아니라 전극의 용융이나 발열흔적을 확인한다. 전극에 용융이나 발열흔적이 없는 경우에는 전극과 극판(집전체)의 접속 불량에 의한 화재는 배제될 수 있다. 알루미늄 집전체와 연결된 전극 부위가 알루미늄인 경우에는 알루미늄의 국부적인 용융만으로는 접속 불량 유무를 확인할 수 없지만 용융부위 근처의 극판에 용융이나 손상방향을 확인될 수 있으면 전극과 극판의 접속불량을 화재원인으로 추정할 수 있다. 이와 같은 이유로 배터리 팩이 복수의 셀로 구성되어 있고 배터리에서 발화되었음이 명백한 경우에는 여러 개의 셀이 화재를 발생시키는 것이 아니라 복수의 셀 중 특정 하나의 셀에서 화재가 발생한 것이므로 특정 셀만 부풀어 올라 있거나 천공되거나 용융되어 있는 등 외관상 특이점이 있으면 특이점이 있는 배터리에서 발화되었을 가능성이 높다. 연소정도가 심해 부풀어 오른 흔적 등 외관검사를 하기 어려운 경우에는 비파괴검사와 분해조사로 이행하여도 무방하다.

2. 비파괴검사
X-ray나 CT를 통해 비파괴검사를 하여 극판 내부의 천공이나 용융 상황 등을 확인한다. X-ray나 CT 비파괴검사를 통해 천공이나 국부적인 용융 부위의 위치 등을 확인할 수 있고, 천공이나 용융 위치 등을 확인되면 분해조사를 하는데 도움

을 줄 수 있다. X-ray나 CT 등 비파괴검사 장비는 분해하기 전에 내부 상황을 확인하기 위한 용도로 사용되므로 이러한 비파괴검사 장비가 없더라도 배터리 내부에서 발화여부를 분석할 수 없는 것은 아니다. X-ray나 CT 등의 비파괴검사 장비가 없으면 다음의 분해조사로 곧바로 이행하여도 무방하다.

3. 분해조사

리튬배터리는 원통형(롤형), 사각감기형, 적층형(각형)으로 구분되는데, 롤형과 사각감기형은 각각 1매의 알루미늄극판과 구리극판 및 분리막이 감긴 것이므로 외부에서부터 순차적으로 풀어가며 분해하며 풀어가면서 극판의 용융, 천공, 소실, 변형 등의 특이점이 있는지 확인한다. 적층형은 구리극판, 분리막, 알루미늄박극판 순으로 적층되어 있으므로 위에서부터 아래쪽으로 순차적으로 1매씩 분리하여 극판 앞뒤면의 용융, 천공, 소실, 변형 등의 특이점이 있는지 확인한다.

(1) 구리극판

구리극판(동박)은 구리의 용융점이 1083℃이므로 차량화재로 인해 용융되지 않고 남아 있는 경우가 대부분이며 일부 예외적인 상황에서 화재열로 용융될 수 있다. 화재로 인한 화염은 구리극판을 일정한 크기(면적)로 공격하여 용융시키는 특징이 있지만 내부 단락은 단락된 지점에 국한하여 국부적으로 점공격을 하여 용융시키는 특징이 있으므로 전기적인 단락에 의해 용융된 것인지 화재로 인해 용융되는 것인지는 육안으로도 쉽게 구분할 수 있다. 화재 발생 전에 내부 구리극판이 국부적으로 용융되거나 천공된 경우는 화재로 인해 2차적으로 생긴 것이 아니므로 단락에 의한 용융이나 천공만으로 발화여부를 판단할 수 있는 것처럼 보이지만, 배터리 셀은 충전된 상태에서 화재에 노출되어 분리막의 절연기능이 상실되면 2차적으로 단락이 발생할 수도 있으므로 구리극판의 국부적인 용융이나 천공만으로 발화여부를 판단하기 어렵다. 즉, 화재에 노출된 배터리 셀의 구리극판에 단락으로 인한 용융이나 천공흔적이 발생할 수 있고 발화요인이 된 배터리 셀 내부의 단락으로 인한 경우도 구리극판에 용융이나 천공흔적이 발생할 수 있으므로 내부 구리극판의 천공이나 용융흔적으로는 발화여부를 판단할 수 없는 것처럼 해석될 수 있지만, 용융이나 천공의 크기가 화재요인이 된 내부 단락으로 인한 것과 화재 후 2차적으로 분리막의 절연기능이 상실되어 단락된 것에 아래와 같은 차이가 있으므로 내부 구리극판의 천공이나 용융흔적으로 발화여부를 판단할 수 있다.

(a) 1~2mm 미만의 작은 천공만 있는 경우

아래 사진과 같이 내부 구리극판에 직경 1~2mm 정도의 작은 천공이 다수 발견되는 경우가 있다. 이러한 천공은 화재요인이 된 것이 아니라 화재에 노출되어 분리막의 절연기능 상실로 2차적으로 단락되어 발생한 것이다. 충전된 셀은 전기에너지가 남아 있으므로 분리막이 절연기능을 상실한 지점에서 단락이 발생할 수 있고 단락되면 전기적인 아크에 노출된 구리 극판을 용융시켜 천공을 남긴다. 구리극판에 직경 1~2mm 정도의 작은 천공이 다수 발견되는 경우에 화재로 인해 2차적으로 단락되어 나타낸 것이라고 판단한 근거는 이 배터리 셀은 부풀어 오르지도 않았을 뿐만 아니라 단락(천공)된 지점에서 화염이 분출되어 간 흔적이 없으며 천공도 다른 극판까지 영향을 미치지 못하고 구리극판 1매에 국한되어 있고 알루미늄극판 상당부분이 남아 있기 때문이다.

▲ **그림 3.461** 다수의 작은 천공흔적이 있는 구리극판의 예

(b) 큰 천공이 있는 경우

아래 사진은 셀의 18개 구리극판 중에서 위에서 아래쪽으로 2-5번 극판에 있는 천공 흔적을 나타내고 있는 것 중 4번째 극판의 모습이다. 이러한 큰 천공은 화재에 직접 노출되지 않은 내부 극판에 있고 여러 매에 걸쳐 있을 뿐만 아니라 외부에서 내부로 향한 천공흔적이 아니므로 화재로 인해 2차적으로 발생했거나 화재 후 2차적으로 발생했다고 보기 어렵다. [그림 3.462] 셀의 알루미늄극판은 모두 소실되어 있다.

▲ **그림 3.462** 큰 천공이 있는 구리극판의 예

(2) 알루미늄극판

알루미늄 극판은 알루미늄의 융점이 660℃이어서 전기적인 아크뿐만 아니라 화재에 노출되면 대부분 용융되므로 용융된 것만으로 배터리 셀의 발화여부를 판단할 수 없지만, 극판이 남아 있는 경우에는 해당 배터리 셀은 발화와 관련되지 않은 것으로 분석할 수 있다. [그림 3.461]에서 구리극판에 조그만 천공이 많이 있지만 알루미늄 극판이 남아 있는 것을 보더라도 [그림 3.461]의 극판은 화재원인과 관련이 없음을 알 수 있고 이 작은 천공들은 화재 후 2차적으로 발생한 것임을 알 수 있다.

(3) 분리막

분리막은 폴리에틸렌이나 폴리프로필렌으로 되어 있으므로 화재에 노출되든 단락 아크에 노출되든 연소되어 소실되므로 분리막은 발화여부를 판단하는데 도움이 될 수 없다.

3. 발화여부 판단

리튬배터리 셀 극판에서 단락으로 인한 발화여부 판단을 다음과 같이 할 수 있다.

첫째, 외관상 특이점(부풀어 오름, 천공, 용융)을 조사한다. 여러 배터리 셀 중 외관상 특이점이 있는 셀에서 발화되었을 가능성이 높다.

둘째, 비파괴검사를 통해 내부 특이점이 있는 위치를 파악한다.

셋째, 극판 분해조사를 하여 구리극판의 천공이나 용융상황을 파악한다. 내부 구리극판의 여러 매에 걸쳐 천공되어 있고 큰 천공 직경인 경우에는 해당 셀의 내부 단락으로 화재가 발생한 것으로 판정할 수 있다.

그리고 외관상 특이점이나 비파괴검사를 통해 내부 특이점이 있더라도 극판 분해조사를 하여 여러 매에 걸쳐 천공되지 않고 1~2mm 정도의 작은 천공들이 다수 있다면 해당 셀에서 발화되지 않은 것으로 분석할 수 있다.

# 20 하이브리드차량

기존 엔진뿐이었던 자동차에 모터를 동력으로 추가한 차량을 하이브리드 차량이라고 하며, 출발을 하거나 저속 주행을 할 때는 전기모터를 이용하여 움직이고 일정 속도이상이 되면 엔진을 사용하여 주행을 하는 방식이므로 엔진을 사용하는 시간을 줄여주기 때문에 기존 차량에 비해 연비가 월등히 좋다.
전기자동차는 충전시설이 필요하지만 하이브리드차량은 충전시설이 필요 없는 장점이 있어 하이브리드차량의 보급이 늘어나고 있다.

## 화재사례 64 하이브리드 승용차 화재(1)

**화재개요**

10월 4일 16:02경 고속도로를 주행 중이던 하이브리드 차량의 엔진실에서 화재가 발생하여 전소되었다.

**화재원인**

화재초기 사진 및 화재 후 엔진실 내부의 연소형상 등으로 보아 엔진실 내부 중 배기 매니폴드 부근을 발화개소로 판정할 수 있으나 배기 매니폴드 부근을 포함하여 고압 연료펌프, 실린더 헤드 커버 및 개스킷 등이 심하게 소훼되고 변형된 상태여서 구체적 화재원인은 단정적인 판단이 불가하다.

**조사요령**

1. 운전자 등의 정보를 조사한다.
   차량 정체로 서행 중 지나가던 차량의 운전자로부터 불이 났다는 이야기를 들어 화재가 발생한 사실을 인지하였고, 운행 중 차량에 특이한 이상은 없었다.
2. 화재발생 초기에 촬영된 사진을 조사한다.
   (1) 화재 차량은 고속도로 갓길에 세워져 있는 상태이고, 엔진실을 포함하여 엔진실 하부 쪽이 연소되고 있는 상황이며, 차량 실내로 화염이 확산되고 있는 상태이다.
   (2) 바람은 거의 불고 있지 않다.
3. 외부 상황을 조사한다.
   엔진실, 차실 및 트렁크 주변이 연소된 상태이나 엔진실 쪽의 연소가 가장 심하다.
4. 차실과 트렁크실을 조사한다.
   차실 안은 연소되었으나 차실 안에서 초기에 연소가 시작된 형상은 발견되지 않으며, 트렁크 내·외부 모두 심하게 소훼된 상태이나 트렁크 하부에 설치된 고전압 배터리 및 연결 배선 등에서 발화와 관련지을 만한 특이점이 발견되지 않는다.
5. 엔진실을 조사한다.
   (1) 하부의 언더커버는 범퍼와 인접한 부분은 연소되지 않고 미션 및 브레이크오일 리저버 탱크 하부만 연소된 상태이다.
   (2) 좌우측 펜더, 범퍼 및 타이어 등은 연소정도가 미약하다.

(3) 보닛은 배기 매니폴드와 인접한 부분이 상대적으로 심하게 소손된 상태이다.
(4) 엔진실 내부는 배기 매니폴드 주변이 가장 심하게 소손된 상태이다.
(5) 엔진실 내부에 배선되어 있는 전선들은 확인 가능한 부분에서는 수열에 의한 용융흔 외에 전기적인 단락흔이라고 볼 수 있는 용융 흔적이 발견되지 않으며, 퓨즈 & 릴레이 박스에 설치된 다수의 퓨즈가 과전류로 인해 용단된 상태이다.
(6) 전조등, 흡기 매니폴드, 하이브리드 스타터 & 제너레이터, 퓨즈 & 릴레이 박스, 하이브리드 컨트롤 유닛 등 범퍼와 인접한 엔진의 전면부는 표면 부위가 주로 연소된 상태이다.
(7) 실린더 헤드 쪽에 설치된 고압 연료펌프와 연결된 고무호스 부분은 소실된 상태이다.
(8) 라디에이터 팬 모터 및 연결 배선에서 발화와 관련지을 만한 전기적인 특이점이 발견되지 않는다.
(9) 브레이크 액추에이션 유닛 관련 기판 및 배선에서 발화와 관련지을 만한 특이점이 발견되지 않으며, 하이브리드 컨트롤 유닛, 전기모터 전원 공급 단자, 하이브리드 스타터 & 제너레이터, ECU 등을 분해한바 발화와 관련지을 만한 특이 흔적이 발견되지 않는다.
(10) 플라스틱 재질의 실린더 헤드 커버는 심하게 소손되어 캠샤프트 등이 위치하는 헤드 내측까지 화염이 침투한 상태이며, 배기 매니폴드 쪽과 인접한 실린더 헤드 커버 개스킷은 일부 연소되어 화재 전 오일의 누출 여부에 대한 확인이 불가한 상태이다.
(11) 플라스틱 재질의 흡기 매니폴드 분해 시 흡기 매니폴드 아래 부분은 거의 연소되지 않은 상태이며, 인젝터 등 흡기 매니폴드 아래 부분에 설치된 부품 등에서 발화와 관련지을 만한 특이 흔적이 발견되지 않는다.

6. 발화개소와 화재원인을 검토한다.

(1) 화재 당시 촬영된 초기 사진, 차주 및 목격자 진술 등과 관련된 자료를 고려 시 엔진실 내부를 발화개소로 한정할 수 있으며, 실내 및 트렁크 주변 등은 엔진실에서 발화된 이후 연소확대가 되는 과정에서 연소된 것으로 볼 수 있다.
(2) 엔진실 내부는 배기 매니폴드가 포함되는 엔진 뒤쪽 부근이 가장 심하게 소손된 상태로서, 전면 범퍼, 전조등, 흡기 매니폴드, 인젝터, 하이브리드 컨트롤 유닛, 퓨즈 & 릴레이 박스, 하이브리드 스타터 & 제너레이터 등 엔진의 전면부에 위치하는 부품 등에서 발화되었을 가능성은 배제할 수 있다.
(3) 실린더 헤드 커버 개스킷의 기밀상태 불량으로 누출된 엔진 오일이 배기 매니폴드의 고온 표면과 접촉되어 발화되었을 가능성, 고압 연료펌프의 접속부 등에서 누출된 휘발유가 배기 매니폴드의 고온 표면과 접촉되어 발화되었을 가능성, 배기 매니폴드 부근의 전기배선에서 누전 등 전기적인 원인으로 인해 발화되었을 가능성 및 불상의 가연물이 배기 매니폴드의 고온 표면과 접촉되어 발화되었을 가능성 등을 생각해 볼 수 있다.
(4) 배기 매니폴드 부근을 포함하여 고압 연료펌프, 실린더 헤드 커버 및 개스킷 등이 심하게 소훼되고 변형된 상태여서 구체적 발화원인에 대해서는 단정적인 언급이 불가하다.
(5) 이상의 조사 및 검토 결과, 화재초기 사진 및 화재 후 엔진실 내부의 연소형상 등으로 보아 엔진실 내부 중 배기 매니폴드 부근을 발화개소로 판정할 수 있으

나 배기 매니폴드 부근을 포함하여 고압 연료펌프, 실린더 헤드 커버 및 개스킷 등이 심하게 소훼되고 변형된 상태여서 구체적 화재원인은 단정적인 판단이 불가하다.

▲ **그림 3.463** 화재 당시 촬영된 사진

▲ **그림 3.464** 전면 및 좌우의 모습

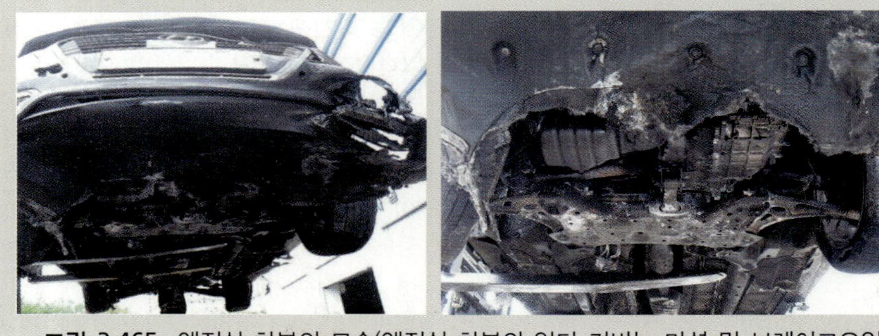

▲ **그림 3.465** 엔진실 하부의 모습(엔진실 하부의 언더 커버는 미션 및 브레이크오일 탱크 바로 아래 부분이 소실됨)

▲ **그림 3.466** 트렁크 내외부의 모습(트렁크 내외부 모두 심하게 소손되었으나 트렁크 안의 하부에 설치된 고전압 배터리 및 배선에서 발화와 관련지을 만한 특이점이 발견되지 않았음)

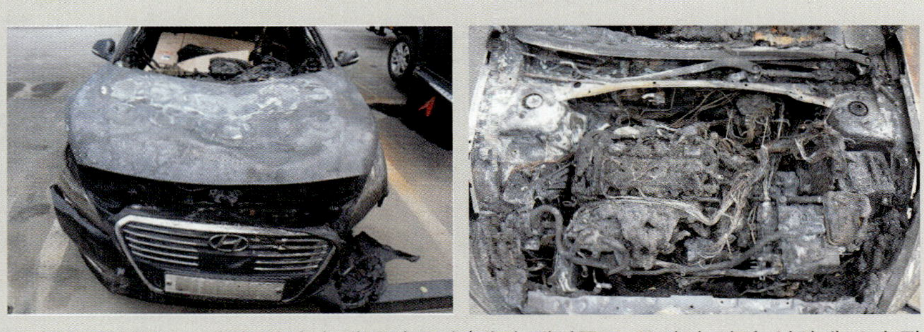

▲ **그림 3.467** 보닛과 엔진실 내부의 모습(배기 매니폴드 주변이 가장 심하게 소손된 상태이고 보닛의 수열변색흔과 일치함)

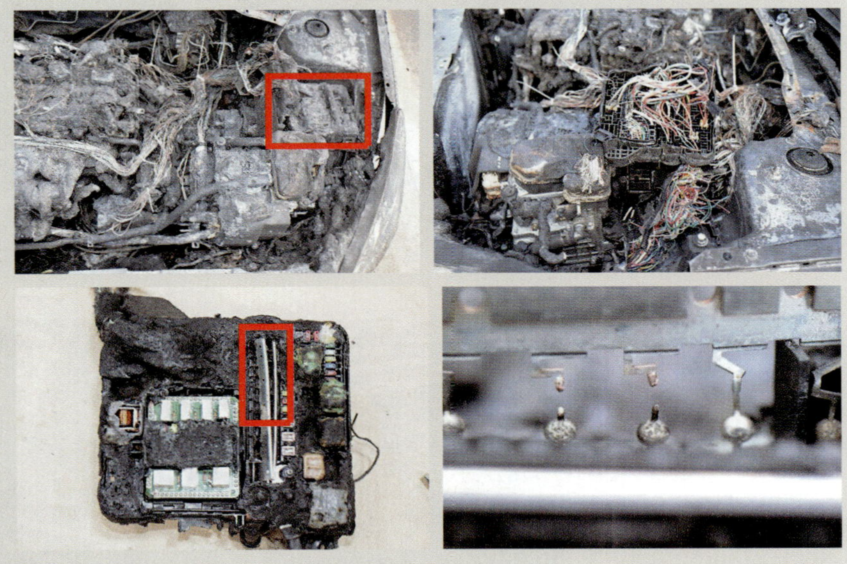

▲ **그림 3.468** 퓨즈 & 릴레이 박스의 분해 모습

▲ **그림 3.469** 고압 연료펌프의 모습(고압 연료펌프에 연결된 배관 중 고무호스 부분은 소실됨)

▲ **그림 3.470** 라디에이터 팬모터 및 연결된 배선의 모습

▲ **그림 3.471** 고전압 배터리에서 엔진실의 HCU로 연결되는 배선의 모습 (트렁크 내부의 고전압 배터리에서 엔진실 HCU로 연결되는 배선이 배기 매니폴드 부근은 용융됨)

▲ **그림 3.472** 브레이크 ABS 유닛 관련 기판 및 배선의 모습

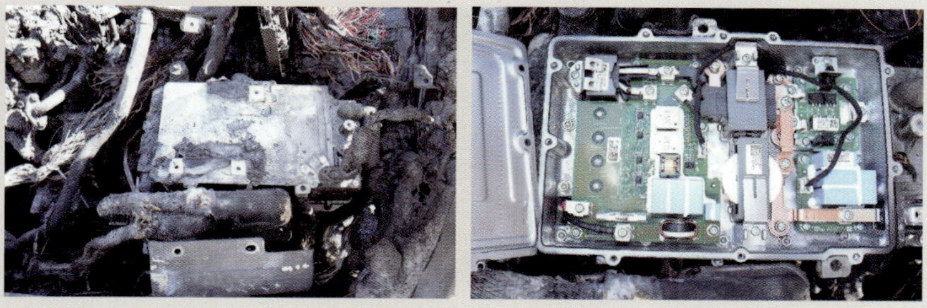

▲ **그림** 3.473 하이브리드 컨트롤 유니트(HCU)의 모습

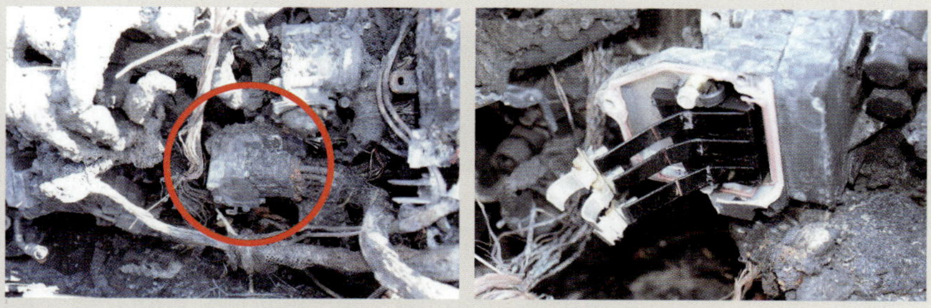

▲ **그림** 3.474 전기모터로 전원을 공급하는 단자 부분의 모습

▲ **그림** 3.475 하이브리드 스타터 & 제너레이터의 모습

▲ **그림** 3.476 전자제어장치(ECU) 앞뒤면의 모습

▲ **그림 3.477** 실린더 헤드 커버를 분해한 후의 모습(플라스틱 재질의 실린더 헤드 커버가 연소되어 내측의 캠 샤프트 등이 일부 연소된 상태임)

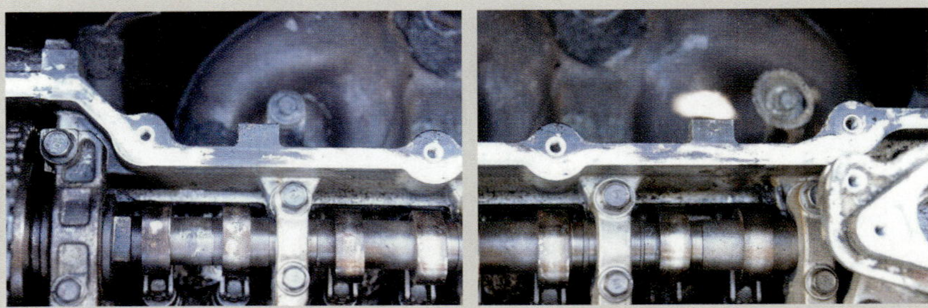

▲ **그림 3.478** 배기 매니폴드 쪽 실린더 개스킷의 모습(실린더 헤드 커버 개스킷이 접촉되는 부분이 연소되어 오일 누출 여부에 대한 확인이 불가함)

▲ **그림 3.479** 흡기 매니폴드의 분해 전후의 모습

▲ **그림 3.480** 흡기 매니폴드 하부 쪽의 모습

## 화재사례 65 하이브리드 승용차 화재(2)

**화재개요**

1월 1일 22:23경 시내도로 주행 중 승용차 운전석 뒷좌석 시트가 일부 소훼되는 화재가 발생하였다.

**화재원인**

좌측 뒷좌석 아래 부분에 위치한 전기모터 구동용 릴레이 박스의 릴레이 단자에서 릴레이 소자의 반복적인 동작 과정에서 발생되는 전기적 발열 및 불꽃에 의해 화재가 발생하였다.

**조사요령**

1. 외부 상황을 조사한다.
   차량 외부는 화재로 인한 피해가 없다.
2. 차실 내를 조사한다.
   (1) 뒷좌석 좌측 시트 및 바로 아래 부위가 일부 심하게 연소된 것 이외에 다른 부분은 연소되지 않은 상태이다.
   (2) 뒷좌석 아래에는 주행용 전기모터의 전원을 공급하기 위한 배터리 및 부가 장치 등이 설치되어 있는 상태로 일부 심하게 연소된 부위에는 스위치 역할의 릴레이 박스가 설치되어 있으며, 3점의 릴레이 중 좌측에 해당되는 릴레이 단자 부분을 중심으로 연소 확대된 모습이고, 릴레이 단자 부분에 전기적 용융흔이 있다.
3. 릴레이를 조사한다.
   (1) 릴레이 박스에는 12V 80A용 2점(좌측 및 우측) 및 중앙에 12V 20A용 1점이 설치되어 있다.
   (2) 릴레이 박스는 좌측에 설치된 릴레이의 단자 접속부 부분이 국부적으로 연소된 모습이며, 동 부위 단자에 전기적 용융흔이 있고, 동 릴레이를 분해한바 내부 접점 부분에도 전기적 용융흔이 있다.
   (3) 중앙에 위치한 릴레이 및 우측 부분에 위치한 릴레이는 연소되지 않은 상태이며, 이들 릴레이 및 단자 부분 등에는 전기적 특이점이 없다.
4. 발화개소와 화재원인을 검토한다.
   (1) 뒷좌석 좌측 직하단의 릴레이 박스 설치 부분이 일부 심하게 연소된 모습이고, 동 부위 릴레이 단자에 전기적 용융흔이 있으므로 동 부위를 발화개소로 판정 가능하다.
   (2) 좌측의 릴레이 단자 접속부 부분이 국부적으로 연소된 모습이고, 릴레이 단자 부분에서 전기적 용융흔이 식별되는 상태로 동 전기적 용융흔은 외부 화염에 의해 형성되기 어려운 부분으로 릴레이 소자의 반복적인 동작 과정에서 발생되는 전기적 발열 및 불꽃에 의해 형성 가능하며, 절연물 및 접점 부분의 열화 등으로 인해 전기적 발열 및 불꽃이 증가하면서 최종적으로 화재가 발생된 것으로 분석할 수 있다.

▲ **그림 3.481** 전후좌우 외부의 모습

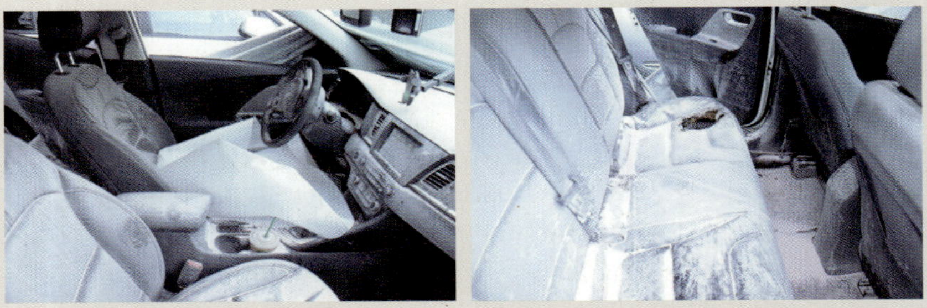

▲ **그림** 3.482 차실 안의 모습

▲ **그림** 3.483 뒷좌석 소훼부분의 모습

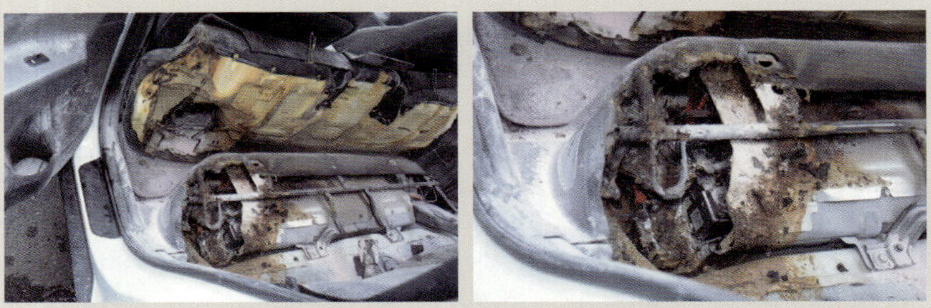

▲ **그림** 3.484 뒷좌석 연소부위 시트 바로 아래의 소훼 모습

▲ **그림** 3.485 뒷좌석 연소부위 아래의 좌측 릴레이 박스의 모습

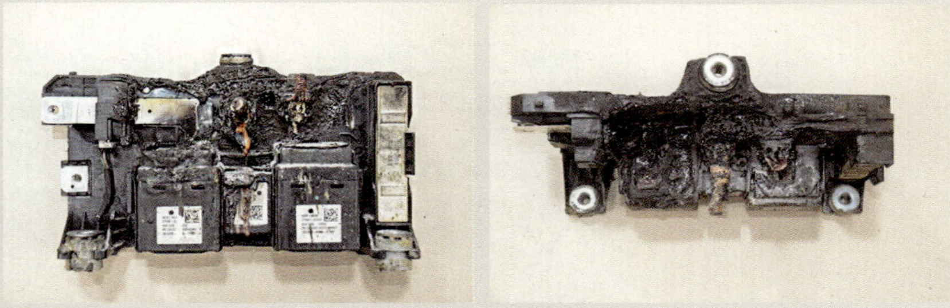

▲ **그림 3.486** 분리한 릴레이 박스의 모습

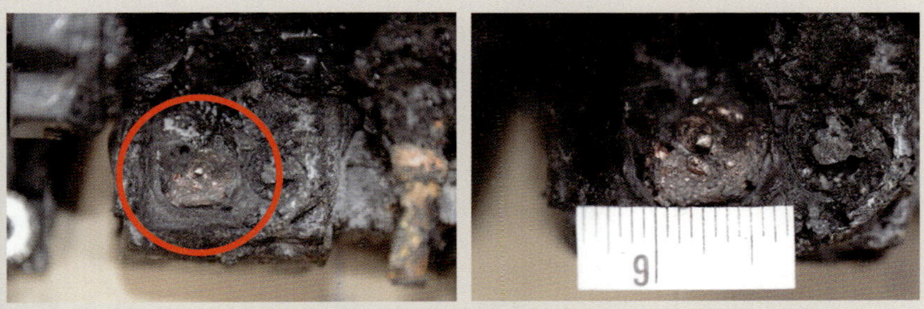

▲ **그림 3.487** 좌측 릴레이 단자접속부의 모습

▲ **그림 3.488** 릴레이 단자부분의 모습

▲ **그림 3.489** 전기적 용융흔이 식별되는 릴레이 소자 내부의 모습

▲ **그림 3.490** 전기적 용융흔이 식별되는 릴레이 소자 구동부의 모습

▲ **그림 3.491** 연소되지 않은 우측 부분 릴레이의 모습

## 화재사례 66 하이브리드 트럭 화재[73)]

**화재개요**

보도를 걷고 있던 사람이 신호대기로 정차하고 있는 트럭 하부에서 연기가 올라오는 것을 발견하고 운전자에게 알렸고, 운전자는 차량에서 내려 확인한 후 인근 가게에서 분말소화기 2대를 빌려 초기소화를 하였다.

**화재원인**

PCU 내 HV 배터리 모듈이 장기 경년사용에 따라 저충전 상태에 빠짐과 동시에 셀 내부 저항이 증가하였고, 이 상태에서 운전석 계기패널 '엔진체크램프'가 수십 회 점등했지만 무시하고 계속 사용하여서 셀 내부 저항 증가에 따른 발열량 증가에 의해 최종적으로 발화에 이르렀다.

**조사요령**

1. 목격자 등의 정보를 조사한다.
   (1) 신호대기 정차 중 3톤 트럭 하부에서 화재가 발생한 사실을 확인하였다.
   (2) 운전자는 운행 중에 트럭에 이상을 느끼지 못하였고 운행에 지장이 없었다.
   (3) 운전자가 화재발생 트럭을 처음 운전한 날이다.
   (4) 화재발생 트럭에는 니켈수소전지(HV 배터리)가 탑재되어 있다.
   (5) 화재발생 당일이 아니라 화재 발생 전에 수십 번 엔진체크램프가 점등되었다가 시동을 다시 걸면 사라졌다.
2. 소손된 부위를 조사한다.
   (1) 소손된 것은 차량 하부 좌측에 설치된 HV 배터리를 포함한 파워 컨트롤 유닛(PCU, power control unit) 및 주변부이다.

(2) PCU의 합성수지 커버는 소손되고 내부의 HV 배터리의 상부 케이스가 노출되어 있다.

(3) 소손된 PCU 바로 위의 적재함 상판(床板)이 화재로 뚫려 있고 탄화되어 있다.

3. PCU를 조사한다.

(1) PCU를 트럭에서 분리하여 내린바 PCU 윗면의 합성수지 커버는 소손되어 있고 큰 구멍이 뚫려 있다.

(2) PCU 내부에는 HV 배터리, 인버터, 배터리컴퓨터 및 냉각팬 등이 있다. HV 배터리 케이스의 변색부위와 합성수지 커버 구멍 뚫린 개소가 일치한다.

(3) HV 배터리 본체를 PCU에서 분리하여 꺼낸바 배터리 상부는 타원형으로 소손되어 있다. HV 배터리는 1.2V의 셀 6개를 직렬로 조합하여 1개의 배터리 모듈(7.2V)로 하여 이 모듈 38개를 직렬로 연결하여 273.6V의 전압을 얻는 구조로 되어 있고, 배터리 모듈은 각형이다.

(4) HV 배터리 측면부는 차량 후방에서 8번 모듈 부근이 변색되어 있다.

(5) [그림 3.496]과 같이 PCU 인버터는 수냉식으로 라디에이터 냉각에 시로코팬(sirocco fan, 다익형 팬)을 이용하고 있고 HV 배터리는 공랭식으로 시로코팬으로 직접 난기를 흡인하는 형태로 냉각하고 있는데, 인버터 냉각용 시로코팬에 특이점이 없지만 HV 배터리 냉각용 시로코팬은 날개가 모두 용융되어 있다.

(6) HV 배터리 본체에서 발열했다고 가정하면 냉각풍 흐름에 따라 배터리 냉각용 시로코팬이 열을 흡입하여 용융되었다는 고찰에 모순이 없으므로 HV 배터리가 발열한 요인을 특정할 필요가 있다.

(7) 직렬로 접속된 38개의 배터리 모듈의 잔존 전압을 측정한바 본래 모든 모듈의 전압이 균등해야 하지만 큰 편차가 있었다.

(8) 각 모듈에 잔존하는 전압을 측정한 후에 모듈 단위로 뒤에서 첫 번째부터 하나씩 분리하며 확인한바 7번째 모듈과 8번째 모듈 사이의 셀이 탄화되어 있다.

(9) 8번째 모듈과 7번째 모듈의 셀이 탄화되어 있으므로 탄화 요인이 된 모듈을 특정하기 위해 변색된 셀 내부의 상황을 X선투과장치로 확인한바 8번 모듈의 셀 전극 내부에 다른 셀에는 보이지 않는 '거칠음'이 있다.

(10) 8번 모듈의 셀 전극 내부의 '거칠음'이 있는 생긴 요인으로 전극이 이상발열한 것으로 생각하는 것이 타당하므로 하이브리드시스템에 기록되어 있는 이상이력으로부터 8번 모듈 셀이 발열한 요인에 대해 검토할 필요가 있다.

(11) PCU에 내장된 배터리컴퓨터의 다이어그노시스 코드를 확인한다. 다이어그노시스 코드란 전자제어되는 차량의 각종 센서가 고장 유무를 체크하기 위한 자기진단기능에 의해 출력되는 과거 고장 정보이다. 당연히 하이브리드시스템에 어떤 이상이 있으면 자기진단기능이 작동하여 이력이 남아 있을 것이므로 메이커의 협력을 얻어 화재발생 1개월 전부터 배터리컴퓨터에 기록되어 있는 고장 코드를 전용 단말기로 읽어내어 확인한다. HV 배터리 용량 저하를 나타내는 이상이 7회, 하이브리드 시스템의 중대한 이상이 9회 총 16회의 이상이 기록되어 있다.

(12) 이상발생 시에는 운전석 계기패널에 '엔진체크'가 점등되고 시동을 꺼서 재기동하는 경우에는 고장표시가 리셋 되어 없어지는데, 화재가 발생하기 전에 수십 번 엔진체크램프가 점등되었음에도 불구하고 사용자 측에서 무시하고 주행하였다고 한다. 메이커에 확인한바 하이브리드시스템의 MG[74]가 시동모터의

기능도 하고 있으므로 고장을 계기로 하이브리드시스템이 분리되면 엔진 재시동을 할 수 없어 노상에서 꼼짝도 할 수 없게 되는 것을 피하기 위해 시동을 끄면 리셋이 되게 하였다고 한다.

4. 화재원인을 검토한다.

(1) PCU 내 HV 배터리 8번 모듈이 장기 경년사용에 따라 저충전상태에 빠짐과 동시에 셀 내부 저항이 증가하였고, 이 상태에서 운전석 계기패널 '엔진체크램프'가 수십 회 점등했지만 무시하고 계속 사용하여서 셀 내부 저항 증가에 따른 발열량 증가에 의해 최종적으로 발화에 이르렀다.

(2) HV 배터리 열은 시로코팬에 의해 냉각되지만 이 냉각기능이 이 사건 화재에서는 연소확대 경로가 되었다. 발화에 이른 추정 메커니즘을 정리하면 [그림 3.500]과 같다.

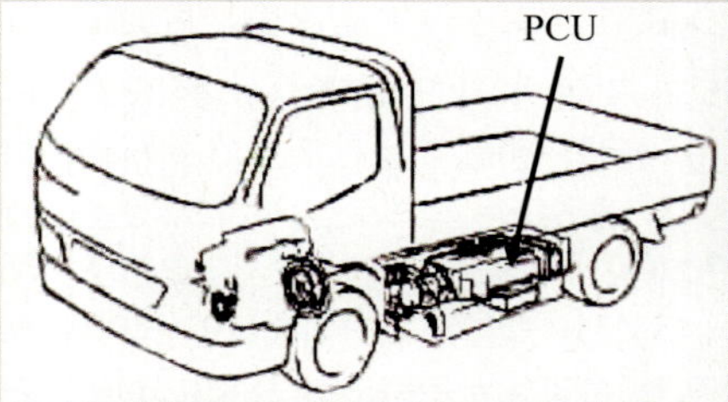

▲ **그림 3.492** PCU 위치(좌), PCU 소손상황(우)

▲ **그림 3.493** PCU 바로 위와 적재함 바닥 모습

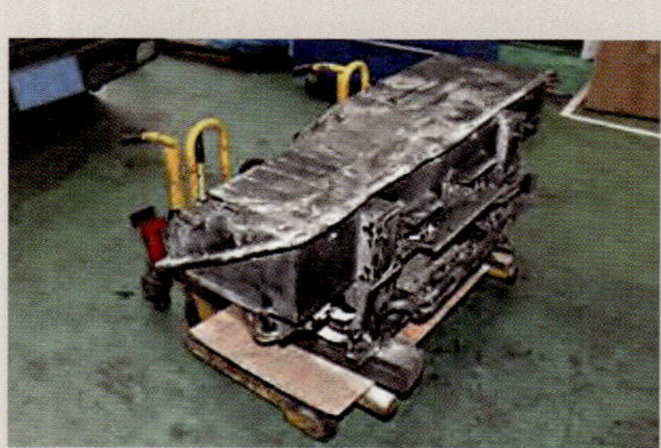

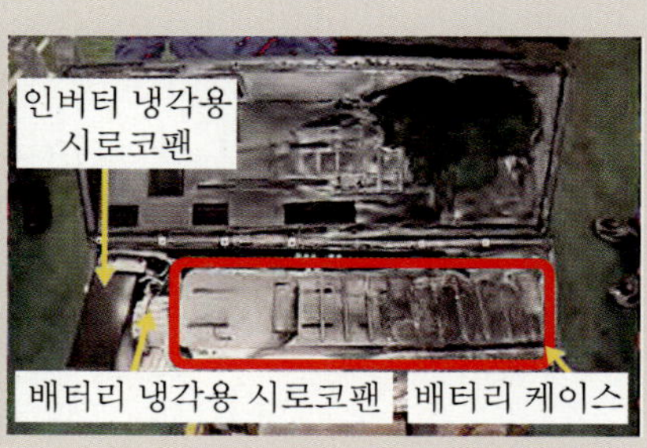


▲ **그림 3.494** PCU 내외부의 모습

73) 老沼康弘, "하이브리트시스템을 탑재한 트럭에서 발생한 차량화재", 제61회전국소방기술자회의자료, 일본소방청 소방연구센터, pp.366~372, 2013.

74) 엔진 플라이휠 부분에 모터와 발전기의 역할을 겸하는 모터 제너레이션이 설치되어 있다.

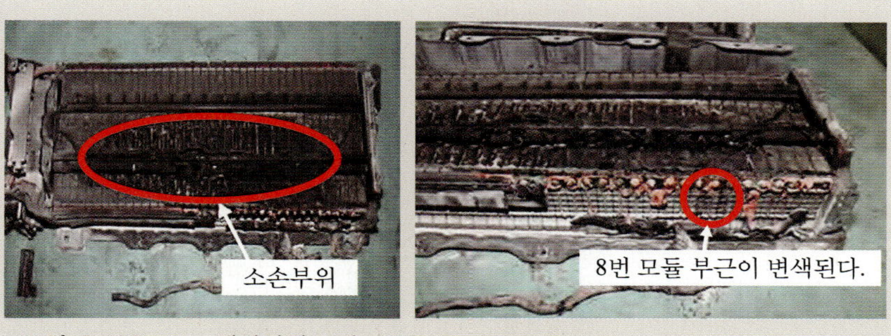


▲ **그림 3.495** HV 배터리의 소손 모습

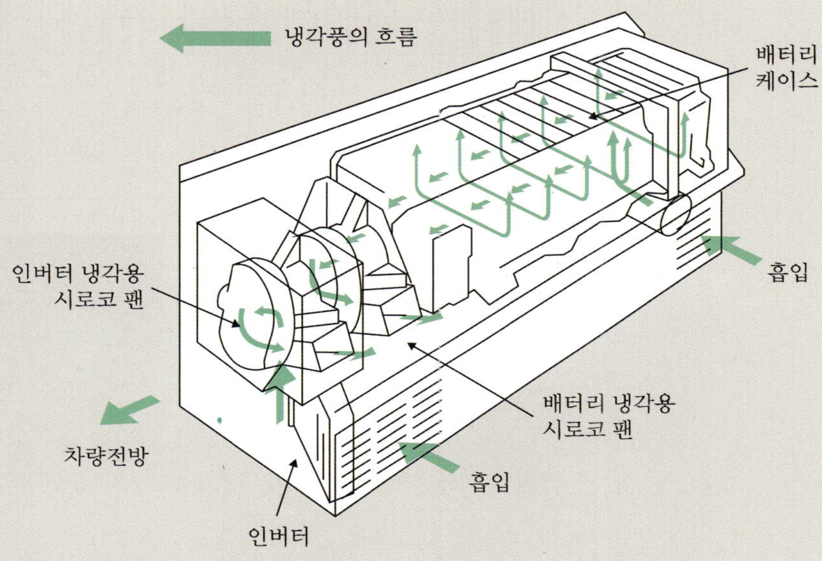


▲ **그림 3.496** PCU 냉각 개요도

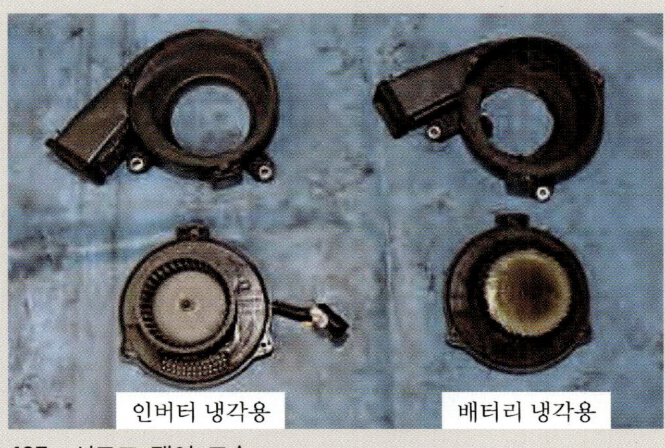


▲ **그림 3.497** 시로코 팬이 모습

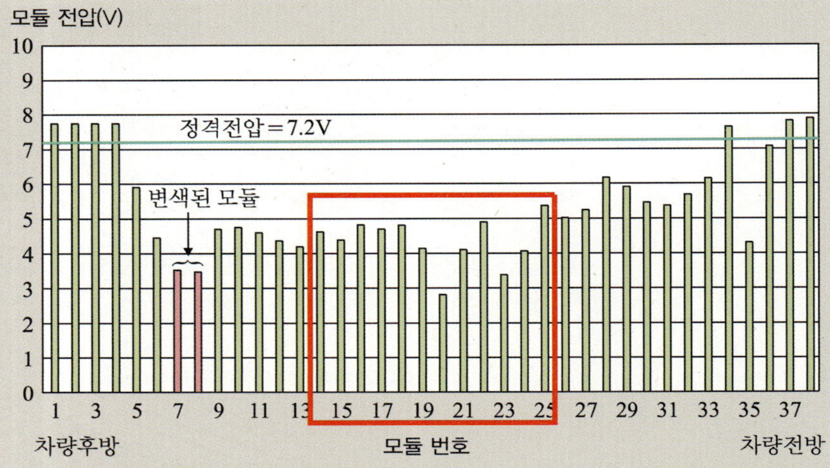


그림 3.498 배터리 모듈의 잔존 전압 측정 결과

그림 3.499 1번과 2번 사이, 7번과 8번 사이 모듈의 측면부 모습

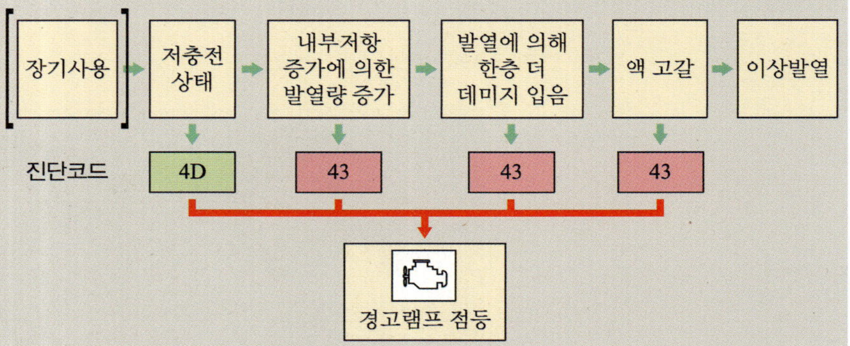


그림 3.500 발화에 이른 추정 메커니즘

# 21 전기차량 화재

전기차량 보급이 늘어남에 따라 전기차량에서 화재가 발생하고 있고, 향후 전기차량에서의 화재가 증가할 것으로 예상되고 있다.

## 화재사례 67 전기차량 충전 중 화재(1)

**화재개요**

5월 29일 00:20경 골프장 지하 주차장 내에 주차되어 있던 전기차량 1대에서 화재가 발생하여 차량 뒤 좌석 일부를 태우고 진화되었다.

**화재원인**

전기차량의 콘센트에 연결된 전선에서 절연손상에 의한 단락이 발생하여 화재가 발생하였다.

**조사요령**

1. 목격자 정보를 조사한다.
   충전 중 화재가 발생하였다.
2. 소손상황을 조사한다.
   (1) 전기차량의 뒷좌석 가운데 부분을 발화부로 한정할 수 있다.
   (2) 소훼된 콘센트에서 분리된 전선 및 콘센트에 연결된 상태로 남아있는 전선에서 각각 단락흔이 발견된다.
   (3) 플러그에 연결된 전선, 플러그 단자 및 콘센트 등에서는 발화와 관련지을 만한 전기적인 특이점이 발견되지 않는다.
   (4) 콘센트에 연결된 전선에서 절연손상에 의한 단락이 발생하여 발화된 것으로 볼 수 있다.
3. 발화개소와 화재원인을 검토한다.
   (1) 소훼된 콘센트가 설치되었던 전기차량의 뒷좌석 가운데 부분을 발화부로 판정할 수 있다.
   (2) 발화개소의 콘센트에 연결된 전선에서 절연손상에 의한 단락이 발생하여 발화된 것으로 분석할 수 있다.

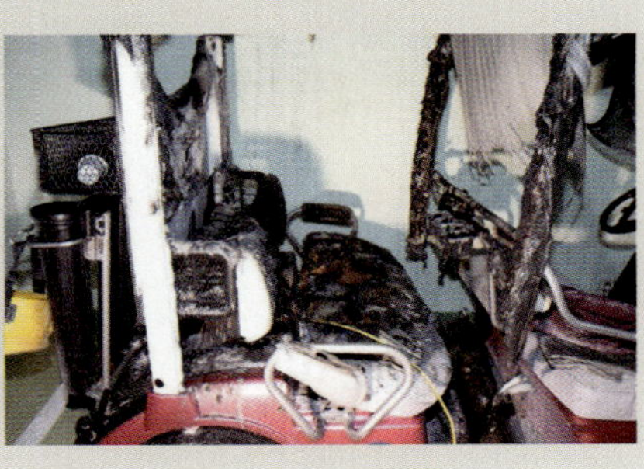

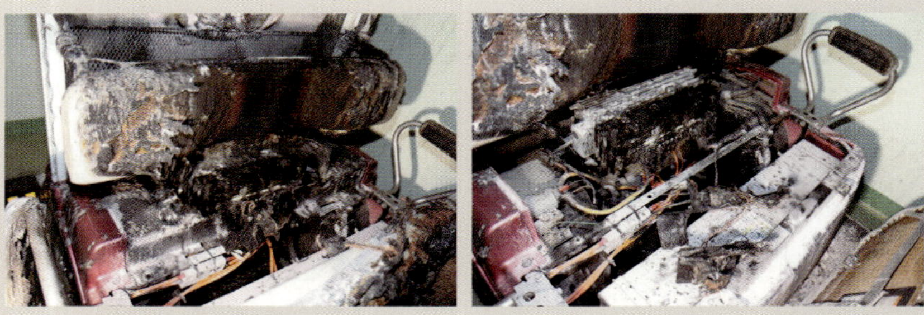

▲ **그림 3.501** 전기차량의 모습

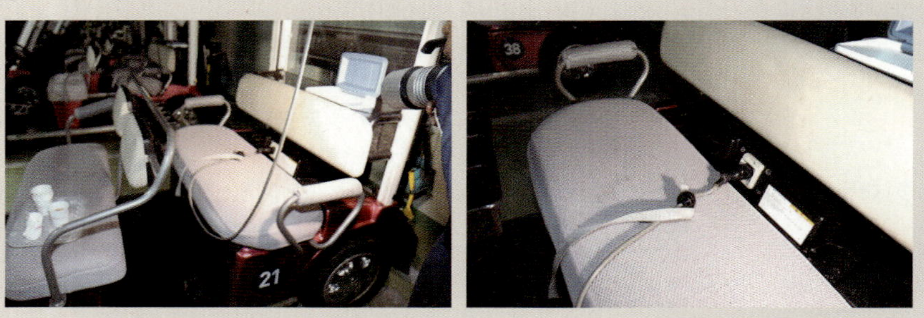

▲ **그림 3.502** 충전 중인 전기차량의 모습

▲ **그림 3.503** 발화개소 내에서 수거한 전선과 단락흔의 모습

▲ **그림 3.504** 플러그가 꽂힌 콘센트를 분리한 모습

▲ **그림 3.505** 플러그 전선 끝의 단락흔 모습

▲ **그림 3.506** 플러그 몸체 부분의 모습

▲ **그림 3.507** 콘센트 및 플러그 단자 부분의 모습

## 화재사례 68 전기차량 충전 중 화재(2)

**화재개요**

6월 3일 04:30경 골프장의 전동카트 주차장 내에서 화재가 발생하여 전동카트 20여대가 연소되었다.

**화재원인**

전동카트의 배터리와 연결된 전선의 다수 개소에서 전기적인 발열에 의해 형성된 단락흔이 발견되지만, 어떤 단락흔이 선행 형성되었는지 여부 및 발화원인으로 작용한 단락흔이 있는지 여부에 대한 논단은 불가하다.

**조사요령**

1. 전동카트 내부는 운전석 및 조수석 부분이 가장 심하게 소훼된 상태로서, 동 부분을 중심으로 하여 조향장치가 위치하는 전면 및 후면의 뒷좌석 부분으로 확산된 연소모습이다.
2. 하부에 위치하는 배선 등에서 발화와 관련지을 만한 전기적인 특이점이 발견되지

않으며, 전동카트 하부에서 연소가 시작된 흔적 또한 발견되지 않는다.

3. 뒷좌석 아래에 위치하는 구동모터, 배선 및 전기부품에서 전기적인 특이점이 발견되지 않으며, 조향장치 주변의 전면에서 발견되는 확인 가능한 배선 및 전기부품에서 전기적인 특이점이 발견되지 않는다.
4. 운전석 및 조수석 부분에 위치했던 가연물은 모두 소실된 상태이고, 운전석 및 조수석 아래 부분에 철제 배터리함(리튬이온 배터리임)이 위치하며, 동 철제 배터리함 상단 커버에서 단락흔이 발견된다.
5. 전동카트와 연결되어 있던 전기릴에서 전기적인 특이점이 발견되지 않는다.
6. 조수석과 운전석 사이의 앞쪽 바닥에 설치되어 있는 1개의 배터리(납축전지로 추정됨)는 외함이 심하게 소훼되어 내부의 셀이 노출된 상태로서, 내부 단자에서 전기적인 특이점이 발견되지 않으며, 셀은 노출된 표면 부위만 연소된 모습이다.
7. 리튬이온 배터리함과 연결되는 전선의 다수 개소에서 단락흔이 발견된다.
8. 리튬이온 배터리함의 철제 커버를 분해한바 내부의 배터리 셀과 연결된 배선의 다수 개소에서 단락흔이 발견되며 배터리 셀 자체에서는 발화와 관련지을 만한 특이 연소 흔적이나 발열 흔적이 발견되지 않는다.
9. 전동카트는 운전석 및 조수석이 포함되는 부위가 가장 심하게 소훼되었고, 동 부분에 위치하는 리튬배터리 연결배선의 다수 개소에서 단락흔이 발견되는 상태이므로 운전석 및 조수석이 포함되는 부위를 제외한 나머지 부분에서 발화되었을 가능성은 배제된다. 전동카트의 운전석 및 조수석이 포함되는 실내에서 인적인 요인에 의한 발화 가능성 및 인위적인 착화 가능성이 배제될 수 있는 경우, 전동카트의 운전석 및 조수석 주변에 설치된 배터리 연결 배선에서 단락이나 누전이 발생하여 발화되었을 가능성이 있지만, 전선들이 조각나 구체적인 배선 관계를 확인할 수 없는 상태이고, 충전을 위해 연결한 상용 전기에 의해서도 단락이나 누전이 발생할 수 있지만 상용 전기가 차단되더라도 배터리 자체 전원에 의해서도 단락이나 누전이 발생할 수 있는 상태여서 어떤 전기적인 특이점이 선행 형성되었는지 여부 및 발화원인으로 작용하였는지 여부에 대해서는 논단 불가하다.
10. 납축전지 배터리 및 리튬이온 배터리의 소훼된 형태로 보아 배터리 셀 자체의 문제로 인해 발화되었을 가능성은 배제할 수 있다.

▲ **그림 3.508** 전동카트의 모습(중앙에 위치하는 운전석 및 조수석 부분을 중심으로 하여 연소되어 있다.)

▲ **그림** 3.509 전동카트 하부 모습

▲ **그림** 3.510 뒤쪽의 구동모터 모습

▲ **그림** 3.511 전면 타이어, 조향장치 등의 모습

▲ **그림** 3.512 운전석 및 조수석 부분의 모습(좌석 아래에 리튬배터리가 위치해있음)

▲ **그림 3.513** 철제 배터리함 위 커버의 모습

▲ **그림 3.514** 전동카트에 연결되어 있던 전기릴 모습

▲ **그림 3.515** 운전석과 조수석 사이의 앞쪽 바닥에 설치되어 있는 납축전지 모습

▲ **그림 3.516** 배터리와 연결되는 전선들의 모습

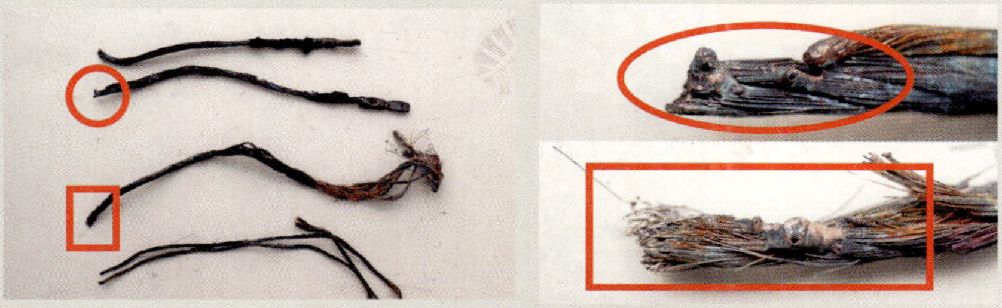

▲ **그림 3.517** 배터리와 연결된 전선의 단락흔 모습

▲ **그림 3.518** 리튬배터리 함 커버를 개방한 모습

▲ **그림 3.519** 배터리 함 내부의 단락흔 모습

▲ **그림** 3.520 배터리 함을 분해한 모습

▲ **그림** 3.521 배터리 셀의 모습

# 22 안전장치

자동차를 탄 사람의 안전대책을 위해서 사고발생시 피해경감을 목적으로 하여 안전벨트나 에어백 등이 설치되어 있다.

## 화재사례 69 안전벨트 자동감음장치(자동권취장치)의 화재

**화재개요**

승용차로 귀가도중 우회전하려고 핸들을 꺾었는데 타이어가 미끄러져서 가드레일에 충돌하였다. 충돌하자 순간적으로 안전벨트가 조여지고 조수석 측의 안전벨트가 설치되어 있는 센터 필러의 아래쪽에서 연기가 나왔다.

**화재원인**

충돌사고로 안전벨트자동권취장치가 작동하였다. 이 때 권취장치의 가스 제네레이터가 작동하여 전기착화장치(스퀴브)에 의해 착화제가 착화하여 질소가스발생제가 연소하여 질소가스를 발생시키고, 이 가스압에 의해 웨이빙권취장치를 작동하여 연소가스를 실린더 내에서 외부로 방출하였지만, 상부에 설치되어 있는 우레탄 커버에 연소가스가 접촉하여 발화하여 화재가 되었다.

**참고자료**

실린더에서 나온 연소가스와 연소된 우레탄 커버의 착화온도는 다음과 같다.

| 품명 | 착화온도 |
|---|---|
| 가스온도(실린더 맨 앞) | 305℃ |
| 우레탄 | 250℃ |

## 화재사례 70 에어백 화재[75)]

**화재개요**

승용차(주행거리 11,586km)로 귀가도중 옆에서 튀어나온 차량을 피하려고 핸들을 꺾어 전봇대에 충돌하였다. 운전자는 안전벨트를 하고 있지 않아 앞 유리에 머리를 부딪쳐서 일순간 정신을 잃었다. 잠시 후 의식이 되돌아왔는데, 탄 냄새가 났으므로 자신의 옷을 보니 연기가 나오고 있었으므로 서둘러 손으로 두드려서 소화하였다.

**화재원인**

교통사고의 충돌로 에어백이 작동하였다. 운전자는 안전벨트를 하고 있지 않아서 앞 유리에 머리를 부딪쳐서 팽창되어 나온 에어백의 배기구 위에 덮여 씌워져 있었으므로 분출된 고온의 배기가스에 의해 옷이 타서 화재가 되었다.

75) 동경소방청, 신화조사교본 제4권 제1부 차량화재편, pp.210~211, 2000.

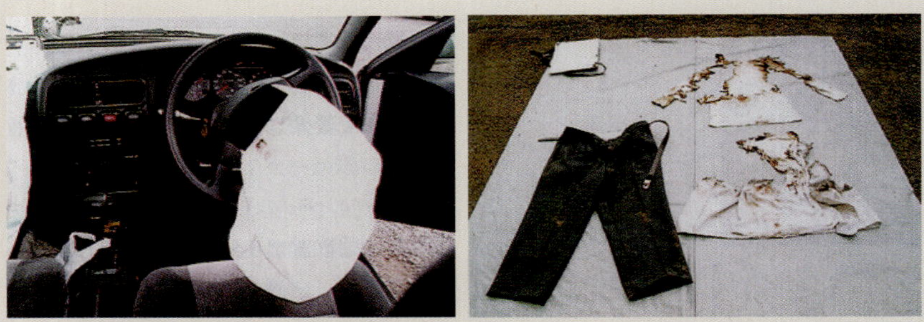

▲ **그림** 3.522 작동한 에어백(좌), 소손된 의류

# 연습문제

차량화재조사

1. 차량화재 원인 조사 과정에 실린더블록과 실린더헤드 커버의 접속부에 있는 개스킷에 누설흔적이 확인된 경우에 그 다음 무엇을 확인해야 하는가?

2. 엔진오일이 배기다기관 등 고온표면에 떨어져 화재로 이어진 경우에서 고온표면에 떨어질 때부터 화재로 이어지는 과정의 연소상황을 설명하시오.

3. 실린더헤드 커버 안이나 엔진오일 팬 안에 있는 유화현상만으로 화재발생 원인을 판단할 수 없는 이유를 설명하시오.

4. 엔진오일필터의 2중 패킹에 의한 화재에 대해 설명하시오.

5. 냉각수(부동액)가 누출되어 화재가 발생하는 메커니즘을 설명하시오.

6. 연료배관 등에서 휘발유가 누설된 경우의 점화원에 대해 설명하시오.

7. 디젤엔진의 연료장치에 대해 설명하시오.

8. 디젤엔진은 어떤 경우에 엔진을 정지할 수 없는가?

9. 연료배관 등에서 경유가 누설된 경우의 점화원에 대해 설명하시오.

10. 정차상태에서 가속페달을 계속 밟는 경우에 어떤 현상이 발생하는가?

11. miss fire는 어떤 경우에 일어나며, miss fire와 차량화재와의 관련성을 설명하시오.

12. 배기관에 잡풀 등과 같은 이물질이 접촉하여 화재가 발생하는 메커니즘을 설명하시오.

13. 엔진 시동 후에도 시동모터의 피니언 기어가 플라이휠의 링 기어에 맞물려 오버 로드에 의해 발화하는 화재가 있다. 이러한 화재와 관련하여 조사해야 할 사항은?

14. 블로 바이 가스에 엔진오일이 섞이고 이것이 연소실로 들어가면 미스 파이어를 일으키는 경우가 있다. 이를 확인하는 방법을 설명하시오.

15. 미세먼지 포집 필터인 DPF로 인해 화재가 발생하는 경우에 입증 방법을 설명하시오.

16. 실린더헤드 커버에서 엔진오일이 누설된 경우와 엔진오일 팬에서 엔진오일이 누설된 경우의 차이점을 설명하시오.

17. 블로 바이 가스와 차량화재와의 관련성을 설명하시오.

18. 휘발유를 연료로 하는 차량에서 시동을 정지할 수 없는 경우에 대해 설명하시오.

19. DPF로 인해 발화된 경우의 특징을 설명하시오.

20. DPF와 관련된 차량화재 발생 요인을 설명하시오.

21. DPF와 관련된 화재의 예방대책을 설명하시오.

22. DPF와 관련된 화재의 조사 시 입증절차를 설명하시오.

23. BMW 차량에서 EGR 결함으로 화재가 발생하여 사회적 물의를 야기하였다. EGR 결함으로 인한 화재발생 메커니즘과 특징을 설명하시오.

24. 터보차저에서 엔진오일이 누설되어 화재가 발생하는 경우에 대해 설명하시오.

25. 터보차저의 센터 하우징 내에 엔진 오일이 순환하지 않은 경우를 예시하고, 엔진오일이 순환하지 않는 경우에 어떤 현상이 발생하는가를 설명하시오.

26. 터보차저의 화재발생 요인을 설명하시오.

27. 4륜구동 승용차에서 전륜과 후륜의 타이어 외경이 다를 때 발생하는 현상과 화재발생 메커니즘을 설명하시오.

28. 파워스티어링오일 배관이나 브레이크오일 배관에서 오일이 누유된 경우의 화재발생 메커니즘에 대해 설명하시오.

29. 타이어와 노면 사이에서 발생하는 마찰열에 의해 타이어에 착화되는 경우에 대해 설명하시오.

30. 주행 중 펑크가 발생하더라도 화재가 발생하지는 않는다. 타이어 펑크만으로 타이어에서 화재가 발생할 확률이 낮은 이유를 설명하시오.

31. 화물트럭 브레이크드럼의 리턴스프링의 역할을 설명하고, 리턴 스프링이 어떤 상태일 때 화재가 발생할 수 있는가?

32. 화물트럭의 브레이크 챔버에서 기계적으로 제동을 해제하는 방법을 설명하고, 기계적으로 제동을 해제하지 않은 경우에 발생하는 현상을 설명하시오.

33. 화물트럭의 브레이크 챔버 내의 파워 스프링이 파손되는 경우에 어떻게 제동을 해제해야 하는가?

34. 담뱃불과 관련된 차량화재로 의심되는 경우에 체크해야 할 사항을 설명하시오.

35. 차량용 전선이 반단선이 되었을 때 나타나는 현상을 설명하고, 반단선으로 화재가 발생한 경우의 특징을 설명하시오.

36. 주차 중 ABS 모듈에서 화재가 발생하는 경우에 조사해야 할 사항을 설명하시오.

37. HID 램프로 인해 화재가 발생하는 경우를 설명하시오.

38. 리튬배터리의 화재원인과 관련된 발화 메커니즘을 설명하시오.

39. 리튬배터리와 관련 화재원인조사 기법을 설명하시오.

40. 리튬배터리 셀 극판에서 단락으로 인한 발화여부를 판단하는 방법에 대해 설명하시오.

# 4장 차량 방화 조사

차량화재조사

# 01 방화화재 조사 일반[1)]

화재조사 과정에서 방화화재로 추정할 때 이용되는 지표들은 아래와 같다.

## 1.1 방화화재의 직접적인 지표

화재조사자는 다수 발화개소, 확산도구, 방화장치, 인화성 액체나 용기가 존재하거나 발화원이 없는 경우, 특이한 가연물 하중 또는 배치되는 경우 등을 방화화재의 직접적인 지표(incendiary fire indicators)로 판단하고 있다.

### (1) 다수 발화개소의 존재

다수 발화개소가 존재하는 화재(multiple fires)는 둘이나 그 이상 분리되어, 연관되지 않고 동시에 타오른 화재이다. 같은 층에서 독립된 다른 실과 연결되지 않은 화재, 다른 층으로 연결되지 않은 화재, 한 건물의 내부와 외부의 독립 화재가 다수 발화개소의 화재의 예이다.

1) NFPA 921 Guide for Fire and Explosion Investigations, 2017 Edition pp.256~263.

그림 4.1 ▶ 다수 발화개소 화재의 예[2)]

외견상 다수 발화개소의 화재는 열전달(전도, 대류, 복사), 불티(flying brands), 직접적인 화염 충돌, 커튼과 같은 낙하된 가연성 재료, 파이프 홈(chases)이나 공기조절 닥트 등의 샤프트를 통한 화재 확산, 과부하된 전기배선, 유틸리티설비의 고장에 의한 확산의 결과일 수 있으므로 주의해야 한다. 다수 발화개소 화재의 확인은 "그 화재가 방화화재이었다"라는 설득력 있는 증거(지표)이다.

### (2) 확산도구의 존재

연료가 고의적으로 뿌려졌거나 한 곳에서 다른 곳으로 '꼬리를 물고 불타가도록 했을 때'에는 화재가 확산된 패턴이 남아 있다. '트레일러(trailers)'라고 불리는 이러한 화재패턴은 바닥을 따라 독립된 화재와의 연결이나 계단으로의 상승, 건축물 내부의 한 층에서 다른 층으로 불이 확산되었음을 알 수 있게 한다. 트레일러에 쓰이는 연료는 인화성액체, 고체, 또는 액체와 고체의 조합일 수 있다. 옷, 종이, 인화성 액체 등의 재료가 자주 쓰인다.

### (3) 작은 화재하중에서 심한 소손과 발화원이 없이 발화된다.

가연물이 거의 없어 화재로 인한 손상이 낮을 것으로 예측되는 화재발생지점이 심하게 소손되어 있거나 발화원이 없는데도 화재가 발생한 경우에 이러한 화재는 방화일 수 있다. 제한된 화재하중인 곳의 예로 복도와 계단을 들 수 있다.

2) Introduction to Fire Origin and Cause, Second Edition, International Fire Service Training Association, p.11, 2000.

그림 4.2 ▶
트레일러 사용의 예[3]

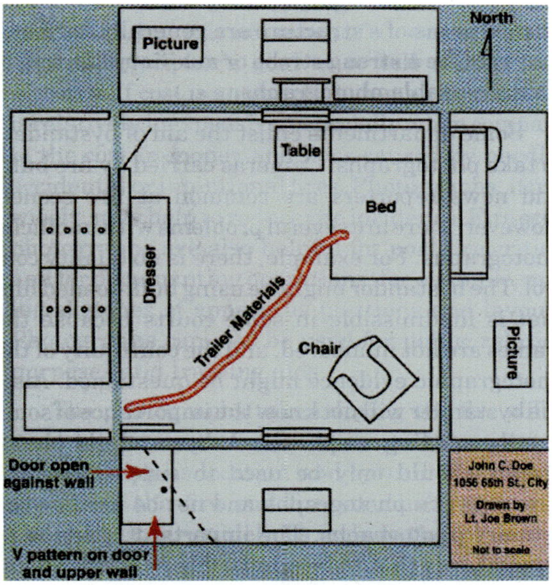


### (4) 특이한 가연물 하중 또는 배치

조사할 때 발화부위에 특이한 대형 가연물 하중이나 발화부위의 가연물 하중이 보통 그 장소에서 기대되지 않거나 발견된 배치상황이 화재발생 전과 다르다면 그 화재는 아마도 방화이다. 생소한 배치의 한 예로서 급격히 또는 완전히 화재가 성장하도록 가구나 저장품, 수용품을 고의로 쌓아 올린 경우를 들 수 있다. 특이한 거대한 가연물 하중의 한 예로 대형화재로 발전시키기 위해 쓰레기나 불용물품, 종이박스가 고의적으로 반입되어 있는 경우를 들 수 있다.

### (5) 손이나 발 또는 얼굴의 화상

화상의 방식과 정도는 발화원이나 발화개소, 화재 확산을 파악하는데 실마리를 제공할 수 있다. 방화하기 위해 인화성액체를 뿌리고 불을 붙이면 손이나 발 또는 얼굴에 화상(burn injuries)을 입는다.

### (6) 방화장치

방화장치(incendiary devices)는 발화장치(ignition device)와 지연장치(delay device)로 구분할 수 있고 발화장치와 지연장치를 조합하여 방화하는 경우도 있다. 전기설비를 변경하거나 열발생 기기를 가연성물질 근처로 이

3) Introduction to Fire Origin and Cause, Second Edition, International Fire Service Training Association, p.111, 2000.

동하여 발화장치로 이용할 수 있다. 방화범이 현장을 빠져나갈 시간을 벌기 위해서, 그리고 발화하기 전의 알리바이를 가능한 한 만들도록 하기 위해서 타이머나 지연 장치가 사용될 수 있다. 일반적인 지연 장치로 양초, 담배, 기계적인 타이머나 전기적인 타이머를 들 수 있다.

### (7) 인화성 액체나 용기의 존재

인화성 액체의 사용이나 존재는 방화화재와 관련하여 사용되었을 때 일반적으로 "액체 연소촉진제"라고 부른다.
인화성 액체의 존재는 특히 인화성 액체가 보통 기대되지 않는 장소에서 발견된다면, 이는 방화화재의 증거이다. 차고에 있는 인화성 액체의 용기는 이상하지 않지만, 침실에서 발견되는 인화성 액체의 용기는 이상하다.

▲ **그림 4.3** 차량 내부에서 휘발유를 담은 물병이 발견된 사례

화재는 길가에 00:30분경 주차한 차량에서 발생했으며 소방대 현장 도착 시 문이 잠기지 않은 상태로 자체진화가 된 상태이었고 조수석과 화물칸 시트 여러 곳에 불에 탄 흔적이 있고 차량 내부에서 기름 냄새가 심하게 나고 화물칸에서 휘발유가 남아 있는 0.5리터 물병이 발견되었으나 차주는 자신의 물품이 아니라고 한다. 바닥에서 불을 붙인 종이가 발견되었다. 누군가 방화한 화재가 연소되다 산소결핍으로 자체진화가 되었다.

## 1.2 방화화재의 간접적인 지표

연소에 직접적으로 관계되지 않은 간접(잠재)적인 지표(potential indicators not directly related to combustion)는 일반적으로 상황이나 환경으로 화재나 폭발의 원인과는 직접적으로 관계가 없으나 조사자가 발화 가정(ignition hypotheses)을 세우거나, 인터뷰한 증언을 채택하는데, 의심을 두는데, 심층 조사를 위한 길을 찾는데 사용할 수 있다.

### (1) 화재 전 수용물의 이동 또는 교체

화재 전에 건물 등의 수용물이 가치가 없는 품목으로 대체되거나 고가품 등이 외부로 옮겨졌을 수도 있다. 수용물이 비정상적인 장소에서 발견된다면 이는 또 다른 증거일 수 있다. 이동된 물품은 일반적으로 가치가 있는 것들(TV, 컴퓨터 등)이거나  대체하기 어려운 것들이다. 사라진 물품이 개인물품이거나 대체할 수 없는 물품이거나 대신하기 어려운 물품으로 보석, 사진, 상장, 인증서, 트로피, 미술품, 애완동물, 스포츠기구와 취미기기 등이 있다. 또한 화재 전 중요한 기록으로 화재보험약관, 사업기록, 세무기록 등이 있다.

### (2) 서비스 설비나 기구 근처의 화재

가스 또는 전기장치나 설비, 난로 근처의 화재는 이 화재가 우연히 의도하지 않은 원인에 의해 발생한 것처럼 위장한 것일 수도 있다. 서비스 설비나 기구의 접속부가 느슨하거나 끊어졌는지를 파악하기 위해서 연료 공급시설이나 설비의 접속부를 조사해야 하고, 그러한 후에 설비나 기구의 부당한 변조나 고의적인 파괴가 있었는지를 확인해야 한다.

### (3) 진입로의 봉쇄나 방해

소방대의 화재진화를 방해하기 위해 건물이나 부지의 입구를 봉쇄하거나 차단할 수 있다. 부지로 진입하는 것을 차단하는 물품으로는 소방차량의 접근을 방해하는 석조기둥, 울타리, 대문과 같은 건축구조물과 넘어진 나무, 거리의 방책 등을 들 수 있다.

건물 내부로 진입하는 것을 차단하는 것으로는 판자를 댄 창문이나 체인과 자물쇠 등을 들 수 있다.

### (4) 노출 차단

노출 차단(remote locations with view blocked or obscured)되도록 한 곳의 화재는 방화범이 보이지 않거나 잡히지 않기를 바란다는 것을 나타낼 수 있다. 이런 곳에서의 화재는 또한 불이 발견되기 전에 화재는 성장되었을 수 있다. 예를 들어 화재를 숨기는 것 말고는 다른 뚜렷한 이유 없이 창문에 페인트칠이 되었거나 창문을 종이로 덮은 경우이다.

#### (5) 건물 또는 소방설비의 손상

화재로 건물이나 그 수용물이 빠르고 완벽하게 파괴에 이르게 하도록 화재를 성장시키는 조건(상황)을 만들려고 내화성 재료의 방화구획용 구조물(벽, 천장, 바닥)이나 설비(방화문, 방화셔터, 방화댐퍼 등), 소방시설을 손상시킬 수 있다.

방화구획을 넘어 다른 부분으로 화재가 확대된 것은 애초부터 낮은 내화도, 유지관리 불량, 배선이나 케이블의 관통부 충전 부실, 방화문 개방 방치, 방화셔터나 방화댐퍼 관리 부실, 소방대 대응 잘못 등 진화 활동의 결과일 수도 있으므로 주의해야 한다.

소방시설의 손상이나 정지는 거주자 및 소방서 연락을 지연시키고, 화재 제어 또는 진화를 방해하여 화재를 완전히 확대시키고 더 나아가 붕괴를 유발하도록 하기 위한 것일 수 있다. 손상이나 정지는 화재감지기 제거 또는 덮기, 스프링클러시스템 제어밸브 차단 등을 들 수 있다.

#### (6) 열려진 창문 및 외부 문

열려진 창문과 외부문은 화재의 확산과 성장을 가속화시킨다. 추운 날씨이거나 정상적 건물 보안과 달리 창문이나 외부 문이 열려 있으면, 이는 누군가가 화재를 위한 별도의 환기를 제공하려 시도했음을 나타내는 증거이다. 창문이 같은 목적으로 깨졌을 수도 있다.

### 1.3 기타 정황 지표

방화화재에 대한 직간접 지표(증거)가 없더라도, 조사자는 가설을 세우고 견해를 만들어서 화재의 원인에 대한 결론을 이끌어 내도록 기타 증거가 되는 인자(other evidentiary factors)를 찾기 위해 주의 깊게 조사해야 한다.

#### (1) 연쇄 방화화재의 발생

연쇄 방화화재는 같은 지리적 위치(예를 들면 같은 지역) 혹은 단위에서 일어나는 경향이 있다. 또한 한 개인이 종종 그 주(週)의 같은 요일, 그 요일의 같은 시간대에 연쇄방화를 하는 경향이 있다. 예를 들면 방화범은 그 주의 특정한 요일 또는 그 요일의 특정 시간대에(직장이나 술집으로부터) 그 지역을 지나갈 수 있다.

방화화재의 발화에 사용되는 재료와 방법은 방화자에 따라 다르나 일반적으로 한 방화자가 연쇄방화를 했다면 방화화재의 발생지역이 그러하듯 유사한 방법과 재료를 사용한다.

### (2) 다른 범죄의 증거, 범죄은폐

방화화재는 다른 범죄를 숨기기 위해서 시도될 수 있는데, 살인이나 강도 또는 절도가 그 예이다. 강도나 절도 등 범죄 후 방화화재를 일으키는 경우가 있다. 화재와 범죄 중에 먼저 발생된 것이 무엇인가에 대한 문제는 불이 일어난 동기와 관련이 있을 뿐 불의 원인과는 관계가 없다. 비록 가능성 있는 동기가 화재의 원인을 조사하는데 결정적이지 못하더라도(다시 말해 건물에서 절도를 하고 불로 범죄를 숨기려 하는 것이나, 불을 질러 절도처럼 꾸미는 동기), 동기라는 것은 조사자가 그 조사에 접근하여 증거를 찾고 가능성 있는 추측을 하도록 이끈다.
[그림 4.4]는 절도 후 범죄은폐를 위해 방화한 예이다.

▲ **그림 4.4** 서랍이 열려 있고 금고가 옮겨져 있는 방화 사례

### (3) 재정압박

재정압박(financial stress)이 있을 때 재정압박을 해결하려고 방화할 수 있다. 이러한 예로 담보권, 압류, 미지불 세금, 지불 연장으로 인한 저당, 팔고자 하는 부동산(팔 수 없는 것, 재산이 시장성이 없는 것), 사업성이 없는 위치 또는 새로운 경쟁자가 있는 등으로 재정적 압박을 받은 경우를 들 수 있다. 주거재산에 대한 재정 압박의 예로는 집세를 받을 수 없거나 또는 임대통제가 안되거나 빈 공간을 임대할 수 없는 집주인, 이전해야 할 필요가 있는 소유자, 산업 축소나 폐쇄의 결과로 생기는 그 지역 내의 대량 실직을 들 수 있다.

### (4) 법규위반의 존재나 전력

재정 압박과 밀접한 관련이 있으며 가능성 있는 또 다른 증거는 건물이나 화재안전, 주택, 유지관리 법규 위반의 전력이나 현존이다. 이는 건물을 유지할 재정적 무능력이나 건물의 가치를 저하시키도록 하려는 고의적인 선택(건물 재투자의 거절)을 가리킨다. 조사 시 건물의 가치 하락이 고의적인 곳에서 초과보험이나 재산을 팔 수 없는 것과 같은 재정 압박과 관계가 있는 증거가 발견될 수 있다.

### (5) 다른 재산에서 화재가 있었던 소유자

그 건물을 다른 재산(건물)에서도 방화화재가 있었던 사람들이 소유하고 있다면, 특히 그 건물이 화재보험에 가입되어 있다면 그 건물에서 그들이 또 다른 방화화재를 일으켰을 가능성이 있다.

### (6) 초과보험

재정 압박과 밀접히 연관된 또 다른 증거로 초과보험(overinsurance)을 들 수 있다. 초과보험은 그 재산에 여러 보험이 가입되어 있거나 보험금액이 그 재산 가치보다 아주 클 때이다.

### (7) 그럴 듯한 기회 선택

그럴듯한 기회(timed opportunity)를 노린 방화는 목표물(재산)이 화재로 성공적으로 파괴될 수 있는 기회를 제공하는 상태나 환경과 일치하도록 방화하는 시간을 선택했거나, 체포되지 않도록 이 상태와 환경을 이용했었을 증거와 관련이 있다.

홍수나 눈보라, 태풍, 지진과 같은 심각한 자연환경 기간의 화재는 소방대의 대응을 늦추거나 진압능력을 떨어뜨릴 것이다. 참고해야 할 또 다른 자연환경으로는 번개를 수반하는 폭풍우, 바람이 심하게 부는 기간, 낮은 습도, 낮거나 높은 온도를 들 수 있다.

연쇄화재나 일련의 방화화재가 동일한 지역 내에서 발생할 때 유사 패턴(모방방화)은 진보될 수 있다. 다른 방화범이 불을 냈을 수도 있고 건물주나 세입자가 방화를 시도했을 수도 있다.

소방대를 이용할 수 없을 때 화재를 일으킬 수 있다. 그 예로 거짓신고로 소방대를 화재가 발생한 지역에서 멀리 떨어져 있게 하거나 불타고 있는 화재에 출동해 있는 동안이나 소방대가 퍼레이드나 다른 지역사회의 행사에 참여할 때를 들 수 있다.

## 1.4 기타 방화 원인

방화화재는 호기심, 싸움이나 분풀이(홧김), 신병비관(자살방화), 자기주장의 표현수단, 불만표출, 생활고비관, 종교적인 갈등 등으로 발생하고 있는 경우도 많다.

## 1.5 방화 범죄자 특성

미국의 폭력범죄분석센터(The National Center for the Analysis of Violent Crime : NCAVC)는 다음과 같이 방화의 범죄자 특성을 ① 기물파괴(vandalism), ② 흥분(excitement), ③ 복수(revenge), ④ 범죄은폐(crime concealment), ⑤ 경제적인 이익(profit), ⑥ 과격론자(extremist) 등 6가지로 분류하고 있다.

### (1) 기물파괴

기물파괴에 동기를 둔 방화는 재산에 손해를 줄 목적의 짓궂고 악의적인 방화를 말한다. 일반적인 목표는 교육시설과 폐허건물 뿐만 아니라 쓰레기화재와 잔디화재를 포함한다. 기물파괴 방화화재는 다음과 같이 분류한다.

**'시험보기 싫다', 교무실에 화염병 투척**

시험을 보기 싫다는 이유로 학교 교무실에 화염병을 던지도록 공모한 여고생들이 경찰에 붙잡혔다. 모 여고 교무실에 화염병을 던진 혐의(현존건조물 방화 미수)로 모씨를 긴급 체포하고 모씨와 방화를 공모한 A(고교1년) 양 등 여고생 3명을 불구속입건했다. 경찰에 따르면 이들은 오전 3시 40분께 한 여자고등학교에 들어가 자신들이 자체 제작한 화염병을 2층 교무실로 던져 가습기 등 교무실 일부를 태운 혐의다. 그러나 다행히 순찰 중이던 경비원이 발견, 소화기로 진화해 불은 더 이상 번지지 않았다.

경찰조사 결과 이들은 학교 인근 편의점에서 라이터 주입용 휘발유를 구입, 술병 2개에 나눠 붓고 천으로 심지를 만들어 화염병을 만든 뒤 교무실 유리창이 잘 깨지도록 돌멩이를 테이프로 병에 붙인 것으로 드러났다. 이들은 이에 앞서 앞날 오후 10시 30분에는 천을 감은 각목에 불을 붙여 교무실로 던진데 이어 당일 오전 3시 25분 드링크병 2개에 타이터 주입용 휘발유를 넣고 신문지로 심지를 만든 화염병을 던졌으나 미수에 그치자 이같이 범행한 것으로 밝혀졌다.

경찰은 이 학교에 다니는 A양 등 2명이 중간고사를 보기 싫다고 말하자 이들 4명이 공모, 시험지가 있을 것으로 추정되는 교무실에 불을 질러 시험을 방해하려 한 것으로 보고 있다.

이들은 범행 후 현장에서 달아났으나 편의점에서 휘발유를 구입하는 장면이 CCTV에 찍혀 경찰에 붙잡혔다.

① 계획적이고 악의가 있는 기물파괴

계획적이고 악의가 있는 기물파괴(willful and malicious mischief)는 분명한 동기를 갖지 않거나 무질서하게 불을 내거나 확인할 수 있는 목적을 갖지 않은 방화화재이다. 이러한 화재는 아동이나 10대에서 종종 볼 수 있다.

② 동료나 그룹에 대한 압력

동료로부터 인정이나 압력이 특히 청소년기에 방화화재의 하나의 이유로 간주된다.

**탈영 소방공익, 소방관 골탕 먹이려 방화**

소방서에 근무하는 공익요원이 연쇄 방화를 저질러 어린이 한 명이 숨졌다. 소방관들을 골탕 먹이려고 주택과 차량 등에 일부러 불을 지르다 어린이를 숨지게 한 혐의로 공익요원 A씨를 긴급체포했다. 근무지를 이탈해 수배를 받아온 A씨는 평소 자신을 무시해온 소방관들이 고생하는 모습을 보고 싶어 탈영한 뒤 불을 질러왔다고 경찰에서 말했다.

### (2) 흥분

흥분(excitement)에 동기를 두고 있는 방화범은 실제 방화에 의해 제공되는 흥분이나 화재진압활동을 즐기거나 또는 심리적인 관심이 필요할 수 있다. 흥분에 동기를 둔 범죄자는 종종 연쇄방화를 일으킨다. 이러한 방화범은 불타고 있는 동안 현장에 일반적으로 남아서 종종 불을 끄는 활동을 하고 있을 것이며, 또는 주위에서 불구경을 하고 있을 것이다. 흥분에 동기를 둔 방화범의 타깃 범위는 조그만 쓰레기화재나 잔디화재에서부터 주거건물화재에까지 이른다.

흥분에 동기를 둔 방화범은 다음과 같이 부분류(副分類)한다.

① 스릴갈망

불을 지르는 것은 이러한 방화범에게 흥분과 파워의 느낌을 준다. 스릴갈망(thrill seeking)형 방화범은 종종 연쇄방화를 일으키며, 방화를 통해 충동적으로 정신적인 욕구나 갈망을 만족시키려 한다.

**"출동하는 소방차보면 짜릿", 상습방화범 덜미**

○○경찰서는 아무런 이유도 없이 상습적으로 차량과 포장마차 등에 불을 지른 A군과 B씨 등 2명에 대해 방화 혐의로 구속영장을 신청했다. 경찰에 따르면 동네선후배 사이인 A군 등은 지난해 모일 새벽 2시 10분께 모 빌라 주차장에서

별다른 이유 없이 C씨의 승용차에 휘발유를 뿌려 불을 붙이는 등 지금까지 모두 8차례에 걸쳐 자동차 9대와 포장마차 1곳 등에 불을 질러 피해를 입힌 혐의를 받고 있다. 이들은 "불을 지른 후 소방차가 긴급 출동해 불을 끄는 것이 짜릿해 이 같은 일을 저질렀다"고 경찰에서 진술했다.

② 관심갈망

관심갈망(attention seeking) 방화범은 자신이 중요한 사람이라는 욕구를 갖고 있어 정신적인 욕구를 충족시키기 위해서 불을 지른다.

③ 인정

인정(recognition) 받기를 원하는 방화범은 종종 영웅이나 과시 방화범으로 묘사된다. 이러한 방화범은 종종 다른 사람에게 경고하고 화재를 보고하기 위해서 화재현장에 남거나, 또는 소방대의 활동을 돕는다. 이러한 방화범은 그들의 활동을 통해 받을 인정과 칭찬을 즐기거나 갈구할 것이다. 이러한 방화범들 중에 전형적인 예로 경비원이나 소방공무원, 의용소방대원을 들 수 있다. 경우에 따라 이러한 방화범들은 불을 질러야 한다는 책임감마저 가지고 있다.

④ 성적만족 또는 변태

성적만족 또는 변태(sexual gratification or perversion) 방화범들은 성해방의 수단으로 불을 지른다. 이 범주에 속하는 방화범은 드물다. 관심갈망, 인정, 성적만족 방화범은 드물게 사람을 해치려는 의도를 갖고 있거나 시도하지만, 단순한 구경꾼이나 입주자의 안전을 무시할 수 있다. 그러나 내재적인 만족감을 갈망하는 충동을 갖고 있는 스릴갈망 방화범은 대형화재나 연쇄대형화재를 일으킨다.

### (3) 복수

복수(revenge)에 동기를 둔 방화범은 실제이든 상상 속에서든 권리침해(불공정)를 당했다고 지각한 것에 대해서 복수를 하기 위해 불을 지른다. 중요한 부분은 범죄자가 권리침해를 느꼈다는 점이다. 인식된 사건이나 환경은 불을 지르기 전 수개월 또는 수년의 것일 수 있다. 이러한 방화범은 잘 계획하여 단 한차례 불을 지르거나 또는 사전계획 없이 연쇄적으로 불을 지를 수 있다. 연쇄방화범은 일반적으로 사회 또는 개인, 단체(시설)에 직접적으로 복수한다. 복수에 동기를 둔 방화는 아래와 같이 분류한다.

① 개인적 복수

개인적 복수(personal retaliation) 방화는 개인적인 감정을 해소하려고 방화하는 것으로 개인적인 복수를 유발시키는 요인으로 언쟁, 싸움,

개인적 감정, 또는 복수심을 자극하는 극도의 감정적 상처 등을 들 수 있다. 이 경우 선호되는 방화대상으로는 피해자의 차량이나 집 또는 개인적인 소유물을 들 수 있다. 그 화재 안에 포함된 특별한 위치나 물건은 방화범을 파악하는데 중요할 것이다. 옷이나 개인 소유물에 불을 붙이는 것은 어떤 일반지역 내에서 단순히 불을 지른 것이라기보다는 피해자에게 인격적인 모욕으로 볼 수 있다. 또한 화재현장은 고의적으로 파괴되어 있을 수 있다. 이러한 화재들은 단 한 차례의 사고이거나 또는 연쇄방화의 한 행동일 수 있다.

**30대 女 내연남 차량 방화**

○○경찰서는 내연남의 차에 불을 지른 혐의(현주건조물방화)로 A씨를 긴급체포했다. 경찰에 따르면 A씨는 이날 오전 0시 30분께 공터에 주차돼 있던 내연남의 차량에 불을 붙여 차량 전체와 그 옆에 있던 개인택시 일부를 태운 혐의다. 경찰조사 결과 A씨는 3년 전부터 내연의 관계로 지내던 B씨가 생활비도 주지 않으면서 계속 찾아와 감시하는 게 화가 나 범행을 한 것으로 드러났다.

② 사회에 대한 복수

사회에 대한 복수(social retaliation) 방화는 복수에 의한 방화 가운데 가장 위험한 형태로 자신이 사회로부터 배반당했다고 느낌으로서 일으키는 방화다. 일반적으로 인생전체에 있어 부적응, 외로움, 고립감, 또는 학대받았다는 느낌으로 괴로워하며 자신을 나쁘게만 보는 사회에 대한 반항 행위로 불을 지른다. 이러한 방화범은 일반적으로 단 한 번의 방화나 심지어 한 차례의 연쇄방화로는 만족하지 못한다. 그러므로 이러한 방화범들은 다른 복수에 동기를 둔 방화범들보다도 많은 방화를 저지르기 쉽다.

③ 기관(단체, 시설)에 대한 복수(institutional retaliation)

이러한 유형의 방화범은 종교, 의료, 정부와 교육기관 또는 법인(회사)과 같은 기관(단체, 시설)을 대상으로 하고 있다. 이러한 방화범들은 불만을 갖고 있는 직원, 이전의 직원, 고객이거나 환자일 것이다.

**세무조사 앙심품고 세무서 방화 시도한 40대 체포**

자신이 운영하는 식당 세무조사에 앙심을 품고 세무서에 석유를 뿌리고 불을 지르려 한 40대가 경찰에 붙잡혔다. ○○경찰서는 모씨를 공용건조물방화예비, 특수공무집행방해, 공용물건손상 등 혐의로 입건 조사 중이다. 모씨는 이날 오전 ○○세무서 3층 조사과를 찾아가 10ℓ 석유 1통을 사무실에 뿌리고 불을 지르려 한 혐의다. 모씨는 이어 오후 같은 장소에서 술에 취해 준비해간 흉기로 오른손가락을 자른 후 "내가 왜 조사를 받아야하냐"며 담당공무원을 협박하고 책상유리 3장을 깨뜨리는 등 난동을 부린 혐의도 받고 있다.

'안티○○' 추정 방화

○○일보 자회사인 A출판인쇄공장에서 안티○○ 관련자가 방화한 것으로 추정되는 불이 나 경찰이 수사에 나섰다. A출판인쇄공장은 불이 난 후인 오전 5시쯤 공장 담장 주변에서 기름통과 '안티○○' 선전물 6장이 담긴 여행용 가방을 발견, 경찰서에 신고했다. 기름통에는 인화성 물질이 5분의 1 가량 남아 있었고, 가방 속에 있던 분홍색 천에 쓰인 선전물에는 '굿바이 ○○일보, 굿모닝 대한민국' '친일반민족신문 ○○일보 보지 맙시다' 등의 문구가 적혀 있었다.

④ 집단에 대한 복수(group retaliation)

집단복수의 대상은 사회단체, 인종단체, 종교단체, 우애를 기초로 하는 집단이나 노동조합 또는 소모임을 포함한 기타 집단일 것이다. 집단의 상징이 되는 문양이나 상징물, 심벌마크 등의 고의적인 파괴가 수반될 수 있다.

### (4) 범죄은폐

범죄은폐 방화(crime concealment) 유형은 1차적인 범죄행위를 은폐할 목적으로 저질러진 2차적이거나 부대적인 범죄행위인 방화이다. 그러나 때로는 그 화재가 복수와 같이 의도한 범죄의 일부일 수 있다. 많은 사람들이 범죄현장에 불을 지르면 모든 물리적인 증거들이 파괴될 것으로 잘못 알고 있다. 이러한 유형의 방화는 아래와 같이 세분할 수 있다.

① 살인은폐(murder concealment)

이 시나리오는 저질러진 살인행위를 은폐하기 위해서, 방화범을 입증할 수 있는 과학수사적인 증거를 파괴하기 위해서, 또는 희생자의 신원을 감추기 위해서 시도된 화재이다.

② 강절도은폐(burglary concealment)

이는 강도(주거침입, 도둑)가 있었다는 사실을 감추기 위해서, 또는 방화범을 밝힐 수 있는 법과학적 증거를 파괴하기 위해서 시도된 화재이다.

자신이 일하는 가게에 연속 방화

○○경찰서는 자신이 일하는 가게에 불을 지르고 금품을 훔친 혐의(현주건조물방화 등)로 A씨에 대해 구속영장을 신청했다. 경찰에 따르면 A씨는 모인쇄소에 근무하던 중 주인 B씨와 사이가 틀어진 것에 앙심을 품고 불을 질러 손해를 입히고 B씨의 1t포터 화물차를 훔쳐 타고 달아난 혐의다. A씨는 또 지난달 말 한 서점에서도 종업원으로 취업한 뒤 다음 날 오전 1시께 서점에 침입, 라이터로 불을 질러 서적 일부 등을 태우고 현금을 훔쳐 달아난 혐의도 받고 있다. A씨는 경찰에서 "가게에 침입한 흔적을 감추기 위해 방화를 했다"고 말했다.

③ 기록물이나 문서의 파손

이는 기록물이나 문서를 표적으로 하는 화재이다. 이러한 화재는 이들의 폴더 안에서 여전히 불타고 있는 파일이 있거나 최초발화부위가 서류 파일 캐비닛 내부일 수 있다. 서류 파일 인근으로 이동된 쓰레기통과 같이 그 파일에 노출된 위치에 위치하고 있는 평범한 가연물이 이용될 수 있다. 이러한 유형의 방화에서 혐의가 높은 용의자는 표적이 되었던 기록물이나 문서에 상당한 관심을 갖고 있는 사람들이다.

### (5) 경제적인 이익

이러한 방화는 직간접으로 물질적 또는 금전적인 이익을 얻기 위한 경우이다. 직접적인 이익으로는 보험사기, 사업경쟁의 제거 또는 협박, 착취(강요), 재산 가치를 높이기 위해 원하지 않은 구조물이나 건물의 제거, 또는 재정적인 책임을 벗어나는 것을 들 수 있다.

다양한 보험사기 방화가 방화의 동기로 빈번하게 확인되고 있다. 보험사기에 동기를 둔 방화는 상업적 재산이나 주거재산에서 발생하고 있다. 상업적인 재산의 방화는 낡거나 오래된 모델의 설비를 파괴하기 위해서, 세금이나 회계감사를 피하기 위해서, 또는 보험금을 탈 목적으로 방화하므로 이러한 방화의 방화범은 소유자이거나 소유자의 조정을 받은 사람일 것이다. 이러한 화재는 시장 우위를 확보하기 위한 경쟁자에 의해서, 강탈, (폭력단이 상점 등을) 보호해 주는 대가로 돈을 뜯기, 협박의 목적을 위한 범죄조직 앞잡이에 의해서 발생할 수 있다. 주거재산을 노린 방화범은 보험사 직원이나 복지단체 관계자를 속일 의도가 있는 임대자에 의해 발생할 수 있다. 늘어나는 세금, 물리적인 기능저하 (그리고 법집행기관에 의한 강제적인 개수명령), 공실 또는 임대 줄 수 없는 상황, 법정 임대조정대책(statutory rent-control measures)은 건물주가 그 건물을 불태우게 하는 이유일 수 있다.

사기에 동기를 둔 방화는 여러 가지로 세분할 수 있다. 즉, 보험을 모집하기 위해서, 재산을 정리하기 위해서, 기업을 해체하기 위해서, 그리고 손실을 숨기거나 또는 재고품을 청산하기 위해서 하는 방화로 나눌 수 있다. 기타 유형으로 고용, 거래/재산 청산과 경쟁을 들 수 있다.

**가족·친지 8명 실명·살해 '패륜女'**

남편과 어머니, 동생 등 가족 8명을 칼로 찌르고 실명케 해 보험금 5억 6천만원 타려고 한 패륜 20대 여성이 구속됐다. ○○경찰서에 따르면 A씨는 지난 4년간 첫째 남편, 둘째 남편, 친엄마, 오빠, 동생, 파출부, 파출부 남편, 파출부 딸에게 수면제가 든 술이나 주스를 먹여 정신을 잃게 한 뒤 침핀·바늘로 눈을 찔러 실명케 하고 방화로 화상을 입혔다.

경찰 조사결과 엄씨는 이를 가족의 자해나 화재로 위장해 보험금 억 9천 168만원을 타낸 것으로 밝혀졌다. 경찰은 엄씨를 현주건조물방화치사상, 중상해, 상해, 절도 등 혐의로 구속했다.

### (6) 과격론자

과격론자(extremist)는 과격적인 주장을 하는데 동기를 둔 방화는 사회적인, 정치적인, 또는 종교적인 이유에 의해 발생하고 있다. 이러한 화재는 혁명이 맨 처음 시작된 이래 사회적 저항의 무기로서 이용되어 왔다. 과격론자에 의한 방화는 그룹 또는 한 개인이 한다. 계획적인 면이 있고 표적을 선택하기 때문에 과격론자 방화범들은 일반적으로 상당히 큰 조직을 갖고 있으며, 방화장치(incendiary devices)나 아주 정교한 발화장치를 사용하기도 한다. 이러한 유형의 방화는 아래와 같이 나눌 수 있다.

① 테러리즘

테러리즘(terrorism)은 테러분자에 의한 표적은 불규칙하게 나타날 수 있지만, 표적 위치는 일반적으로 정치적인 또는 경제적인 중요도가 있는 곳이 선택된다. 정치적인 표적은 일반적으로 정부청사, 신문사, 대학, 정당본부, 그리고 군대 또는 사법기관과 같은 곳이다. 정치적인 테러분자는 또한 동물연구시설 또는 낙태병원과 같은 다양한 시설을 표적으로 한다. 경제적인 표적은 회사의 사무실, 편의제공자의 시설(예를 들면 자동 발전시설), 은행, 사회 환경에 부정적인 영향을 주는 회사와 같은 곳이다. 화재나 폭발은 혼란, 공포, 무정부상태를 만드는 수단이 될 수 있다. 테러분자들은 그들의 목표를 위해서 사용되는 폭발물(폭약)과 함께 많은 무기 중의 단지 하나로서 화재를 이용하고 있다.

② 폭동/교란

폭동이나 교란(riot/civil disturbance)이 있는 동안 의도적으로 불을 붙이는 것은 약탈이나 기물파괴행위와 함께 발생한다. 사회불안이 있는 동안에 발생된 모든 화재가 극단론자 방화범에 의해 일어나는 것이 아니라 그 화재가 교란을 들러 싼 환경과 극단론자 방화범으로 인해 발생했다고 둘러댈 수 있는 화재이기를 희망하는 소유자와 같이 극단론자가 아닌 다른 사람에 의한 화재가 있으므로 이를 구분할 필요가 있다.

# 02 차량 방화 조사[4)]

## 2.1 차실 내부 방화

차량 방화 조사는 불을 붙인 위치가 차량의 내부인가 외곽부분인가에 따라 주목해야 할 점이 다르다.

차량 내부에 불을 붙이기 위해서는 도어 또는 창문을 열어야 한다. 그러므로 우선 잠금 상황을 확인해야 한다. 완전히 소손되어 있으면 조사만으로 확인하는 것은 어렵지만 관계자 진술이나 발견 시 모습 등으로부터 알 수 있는 경우도 있다. 록킹이 되어 있었을 도어가 발견 시 열려있었다, 소화 시에 도어를 열 수 있었다 등의 상황이 있었는가에 주목한다. 또한 차량 안에 놓여 있었던 것이 없어졌음이 판명되면 어떤 자의 침입을 추정할 수 있다.

창문 개방에 대해서도 마찬가지이지만, 특히 파괴에 대해 주목한다. 소방대 현장도착시에 창문이 깨져 있었는가, 창문의 파괴 유무 등은 중요한 정보이다. 발견자에게도 확인한다.

방수 등 소화행위를 하면 유리창은 깨지지만, 창문을 깨고서 방화한 경우와 차이가 있다. 차량 아래에는 깨진 창유리 파편이 다수 떨어져 있을 것이다. 이 유리 파손에 주목해야 한다. 그을음의 부착, 변색 등이 전혀 없거나 깨끗한 파편이 떨어져 있는 경우에는 그 유리는 발화전에 깨져 있었다고 생각할 수 있다. 파편에 그을음 부착이나 변색이 있는 경우는 화재에 의해 깨진 것이다. 차종도 알 수 없을 정도로 강하게 불타버린 상태에서는 2차적으로 탔다고 생각할 수 있을지 모르지만 지면에 떨어져 있는 유리는 위쪽으로 아무리 강하게 연소하여도 거의 영향을 받지 않는다. 차량화재 조사 시에는 지면에 떨어져 있는 유리의 파편에 주목해야 하는 점을 염두에 두어야 한다.

그런데 차실 내에 불을 놓은 후 도어를 닫으면 화염은 점차 확대해가며, 모든 창유리가 깨져 더욱 화세가 강해진다고 생각하기 쉽지만, 실제로는 그렇게 되지 않는다. 실험결과를 소개한다.

4) 나고야시(名古屋市) 소방국 감수, 이것으로 알 수 있다! 실례화재조사서류 차량화재편, 동경법령출판, pp.51~57, 2005.

| | |
|---|---|
| 실험방법 | 실험에 사용한 차종은 2,000cc 4도어 세단으로 아주 일반적인 승용차이다. 승용차의 후부 좌석에 뭉친 신문지 약 20매를 놓고 착화시켰다. 그리고 불꽃이 천장에 이른 시점에서 도어를 닫았다. 창은 모두 닫아두었다. 또한 시동키는 뽑아두었다. 그 후의 모습을 관찰하였다. |
| 실험결과 | 도어를 닫은 직후는 화염이 창 너머로 보이지만 보고 있는 사이에 차실 내가 시커멓게 되고 얼마 후 아무것도 보이지 않게 된다. 도어의 틈새에서 조금 갈색의 연기가 나오기 시작한다. 지붕이 큰 소리와 함께 내측으로 움푹 들어간다. 라디오 소리가 나기 시작한다. 지붕의 일부가 조금 변색한다. 창유리의 내측은 그을음으로 시커멓지만 유리가 깨지지는 않는다. 연기의 분출도 거의 없다. 약 10분 후 거의 변화가 없으므로 도어를 개방한다. 차실 내는 천장, 시트 등이 불타고 합성수지부분이 용융되어 있지만, 화염은 없다. 뭉친 신문지는 대부분 불타 있지만 불씨는 없다. 차실 내에 열기는 있지만 진화된 상태이다. 이 시점에서 모든 창유리는 깨져 있지 않다. |

위 결과로 알 수 있는 것처럼 닫힌 차실 내에서 화염이 올라가도 그 열 등으로 창유리가 깨지는 일은 없다. 그리고 창유리가 깨지지 않으면 기밀성이 좋은 차실은 모두 질식소화가 된다. 이러한 점에서 차실 내에서 타올라 창 등으로부터 화염이 분출하고 있는 상황이면 그 창은 발화 시에 열려 있었다(깨져 있었다)고 생각할 수 있다.

단, 발화 후에 창유리가 깨지는 경우가 없는 것은 아니다. 소방대의 방수 등으로 뜨거워진 창유리가 물이 끼얹어진 경우에는 창유리는 간단히 깨진다. 또한 소화활동에 수반하여 쇠갈고리 등으로 창유리를 파괴하는 경우도 많다. 그러므로 소방대 현장도착시 상황, 소화활동 등의 확인이 중요하다.

다음으로 발화원이라는 관점에서 생각해본다.

차실 내에서 발화한 경우는 발화원으로서 생각될 수 있는 것은 비교적 제한되어 있다. 엔진실은 여러 가지 발화요인이 존재한다. 그러나 차실 안은 기껏해야 전기배선과 미소화원정도이다. 전기배선이 있는 장소는 운전대 주위, 계기판 내부 등 확실하므로 발화개소가 특정될 수 있으면 그곳에 전기배선이 있는지를 확인하면 된다. 발화원이 없는 개소에서의 발화이라면 방화의 가능성이 높다. 미소화원에 대해서는 무염연소를 계속시킬 착화물의 존재와 아래쪽으로 타들어감 등의 특징에 주목한다. 이들이 부정되면 방화를 검토한다.

## 2.2 차량 외부 방화

쾌락범적, 충동적으로 행해지는 차량 방화의 대부분은 외곽부에서 발화하고 있다. 그러면 어떤 개소에 불을 붙이는가를 생각해보자.

충동적인 방화의 경우, 발화원은 라이터 등일 것이다. 라이터로 불이 붙는 개소는 범퍼나 흙받이 등 합성수지 제품일 것이다. 이들 합성수지 제품에 라이터로 착화시키는 것은 가능하지만, 실제로 해보면 좀처럼 불붙지 않는다. 상당히 장시간 라이터로 불을 갖다 대지 않으면 안 된다. 또한 합성수지 제품은 자기소화 성질이 있는 것도 있어 일단 불이 붙어도 곧 꺼져버리는 경우가 대부분이다. 다른 사람 눈에 띄는 것을 신경 써야 하는 방화범으로서 길게 불을 붙일 수는 없을 것이다. 다른 사람 눈에 띄기 쉬운 장소에 방화한다면 터보라이터 등 강력한 라이터를 이용하든지, 휴지 등 조연재를 부가할 가능성이 있다. 신중하게 조사하면 조연재 잔사가 발견될 수도 있다. 또한 장시간 방화행위를 하고 있어도 사람 눈에 띄지 않는 장소적 조건이 갖추어져 있는가의 검토도 필요하다.

타이어는 잘 타고 강한 열과 다량의 검은 연기를 분출하므로 쉽게 라이터 등으로 불을 붙일 수 있는 것으로 생각할 수 있다. 그러나 라이터정도의 불꽃으로는 표면이 일단 착화되더라도 곧 꺼져버려서 화재로 이어지지 않는다. 물론 이 경우도 조연재의 존재를 검토할 필요가 있다.

발화개소를 판정하기 위해서 연소방향(불이 번져간 방향)이 중요한 요소인 것은 건물 화재에서와 마찬가지이다. 차량 외곽부분 방화인 경우, 연소방향이 비교적 확실한 경향이 있다. 화세는 아래쪽에서 위쪽으로 향하는 것은 방화범도 의식하고 있다. 그리고 사람 눈을 피해서 불을 놓으므로 착화위치는 대략 아래쪽이다. 아래쪽에서 위쪽으로 불타 번져가는 것은 남아 있다. 차량 외곽부분 방화라고 의심되면 소손높이에 주목하여 가장 아래쪽의 소손부분을 찾아 연소방향성을 검토한다.

## 2.3 질문사항

방화라고 의심되는 경우에는 통상의 질문사항에 추가하여 주목해야 할 사항이 있다.

방화에 의한 차량화재인 경우, 다른 원인의 차량화재와 달리 출화될 때 상황을 관계자로부터 확인할 수 없다. 그렇지만 출화 직전의 상황만이라도 확실히 파악할 수 있으면 유익한 정보가 될 수 있다. 또한 화재 전의 상황과 화재 후의 상황을 비교하여 어떤 이상이 있었는지에 대해서도 확인해야 한다.

관계자로부터 다음 사항을 확인한다.

- 주차 전의 주행상황
- 주차한 일시
- 문 잠금 상황
- 차실 내에 놓여 있었던 물건 등의 상황
- 같은 화재이력의 유무
- 화재 전과 화재 후 차이의 유무
- 주차장소 부근의 상황(조명, 교통량 등)

발견자로부터는 다음 사항을 확인한다.

- 발견위치
- 발견의 동기(불꽃이나 연기, 소리 등)
- 발견 시의 화재성상
- 창문, 도어, 보닛 등의 개방상황
- 사람 그림자의 목격
- 초기소화 행위의 상황

앞에서 언급한 실험 중에도 있었지만 차량이 불타오르면 전기계통에 이상이 일어나 라디오, 라이트, 와이퍼, 경음기 등이 갑자기 작동하는 경우가 있다. 이러한 이상 작동이 발견 동기가 되는 경우도 있다. 확인하여 기록하도록 노력해야 한다. 왜냐하면 이들 상황이 있었다는 점은 전기적 이상이 2차적으로 일어났었다고 생각할 수 있기 때문이다.
관계자, 발견자뿐만 아니라 선착 소방대가 확인한 사항이나 소방대의 소화행위 등도 확인해야 한다. 이러한 내용들은 소방서의 화재현장조사서 등에 명백히 기록이 된다.

- 현장도착 시의 화재성상
- 실시한 소화행위, 파괴행위
- 창문, 도어, 보닛 등의 개방상황

## 2.4 지리적 상황의 확인

방화에 의한 차량화재는 때로 연속해서 발생하는 경우가 있다. 이 경우에는 지리적 상황 등도 검토해야 한다.

방화범이 체포되어 확인했던 바, 통근경로를 따라 방화를 연속하였다, 간선도로를 차량으로 북상하면서 방화를 계속하였다 등의 상황이 있을 수 있다.

또한 부근 상황이 잘 닮은 상태, 예를 들면 사람통행이 적고 조명이 없는 어두컴컴한 골목길에 주차한 차량만이 방화를 당하는 등 지리적 상황이 닮아 있는 것을 발견할지도 모른다. 지도 등에 발생위치 등을 써넣으면 좋을 것이다. 지리적 상황을 확인하는 것은 방화예방에도 효과를 기대할 수 있다.

**화재사례 1** 유리를 깨고 인화성액체를 뿌리고 방화

| | |
|---|---|
| **화재개요** | 승용차가 주점 앞 노상에 주차된 상태에서 04:40분경 화재가 발생하여 차량이 전소되고, 타고 있던 운전자가 사망하였다. |
| **화재원인** | 조수석에서 발견되는 돌멩이를 이용하여 앞쪽 유리창을 파손한 후 동 위치에 인화성 물질을 이용한 인위적인 착화에 의한 화재로 판단된다. |
| **조사요령** | 1. 외부 상황을 조사한다.<br>(1) 전후좌우의 유리창이 파손된 형태이다.<br>(2) 보닛 및 트렁크는 연소되지 않은 상태이다.<br>(3) 앞좌석 지붕에서 뒤쪽 지붕으로 연소 이동된 형상이다.<br>(4) 우측 조수석 문짝 연소 정도는 좌측 운전석 문짝 연소 정도보다 심하며, 좌·우측 뒷 문짝 외부 표면은 연소되지 않은 상태이다.<br>2. 차실 안을 조사한다.<br>(1) 조수석에 조수석 의자 크기의 4분의 1정도 되는 돌멩이가 있다.<br>(2) 조수석 문짝 커버가 완전 연소된 상태이고, 운전석 문짝 커버는 원호를 그리며 일부 연소된 상태이며, 좌·우의 뒷 문짝 커버는 앞쪽부분의 연소정도가 심한 상태로 원호를 그리는 연소 형상이다.<br>(3) 조수석 주위 내부 배선에는 전기적 특이점이 없고, 조수석 앞의 바닥에서 유리 성분의 냄새가 감지되고 앞 유리창으로 보이는 조각난 유리 파편이 발굴된다.<br>3. 발화개소 및 화재원에 대해 검토한다.<br>(1) 차량 지붕 및 실내 문짝 커버 등의 연소 정도를 볼 때, 조수석에서 최초 발화되어 운전석 및 뒷좌석으로 연소 이동 된 것으로 판단된다.<br>(2) 조수석에 돌멩이가 있고, 조수석 앞의 바닥에 용융되지 않은 조각난 다수의 차량유리 파편이 있고 인화성 물질이 검출되는 점으로 볼 때, 인위적인 착화행위에 의한 화재로 판단된다. |

▲ **그림 4.5** 전후좌우의 모습

▲ **그림 4.6** 지붕의 모습

▲ **그림 4.7** 앞좌석(좌) 및 뒷좌석(우)의 모습

▲ **그림 4.8** 조수석과 운전석 옆의 문짝 모습

▲ **그림 4.9** 조수석 앞의 바닥에서 발굴되는 깨진 유리 파편

**화재사례 2** 유리를 깨고 전화번호부 종이를 찢어 불을 붙여 방화

**화재개요**

붙잡힌 어린이들 진술에 의하면 돌을 던져 운전석 뒤쪽 창문을 깨고 차량 안으로 들어가 미닫이 출입문을 열었고, 미닫이 출입문을 통해 모두 차량 실내로 들어가 전화번호부 종이를 찢어 불을 놓았는데 갑자기 불이 시트 쪽으로 번져서 끌 수 없어 미닫이 출입문을 열고 도망갔다. 소방대 도착 시 시동이 켜져 있었다.

**조사요령**

1. 미닫이 출입문이 열려진 상태로 연소된 모습이므로 어린이들의 자백과 일치한다.
2. 미닫이 출입문 안쪽 좌석과 좌석 사이 바닥공간이 가장 심하게 소훼된 흔적이나 좌석 등의 차량 내 가연물 연소잔해 이외에 특이한 연소잔류물이 없다.
3. 키 박스는 off 상태이므로 키 박스와 관련된 내부배선이 연소되면서 합선되어 시동모터가 작동되어 소방대 진화당시 시동이 켜졌던 것으로 판단된다.
4. 미닫이 출입문 앞쪽의 땅바닥에 전화번호부가 있는데 내부의 종이가 대부분 찢겨지고 없는 것으로 보아 전화부를 찢어 방화하였다는 어린이들의 자백과 일치한다.

▲ **그림 4.10** 소손된 차량의 모습

▲ **그림 4.11** 내부의 소손 모습

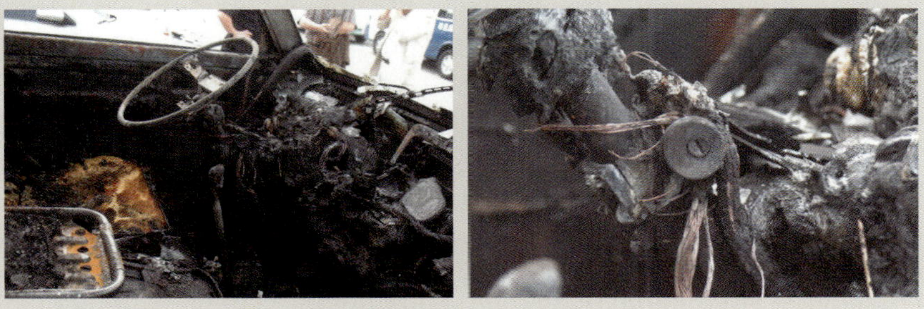

▲ **그림 4.12** 키 박스의 상황(OFF 상태)

▲ **그림 4.13** 미닫이 출입문 앞쪽 땅바닥에 있는 전화번호부

▲ **그림 4.14** 전화번호부 내부의 종이가 대부분 찢겨지고 없다.

## 화재사례 3

바퀴 위에 종이류를 올려놓고 방화

**화재개요**

02:26분경 빌라의 반지하주차장 쪽에서 경보음이 계속 울려 살펴보니 차량 운전석 쪽에 놓여 있는 쓰레기봉투에서 불이 차량의 보닛 부분으로 옮기는 것을 보고 119 신고를 하였다.

**화재원인**

좌측 프런트 펜더와 좌측 앞바퀴 윗면 사이에 종이와 플라스틱류를 올려놓고 불을 붙여 방화하였다.

**조사요령**

1. 차량 외부를 조사한다.
   보닛 좌측 부분이 수열변색되고 좌측 펜더 부분이 심하게 연소되어 있다.
2. 차실을 조사한다.
   차실은 화재로 인한 피해가 없다.
3. 엔진실을 조사한다.
   (1) 좌측이 우측부분에 비해 연소정도가 심하며 좌측부분 중 브레이크오일 저장 통이 위치하는 배력장치 부분의 연소정도가 심하고 동 부분에 이웃한 좌측부분의 현가장치지지 구조물의 변색 정도가 심하다.
   (2) 좌측 현가장치 구조물 아래 부분에 좌측 펜더에서 넘어 오는 개구부가 식별되며, 동 개구부 수평면 상의 아래 부분은 연소되지 않은 상태이고 윗부분만 연소된 상태로 엔진실은 동 부분에서 출화되어 연소 확장된 모습이다.
   (3) 엔진실 좌측 앞부분의 배선에 다수의 용융흔이 있다.
4. 좌측 바퀴를 분리하여 조사한다.
   (1) 좌측 앞바퀴 윗면 타이어 트레드부에서부터 흘러내린 빨간색 및 검은색 계열의 플라스틱 용융물이 식별되고, 동 부분에 연소되다만 종이(벼룩시장)가 부착되어 있으며, 외측면보다 내측면의 타이어 연소정도가 심한 상태이다.
   (2) 타이어 윗면과 동일 선상의 코일 스프링 뒷부분에서 식별되는 개구부(프런트 보닛 내부 엔진실로 통하는 구멍)가 심하게 연소되어 변색된 상태이며, 주위 배선에 전기적 특이점이 없다.
5. 발화개소와 화재원인을 검토한다.
   (1) 좌측 프런트 펜더와 보닛 좌측부분의 연소정도가 심하며, 엔진실 연소형상은 좌측 개구부에서 출화되어 엔진실 우측 부분으로 연소 확장된 모습인 점

(2) 엔진실 좌측 앞부분의 배선에서 식별되는 용융흔은 소선의 구별이 없으며, 광범위하게 용융된 점 등으로 외부화염에 의한 2차적 용융흔으로 판단되는 점
(3) 동 개구부는 엔진실에서 좌측 프런트 펜더 아래 코일 스프링이 위치한 좌측 앞바퀴 쪽으로 이어지는 점
(4) 좌측 앞바퀴 외측면 사이드 월에 비해 내측면 사이드 월의 연소 정도가 심하고 동 타이어 윗면에 연소되다만 종이와 빨간색 및 검은색 플라스틱 용융물이 있는 점
(5) 좌측 앞바퀴가 위치한 부분의 흙받이 및 플라스틱 구조물의 연소형상과 운전석 앞 계기판, 대시보드, 발판의 연소 형상이 좌측 프런트 보닛과 좌측 프런트 펜더에서 연소 확장된 점
(6) 상기 5가지를 근거로 좌측 앞바퀴 윗면에 종이와 플라스틱류를 이용한 인위적 착화행위에 의해 최초발화 되었을 것으로 판단된다.

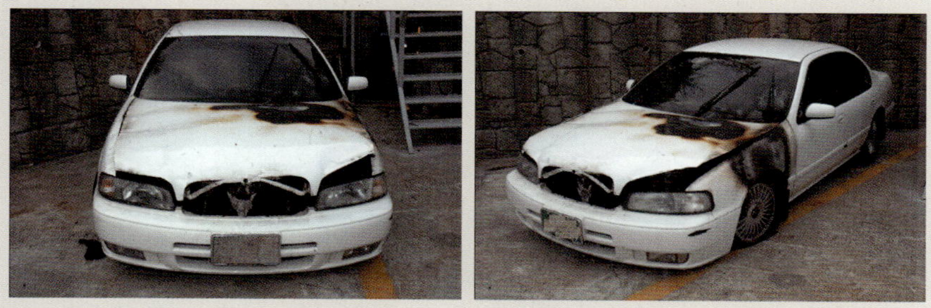

▲ **그림 4.15** 외부 연소형상

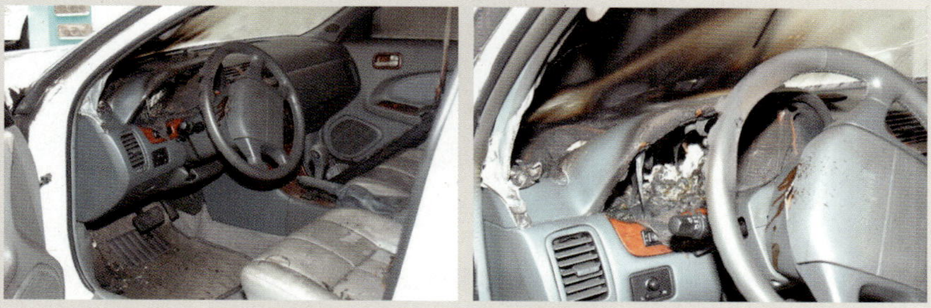

▲ **그림 4.16** 차실 내부의 연소형상

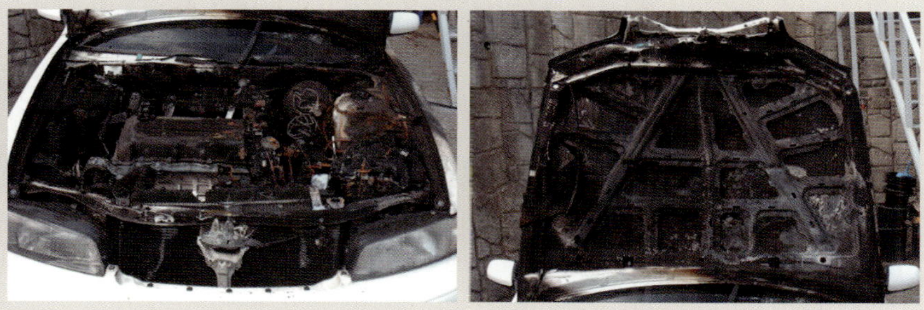

▲ **그림 4.17** 엔진 내부의 연소상황

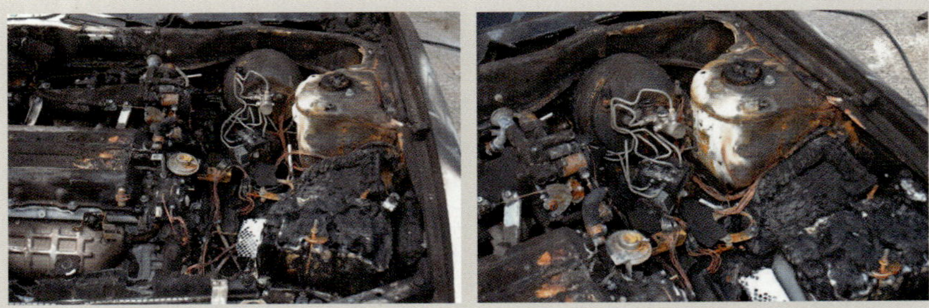

▲ **그림 4.18** 엔진 내부 좌측의 연소상황

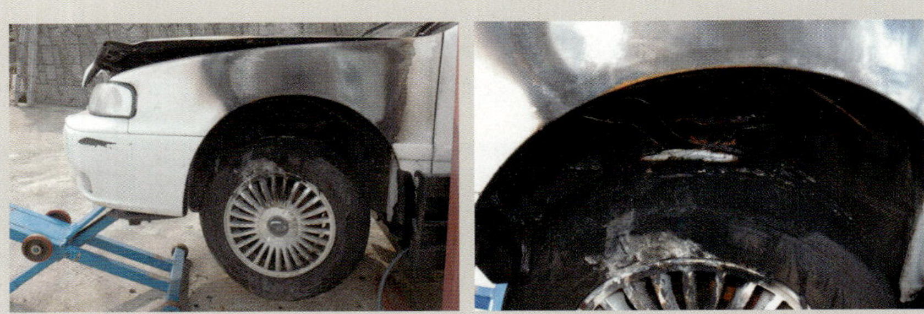

▲ **그림 4.19** 좌측 앞바퀴의 연소상황

▲ **그림 4.20** 좌측 앞바퀴 내측과 외측의 모습

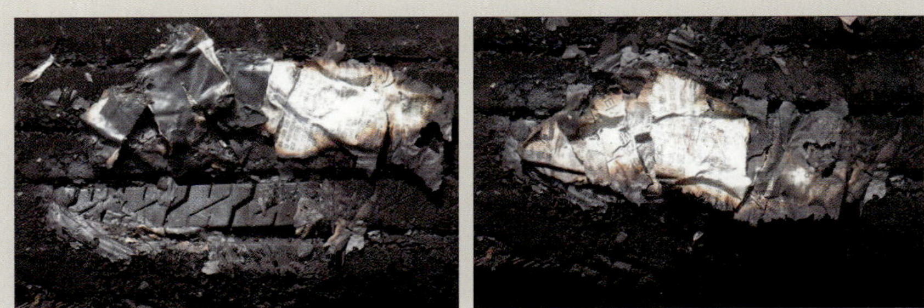

▲ **그림 4.21** 타이어 위 종이의 모습

▲ **그림 4.22** 트레드 위 플라스틱 용융물의 모습

▲ **그림 4.23** 좌측 앞바퀴를 탈거한 상황

## 화재사례 4 흙받이 부분에 방화

**화재개요**

00:20경 주유소 옆 도로상에 차량을 주차시켜두고 집으로 귀가하여 잠을 자고 있는 사이 화재가 발생하였다.

**화재원인**

좌측 앞바퀴 뒷부분 차체에 부착되는 플라스틱 흙받이에 방화하였다.

**조사요령**

1. 목격자 정보를 조사한다.
   심야에 주유소 옆 도로 상에 주차하였는데 화재가 발생하였다.
2. 차량 외부를 조사한다.
   좌측의 앞바퀴 및 펜더 부분만 국부적으로 연소된 상태이다.
3. 엔진실을 조사한다.
   엔진실은 좌측부분의 일부 플라스틱 구조물 표면만 연소, 용융된 상태이므로 발화개소에서 배제할 수 있다.
4. 좌측 앞바퀴 부근을 상세히 조사한다.
   (1) 좌측 프런트 펜더 외부 및 내부 차체 연소 형상은 펜더 및 펜더가 위치하는 차체 앞부분 보다 뒷부분이 심하게 연소되었고, 동 부분의 내부 전기 배선 절연피복이 완전 연소되었으며, 엔진실로 들어가는 절연피복은 탄화된 상태로 형태를 유지하며, 내부 전기 배선에 전기적 특이점이 없다.
   (2) 연소 정도가 심한 펜더 뒷부분 하단의 플라스틱 흙받이 구조물이 소훼되어 있다.
   (3) 좌측 앞바퀴는 앞부분에 차체에서 용융된 플라스틱 구조물이 융착된 상태이고, 내·외측면에서도 뒷부분이 연소정도가 심한 상태로 바퀴 앞부분에 비해 뒷부분의 연소정도가 심하며, 바퀴 휠 뒷부분 표면이 그을린 상태이다.

5. 발화개소 및 화재원인을 검토한다.
   (1) 차량 연소 형상은 엔진실 내부의 연소 상태가 좌측 부분의 일부 플라스틱 구조물 외부 표면만 연소 및 용융된 상태인 점으로 좌측 프런트 펜더에서 확산된 화염에 의한 것으로 판단되는 점
   (2) 좌측 프런트 펜더 탈거 후 내부 차체 연소 형상으로 볼 때, 펜더의 앞부분보다 뒷부분이 위치하는 차체 프레임의 산화 및 연소 정도가 심한 점
   (3) 바퀴 연소 형상도 타이어 앞부분에 비해 뒷부분이 연소정도가 심하며, 휠 뒷부분이 검게 그을린 점
   (4) 동 위치 내부 배선에서 전기적 특이점이 식별되지 않고, 펜더 부위에 차체 결함으로 발화될만한 발화원이 식별되지 않는 점
   (5) 플라스틱 흙받이가 완전 연소되어 식별되지 않고 흙받이 부분이 연소되면서 좌측 앞바퀴 뒷부분과 휠 뒷부분이 연소 및 검게 그을린 것으로 판단되는 점
   (6) 이상 5가지를 근거로 좌측 앞바퀴 뒷부분 차체에 부착되는 플라스틱 흙받이에서 최초 발화된 것으로 판단되며, 동 부분의 전기 배선에서 전기적 특이점이 식별되지 않고 차량 차체 결함으로 인한 발화원이 식별되지 않은바 인위적 착화 행위에 의한 화재로 판단된다.

▲ **그림 4.24** 차량 외부의 모습

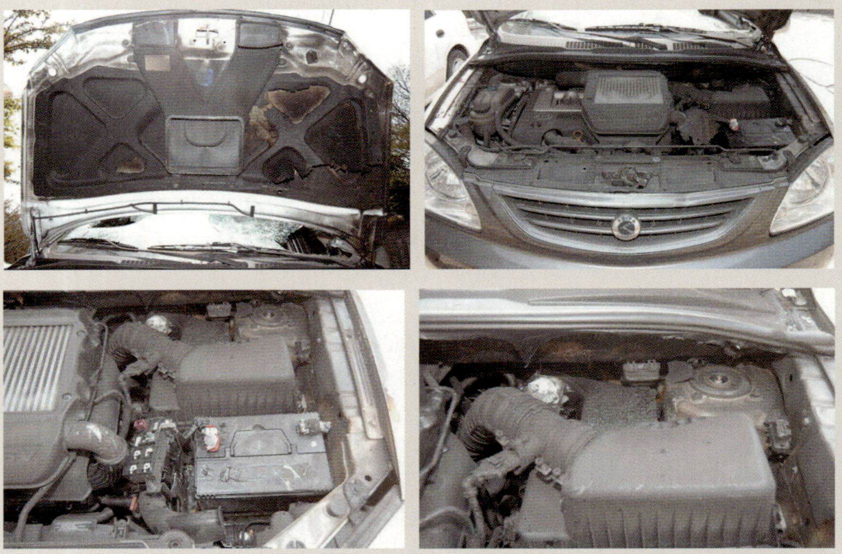

▲ **그림 4.25** 엔진실(상)과 엔진실 좌측부분(하)의 모습

▲ **그림 4.26** 좌측 프런트 펜더 연소형상과 전기배선

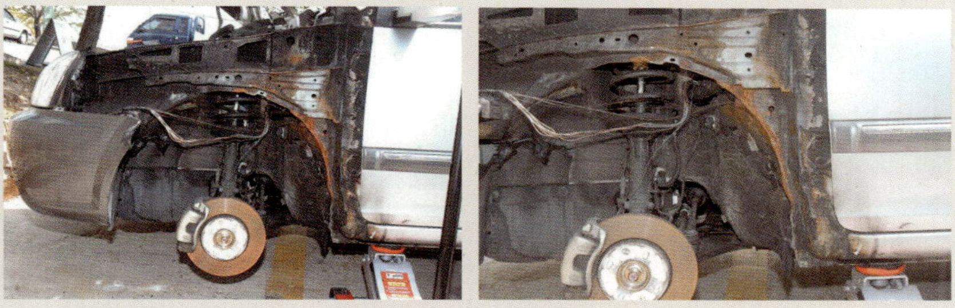

▲ **그림 4.27** 좌측 펜더 및 바퀴 분리 후 내부 모습

▲ **그림 4.28** 좌측 앞바퀴 뒤 차체부분 모습

▲ **그림 4.29** 좌측 앞바퀴 앞·뒷면과 내·외측면

## 화재사례 5 다툼 후 승용차 폭발[5)]

**화재개요**

3월 초순 18:05분경 공원으로 이용되고 있는 하천 둔치의 주차장에서 2명이 탑승한 승용차에서 폭발사고가 발생하였다. 이 사고로 운전자(남)와 동승자(여)는 중화상을 입었고 운전석과 조수석 앞의 에어백이 작동하였고 유리창이 깨지고 차체가 부풀어 오르는 등의 피해가 발생하였다. 폭발사고가 발생하자 공원에 있던 사람들이 119신고를 하여 소방대가 출동하여 119구급대가 중화상을 입은 이들을 인근병원으로 이송하였다.

**화재원인**

운전자가 휘발유를 도어트림 홀더 등에 고의로 살포한 상태에서 불상의 점화원에 의해 폭발하였다.

**조사요령**

1. 목격자 정보 등을 조사한다.
   (1) 폭발사고가 발생하자 공원에 있던 사람들이 119신고를 하여 소방대가 출동하여 119구급대가 중화상을 입은 이들을 인근병원으로 이송하였다.
   (2) 소방대 현장도착 시 화재발생은 없었고, 폭발에 의해서 차량 전체가 파손된 상태이었다.
   (3) 병원에 이송되어 있는 운전자가 소방서 화재조사요원에게 소유자(남)가 동승자(여)와 차량 안에서 말다툼할 때 시너가 든 페트병 뚜껑을 열어 두었다고 진술하였다.
   (4) 운전자는 병원입원 후 경찰조사에서 창문을 닫은 채로 동승자와 같이 하천둔치(공원)로 가던 중 승용차 내에서 이상한 냄새가 나서 콘솔박스 컵홀더에 꽂혀 있던 페트병에 든 휘발유를 운전대 위로 가져가 뚜껑을 닫던 중 손에서 미끄러

져 휘발유가 쏟아지자 동승자가 핸드백에서 손수건을 꺼내 오디오 밑 부분을 닦고 있을 때, 운전자가 휘발유가 시거 잭에 흘러들어가 불이 날 것이라고 생각하고 이를 빼려다 실수로 누르는 순간 펑하는 소리와 함께 화재가 발생하였다고 진술하였다.

(5) 경찰조사 후 운전자는 자동차보험에 가입한 보험회사 측에 보험금지급 청구를 하였다. 보험회사에는 하천 둔치로 내려갈 때 왼손을 핸들 위에 올려놓고, 오른손으로 휘발유병 뚜껑을 열었다가 다시 닫으려고 하다가 앞쪽으로 몸이 기울어지면서 휘발유가 엎질러지고 휘발유가 시거 잭 쪽으로 유입된 것으로 추정하여 승용차를 사고 장소에 정차하여 놓고 시동을 건 상태에서 시거 잭 박스를 원터치 하여 열고 다시 박스 안에 있는 시거 잭을 빼려고 하고 있었고, 동승자는 손수건인지 휴지인지 모르지만 시거 잭 박스 주변의 기름을 닦으려고 하다가 운전자의 부주의로 시거 잭을 누르고 아차 싶어서 시동을 끄는 순간 시거 잭 쪽에서 폭발하였으며, 동승자와 사이는 좋았고 당시 싸움은 없었으며, 모친의 빈 집 청소 후 쓰레기를 태우려고 휘발유를 구입하여 승용차 안에 보관 중이었다고 진술하였다.

(6) 승용차 콘솔박스 안에서 발견된 폭발사고 1개월 정도 전에 발행된 신용카드 영수증 뒷면에 "노력하는데 자꾸 힘들게 하면 다 포기하고 죽어버린다고 해"라는 메모가 있었고, 등기부등본과 신용대출 메모지가 있었다.

(7) 폭발사고 발생 후 1개월이 경과하여 경찰의 요청으로 국과수에서 조사하여 차량내부에서 휘발유를 매개로 한 유증폭발의 가능성이 있으나 점화원에 대한 명확한 논단은 어렵다고 경찰에 감정보고서를 제출하였다.

(8) 국과수 감정서에 고의사고 내용이 포함되어 있지 않아서 보험회사 측은 한국화재보험협회부설 방재시험연구원에 조사를 의뢰하였고, 국과수 감정 후 1개월이 경과한 시점에 방재시험연구원에서 조사를 하여 휘발유의 고의적인 살포로 인하여 폭발분위기가 형성된 상태 하에서 미상의 점화원에 의하여 점화되어 폭발하였고, 휘발유는 차량 실내의 전면(前面)부분 전체에 고의적으로 살포되었으며, 점화원은 화재현장 조사만으로 판별할 수 없다는 내용의 조사보고서를 보험회사 측에 제출하였다.

2. 폭발중심을 분석한다.

(1) 승용차 차실 내에서 유증기에 의해 폭발하였음은 소방, 국과수, 보험회사, 방재시험연구원, 승용차 탑승자 모두 이견이 없을 뿐만 아니라 승용차 창문틀이 모두 외부 쪽으로 균일하게 팽창되어 있고 지붕이 부풀어 오르고 보닛과 트렁크는 밀려나 있고 모든 유리창이 파손된 상태이므로 승용차 차실 내부에서 폭발이 발생하였음은 명백하다.

(2) 유리창은 모두 닫히고 도어는 모두 잠긴 상태에서 폭발하였음도 명백하다.

(3) 엔진실은 연소피해가 없으므로 이 폭발은 차량결함과 전혀 관련이 없다.

(4) 위와 같은 이유로 폭발의 중심은 차실 내부로 분석(판정)할 수 있다.

3. 고의 또는 과실여부에 대해 분석한다.

(1) 운전석과 조수석의 옆쪽 도어의 도어트림 홀더의 연소형상은 그곳에 고의로 유류를 살포하지 않고는 나타날 수 없다.

(2) 운전자에 대한 문답서에 의하면 "도로에서 하천 둔치로 내려갈 때 동승자가 이상한 냄새가 난다고 말하기에 승용차 안에 페트병 속에 휘발유를 넣어 컵홀더

위에 올려놓으니까 그런가 보다" 라고 하면서 "페트병 뚜껑을 열어 확인하기 위해서 핸들 위에서 운행 중 뚜껑을 열어 닫으려고 핸들을 왼손으로 걸치고 오른손으로 뚜껑을 닫다가 미끄러지면서 내 몸에 휘발유가 1/3정도 쏟아지고 페트병이 앞 계기판 쪽으로 넘어지면서 계기판과 조수석 쪽으로 휘발유가 쏟아지면서 마지막으로 시거 잭 쪽으로 흘러들어간 것으로 생각되어…"라고 진술하였는데, 계기판과 조수석 쪽이 아닌 곳인 운전석과 조수석의 옆쪽 도어의 도어트림 홀더가 국부적으로 심하게 연소되어 있어 운전자의 진술과 연소상황이 일치하지 않는다.

(3) 운전자의 실수로 휘발유가 흘렀다고 하면 휘발유가 바닥 등에까지 흘러내려서 바닥부분까지 연소흔적이 이어져 있을 것이나 이 사건 승용차는 바닥(매트)에 연소된 흔적이 없고, 완전히 서로 다른 장소인 운전석과 조수석 양쪽 옆 도어의 도어트림 홀더에 심한 연소형상이 있다. 운전자의 주장대로 실수로 휘발유가 흘렀다고 하더라도 이러한 경우에 운전석과 조수석 중 한쪽 도어의 도어트림 홀더에 연소흔적을 남기었을 가능성은 있을지 몰라도 이 사건 승용차와 같이 운전석과 조수석 양쪽 도어의 도어트림 홀더에 심한 연소형상을 남기는 것은 불가능하다. 고의적인 살포에 의하지 않고는 운전석과 조수석 양쪽 도어의 도어트림 홀더에 이 사건 승용차와 같은 연소형상을 남길 수 없다.

(4) 네 도어 모두가 열리지 않아 조사 중에 119구조대에 요청하여서 구조대원들이 유압 스프레더를 이용하여 앞쪽 두 도어를 강제로 개방하였고, 개방 후 앞 두 도어에서 안쪽의 플라스틱 부분(도어트림)을 분리해내어 운전석과 조수석 옆 양쪽 도어의 외부 철판과 도어트림 사이의 가운데에 들어 있는 흰색 완충재의 상태를 확인한바 흰색 완충제의 표면에 도어트림 홀더의 구멍을 중심으로 구멍 아래쪽에 넓게 유류가 흘러 스며든 흔적이 남아 있고 그 표면이 연소되어 있는데, 고의살포에 의하지 않고는 양쪽 도어의 도어트림 안쪽 흰색 완충재의 넓은 면에 흘러들어가기 어려우며 흰색 완충재에 넓게 스며들어 있는 것을 보면 유류를 도어트림 홀더에 고의로 부은 후 일정시간이 경과한 후에 폭발한 것으로 분석된다.

(5) 앞 양쪽 도어의 도어트림 홀더 외에 체인지 레버 커버 안쪽, 운전석 상부 쪽 루프톱 실링부분, 운전석 쪽 선바이저, 운전석 옆 도어의 유리창 실링고무 등에서 불연속적으로 유류에 의한 연소흔적이 있는데, 불연속적인 유류에 의한 연소흔적은 실수로 엎질러서 생길 수 있는 흔적으로 보기 어려우며, 실수로 엎질러서 생겼다면 운전자의 주장대로 바닥이나 계기판, 오디오, 시거 잭 주위에 연속적으로 집중적으로 살포되어 있을 것이나 체인지레버 안쪽을 제외하고는 바닥부위는 물론 주장하고 있는 부분에 유류가 뿌려지거나 연소된 흔적이 없다.

(6) 입원한 병원에서 작성한 Burn Diagram에 운전자의 양손 손가락이 모두 화상을 입은 것으로 표기되어 있는데, 운전자의 진술처럼 왼손은 핸들에 걸치고 오른손으로 페트병 뚜껑을 열어 닫다가 휘발유가 엎질렀다면 운전자 왼손 손가락은 화상을 입었을 가능성이 거의 없으므로 오히려 다투는 과정에서 휘발유를 살포하다가 두 손의 손가락까지 휘발유가 묻어 있었을 가능성이 크다.

(7) 소방서 작성 화재현장조사서에 "운전자가 동승자와 말다툼하면서 승용차 안에 시너가 든 페트병 뚜껑을 열어 두었다고 진술한 점"이라고 기록되어 있고, 사고현장에서 운전자와 동승자를 병원으로 이송한 119구급대의 구급활동일지에

"폭력"에 체크되어 있다.

(8) 상기와 같은 점들을 종합하여 고려하면 운전자가 휘발유를 도어트림 홀더 등에 고의로 살포한 상태에서 불상의 점화원에 의해 폭발된 것으로 분석된다. 조수석과 대시보드 사이의 바닥에서 손수건이 발견된 점으로 보아 휘발유 등이 살포된 상태에서 동승자가 휘발유 등을 손수건으로 닦는 행위를 하였을 가능성은 충분히 있고, 운전자가 동승자에게 단순히 겁을 주기 위해 휘발유를 살포하였으나 운전자의 의도와는 달리 옷 등에 의한 정전기나 특정할 수 없는 점화원에 의해 폭발하였을 가능성은 있으며 이에 대한 과학적인 규명은 어렵다.

4. 승용차 내부에 있었던 유류에 대해 분석한다.

(1) 국과수 감정서에 의하면 '차량 내부의 운전석 하단의 발판부분에서 수거한 페트병에서 휘발유성분이 검출되는 점을 고려할 경우, 차량 내부에서 휘발유를 연소매개체로 사용한 유증폭발의 가능성이 있음"이라고 감정하고 있어 휘발유는 살포됨이 명백하다.

(2) 소방서 화재현장조사서에 의하면 "운전자가 동승자와 말다툼하면서 승용차 안에 시너가 든 페트병 뚜껑을 열어 두었다"고 진술한 점과 119구급대에 의해 이송된 병원의 응급실 차트에 시너가 기록되어 있고, 보험회사 직원 면담 시에도 운전자가 '시너'라고 말하고 있고, 폭발 직후 소방서와 경찰서에서 촬영한 사진에 폭발된 승용차 옆에 용기로 추정되는 물체가 촬영되어 있는 점을 감안하면 휘발유 외에 시너가 존재하였을 가능성을 배제할 수 없다.

5. 탑승자의 진술에 대해 화재과학적 분석을 한다.

(1) 운전자와 동승자는 각각 이혼남여로 같은 직장에서 같이 일하게 되면서 알게 된 사이로 사고 당시에는 운전자는 그 직장에 근무하지 않고 있었으며, 사고 당일 주유소에서 신용카드로 휘발유 5만원을 결제한 후 미리 준비한 350㎖ 음료수 페트병에 담고 나머지는 승용차에 주유하고 휘발유가 든 페트병을 운전석 우측 콘솔박스 컵홀더에 올려놓고 8km 떨어져 있는 그 직장으로 이동하고 동승자에게 전화하여 잠시 할 얘기가 있다면서 그 직장 주차장에서 동승자를 조수석에 태운 후 약 2km 떨어져 있는 하천 둔치(공원) 주차장으로 갔다고 한다.

(2) 보험회사 측에서 운전자와 동승자에 대해 질문을 하여 답변을 정리한 문답서의 답변 내용이 승용차 폭발 피해상황과 연소흔적 조사·분석 및 화재과학적 분석 결과와 모순이 없는지를 검토하여 운전자와 동승자의 진술내용에 신뢰성이 있는지를 분석한다.

① 운전자

"음료수병 껍데기 상표를 벗겨서 운전석문 안쪽 수납공간에 넣고"라고 진술하였는데, 운전석 아래쪽에서 음료수병 껍데기 상표가 발견되므로 사실일 것으로 분석된다.

"도로에서 하천 둔치로 내려갈 때, 동승자가 이상한 냄새가 난다고 하기에 '차 안에 휘발유를 실어 놓으니까 그런가 보다'라고 하면서 다시 뚜껑을 열어 다시 확인하다가, 핸들 위에서 운행 중 뚜껑을 다시 열어 닫으려다, 핸들을 왼손으로 걸치고 오른손으로 뚜껑을 닫다가 미끄러지면서 내 몸에 휘발유가 1/3정도 쏟아지고 앞 계기판 쪽으로 넘어지면서 계기판과 조수석 쪽으로 쏟아지면서 마지막으로 시거 잭 쪽으로 휘발유가 흘러들어간 것으로 생각되어 시거 잭을 빼려고 한번 누를 때 동승자가 손수건으로 시거 잭을 닦으려고 하는 순간 제가 시거 잭을 누르면서 차를 주차하고 시동을 끄는 순간 시거 잭 쪽에서 점화되면서 폭발했다"라고 진술하였는데, 계기판에 휘발유가 쏟아진 흔적이 없을 뿐만 아니라 휘발유가 쏟아졌다면 연소흔적이 있을 것이나 연소흔적이 없고, 실수로 쏟았다면 운전석과 조수석 앞의 매트에도 쏟은 흔적과 연소흔적이 없고, 시가 잭 안에도 휘발유가 흘러들어간 흔적과 연소흔적이 없고, 동승자가 손수건으로 시거 잭을 닦았다는데 휘발유가 흘러들어가 닦은 것인지는 알 수 없으나 손수건은 있었으며, 차를 주차하고 시동을 끄는 순간 시거 잭 쪽에서 점화되면서 폭발하였다는데 주차위치에 놓지 않았다면 폭발로 인해 차량이 크게 이동하였을 것이나 이러한 현상은 없었던 것으로 보아 승용차를 주차하고 체인지레버를 주차위치에 놓았을 가능성이 높으며, 시동을 껐는지는 진술만으로 판단하기 어려우며, 시거 잭 쪽에 연소흔적이 없으므로 시거 잭 쪽에서 점화되면서 폭발했을 가능성은 거의 없는 것으로 분석된다. 위 진술 내용은 일부는 사실이고 일부는 사실이 아닐 가능성이 높다.

"운전석 옆 기어박스 뒤쪽 컵홀더에 음료수병에 씌워져 있던 비닐상표를 미리 제거한 뒤 휘발유를 구분하기 위해 올려놓았으며 뚜껑은 닫은 상태이었다"라고 진술하였는데, 운전석 아래 바닥에서 음료수병 비닐껍데기가 발견되므로 사실이나 휘발유를 구분하기 위해서인지 까지는 판단할 수 없다.

"음료수병 양이 얼마 되지 않고 컵홀더에 올려놓으면 보관하기가 좋아서 컵홀더에 보관하였다"고 진술하였는데, 컵홀더에 음료수병을 넣고 운전하더라도 넘어지지 않으므로 이러한 진술은 사실로 보인다.

"동승자를 만나고부터 하천 둔치까지 운행할 때는 창문을 닫고 운행하였다", "사고 당시 창문은 닫혀 있었다."라고 진술하는데, 3월 초순이었으므로 창문을 닫고 운행했을 가능성이 높으며, 사고 당시 창문이 닫혀 있었기에 유증기가 체류되어 폭발되었을 것이고 현장조사를 통해서도 창문이 닫혀 있었음이 확인되므로 이는 사실인 것으로 분석된다.

"운행 중 동승자가 냄새가 난다고 하여 휘발유가 있다하니 짜증을 잠시 내기에 다시 뚜껑을 확인한 뒤 다시 닫으려다 쏟아졌다", "휘발유 담은 음료수 병이 쏟아지면서 휘발유가 앞 계기판과 동승자와 자기 몸 쪽으로 튀면서 일부가 시거 잭으로 흘러들어가는 것으로 추정하여 시거 잭을 빼기 위해 한 번 원터치로 누르고 다시 빼내려다가 동승자는 닦으려고 하다가 시거 잭이 다시 눌러지면서 순간 시동을 껐다", "시동을 끄는 순간 폭발하여 경적소리가 나면서 정신을 잃었다"라고 진술하는데, 시거 잭이 다시 눌러지면서 순간 시동을 끄는 순간 폭발하였음이 사실인지는 과학적으로 규명하기 어려우나 시거 잭 쪽이 연소되지 않았고 시거 잭에 연소흔적이 없으며, 바닥 등 아래쪽이 연소되지 않은 것으로 보아 이 진술은 신뢰성이 거의 없다.

"페트병에서 휘발유가 쏟아진 뒤 수습을 하기 위해 주차하여 기어레버를 P에 놓고 시동이 걸려 있는 상태에서 시거 잭을 수습하는 순간, 시동을 끄는 순간 폭발하였다"라고 진술하였는데, 기어레버를 P 위치에 놓지 않았다면 폭발과정에서 크게 이동하였을 것인데 이동하지 않은 것으로 보아서 기어레버를 P 위치에 놓은 것은 사실이나 시거 잭을 수습하는 순간, 시동을 끄는 순간 폭발하였다는 것은 신뢰성이 높지 않다.

"차량 운전석문과 조수석문 도어트림 홀더에 인화물질을 보관한 사실이 없고, 휘발유가 양쪽으로 튀어 흘러들어갔을 가능성이 많다. 그래서 양쪽에 검게 탄 흔적이 있고, 제가 탈출할 때 양쪽이 타고 있었다."라고 진술하였는데, 도어트림 홀더에 휘발유를 붓지 않고는 일어날 수 없는 연소현상이 나타난 점으로 보아 진술의 신뢰성은 아주 낮으며, 도어트림 홀더에 휘발유가 튀어 들어가는 양으로 생길 수 있는 연소흔적으로 보기 어렵고, 도어트림 홀더에 휘발유가 튀어 들어갔다고 하더라도 양쪽 도어트림 홀더에 동시에 상당량의 휘발유가 튀어 들어간다는 것은 불가능하며, 휘발유가 부어져 있었기에 폭발한 후 탈출하는 과정에도 불타는 것을 목격하였을 것으로 분석된다.
"휘발유가 쏟아진 뒤 수습을 하기 위해 주차하여 수습 후 시동을 끄는 순간 시거 잭에서 폭발하였다. 제가 볼 때는 최초발화지점이 시거 잭으로 추정한다"라고 진술하였는데, 시거 잭에 휘발유가 흘러들어갔고 시거 잭이 점화원이라면 시거 잭에 연소흔적이 있을 것이나 시거 잭과 그 주위에는 연소흔적이 없으므로 진술의 신뢰성은 아주 낮다.
"안전벨트를 둘이 착용하고 있다가 수습을 하면서 벨트를 모두 풀었다"라고 진술하였는데, 운전자와 탑승자 모두 외상의 흔적이 없이 상당한 폭발에도 화상만을 입은 점으로 보아 안전벨트를 착용하고 있었을 가능성이 있지만 외상이 없는 것만으로 신뢰성을 판단하기 어렵다.
"사고 전 하천 둔치에 들어가면서 동승자가 휘발유를 차안에 싣고 다닌다고 하고 짜증을 낸 것 외에 싸운 사실이 없다. 짜증 낸 것 외에는 싸우지 않았다"라고 진술하였는데, 소방서 화재조사요원에게 말싸움을 하였다고 진술하였고, 119구급대원에게도 싸웠다고 진술하였기에 소방서 화재현장조사서에 말다툼하였다는 기록이 있고 119안전센터 구급활동일지에'폭력'에 체크되어 있는 점을 볼 때 싸우지 않았다는 점은 신뢰성이 낮은 것으로 분석된다. 말다툼과 폭력이라고 기술하고 체크한 소방서 화재조사요원과 구급대원은 운전자나 동승자와 아무런 이해관계가 없으므로 거짓으로 기록하였을 가능성은 아주 낮다. 화재 등 사고관계자의 경우 일반적으로 사고초기에는 진실한 진술을 하나 시간이 경과하면서 자신에게 유리한 진술만을 하고 있으므로 화재조사요원은 현장에 도착하자마자 진술을 받고 있으며 이 진술을 아주 중요하게 여기며 사고가 수습된 이후 안정된 상태에서의 진술은 참고만 할 뿐이다.
"둘 다 담배를 피우지 않는다.", "사고 직전 운전자와 동승인은 음주를 하지 않았다."라고 진술하였는데, 승용차 내 재떨이가 깨끗하고 시거 잭을 사용한 흔적이 없는 점으로 보아 담배를 피우지 않은 것으로 추정되며, 또한 승용차 내에서 술병이 발견되지 않았고 운전자가 동승자를 만난 시간과 동승 경위 및 사고시간으로 미루어보아 동승자가 음주했을 가능성은 거의 없으나 운전자의 음주여부는 진술만으로 판단하는 데는 한계가 있다.
"다른 인화물질이 없었고 시거 잭 쪽에서 폭발하여 불꽃이 튀었기 때문에 시거 잭이 발화지점이라고 추정된다."라고 진술하였는데, 시거 잭은 물론 그 주위에 체인지 레버 안쪽을 제외하고 연소흔적이 없으므로 진술의 신뢰성은 높지 않다.

"최초에 본인 앞쪽 상의에 불이 붙고 양손에도 붙고 동승자는 앉은 상태로 왼쪽부분에 불이 붙었으며, 탈출 후에 운전석과 조수석 문 쪽에서 불이 타고 있었고 조수석 앞쪽 보닛과 대시보드 중간에 불이 타고 있었다."라고 진술하였는데, 폭발된 후 탈출한 상태에서 폭발 직후 상황을 정확히 기억하는 것은 무리일 것이지만, 운전자 상의의 목 주위와 양손 부위 부근이 연소된 모습이며, 운전석과 조수석 옆의 양 도어의 도어트림 홀더의 연소된 모습으로 보아 진술의 신뢰성은 높은 것으로 분석된다.

"다음날 고향에 가서 빈집 청소를 하려고 하여 찌꺼기도 태우고 하기 위해 휘발유를 구입하였다.", "아무 생각 없이 구입하여 차 안에 보관하였다."라고 진술하였는데, 주유소에서 승용차에 주유할 때 페트병에 휘발유를 담은 사실은 주유소 CCTV와 카드영수증 등을 통해 입증되었지만, 이 진술 자체만으로 신뢰성이 있는지는 판단할 수 없다.

상기와 같은 이유로 운전자의 진술은 폭발피해상황 및 연소흔적 조사 결과와 화재과학적인 분석 입장에서 볼 때 신뢰성이 높은 부분도 있고 신뢰성을 논하기 어려운 부분도 있지만 (a) 실수로 휘발유를 엎질렀다는 진술, (b) 휘발유가 실수로 엎질러지는 과정에서 앞 양쪽 도어트림 홀더에 동시에 튀어 들어갔다는 진술, (c) 사고 전에 다툼이 없었다는 진술은 신뢰성이 아주 낮다고 분석할 수 있다.

② 동승자

"인화물질이 있던 것을 처음에는 몰랐는데 차를 타고 직장에서 출발하여 하천 둔치 내려갈 때 이상한 냄새가 나서 그 때 알게 되었다."고 진술하였는데, 페트병의 뚜껑이 닫혀 있었다면 당연히 몰랐을 것이므로 휘발유가 들어 있는 페트병이 차 내에 있고 승차 이후에 운전자가 뚜껑을 열어서 휘발유 냄새를 맡게 된 것으로 판단되며, 하천 둔치를 내려갈 때 이상한 냄새가 처음으로 났는지가 진실한 진술인지에 대해서는 판단하기 어렵다.

"차 내에 보관하고 있던 인화물질이 페트병에 담겨 있었는데 종류는 알 수 없고, 가운데 컵 놓은 자리에 있었다."라고 진술하였는데, 어떤 종류의 인화물질인지는 알 수 없었을 가능성이 충분히 있고, 운전자도 컵홀더에 놓아두었다고 진술하고 있어 컵 놓은 자리에 놓아두었을 가능성은 있으므로 거짓된 진술이라고 단정하기는 어렵다.

"하천 둔치를 내려갈 때 냄새가 난다고 하니까 운전자가 페트병을 한 손으로 들고 정차한 상태에서 뚜껑을 닫다가 페트병이 앞쪽으로 기울어지면서 약간 쏟아졌는데 제가 핸드백에 있는 손수건을 꺼내서 오디오 밑쪽을 닦는데 그냥 펑하면서 밑에서부터 불길이 솟아올라왔다. 그 당시 운전자는 어떤 상태이었는지 모른다. 닦는 순간 폭발하였다'라고 진술하였는데, 손수건을 꺼내서 닦았는지에 대해서는 불분명하나 손수건은 발견되었고, 약간 쏟아서는 이 폭발사고 정도의 폭발현상이 나타나기 어렵고, 아래에서부터 불길이 솟아올랐다면 아래 부분이 연소되었을 것이나 체인지 레버 아래쪽을 제외하고는 아래 부분에 연소된 흔적이 없으므로 신뢰성이 낮은 진술로 분석할 수 있다.

"직장 주차장에서 만나 하천 둔치까지 약 10분 정도 소요된다.", "어떤 종류인지 모르지만 기름 냄새가 났다. 처음에 차량에 탔을 때는 느끼지 못했는데 하천 둔치 내려갈 때 느꼈다"라고 진술하였는데, 직장에서 하천 둔치까지는 2km 정도 거리이고, 휘발유가 들어 있는 페트병의 뚜껑이 당초부터 잘못 닫혀져 있었다면 처음 승용차에 탔을 때부터 냄새를 맡았을 것이지만 하천 둔치 내려가기 직전에 운전자가 페트병의 뚜껑을 열었다면 하천 둔치 내려갈 때 기름 냄새를 맡게 될 것이므로 이 진술만으로 신뢰성을 판단하기 어렵다.

"좌우측 창문이 닫혀 있었다."라고 진술하였는데, 폭발된 모습으로 보아 모든 창문은 닫힌 상태이었던 것으로 분석되므로 신뢰성이 있는 진술로 보인다.

"사고 전 차내에서 운전자와 싸운 사실이 없다."라고 진술하였는데, 소방서 화재조사요원에게 말싸움을 하였다고 진술하였고 119구급대원에게도 싸웠다고 진술하였기에 소방서 화재현장조사서에 말다툼하였다는 기록이 있고 119안전센터 구급활동일지에'폭력'에 체크되어 있는 점을 볼 때 싸우지 않았다는 점은 신뢰성이 낮은 것으로 분석된다.

"인화물질을 뿌린 사실이 없다."라고 진술하였는데, 휘발유 등 인화물질을 붓거나 뿌리지 않고는 나타날 수 없는 연소흔적이 도어 트림 홀더에 있으므로 진술의 신뢰성은 아주 낮은 것으로 분석된다.

"최초 폭발은 오디오 쪽에서 올라왔다."라고 진술하였는데, 휘발유가 실수로 바닥으로 뿌려지고 오디오세트 쪽에서 올라왔다면 운전석과 조수석 앞의 바닥(매트) 쪽에 연소흔적이 있을 것이나 아래쪽은 체인지 레버 아래 안쪽에만 연소흔적이 있을 뿐 바닥(매트)에 연소흔적이 없는 점으로 보아 진술의 신뢰성이 높다고 분석하기에는 무리가 있다.

"운전자가 먼저 탈출한 뒤 저를 조수석 창문으로 구조하였다. 당시 문이 열리지 않았다."라고 진술하였는데, 저자가 조사당시 구조대에 의해 도어를 강제로 개방하였으므로 폭발당시 문이 열리지 않은 것은 사실이며, 조수석 창문 쪽으로 구조한 것은 운전자의 문답서 기록에도 있고 당시 공원에서 목격한 목격자들이 있으므로 신뢰성에 의문은 없는 것으로 분석된다.

"정장 스커트 치마를 입고 있었고, 스웨터로 된 목도리를 두르고 핸드백은 발밑에 두었다. 좌측 안면부와 좌측 팔부위에 화상을 심하게 입고 양쪽 허벅지에도 화상을 입었다."라고 진술하였는데, 스웨터로 된 목도리가 차실 내에서 발견되고 핸드백은 조수석 앞 바닥에 있었음이 확인되며, 119구급대 구급일지와 병원 차트에 기록된 화상 부위와 일치하므로 이 진술은 신뢰성이 높은 것으로 분석된다.

"사고 직전 시거 잭은 모르겠고 손수건으로 오디오 맨 밑 부분을 닦았다." 라고 진술하였는데, 손수건은 조수석 앞 매트 위에서 발견되었고, 시거 잭에 대해서는 운전자의 답변과 모순이 있지만 이 진술만으로 동승자가 거짓된 진술을 하는지 운전자가 거짓된 진술을 하는지를 판단하기는 어려우므로, 이 진술만으로 신뢰성을 분석한 것은 무리이다.

상기와 같은 이유로 동승자의 진술은 폭발피해 상황 조사·분석 결과와 화재과학적인 분석 입장에서 비교해 볼 때 신뢰성이 높은 부분도 있고 신뢰성을 논하기 어려운 부분도 있지만, 특히 (a) 운전자가 실수로 휘발유를 약간 쏟았다는 진술, (b) 인화물질을 뿌린 사실이 없다는 진술, (c) 사고 전에 다툼이 없었다는 진술은 신뢰성이 아주 낮다고 분석할 수 있다.

6. 폭발의 원인에 대해 종합적인 분석을 한다.

(1) 승용차 내에서 유증기에 의해 폭발하였음은 경찰, 소방, 국과수, 보험회사, 승용차 탑승자 모두 이견이 없으며, 폭발한 승용차 내외부를 조사한 바로도 승용차 내에서 유증기에 점화원이 가해져서 폭발하였음은 명백하다.

(2) 유리창은 모두 닫히고 도어는 모두 잠긴 상태에서 폭발하였고, 폭발은 차량결함과 전혀 관련이 없다.

(3) 운전석과 조수석 옆 도어의 도어트림 홀더의 연소형상은 그곳에 고의로 유류를 살포하지 않고는 나타날 수 없는 연소형상이며, 운전석과 조수석 옆 양쪽 도어의 외부철판과 도어트림 사이의 가운데에 들어 있는 흰색 완충제의 표면에 도어트림 홀더의 구멍을 중심으로 구멍 아래쪽에 넓게 유류가 흘러 스며든 흔적이 남아 있고 그 표면이 연소되어 있는데, 이러한 상태는 도어트림 홀더에 고의로 살포하지 않고는 나타나기 어려운 연소현상이다.

(4) 앞쪽 양쪽 도어의 도어트림 홀더 외에 체인지레버 커버 안쪽, 운전석 상부 쪽 루프톱 실링부분, 운전석 쪽 선바이저, 운전석 도어의 유리창 실링고무 등에서 불연속적으로 유류에 의한 연소흔적이 있다.

(5) 병원에서 발행한 Burn Diagram에 운전자의 양손 손가락이 모두 화상을 입은 것으로 기록되어 있고, 소방서의 화재현장조사서에 "운전자와 동승자가 말다툼하면서 차량 안에 시너가 든 페트병 뚜껑을 열어 두었다고 진술한 점"이라고 조사되어 있으며, 사고현장에서 폭발한 승용차의 운전자와 동승자를 병원으로 이송한 119안전센터 구급대의 구급활동일지에 "폭력"에 체크되어 있다.

(6) 상기와 같은 점들을 고려하면 휘발유는 운전자에 의해 고의로 살포된 것으로 분석된다. 단, 운전자가 동승자에게 단순히 겁을 주기 위해 휘발유를 살포하였으나 운전자의 의도와는 달리 옷 등에 의한 정전기나 특정할 수 없는 점화원에 의해 폭발하였을 가능성은 배제할 수 없으며 이에 대한 과학적인 규명은 어렵다.

▲ **그림 4.30** 소방대 도착 직후 폭발 차량의 모습

5) 이의평, "고의에 의한 승용차폭발사고 사례의 분석", 한국화재소방학회논문집, Vol.31, No.4, pp.119~127, 2017.

▲ **그림 4.31** 외부의 모습

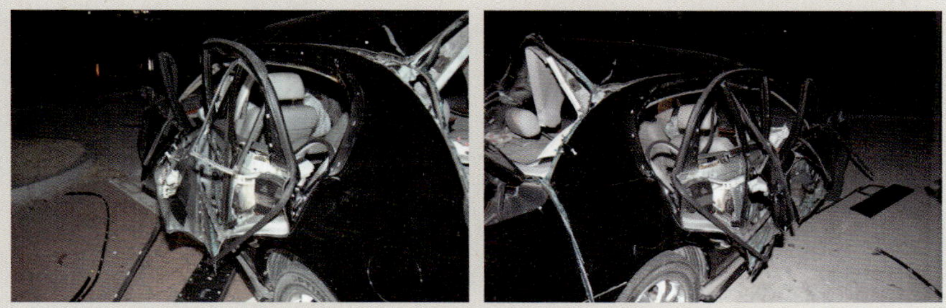

▲ **그림 4.32** 폭발 당시 문이 잠긴 상태에서 폭발한 모습

▲ **그림 4.33** 엔진실과 보닛 안쪽의 모습

▲ **그림 4.34** 조수석 옆 문 안쪽의 도어 트림 홀더의 연소 모습

▲ **그림 4.35** 운전석 옆 도어 안쪽의 도어 트림 홀더의 연소 모습

▲ **그림 4.36** 유압 스프레더로 문 개방하는 구조대

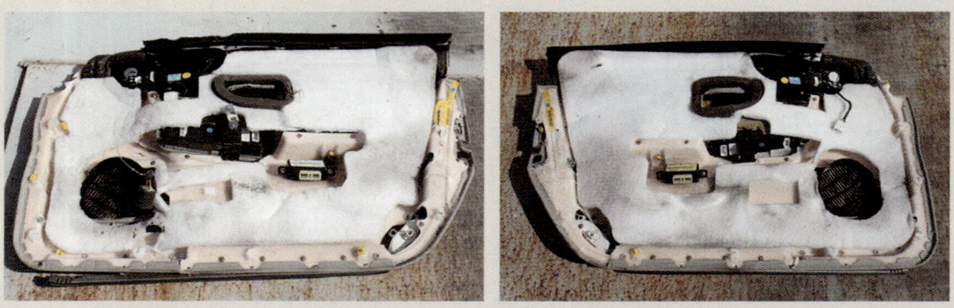

▲ **그림 4.37** 휘발유가 스며들어 있는 완충재 표면의 연소 모습

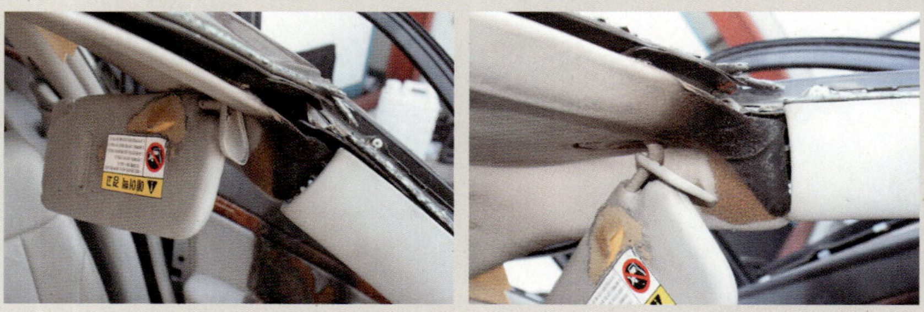

▲ **그림 4.38** 루프 톱 기밀재의 국부적인 연소 모습

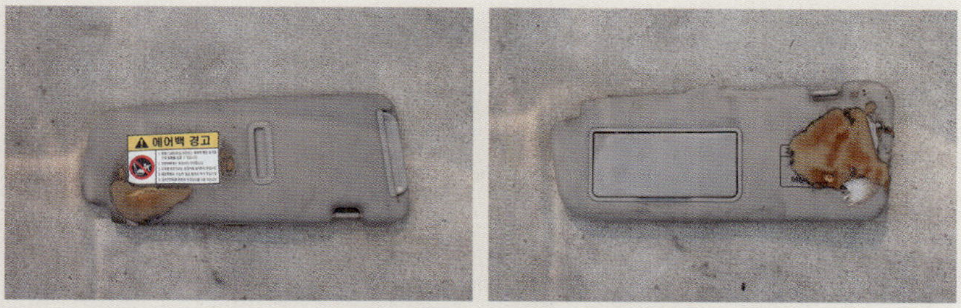


▲ **그림** 4.39 좌측 선바이저의 국부적인 연소와 스플래시 패턴

▲ **그림** 4.40 체인지 레버 안쪽의 연소 모습

▲ **그림** 4.41 운전석 옆 창문 기밀용 고무의 국부적인 연소 모습

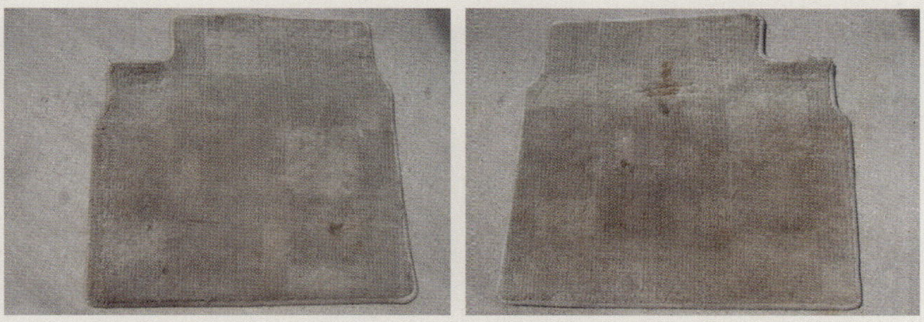

▲ **그림** 4.42 운전석과 조수석 앞의 바닥 매트의 모습

▲ **그림 4.43** 오디오시스템 주위의 모습

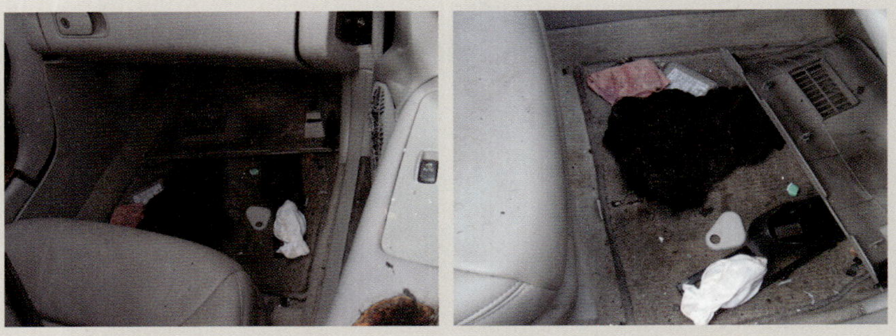

▲ **그림 4.44** 조수석 앞 매트 위의 손수건과 스웨터의 모습

▲ **그림 4.45** 소방서 화재조사요원이 오후 6:12에 촬영한 사진

▲ **그림 4.46** 경찰서 조사요원이 오후 7시에 촬영한 사진

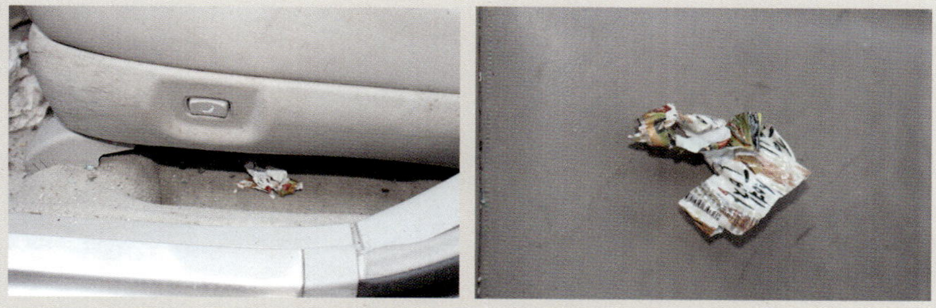

▲ **그림 4.47** 운전석 아래에서 발견된 음료수병의 PVC 포장재 모습

▲ **그림 4.48** 시거 잭과 주위의 모습

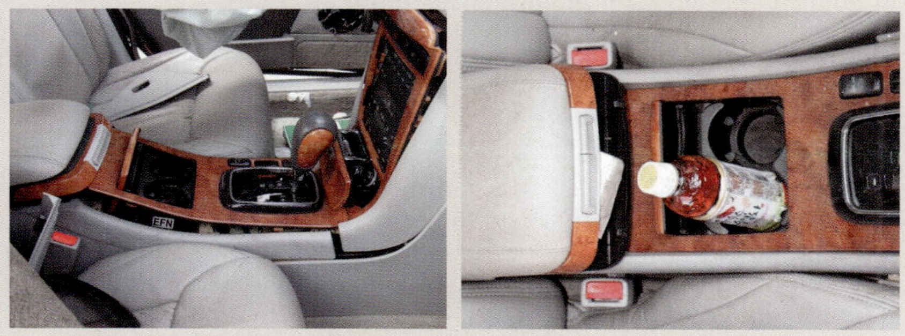

▲ **그림 4.49** 컵 홀더 주위의 모습

▲ **그림 4.50** 운전자가 입었던 재킷과 셔츠의 모습

## 화재사례 6 운전자가 행방불명된 고속도로 승용차화재[6)]

**화재개요**

11월 18일 19:28 고속도로순찰대에서 산 속 고속도로에서 차량화재가 발생했다고 119상황실로 신고한 건으로 운전자가 행방불명되어 경찰 수백 명을 동원하여 근처 산속을 수색하였으나 운전자를 찾지 못하였다.

**화재원인**

차실 내 조수석 쪽에 석유류를 뿌리고 방화를 한 것으로 추정된다.

**조사요령**

1. 목격자 정보 등을 조사한다.
 (1) 화재발생 2일 후 연락이 된 운전자의 남편에 의하면 운전자 A(여)는 시댁에서 자택으로 가려고 혼자서 고속도로를 운행하다가 쉼터에서 쉰 후 고속도로로 진입하던 중 트럭이 오고 있어 핸들을 꺾어 가드레일 충돌 후 화재가 발생한 것이라고 전하였다.
 (2) 운전자가 혼자서 산을 내려가 장거리를 걸어서 이동하여 버스를 탔다.
 (3) 운전자는 무릎에 타박상이 있고 손등과 얼굴에 화상을 입었고, 병원에 입원하였다.
 (4) 운전자는 화재발생 2일 후 병원에서 발견되었다.
2. 차량 외부를 조사한다.
 승용차 우측이 가드레일과 부딪히고 충격을 받은 것은 사실로 인정되고 조수석 앞쪽 헤드라이트 부근이 충격 손상이 심하다.
3. 엔진실을 조사한다.
 (1) 우측 헤드라이트 부분과 엔진룸에 충격손상이 있다.
 (2) 엔진룸 내 보닛에 변색흔적이 있는 부위가 약간 연소되는 피해를 입었을 뿐이고 엔진룸은 조수석 쪽 대시보드에서 연소확대되어 약간 불에 탄 정도이다.
4. 차실을 조사한다.
 (1) 조수석 앞 대시보드 쪽이 심하게 소손되어 있다.
 (2) 조수석 앞 대시보드 쪽이 발화개소이다.
5. 화재원인을 검토한다.
 (1) 인위적인 화재라고 한다면 가드레일에 부딪혀서 조수석 앞쪽 대시보드 내에서 화재가 발생할 수 있는 것은 전기적인 원인 외에 다른 원인이 없다.
 (2) 가드레일에 부딪혀서 설령 조수석 앞쪽 대시보드 안의 전기배선의 접속부 등에서 화재가 발생하였다고 하더라도 화재가 급격히 커지지 않아 운전자가 대피

가능한 상황이라면 운전자가 화상을 입을 수 없다. 즉, 전기적인 요인에 의한 화재라고 하면 승용차를 갓길에 멈추고 차에서 내릴 정도의 시간에 운전자에게 화상을 입힐 정도의 화재로 성장할 수 없다.

(3) 사고 승용차는 엔진룸의 엔진이 뒤쪽으로 움직이지 않고, 운전대가 이동하지 않은 상황이어서 운전자에게 아주 심한 충격이 가해져서 심한 부상을 가져오거나 정신을 잃을 정도는 아니었던 같고, 운전자가 혼자서 산을 내려가 장거리를 걸어서 이동하였다고 진술한 점을 보면 운전자가 대피하지 못할 정도로 심한 부상을 당할 상황도 아니었던 같다.

(4) 가드레일에 부딪혀서 설령 조수석 앞쪽 대시보드의 전기배선의 접속부 등에서 화재가 발생하였다고 하더라도 부딪히는 충격으로 유리창이 깨지지 않는 한 차실 내에서 화재가 발생한다고 하더라도 화재가 저절로 꺼져 화열로 유리창이 깨질 수 없다.

(5) 사고 9일 후 운전자와 통화하였을 때, 운전자는 사고 당시 앞 유리창이 깨지지 않았다고 답변하였는데, 차실 내에서 화재가 발생한 경우 문을 닫고 내리면 화재는 저절로 꺼져 버려 유리창이 화재로 깨질 수 없는데, 앞 유리창이 깨져 있는 상황이다. 불탄 모습을 보면 화재 당시 운전석 문은 닫혀 있었다.

(6) 가드레일에 부딪혀 화재가 발생하였으면 내린 후 당연히 119신고를 하거나 지나가던 차량을 세워 화재를 알렸을 것이나 운전자는 화재신고도 않고 지나가던 차량을 세워 화재를 알리지도 않은 상태에서 승용차를 도로가에 방치해두고 산을 내려갔고 장거리를 걸어서 이동하였다고 진술하였다.

(7) 차량에 화재가 발생했음에도 신고를 기피한 경우는 음주운전이나 유사휘발유 취급 등 법규위반과 관련되거나 숨겨야 할 개인사정이 있는 경우가 대부분이다. 음주운전 사고로 화재가 발생하자 운전자가 도망간 사례가 있다.

(8) 차실 내 조수석 쪽에서 석유류 냄새가 나고, 운전석 쪽 뒷좌석에서 부탄 가스통이 발견되었다.

▲ **그림 4.51** 화재발생 차량의 외부 모습

6) 이의평, "운전자가 행방불명 된 승용차화재 사례의 분석", 한국화재조사학회 2013 춘계학술대회논문집, p.155.

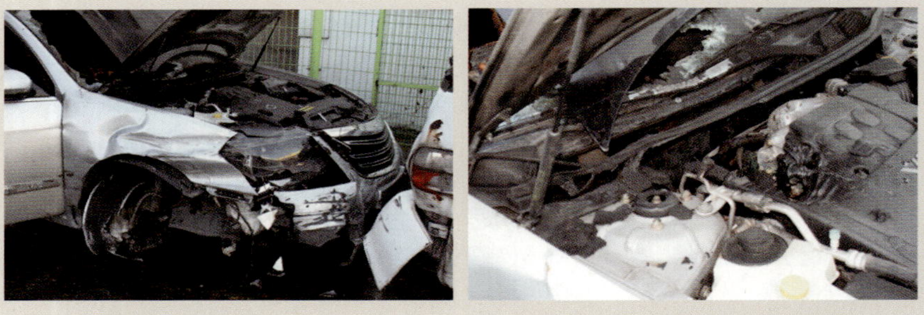

▲ **그림 4.52** 엔진실의 모습

▲ **그림 4.53** 차실 내부 조수석 앞쪽 대시보드의 모습

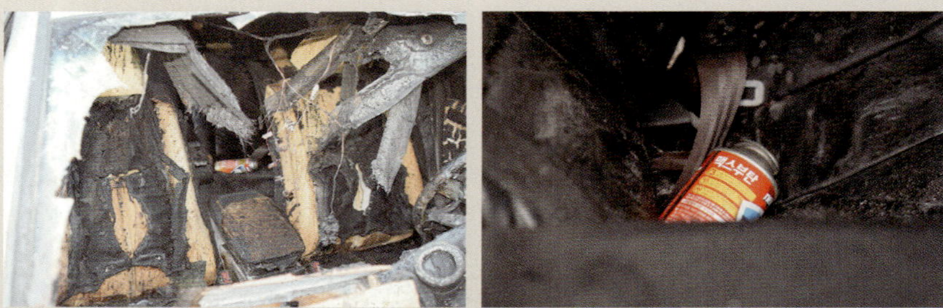

▲ **그림 4.54** 운전석 쪽 뒷좌석의 부탄가스통의 모습

| **화재사례 7** | 콘크리트 가드레일 충돌로 발생한 화재[7] |
|---|---|
| **화재개요** | 승용차 소유주(남)가 혼자서 5월 초순 15:00경 자택을 출발하여 1시간 20~30분가량 소요됨을 확인한 후 되돌아가던 중 고개 오르막길을 주행하다가 콘크리트 가드레일을 앞 범퍼 번호판 부위로 부딪혀서 뒤로 약간 밀렸는데 연기가 나서 승용차를 세우고 보닛을 열어 확인해보니 부동액 같은 것이 살짝 흘러 있고 잠시 후 불이 붙었으며, 불이 붙은 곳에 흙을 부었으나 꺼지지 않아 소유자가 119신고(17:05)를 하여 소방대가 출동하여 엔진실이 일부 연소되는 피해를 입고 진화되었다. |
| **화재원인** | 충돌사고로 화재가 발생한 것이 아니라 고의로 충돌을 일으킨 후에 2개소에 불을 붙였거나 고의로 충돌한 후 합선되어 화재가 발생하였을 가능성이 높다. |

**조사요령**

1. 목격자 정보 등을 조사한다.

   소유주가 작성한 사고경위서에는 고개 오르막길을 주행 중 주위를 둘러보다가 콘크리트 가드레일에 부딪혔다고 기록되어 있다.

2. 차량 외부를 조사한다.

   (1) 승용차의 엔진룸을 제외한 뒤쪽, 차실 측면 좌우 쪽은 화재로 인한 피해가 없으므로 발화개소에서 배제할 수 있다.

   (2) 우측 앞쪽 타이어를 제외한 세 타이어는 화재로 인한 피해가 없고, 우측 앞쪽 타이어도 위쪽에서 흘러내린 합성수지가 부착되어 있을 뿐이며 펑크가 난 상태가 아니므로 네 바퀴는 발화개소에서 배제할 수 있음은 물론 엔진룸 외부의 우측 앞바퀴 쪽에서 발화되어 엔진룸 쪽으로 확대된 것으로도 볼 수 없다.

3. 엔진실을 조사한다.

   (1) 엔진룸 하부의 보호커버가 그대로 남아 있는 등 차체 하부는 화재로 인한 피해가 없으므로 차체 하부는 발화개소에서 배제할 수 있다.

   (2) 보닛은 안쪽의 차음재가 모두 소실되어 있고, 화열(火熱)로 인한 보닛의 변색은 조수석 앞쪽이 심하며 왼쪽의 고무완충재가 탄화되어 금이 가 있다.

   (3) 엔진룸과 엔진룸 우측 외부만 화재로 인한 피해가 있으며, 엔진룸 내부는 우측 부위가 집중적으로 연소되어 있으므로 엔진룸의 좌측 부위와 뒤쪽 부위는 발화개소에서 배제할 수 있고, 엔진 우측 부위는 엔진룸 내부 조수석 바로 앞에 위치한 보조배터리의 위쪽에 용융된 합성수지가 붙어 있을 뿐이므로 보조배터리 부위는 발화개소에서 배제할 수 있다.

   (4) 엔진룸 우측 앞쪽에 위치한 냉각수보조탱크가 국부적으로 뚫려 있고, 냉각수보조탱크 뚫린 부위 앞쪽 공간에서 화열이 공격하여 냉각수보조탱크를 뚫은 것으로 분석할 수 있다.

   (5) 엔진룸 우측 앞쪽에 위치한 인테이크 고무호스가 소실되어 있으며, ABS모듈의 커넥터 부분은 표면만 연소되어 있고, ABS 모듈의 뒤쪽에 위치한 냉각수보조탱크의 아래쪽이 용융되지 않은 것으로 보아 ABS 모듈은 발화개소에서 배제할 수 있다.

   (6) 냉각수보조탱크와 엔진 사이의 냉각수보조탱크 아래쪽에 위치한 고무호스가 거의 원형을 유지하고 있으므로 고무호스가 있는 부위는 발화개소에서 배제할 수 있고, ABS 모듈과 엔진 사이의 엔진 쪽에 위치한 파워스티어링 금속배관의 위쪽만이 화열로 변색되어 있다.

   (7) 우측헤드라이트 바로 뒤쪽 상부의 철재 패널이 국부적으로 심한 화열을 받은 흔적이 있고 철재 패널 아래쪽에 위치한 전선 피복 등이 소실되어 있다.

   (8) ABS 모듈 배관은 손상되어 있지 않고 브레이크오일이 누유된 흔적이 없으며, 에어필터 앞쪽 오른쪽 모서리 부위가 연소되어 있으며, 엔진 아래쪽에서 엔진 위쪽으로 타올라간 흔적이 없다.

   (9) 소실된 인테이크 고무호스 주위와 심한 화열공격을 받은 흔적이 있는 철재 패널 아래의 전선뭉치(harness)의 피복이 소실되어 있고, 전선뭉치(하니스)의 피복이 소실된 전선에서 합선흔적 등 특이점이 발견되지 않는다.

   (10) 우측헤드라이트가 그대로 남아있으므로 우측헤드라이트를 발화개소로 볼 수 없고, 우측헤드라이트 바로 뒤쪽 상부의 철재 패널의 심한 화열에 의한 변색흔적이 있는 부위의 아래에서 최초 발화되어 연소확대가 되었다면 철재 패널 바

로 뒤쪽에 위치한 냉각수보조탱크의 철재 패널 쪽이 화열로 뚫려있을 것임에도 뚫려 있지 않은 것으로 보아 냉각수보조탱크의 뚫린 부위는 철재 패널 쪽과 다른 발화개소의 화열에 의해 뚫린 것으로 분석할 수 있다.

(11) 우측 헤드라이트 뒤의 심한 변색흔적이 있는 철재 패널 아래 부위와 냉각수보조탱크의 국부적인 뚫린 부위는 연소확대 측면에서 상호 관련이 없다.

(12) 위와 같은 이유로 발화개소는 우측헤드라이트 뒤쪽 철재 패널 아래쪽 1개소와 냉각수보조탱크 뚫린 앞쪽의 ABS 모듈과 엔진 사이의 파워스티어링 금속배관 위쪽의 부위로 분석(추정)할 수 있다.

4. 화재발생 원인을 검토한다.

(1) 소유자가 작성한 사고경위서에 의하면 도로 우측에 있는 콘크리트 가드레일에 부딪힌 후 화재가 발생하였고 화재를 흙으로 진화를 시도했다고 하는데, 외부 충격으로 범퍼가 파손되고 범퍼레일이 휘어져 있음이 확인되고 연소 부위에 흙을 부은 흔적이 확인된 것으로 보아 외부충격이 가해진 것과 흙으로 진화를 시도한 것은 사실로 여겨진다.

(2) 시동이 켜진 승용차는 인적요인을 배제하는 경우에 연료누유, 오일누유, 엔진과열, 배기관에 가연물 접촉, 제동부위 과열, 전기적인 원인 등에 의해 화재가 발생할 수 있는데, 인적요인을 배제하는 경우에는 아래와 같은 이유로 전기적인 원인을 제외하고는 모두 배제할 수 있다.

(3) 발화개소는 연료배관과 관련이 없는 부위이고 연료배관에 손상이 없는 등 연료누유와 관련시킬만한 특이점이 없음은 물론 만일 연료(휘발유) 누유에 의해 화재가 발생했다면 급격히 화재가 확대되어 화재발생 승용차와 달리 전소되었을 가능성이 높음을 감안하면 연료누유에 의한 화재는 배제할 수 있다.

(4) 오일로는 엔진오일, 변속기오일, 파워스티어링오일, 브레이크오일 등이 있는데 엔진오일과 변속기오일은 누유된 흔적이 없으며, 파워스티어링오일배관과 브레이크오일배관이 남아 있으며 오일누유 흔적이 없으므로 오일누유에 의한 화재는 배제할 수 있다.

(5) 엔진에 과열된 흔적이 없고, 배기관에 가연물이 접촉하여 발화된 흔적이 없으므로 엔진과열이나 배기관 가연물 접촉에 의한 화재는 배제할 수 있다.

(6) 제동부위가 과열되어 화재가 발생한 경우에는 제동장치가 있는 바퀴에서 발화되는데, 화재발생 승용차의 바퀴는 발화개소에서 배제할 수 있으므로 제동부위 과열에 의한 화재는 배제할 수 있다.

(7) 승용차가 가드레일에 부딪힌 충격으로 충격부위 근처의 전선피복이 손상을 입거나 전선접속부 등이 손상을 입어 전선이 차체와 닿아서 합선되어 화재가 발생하였을 가능성이 있고 화재의 원인이 될 수 있는 단락흔이 발견되었다. 이 단락흔은 화재의 원인이 된 것일 수도 있고 화재 후에 2차적으로 절연이 파괴되면서 생긴 것일 수도 있다.

(8) 화재가 발생한 현장을 조사한바 급경사 직선 도로의 끝나는 지점 우측에 콘크리트 가드레일[8]이 위치하며, 급경사 오르막 도로를 올라가고 있었으므로 속도는 높지 않았을 것이며, 100m 정도의 급경사 오르막 직선도로의 끝 우측에 가드레일이 있고 이 직선도로를 주행 중이었으므로 (주위를 둘러보다) 한눈을 팔고 운전했다면 우측의 가드레일 쪽에 충돌하는 것이 아니라 직선도로를 그대로 지나 중앙선을 넘어서 반대차선 쪽으로 이탈하여야 할 것임에도 운전자는 주위

를 둘러보다 우측의 가드레일에 부딪힌 것이라고 주장하므로 승용차 소유자의 사고경위서에는 모순이 있는 것으로 분석할 수 있다.

(9) 사고 현장은 급경사 오르막길이며 우측 앞바퀴가 아스팔트 도로에서 60cm 이상 벗어나 맨땅 위에 있었던 흔적이 남아 있고 아스팔트 도로와 우측의 맨땅과는 5~10cm 정도의 높이차가 있으므로 우측바퀴가 아스팔트 도로에서 맨땅으로 벗어날 때에 심한 충격이 가해졌을 것이며, 한눈을 팔다가 아스팔트 도로를 벗어나 우측 맨땅으로 우측 앞바퀴가 이탈했다면 심한 충격이 가해짐과 동시에 급브레이크를 밟았을 것이다. 화재진화 직후 이동되기 직전에 촬영된 사진에 의하면 우측의 두 바퀴 모두 아스팔트 도로에서 거의 평행하게 이탈되어 있고 도로를 이탈한 후 주행했다면 우측의 두 바퀴가 모두 도로와 거의 평행으로 이탈하기 위해서는 상당거리를 주행해야만 함을 감안하면 한눈을 팔다가 가드레일에 부딪혔다는 진술은 신뢰성이 높다고 보기 어렵다. 한눈을 팔다가 우측 가드레일에 부딪혔다면 우측의 앞뒤 두 바퀴가 평행하게 이탈하지 않고 앞쪽 우측 바퀴만 이탈되든지 우측 두 바퀴가 도로에서 이탈되더라도 앞바퀴 쪽이 더 많이 이탈되고 뒷바퀴 쪽은 조금만 이탈되든지 이탈되지 않았을 것이다. 승용차는 기어가 록킹된 상태로 움직일 수 없어서 소방대가 화재진화과정에서 이동된 것이 아니므로 진화 직후 촬영된 사진은 화재발생 당시의 위치와 동일하며 충돌 직후의 위치와도 동일하다.

(10) 사고경위서에 의하면 사고가 발생한 도로를 다른 사람의 차량을 타고 사고 2일 전에 한번 다녀간 것밖에 없고 구불구불한 급경사 오르막길을 오르고 있었으므로 승용차 속도는 그리 높지 않았을 것이며, 아스팔트 도로와 우측 맨땅과는 5~10cm 정도의 높이차가 있으므로 우측 앞바퀴 이탈 시 충격으로 이탈을 알아차려서 급제동을 하여 우측 뒷바퀴까지 도로에 평행하게 이탈했을 가능성이 낮다. 특히 우측 앞뒤 두 바퀴가 거의 평행하게 이탈할 정도라면 이탈한 상태에서 상당거리를 주행해야 하는데 운전자가 처음 주행한 도로(추정)의 급경사 오르막길임은 물론 아스팔트 도로와 우측 맨땅과는 5~10cm 정도의 높이차가 있음을 감안하면 사고경위서의 주위를 둘러보다가 콘크리트 가드레일에 충돌하였다는 내용은 허위일 가능성이 높다.

(11) 발화개소 분석에서 발화개소는 우측헤드라이트 뒤쪽 철재 패널 아래쪽 1개소와 냉각수보조탱크 뚫린 앞쪽의 ABS 모듈과 엔진 사이의 파워스티어링 금속배관 위쪽의 부위로 분석(추정)하였는데, 인위적으로 착화하지 않는 한 화재는 1개소에서 시작되는 것이 일반적임을 감안하면 발화개소가 2개소인 점은 인위적인 착화와 관련되었을 가능성이 있음을 시사하고 있다.

(12) 발화개소가 2개소로 분석(추정)되는 상황이고, 100m 정도 직선도로의 끝 급경사 오르막길의 우측 가드레일에 충돌하였으며, 화재 진화 후 이동되기 전에 촬영된 사진을 보면 화재발생 승용차의 우측 앞 뒤 두 바퀴가 아스팔트도로에서 거의 평행하게 이탈되어 있음을 감안하면 이 승용차 화재는 충돌사고로 발생한 것이 아니라 고의로 충돌을 일으킨 후에 2개소에 불을 붙였거나 고의로 충돌한 후 합선되어 화재가 발생하였을 가능성이 높은 것으로 분석(추정)할 수 있다.

---

7) 이의평, "콘크리트 가드레일 충돌로 발생한 외제승용차화재 사례의 분석", 한국화재조사학회 2015추계학술대회논문집, pp.183~193, 2015.

8) 가드레일은 토사가 아스팔트 도로로 밀려오는 것을 막기 위해서 설치한 이동 가능한 콘크리트 구조물이다.

▲ **그림 4.55** 화재발생 승용차 외부의 모습

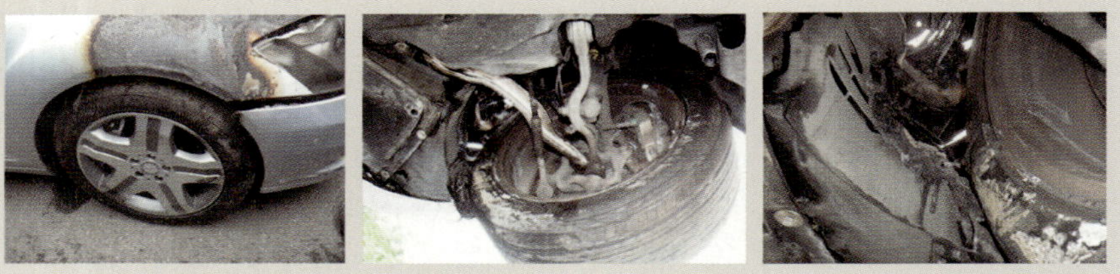

▲ **그림 4.56** 앞쪽 우측 바퀴 외부와 안쪽의 모습

▲ **그림 4.57** 차체 하부의 모습

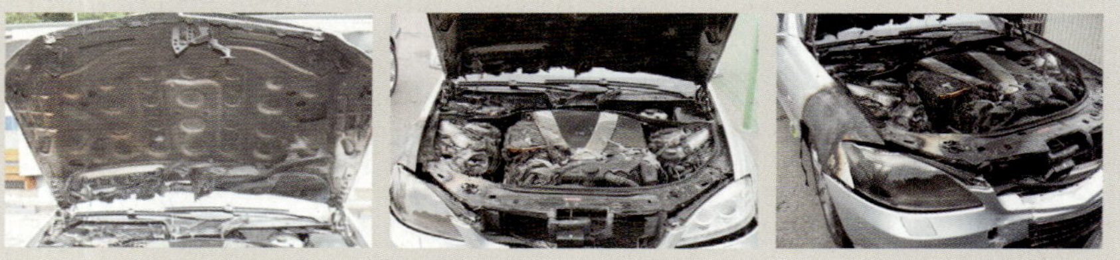

▲ **그림 4.58** 보닛 안쪽과 엔진룸 내부의 모습

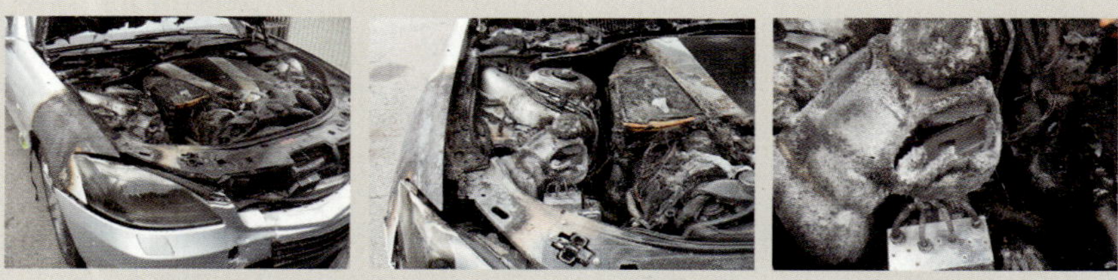

▲ **그림 4.59** 국부적으로 용융되어 있는 냉각수 보조탱크의 모습

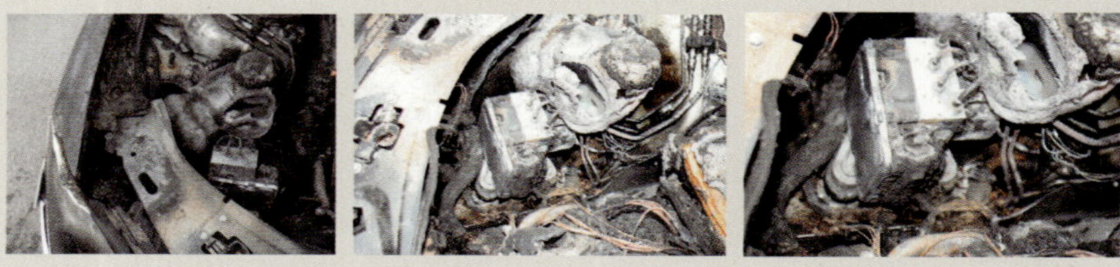

▲ **그림 4.60** ABS 모듈의 모습

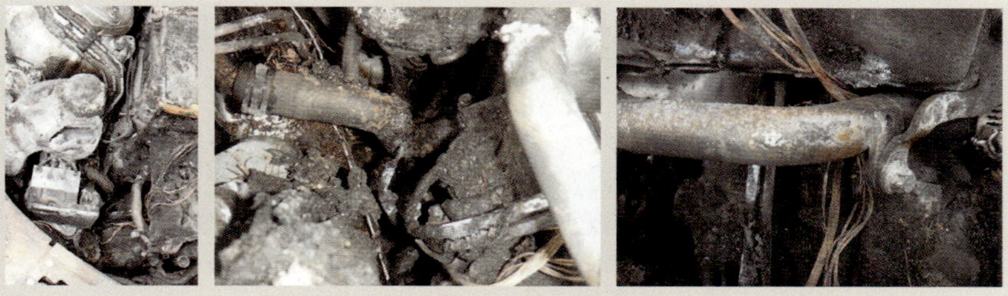

▲ **그림 4.61** 엔진과 냉각수보조탱크 사이의 고무호스와 금속배관의 모습

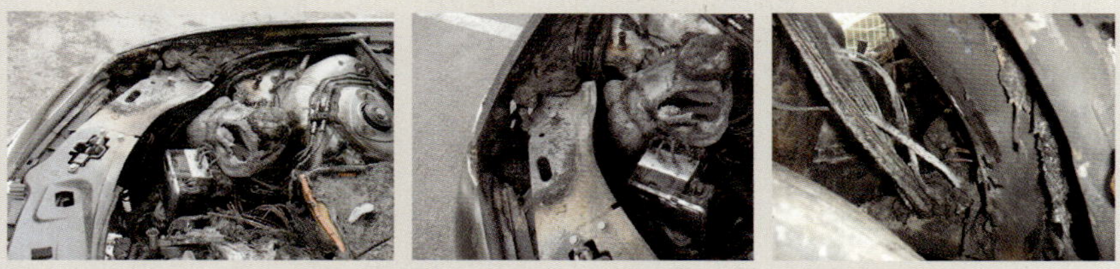

▲ **그림 4.62** 우측 헤드라이트 뒤쪽 철재 패널과 철재 패널 아래쪽의 모습

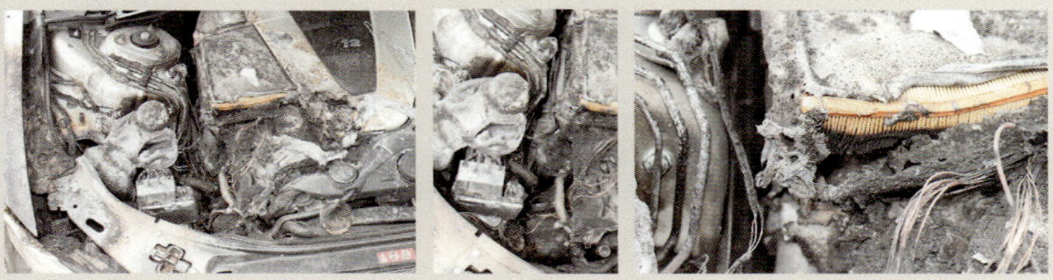

▲ **그림 4.63** ABS모듈과 브레이크오일 배관과 에어클리너 필터 모서리의 연소된 모습

▲ **그림 4.64** 발화개소로 분석(추정)한 부위

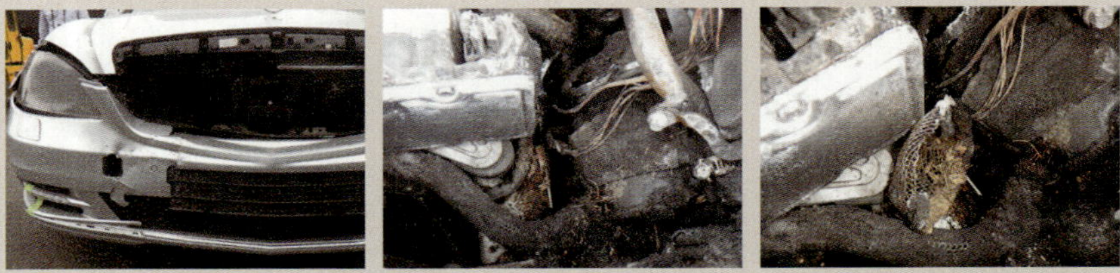

▲ **그림 4.65** 범퍼와 범퍼레일의 외부충격에 의한 파손 변형과 연소부위에 흙이 뿌려져 있는 모습

▲ **그림 4.66** 사고현장의 부딪힌 콘크리트 가드레일이 있는 도로와 지도의 모습

▲ **그림 4.67** 사고 당시 도로와 승용차의 위치 관계 및 노견과 도로의 상황

# 연습문제

차량화재조사

1. 방화화재의 직접적인 지표(incendiary fire indicators)에 대해 설명하시오.
2. 차량화재에서 방화화재가 아님에도 어떤 원인으로 발화된 경우에 다수 발화개소가 있는 것처럼 보이는지 설명하시오.
3. 차실 내에 신문지 등을 놓고 불을 붙이고 도어를 닫은 경우에 나타나는 현상에 대해 설명하시오.
4. 차실 내에 휘발유나 시너를 뿌리고 방화한 경우에 전소되는 경우가 있고, 타다 꺼진 경우가 있다. 그 이유를 설명하시오.
5. 방화화재 조사와 관련하여 연소에 직접적으로 관계되지 않은 잠재적인 지표(potential indicators not directly related to combustion)에 대해 설명하시오.
6. 인정(recognition) 받기를 원하는 방화범의 특징을 설명하시오.
7. 개인적인 복수로 방화하는 경우의 특징을 설명하시오.
8. 사회에 대한 복수로 방화하는 경우의 특징을 설명하시오.
9. 범죄 은폐 방화에 대해 설명하시오.
10. 경제적인 이익에 동기를 둔 방화에 대해 설명하시오.
11. 차실 내부에 방화했다고 추정되는 경우에 조사해야 할 사항에 대해 설명하시오.
12. 차량 외부에 방화했다고 추정되는 경우에 조사해야 할 사항에 대해 설명하시오.
13. 방화라고 의심되는 경우에 관계자와 발견자에 대한 질문사항을 설명하시오.
14. 주행 중이던 차량에서 화재가 발생했는데 운전자가 행방불명된 경우의 특징을 설명하시오.

# 5장 특이원인 차량화재 조사

차량화재조사

**화재사례 1** 세탁 건조한 직후 적재한 세탁물로 인한 승합차 화재[1)]

**화재개요**

세탁공장에서 세탁하여 건조기로 건조한 면장갑을 12월 11일 20:00경 적재한 승합차가 12월 11일 21:00경 빌라 주차장에 주차하였고, 식빵이 타는 것 같은 냄새로 12월 12일 03:30경 승합차에서 화재가 발견되었으며, 이 화재로 주차된 차량 7대와 주차장 벽체 등이 소훼되었다.

**화재원인**

세탁한 다량의 목장갑을 건조기로 건조한 직후 식지 않은 상태에서 승합차 안에 적재해놓았다가 자연발화하여 화재가 발생하였다.

**조사요령**

1. 목격자 등을 조사한다.
 (1) 귀가 중인 119신고자가 식빵 타는 것 같은 냄새가 나서 확인해보니 주차장에 주차해 있는 승합차량 안에 연기가 꽉 차있고, 내부를 확인할 수 없어 119 신고를 하였다.
 (2) 신고를 받고 출동한 소방대가 승합차량을 강제 개방 후 앞좌석 확인 중 갑자기 화물칸에서 급격하게 화염이 확산되었다.
2. 차량 외부를 조사한다.
 (1) 승합차량 안에서 외부로 확산된 모습이다.
 (2) 주차장 내부는 승합차가 주차된 구역에서 다른 구역으로 확산된 모습이다.
3. 차량 내부를 조사한다.
 (1) 승합차량은 화물칸 부위에서 운전석 방향으로 화재가 확대된 모습이며 운전석과 중간 화물칸 부위에서 발화 관련 요인은 식별되지 않는다.
 (2) 후미 화물칸 부위를 개방한바 세탁공장에서 세탁하여 적재했다는 목장갑이 쌓여있는 상태인데 위쪽 부위보다 바닥 부위의 목장갑 소훼정도가 심하다.
 (3) 바닥 부위 목장갑은 안쪽으로 타 들어간 형상으로 전형적인 훈소화재의 특징을

나타내고 있다.

4. 화재원인을 검토한다.
   (1) 목격자의 진술, 소방대의 화재진압 과정, 화물칸 바닥부위에서 차량 외부로 확산된 연소형상으로 볼 때 승합차량 화물칸 내부에서 발화된 것으로 판단된다.
   (2) 목장갑 내부로 타 들어간 훈소화재의 연소형상 등으로 보아 세탁, 건조 후 열기가 완전히 제거되지 않은 상태에서 적재하여 자연발화 하였다.

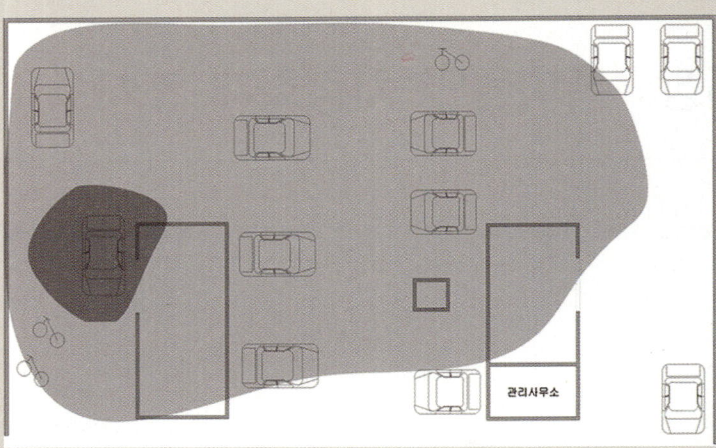


▲ **그림 5.1** 빌라 주차장의 개략도

▲ **그림 5.2** 화재가 발생 주차장과 차량의 모습

▲ **그림 5.3** 화재발생 차량의 전면, 측면, 후면의 모습

1) 이재석, 한재훈, 류영선, 서의진, "축열화재의 실화죄 적용에 대한 연구", 한국화재조사학회 2015년 춘계학술대회논문집, p.141, 2015.

▲ **그림** 5.4 운전석과 화물칸의 모습

▲ **그림** 5.5 화물칸 발굴 후 모습

▲ **그림** 5.6 바닥 부위의 모습

**참고지식1**

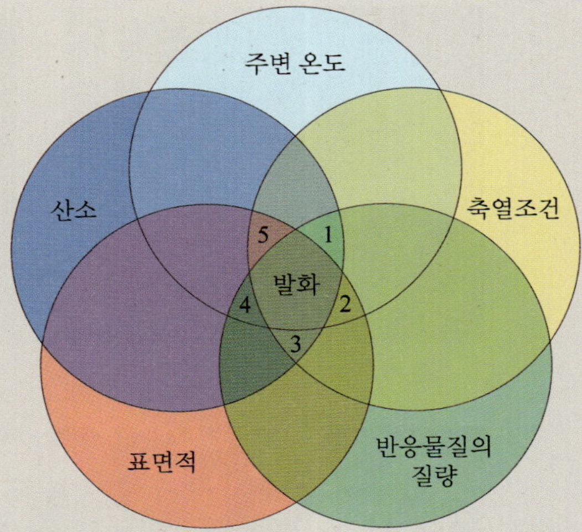


▲ **그림 5.7** 자연발화 5조건

세탁물에 오염된 식물성 및 동물성 오일 등의 자연발화성 물질은 세탁기 세탁과정을 통해 약 70%가량의 오염물이 부착된 상태로 건조과정으로 진행되고, 건조기 내부에 순환되는 100℃ 전후의 열풍으로 건조 후 식히지 않고 승합차 안에 다량을 적재하면 자연발화 5가지(1. 산소와 반응하기 위한 충분한 표면적, 2. 원활한 산소공급, 3. 주변의 온도, 4. 축열조건, 5. 반응물질의 충분한 질량) 조건이 모두 만족되므로 자연발화 위험성이 매우 높다.

**참고지식2**

자연발화란 「물질이 공기 중에서 비교적 낮은 온도에서 저절로 발열하고, 그 열이 장기간 축적되어 발화점에 달해 물질 자신이 발생한 가연성가스 또는 접촉하고 있는 가연물을 연소시키는 현상」으로 정의한다.

**Point**
동식물유가 스며든 옷이나 걸레가 자연발화를 하는 이유는 유지(동식물유) 중에 포함되어 있는 불포화지방산이 산소와 결합하여 발열하기 때문이다.

**Point**
광물유(엔진유, 기어유, 스핀들유 등)는 유지 중에 불포화결합이 없으므로 자연발화의 위험성은 없다.

**Point**
요오드가가 크고 불포화결합을 많이 포함하여 불포화도가 높은 것(불포화지방산)은 상온 또는 여열(余熱)이 있는 상태에서 공기 중의 산소에 의해 산화되어 그 반응열이 서서히 축적되어 발화한다.

**Point**
요오드가가 큰 유지는 담체로서 섬유류(넝마헝겊, 종이, 지푸라기, 마른 풀 등)나 금속분, 활성백토 등의 분체, 기타 다공성물질의 표면에 부착하면 접촉하는 공기와의 단위체적당 표면이 커져서 산화가 촉진된다. 또한 여열의 존재, 대량퇴적 조건 하에서는 산화에 의해 생긴 열이 축적되기 쉬운 상태에 있으므로 더욱 산화가 촉진되어 발화하기 쉽다.

**Point**

동물식유가 스며든 옷이나 걸레 등에서 자연발화 한 경우의 조사 포인트는 다음과 같다.

① 동식물유는 광물유와 달리 연소는 완만하며, 연소 시에 특유의 냄새가 난다.
(예 : 간장유가 스며들어 있는 걸레가 연소하면 간장냄새가 난다.)

② 동식물유지류가 자연발화 또는 여열(餘熱)발화하기 위해서는 섬유 등에 스며들어 있는 것이 필요하며, 스며들어 있는 유지류의 종류, 성질, 함유율, 축열하는데 충분한 양이었든가, 자연발화까지의 시간, 수납퇴적장소의 분위기온도, 습도, 통풍상황, 여열의 유무 등을 조사한다.

③ 발화하기 전에 동식물유지 특유의 냄새가 나므로 관계자에게 이러한 상황을 청취한다.

④ 자연발화 또는 여열발화한 경우에는 퇴적되어 있는 소손물 중심부가 탄화 또는 회화(灰化)된 부채모양으로 탄화가 진행하고 주위의 유지는 경화되어 덩어리모양으로 변하는 특징이 있다. 또한 유지 특유의 냄새가 있다.

⑤ 필요에 따라 발화 시와 동등의 상황에서의 재현실험을 실시한다.

⑥ 자연발화의 경우, 물적 증거가 적으므로 다른 발화원을 부정할 필요가 있다.

참고지식3

**유지류의 산화열에 의한 자연발화 메커니즘**

유지류는 불포화지방산기의 불포화결합을 갖는 정도에 따라 상온에서도 서서히 산소와 결합하여 산화건조가 행해지며, 이것이 자연발화의 요인이 된다. 유지류의 산화발열반응 기구는 우선 불포화지방산이 갖는 2중결합 1개에 대해 산소 1분자가 결합하여 불안정한 활성산화물을 형성하고, 이것이 자기산화반응의 기점이 되어 불포화결합의 산화발열반응이 연쇄적으로 진행하는 것으로 생각되며, 2중결합에 산소분자를 취해 넣는 상황은 [그림 5.8]과 같다. 또한 이 반응에 수분이 있으면 촉매작용에 의해 산화속도가 빨라진다.

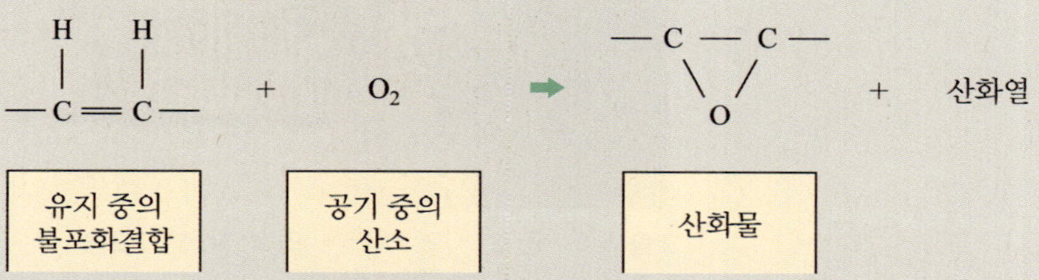


**그림 5.8** 유지류의 산화발열반응 메커니즘

※ 탈지면 함침 실험과 세탁 건조 후 의류의 자연발화 재현실험 결과[2)]
식용식물유 4종(콩기름 – 신품, 유채기름 – 신품, 가열콩기름 – 신품 콩기름을 200℃에서 9시간 연속 가열한 것, 낡은 기름 – 사용이 끝난 콩기름, 유채기름의 혼합물) 50g을 탈지면(50g)에 균일하게 되도록 함침시켜 시료용기 중에 넣어 분위기온도 100℃로 설정, 발열시간까지의 소요시간을 측정하였다. 측정결과는 아래 표와 같았다. 발열개시시간은 낡은 기름 < 가열콩기름 < 콩기름 < 유채기름 순이다.

| 유 명 | 발열개시시간* | 급격한 발열개시시간** |
|---|---|---|
| 콩기름 | 7시간 30분 | 8시간 30분 |
| 유채기름 | 10시간 40분 | 10시간 57분 |
| 가열콩기름 | 7시간 10분 | 7시간 13분 |
| 낡은 기름 | 3시간 35분 | 4시간 25분 |

* 발열개시시간 : 분위기온도보다 시료중심부가 상승한 시간
** 급격한 발열개시시간 : 시료중심부가 120℃에 도달한 시간

위 실험에 이용한 식용식물유가 스며든 의류를 세탁기로 세탁하여 의류건조기(가스건조기)로 건조시켜 그 후 꺼내어 플라스틱제 바구니에 넣어 상온에서 발열 등을 관찰하였다. 의류건조기의 설정온도는 「강」(80℃)으로 건조시간은 30분으로 했다. 낡은 기름이 스며든 의류는 약 2시간 후에 발화하였다. 발화순서는 낡은 기름, 가열콩기름, 콩기름, 유채기름 순이었다.
자연발화 순서는 건성유 > 반건성유 > 불건성유의 순으로 자연발화의 위험성이 증대하는 경향이 있는 것으로 알려져 있다.

▲ **그림 5.9** 건조 시의 여열에 의해 발화한 모습

**참고지식4**

**요오드가**

유지 100g에 흡수되는 요오드의 g수를 말하며 각 유지 특유의 값이다. 요오드가로 유지의 자연발화성 대소를 추정할 수 있다. 불포화성이 현저하고, 요오드가가 큰 유지일수록 산화되기 쉬워 발화위험성이 크다.

2) 동경소방청, 신화재조사교본 제4권 제2부 화학화재편, pp.12~13, 2001.

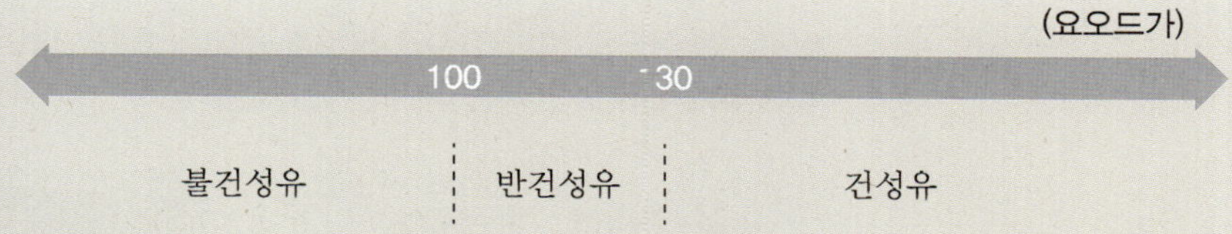


▲ **그림 5.10** 요오드가와 건성유, 반건성유 등

**참고지식5**

▼ **표 5.1** 주요 식물유

| | 주요 식물유 | 요오드가 |
|---|---|---|
| 건성유 | 아마인유, 오동나무유, 대두유 등 | 130 이상 |
| 반건성유 | 간장유, 참깨유, 유채유 등 | 100～130 |
| 불건성유 | 올리브유, 동백유, 파마자우 등 | 100 이하 |

· 건성유 → 공기 중에서 비교적 빨리 건조하는 식물유
· 반건성유 → 불건성유와 건성유의 중간적인 성질을 갖고 있는 기름
· 불건성유 → 얇은 층을 하고 있어 공기 중에 놓여도 건조하거나 굳거나 하지 않는다.

## 화재사례 2 　햇빛에 노출된 일회용 라이터에 의한 차량 화재

**화재개요**

9월 19일 09:00경부터 같은 날 16:00경 사이 피해자가 운영하는 식당 앞 노상에 차량을 주차하고 벌초를 하러간 사이 차량 앞쪽 보조석(등받이)에서 화재가 발생하였다가 자연 진화되었다.

**화재원인**

대시보드 위에 놓아둔 1회용 라이터가 햇빛에 노출되어 내부온도가 상승하며 파열되며 누출된 연료에 불을 붙어 화재가 발생하였다.

**조사요령**

1. 목격자 정보 등을 조사한다.
   노상에 주차하고 벌초를 하고 왔더니 화재가 발생하여 진화되어 있었다.
2. 차량 외부를 조사한다.
   차량 외부는 화재로 인한 피해가 없다
3. 차실 내를 조사한다.
   (1) 센터 콘솔 박스 및 보조석 등받이, 보조석 시트 부분이 부분 연소된 상태이며, 직상단에 위치한 실내등 및 선바이저가 화염에 노출되어 연소 및 용융된 상태로 주변에 그을음이 부착되어 있다.
   (2) 국부적으로 연소된 센터 콘솔 박스 및 보조석 등받이의 연소 잔류물에 일회용 라이터 부속품이 식별되고, 동 라이터의 플라스틱 케이스로 보이는 푸른색 파편들이 동 앞좌석 바닥에서 식별된다.
4. 화재원인에 대해 검토한다.
   차실 내 센터 콘솔 박스 및 보조석 등받이, 보조석 시트 부분이 국부적으로 연소되었고, 1회용 라이터의 부속품과 라이터 케이스로 보이는 플라스틱 파편들이 식별되는 점 등으로 보아 장시간 복사열 등에 노출된 일회용 라이터가 파열되고 연소로 이어져 발생한 차량 화재로 판단된다.

▲ **그림 5.11** 차량의 외관

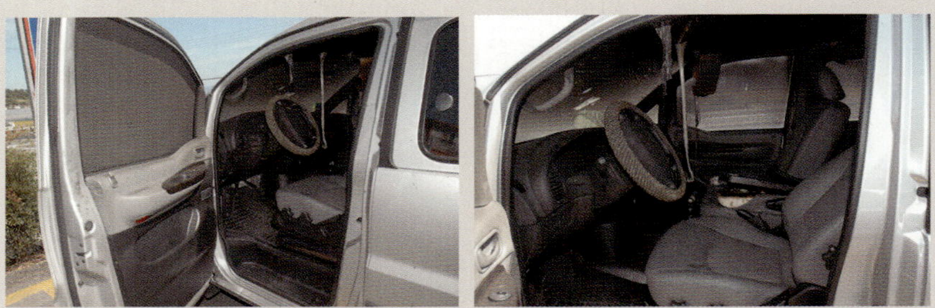

▲ **그림 5.12** 운전석 쪽에서 본 차량 실내 모습

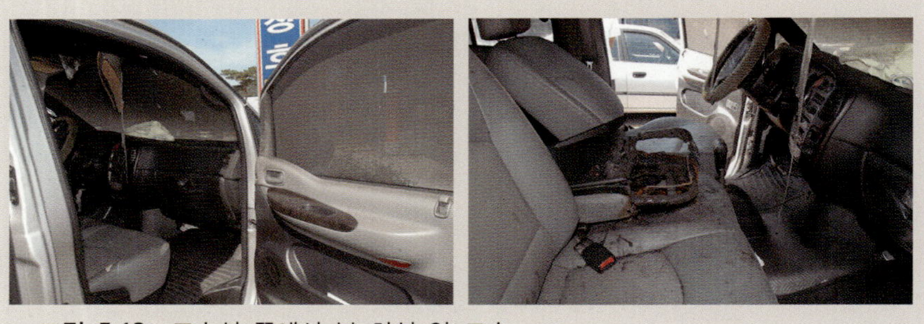

▲ **그림 5.13** 조수석 쪽에서 본 차실 안 모습

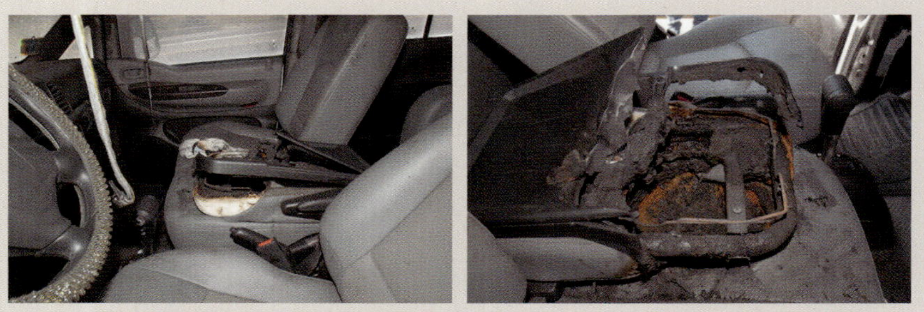

▲ **그림 5.14** 보조석 등받이 연소형상

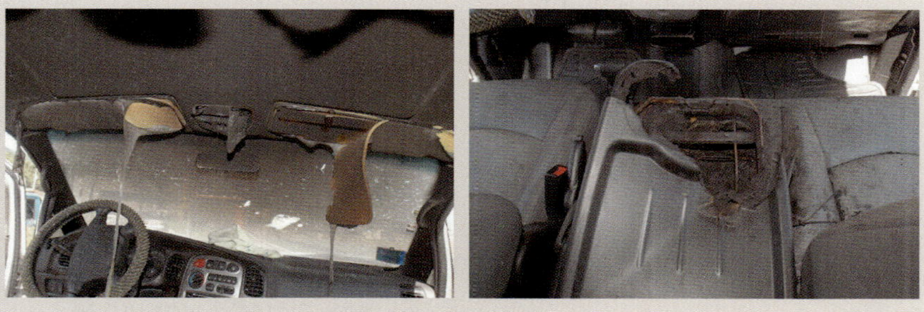

▲ **그림 5.15** 실내등 및 보조석 등받이 연소형상

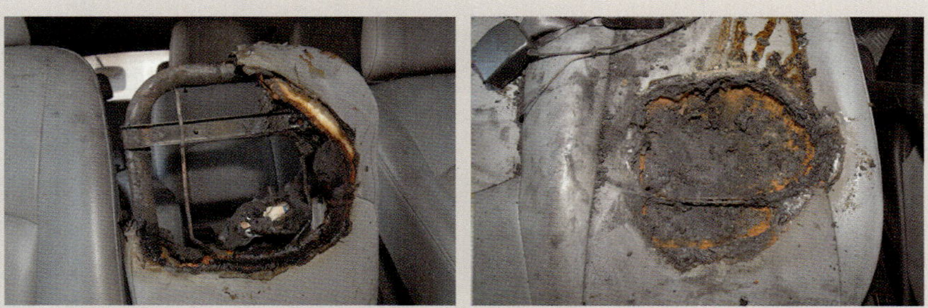

▲ **그림 5.16** 보조석 및 등받이 연소형상

▲ **그림 5.17** 보조석 등받이에서 수거한 연소잔류물

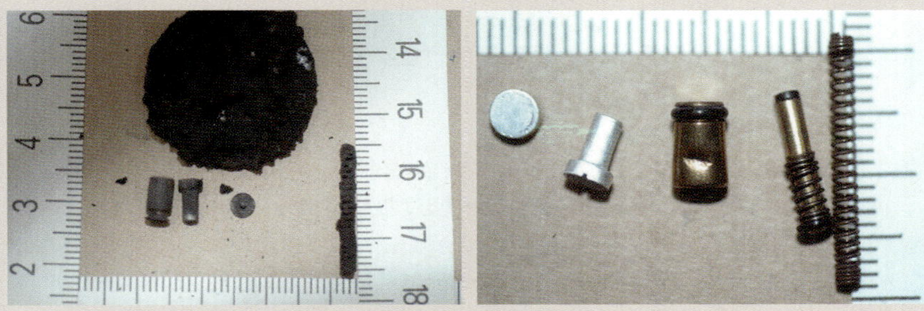

▲ **그림 5.18** 일회용 라이터 부속부품과 비교

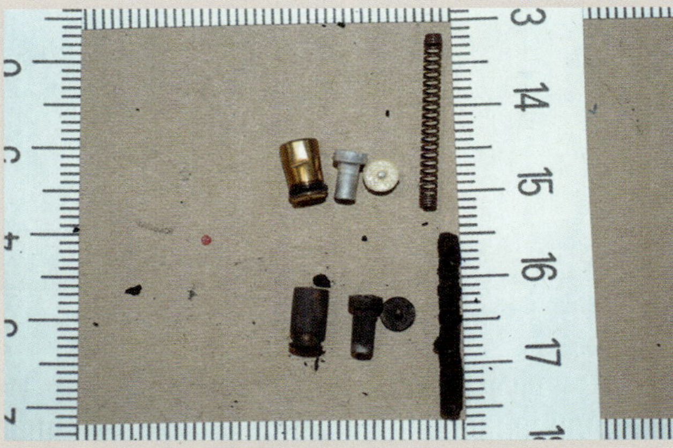

▲ **그림 5.19** 일회용 라이터 부속부품과 비교

▲ **그림 5.20** 차량 앞좌석 주변 바닥에서 식별되는 플라스틱 파편들

**참고지식1**

**1회용 가스라이터의 방식과 구조**[3)4)]

가스라이터는 구조에 따라 일반용 가스라이터와 1회용 가스라이터로, 형식에 따라 전자식, 돌(발화석, flint)식, 터보형식, 토치형식으로, 불꽃높이 조절방식에 따라 불꽃높이 조절식과 불꽃높이 비조절식으로, 연료탱크 용적에 따라 탱크용적량 10ml 이하와 탱크용적량 10ml 초과로, 외형에 따라 장난감 형태와 비장난감 형태로, 재질에 따라 합성수지, 금속, 기타로 분류하고 있다.

1회용 가스라이터는 담배용구의 하나로서 개발되어 발화석식(발화석과 발화줄을 서로 스치는 방식)에서 압전효과를 이용한 전자식으로 변화되어 왔으며, 1980년대부터 1회용 가스라이터가 보급되면서 담배용 점화용구의 주류를 점하고 있으며, 가볍고 싼 가격 등의 장점으로 인해 우리나라에 연간 5천만 개 이상이 공급되어 사용되고 있다.

**참고지식2**

1회용 가스라이터는 발화석 방식, 전자라이터 방식이 주로 이용되고 있으며, 불꽃높이 조절이 가능하고 연료탱크 용적량이 10ml 이하의 합성수지 재질로 되어 있다. 1회용 가스라이터에 사용되고 있는 연료가스는 본체 케이스의 연료탱크에 부탄을 주성분으로 하는 액화석유가스가 봉입되어 있으며, 이소부탄 50~60%, 노멀부탄 20~30%, 프로판 5% 이하의 것이 주로 사용되고 있다.

발화석과 발화줄을 서로 스치는 방식은 [그림 5.21] (a)와 같이 발화줄(strike wheel)

3) 동경소방청, 신화재조사교본 제6권 미소화원·유염화원 및 폭발화재 편, 동경방재구급협회, pp.98~103, 2007.

4) 이의평, "1회용 가스라이터로 인한 화재 원인과 예방대책의 조사·분석", 한국화재소방학회논문집, Vol.31, No.2, pp.74~81, 2017.

을 돌려 발화석(flint)과 스쳐서 스파크가 발생한 상태에서 레버를 누르면 가스노즐로 가스가 분출되어 점화된다. 점화 후 레버를 누르고 있는 동안은 불꽃이 있지만 레버에서 손가락을 떼면 가스분출이 멈추어 꺼진다.

전자식 가스라이터는 가스노즐로 가스를 분출시키고 스파크를 발생시켜서 점화하는 점에서는 발화석과 발화줄을 서로 스치는 방식과 동일하지만, 스파크를 발생시키는 장치가 다르다. 전자식 가스라이터의 스파크 발생과 점화는 [그림 5.21] (b)를 이용하여 설명한다. 점화버튼(①)을 누르면 햄머(②)가 압전소자(③)에 강하게 부딪히며 고전압의 전기에너지가 발생하고, 전극판(④)과 좌금(座金, ⑤)에 이 전기에너지가 전달된다. 좌금에 전달된 전기에너지는 가스지렛대(⑦)로부터 가스노즐을 개방하고, 전극판(④)에 전달된 전기에너지는 방전전극(⑥)으로 전달하여 어스 역할을 하는 가스노즐(⑧) 방향으로 방전한다. 가스노즐에서 나온 가스와 주위의 공기가 혼합되어 방전불꽃과 접촉하여 점화된다.

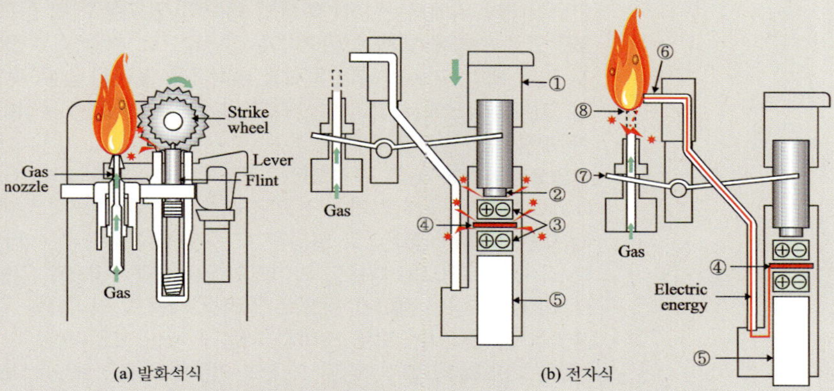


▲ **그림 5.21** 1회용 가스라이터의 구조[5)]

**참고지식3** **1회용 가스라이터와 관련된 규제실태**

소방관련 법규에서 1회용 가스라이터를 직접 규제하지 않고 있다. 1회용 가스라이터는 '전기용품 및 생활용품 안전관리법' 제2조 제10호 나목에서 정하는 '안전인증대상생활용품'으로 '안전인증대상생활용품'이란 구조·재질 또는 사용 방법 등으로 인하여 소비자의 생명·신체에 대한 위해(危害), 재산상 피해나 자연환경의 훼손에 대한 우려가 있는 생활용품으로서 산업통상자원부장관이 지정한 기관의 제품시험을 통하여 그 위해를 방지할 수 있다고 인정되어 산업통상자원부령으로 정하는 것을 말한다. '전기용품 및 생활용품 안전관리법'시행규칙 별표3에서 안전인증대상생활용품을 정하고 있으며, 안전인증대상생활용품은 화학, 생활, 기계금속, 섬유, 건축으로 나누고 있고 가스라이터는 생활 중 하나이다. 안전인증대상생활용품은 '전기용품 및 생활용품 안전관리법' 제5조 제1항에서 정하는 '안전인증대상제품의 안전기준(고시)'의 규제를 받으므로 1회용 가스라이터 제조업자 또는 외국제조업자는 제품의 출고 또는 통관 전에 모델별로 안전인증기관으로부터 안전인증을 받아야 한다. 1회용 가스라이터에 대한 안전인증기준은 2007년 1월 24일 제정되어 현재까지 4차례 개정되었다. '전기용품 및 생활용품 안전관리법' 제9조 제1항에 따라 안전인증대상제품은 KC 마크를 부착하여 안전인증 표시를 하여야 하며, KC 마크는 KC(Korea Certification)

5) https://www.jti.co.jp/tobacco/knowledge/variety/lighter

마크로 원래 여러 부처에서 각각 부여했던 인증을 2009년 7월부터 통합한 것이다. 2012년 12월 1일 개정된 가스라이터 안전인증기준에서는 어린이 보호기능이 추가되었다. '어린이 보호기능 라이터(Child Resistant Lighter)'는 북미, 유럽, 일본 등을 비롯한 여러 선진국에서 이미 규제하고 있는 것으로 어린이의 힘으로는 누를 수 없게 점화스위치(레버)를 무겁게 하거나 스톱퍼 등 안전장치가 조합되어 있어 생후 42개월에서 51개월 사이 어린이의 최소 85%가 라이터를 켤 수 없도록 특수 설계되어 제조된 라이터를 말한다. 미국 소비자제품안전위원회(CPSC)에서는 1994년에 안전기준 Safety standard for cigarette lighters를 도입하여 어린이가 간단히 조작할 수 없도록 정하고 이 기준에 적합하지 않은 구조의 라이터의 유통을 규제하고 있다(4).

가스라이터 안전인증기준에서 '어린이 보호기능 라이터' 기준은 기능적 조건으로 불꽃의 점화에 대해 불꽃을 만들어서 유지하기 위해 필요한 적극적인 행위가 있을 체제, 불꽃을 만들어내기 위해 두 가지 이상으로 독립된 행위가 필요한 체제, 불꽃을 만들어내기 위해서는 15N 이상의 동력이 필요한 체제 등으로 정하고 있고, 구조적 조건으로 외형에 대해 어린이에게 장난감으로 취급될 수 있는 형상 및 장식을 가지지 않은 외형, 가스라이터 몸체에 부착물을 붙이지 않은 것과 붙일 수 없도록 된 외형, 가스라이터에서 빛이 발산되지 않거나 소리 또는 움직이는 효과를 낼 수 없도록 한 제품으로 정하고 있다.

산업표준화법에 따른 규격으로는 KS G ISO 9994와 KS G ISO 22702가 있다. KS G ISO 9994는 라이터의 안전요구사항으로 통상적으로 담배 라이터, 여송연용 라이터 또는 파이프 라이터로 알려진 모든 불꽃을 일으키는 제품에 적용되는 표준이며, KS G ISO 22702는 다용도 라이터의 안전요구사항으로 일반적인 그릴 라이터, 벽난로 라이터, 가스 점화기 등으로 알려진 다용도 라이터와 같은 유사한 장치와 같이 불꽃을 발생시키는 모든 소비자 제품에 대한 표준이다.

1회용 가스라이터와 관련된 외국의 기준으로 ISO 9994 Lighters – Safety specification, ASTM F400-10 Standard consumer safety specification for lighters, EN(European standard) 13869 : 2016 Lighters – Child safety requirements for lighters – Safety requirements and test methods, US Consumer Product Safety Commission 16 CFR 1210 – Safety standard for cigarette lighters, JIS S 4801 Lighters – Safety specification 등이 있다. 이러한 외국의 기준들의 내용은 KS G ISO 9994와 거의 유사하다.

**참고지식4**

**1회용 가스라이터와 관련된 화재 발생원인 분석**

1회용 가스라이터는 점화레버(버튼)을 누르면 화구 노즐에서 나온 가스가 공기와 혼합하여 스파크 불꽃에 점화되어 불꽃을 발생시키는 기구이고 그 불꽃의 온도가 약 800~1000℃이어서 점화된 불꽃과 일부러 또는 장난으로 가연물을 접촉시키면 화재로 이어질 수 있으므로 여기서는 고의나 장난으로 가연물에 불꽃을 접촉시켜서 발생한 화재를 제외하고, 의도하지 않거나 장난이 아닌 상태에서 1회용 가스라이터로 인해 발생하는 화재나 사고의 원인을 분석한다.

1회용 가스라이터에 의한 화재나 사고 발생 원인이 분석되기 위해서는 1회용 가스라이터에 의한 많은 화재나 사고 사례들이 수집되어야 하지만, 우리나라는 아직 1회용 가스라이터에 의한 화재나 사고 사례들이 화재조사자 개인적으로 몇 건 수집하는 정도일 뿐 전체적으로 또는 다량의 사례가 수집되어 있지 않아 우리나라 사례로 화재나 사고 발생 원인을 분석하는 것이 무리인 현실이다.

우리나라 사례로 1회용 가스라이터에 화재에 대한 화재나 사고 발생 원인의 분석이 어려운바 많은 사례를 수집한 일본의 분석 사례를 참고하기로 한다. 일본의 독립행정법인 제품평가기술기반기구(이하 NITE라 함)가 2010년 4월 13일 발표한 '라이터에 의한 사고의 방지에 대해' 자료[6]에 의하면 2005~2009년 5년간 발생한 1회용 가스라이터에 의한 화재나 사고는 130건이었다. NITE는 1회용 가스라이터에 의한 화재나 사고의 발생 원인을 5가지로 분석하고 있다. 우리나라 1회용 가스라이터에 의한 화재나 사고 원인도 일본 NITE가 분석한 5가지와 거의 같을 것으로 여겨지므로 NITE 분석결과를 토대로 우리나라 및 일본 사례와 연관을 지어서 분석한다.

1. 잔화(殘火)

   1회용 가스라이터는 점화레버를 누르면 가스 분출이 계속되어 점화되어 있지만 점화레버를 놓으면 가스 분출이 더 이상 될 수 없으므로 스스로 꺼진다. 점화레버에서 손가락을 떼어서 누르지 않음에도 꺼지지 않고 조그맣게 불꽃이 남아 있는 현상을 잔화라고 한다. 라이터 사용 후 완전히 소화되지 않으면 남아 있는 불꽃(잔화)과 닿은 가연물이 점화되어 화재로 이어질 수 있다.

   잔화의 이유는 점화레버와 노즐 나사 사이에 이물질이 끼이면 점화레버에서 손을 떼어도 가스가 누설되기 때문이다. 잔화는 일반적으로 제조 시의 품질관리가 제대로 안되어서 발생되고 있다.

   20011년 5월 울산에서 "운전하다가 담배에 불을 붙이고 무심코 라이터를 내려놨는데 서랍에서 불이 나고 있지 뭡니까. 라이터에 귀신이 붙은 것도 아니고."라고 1회용 가스라이터의 불이 꺼지지 않아 봉변을 당할 뻔했던 한 소비자가 놀란 가슴을 쓸어내렸다는 인터넷 기사가 [그림 5-22]와 함께 실려 있다[7]. 이 화재는 1회용 가스라이터의 잔화로 인한 화재사례이다.

   일본에서 2014년 4월 30일 13:25경 도조 2층 주택의 거주자가 1층 현관에서 담배에 발화석식 1회용 가스라이터로 불을 붙이고 현관 신발장 위에 놓아두고 외출하였다가 귀가해보니 [그림 5-23]과 같이 신발장 위(天板)가 불타다 꺼져 있어 119신고를 한 사례로 불탄 개소에 가스라이터의 바람막이 금속부분과 발화석 누름 스프링 등이 검게 변색되어 있고 합성수지제 점화 레버와 본체 케이스 부분이 소실되어 있고 신발장 불탄 곳의 외곽부분은 검게 변색되어 합성수지가 천판에 고착되어 있었다. 이 화재는 가스라이터의 점화 레버 부분의 작동불량 또는 버너 노즐 내의 노즐 스프링의 작동불량에 의해 연료가스의 방출이 멈추지 않아서 발생한 잔화에 의해 소손되었을 가능성이 있는 것으로 조사되었다[8].

▲ **그림 5.22** 1회용 가스라이터의 잔화로 인한 차량화재 사례

6) http://www.meti.go.jp/committee

▲ **그림 5.23** 1회용 가스라이터의 잔화로 인한 주택화재 사례

2. 의도하지 않은 점화

1회용 가스라이터는 불꽃을 발생시키기 위해서는 의도적으로 점화레버(버튼)를 눌러 가스를 분출시키고 스파크 불꽃으로 분출된 가스에 점화시켜야 한다. 의도하지 않은 점화란 의도적으로 점화레버를 누르지 않음에도 점화레버가 눌러져서 가스가 분출되고 스파크 불꽃이 발생하여 분출된 가스에 점화되는 현상을 말한다. 의도하지 않은 점화 사례는 1회용 가스라이터화재 사례 중 방화나 불장난에 의한 화재를 제외하면 가장 빈도가 높으며, 대표적인 사례로는 차량 내에서 의자 레일에 끼어 발화한 사례, 쓰레기수거차에서 쓰레기수거 중 압축하는 과정에서 발화한 사례, 서랍 등과 같은 수납공간 속에 넣어두었다가 열고 닫는 과정에서 발화한 사례 등이 있다.

차량 의자 레일에 끼어 발화한 우리나라 사례로는 [그림 5-24]와 같이 차량등록을 한 지 5개월이 안된 고급외제승용차를 주차한 후 30분 정도 경과한 후 발견된 화재사례가 있다. 이 승용차화재는 운전석의 우측 이동레일과 레일 보호 플라스틱 사이에 떨어져 있던 1회용 전자식 가스라이터가 운전석 이동레일이 뒤쪽으로 밀리면서 우측 이동레일과 레일 보호 플라스틱 사이에 끼이어 힘을 받게 되고 1회용 전자식 가스라이터의 점화레버가 눌러져서 라이터가 켜져서 카펫을 연소시키며 화재로 확대된 것으로 분석되었다.

1회용 가스라이터가 차량 의자 레일에 끼어 발화한 일본 사례로는 노상에 정차시키고 잠시 자리를 비운 차량에서 발화되어 [그림 5-25]와 같은 전소된 사례로 이 화재는 차량 소유자가 차량 후부에 화물 적재공간을 만들기 위해 2열째 의자를 1열 앞까지 이동시킬 때 이동 레일 위에 떨어져 있던 1회용 전자식 가스라이터가 레일에 끼어 눌러져 점화되어서 바닥 매트에 점화되어 발생되었다[9].

일본 소방청에서 발행한 2016년판 소방백서에 의하면 차량화재 중 1회용 가스라이터가 시트 레일 등에 끼이어 의도하지 않게 점화되어 발생한 화재는 2015년도에 46건이나 되었다[10].

서랍 등과 같은 수납공간 속에 넣어두었다가 열고 닫는 과정에서 발화한 일본 사례는 2011년 3월 11경 주택 2층 세면장에 있는 선반 속에 1회용 전자식 가스라이터를 놓아둔 것을 잊어 발생한 것(그림 5-26 참조)으로 세탁용분말세제가 들어있는 상자를 선반 안에 수납하던 때에 선반 안에 있던 1회용 전자식 가스라이터를 밀어 넣어서 점화레버를 눌러 세탁용분말세제 상자에 점화되었다. 세제를 세탁기 내에 투입한 후 세제가 들어 있는 상자를 선반에 놓고 거실에 있는데 주택용화재경보기가 울려서 세면장에 가본바 세탁기 위에 설치되어 있는 선반과 세제가 들어 있는 상자 사이에서 불꽃이 올라가고 있는 것을 발견하고 목욕실 세면기에서 물을 갖다가 끼얹어 소화하였다고 한다[11].

쓰레기수거차량(압축진개차)에서 쓰레기 중에 1회용 가스라이터, 부탄캔, 스프레이 통 등이 압축되어 수거되는 과정에서 화재가 발생한 사례가 적지 않음에도 우리나라는 대부분 화재로 취급하지 않아 기록으로 남아 있지 않다. 쓰레기수거차량에서 1회용 가스라이터로 인해 화재가 발생했다는 일본의 홍보자료는 적지 않다. [그림 5-27]은 화재가 발생한 쓰레기수거차량에서 꺼낸 쓰레기와 이 쓰레기에서 발굴한 1회용 가스라이터와 부탄캔 등이다[12].

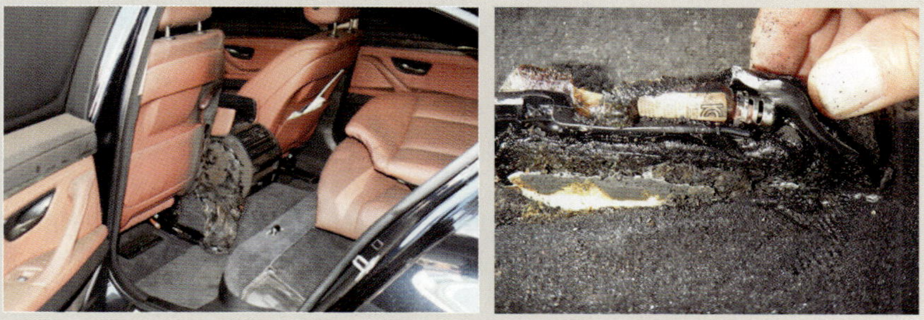

▲ **그림 5.24** 1회용 가스라이터가 운전석 레일에 끼어 발생한 화재 사례

▲ **그림 5.25** 1회용 가스라이터로 인한 차량화재 사례

▲ **그림 5.26** 1회용 가스라이터로 인한 주택화재 사례

7) http://www.consumernews.co.kr/?mod=news&act=articleView&idxno=249102

8) 나고야시 소방국 소방과 조사계, 화재원인조사 시리즈(77) 가스라이터화재, "일회용 가스라이터의 작동불량에 의한 소손사고사례", 소방과학종합센터, 소방과학과 정보, No.121, pp.57~65, 2015.

9) 동경소방청, 2013년 화재의 실태, p.281, 2014.

10) 일본 소방청, 2016년판 소방백서, p.58, 2016.

▲ **그림 5.27** 1회용 가스라이터 등에 의한 쓰레기수거차량 화재 사례

3. 큰 화염

가스라이터 안전인증기준에서 불꽃의 높이는 사용자가 라이터를 조절하지 않은 상태에서 생산자의 설정 그대로 최초 점화하였을 때 불꽃은 100mm를 초과하지 아니하여야 하고, 사용자에 의해 의도적으로 제조자의 설계 한계치까지 불꽃을 조절하였을 때 불꽃은 120mm를 넘지 않도록 규정하고 있다. 가스라이터 안전인증기준에서 정한 불꽃 길이보다 긴 것을 큰 화염이라고 한다.

담배에 불을 붙이기 위해 1회용 가스라이터의 점화레버(버튼)를 누를 때 예상외로 큰 불꽃이 나와서 얼굴 등에 화상을 입는 경우가 있으며, 고령자 옷에 불이 붙는 경우가 있다. 이는 제조된 후 장기간 경과하여 가스유량조정용 우레탄폼이 경년열화되어서 가스유량의 조정이 안 되거나 제조시의 불꽃높이 조정 불량에 의해 점화 시에 큰 화염(불꽃)이 나오기 때문이다. 불꽃이 기준치(120mm)를 초과하는 경우에는 라이터의 품질관리의 문제로 볼 수 있다.

4. 얼굴에 가까이 대고 점화

불꽃 높이의 기준치(120mm) 미만이지만 담배에 불을 붙일 때 라이터에 얼굴을 너무 가까이 대어서 얼굴 등에 화상을 입는 경우가 있다. 이는 바람 등을 차단하기 위해서 얼굴을 너무 가까이 대어서 발생한 것으로 소비자의 부주의에 의한 것이다.

5. 고온장소 방치 파열 또는 폭발

여름에 차량 대시보드 위에 1회용 가스라이터를 방치하여서 햇빛에 의해 과열되어 파열되어서 앞유리 등이 파손되고 경우에 따라서는 파열된 후 화재로 이어지는 경우도 있다. 이는 여름철 대시보드 주변은 90~100℃ 이상이 되므로 1회용 가스라이터 내부압력이 높아진 것이 원인이다.

[그림 5.28]은 9월 중순 추석을 앞두고 09:00경부터 같은 날 16:00경 사이 피해자가 운영하는 식당 앞 노상에 차량을 주차하고 벌초를 하러 간 사이 앞쪽 보조석(등받이)에서 화재가 발생하여 자연 진화되고 1회용 가스라이터 잔해가 발견된 사례이다.

11) 동경소방청, 2015년 화재의 실태, p.229, 2016.

12) http://www.city.kakogawa.lg.jp/soshikikarasagasu/kankyobu/kankyodaiichika/gominodashikata_shushu/1418878583895.htm

▲ **그림 5.28** 1회용 가스라이터 파열에 의한 화재 사례

## 화재사례 3

1회용 가스라이터와 관련된 승용차 화재[13]

**화재개요**

신규로 차량을 등록한 지 5개월이 안된 승용차를 주차장에 주차한 후 30분 정도 경과하여 승용차로 되돌아왔는데 자동키를 눌러도 반응이 없고 키를 꽂아서도 차문이 열리지 않아서 보험회사에 연락하여 견인차를 불러서 10월 11일 00:50분경 차문을 열어보고 차실 내에 화재가 발생하여 진화되어 있음을 발견하였다.

**화재원인**

1회용 가스라이터를 떨어뜨려 레일보호용 플라스틱 사이에 우연히 들어갔고 운전자가 내릴 때 운전석이 자동으로 뒤로 움직이며 이동레일이 뒤로 밀리며 가스라이터가 켜졌기 때문에 화재가 발생하였다.

**조사요령**

1. 목격자 정보 등을 조사한다.
   주차한 후 30분 정도 경과하여 되돌아와서 자동키를 눌러도 반응이 없고 키를 꽂아서도 차문이 열리지 않아서 강제로 차문을 열어보고 차실 내에 화재가 발생하여 진화되어 있음을 발견하였다.
2. 차량 외부를 조사한다.
   차량 외부는 화재로 인한 피해가 없다.
3. 엔진실과 차체 하부를 조사한다.
   엔진실과 차체 하부는 연소흔적이 전혀 없으므로 엔진실과 차체 하부 쪽은 발화개소 및 화재원인과 관련이 없다.
3. 차실 내를 조사한다.
   (1) 운전대와 대시보드 부근은 연소된 흔적이 없고 그을음만 묻어 있는 상태이므로 발화개소에서 배제할 수 있다.
   (2) 센터콘솔 뒤쪽 좌측 아래의 바닥 매트에서부터 센터콘솔을 거쳐 운전석 우측만이 연소되어 있고, 운전석 우측 레일의 끝 지점 바닥부위에서부터 센터콘솔 좌측을 거쳐 위쪽으로 연소되어 있으며, 센터콘솔 아래의 매트가 있는 바닥과 센터콘솔 사이에 위치한 하니스(전선다발) 피복이 연소되어 구리선이 노출되어 있으며, 센터콘솔 좌측 부위 쪽의 운전석 의자의 우측 부위만이 연소되어 있다.
   (3) 운전석 헤드 레스트는 연소되어 있지 않고, 조수석과 뒷좌석 쪽은 연소되어 있지 않다.
   (4) 상기와 같은 이유로 발화개소는 운전석 우측 쪽과 센터콘솔 뒤쪽 좌측 부위 아

래의 연소된 부위로 특정할 수 있다.

4. 화재원인을 검토한다.

(1) 주차한 후 30분 경과하여 화재가 발생하였으므로 연료누유나 오일누유 등에 의한 발화가능성, 배기계통의 과열에 의한 발화가능성, 브레이크 등 기계적 요인에 의한 발화 가능성은 모두 배제된다.

(2) 운전자가 작성한 확인서에 의하면 차량 문을 자동키로 열기 위해서 열리지 않아 키를 삽입하여 차량 문을 개방한 사실로 미루어 방화의 가능성이 희박하다.

(3) 엔진정지 후 주차 중에 전기적인 요인에 의해 차량 화재가 발생한 사례가 있으며, 이러한 사례는 엔진정지 주차 중에 상시 통전되는 전선과 차체 등이 닿아 합선되어 일어나며, 이 승용차는 엔진 정지를 하면 5분정도 경과하여 상시전원까지 모두 차단되게 되어 있으므로 엔진정지 후 30분정도 경과하여 전기적인 요인에 의해 화재가 발생하기 어려우며, 발화개소 내의 전선에 합선흔적 등 특이점이 없으므로 전기적인 요인에 의한 화재는 배제할 수 있다.

(4) 차실 좌석의 시트 등 내장재는 난연제품을 사용하고 있어 무염연소를 진행시킬 수 없으므로 화재로 이어지기 어렵고, 난연성 매트나 카펫 위에 종이, 방석, 의류 등 적재물품에 담배꽁초를 버린 경우에는 무염연소를 진행시켜 화재로 이어질 수 있지만 발화개소의 매트와 카펫 위에서 종이, 방석, 의류 등의 연소잔재물이 발견되지 않은바 종이, 방석, 의류 등이 연소된 부위에 놓인 것으로 볼 수 없으므로 담뱃불로 인한 화재는 배제할 수 있다.

(5) 카펫 아래의 하니스를 확인하기 위해 카펫을 오려낸바 오려낸 카펫 위에 1회용 가스라이터의 몸체가 용융되어 붙어 있음이 확인된다.

(6) 연소 부위 아래에 1회용 가스라이터가 있으므로 1회용 라이터에 의해 화재가 발생하였을 가능성을 아래와 같이 구체적으로 검토한다. 1회용 가스라이터가 있는 부위가 연소부위의 가장 아래 꼭짓점에 해당하며, 꼭짓점을 기점으로 V자 모양으로 연소되어 있으며, V패턴은 벽체 근처에서 최초 발화되는 경우에 나타나는 화재패턴이고, 운전석 우측 레일의 끝부분 뒤쪽의 레일 보호 플라스틱이 용융되어 있으며, 운전석 우측의 안쪽 이동레일이 바깥쪽 고정레일에서 벗어나 뒤쪽으로 밀려나 있고 안쪽 이동 레일 끝부분과 1회용 가스라이터 화염분출구 반대쪽(밑바닥)과 닿아 있다. 1회용 가스라이터 화염분출구 반대쪽이 이동레일 끝부분에 닿고 화염분출구 쪽이 고정레일 보호용 플라스틱과 닿은 상태에서 이동레일이 밀리며 힘을 가하고 1회용 가스라이터의 레버가 눌러지면 불꽃이 발생함과 동시에 분출된 가스에 불이 붙게 되므로 이 승용차화재는 운전석의 우측 이동레일과 레일 보호 플라스틱 사이에 떨어져 있던 1회용 가스라이터가 운전석 이동레일이 뒤쪽으로 밀리면서 우측 이동레일과 레일 보호 플라스틱 사이에 끼이어 힘을 받게 되고 1회용 전자식 가스라이터의 가스레버가 눌러져서 라이터가 켜져서 카펫을 연소시키며 화재로 확대된 것으로 분석(추정)할 수 있다.

(7) 스스로 진화된 이유는 차실 내에 화재가 발생하더라도 승용차의 경우에는 창문을 닫아둔 상태에서는 공기공급 부족으로 인해 어느 정도 타다가 저절로 꺼져버리기 때문이다.

(8) 운전석 좌석의 레일보호용 플라스틱 사이에 1회용 가스라이터가 들어가고 좌석이 뒤로 움직이며 이동레일이 뒤쪽으로 밀리어 가스라이터의 레버가 눌리면 가스라이터가 켜질 수 있게 레일보호용 플라스틱이 설치되어 있는 것은 설계결함

으로 볼 여지가 있고, 판매자(메이커)가 제공한 사용설명서의 주의사항에 1회용 가스라이터를 떨어뜨리는 경우 화재가 발생할 수 있다고 경고하고 있지 않다면 표시결함으로 볼 여지도 있다.

▲ **그림 5.29** 차량 외부, 엔진실과 차체 하부의 모습의 모습

▲ **그림 5.30** 대시보드 주위의 모습

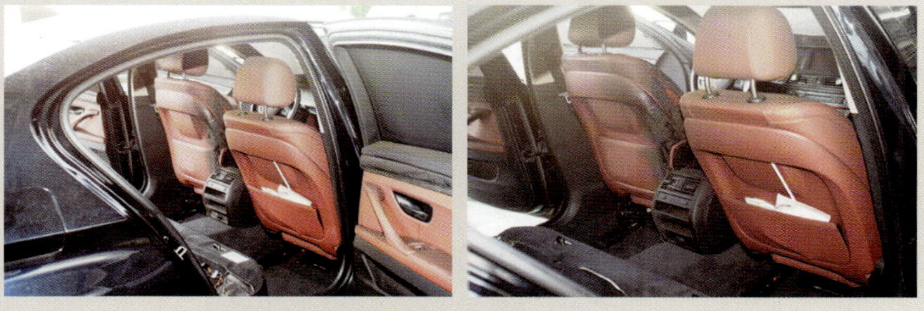

▲ **그림 5.31** 운전석 의자 우측의 연소된 모습

▲ **그림 5.32** 센터콘솔 뒤쪽 좌측의 연소된 부위의 모습

13) 이의평, "라이터와 관련된 승용차화재 사례의 분석", 한국화재소방학회 춘계학술대회논문집, pp.3~4, 2017.

▲ **그림 5.33** 연소부위와 분리한 운전석의 모습

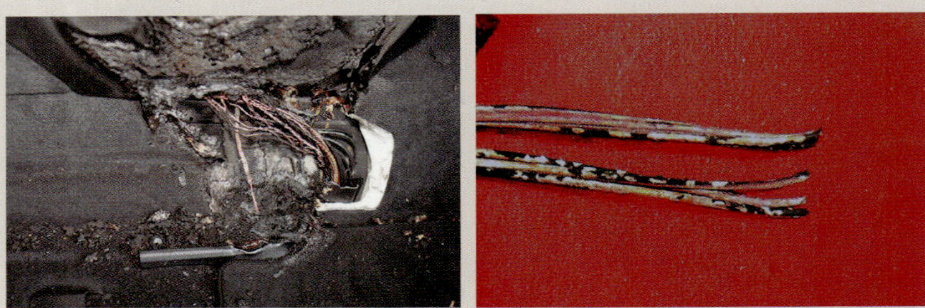

▲ **그림 5.34** 연소 부위의 피복이 소실된 하니스와 단선된 전선의 모습

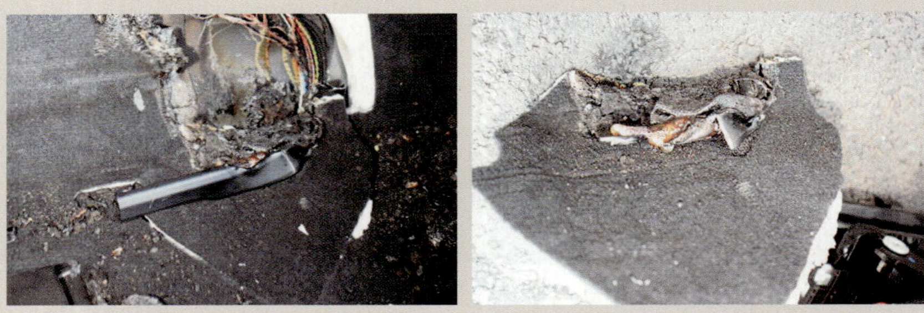

▲ **그림 5.35** 카펫 아래의 하니스를 확인하기 위해 오려낸 카펫의 모습
(오려낸 카펫 위에 1회용 가스라이터의 몸체가 용융되어 붙어 있음이 확인됨)

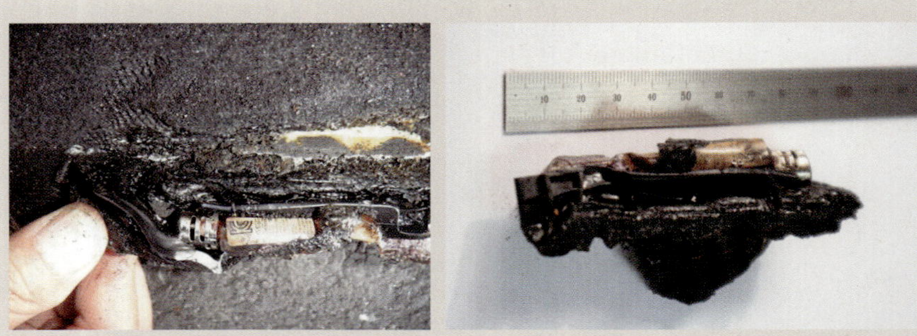

▲ **그림 5.36** 1회용 가스라이터를 확인하고 있은 모습
(1회용 가스라이터는 전자식으로 확인이 됨)

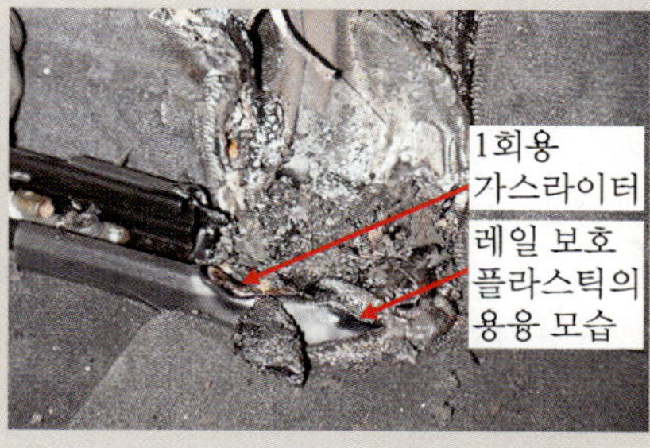

▲ **그림 5.37** 운전석과 조수석 레일보호용 플라스틱의 비교

**Point**

1회용 가스라이터가 좌석 레일 센터 터널에 떨어지더라도 ① 레일 끝이 막혀 있고, ② 떨어진 라이터가 전자식 일회용라이터인 두 조건을 만족해야 화재로 이어질 수 있다. 발화석식 일회용라이터가 센터 터널에 떨어지거나 레일 끝이 막히지 않은 경우에는 화재로 이어지기 어렵다.

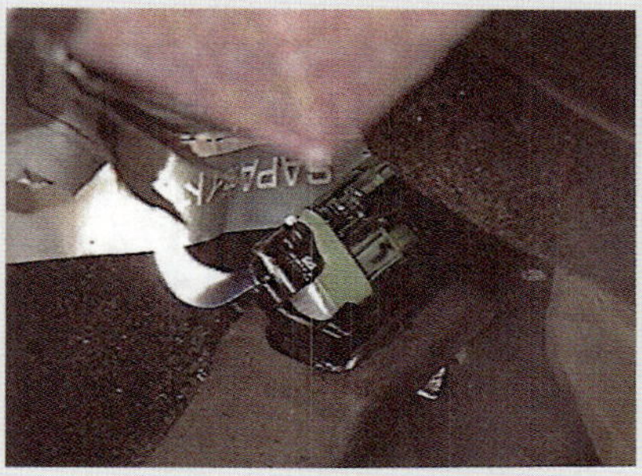
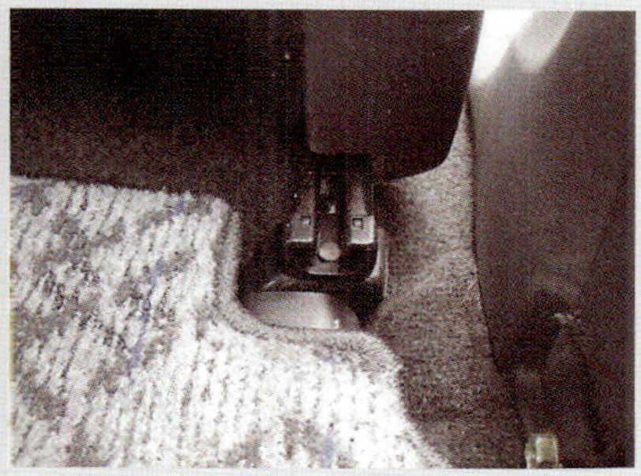

▲ **그림 5.38** 레일 끝 라이터 점화 모습[14](좌), 끝부분이 개방된 레일의 모습(우)

14) 相川潔, 차량화재·구조·조사 대응 가이드, 동경법령출판(일본), p.99, 2012.

## 화재사례 4 주유 중 정전기에 의한 화재

**화재개요**

1월 23일 06시 12분 주유원 A(남)가 연료탱크에 주유기를 꽂아놓고 카드로 대금을 결재하기 위하여 사무실로 들어간 사이 차량 뒷부분에서 이상한 소리가 들려 운전자 B가 운전석에서 백미러로 확인해보니 차량 연료주입구에서 불꽃이 올라오는 것을 보고 신속히 차량에서 나와 "불이야"를 외치고 주유총을 차량연료주입구에서 빼었으나 차량연료탱크와 주유기를 중심으로 연소확대 되었다.

**화재원인**

주유 호스에 정전기를 외부로 방출하는 역할을 하는 강철와이어로 된 접지선이 없어서 연료탱크로 주유 중 호스 안을 흐르면서 발생된 정전기가 외부로 방출되지 못하고 축적되어 흐르다 연료탱크에 분출 중 정전기 스파크가 발생되면서 유증기에 착화하여 화재가 발생하였을 가능성이 높다.

**조사요령**

1. 목격자 정보 등을 조사한다.
 (1) 119신고자(여)는 주유소 사무실에서 개인적인 업무 처리 중 밖에서 "불이야" 외치는 소리를 듣고 사무실 밖으로 나와 보니 차량연료주입구와 주유기끝부분에서 불길이 치솟고 종업원과 차량운전가 초기소화를 시도하는 것을 보고 119로 신고하였다.
 (2) 종업원 A(남, 51세)는 차량 소유자 B가 주유소에 도착하여 3만원의 연료를 보충해달라고 하며 요금결재 카드를 주자 카드를 받고 "시동을 꺼주세요" 라고 말하고 차량에 연료탱크주입구에 주유기를 꽂아 넣고 10~20초 정도 지켜본 후 대금 결재를 위해 사무실로 이동하여 카드기를 작동시키고 있던 중 밖에서 "불이야"하는 소리를 듣고 밖의 자동차연료주입구에서 불꽃이 치솟는 것을 보고 화재 사실을 인지하였고. 신속히 뛰어와 주유기 옆에 놓여있던 분말소화기 4대를 이용하여 초기진화를 시도하였으나 화세가 거세에 초기진화는 실패하였다.
 (3) 차량 소유자 B는 혼자 출근 중 연료를 보충하기 위해 출근길에 위치해 있는 주유소에 정차 후, 종업원이 시동을 끄라고 하여 시동을 끄고, 3만원 주유 요청 후 종업원에게 대금결재 카드를 준 다음 운전석에서 기다리고 있던 중 종업원이 주유기를 연료주입구에 꽂아 놓은 후 사무실로 들어간 사이 "퍽"하는 이상한 소리에 백미러를 보니 연료주입구에서 불꽃이 올라오는 것으로 보고 인지하였다.
2. 차량 외부 등을 조사한다.
 (1) 연료탱크 주유구를 중심으로 심하게 소훼된 형상이 식별되고 연료탱크에 있던 휘발유가 완전히 연소되어 비어있다.
 (2) 주유총 끝부분이 화염에 의하여 용융되어 있고 주유총에 연결된 호스의 소실이 심하다.
3. 화재원인을 검토한다.
 (1) 종업원이 주유총을 연료주입구에 삽입당시 이상이 없었다는 운전자의 진술과 연료 주입구와 주유총 끝부분의 재질은 알루미늄합금강으로써 금속간 마찰로 인한 스파크가 발생하기 어려운 재질인 점으로 미뤄 연료주입구와 주유총 끝부분의 마찰에 의한 스파크 발생 가능성은 희박하다.
 (2) 화재당시 운전자는 운전석에 앉아 있었고, 종업원이 연료 주입구에 주유총을 집어넣고 작동시킨 후 약 10초 정도 지켜보다가 카드결재를 위하여 사무실에 있던 중 연료탱크 주입구에서 화재가 발생하였다는 관계자 진술이 사실이라면 운

전자 및 종업원의 피복 등에 정전기가 발생하였을 가능성은 희박하다.

(3) 연료탱크 주입구가 화염에 심하게 소훼되고 주유 중 화염에 소훼된 주유총 끝 부분의 일부가 용융되고, 주유총과 연결된 타다 남은 고무호스를 확인한바 고무호스내부에 정전기를 외부로 출하는 역할을 하는 강철와이어(주유기 접지로 보내는 역할) 등 접지선이 없고 일반고무 재질인 점 등으로 보아 연료탱크 주입 중 호스 내부를 흐르면서 발생된 정전기가 축적되고 탱크 내로 분출되는 과정에서 정전스파크가 발생하여 유증기에 착화되었을 가능성이 높다.

(4) 운전자는 주유 전 종업원이 시동을 끄라는 말을 듣고 시동을 정지시켰다는 진술에 의하면 엔진, 머플러 등에서 발생한 고열에 의한 발화원이 배제될 수 있으나 관계자진술의 사실 확인을 위하여 소훼된 차량 내부를 발굴하여 시동키 on/off상태를 확인한 결과, 시동키 및 키박스가 화염에 용융되고 소실되어 관계자 진술 외 현장물증에 의한 시동여부 판단이 불가능하나 주유 중 시동을 끄지 않고 엔진 가동 중 휘발유가 머플러 부위에 떨어지더라도 쉽게 착화되지 않고 화재가 주유구에서 시작된 점으로 보아 엔진 과열이나 머플러 등의 접촉에 의한 발화 가능성은 희박하다.

(5) 화재발생 당시 주유원은 카드체크기로 이동 중으로 담배를 전혀 피우지 않았으며 차량 소유자 또한 차량 안에 있었다고 진술한 점과 최초 발화가 차량연료탱크 주입구에서 시작된 점 등으로 미루어보아 미소화원에 의한 발화 가능성은 희박하다.

(6) 화재발생 현장에서 가스 등 기타원인에 의해 발화했을 가능성이 존재하지 않아 기타 원인에 의한 발화 가능성을 배제할 수 있다.

(7) 주유 중이었던 주유총과 주유하지 않고 있다가 화염으로 소실된 주유총 모두와 연결된 고무호스들을 확인한 결과 고무호스 내부에 정전기를 외부로 방출하는 역할을 하는 강철와이어(주유기 접지로 보내는 역할)로 된 접지선이 없어서 연료탱크 주유 중 호스 안을 흐르면서 발생된 정전기가 외부로 방출되지 못하고 축적되어 흐르다 연료탱크에 분출 중 정전기 스파크가 발생되면서 유증기에 착화하여 화재가 발생하였을 가능성이 높은 것으로 판단된다.

▲ **그림 5.39** 주유소와 차량의 모습

▲ **그림 5.40** 주유기(좌)와 접지선이 없는 주유 호스(중, 우)의 모

## 화재사례 5 주유 중 종업원 옷의 정전기에 의한 화재

**화재개요**

1월 3일 09:47 주유소 오후 근무 주유원 A(남)가 같은 동료B(남) 외 1명과 A 소유 차량에 휘발유를 주유하고자 주유기를 작동하던 중 차량 연료주입구에서 화염이 분출하였다. 화염이 분출하자 주유작업을 하던 A가 주유총을 차량으로부터 이탈시키고 본인 소유 승용차를 안전한 곳으로 이동 주차시켰다. 주유기와 승용차 사이에 있던 3명의 주유원 중 가운데에 서있던 B는 A가 주유총을 차량으로부터 이탈하는 과정에서 휘발유가 바지로 유출·착화되어 본인 스스로 착화된 화재를 진압하였으나 양하지에 3도 화상을 입었다. 손님C가 위 상황을 목격하고 주유소 사무실 내 여직원에게 화재사실을 119에 신고토록하고 주유소 근무자와 함께 비치된 분말소화기 20여개를 이용하여 초기진화를 여러 번 시도하여 화재를 완전 진압하였다.

**화재원인**

승용차 연료탱크 내의 유증기가 주유작업 시작 시 밖으로 누출되고 종업원 의류 등에서 발생된 정전기가 점화원이 되어 화재가 발생하였다.

**조사요령**

1. 목격자 정보 등을 조사한다.
   (1) 휘발유를 주유하고자 주유기를 작동하던 중 차량 연료주입구에서 화염이 분출하였다.
   (2) 주유소 내에서 세차 중에 있던 손님C(남)가 주유 중인 차량에서 화재 발생과 화재개요 내용을 목격하였다.
   (3) CCTV에 화재발생부터 진화까지 녹화되어 있다.
2. 발화지점을 조사한다.
   (1) 화재로 인한 소실이 전면 좌측 주유기 부근으로 한정된다.
   (2) 주유기 끝부분(주유총)으로부터 연결호스로 소실의 정도가 심하고, 주유기 하부 콘크리트 벽면을 비교한 바 중앙부위에서 상부로 V패턴의 연소 확대 경로가 형성되어 있다.
   (3) 차량 연료주입 중 주유기 끝부분으로부터 화염이 분출하였다는 목격자 진술과 CCTV 녹화영상을 통해 최초 발화지점은 좌측 주유기 부근으로 판단된다.
3. 화재원인을 검토한다.
   (1) 차량 연료주입구 뚜껑 플라스틱에서 열적 소실흔이 있고, 주유작업 중 3명이 주유기 끝부분과 연료통 부근에 서 있어 서로 간 의류의 마찰이 발생했을 개연성이 크고, 차량 자체 및 연료통 내부 유증기는 자체 정전기를 발생할 수 있는 특징과 당일 건조한 날씨(습도 45%)로 인하여 정전기의 발생이 용이한 점 등으로 주유 중 연료통 내부에서 유증기 누출되고 차량 또는 의류 등에서 발생된 정전기가 점화원이 되어 발생된 화재로 판단된다.
   (2) 발화지점에 위치한 주유기 내부는 두께 3mm의 철판으로 보호되어 내부로 연소 확대가 용이치 않으나 내부 콘덴서 2개 및 인입 배선상에서 국부적으로 열적 소실이 발견되어 확인한 바 전선피복의 표면이 용융되어 거칠고 전선 피복을 칼로 도려 낸 바 내부(구리동선)는 정상 상태를 유지하고 있는 점 등으로 주유기 외부화염으로 인하여 내부 콘덴서 등이 소실된 것으로 판단되어 주유기 내부 전기적인 원인에 의한 발화 가능성을 배제할 수 있다.
   (3) 주유기 끝부분(주유총) 및 승용차 연료주입구는 알루미늄합금강으로써 금속간 마찰 스파크가 발생키 어려운 재질인 점과 주유기 끝부분은 미국 굿이어 제품

으로 위험물 사용인증 제품인 점등으로 금속 간 마찰 스파크로 인한 점화 가능성은 희박하다.

(4) CCTV에 녹화된 화재 장면에서 주유원 등이 담배를 피우지 않았으며, 주유기 부근에 가스 등 기타 원인이 존재하지 않아 기타 원인에 의한 발화 가능성을 배제할 수 있다.

(5) 관계자 진술과 위 조사내용을 종합해볼 때 승용차 연료탱크 내의 유증기가 주유작업 시작 시 밖으로 누출되고 종업원 의류 등에서 발생된 정전기가 점화원이 되어 발생된 화재로 판단된다.

**그림 5.41** 화재발생 전후의 CCTV 녹화 영상

**그림 5.42** 화재피해 주유기와 화재흔적이 있는 주유구의 모습

## 화재사례 6 제동력 상실에 의한 유류운반 트럭 화재

**화재개요**

11월 2일 13:20경 창원터널 옛 요금소 부근 도로에서 5톤 화물차가 산업용 윤활유와 방청유 등 7.8톤(뚜껑이 없는 적재함에 윤활유 등이 담긴 200L 드럼통 22개, 20L 통 174개)을 싣고 제한속도 70km/h 내리막 도로에서 118km/h로 주행하며 중앙분리대를 들이받으면서 화재·폭발이 발생하였다. 이 사고로 화물차 운전자(76) 등 3명이 숨지고 5명이 부상을 입고 차량 10대가 전소되었다.

**화재원인**

배터리 +단자에서 정션박스로 연결되는 배선과 후륜 에어마스터 오일 라인의 접촉에 의한 단락으로 오일 라인이 용융되어 천공이 형성되고 브레이크 오일의 누유로 인하여 제동력이 상실되어 내리막 도로에서 중앙분리대를 들이받으면서 연료탱크가 파열되고 누설된 연료에 충격불꽃에 인화되어 화재폭발로 이어졌다.

**조사요령**

1. 터널 안 CCTV와 블랙박스 녹화영상을 조사한다.
 (1) 터널 안 CCTV에 의하면 사고차량의 뒤쪽 번호판 근처에서 불규칙적으로 아크 발생하고 지그재그로 좌우로 왔다갔다 주행하는 것이 녹화되어 있다.
 (2) 앞쪽 차량 블랙박스 녹화 영상에 의하면 사고 지점에 이르기 전에 중앙분리대를 1차 충격하고 주변차량을 피해 주행하다가 사고 지점에 이르러 중앙분리대를 2차 충격하면서 화재·폭발하였다. 내리막 도로에서 중앙분리대와 충돌 → 연료탱크 파손 → 누출된 연료에 착화 → 적재함의 유류탱크가 반대편 차선으로 넘어가면서 유류 누출 및 착화 된다.
2. 내리막 도로를 조사한다.
 사고현장의 내리막 도로에는 트럭 스키드마크는 관찰되지 않았다.
3. 차량을 조사한다.
 (1) 배터리 +단자에 연결되는 상시 전원선은 시동모터로 직결되는 배선과 배터리 측면의 정션박스(Junction Box)로 연결되는 배선이 있고, 정션박스를 거친 배선과 시동모터로 직결되는 배선은 차체 프레임에 클램프로 고정되어 차량 하부를 횡단하는 구조이다.
 (2) 배터리 +단자에서 정션박스로 연결되는 배선에서 아크에 의한 용융흔이 관찰되고, 배터리와 인접한 후륜 에어마스터 오일 라인에서 아크에 의해 용융된 천공이 있다.
 (3) 배터리 +단자에서 차량 하부를 횡단하여 시동모터로 직결되는 배선과 차체 프레임에 고정되어 있는 금속플레이트 및 클램프 등에서 아크에 의한 단락흔이 다수 식별된다.
4. 화재원인을 검토한다.
 (1) 배터리 단자와 이어진 전선이 고정돼 있지 않은 배터리 금속 덮개에 계속 닿으면서 전선 피복이 벗겨지고 피복이 벗겨진 배터리 전선에서 스파크(불꽃)가 발생했다.
 (2) 배터리 금속 덮개와 닿아 피복이 벗겨진 배터리 전선에서 주변으로 튄 스파크가 뒷바퀴 브레이크 오일 파이프에 구멍을 뚫는 바람에 오일이 새서 뒷바퀴 브레이크가 제 기능을 하지 못했다.
 (3) 제동 기능 상실로 화물트럭이 중앙분리대와 충돌하면서 연료탱크가 파손되고 유출된 연료에 충돌 스파크가 1차 화재를 일으킨 후 적재함에 실려 있던 유류탱크에서 흘러나온 유류에 불이 옮겨 붙어 화재·폭발로 이어졌다.

▲ **그림 5.43** 화재발생 트럭과 유류탱크의 모습

▲ **그림 5.44** 충돌 충격으로 앞쪽 모서리가 파열된 유류탱크의 모습

▲ **그림 5.45** 차량 하부에서 관찰되는 스파크 불꽃(창원터널 내 CCTV 영상)

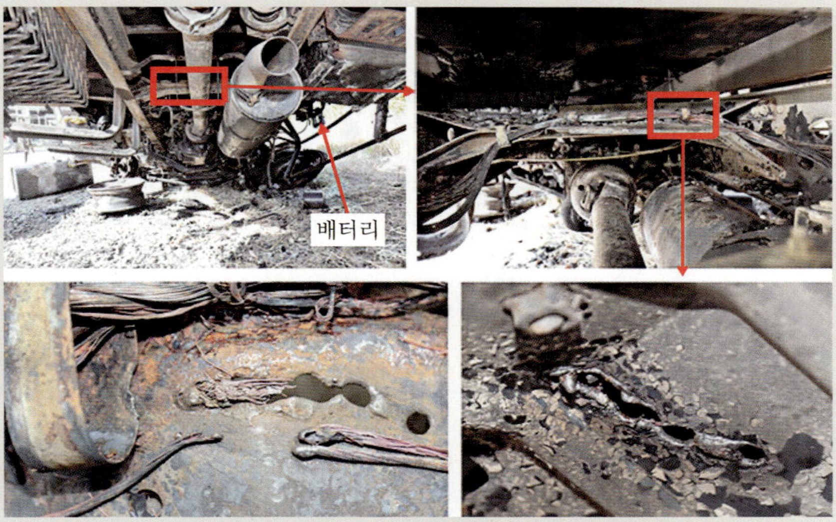


▲ **그림 5.46** 배터리 +단자에서 시동모터로 직결된 배선의 단락흔

▲ **그림 5.47** 정션박스로 연결된 배선의 단락흔과 후륜 에어마스터 오일 라인의 천공 모습

## 화재사례 7 교통사고에 의한 화재

**화재개요**

47인승 관광버스는 2016년 6월 13일 오후 8시 30분경 대구공항에서 승객 21명을 태우고 출발했고, 승객들은 중국 여행을 마치고 귀가하던 중이었고, 중국에서 만났던 2명은 집이 있는 대구 시내에서 하차하고 운전사를 포함한 20명이 경부고속도로를 통해 울산으로 향했다. 휴게소에서 저녁을 먹고 출발한 지 40분이 지났을 때인 이날 오후 10시 10분경 관광버스는 고속도로 확장공사구간(2차로 오른쪽에 콘크리트 방호벽으로 된 차선분리대가 설치되어 있음)에서 1차로에서 2차로로 급 차선을 변경을 하여 버스 2대 사이로 끼어들어가다가 우측의 콘크리트 방호벽을 1차 들이받았으며, 60m 더 진행하다 2차 콘크리트 방호벽을 들이받았다. 버스는 2차 충돌 후에도 90m를 더 진행하다 언양분기점을 500여m를 남겨둔 지점에서 멈춰선 뒤 약 5초 뒤 화염에 휩싸였다. 출입문이 콘크리트 방호벽에 막혀 열리지 않자 승객 10명은 운전석 뒤쪽 창문을 소화기 등으로 깨고 탈출했으나, 미쳐 빠져 나오지 못한 승객 10명은 현장에서 숨졌다.

**화재원인**

1차로에서 2차로로 급차선변경을 하면서 버스 우측으로 차선분리대를 들이받아 연료탱크가 파열되고 누설된 연료가 충격불꽃에 인화되어 화재가 발생하였다.

**조사요령**

1. 목격자 정보와 CCTV 녹화영상을 조사한다.
   (1) 사고 버스는 확장공사 중인 구간에서 1차로를 달리다 갑자기 2차로 버스 사이로 끼어들다 중심을 잃고 버스 오른쪽 모서리가 콘크리트 방호벽에 강하게 부딪친다.

(2) 버스 오른쪽 모서리가 방호벽에 닿은 채 100m 정도를 진행하면서 1~2m 높이의 불꽃이 일어나고 3차례 방호벽과 충격 후 곧바로 오른쪽 앞부분부터 강한 불길에 휩싸인다.

(3) 방호벽과 충격하면서 오른쪽 출입구 아래에 있는 연료통이 깨졌고, 새어 나온 연료가 방호벽과 버스가 마찰하면서 생긴 불꽃에 옮아붙어 큰 화재로 번졌고, 승객이 대피해야 할 출입구 아래 연료통이 깨지면서 탈출을 어렵게 했다.

(4) 1.5m 높이의 콘크리트 방호벽에 버스가 나란히 붙어 멈추면서 불길에 휩싸인 출입문마저 막혀 승객들이 출입문을 통해 대피하기가 불가능했고, 생존자들은 운전석 뒤쪽 유리창을 깨고 버스에서 겨우 빠져 나왔다.

2. 버스 소손상황을 조사한다.

(1) 버스는 전소되었고, 오른 쪽 앞 출입문 부분이 충격으로 심하게 손상되어 있다.

(2) 오른쪽 앞 출입문과 바퀴 사이에 있는 연료통이 충격으로 심하게 파손되어 있다.

(3) 좌측 앞바퀴의 앞에 있는 왼쪽 연료통은 원형을 유지하고 있다.

3. 화재원인을 검토한다.

1차로에서 2차로로 급차선변경을 하여 버스 사이로 끼어들다가 중심을 잃어 버스 우측 모서리로 콘크리트 방호벽을 들이받아 연료탱크가 파열되고 누설된 연료가 충격불꽃에 인화되어 화재가 발생하였다.

**그림 5.48** 콘크리트 방호벽에 충돌한 우측의 모습

▲ **그림 5.49** 화재 전후의 과정(좌), 전후좌우의 모습(우)

▲ **그림 5.50** 버스 내부의 모습

▲ **그림** 5.51 우측 연료탱크의 심하게 파손된 모습

▲ **그림** 5.52 좌측 앞바퀴의 앞쪽에 위치한 연료탱크의 모습

## 화재사례 8　엔진 시동 거는 중 접지선 과열로 인해 발생한 화재[15)]

**화재개요**

식당에 식사를 하러 가는 사이에 식당 앞 도로가에 주차를 한 후 식사를 마치고 차량으로 되돌아와서 스마트키로 원격으로 시동을 걸던 중 엔진 시동은 걸리지 않고 엔진실에서 연기가 발생하면서 화재가 발생하여 식당 측에 도움을 요청하여 분말소화기 6대를 분사하였지만 진화되지 않아 119신고(6월 8일 19:16)를 하여 출동한 소방대가 진화하였다.

**화재원인**

커먼레일의 인젝터로 연결하는 연료파이프의 너트와 시동모터 접지선이 접촉된 부분에서 진동마찰에 의하여 접지선 피복이 손상되고 소선 단선이 되어 단면적 감소로 이어져 시동 중 단선되고 일부 소선만 남아 있는 부위에서 국부적으로 발열하여 화재가 발생하였다.

**조사요령**

1. 목격자 정보를 조사한다.
 (1) 식사를 마치고 되돌아와서 스마트키로 시동을 걸었더니 시동은 걸리지 않고 갑자기 엔진실에서 연기가 나오면서 화재가 발생하였다.
 (2) 주간 시간대이고 식당 앞 도로이어서 방화를 배제할 수 있다.
 (3) 소방대 도착 시 엔진실에서만 화염이 분출하고 있었다.
2. 외부 상황을 조사한다.
 (1) 보닛은 우측이 좌측보다 심하게 수열변색되어 있다.
 (2) 앞쪽 유리는 중앙부 아래쪽이 화열로 깨진 상태로 붙어 있다.
 (3) 좌우측면, 후면은 화재로 인한 피해가 없다.
3. 차실을 조사한다.
 차실은 연소되어 있지 않으므로 발화개소에서 배제할 수 있다.
4. 차체 하부를 조사한다.
 (1) 엔진실 하부의 보호커버가 그대로 남아 있고, 보호커버를 분리한 바 보호커버의 엔진쪽에도 특이점이 없다.
 (2) 엔진실 하부 보호커버를 분리한 상태의 엔진실 하부는 소화수가 흘러내린 흔적 외에 특이점이 없고, 배기관과 제동계통 등 차체 하부에도 특이점이 없다.
5. 엔진실을 조사한다.
 (1) 커먼레일이 위치한 중앙부분의 연소가 심하며 좌우측부분은 일부 가연물이 용융 변형되어 있으나 일부가 남아있다.
 (2) 좌측에 위치한 배터리는 엔진 쪽에서 연소확대되어 위부분이 연소 융착되고, 배터리 좌측에 위치한 퓨즈박스는 뚜껑부분이 연소되고 융착되어서 퓨즈의 용단 여부 확인이 불가능한 상태이다.
 (3) 커먼레일이 있는 중앙부분의 심하게 연소된 부위의 하니스 중 한 전선이 용단되어 있고, 커먼레일 자체에서는 연료의 누설흔적 등 특이점이 없다.
 (4) 용단된 전선은 접지선임이 확인되며 용단은 1번 인젝터의 너트와 접촉된 부분에서 발생되었으며 접촉된 너트부분에는 녹청(구리의 산화물)이 발생하여 있을 뿐 단락흔은 생성되어 있지 않다. 단락흔이 생성되지 않은 것은 접지선도 －극이고 너트도 －극이기 때문이다.
 (5) 동일모델 차량의 엔진실 비교를 통해서도 용단된 전선은 피복이 빨간색이고, 접지선임이 확인된다.

(6) 용단된 접지선은 접지측 반대 부분은 과전류 용단형태이며 일부 소선의 엉클어진 모습이며, 접지측 부분은 대부분의 소선이 흐트러진 상태로 일부 소선이 용융되어 있는데, 접지측의 일부 소선만으로 전류가 흘러 용융된 모습니다.

(7) 퓨즈박스 아래쪽 부분은 연소되지 않았지만 한 전선만이 피복이 연소되어 있고 회로도와 비교한바 피복이 연소된 전선은 시동과 관련된 커넥터 C103의 8번 단자에 연결된 전선이다.

6. 발화개소와 화재원인을 검토한다.

(1) 엔진실 안의 연소 모습과 앞 유리 파손 모습을 근거로 발화개소는 엔진실 커먼레일이 있는 부분으로 판정할 수 있고, 엔진실 우측이 좌측보다 심하게 연소된 것은 바람의 영향으로 보인다.

(2) 발화개소에서 연소된 하니스 중 용단된 전선은 시동과 관련된 접지선으로 용단된 위치가 인젝터 너트부분과 접촉된 부분이며, 용단된 전선의 소선 엉클어짐과 용융형태로 보아 접지선과 너트가 접촉된 상태에서 진동 마찰로 피복이 손상되고 소선이 절단되어 접지선의 단면적 감소를 일으켜 단면적이 감소된 부위에서 시동 시 국부적인 발열을 하여 용단된 것으로 분석된다.

(3) 두 극이 나란히 있어 합선되어 단락으로 용단되는 경우에는 대응되는 단락흔이 있으나 두 극이 분리되어 있는 경우에 국부적인 과열에 의한 용단은 한 선에서 발생하여 단락흔이 없고, 반단선이나 마찰손상에 의한 단면감소로 용단되는 연선(꼰 전선)은 꼬임이 풀리며 엉클어지고 최종 단면에서만 용융형태가 형성되는 점을 감안하면 이 화재사건의 접지선 용단형태는 마찰손상에 의한 단면적 감소에 기인한 것으로 분석할 수 있다.

즉, 접지선이 차체와 직접 연결되어 있어 접지선 중간이 차체에 접촉 마찰이 일어나 전선이 끊어져도 단락은 일어나지 않지만 단면적이 감소된 상태에서 전로가 열리면 단면적이 감소된 부분에서 단면적에 반비례하여 저항이 증가하므로 단면적 감소 부위에서 저항 증가에 따른 과열이 발생하여 용단될 수 있다. 아래 [그림 5.53]과 같이 차체가 접지되어 있고 부하부품의 접지선이 차체와의 마찰로 손상되어 접지선과 접촉되는 경우에 차체에는 큰 접촉저항 때문에 접촉흔적 외에 단락흔은 형성되지 않게 되지만 부하부품의 용량에 따른 전류($I$)가 접지선에 흐르고 단면적 감소에 따른 증가된 저항($\Omega$)이 있으므로 국부적으로 단면적이 감소된 접지선 부위에서 국부적으로 발열(발열량 $Q = I^2Rt(cal)$, $I$:전류(A), $R$:저항($\Omega$), $t$:시간(sec))하여 용단될 것이다.

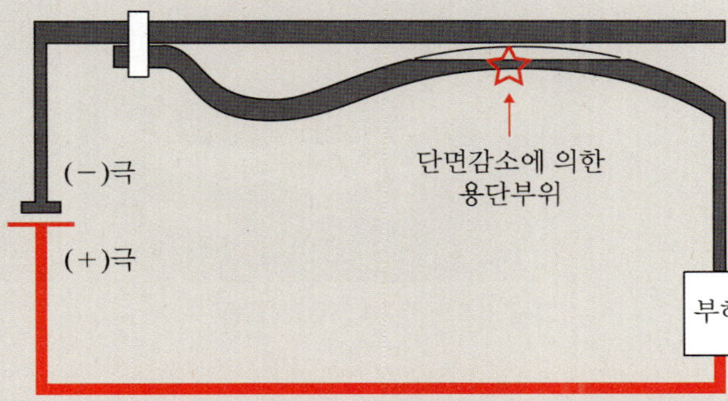


▲ **그림 5.53** 접지선의 단면적 감소에 의한 용단 메커니즘

(4) 퓨즈박스의 커넥터103의 8번 단자에 연결된 전선의 과전류에 의한 연소흔적은 화재발생 직전에 운전자가 시동스위치를 눌러도 시동이 걸리지 않자 반복하여 시동스위치를 조작하여 과전류가 연속적으로 흘러서 형성된 것으로 분석할 수 있다. 시동키를 조작할 때 초기돌입전류(initial rush current)는 300~400A 정도이다.

(5) 엔진실 접지선에 의한 발화 이외의 방화, 엔진과열, 브레이크 및 배기계통 등에서의 과열, 연료 및 오일누유 등에 의한 발화가능성은 배제된다.

(6) 상기와 같은 근거를 바탕으로 이 사건 차량 화재는 엔진실 접지선 고정상태 불량에 의하여 커먼레일에서 인젝터로 연결된 연료파이프의 너트부분이 접지선과 접촉되고 진동마찰에 의하여 접지선 피복 및 소선이 절단되어 형성된 단면적 감소에 의한 국부적 과열로 발화된 것으로 분석할 수 있다.

(7) 이 화재사건과 같은 화재를 예방하기 위해서는 하니스(전선)가 진동체와 접촉되어 마찰에 의한 피복 손상이 발생되지 않게 배선되어야 한다.

▲ **그림 5.54** 소방대 도착 당시와 진화 직후의 모습

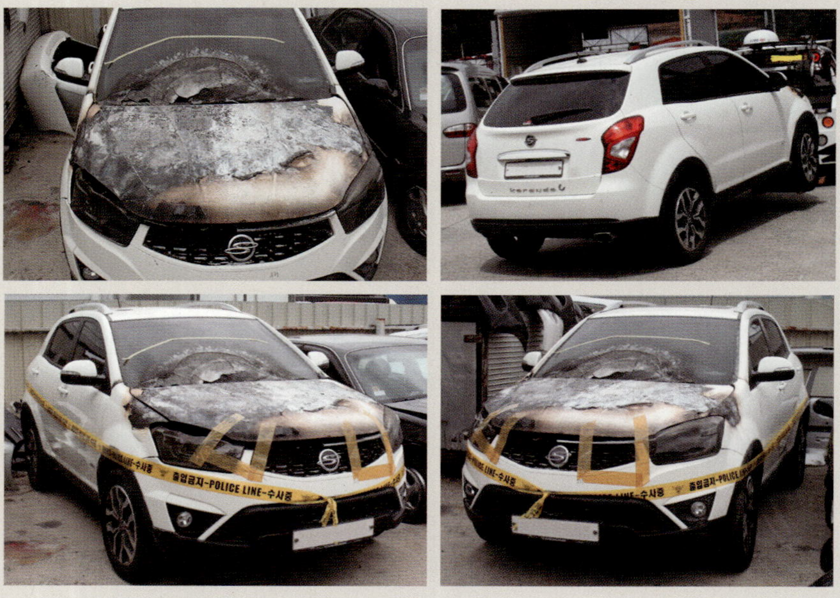


▲ **그림 5.55** 전후좌우의 모습

15) 이의평, "엔진 시동 거는 중 발생한 차량화재 사례분석", 한국화재소방학회 2019년 춘계학술대회논문집, pp.109~110, 2019.

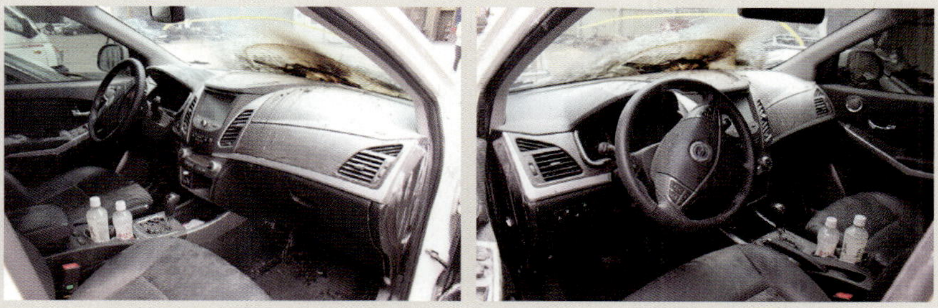

▲ **그림** 5.56 차실 안의 모습

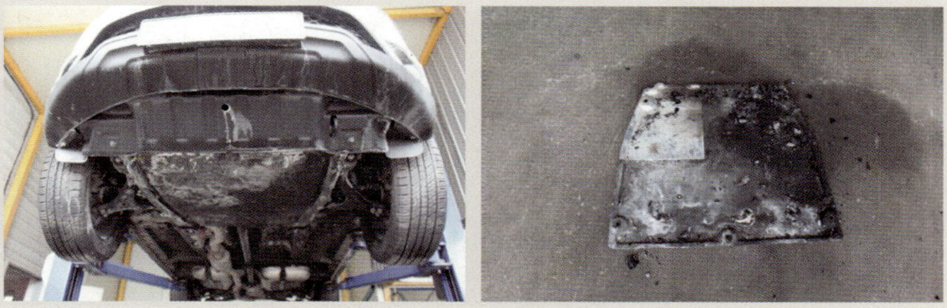

▲ **그림** 5.57 엔진실 하부와 분리한 보호커버의 모습

▲ **그림** 5.58 차체 하부의 모습

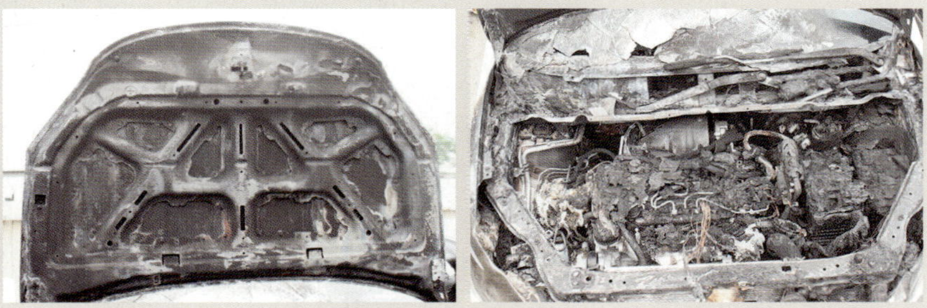

▲ **그림** 5.59 보닛 안쪽과 엔진실의 모습

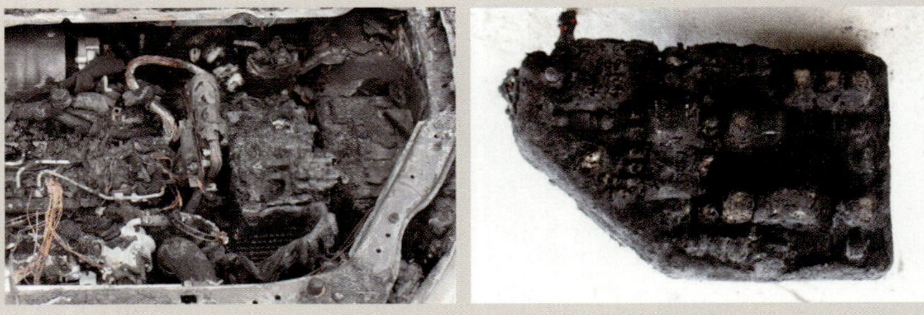

▲ **그림 5.60** 엔진실 좌측의 배터리와 퓨즈박스 및 퓨즈박스 윗면의 모습

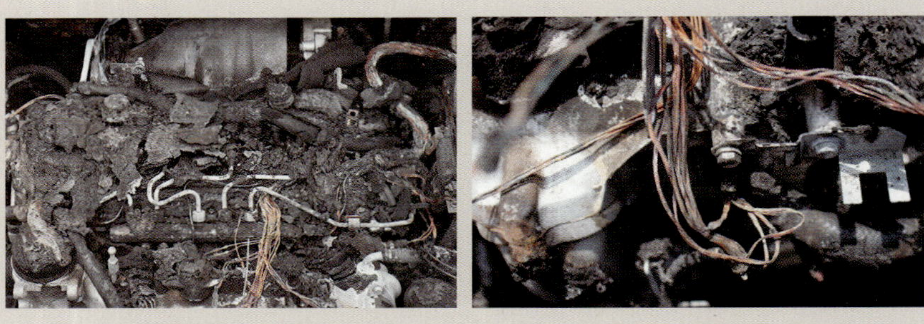

▲ **그림 5.61** 커먼레일 부근의 모습
(커먼레일과 1번 인젝터를 연결하는 연료파이프의 너트에 녹청현상이 나타나 있고 인접 전선이 용단되어 있는 특이점이 있으며, 용단된 전선은 접지선임이 확인되며, 이 특이점이 있는 부위의 좌우측 부분에서는 미연소된 잔해가 있음)

▲ **그림 5.62** 녹청현상이 있는 너트와 단선되고 용단된 접지선의 모습

▲ **그림 5.63** 동일모델 차량의 용단된 부위의 모습

▲ **그림 5.64** 용단된 접지선의 양쪽 용단되어 분리된 부위의 비교
(우측의 접지측은 일부 소선이 절단된 상태에서 남은 소선으로 전류가 흘러 용융된 모습임)

▲ **그림 5.65** 퓨즈박스 아래쪽 하니스의 고습(노란색 한 전선이 과전류로 연소되어 있음)

▲ **그림 5.66** 퓨즈박스를 분리한 모습

## 화재사례 9 흡착반에 의한 수렴효과 화재

**화재개요**

차실 내 차광커튼을 커튼 끈을 이용하여 2개의 검은 색 흡착반(吸着盤, sucker)으로 고정하고 있었는데, 흡착력이 약해서 직경 6cm 투명 흡착반으로 교체하였다. 이전부터 차실 내에 눌은 흔적이 있었지만 신경 쓰지 않았는데 주행 중에 운전석 팔걸이에서 흰 연기가 올려오며 눌은 냄새가 나서 조사해본바 시트가 눌어 있었다. 투명 흡착반이 렌즈 역할을 하고 있었다.

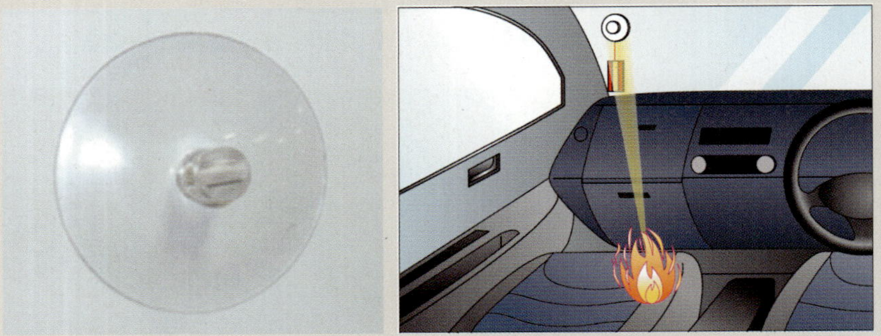

▲ **그림 5.67** 액세서리 부착용 흡착반과 수렴효과에 의한 화재발생 가상도

**참고지식**

**수렴(收斂)효과 화재**

햇빛의 에너지가 볼록렌즈나 오록렌즈 및 이와 같은 작용을 하는 물체에 의해 반사 또는 굴절되어 빛이 한 점에 모여 가연물을 발화시키는 화재를 말한다. 수렴효과 화재는 태양의 위치, 기상조건, 수렴을 일으키는 물체의 방향, 가연물의 위치 등 여러 조건이 중첩된 때에 일어나는 우발성이 높은 화재이다. 수렴효과 화재를 일으키는 물체로는 볼록면 거울, 스테인리스 식기, 돋보기, 어항, 유리구슬, 물이 들어 있는 투명 페트병(꽃병, 비닐봉지), 천장에 물이 고인 비닐하우스, 노안경, 액세서리 부착용 흡착반 등을 들 수 있다.

**참고자료1**

**알루미늄 휠에 의한 수렴효과 화재 실험 결과**[16)]

도금 처리된 휠의 디스크 면을 들여다보면 볼록거울 면과 같이 얼굴이 확대되어 비춘다. 휠에 햇빛을 반사시킬 때 수렴효과에 의해 가연물에 불이 붙는지 실험을 한바 도금처리가 되고 중앙부분이 움푹 들어가 있으며 디스크 면을 보았을 때 얼굴이 일그러짐 없이 크게 확대되는 휠에서는 수렴효과에 의해 신문지 다발이나 신문지를 넣은 쓰레기봉지가 발연하거나 발화하였다.

16) http://www.kokusen.go.jp/test/data/s_test/n-20081106_1.html

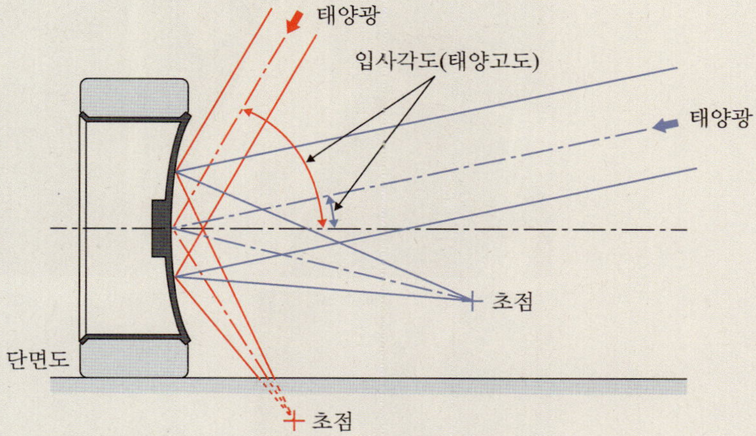


▲ **그림 5.68** 알루미늄 도금 휠에서 수렴효과 화재가 발생하는 메커니즘 (태양광 위치에 따라 초점이 이동함)

▲ **그림 5.69** 알루미늄 도금 휠의 태양광 수렴효과로 인한 화재발생 사례 (휠 표면이 도금되어 거울과 같고 중앙부분이 움푹 들어가 있음)

**참고자료2**

**수렴효과 화재 실험 결과**17)

11월 11일 13시부터 기온 14℃, 상대습도 47%, 태양고도~35.0°, 방위~205.8°인 조건에서 돋보기, 유리구슬, 페트병에 의한 수렴효과 화재 실험 결과는 아래와 같았다.

| 종류 | 발연현상 | 무염연소 | 발화 |
|---|---|---|---|
| 돋보기(11.5cm) | 1초 18 | 5초 01 | 63초 25 |
| 유리구슬(8cm) | 1초 55 | 10초 24 | 112초 3 |
| 페트병(1.5리터) | 2초 03 | 24초 23 | 59초 20 |

17) http://www.bousaihaku.com/cgi-bin/hp/index2.cgi?ac1=B311&ac2=&ac3=5450&Page=hpd2_view

▲ **그림** 5.70 태양광의 수렴효과에 의한 화재 실험 모습

# 연습문제

차량화재조사

1. 자연발화 5조건에 대해 설명하시오.
2. 자연발화에 대해 설명하시오.
3. 동식물유가 스며든 작업복은 자연발화를 할 수 있지만 광물유가 스며든 작업복은 자연발화를 하지 않는 이유를 설명하시오.
4. 동물식유가 스며든 옷이나 걸레 등에서 자연발화를 한 경우의 조사 포인트를 설명하시오.
5. 유지류의 산화열에 의한 자연발화 메커니즘을 설명하시오.
6. 차실 내에 둔 1회용 라이터에 의한 화재의 발생 메커니즘과 조사 시 착안점을 설명하시오.
7. 1회용 가스라이터와 관련된 화재 발생 원인을 설명하시오.
8. 1회용 가스라이터가 좌석 레일 센터 터널에 떨어졌을 때 화재로 이어지는 조건에 대해 설명하시오.
9. 주유 중 정전기에 의한 화재가 발생하였을 때 착안점을 설명하시오.
10. 차량의 제동력을 상실하였을 경우에 화재로 이어질 수 있는 메커니즘을 설명하시오.
11. 교통사고 등으로 연료탱크가 파열되었을 경우의 특징을 설명하시오.
12. 차량 접지선이 차체와 직접 연결되어 있어 접지선 중간이 차체에 접촉 마찰이 일어나 전선이 끊어져도 단락은 일어나지 않지만 어떤 경우에 접지선이 용단될 수 있는가?
13. 햇빛의 수렴효과에 의한 화재에 대해 설명하시오.

# 부록 I

차량화재조사

▼ 표 1 대한민국 자동차 1만 대당 차량화재 발생건수

| 연도 | 전체화재 발생건수 | 차량화재 발생건수 | 자동차 등록대수 | 차량화재비율 (%) | 자동차1만 대당 차량화재건수 |
|---|---|---|---|---|---|
| 1980 | 5,438 | 378 | 527,729 | 6.95 | 7.2 |
| 1981 | 5,851 | 395 | 571,754 | 6.75 | 6.9 |
| 1982 | 6,822 | 411 | 646,996 | 6.02 | 6.4 |
| 1983 | 7,725 | 445 | 785,316 | 5.76 | 5.7 |
| 1984 | 8,562 | 624 | 948,319 | 7.29 | 6.6 |
| 1985 | 8,137 | 670 | 1,113,430 | 8.23 | 6.0 |
| 1986 | 8,453 | 817 | 1,309,434 | 9.67 | 6.2 |
| 1987 | 10,144 | 1,718 | 1,611,375 | 16.94 | 10.7 |
| 1988 | 12,507 | 1,526 | 2,035,448 | 12.20 | 7.5 |
| 1989 | 12,704 | 1,800 | 2,660,212 | 14.17 | 6.8 |
| 1990 | 14,249 | 2,120 | 3,394,803 | 14.88 | 6.2 |
| 1991 | 16,487 | 2,644 | 4,247,816 | 16.04 | 6.2 |
| 1992 | 17,458 | 2,967 | 5,230,894 | 17.00 | 5.7 |
| 1993 | 18,747 | 3,179 | 6,274,008 | 16.96 | 5.1 |
| 1994 | 22,043 | 3,837 | 7,404,347 | 17.41 | 5.2 |
| 1995 | 26,071 | 4,485 | 8,468,901 | 17.20 | 5.3 |
| 1996 | 28,665 | 5,431 | 9,553,092 | 18.95 | 5.7 |
| 1997 | 29,472 | 5,606 | 10,413,427 | 19.02 | 5.4 |
| 1998 | 32,664 | 5,377 | 10,469,599 | 16.46 | 5.1 |

| 연도 | 전체화재<br>발생건수 | 차량화재<br>발생건수 | 자동차<br>등록대수 | 차량화재비율<br>(%) | 자동차1만 대당<br>차량화재건수 |
|---|---|---|---|---|---|
| 1999 | 33,856 | 5,487 | 11,163,728 | 16.21 | 4.9 |
| 2000 | 34,844 | 5,871 | 12,059,276 | 16.85 | 4.9 |
| 2001 | 36,169 | 5,973 | 12,914,115 | 16.51 | 4.6 |
| 2002 | 32,966 | 5,794 | 13,949,440 | 17.58 | 4.2 |
| 2003 | 31,372 | 6,049 | 14,586,795 | 19.28 | 4.1 |
| 2004 | 32,737 | 6,012 | 14,934,092 | 18.36 | 4.0 |
| 2005 | 32,340 | 5,884 | 15,396,715 | 18.19 | 3.8 |
| 2006 | 31,778 | 5,929 | 15,895,234 | 18.66 | 3.7 |
| 2007 | 47,882 | 6,220 | 16,428,177 | 12.99 | 3.8 |
| 2008 | 49,631 | 6,057 | 16,794,219 | 12.20 | 3.6 |
| 2009 | 47,318 | 5,988 | 17,325,210 | 12.65 | 3.5 |
| 2010 | 41,863 | 5,788 | 17,941,356 | 13.83 | 3.2 |
| 2011 | 43,876 | 5,595 | 18,437,373 | 12.75 | 3.0 |
| 2012 | 43,247 | 5,510 | 18,870,533 | 12.74 | 2.9 |
| 2013 | 40,932 | 5,250 | 19,400,864 | 12.83 | 2.7 |
| 2014 | 42,135 | 4,827 | 20,117,955 | 11.46 | 2.4 |
| 2015 | 44,435 | 5,031 | 20,989,885 | 11.32 | 2.4 |
| 2016 | 43,413 | 5,009 | 21,803,351 | 11.54 | 2.3 |
| 2017 | 44,178 | 4,971 | 22,528,295 | 11.25 | 2.2 |
| 2018 | 42,337 | 5,067 | 23,202,555 | 11.97 | 2.2 |

▼ **표 2** 일본 자동차 1만 대당 차량화재 발생건수

| 연도 | 전체화재 발생건수 | 차량화재 발생건수 | 자동차 등록대수 | 차량화재비율 (%) | 자동차1만 대당 차량화재건수 |
|---|---|---|---|---|---|
| 1980 | 59,885 | 3,773 | 37,333,250 | 6.30 | 1.0 |
| 1981 | 60,788 | 4,050 | 38,992,023 | 6.66 | 1.0 |
| 1982 | 60,568 | 4,417 | 40,834,041 | 7.29 | 1.1 |
| 1983 | 59,740 | 4,638 | 42,687,435 | 7.76 | 1.1 |
| 1984 | 63,789 | 4,758 | 44,558,835 | 7.46 | 1.1 |
| 1985 | 59,865 | 4,988 | 46,362,874 | 8.33 | 1.1 |
| 1986 | 63,272 | 5,179 | 48,240,555 | 8.19 | 1.1 |
| 1987 | 58,833 | 5,272 | 50,223,439 | 8.96 | 1.0 |
| 1988 | 59,674 | 5,591 | 52,645,676 | 9.37 | 1.1 |
| 1989 | 55,763 | 5,744 | 55,136,643 | 10.30 | 1.0 |
| 1990 | 56,505 | 6,173 | 57,993,866 | 10.92 | 1.1 |
| 1991 | 54,879 | 6,207 | 60,498,850 | 11.31 | 1.0 |
| 1992 | 54,762 | 6,281 | 62,713,454 | 11.47 | 1.0 |
| 1993 | 56,700 | 6,498 | 64,498,279 | 11.46 | 1.0 |
| 1994 | 63,015 | 6,765 | 66,278,822 | 10.74 | 1.0 |
| 1995 | 62,913 | 6,971 | 68,103,696 | 11.08 | 1.0 |
| 1996 | 64,066 | 7,164 | 70,106,536 | 11.18 | 1.0 |
| 1997 | 61,889 | 7,434 | 71,775,647 | 12.01 | 1.0 |
| 1998 | 54,514 | 7,459 | 72,856,583 | 13.68 | 1.0 |
| 1999 | 58,526 | 7,860 | 79,688,389 | 13.43 | 1.0 |
| 2000 | 62,454 | 8,303 | 74,582,612 | 13.29 | 1.1 |
| 2001 | 63,591 | 8,454 | 75,524,973 | 13.29 | 1.1 |
| 2002 | 63,651 | 7,785 | 76,270,813 | 12.23 | 1.0 |
| 2003 | 56,333 | 7,366 | 76,892,517 | 13.08 | 1.0 |
| 2004 | 60,387 | 7,077 | 77,390,245 | 11.72 | 0.9 |
| 2005 | 57,460 | 6,630 | 78,278,880 | 11.54 | 0.8 |
| 2006 | 53,276 | 6,243 | 78,992,060 | 11.72 | 0.8 |
| 2007 | 54,582 | 5,798 | 79,236,095 | 10.62 | 0.7 |
| 2008 | 52,394 | 5,358 | 79,080,762 | 10.23 | 0.7 |
| 2009 | 51,139 | 5,326 | 78,800,542 | 10.41 | 0.7 |
| 2010 | 46,620 | 5,042 | 78693495 | 10.82 | 0.6 |

| 연도 | 전체화재 발생건수 | 차량화재 발생건수 | 자동차 등록대수 | 차량화재비율 (%) | 자동차1만 대당 차량화재건수 |
|---|---|---|---|---|---|
| 2011 | 50,006 | 5,129 | 78660773 | 10.26 | 0.7 |
| 2012 | 44,189 | 4,549 | 79112584 | 10.29 | 0.6 |
| 2013 | 48,095 | 4,586 | 79625203 | 9.54 | 0.6 |
| 2014 | 43,741 | 4,467 | 80272571 | 10.21 | 0.6 |
| 2015 | 39,111 | 4,188 | 80670393 | 10.71 | 0.5 |
| 2016 | 36,831 | 4,053 | 80900730 | 11.00 | 0.5 |
| 2017 | 39,373 | 4,188 | 81260206 | 10.64 | 0.5 |

▼ **표 3** 우리나라 차량 등록대수 추이

| 연도 | 승용 | 승합 | 화물 | 특수 | 계 | 전년대비 증가 | |
|---|---|---|---|---|---|---|---|
| | | | | | | 대수 | % |
| 1975 | 84,212 | 21,818 | 82,862 | 5,035 | 193,927 | 16,422 | 9.3 |
| 1980 | 249,102 | 42,463 | 226,940 | 9,224 | 527,729 | 33,351 | 6.7 |
| 1981 | 267,605 | 50,595 | 243,828 | 9,726 | 571,754 | 44,025 | 8.3 |
| 1982 | 305,811 | 66,326 | 263,939 | 10,920 | 646,996 | 75,242 | 13.2 |
| 1983 | 380,993 | 87,282 | 304,158 | 12,883 | 785,316 | 138,320 | 21.4 |
| 1984 | 465,149 | 108,018 | 360,364 | 14,788 | 948,319 | 163,003 | 20.8 |
| 1985 | 556,659 | 128,309 | 412,739 | 15,723 | 1,113,430 | 165,111 | 17.4 |
| 1986 | 664,226 | 154,627 | 472,601 | 17,980 | 1,309,434 | 196,004 | 17.6 |
| 1987 | 844,350 | 200,456 | 546,450 | 20,119 | 1,611,375 | 301,941 | 23.1 |
| 1988 | 1,117,999 | 259,600 | 635,445 | 22,404 | 2,035,448 | 424,073 | 26.3 |
| 1989 | 1,558,660 | 323,402 | 768,943 | 9,207 | 2,660,212 | 624,764 | 30.7 |
| 1990 | 2,074,922 | 383,738 | 924,647 | 11,496 | 3,394,803 | 734,591 | 27.6 |
| 1991 | 2,727,852 | 427,650 | 1,077,467 | 14,847 | 4,247,816 | 853,013 | 25.1 |
| 1992 | 3,461,057 | 483,575 | 1,261,522 | 24,740 | 5,230,894 | 983,078 | 23.1 |
| 1993 | 4,271,253 | 527,958 | 1,448,634 | 26,163 | 6,274,008 | 1,043,114 | 19.9 |
| 1994 | 5,148,713 | 582,069 | 1,644,646 | 28,919 | 7,404,347 | 1,130,339 | 18 |
| 1995 | 6,006,290 | 612,584 | 1,816,582 | 33,445 | 8,468,901 | 1,064,554 | 14.4 |
| 1996 | 6,893,633 | 663,011 | 1,962,564 | 33,884 | 9,553,092 | 1,084,191 | 12.8 |
| 1997 | 7,586,474 | 719,127 | 2,072,256 | 35,570 | 10,413,427 | 860,335 | 9 |
| 1998 | 7,580,926 | 749,320 | 2,104,683 | 34,670 | 10,469,599 | 56,172 | 0.5 |
| 1999 | 7,837,206 | 993,169 | 2,298,116 | 35,237 | 11,163,728 | 694,129 | 6.6 |
| 2000 | 8,083,926 | 1,427,221 | 2,510,992 | 37,137 | 12,059,276 | 895,548 | 8 |
| 2001 | 8,889,327 | 1,257,008 | 2,728,405 | 39,375 | 12,914,115 | 854,839 | 7.1 |
| 2002 | 9,737,428 | 1,275,319 | 2,894,412 | 42,281 | 13,949,440 | 1,035,325 | 8 |
| 2003 | 10,278,923 | 1,246,629 | 3,016,407 | 44,836 | 14,586,795 | 637,355 | 4.6 |
| 2004 | 10,620,557 | 1,204,313 | 3,062,314 | 46,908 | 14,934,092 | 347,297 | 2.4 |
| 2005 | 11,122,199 | 1,124,645 | 3,102,171 | 47,700 | 15,396,715 | 462,623 | 3.1 |
| 2006 | 11,606,971 | 1,105,636 | 3,133,201 | 49,426 | 15,895,234 | 498,519 | 3.2 |
| 2007 | 12,099,779 | 1,104,949 | 3,171,351 | 52,098 | 16,428,177 | 532,943 | 3.4 |
| 2008 | 12,483,809 | 1,096,698 | 3,160,338 | 53,374 | 16,794,219 | 366,042 | 2.2 |
| 2009 | 13,023,819 | 1,080,687 | 3,166,512 | 54,192 | 17,325,210 | 530,991 | 3.2 |

| 연도 | 승용 | 승합 | 화물 | 특수 | 계 | 전년대비 증가 | |
|---|---|---|---|---|---|---|---|
| | | | | | | 대수 | % |
| 2010 | 13,631,769 | 1,049,725 | 3,203,808 | 56,054 | 17,941,356 | 616,146 | 3.6 |
| 2011 | 14,136,478 | 1,015,391 | 3,226,421 | 59,083 | 18,437,373 | 496,017 | 2.8 |
| 2012 | 14,577,193 | 986,833 | 3,243,924 | 62,583 | 18,870,533 | 433,160 | 2.3 |
| 2013 | 15,078,354 | 970,805 | 3,285,707 | 65,998 | 19,400,864 | 530,331 | 2.8 |
| 2014 | 15,747,171 | 947,012 | 3,353,683 | 70,089 | 20,117,955 | 717,091 | 3.7 |
| 2015 | 16,561,665 | 920,320 | 3,432,937 | 74,963 | 20,989,885 | 871,930 | 4.3 |
| 2016 | 17,338,160 | 892,539 | 3,492,173 | 80,479 | 21,803,351 | 813,466 | 3.9 |
| 2017 | 18,034,540 | 867,522 | 3,540,323 | 85,910 | 22,528,295 | 724,944 | 3.3 |
| 2018 | 18,676,924 | 843,794 | 3,590,939 | 90,898 | 23,202,555 | 674,260 | 3.0 |

▼ **표 4** 일본 차량 등록대수 추이

| 연도 | 승용차 | 화물차 | 승합차 | 특수차 | 2륜차 | 합계 |
|---|---|---|---|---|---|---|
| 1990 | 32,937,813 | 20,943,844 | 242,295 | 1,154,624 | 2,715,290 | 57,993,866 |
| 1991 | 35,151,831 | 21,146,204 | 245,844 | 1,213,569 | 2,741,402 | 60,498,850 |
| 1992 | 37,310,632 | 21,066,331 | 247,968 | 1,271,636 | 2,816,887 | 62,713,454 |
| 1993 | 39,164,550 | 20,881,259 | 248,412 | 1,319,277 | 2,884,781 | 64,498,279 |
| 1994 | 41,060,611 | 20,652,331 | 247,119 | 1,367,742 | 2,951,033 | 66,278,836 |
| 1995 | 42,956,339 | 20,472,087 | 244,611 | 1,429,984 | 3,000,675 | 68,103,696 |
| 1996 | 45,068,530 | 20,235,051 | 242,907 | 1,524,405 | 3,035,643 | 70,106,536 |
| 1997 | 47,214,826 | 19,857,346 | 241,844 | 1,429,599 | 3,032,032 | 71,775,647 |
| 1998 | 48,684,206 | 19,402,235 | 239,866 | 1,521,329 | 3,008,947 | 72,856,583 |
| 1999 | 49,968,149 | 18,861,350 | 237,146 | 1,625,112 | 2,996,632 | 73,688,389 |
| 2000 | 51,222,129 | 18,424,997 | 235,725 | 1,706,840 | 2,992,921 | 74,582,612 |
| 2001 | 52,449,354 | 18,064,744 | 235,550 | 1,754,311 | 3,021,014 | 75,524,973 |
| 2002 | 53,487,293 | 17,726,154 | 234,244 | 1,754,373 | 3,068,749 | 76,270,813 |
| 2003 | 54,471,376 | 17,343,079 | 233,180 | 1,720,138 | 3,124,744 | 76,892,517 |
| 2004 | 55,288,124 | 17,015,253 | 231,984 | 1,673,959 | 3,180,925 | 77,390,245 |
| 2005 | 56,288,256 | 16,860,783 | 232,000 | 1,643,010 | 3,254,831 | 78,278,880 |
| 2006 | 57,097,670 | 16,707,445 | 231,696 | 1,618,698 | 3,336,551 | 78,992,060 |
| 2007 | 57,510,360 | 16,490,944 | 231,758 | 1,599,628 | 3,403,405 | 79,236,095 |
| 2008 | 57,551,248 | 16,264,921 | 230,981 | 1,578,059 | 3,455,553 | 79,080,762 |
| 2009 | 57,682,475 | 15,858,749 | 229,804 | 1,527,899 | 3,501,615 | 78,800,542 |
| 2010 | 57,902,835 | 15,533,270 | 228,295 | 1,511,980 | 3,517,115 | 78,693,495 |
| 2011 | 58,139,471 | 15,137,641 | 226,839 | 1,646,018 | 3,510,804 | 78,660,773 |
| 2012 | 58,729,343 | 15,008,821 | 226,270 | 1,645,449 | 3,502,701 | 79,112,584 |
| 2013 | 59,357,223 | 14,851,666 | 226,047 | 1,654,739 | 3,535,528 | 79,625,203 |
| 2014 | 60,051,338 | 14,749,266 | 226,542 | 1,669,679 | 3,575,746 | 80,272,571 |
| 2015 | 60,517,249 | 14,652,701 | 227,579 | 1,683,313 | 3,589,551 | 80,670,393 |
| 2016 | 60,831,892 | 14,539,289 | 230,603 | 1,700,014 | 3,598,932 | 80,900,730 |
| 2017 | 61,253,300 | 14,451,394 | 232,793 | 1,720,030 | 3,602,689 | 81,260,206 |
| 2018 | 61,865,085 | 14,408,434 | 232,824 | 1,752,437 | 3,677,280 | 81,936,060 |

▼ **표 5** 2014~2018년 연평균 차량화재로 인한 피해

| 발화장소 | | 화재 | 사망 | 부상 | 인명피해/건 | 재산피해(천원) | 재산피해/건 |
|---|---|---|---|---|---|---|---|
| 자동차 | 소계 | 4,673 | 23 | 120 | 143 | 24,158,801 | 5,193 |
| | 승용자동차 | 2,229 | 15 | 54 | 69 | 11,279,911 | 5,065 |
| | 화물자동차 | 1,625 | 4 | 45 | 49 | 8,747,742 | 5,396 |
| | 버스 | 149 | 2 | 5 | 7 | 1,414,580 | 9,580 |
| | 소형 승합차 | 231 | 2 | 5 | 7 | 764,241 | 3,396 |
| | 캠핑용 | 35 | 0 | 1 | 1 | 311,980 | 8,023 |
| | 기타 승합 | 50 | 0 | 2 | 2 | 281,979 | 5,406 |
| | 특수자동차 | 112 | 0 | 3 | 3 | 972,794 | 8,589 |
| | 오토바이 | 243 | 0 | 5 | 5 | 385,574 | 1,569 |
| 농업기계 | 소계 | 152 | 0 | 2 | 2 | 1,026,125 | 6,591 |
| | 트랙터 | 69 | 0 | 1 | 1 | 605,038 | 8,351 |
| | 경운기 | 15 | 0 | 0 | 0 | 13,376 | 908 |
| | 기타 | 68 | 0 | 1 | 1 | 407,711 | 5,792 |
| 건설기계 | 소계 | 285 | 0 | 4 | 4 | 3,952,899 | 13,866 |
| | 굴삭기 | 108 | 0 | 1 | 1 | 1,364,584 | 12,621 |
| | 덤프트럭 | 57 | 0 | 1 | 1 | 639,641 | 11,205 |
| | 기타 | 120 | 0 | 2 | 2 | 1,948,673 | 15,563 |
| 군용차량 | 소계 | 3 | 0 | 1 | 1 | 288,025 | 52,736 |
| | 군용차량 | 2 | 0 | 1 | 1 | 282,383 | 61,839 |
| | 기타 | 1 | 0 | 0 | 0 | 5,641 | 5,641 |
| 철도차량 | 소계 | 4 | 0 | 1 | 1 | 41,481 | 12,939 |
| | 전동차 | 2 | 0 | 1 | 1 | 6,126 | 2,724 |
| | 기관차 | 2 | 0 | 0 | 0 | 35,355 | 17,782 |

**표 6** 2014년-2018년의 발화요인별 연평균 차량화재발생 현황

| 구분 | | 계 | 실화 | | | | | | | 자연적 요인 | 방화 | | 미상 |
|---|---|---|---|---|---|---|---|---|---|---|---|---|---|
| | | | 전기적 요인 | 기계적 요인 | 화학적 요인 | 가스누출 | 교통사고 | 부주의 | 기타 | | 방화 | 방화의심 | |
| 계 | | | 4981 | 1164.2 | 1723.6 | 21.8 | 21.4 | 484.4 | 740.6 | 67 | 5.2 | 65.8 | 95.4 |
| 자동차 | 버스 | 151.4 | 33.6 | 95.8 | 0 | 0.4 | 3.4 | 5.2 | 1.4 | 0 | 1.8 | 0.4 | 9.4 |
| | 오토바이 | 232 | 59.6 | 51.4 | 0.8 | 0 | 25.2 | 33 | 2.6 | 0 | 7.6 | 22.2 | 29.6 |
| | 기타 승합자동차 | 48.4 | 17.8 | 14.2 | 0 | 0.2 | 2 | 3.2 | 0.4 | 0 | 0.4 | 1.4 | 8.8 |
| | 소형 승합차 | 211.6 | 76.6 | 70 | 0.6 | 1.2 | 9.6 | 17.4 | 2.2 | 0.4 | 3.4 | 3.8 | 26.4 |
| | 승용자동차 | 2164.8 | 551.8 | 596.4 | 5.6 | 7.6 | 390.8 | 160.8 | 29.2 | 1.6 | 42.4 | 46 | 332.6 |
| | 캠핑카 | 32.8 | 5.6 | 19.8 | 0 | 0.2 | 1 | 2.8 | 0.4 | 0.2 | 0.2 | 0.2 | 2.4 |
| | 특수자동차 | 112.4 | 31.6 | 45.6 | 0.6 | 3 | 3.8 | 17.4 | 1.8 | 0.2 | 0.2 | 0.4 | 7.8 |
| | 화물자동차 | 1596.8 | 247.2 | 651.8 | 13 | 8.2 | 43.2 | 444.8 | 23.2 | 2 | 8.2 | 19.2 | 136 |
| | 소계 | 4550.2 | 1023.8 | 1545 | 20.6 | 20.8 | 479 | 684.6 | 61.2 | 4.4 | 64.2 | 93.6 | 553 |
| 농업기계 | 경운기 | 16.4 | 4.2 | 2 | 0 | 0 | 0.4 | 9 | 0.2 | 0 | 0.2 | 0 | 0.4 |
| | 기타 농업기계 | 66.8 | 11.2 | 36.6 | 0 | 0 | 0.2 | 14.4 | 0.4 | 0 | 0.2 | 0.4 | 3.4 |
| | 트랙터 | 69.2 | 31 | 16.2 | 0.4 | 0 | 0.8 | 11.4 | 1.6 | 0.2 | 0.4 | 0.2 | 7 |
| | 소계 | 152.4 | 46.4 | 54.8 | 0.4 | 0 | 1.4 | 34.8 | 2.2 | 0.2 | 0.8 | 0.6 | 10.8 |
| 건설기계 | 덤프트럭 | 54.8 | 12.8 | 29.2 | 0.2 | 0.2 | 2.2 | 4.6 | 2 | 0 | 0 | 0.2 | 3.4 |
| | 굴삭기 | 103 | 36.8 | 44 | 0 | 0 | 0.4 | 6.8 | 1 | 0 | 0.8 | 0.4 | 12.8 |
| | 기타 건설기계 | 113.8 | 43 | 47 | 0.4 | 0.4 | 1.4 | 9.6 | 0.4 | 0.6 | 0 | 0.6 | 10.4 |
| | 소계 | 271.6 | 92.6 | 120.2 | 0.6 | 0.6 | 4 | 21 | 3.4 | 0.6 | 0.8 | 1.2 | 26.6 |
| 군용차량 | 군용차량 | 2.4 | 0.2 | 1.4 | 0 | 0 | 0 | 0.2 | 0 | 0 | 0 | 0 | 0.6 |
| | 기타 군용차량 | 0.8 | 0 | 0.8 | 0 | 0 | 0 | 0 | 0 | 0 | 0 | 0 | 0 |
| | 소계 | 3.2 | 0.2 | 2.2 | 0 | 0 | 0 | 0.2 | 0 | 0 | 0 | 0 | 0.6 |

| 구분 | | 계 | 실화 | | | | | | | 자연적 요인 | 방화 | | 미상 |
|---|---|---|---|---|---|---|---|---|---|---|---|---|---|
| | | | 전기적 요인 | 기계적 요인 | 화학적 요인 | 가스누출 | 교통사고 | 부주의 | 기타 | | 방화 | 방화의심 | |
| 철도차량 | 기관차 | 1.6 | 0 | 1.2 | 0.2 | 0 | 0 | 0 | 0 | 0 | 0 | 0 | 0.2 |
| | 전동차 | 2 | 1.2 | 0.2 | 0 | 0 | 0 | 0 | 0.2 | 0 | 0 | 0 | 0.4 |
| | 소계 | 3.6 | 1.2 | 1.4 | 0.2 | 0 | 0 | 0 | 0.2 | 0 | 0 | 0 | 0.6 |

# 부록 II

차량화재조사

# 01 차량화재의 주요 발화원 · 원인 · 착화물[1)]

## 1. 전기관계

| 발화원 | 원인 | 착화물 |
|---|---|---|
| 배터리 | ① 전선 단락(셀 사이의 단락을 포함)<br>② 스파크<br>③ 금속 접촉부 과열<br>④ 오결선<br>⑤ 스파크에 의한 인화<br>⑥ 과전류(과충전 등) | ① 전선피복(즉소화재에 한함)<br>② 합성수지성형품(본체, 케이스, 단자커버, 전선보호용 콜게이트 튜브 등)<br>③ 융단 · 카펫(트렁크실 적재의 경우)<br>④ 수소 |
| 백열전구<br>(헤드라이트<br>포함) | ① 가연물 접촉(교통사고 등)<br>② 화원(火源) 낙하<br>③ 화원(火源) 접촉 | ① 합성수지성형품(리플렉터 본체, 전선보호용 콜게이트 튜브 등)<br>② 고무제품(방수용고무·패킹 등) |
| 저항기<br>(레지스터) | ① 전선 단락(이물을 개입해서)<br>② 과전류<br>③ 가연물 접촉<br>④ 과열 | ① 전선피복(즉소화재에 한함)<br>② 합성수지성형품(팬슈라우드 등) |

1) 동경소방청, 차량화재조사 참고서 -조사 전 예비지식 편-, pp.115~119, 2005.

| | | |
|---|---|---|
| 코드 커넥터 | ① 전선 단락(이물질을 개입해서)<br>② 금속 접촉부 과열<br>③ 트래킹 | ① 전선피복(즉소화재에 한함)<br>② 합성수지성형품(본체, 단자커버, 전선보호용 콜게이트튜브 등) |
| 담배 라이터 | ① 금속 접촉부 과열<br>② 트래킹<br>③ 과열 | ① 전선피복(즉소화재에 한함)<br>② 합성수지성형품(본체, 단자커버, 전선보호용 튜브 등) |
| 퓨즈홀더 | ① 전선 단락(이물질 개입해서)<br>② 금속 접촉부 과열<br>③ 트래킹 | ① 전선피복(즉소화재에 한함)<br>② 합성수지성형품(본체·전선보호용 콜게이트 튜브 등) |

## 2. 전기 + 연료관계

| 발화원 | 원인 | 착화물 |
|---|---|---|
| 단상모터<br>(블로워 팬·<br>쿨링팬 등) | ① 전선 단락(코일 층간단락을 포함)<br>② 과전류<br>③ 스파크<br>④ 금속 접촉부 과열<br>⑤ 스파크에 의한 인화 | ① 전선피복(모터코일 피복 포함)<br>② 합성수지성형품(팬·본체 브러시 커버 등)<br>③ 수소 ④ 프로판가스<br>⑤ 기타 가스 ⑥ 휘발유 |
| 시동모터<br>(스타터 모터) | ① 전선 단락(코일 층간단락을 포함)<br>② 과전류<br>③ 스파크<br>④ 금속 접촉부 과열<br>⑤ 스파크에 의한 인화(엔진시동 시) | ① 전선피복(모터코일 피복 포함)<br>② 합성수지성형품(본체 브러시 커버·M단자 커버 등)<br>③ 수소 ④ 프로판가스<br>⑤ 기타 가스 ⑥ 휘발유 |
| 교류발전기<br>(알터네이터) | ① 전선 단락(코일 층간단락을 포함)<br>② 과전류<br>③ 스파크<br>④ 금속 접촉부 과열<br>⑤ 스파크에 의한 인화 | ① 전선피복(코일 피복 포함)<br>② 합성수지성형품(본체 브러시 커버, B단자 커버 등)<br>③ 수소 ④ 프로판가스<br>⑤ 기타 가스 ⑥ 휘발유 |
| 직류발전기 | ① 전선 단락(코일층간단락을 포함)<br>② 과전류<br>③ 스파크<br>④ 금속 접촉부 과열<br>⑤ 스파크에 의한 인화 | ① 전선피복(코일 피복 포함)<br>② 합성수지성형품(본체 브러시 커버, B단자 커버 등)<br>③ 휘발유 |
| 차량 내 배선<br>(하이텐션코드·<br>부스터케이블을<br>포함) | ① 전선 단락<br>② 과전류<br>③ 스파크<br>④ 반단선에 의한 발열<br>⑤ 누설방전<br>⑥ 금속 접촉부 과열<br>⑦ 스파크에 의한 인화 | ① 전선피복(즉소화재에 한함)<br>② 합성수지성형품(전선보호용 콜게이트 튜브 등)<br>③ 수소 ④ 프로판가스<br>⑤ 기타 가스 ⑥ 휘발유 |
| 스파크플러그<br>(점화플러그) | ① 스파크에 의한 인화 | ① 수소 ② 프로판가스<br>③ 기타가스 ④ 휘발유 |

| | | |
|---|---|---|
| 디스트리뷰터 | ① 스파크에 의한 인화 | ① 수소 ② 프로판가스<br>③ 기타가스 ④ 휘발유 |
| 이그니션코일(다이렉트 이그니션코일을 포함) | ① 전선 단락(코일 층간단락을 포함)<br>② 금속 접촉부 과열<br>③ 누설방전<br>④ 스파크에 의한 인화 | ① 전선피복(즉소화재에 한함)<br>② 합성수지성형품(본체, 단자커버, 전선보호용 콜게이트 튜브 등)<br>③ 수소 ④ 프로판가스<br>⑤ 기타 가스 ⑥ 휘발유 |
| 전자개폐기(마그네트 스위치 · 솔레노이드밸브 등) | ① 전선 단락(코일 층간단락을 포함)<br>② 금속 접촉부 과열<br>③ 트래킹<br>④ 스파크에 의한 인화 | ① 전선피복(즉소화재에 한함)<br>② 합성수지성형품(본체, B단자 커버, 전선보호용 콜게이트 튜브 등)<br>③ 수소 ④ 프로판가스<br>⑤ 기타 가스 ⑥ 휘발유 |

## 3. 엔진 · 구동관계

| 발화원 | 원인 | 착화물 |
|---|---|---|
| 내연기관(엔진본체) | ① 역화 | ① 프로판가스 ② 기타 가스<br>③ 휘발유 ④ 인화성용제<br>⑤ 종이제품(에어클리너)<br>⑥ 합성수지성형품(스펀지제 에어클리너) |
| 클러치 | ① 마찰에 의한 발열 | ① 광물유 · 기타 석유류(그리스 등)<br>② 고무제품<br>③ 합성수지성형품 |
| 벨트(V벨트) | | |
| 풀리 | | |
| 브레이크 라이닝 | ① 마찰에 의한 발열 | ① 광물유 · 기타 석유류(브레이크유, 그리스 등)<br>② 고무제품(고무호스, 패킹 등)<br>③ 타이어 |
| 차륜 | | |
| 베어링 | | |
| 프로펠러 샤프트(디퍼렌셜을 포함) | ① 마찰에 의한 발열<br>② 과열 | ① 합성수지성형품(비닐시트)<br>② 넝마<br>③ 포장<br>④ 보디커버<br>⑤ 광물유, 기타 석유류(디퍼렌셜 오일) |

## 4. 배기관관계

<table>
<tr><th>발화원</th><th>원인</th><th>착화물</th></tr>
<tr><td>배기관<br>(배기매니홀드,<br>배기파이프,<br>머플러,<br>터보차져)</td><td rowspan="2">① 착화물 누설<br>② 복사열을 받아 발화함<br>③ 전도과열<br>④ 가연물 낙하<br>⑤ 가연물 접촉<br>⑥ 화원(火源) 파손<br>⑦ 개악(改惡)</td><td rowspan="2">① 융단·카펫(차실 내 바닥 카펫)<br>② 등유<br>③ 알콜<br>④ 광물유, 기타 석유류(각종 오일, 경유)<br>⑤ 고무제품(고무호스, O링, 흙받이 등)<br>⑥ 전선피복<br>⑦ 단열재<br>⑧ 섬유제품, 빗자루<br>⑨ 목재, 목제품(트럭 짐칸 등)<br>⑩ 종이박스<br>⑪ 기타 종이<br>⑫ 합성수지성형품(쿨링팬 슈라우드, 언더커버, 전선보호용 콜케이트 튜브 등)<br>⑬ 마른풀<br>⑭ 낙엽<br>⑮ 휴지<br>⑯ 섬유지스러기(방음재)<br>⑰ 넝마, 기름걸레<br>⑱ 쓰레기<br>⑲ 범퍼</td></tr>
<tr><td>촉매장치<br>DPF</td></tr>
</table>

## 5. 기타 발화원

| 발화원 | 원인 | 착화물 |
|---|---|---|
| 담배 | ① 화원(火源)낙하<br>② 부적당한 곳에 버림 | ① 융단·카펫(난연처리되어 있지 않은 것에 한함)<br>② 의류<br>③ 방석<br>④ 잡지<br>⑤ 종이제품<br>⑥ 합성수지성형품(재떨이 등)<br>⑦ 휴지<br>⑧ 쓰레기<br>⑨ 좌석시트(난연처리가 되어 있지 않은 것) |
| 성냥 | ① 화원(火源)낙하<br>② 접염(接炎)<br>③ 부적당한 곳에 버림 | ① 융단·카펫 ② 착의(입고 있는 옷)<br>③ 의류 ④ 방석(쿠션)<br>⑤ 잡지 ⑥ 휴지<br>⑦ 쓰레기 ⑧ 좌석시트 |
| 라이터<br>(전자라이터를<br>포함) | ① 인화<br>② 접염(接炎)<br>③ 잘못하여 스위치를 넣음 | ① 융단·카펫 ② 수소<br>③ 프로판가스 ④ 기타 가스<br>⑤ 휘발유 ⑥ 알콜(LLC 포함)<br>⑦ 인화성도료, 인화성용제<br>⑧ 착의(입고 있는 옷)<br>⑨ 합성수지성형품(콘솔박스, 도어트림, 컬럼커버 등)<br>⑩ 좌석시트 |
| 발염통 | ① 접염(接炎) | ① 융단·카펫 ② 합성수지성형품(내장재) |
| 볼록렌즈 | ① 수렴효과(태양열) | ① 섬유제품 ② 종이제품 |
| 오목렌즈 | | |
| 차량 등의<br>충돌불꽃<br>(교통사고) | ① 인화<br>② 충돌에 의한 발화<br>③ 전도(뒤집힘) | ① 수소 ② 프로판가스<br>③ 기타 가스 ④ 휘발유<br>⑤ 광물유, 기타 석유류(경유)<br>⑥ 배선 |
| 금속과<br>비금속의<br>충격불꽃<br>(교통사고) | ① 인화 | ① 수소 ② 프로판가스<br>③ 기타 가스 ④ 휘발유<br>⑤ 광물유, 기타 석유류(경유) |
| 화약, 에어백<br>(교통사고) | ① 접염(接炎) | ① 착의(입고 있는 옷) |

# 주요참고교재


1. 신화재조사교본 제4권 제1부 차량화재편, 동경소방청감수, 재단법인 동경방재지도협회, 2000.
2. 차량화재 참고서 -조사요령편-, 동경소방청, 2006.
3. 차량화재 참고서 -조사 전 예비지식편-, 동경소방청, 2005.
4. 이것으로 알 수 있다! 實例 화재조사서류 차량화재편, 동경법령출판, 2005.
5. 화재로부터 배운다 "안전에의 어프로치＝차량화재사례집＝", 동경소방청화재조사연구회편저, 동경법령출판, 1998.
6. 2011-2018년 전국소방기술자회의자료, 일본소방청 소방연구센터, 2011-2018.
7. 차량화재는 왜 발생하는가? 차량화재의 원인을 해석한다, 자동차공학(일본), 2004.
8. NFPA 921 Guide for Fire and Explosion Investigations, 2017 edition, 2017.
9. Fire Investigator, Principles and Practice to NFPA 921 and 1033, Fourth edition, 2016.
10. The Investigation of motor vehicle fires, Fourth edition, Lee S. Cole, 2001.
11. Automotive Fire Analysis, An Engineering Approach, Second edition, Gregory j. Barnett, Lawyers&Judges Publishing Company, Inc., 2008.

# 저자 소개

**이의평**

전주대학교 소방안전공학과 교수

이메일 : kr-fire-chief@hanmail.net


Marquis Who's Who 세계인명사전에 등재

2017～2019 Albert Nelson Marquis Lifetime Achievement Award

**<학력 및 주요경력>**

- 전남대학교 기계공학과 졸
- 제20회(1984년) 기술고등고시 합격(기계직)
- 1985.5～1992.6 : 철도청 사무관
- 1992.7.10 : 소방공무원으로 특별채용됨(고시출신 특별채용 1호)
- 1992.7～1997.9 : 광주소방본부 방호과 교육계장/방호계장, 구조구급과장
- 1997.9.22～2001.7.25 : 일본 요코하마국립대학 및 소방연구소 등에서 일본 소방제도와 화재(예방·진압)이론 및 화재감정기법을 연구함
- 1998.4.1～2000.3.31 : 요코하마국립대학 안전(화재)공학 전공(공학석사)
- 2000.4.1～2001.9.30 : 요코하마국립대학 안전(화재)공학 전공(공학박사)
- 2002.10.1～2006.6.23 : 광주 광산소방서장/동부소방서장
- 2006.7.1～2008.2.23 : 삼성화재(주) 삼성방재연구소 수석위원
- 2008.3.1～현재 : 전주대학교 소방안전공학과 교수
- 2010.6.1～2016.21.31 : 사단법인한국화재조사학회 회장
- 2017.1.1～현재 : 사단법인한국화재조사학회 명예회장

**<박사학위 논문>**

전기용융흔에 의한 화재감정법에 관한 연구(2001년 9월)

**<기타>**

- 소방공무원 중 소방기술사 1호(1994년)
- 우리나라 화재조사(감정)분야 박사학위 1호(2001년)
- 소방공무원 중 최초로 국외대학에서 박사학위 취득
- 일본국립대학 박사과정 최단기(1년 6개월) 이수 박사학위 취득
- 일본화재학회 유일한 외국인 수상자(2001년)
- 우리나라 화재조사 및 차량화재조사 관련 논문 최다 발표

# 찾아보기

(ㅅ)



(ㅇ)

(ㅈ)

(ㅊ)



(ㅋ)



(ㅌ)

(ㅍ)



(ㅎ)

**차량화재조사** 정가 35,000원

발 행 2019년 9월 10일 초판 1쇄
저 자 이의평
발행인 정우용
발행처 도서출판 동화기술
경기도 파주시 광인사길 201(문발동, 파주출판도시)
Tel (031)955-4211~6 donghwapub@nate.com
Fax (031)955-4217 www.donghwapub.co.kr
(등록) 1977년 12월 19일/9-16호


Printed in Korea
ISBN 978-89-425-9241-8